“十三五”国家重点出版物出版规划项目
世界名校名家基础教育系列
Textbooks of Base Disciplines from World's Top Universities and Experts

力学概论

An Introduction to Mechanics

（翻译版·原书第2版）

【美】 丹尼尔·克莱普纳（Daniel Kleppner） 麻省理工学院
罗伯特·科连科（Robert Kolenkow） 麻省理工学院 著

北京大学 刘树新 译

机 械 工 业 出 版 社

本书对每个知识点的介绍都深入浅出，对难点的处理更是一唱三叹，曲尽其意。与国内教材相比，本书更重视物理学家解决实际问题的方法，并贯穿全书，这是本书的一大特色。本书所选题材从实际应用到物理学前沿，非常广泛。全书对问题难度的把握也很到位，开始时比较容易，学生很快可以上手，到后面则很难，颇具挑战性。本书对纯教学性的问题也能灵活变通，别具新意。

图书在版编目（CIP）数据

力学概论：翻译版：原书第 2 版/（美）丹尼尔·克莱普纳（Daniel Kleppner），（美）罗伯特·科连科（Robert Kolenkow）著；刘树新译. —北京：机械工业出版社，2017.5（2025.5 重印）
（世界名校名家基础教育系列）
书名原文：An Introduction to Mechanics
“十三五”国家重点出版物出版规划项目
ISBN 978-7-111-56499-7

Ⅰ.①力…　Ⅱ.①丹…　②罗…　③刘…　Ⅲ.①力学　Ⅳ.①O3

中国版本图书馆 CIP 数据核字（2017）第 069742 号

机械工业出版社（北京市百万庄大街 22 号　邮政编码 100037）
策划编辑：张金奎　责任编辑：张金奎　责任校对：刘志文　杜雨霏
封面设计：张　静　责任印制：李　昂
涿州市般润文化传播有限公司印刷
2025 年 5 月第 1 版第 4 次印刷
184mm×260mm · 34.75 印张 · 2 插页 · 844 千字
标准书号：ISBN 978-7-111-56499-7
定价：139.00 元

电话服务　　网络服务
客服电话：010-88361066　　机　工　官　网：www.cmpbook.com
010-88379833　　机　工　官　博：weibo.com/cmp1952
010-68326294　　金　　书　　网：www.golden-book.com
封底无防伪标均为盗版　　机工教育服务网：www.cmpedu.com

前言

这本《力学概论》源于麻省理工学院针对希望更深入了解物理的大一新生而开设的一学期课程——物理 8.012。在本书面世后的四十多年中，物理在许多方面都飞速发展，但力学依然是惯性、动量和能量这些概念的基础；作为本书的主旋律——物理学家解决问题的娴熟技巧还是那么宝贵。有些已在工作岗位上大显身手的学生、MIT 的教员以及其他人的好评使作者确信，本书的方法是非常奏效的。我们还收到同事的很多建议，借此机会在教材中整合了他们的想法，并更新了一些讨论。

我们假定读者熟悉关于多项式和三角函数的微积分知识，但不必熟悉微分方程。我们觉得大多数学生的难处不在于理解数学概念，而在于如何将它们应用于物理问题。这只能来自练习，解决难题没有捷径可走。因此，解题放在了优先位置。我们提供了大量例题用来指导学生。所选例题尽可能与有趣的物理现象相关，但也不避讳纯数学的问题。物块滑下斜面是一个刻板的典型问题，但是若让斜面加速，系统就会别具新意。

第 1 版的习题曾经激励、指导、并偶尔“挫败”了几代物理学家。勇于解决这些问题的学生在他们以后的科学生涯中赢得了自信。第 1 版的大多数问题在第 2 版中保留了下来，并增加了一些新问题。我们始终推崇皮特·海因的格言：

值得挑战的问题，攻坚克难中显价值。

除了这一鼓励，我们再给学生几个实用的建议：问题是用纸和笔来做的。一般会得到一个表达式：需要时最后会有数值。只有查看表达式才能确定答案是否合理。图非常有用。某些问题给出了提示和答案。但书中没有解题过程，避免大家在思考问题时抵挡不住诱惑，没有付出最大努力就看解答。小组讨论对所有人都有指导性。

第 1 版后物理学的两个革命性进展值得一提。一是 1970 年发现了，更准确地说是再发现了混沌，而此后陆续出现的混沌理论成了动力学的一个活跃分支。由于在有限的篇幅里不能说清楚混沌，本书没有包含它。另外，只论证开普勒定律的惊人准确性也是不全面的，实际上太阳系也是混沌的，尽管时间尺度太大不便于观测，所以我们适当地介绍了混沌的存在性。二是计算机。计算物理是一个很成熟的分支，一定程度上的计算机技术也是物理学家的必备工具。然而，我们还是没有包含这类计算问题，因为它们对理解本书的概念不是必需的，且相当耗时。

第 2 版的小结：第 1 章是矢量和运动学的数学准备。矢量表示在本书及整个物理学中都很普遍，所以我们解释得很详细。平动用熟悉的笛卡儿坐标来描述很自然。转动同样重要，但用来描述它的坐标几乎是完全陌生的，因此我们特别强化了运动的极坐标描述。从第 2 章开始，我们引入惯性系这一重要概念来介绍牛顿定律。牛顿定律的介绍分为两部分，第一部分（第 2 章）讨论原理，第二部分（第 3 章）致力于介绍这些原理的各种应用。第 4 章介绍动量、动量通量和动量守恒的概念。第 5 章介绍动能、势能和能量守恒的概念，其中包含热和其他形式的能量。第 6 章将前面的知识应用于力学中有趣的现象：小振动、稳定性、耦合振子和简正模，以及碰撞。第 7 章则推广到转动，介绍定轴转动，紧接着在第 8 章介绍了刚体运动更一般的情形。第 9 章回到惯性系的主题，着重强调如何理解非惯性系中的观测。第 10 章和 11 章分别介绍物理学中有广泛兴趣的两个题目：有心力运动和阻尼与受迫谐振子。第 12~14 章介绍非牛顿物理：狭义相对论。

我们当初开设物理 8.012 课程时，MIT 的学期比现在长，所以如今课上时间通常不可能包含本书所有材料。第 1~9 章是本书的核心。第 9~14 章依教师的兴趣而定。

我们感谢多年来 MIT 的同事们对本书的贡献。他们是 R. Aggarwal，G. B. Benedek，A. Burgasser，S. Burles，D. Chakrabarty，L. Dreher，T. J. Greytak，H. T. Imai，H. J. Kendall（已故），W. Ketterle，S. Mochrie，D. E. Pritchard，P. Rebusco，S. W. Stahler，J. W. Whitaker，F. A. Wilczek 和 M. Zwierlein。我们还要特别感谢 P. Dourmashkin 的帮助。

丹尼尔·克莱普纳
罗伯特·科连科

致教师

本版《力学概论》同第 1 版一样，是为一学期的课程准备的，也包含了十四章，大多数材料经过重写，有两章是新的。对牛顿定律的讨论奠定了全书的基调，现在则分为两章。能量和能量守恒的讨论同样扩展为两章。第 1 版第 5 章关于矢量微积分的介绍则被略去，因为这些不是必需的，且为学生带来数学上的焦虑，部分材料包含在第 5 章的一个附录中。

我们拓展了对能量的介绍。将理想气体定律与动量流概念联系起来介绍热的思想。同时，也将热整合到能量守恒原理中，并展示了热和动能的基本差别。在应用方面，我们介绍了国际能源消费的统计，这可以激发学生思考物理在社会中的作用。

其他实质性的改变是重新整理了相对论的内容，更重视时空的描述。纵观全书，我们都尝试使数学更平易近人，在提供数学解之前，先从物理的角度解决问题。另外，还提供了一部分新的习题。

课程的节奏大概是一章一周。前九章对奠定力学的坚实基础是至关重要的；余下的可在以后学习。第 1 章介绍矢量和贯穿全书的运动学常识。学生在学习后面的章节时可能要经常回到第 1 章。

有时我们用基于物理新进展的例子来展示概念。例如，外行星、原子的激光致冷、太阳动力的太阳帆和在银河系中心绕着宇宙黑洞旋转的恒星。

在 MIT，我们会定期收到很多学习物理 8.012 课程的学生的问题。我们发现，对微积分初步的小测验可以相当准确地预测他们的表现。另外一个极端是，选修物理 8.012 的个别学生已经学完了 AP 物理课程。学习第三方导论性物理课程可能会十分艰辛，但据我们所知，这些学生都感到这么做很值得。

目录

例题列表

第 1 章　矢量与运动学

例 1.1 余弦定律；例 1.2 功和点积；例 1.3 物理中矢量积的例子；例 1.4 面积矢量；例 1.5 矢量代数；例 1.6 构造一个与给定矢量垂直的矢量；例 1.7 由位置确定速度；例 1.8 匀速圆周运动；例 1.9 由加速度确定速度；例 1.10 重力场中的运动；例 1.11 无线电波对电离层电子的影响；例 1.12 圆周运动和旋转矢量；例 1.13 用几何方法推导 $\mathrm{d}\hat{\boldsymbol{r}}/\mathrm{d}t$ 和 $\mathrm{d}\hat{\boldsymbol{\theta}}/\mathrm{d}t$；例 1.14 极坐标中的圆周运动；例 1.15 极坐标中的直线运动；例 1.16 轮辐上珠子的速度；例 1.17 在偏离原点的圆周上的运动；例 1.18 轮辐上珠子的加速度；例 1.19 无加速度的径向运动

第 2 章　牛顿定律

例 2.1 惯性和非惯性系；例 2.2 单位换算；例 2.3 宇航员的拔河比赛；例 2.4 多个质量：货车；例 2.5 约束运动的例子；例 2.6 物体和滑轮；例 2.7 物块和绳子 1；例 2.8 物块和绳子 2；例 2.9 旋转的物块；例 2.10 圆锥摆

第 3 章　力和运动方程

例 3.1 电梯里的乌龟；例 3.2 物块和线；例 3.3 悬挂的绳子；例 3.4 物块和有摩擦的斜面；例 3.5 恐怖转桶；例 3.6 旋转的绳子；例 3.7 滑轮；例 3.8 终极速度；例 3.9 下落的雨滴；例 3.10 摆的运动；例 3.11 弹簧枪与初始条件

第 4 章　动量

例 4.1 流星锤；例 4.2 乐队指挥的指挥棒；例 4.3 非均匀细杆的质心；例 4.4 三角板的质心；例 4.5 质心运动；例 4.6 外行星；例 4.7 你推-我拉游戏；例 4.8 弹簧枪反冲；例 4.9 测量子弹的速率；例 4.10 橡皮球反弹；例 4.11 如何避免脚踝骨折；例 4.12 质量流和动量；例 4.13 货车和料斗；

例 4.14 有漏洞的货车；例 4.15 质心和火箭方程；例 4.16 自由空间的火箭；例 4.17 重力场中的火箭；例 4.18 土星 V 火箭；例 4.19 激光的原子致冷；例 4.20 不规则物体的反射；例 4.21 太阳帆航天器；例 4.22 气体的压强；例 4.23 河曲处的大坝

第 5 章　能量

例 5.1 重力场中上抛一个物体；例 5.2 求解简谐运动的方程；例 5.3 在平方反比力场中的竖直运动；例 5.4 圆锥摆；例 5.5 逃逸速度——一般的情形；例 5.6 帝国大厦的爬楼人；例 5.7 倒摆；例 5.8 恒力所做的功；例 5.9 有心力做功；例 5.10 依赖路径的线积分；例 5.11 引入参量计算线积分；例 5.12 动力学问题的能量解；例 5.13 恒力场的势能；例 5.14 有心力的势能；例 5.15 三维弹力的势能；例 5.16 珠子、圆环和弹簧；例 5.17 物块滑下斜面；例 5.18 气体的热容；例 5.19 守恒定律和中微子；例 5.20 胡佛大坝的能量和水流量

第 6 章　动力学专题

例 6.1 分子振动；例 6.2 伦纳德-琼斯势；例 6.3 平衡鸟的小振动；例 6.4 平衡鸟的稳定性；例 6.5 耦合振子之间的能量传递；例 6.6 双原子分子的简正模；例 6.7 二氧化碳的直线振动；例 6.8 两球的弹性碰撞；例 6.9 实验室散射角的限制

第 7 章　角动量和定轴转动

例 7.1 滑块 1 的角动量；例 7.2 圆锥摆的角动量；例 7.3 一些简单物体的转动惯量；例 7.4 重力的力矩；例 7.5 平衡中的力矩和力；例 7.6 有心力运动和等面积定律；例 7.7 行星的捕获截面；例 7.8 滑块 2 的角动量；例 7.9 圆锥摆的动力学；例 7.10 重滑轮的阿特伍德机；例 7.11 凯特摆；例 7.12 交叉栅门；例 7.13 滚轮的角动量；例 7.14 冰上圆盘；例 7.15 滚下斜面的轮子；例 7.16 滚下斜面的轮子：能量方法；例 7.17 下落的杆

第 8 章　刚体运动

例 8.1 转过有限角的转动；例 8.2 在 x-y 平面内的转动；

例 8.3 角速度的矢量性质；例 8.4 倾斜杆上质点的角动量；例 8.5 转动斜杆的力矩；例 8.6 转动斜杆的力矩（几何方法）；例 8.7 回转仪进动；例 8.8 回转仪为什么进动；例 8.9 岁差；例 8.10 回转罗盘；例 8.11 回转罗盘的运动；例 8.12 自旋物体的稳定性；例 8.13 转动的哑铃；例 8.14 转动斜杆的惯量张量；例 8.15 为什么飞碟优于飞行的雪茄；例 8.16 刚体运动的动态稳定性；例 8.17 转动杆；例 8.18 欧拉方程和无力矩进动

第 9 章　非惯性系和惯性力

例 9.1 表观重力；例 9.2 加速行进的木板上的圆柱；例 9.3 在加速汽车中的单摆；例 9.4 潮汐的驱动力；例 9.5 潮汐的平衡高度；例 9.6 转动液体的表面；例 9.7 滑动的珠子和科里奥利力；例 9.8 落体的偏转；例 9.9 在转动地球上的运动；例 9.10 天气系统；例 9.11 傅科摆

第 10 章　有心力运动

例 10.1 自由质点的有心力描述；例 10.2 太阳系如何捕获彗星；例 10.3 扰动的圆轨道；例 10.4 卢瑟福（库仑）散射；例 10.5 对地静止轨道；例 10.6 卫星轨道转移 1；例 10.7 卫星轨道转移 2；例 10.8 特洛伊小行星和拉格朗日点；例 10.9 宇宙的开普勒轨道和黑洞质量

第 11 章　谐振子

例 11.1 满足初始条件；例 11.2 阻尼运动的物理限制；例 11.3 两个简单振子的 Q；例 11.4 阻尼振子的图形分析；例 11.5 受迫谐振子演示；例 11.6 谐波分析器；例 11.7 振动衰减器

第 12 章　狭义相对论

例 12.1 应用伽利略变换；例 12.2 用伽利略变换描述光脉冲；例 12.3 同时性；例 12.4 时间膨胀在原子钟的作用；例 12.5 时间膨胀、长度收缩和 μ 子衰变；例 12.6 洛伦兹变换的应用；例 12.7 事件的顺序：类时和类空间隔；例 12.8 运动介质中的光速；例 12.9 多普勒导航

第 13 章　相对论动力学

例 13.1 电子质量的速率依赖性；例 13.2 非弹性碰撞中的相对论能量和动量；例 13.3 质量和能量的等价性；例 13.4 光电效应；例 13.5 光压；例 13.6 康普顿效应；例 13.7 对产生；例 13.8 多普勒效应的光子图像；例 13.9 引力红移的光子图像

第 14 章　时空物理

例 14.1 相对论速度合成

1 矢量与运动学

1.1 简介

力学是物理的核心；它的概念对于理解我们周围的世界和从原子到宇宙尺度的现象都是基本的。动量、角动量和能量这些概念实际上在物理的每个领域都起作用。本书的目标就是帮你深入理解力学原理。

我们先讨论矢量和运动学，而不是一头扎进动力学中，这样我们就可以熟练使用这些工具来讨论物理原理。为避免以后讨论中断，我们现在就得花时间，以确保需要它们时就能用。

1.2 矢量

矢量题材很自然地体现了数学在物理中的作用。采用矢量符号，物理定律可以写得很简洁。现代的矢量写法是耶鲁大学的物理学家 Willard Gibbs 发明的，主要就是为了简化方程的形式。例如，这是 19 世纪牛顿第二定律的写法：

$$F_x = ma_x$$

$$F_y = ma_y$$

$$F_z = ma_z$$

采用矢量写法，可简写成

$$\boldsymbol{F} = m\boldsymbol{a}$$

式中，黑体符号 $\boldsymbol{F}$ 和 $\boldsymbol{a}$ 表示矢量。

引入矢量的主要动机就是简化方程的形式。然而，在第 14 章我们将会看到，矢量有更深刻的含义。矢量与对称的基本思想密切相关，它们的使用能够帮助我们洞察未知定律的可能形式。

1.2.1 矢量定义

数学家将矢量看作一个数组，它们按一定的规则随坐标系的变换而变化。对我们来说，一个几何定义实际上就足够了：将矢量看作一个有方向的线段。我们用一个箭头表示一个矢量，显示它的大小和方向。矢量有时用头上带箭头的字母来表示，例如$\overrightarrow{A}$，但是我们将用黑体字母表示矢量，比如 $\mathbf{A}$。

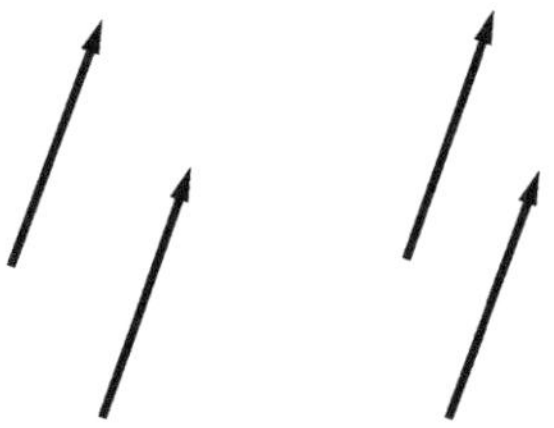

为描述矢量，我们必须确定它的大小和方向。除非另有说明，我们假定平行移动不会改变一个矢量。因此，图中的矢量都表示相同的矢量。

如果两个矢量有相同的大小和方向，它们是相等的。矢量 $\mathbf{B}$ 和 $\mathbf{C}$ 是相等的：$\mathbf{B}=\mathbf{C}$。

矢量的大小用外加竖直短线表示，不引起混淆时也用斜体。例如，矢量 $\mathbf{A}$ 的大小可写作 $|\mathbf{A}|$，或简记为 A。如果矢量 $\mathbf{A}$ 的长度是 $\sqrt{2}$，则 $|\mathbf{A}|=A=\sqrt{2}$。矢量可以有物理单位，例如，距离、速度、加速度、力和动量。

如果矢量的长度是一个单位，我们就称它为单位矢量。一个单位矢量用字母上加一个脱字符号来表示；与 $\mathbf{A}$ 平行的单位矢量是$\hat{\mathbf{A}}$。它满足$\hat{\mathbf{A}}=\dfrac{\mathbf{A}}{A}$，反过来，$\mathbf{A}=A\,\hat{\mathbf{A}}$。一个矢量的物理单位由它的大小携带。单位矢量是无量纲的。

1.3 矢量代数

我们需要对矢量进行加、减、乘以及相关的运算。我们并不尝试除法运算，因为没有任何必要，但是为了弥补这个缺憾，我们定义两种特别有用的矢量乘法运算。这里给出基本的矢量代数的一个小结。

1.3.1 标量乘矢量

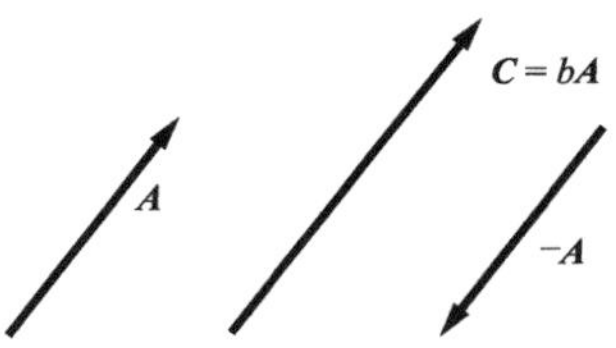

矢量 $\mathbf{A}$ 乘以一个简单的标量，也就是一个简单的数 b，会得到一个新的矢量 $\mathbf{C}=b\mathbf{A}$。如果 $b>0$，矢量 $\mathbf{C}$ 与 $\mathbf{A}$ 平行，大小增大到 b 倍。因此，$\hat{\mathbf{C}}=\hat{\mathbf{A}}$，$C=bA$。

如果 $b<0$，矢量 $\mathbf{C}=b\mathbf{A}$ 与 $\mathbf{A}$ 的方向相反（反平行），大小是 $C=|b|A$。

1.3.2 矢量加法

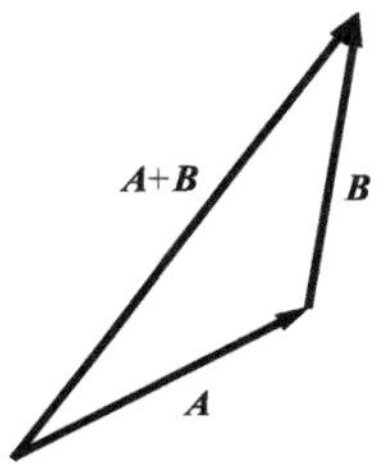

两个矢量的加法有一个简单的几何解释，如图所示。规则就是：为了将 $\mathbf{B}$ 加到 $\mathbf{A}$，平移 $\mathbf{B}$，将 $\mathbf{B}$ 的尾部放在 $\mathbf{A}$ 的头部。$\mathbf{A}$ 与 $\mathbf{B}$ 的和就是从 $\mathbf{A}$ 的尾部到 $\mathbf{B}$ 的头部一个矢量。

1.3.3 矢量减法

因为 $\mathbf{A}-\mathbf{B}=\mathbf{A}+(-\mathbf{B})$，为了从 $\mathbf{A}$ 减去 $\mathbf{B}$，我们可以将 $\mathbf{B}$ 乘以 -1，再加在一起，如图所示。

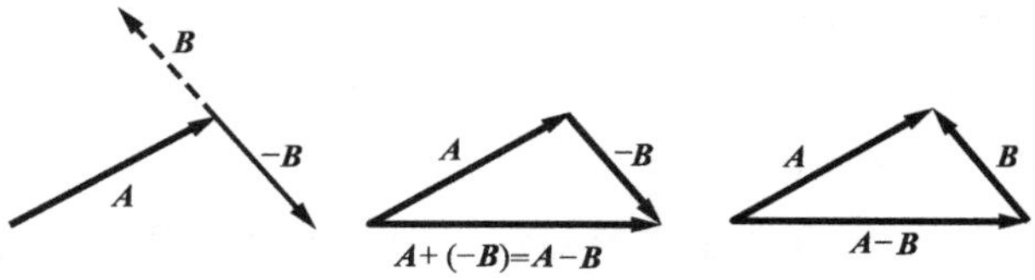

一个等效的得到 $\mathbf{A}-\mathbf{B}$ 的办法就是将 $\mathbf{B}$ 的头部放在 $\mathbf{A}$ 的头部。这样 $\mathbf{A}-\mathbf{B}$ 就是从 $\mathbf{A}$ 的尾部连到 $\mathbf{B}$ 的尾部，如图所示。

1.3.4 矢量的代数性质

不难证明下列性质：

交换律 $$\mathbf{A}+\mathbf{B}=\mathbf{B}+\mathbf{A}$$

结合律 $$\mathbf{A}+(\mathbf{B}+\mathbf{C})=(\mathbf{A}+\mathbf{B})+\mathbf{C}$$

$$c(d\mathbf{A})=(cd)\mathbf{A}$$

分配律 $$c(\mathbf{A}+\mathbf{B})=c\mathbf{A}+c\mathbf{B}$$

$$(c+d)\mathbf{A}=c\mathbf{A}+d\mathbf{A}$$

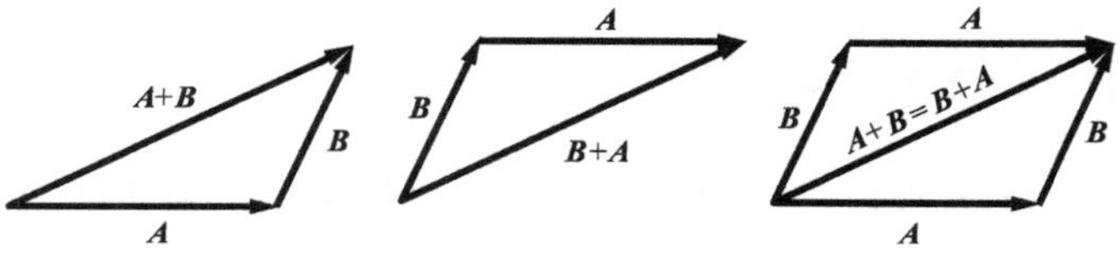

图中展示了交换律 $\mathbf{A}+\mathbf{B}=\mathbf{B}+\mathbf{A}$ 的几何证明；试着证明其他几个。

1.4 矢量乘法

一个矢量乘以另一个矢量可以产生一个矢量、标量或其他的量。选择权在我们。两种类型的矢量乘法在物理中是有用的。

1.4.1 标量积（点积）

第一类乘法称为标量积，因为乘的结果是标量。标量积是将矢量形成标量的运算。$\boldsymbol{A}$ 和 $\boldsymbol{B}$ 的标量积记作 $\boldsymbol{A}\cdot\boldsymbol{B}$，因此称为点积。$\boldsymbol{A}\cdot\boldsymbol{B}$（读作 $\boldsymbol{A}$ 点乘 $\boldsymbol{B}$）定义为

$$\boldsymbol{A}\cdot\boldsymbol{B}\equiv AB\cos\theta$$

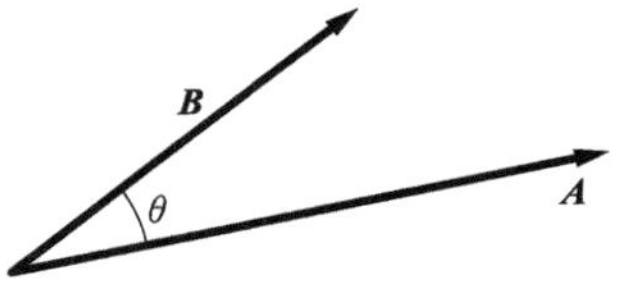

这里 θ 是 $\boldsymbol{A}$ 和 $\boldsymbol{B}$ 的尾部连在一起时两者的夹角。因为 $B\cos\theta$ 是 B 沿 A 方向的投影，所以

$$\begin{aligned}\boldsymbol{A}\cdot\boldsymbol{B}&=A\text{ 乘以 }\boldsymbol{B}\text{ 在 }\boldsymbol{A}\text{ 上的投影}\\&=B\text{ 乘以 }\boldsymbol{A}\text{ 在 }\boldsymbol{B}\text{ 上的投影}\end{aligned}$$

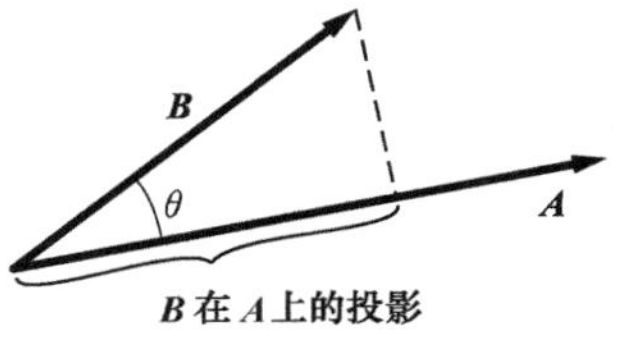

注意：$\boldsymbol{A}\cdot\boldsymbol{A}=|\boldsymbol{A}|^2=A^2$。另外，$\boldsymbol{A}\cdot\boldsymbol{B}=\boldsymbol{B}\cdot\boldsymbol{A}$；结果与顺序无关。我们说，点积满足交换律。

如果 $\boldsymbol{A}$ 或 $\boldsymbol{B}$ 是零，它们的点积是零。然而，因为 $\cos\pi/2=0$，两个非零矢量垂直时，它们的点积也为零。

许多三角学基本关系可从矢量的性质导出。这里给出一个利用点积证明余弦定律的例子。

例 1.1　余弦定律

余弦定律把三角形的三边长度与一个角的余弦联系起来。按图示，余弦定律表示为

$$C^2=A^2+B^2-2AB\cos\phi$$

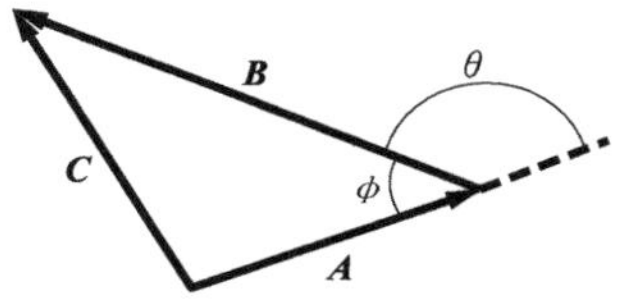

定律可用三角或几何的方法来证明，但都没有矢量证明方法简洁，这只涉及两个矢量的平方和

$$\boldsymbol{C}=\boldsymbol{A}+\boldsymbol{B}$$

$$\begin{aligned}\boldsymbol{C}\cdot\boldsymbol{C}&=(\boldsymbol{A}+\boldsymbol{B})\cdot(\boldsymbol{A}+\boldsymbol{B})\\&=\boldsymbol{A}\cdot\boldsymbol{A}+\boldsymbol{B}\cdot\boldsymbol{B}+2(\boldsymbol{A}\cdot\boldsymbol{B})\end{aligned}$$

$$\boldsymbol{C}^2=A^2+B^2+2AB\cos\theta$$

看出 $\cos\phi=-\cos\theta$ 就完成了证明。

例 1.2　功和点积

点积有一个重要的物理应用就是描述力所做的功。你可能已经知道，力 F 对物体所做的功 W 定义为位移 d 与 F 沿位移方向分量的积。如果力与位移的夹角为 θ，如图所示，则

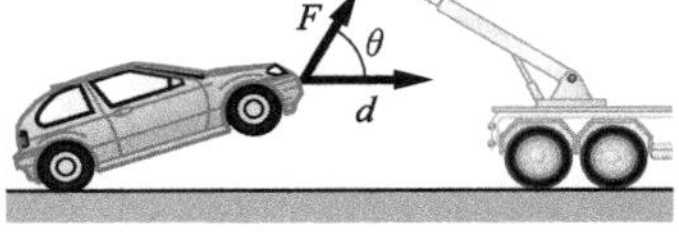

$$W=(F\cos\theta)d$$

如果力和位移都写作矢量，则

$$W=\boldsymbol{F}\cdot\boldsymbol{d}$$

1.4.2 矢量积（叉积）

物理中第二种实用的乘法是矢量积，矢量 **A** 和 **B** 相乘形成矢量 **C**。矢量积的运算符号是一个叉字，所以它经常被称作叉积：

$$\boldsymbol{C}=\boldsymbol{A}\times\boldsymbol{B}$$

矢量积比标量积更复杂，我们必须确定矢量 $\boldsymbol{A}\times\boldsymbol{B}$（读作 **A** 叉乘 **B**）的大小和方向。大小定义如下：如果 $\boldsymbol{C}=\boldsymbol{A}\times\boldsymbol{B}$，则

$$C=AB\sin\theta$$

这里 θ 为 **A** 和 **B** 尾尾相连时的夹角。

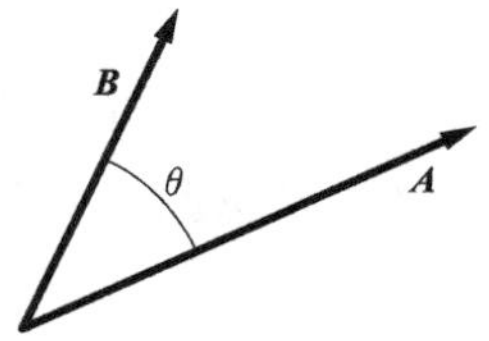

为消除不定性，θ 总是取小于 π 的角度。即使没有矢量为零，当 $\theta=0$ 或 π 时，即矢量平行或反平行时，它们的矢量积也为零。对任意矢量 **A**，有

$$\boldsymbol{A}\times\boldsymbol{A}=0$$

尾尾相连而画出的两个矢量确定一个平面。通过 **A** 任意画出一个平面，转动它使它也包含 **B**。

我们使 **C** 的方向垂直 **A** 和 **B** 的平面。**A**、**B** 和 **C** 三个矢量满足所谓的右手定则。如图所示，想象一个 **A** 和 **B** 位于 x-y 平面的右手坐标系。

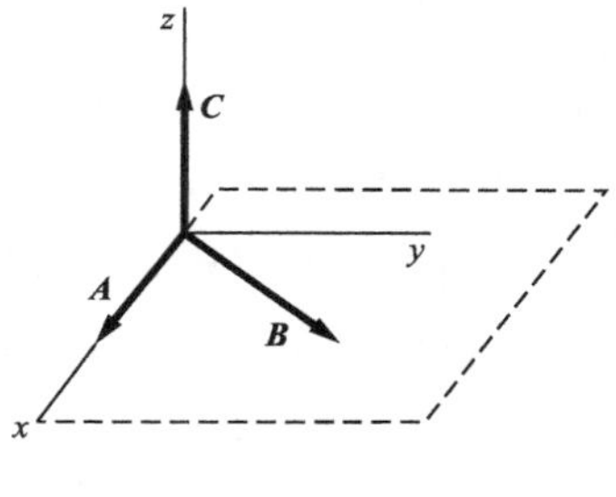

A 位于 x 轴，**B** 靠近 y 轴。当 **A**、**B** 和 **C** 满足右手定则时，**C** 就沿着 z 轴正向。我们总是采用图示的右手坐标系。

这里，还有另一个确定叉积方向的办法。考虑一个轴与 $\boldsymbol{A}$ 和 $\boldsymbol{B}$ 都垂直的右手螺旋。如果我们沿着 $\boldsymbol{A}$ 扫到 $\boldsymbol{B}$ 的方向转动它，$\boldsymbol{C}$ 就沿着螺旋前进的方向。（警告：确定没使用左手螺旋。幸运的是，这样的反常者很少见，热水龙头就是其中之一。木材上最常用的螺旋钻是右手的。）

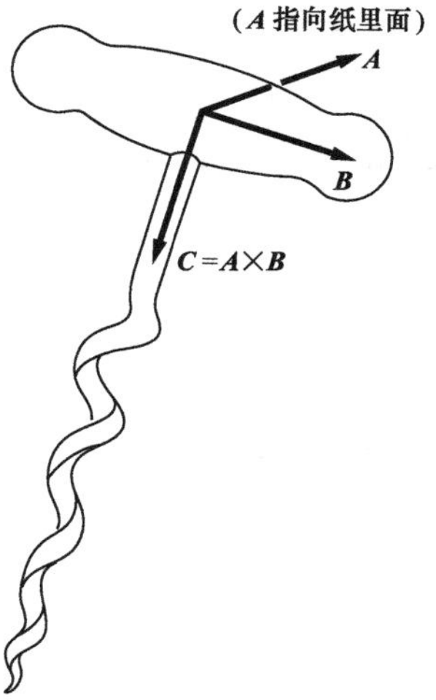

叉积定义的一个结论是 $\boldsymbol{B}\times\boldsymbol{A}=-\boldsymbol{A}\times\boldsymbol{B}$。这里，乘法的顺序是重要的。矢量积是非对易的。由于运算顺序相反，符号也相反，它是反对易的。

例 1.3 物理中矢量积的例子

矢量积在物理中有大量应用。例如，如果你学过带电粒子与磁场的相互作用，就知道力与电荷 q、磁场 B 和粒子速度 v 成正比。力随 v 和 $\boldsymbol{B}$ 的夹角正弦而变化，并垂直于 v 和 $\boldsymbol{B}$ 确定的平面，沿图示方向。

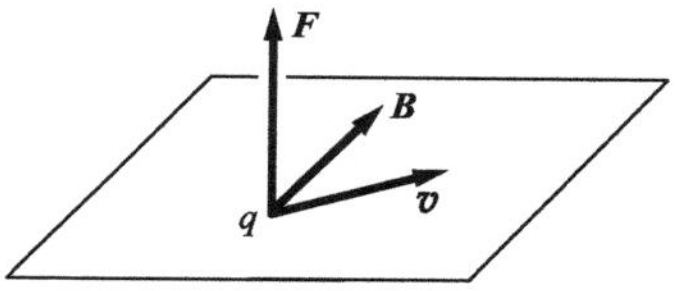

所有这些都可以包含在一个方程里

$$\boldsymbol{F}=q\,\boldsymbol{v}\times\boldsymbol{B}$$

另一个应用是我们第 7 章要讲的力矩的定义。现在我们只是顺便提一下力矩的定义：

$$\boldsymbol{\tau}=\boldsymbol{r}\times\boldsymbol{F}$$

式中，$\boldsymbol{r}$ 为计算力矩时力的作用点到转轴的位置矢量。这个定义与力矩是对于作用力产生扭转能力的量度这一熟悉的想法是一致的。注意：与 $\boldsymbol{r}$ 平行的较大的力不产生扭转，只起拉动作用。只有 $F\sin\theta$，力垂直 $\boldsymbol{r}$ 的分量，才产生力矩。

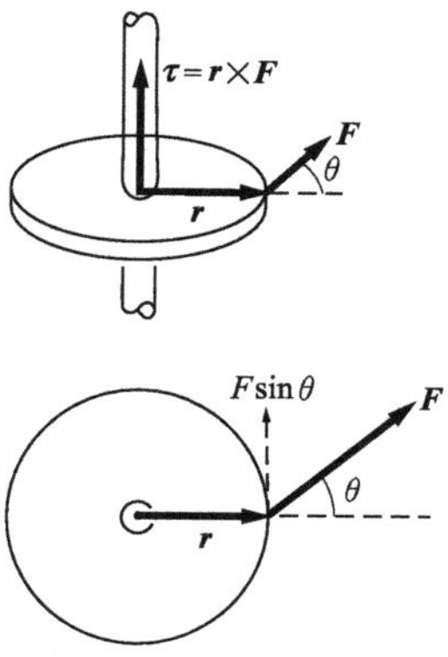

俯视图

想象我们推开花园门，转轴是通过铰链的竖直线。开门时，我们本能地这样施力，使 $\boldsymbol{F}$ 尽量与 $\boldsymbol{r}$ 垂直以便力矩最大。因为力矩随力臂而增大，我们尽可能远离轴线，推门的边缘。

第 7 章你会看到，$\boldsymbol{\tau}$ 的自然方向是沿着力矩所产生转动的转轴方向。所有这些都总括在一个简单方程 $\boldsymbol{\tau}=\boldsymbol{r}\times\boldsymbol{F}$ 中。

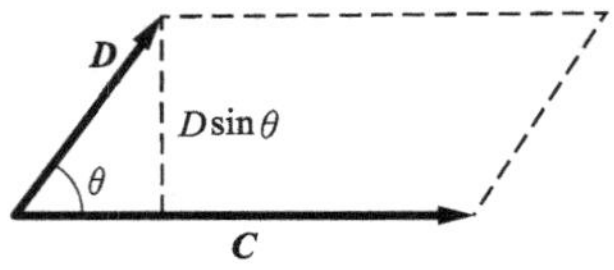

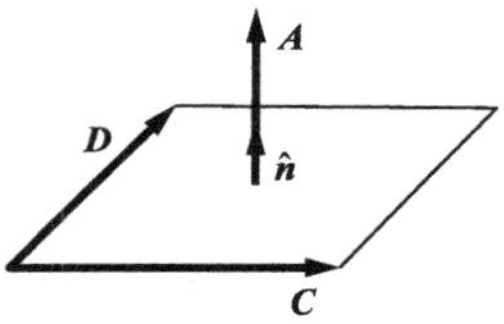

例 1.4 面积矢量

我们可利用叉积描述面积。通常人们以为面积只有大小。然而，物理中的许多应用都需要确定面积的方位。例如，我们计算水流中通过金属圈的流量，显然，圈平面与水流垂直或平行，结果会大不相同。（如果平行，通过圈的流量为零。）这里介绍矢量积是如何做到这一点的。

考虑由两个矢量 $\boldsymbol{C}$ 和 $\boldsymbol{D}$ 构成的四边形的面积。平行四边形的面积 A 是 $A=$底$\times$高$=CD\sin\theta=|\boldsymbol{C}\times\boldsymbol{D}|$。叉积的大小给出平行四边形的面积，但是我们怎么指定面积的方向呢？在平行四边形的平面内，我们可以画出无数个指向任意方位的矢量，但是没有一个是独特的。唯一的独特方向就是平面的法向，由单位矢量 $\hat{\boldsymbol{n}}$ 确定。因此，我们用矢量 $\boldsymbol{A}$ 描述与 $\hat{\boldsymbol{n}}$ 平行的面积。$\boldsymbol{A}$ 的大小和方向可由叉积 $\boldsymbol{A}=\boldsymbol{C}\times\boldsymbol{D}$ 直接给出。还有一点模糊性，$\hat{\boldsymbol{n}}$ 可以指向面积的两侧。我们也可以按规定 $\boldsymbol{A}=\boldsymbol{D}\times\boldsymbol{C}=-\boldsymbol{C}\times\boldsymbol{D}$ 来确定面积，只要保持一致就可以了。

1.5 矢量的分量

我们讨论矢量时并没有引入特别的坐标系，这说明了矢量为什么那么有用；矢量运算的定义独立于任何坐标系。然而，最终我们必须将我们的结果从抽象化为具体，这时就需要在一个坐标系中操作。

代数和几何的结合，即所谓的解析几何，是在许多计算中所采用的一个强有力的工具。解析几何按一套自洽的程序利用一组数来描述几何物体，极大地减轻了定量计算的任务。借助它，在校学生都能例行解决曾经困扰希腊几何学家欧几里得的问题。解析几何是一个完备的学科，是由 17 世纪上半叶法国数学家笛卡儿和费马独立发展的。

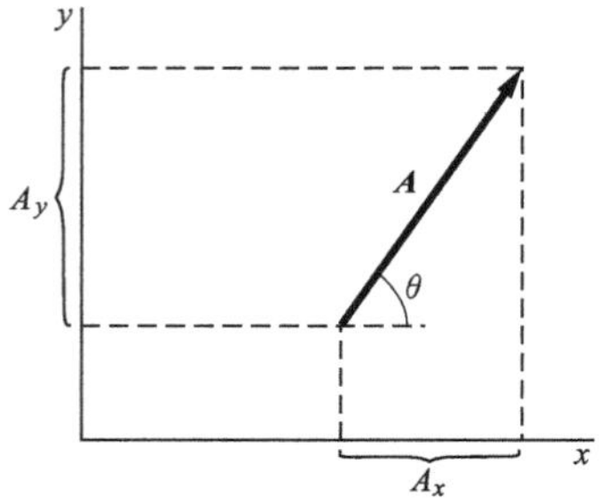

为简化起见，我们先限定于二维系统，即我们熟悉的 x-y 平面。图中在 x-y 平面画了一个矢量 $\boldsymbol{A}$。

$\boldsymbol{A}$ 在 x 和 y 坐标轴上的投影称为 $\boldsymbol{A}$ 的分量，分别是 A_x

和A_y。$\boldsymbol{A}$ 的大小为$A=\sqrt{A_x^2+A_y^2}$，$\boldsymbol{A}$ 的方向与 x 轴的夹角 $\theta=\arctan(A_y/A_x)$。

由于矢量的分量定义了一个矢量，我们可以通过分量完全确定矢量。因此

$$\boldsymbol{A}=(A_x,A_y)$$

或更一般的三维情形，

$$\boldsymbol{A}=(A_x,A_y,A_z)$$

自己证明 $A=\sqrt{A_x^2+A_y^2+A_z^2}$。

如果两个矢量相等，$\boldsymbol{A}=\boldsymbol{B}$，在同一坐标系中，它们的相应分量也相等。

$$A_x=B_x \quad A_y=B_y \quad A_z=B_z$$

单一的矢量方程 $\boldsymbol{A}=\boldsymbol{B}$ 形式上代表三个标量方程。

矢量 $\boldsymbol{A}$ 的含义不依赖于任何坐标系。然而，$\boldsymbol{A}$ 的分量依赖所采用的坐标系。为表明这一点，在两个不同的坐标系中画出矢量 $\boldsymbol{A}$。

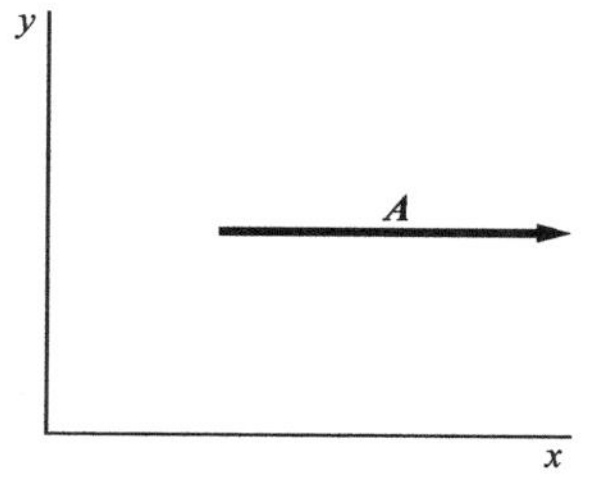

第一种情况：

$$\boldsymbol{A}=(A,0) \quad (x,y\text{ 坐标系})$$

而第二种情况：

$$\boldsymbol{A}=(0,-A) \quad (x',y'\text{坐标系})$$

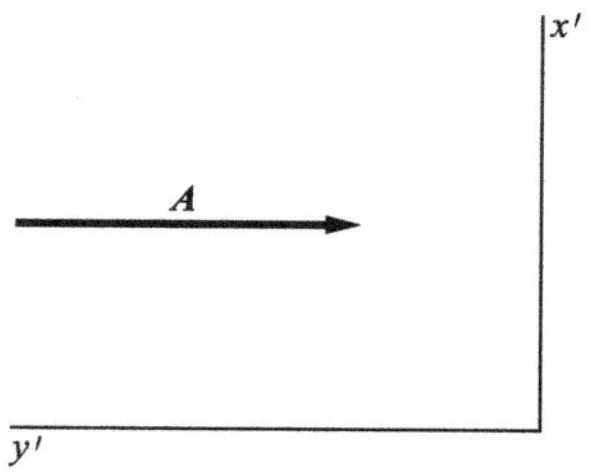

所有矢量运算都可以写成分量的方程。例如，标量乘矢量可写成

$$c\boldsymbol{A}=(cA_x,cA_y,cA_z)$$

矢量加法的规则为

$$\boldsymbol{A}+\boldsymbol{B}=(A_x+B_x,A_y+B_y,A_z+B_z)$$

将矢量 $\boldsymbol{A}$ 和 $\boldsymbol{B}$ 写成沿每个坐标轴的矢量和，你可以证明

$$\boldsymbol{A}\cdot\boldsymbol{B}=A_xB_x+A_yB_y+A_zB_z$$

叉积的计算推迟到下一节。

例 1.5 矢量代数

令

$$\boldsymbol{A}=(3,5,-7)$$
$$\boldsymbol{B}=(2,7,1)$$

计算 $\boldsymbol{A}+\boldsymbol{B}$、$\boldsymbol{A}-\boldsymbol{B}$、$A$、$B$、$\boldsymbol{A}\cdot\boldsymbol{B}$ 及 $\boldsymbol{A}$ 和 $\boldsymbol{B}$ 夹角的余弦值。

$$\begin{aligned}\boldsymbol{A}+\boldsymbol{B}&=(3+2,5+7,-7+1)\\&=(5,12,-6)\\\boldsymbol{A}-\boldsymbol{B}&=(3-2,5-7,-7-1)\\&=(1,-2,-8)\\A&=\sqrt{(3^2+5^2+7^2)}\\&=\sqrt{83}\\&\approx 9.11\\B&=\sqrt{(2^2+7^2+1^2)}\\&=\sqrt{54}\\&\approx 7.35\\\boldsymbol{A}\cdot\boldsymbol{B}&=3\times 2+5\times 7-7\times 1\\&=34\end{aligned}$$

$$\cos(\boldsymbol{A},\boldsymbol{B})=\frac{\boldsymbol{A}\cdot\boldsymbol{B}}{AB}\approx\frac{34}{(9.11)(7.35)}\approx 0.508$$

例 1.6 构造一个与给定矢量垂直的矢量

问题是找到一个位于 x-y 平面的单位矢量，使其与矢量 $\boldsymbol{A}=(3,5,1)$ 垂直。

位于 x-y 平面的矢量 $\boldsymbol{B}$ 有分量 (B_x,B_y)。为了使 $\boldsymbol{B}$ 垂直 $\boldsymbol{A}$，必须有 $\boldsymbol{A}\cdot\boldsymbol{B}=0$：

$$\boldsymbol{A}\cdot\boldsymbol{B}=3B_x+5B_y=0$$

因此 $B_y=-\frac{3}{5}B_x$。$\boldsymbol{B}$ 又是单位矢量，$B_x^2+B_y^2=1$。合并这两个方程得到

$$B_x^2+\frac{9}{25}B_x^2=1$$

或者

$$\begin{aligned}B_x&=\sqrt{\frac{25}{34}}\\&\approx\pm 0.858\end{aligned}$$

$$B_y = -\frac{3}{5}B_x$$

$$\approx \mp 0.515$$

由上下符号给出了两个解，一个解是另一个解的负值，因此它们大小相等，方向相反。

1.6 基矢量

基矢量是一组正交（相互垂直）的单位矢量，每个表示一个维度。例如，对于我们所熟悉的三维笛卡儿坐标系，基矢量沿 x、y 和 z 轴。我们将用 $\hat{\boldsymbol{i}}$ 表示 x 单位矢量，$\hat{\boldsymbol{j}}$ 表示 y 单位矢量，$\hat{\boldsymbol{k}}$ 表示 z 单位矢量（有时也采用符号 $\hat{\boldsymbol{x}}$、$\hat{\boldsymbol{y}}$ 和 $\hat{\boldsymbol{z}}$）。

很容易证明，基矢量具有如下性质：

$$\hat{\boldsymbol{i}}\cdot\hat{\boldsymbol{i}}=\hat{\boldsymbol{j}}\cdot\hat{\boldsymbol{j}}=\hat{\boldsymbol{k}}\cdot\hat{\boldsymbol{k}}=1$$

$$\hat{\boldsymbol{i}}\cdot\hat{\boldsymbol{j}}=\hat{\boldsymbol{j}}\cdot\hat{\boldsymbol{k}}=\hat{\boldsymbol{k}}\cdot\hat{\boldsymbol{i}}=0$$

$$\hat{\boldsymbol{i}}\times\hat{\boldsymbol{j}}=\hat{\boldsymbol{k}}$$

$$\hat{\boldsymbol{j}}\times\hat{\boldsymbol{k}}=\hat{\boldsymbol{i}}$$

$$\hat{\boldsymbol{k}}\times\hat{\boldsymbol{i}}=\hat{\boldsymbol{j}}$$

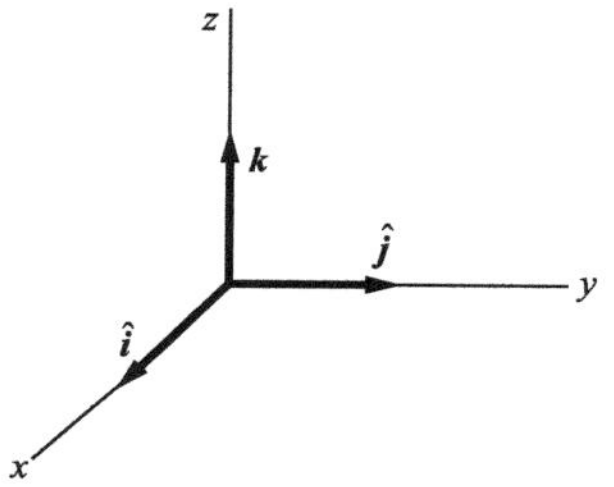

如图所示，我们可以用分量和基矢量表示任意的三维矢量：

$$\boldsymbol{A}=A_x\hat{\boldsymbol{i}}+A_y\hat{\boldsymbol{j}}+A_z\hat{\boldsymbol{k}}$$

为了确定矢量沿任意方向的分量，取矢量与该方向的单位矢量的点积。例如，矢量 $\boldsymbol{A}$ 的 z 分量为

$$A_z=\boldsymbol{A}\cdot\hat{\boldsymbol{k}}$$

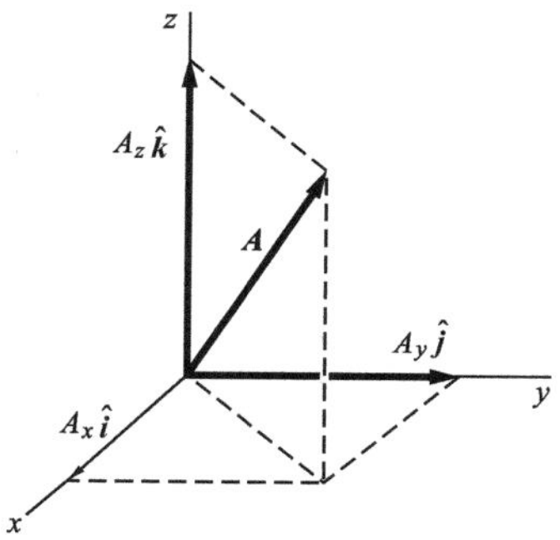

矢量用分量表示时，基矢量在推导两个矢量叉积的一般规则时特别有用：

$$\boldsymbol{A}\times\boldsymbol{B}=(A_x\hat{\boldsymbol{i}}+A_y\hat{\boldsymbol{j}}+A_z\hat{\boldsymbol{k}})\times(B_x\hat{\boldsymbol{i}}+B_y\hat{\boldsymbol{j}}+B_z\hat{\boldsymbol{k}})$$

考虑第一项：

$$A_x\hat{\boldsymbol{i}}\times\boldsymbol{B}=A_xB_x(\hat{\boldsymbol{i}}\times\hat{\boldsymbol{i}})+A_xB_y(\hat{\boldsymbol{i}}\times\hat{\boldsymbol{j}})+A_xB_z(\hat{\boldsymbol{i}}\times\hat{\boldsymbol{k}})$$

（这里结合律成立。）由于 $\hat{\boldsymbol{i}}\times\hat{\boldsymbol{i}}=0$，$\hat{\boldsymbol{i}}\times\hat{\boldsymbol{j}}=\hat{\boldsymbol{k}}$，$\hat{\boldsymbol{i}}\times\hat{\boldsymbol{k}}=-\hat{\boldsymbol{j}}$，我们得到

$$A_x\hat{\boldsymbol{i}}\times\boldsymbol{B}=A_x(B_y\hat{\boldsymbol{k}}-B_z\hat{\boldsymbol{j}})$$

同样方法可用于 y 和 z 分量，

$$A_y\hat{\boldsymbol{j}}\times\boldsymbol{B}=A_y(B_z\hat{\boldsymbol{i}}-B_x\hat{\boldsymbol{k}})$$

$$A_z\hat{\boldsymbol{k}}\times\boldsymbol{B}=A_z(B_x\hat{\boldsymbol{j}}-B_y\hat{\boldsymbol{i}})$$

推导这些关系式的一个快捷方法是，先得出第一式，通过循环对易 x,y,z 和 $\hat{\boldsymbol{i}},\hat{\boldsymbol{j}},\hat{\boldsymbol{k}}$（也就是，$x\to y$，$y\to z$，$z\to x$ 和 $\hat{\boldsymbol{i}}\to\hat{\boldsymbol{j}}$，$\hat{\boldsymbol{j}}\to\hat{\boldsymbol{k}}$，$\hat{\boldsymbol{k}}\to\hat{\boldsymbol{i}}$），得到其他的。表示这些结果有一个简洁的方式，将基矢量和 $\boldsymbol{A}$ 与 $\boldsymbol{B}$ 的分量写成行列式的三行，如下式：

$$\boldsymbol{A}\times\boldsymbol{B}=\begin{vmatrix}\hat{\boldsymbol{i}} & \hat{\boldsymbol{j}} & \hat{\boldsymbol{k}}\\ A_x & A_y & A_z\\ B_z & B_y & B_z\end{vmatrix}$$

$$=(A_yB_z-A_zB_y)\hat{\boldsymbol{i}}-(A_xB_z-A_zB_x)\hat{\boldsymbol{j}}+(A_xB_y-A_yB_x)\hat{\boldsymbol{k}}$$

例如，如果 $\boldsymbol{A}=\hat{\boldsymbol{i}}+3\hat{\boldsymbol{j}}-\hat{\boldsymbol{k}}$，$\boldsymbol{B}=4\hat{\boldsymbol{i}}+\boldsymbol{j}+3\hat{\boldsymbol{k}}$，则

$$\boldsymbol{A}\times\boldsymbol{B}=\begin{vmatrix}\hat{\boldsymbol{i}} & \hat{\boldsymbol{j}} & \hat{\boldsymbol{k}}\\ 1 & 3 & -1\\ 4 & 1 & 3\end{vmatrix}$$

$$=10\hat{\boldsymbol{i}}-7\hat{\boldsymbol{j}}-11\hat{\boldsymbol{k}}$$

1.7　位置矢量 r 和位移

目前我们只是抽象地讨论了矢量。然而，引入矢量的理由是，许多物理量，像速度、力、动量、引力场和电场，用矢量描述更为方便。本章我们用矢量来讨论运动学，即只描述运动，而不考虑运动的原因。第 2 章的动力学将会考虑运动的原因。

运动学的大部分是几何的，很适合用矢量来描述。矢量的第一个应用是在熟悉的三维空间中描述位置和运动。

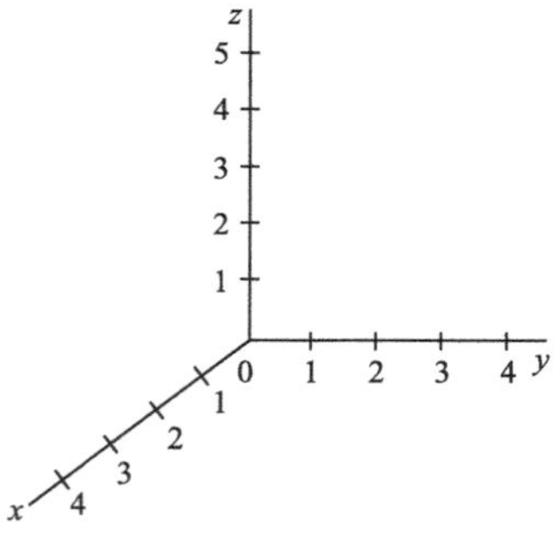

为确定一个点在空间的位置，我们先建立一个坐标系。为了方便，我们选择一个三维笛卡儿坐标系，x、y 和 z 轴如图所示。为了测量位置，轴上必须标有某个方便的长度单位，比如，米。感兴趣的点的位置由三个坐标值 x_1、y_1、z_1 给定，我们可简洁地将其写成一个位置矢量 $\boldsymbol{r}(x_1,y_1,z_1)$，或者更一般地，$\boldsymbol{r}(x,y,z)$。后一表示有可能引起混乱，因为我们通常是用 x、y、z 来标记笛卡儿坐标系的轴。然而，$\boldsymbol{r}(x,y,z)$ 实际上是 $\boldsymbol{r}$（x-轴，y-轴，z-轴）的简写。$\boldsymbol{r}$ 的分量是点相对特定坐标轴的坐标。

(x,y,z) 这三个数并不表示一个矢量的分量，根据我们

先前的讨论，它们只确定单独一点的位置，而不是大小和方向。与其他物理矢量，如力和速度不同，**r** 与特定的坐标系相关。

位于（x，y，z）的任意点 P 的位置可写为

$$\boldsymbol{r}=(x,y,z)=x\hat{\boldsymbol{i}}+y\hat{\boldsymbol{j}}+z\hat{\boldsymbol{k}}$$

如果我们移动点 x_1、y_1、z_1 到其他新的点 x_2、y_2、z_2，位移确定了一个真正的矢量 **S**，坐标为 $S_x=x_2-x_1$，$S_y=y_2-y_1$，$S_z=z_2-z_1$。

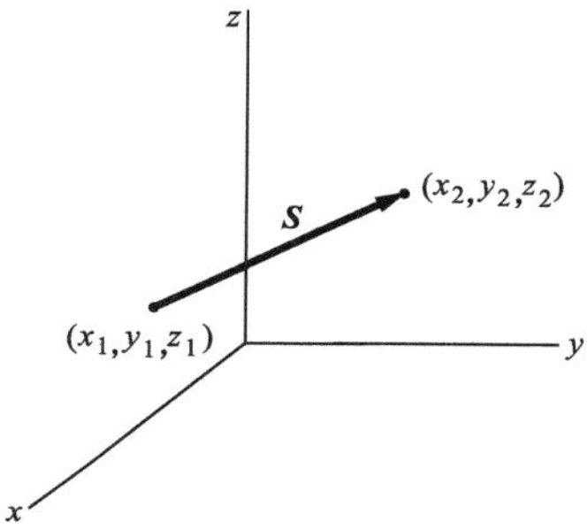

S 是一个从初态位置到末态位置的矢量——它确定了感兴趣点的位移。然而需要注意的是，**S** 并不包含单独初末态位置的信息——只与每点的相对位置有关。因此，$S_z=z_1-z_2$依赖于 z 坐标初末值的差，并不能由 z_2 或 z_1 分别确定。所以 **S** 是一个真正的矢量：起点和终点的坐标值依赖坐标系，但是 **S** 不依赖坐标系，如图所示。

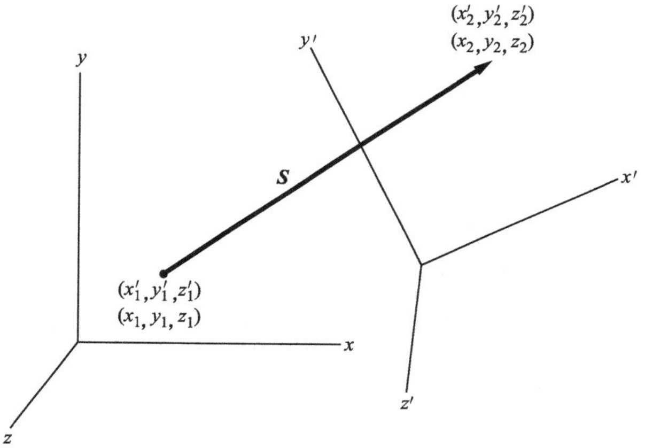

我们的位移矢量与纯数学矢量的不同之处在于，矢量通常是纯粹的量，用简单的数来描述其分量，然而 **S** 的大小有物理的长度单位。我们遵循矢量的单位与其大小关联的惯例，而相应的单位矢量是无量纲的。因此，沿 x 方向 8 m 的位移是 $\boldsymbol{S}=(8\ \text{m},\ 0,\ 0)$。$S=8$ m，$\hat{\boldsymbol{S}}=\boldsymbol{S}/S=\hat{\boldsymbol{i}}$。

图中位置矢量 **r** 和 **r**′指示了空间同一点的位置，但却是在不同坐标系中画出的。用 **R** 表示从不带撇坐标系的原点到带撇坐标系的原点的矢量，则有关系式 $\boldsymbol{r}=\boldsymbol{R}+\boldsymbol{r}'$，或者 $\boldsymbol{r}'=\boldsymbol{r}-\boldsymbol{R}$。

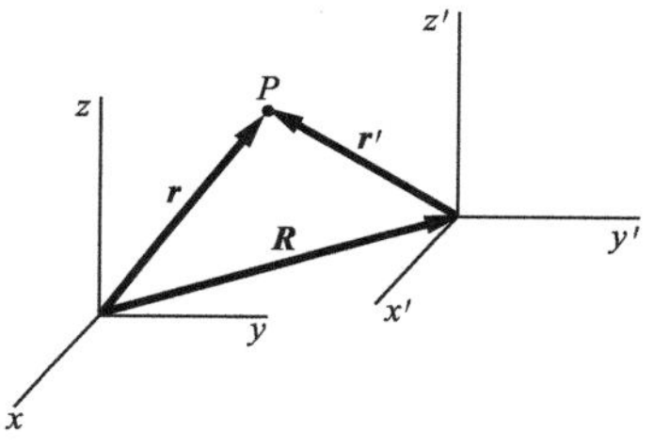

这些结果显示了位移 **S**，一个真正的矢量，是与坐标系

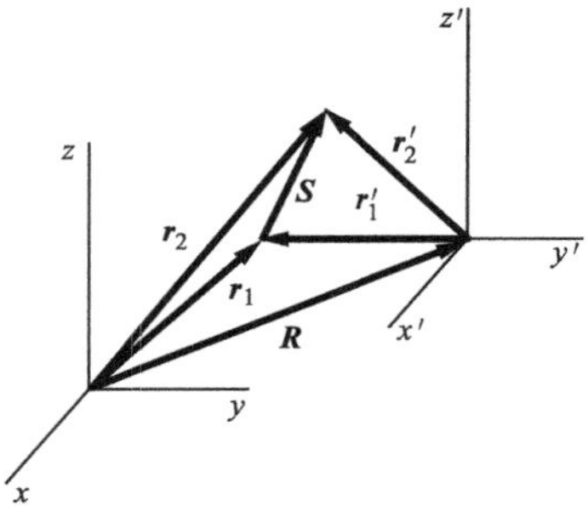

无关的。从图可以看出，

$$\begin{aligned} \boldsymbol{S} &= \boldsymbol{r}_2 - \boldsymbol{r}_1 \\ &= (\boldsymbol{R} + \boldsymbol{r}_2') - (\boldsymbol{R} + \boldsymbol{r}_1') \\ &= \boldsymbol{r}_2' - \boldsymbol{r}_1' \end{aligned}$$

1.8　速度和加速度

1.8.1　一维运动

为了更好地利用矢量描述三维空间的速度和加速度，先回顾一下一维运动：在一条直线上的运动。

用 x 表示沿直线运动的粒子的坐标，测量采用某些方便的单位，例如米。假定我们有位置对时间的连续记录。

时间 t_1 和 t_2 之间的粒子的平均速度定义为

$$\bar{v} = \frac{x(t_2) - x(t_1)}{t_2 - t_1}$$

（我们采用“—”来表示一个量的时间平均值。）

瞬时速度是时间间隔趋于零时平均速度的极限：

$$v = \lim_{\Delta t \to 0} \frac{x(t + \Delta t) - x(t)}{\Delta t}$$

我们定义速度时所引入的极限就是微积分里导数的定义。17世纪下半叶牛顿发明了微积分，以便分析变化和运动，特别是行星的运动，这也是他在物理中的最伟大的成就之一。我们用独立发明了微积分的莱布尼兹所采用的符号，将速度记作

$$v = \frac{\mathrm{d}x}{\mathrm{d}t}$$

牛顿的记法是

$$v = \dot{x}$$

式中，点代表 $\mathrm{d}/\mathrm{d}t$。遵循物理中常用的惯例，我们只用牛顿的记法来表示对时间的导数。函数 $f(x)$ 的导数也写作 $f'(x) \equiv \mathrm{d}f(x)/\mathrm{d}x$。

类似地，瞬时加速度 a 是

$$\begin{aligned} a &= \lim_{\Delta t \to 0} \frac{v(t + \Delta t) - v(t)}{\Delta t} \\ &= \frac{\mathrm{d}v}{\mathrm{d}t} = \dot{v} \end{aligned}$$

利用 $v=\mathrm{d}x/\mathrm{d}t$，

$$a=\frac{\mathrm{d}^2 x}{\mathrm{d}t^2}=\ddot{x}$$

这里，$\mathrm{d}^2x/\mathrm{d}t^2$ 称作 x 对 t 的二阶导数。

速率的概念有时很有用。速率 s 就是速度的大小：

$$s=|v|$$

对一维情形，速率和速度的含义相同。

1.8.2　多维运动

我们现在的任务是，利用矢量表示，将速度和加速度的概念推广到多维空间。考虑一个在 x-y 平面内运动的粒子。随着时间的进行，粒子描绘出一个轨道。假设我们知道粒子在每一个时刻的坐标。粒子在时间 t_1 的位置为

$$\boldsymbol{r}(t_1)=(x(t_1),y(t_1))$$

或

$$\boldsymbol{r}(t_1)=(x_1,y_1)$$

式中，x_1 是 x 在 $t=t_1$ 时的值，其他类似。同样地，在时间 t_2 的位置为 $\boldsymbol{r}(t_2)=(x_2,y_2)$。

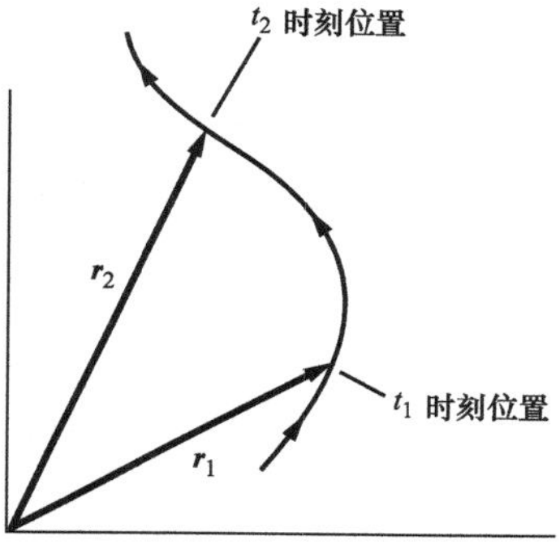

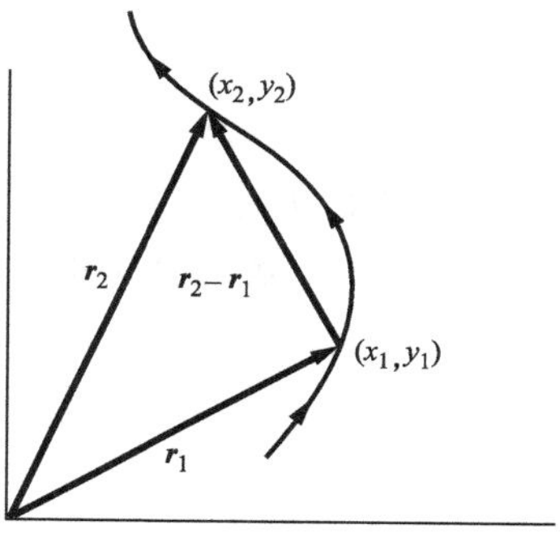

粒子在时刻 t_1 和 t_2 之间的位移为

$$\boldsymbol{r}(t_2)-\boldsymbol{r}(t_1)=(x_2-x_1,y_2-y_1)$$

我们将此推广，考虑在时间 t 和稍后的时间 $t+\Delta t$ 的位置。我们对 Δt 不加任何限制，大小随意。

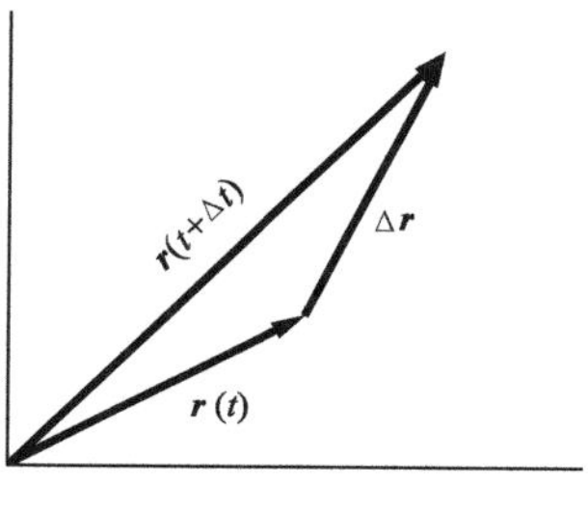

粒子在时间间隔 Δt 的位移为

$$\Delta\boldsymbol{r}=\boldsymbol{r}(t+\Delta t)-\boldsymbol{r}(t)$$

这个矢量方程等效于两个标量方程：

$$\Delta x=x(t+\Delta t)-x(t)$$

$$\Delta y=y(t+\Delta t)-y(t)$$

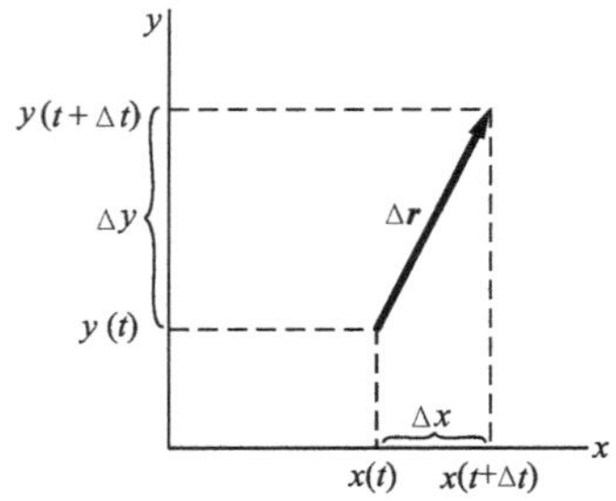

当粒子沿着轨道运动时，它的速度为

$$v = \lim_{\Delta t \to 0} \frac{\Delta \boldsymbol{r}}{\Delta t} = \frac{\mathrm{d}\boldsymbol{r}}{\mathrm{d}t}$$

这等效于两个标量方程：

$$v_x = \lim_{\Delta t \to 0} \frac{\Delta x}{\Delta t} = \frac{\mathrm{d}x}{\mathrm{d}t}$$

$$v_y = \lim_{\Delta t \to 0} \frac{\Delta y}{\Delta t} = \frac{\mathrm{d}y}{\mathrm{d}t}$$

很容易将这些推广到三维情形。速度的第三个分量为

$$v_z = \lim_{\Delta t \to 0} \frac{z(t+\Delta t) - z(t)}{\Delta t} = \frac{\mathrm{d}z}{\mathrm{d}t}$$

速度的矢量定义是熟悉的直线运动的一个直接推广。矢量表示可以让我们只用一个方程来描述三维运动，非常经济，不然就需要三个方程了。方程 $v = \mathrm{d}\boldsymbol{r}/\mathrm{d}t$ 简洁地表示了我们刚刚得到的结果。

计算速度的另一个方法是从定义 $\boldsymbol{r} = x\hat{\boldsymbol{i}} + y\hat{\boldsymbol{j}} + z\hat{\boldsymbol{k}}$ 开始，然后求导：

$$\frac{\mathrm{d}\boldsymbol{r}}{\mathrm{d}t} = \frac{\mathrm{d}(x\hat{\boldsymbol{i}} + y\hat{\boldsymbol{j}} + z\hat{\boldsymbol{k}})}{\mathrm{d}t}$$

为计算这个表达式，我们利用矢量的一个关键性质——矢量随时间可以改变大小或方向，或者都变化。但是，基矢量是单位矢量，有确定的大小，所以它们的大小不会变化。笛卡儿基矢量还有一个特殊的性质，它们的方向是固定的，因而不会改变方向。所以求导时可以像以前那样将笛卡儿基矢量看作常量：

$$\frac{\mathrm{d}\boldsymbol{r}}{\mathrm{d}t} = \frac{\mathrm{d}x}{\mathrm{d}t}\hat{\boldsymbol{i}} + \frac{\mathrm{d}y}{\mathrm{d}t}\hat{\boldsymbol{j}} + \frac{\mathrm{d}z}{\mathrm{d}t}\hat{\boldsymbol{k}}$$

类似地，加速度 $\boldsymbol{a}$ 定义为

$$\boldsymbol{a} = \frac{\mathrm{d}\, v}{\mathrm{d}t} = \frac{\mathrm{d}v_x}{\mathrm{d}t}\hat{\boldsymbol{i}} + \frac{\mathrm{d}v_y}{\mathrm{d}t}\hat{\boldsymbol{j}} + \frac{\mathrm{d}v_z}{\mathrm{d}t}\hat{\boldsymbol{k}} = \frac{\mathrm{d}^2\boldsymbol{r}}{\mathrm{d}t^2}$$

我们可以继续对 $\boldsymbol{r}$ 求更高阶的导数，得到新的矢量，但是研究动力学时会发现，$\boldsymbol{r}$、v 和 $\boldsymbol{a}$ 才是我们的兴趣所在。

让粒子在时间 Δt 经历一个位移 $\Delta \boldsymbol{r}$。在 $\Delta t \to 0$ 的极限，$\Delta \boldsymbol{r}$ 与轨道相切，如图所示。在 $\Delta t \to 0$ 的极限，有精确的关系式：

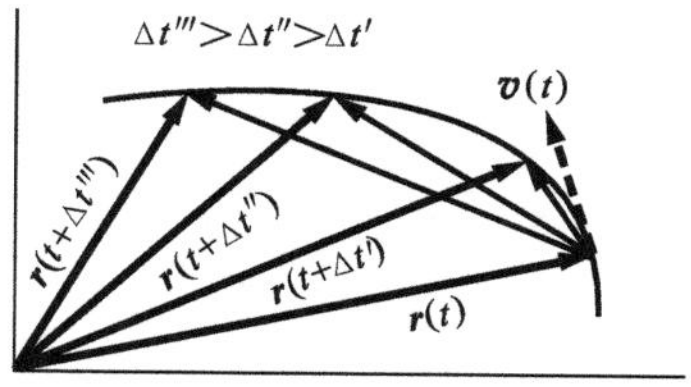

$$\Delta \boldsymbol{r} \approx \frac{\mathrm{d}\boldsymbol{r}}{\mathrm{d}t}\Delta t$$
$$= \boldsymbol{v}\Delta t$$

这表明 $\boldsymbol{v}$ 与 $\Delta \boldsymbol{r}$ 平行；粒子的瞬时速度处处与轨道相切。

例 1.7 由位置确定速度

假定粒子的位置给定，$\boldsymbol{r} = A(\mathrm{e}^{\alpha t}\hat{\boldsymbol{i}} + \mathrm{e}^{-\alpha t}\hat{\boldsymbol{j}})$，这里 A 和 α 为常量。计算速度并画出轨道。

$$\boldsymbol{v} = \frac{\mathrm{d}\boldsymbol{r}}{\mathrm{d}t}$$
$$= A(\alpha \mathrm{e}^{\alpha t}\hat{\boldsymbol{i}} - \alpha \mathrm{e}^{-\alpha t}\hat{\boldsymbol{j}})$$

或者
$$v_x = A\alpha \mathrm{e}^{\alpha t}$$
$$v_y = -A\alpha \mathrm{e}^{-\alpha t}$$

速度的大小是

$$v = \sqrt{v_x^2 + v_y^2}$$
$$= A\alpha\sqrt{\mathrm{e}^{2\alpha t} + \mathrm{e}^{-2\alpha t}}$$

为画出轨道，看一下极限情形通常是很有帮助的。$t=0$ 时，我们有

$$\boldsymbol{r}(0) = A(\hat{\boldsymbol{i}} + \hat{\boldsymbol{j}})$$
$$\boldsymbol{v}(0) = \alpha A(\hat{\boldsymbol{i}} - \hat{\boldsymbol{j}})$$

注意：$\boldsymbol{v}(0)$ 与 $\boldsymbol{r}(0)$ 垂直。

在 $t \to \infty$，$\mathrm{e}^{\alpha t} \to \infty$ 且 $\mathrm{e}^{-\alpha t} \to 0$。在这极限下，$\boldsymbol{r} \to A\mathrm{e}^{\alpha t}\hat{\boldsymbol{i}}$，$\boldsymbol{r}$ 是沿 x 轴的矢量，$\boldsymbol{v} \to \alpha A\mathrm{e}^{\alpha t}\hat{\boldsymbol{i}}$；在这一非现实的例子中，粒子靠近 x 轴，且速度无限增大。

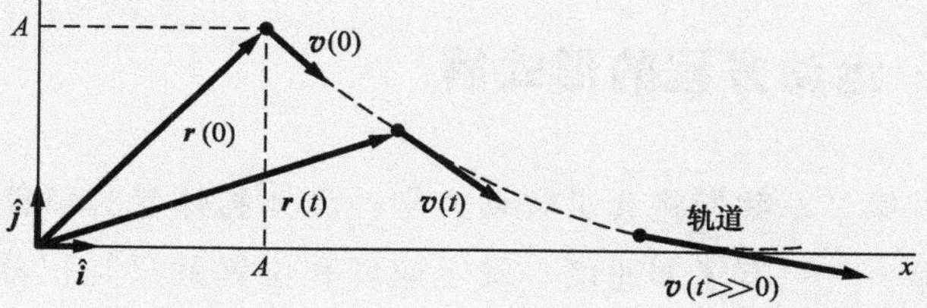

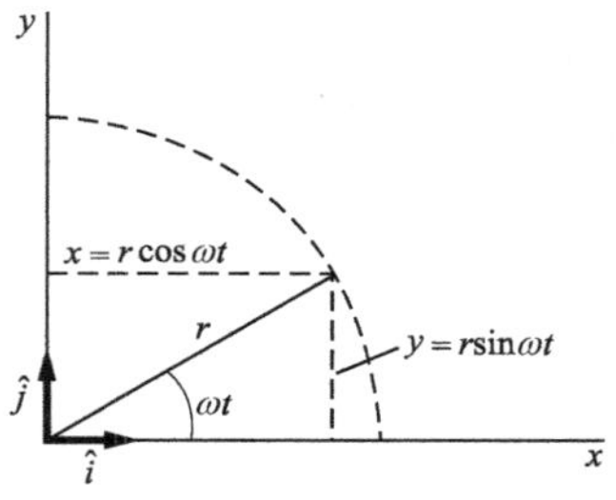

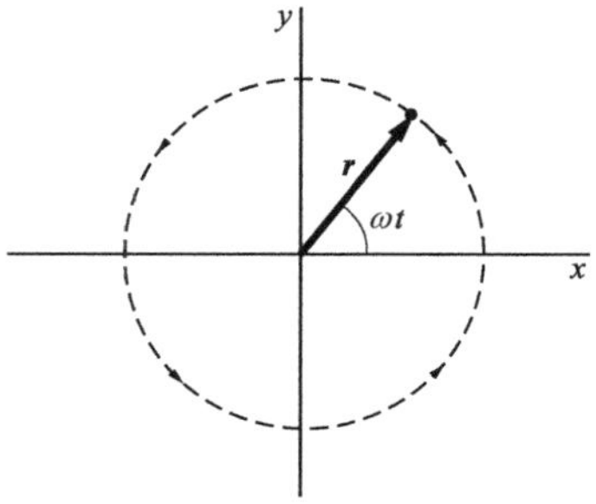

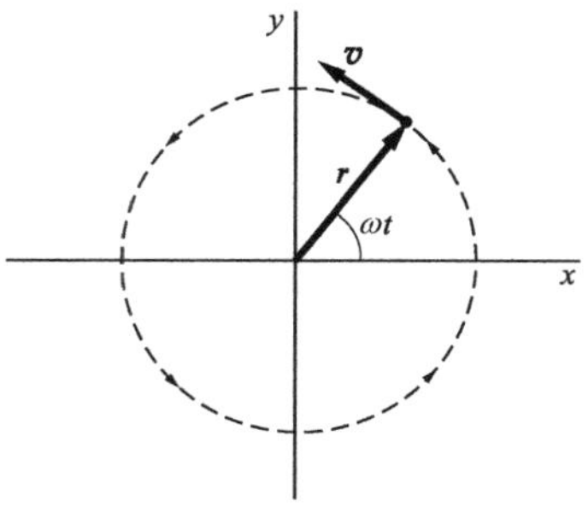

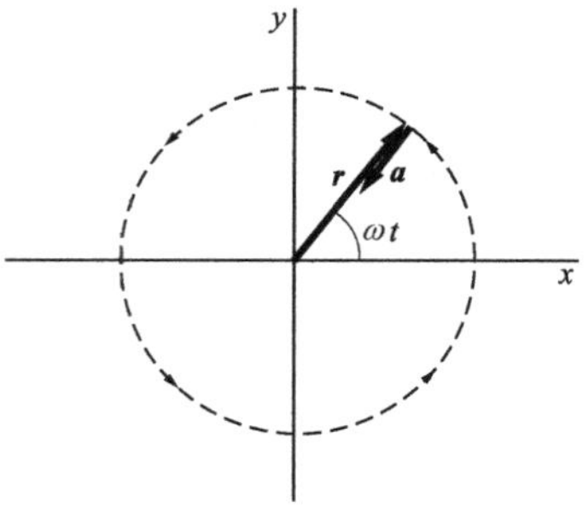

例 1.8 匀速圆周运动

圆周运动在物理中具有重要的作用。这里，我们看看最简单最重要的情形——匀速圆周运动，即沿圆周做匀速运动。

考虑粒子在 x-y 平面按 $\boldsymbol{r}=r(\cos\omega t\hat{\boldsymbol{i}}+\sin\omega t\hat{\boldsymbol{j}})$ 运动，式中 r 和 ω 为常量。确定轨道、速度和加速度。

$$|\boldsymbol{r}|=\sqrt{r^2\cos^2\omega t+r^2\sin^2\omega t}$$

利用熟悉的恒等式 $\sin^2\theta+\cos^2\theta=1$，$|\boldsymbol{r}|=r=$常数。轨道是一个圆。

在 $t=0$ 时，粒子从 $(r,0)$ 开始沿圆周逆时针运动。它在时间 T 走过圆周，这里 $\omega T=2\pi$。ω 称为运动的角速率（或不太严谨地称为角速度），单位是弧度每秒。T 是完成一次圆周运动的时间，称为周期。

$$\begin{aligned}\boldsymbol{v}&=\frac{\mathrm{d}\boldsymbol{r}}{\mathrm{d}t}\\&=r\omega(-\sin\omega t\hat{\boldsymbol{i}}+\cos\omega t\hat{\boldsymbol{j}})\end{aligned}$$

通过计算 $\boldsymbol{v}\cdot\boldsymbol{r}$ 可以证明 $\boldsymbol{v}$ 与轨道相切：

$$\begin{aligned}\boldsymbol{v}\cdot\boldsymbol{r}&=r^2\omega(-\sin\omega t\cos\omega t+\cos\omega t\sin\omega t)\\&=0\end{aligned}$$

由于 $\boldsymbol{v}$ 与 $\boldsymbol{r}$ 垂直，不出所料，运动与圆周相切。易证，速率 $|\boldsymbol{v}|=r\omega$ 为常量。

$$\begin{aligned}\boldsymbol{a}&=\frac{\mathrm{d}\boldsymbol{v}}{\mathrm{d}t}\\&=r\omega^2(-\cos\omega t\hat{\boldsymbol{i}}-\sin\omega t\hat{\boldsymbol{j}})\\&=-\omega^2\boldsymbol{r}\end{aligned}$$

加速度沿径向朝里，称为向心加速度。我们在本章的极坐标系中将进一步讨论它。

1.9 运动方程的形式解

在第 2 章我们将会了解动力学，已知物体受力就能确定加速度。一旦有了加速度，确定速度和位置就只是积分的事情了。这里给出形式上的积分流程。

如果加速度是时间的已知函数，利用定义

$$\frac{\mathrm{d}\boldsymbol{v}(t)}{\mathrm{d}t}=\boldsymbol{a}(t)$$

对时间积分，就能确定速度。为了更详细地写出这个方程，我们利用关系式

$$\frac{\mathrm{d}v_x}{\mathrm{d}t}\hat{\boldsymbol{i}}+\frac{\mathrm{d}v_y}{\mathrm{d}t}\hat{\boldsymbol{j}}+\frac{\mathrm{d}v_z}{\mathrm{d}t}\hat{\boldsymbol{k}}=a_x\hat{\boldsymbol{i}}+a_y\hat{\boldsymbol{j}}+a_z\hat{\boldsymbol{k}}$$

可以将两侧相应的分量写成分离的方程。(为证实这一点，可分别用 $\hat{\boldsymbol{i}}$，$\hat{\boldsymbol{j}}$ 或 $\hat{\boldsymbol{k}}$，对所有项作点积。) 例如，x 分量为

$$\frac{\mathrm{d}v_x}{\mathrm{d}t}=a_x$$

如果已知初始时间 t_0 的速度 x 分量，我们可以对时间积分，得到后面时间 t_1 的速度：

$$\int_{v_0}^{v_1}\mathrm{d}v_x=\int_{t_0}^{t_1}a_x\,\mathrm{d}t$$

或者

$$v_x(t_1)-v_x(t_0)=\int_{t_0}^{t_1}a_x(t)\,\mathrm{d}t$$

$$v_x(t_1)=v_x(t_0)+\int_{t_0}^{t_1}a_x(t)\,\mathrm{d}t$$

可类似处理速度的 y 和 z 分量，我们有

$$\boldsymbol{v}(t_1)=\boldsymbol{v}(t_0)+\int_{t_0}^{t_1}\boldsymbol{a}(t)\,\mathrm{d}t$$

为了表示在任意时刻 t 的速度，有表达式

$$\boldsymbol{v}(t)=\boldsymbol{v}_0+\int_{t_0}^{t}\boldsymbol{a}(t')\,\mathrm{d}t'$$

为避免与积分上限混淆，这里已经将积分变量 t 换成了 t'。为使表达式更加简单，初始速度 $\boldsymbol{v}(t_0)$ 也简写为 $\boldsymbol{v}_0$。正如我们所料，$t=t_0$ 时，$\boldsymbol{v}(t)=\boldsymbol{v}_0$。

例 1.9 由加速度确定速度

一个乒乓球从（无空气的）月球表面，以速度 $\boldsymbol{v}_0=(0, 5, -3)$ m/s 释放。它以加速度 $\boldsymbol{a}=(0, 0, -1.6)$ m/s^2 向下加速。确定 5 s 后它的速度。

方程：

$$v(t)=v_0+\int_{t_0}^{t_1} a(t')\mathrm{d}t'$$

等价于三个分量方程：

$$v_x(t)=v_{0x}+\int_0^t a_x(t')\mathrm{d}t'$$

$$v_y(t)=v_{0y}+\int_0^t a_y(t')\mathrm{d}t'$$

$$v_z(t)=v_{0z}+\int_0^t a_z(t')\mathrm{d}t'$$

轮流代入给定的v_0和 $\boldsymbol{a}$ 的值，可得 $t=5$ s 时：

$$v_x=0 \text{ m/s}$$

$$v_y=5 \text{ m/s}$$

$$v_z=-3+\int_0^5(-1.6)\mathrm{d}t'=-11 \text{ m/s}$$

第二次积分就确定位置。从公式

$$\frac{\mathrm{d}\boldsymbol{r}(t)}{\mathrm{d}t}=v(t)$$

可以得到

$$\boldsymbol{r}(t)=\boldsymbol{r}_0+\int_0^t v(t')\mathrm{d}t'$$

一个特别重要的情形是匀加速。取 $\boldsymbol{a}=$常量，$t_0=0$，我们有

$$v(t)=v_0+\boldsymbol{a}t$$

$$\boldsymbol{r}(t)=\boldsymbol{r}_0+\int_0^t(v_0+\boldsymbol{a}t')\mathrm{d}t'$$

或者

$$\boldsymbol{r}(t)=\boldsymbol{r}_0+v_0t+\frac{1}{2}\boldsymbol{a}t^2$$

这与你熟悉的一维形式很相似。例如，这个方程的 x 分量为

$$x=x_0+v_{0x}t+\frac{1}{2}a_xt^2$$

式中，v_{0x}是v_0的 x 分量。你对这个表达式太熟悉了，可能会不由自主地把它应用于变加速的一般情形。不要啊！它只适合于匀加速。一般情形下，必须采用上述完整的程序。

例 1.10 重力场中的运动

假定一个物体在重力的作用下自由运动，它有向下的匀加速度 g。选择 z 轴竖直向上，则有

$$\boldsymbol{a}=-g\hat{\boldsymbol{k}}$$

如果物体在 $t=0$ 以初始速度 v_0 释放，我们有

$$x=x_0+v_{0x}t$$

$$y=y_0+v_{0y}t$$

$$z=z_0+v_{0z}t-\frac{1}{2}gt^2$$

不失一般性，可以让 $\boldsymbol{r}_0=0$，并假定 $v_{0y}=0$。(后一假设只意味着我们选择了一个初始速度在 x-z 平面的坐标系。)因此，

$$x=v_{0x}t$$

$$z=v_{0z}t-\frac{1}{2}gt^2$$

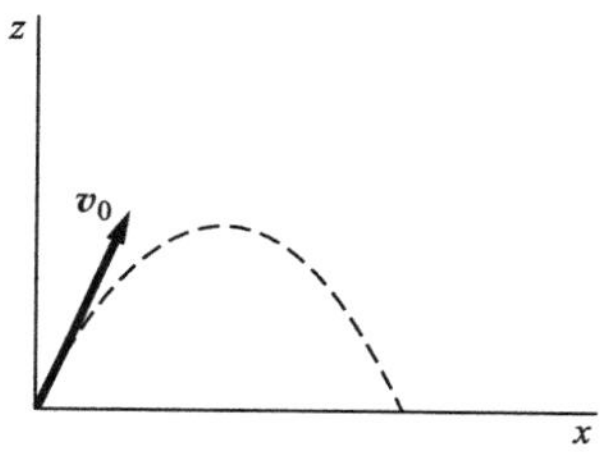

从两个 x 和 z 的方程中消去时间可得到轨道，即路径 $z(x)$。

$$z=\frac{v_{0z}}{v_{0x}}x-\frac{g}{2v_{0x}^2}x^2$$

如图所示，这就是众所周知的重力场中的抛物线。

例 1.11 无线电波对电离层电子的影响

电离层是围绕地球，高度大约在 200 km (120 mile)，由带正电的离子和带负电的电子组成的电中性气体所处的区域。无线电波通过电离层时，它的电场会加速带电粒子。因为电场随时间振动，带电粒子倾向于来回摇动。当电荷 $-e$、质量 m 的静止电子突然受电场 $E=E_0\sin\omega t$ 作用 (ω 为振动频率，单位为弧度每秒) 作用时，确定电子的运动。

电子所受电场的作用力为 $\boldsymbol{F}=-e\boldsymbol{E}$，由牛顿第二定律，我们有 $\boldsymbol{a}=\boldsymbol{F}/m=-e\boldsymbol{E}/m$。(若此后的推导不清楚，先暂且不管。到第 2 章就会清楚了。) 加速度为

$$\boldsymbol{a}=\frac{-e\boldsymbol{E}}{m}$$

$$=\frac{-e\boldsymbol{E}_0}{m}\sin\omega t$$

$\boldsymbol{E}_0$为常矢量，我们这样选择坐标系，以使其沿 x 轴。由于 y 和 z 方向没有加速度，我们只需考虑 x 方向的运动。考虑到这种情况，我们略去下标，用 a 来表示 a_x：

$$a(t)=\frac{-eE_0}{m}\sin\omega t=a_0\sin\omega t$$

式中，

$$a_0=\frac{-eE_0}{m}$$

因而

$$\begin{aligned}v(t)&=v_0+\int_0^t a(t')\mathrm{d}t'\\&=v_0+\int_0^t a_0\sin\omega t'\mathrm{d}t'\\&=v_0-\frac{a_0}{\omega}\cos\omega t'\Big|_0^t\\&=v_0-\frac{a_0}{\omega}(\cos\omega t-1)\end{aligned}$$

并且

$$\begin{aligned}x(t)&=x_0+\int_0^t v(t')\mathrm{d}t'\\&=x_0+\int_0^t\left[v_0-\frac{a_0}{\omega}\ (\cos\omega t'-1)\right]\mathrm{d}t'\\&=x_0+\left(v_0+\frac{a_0}{\omega}\right)t-\frac{a_0}{\omega^2}\sin\omega t\end{aligned}$$

电子初始时静止，$x_0=0$，$v_0=0$，所以最后得到

$$x(t)=\frac{a_0}{\omega}t-\frac{a_0}{\omega^2}\sin\omega t$$

结果很有意思：第二项表示振动，对应于电子的摇动，与我们预期的一致。第一项对应于电子的匀速运动，所以除了电子的摇动，电子也在漂移。你知道为什么吗？

1.10 再论矢量对时间的导数

在 1.5 节，我们介绍了如何用矢量描述速度和加速度。特别重要的是，如何通过对矢量 $\boldsymbol{r}$ 求导来得到一个新的矢量。有时我们也需要把其他的矢量对时间求导，所以有必要将我们的讨论进一步推广。

考虑一个随时间变化的矢量 $\boldsymbol{A}(t)$。$\boldsymbol{A}(t)$ 在 t 到 $t+\Delta t$ 的时间间隔内的变化为

$$\Delta\boldsymbol{A}=\boldsymbol{A}(t+\Delta t)-\boldsymbol{A}(t)$$

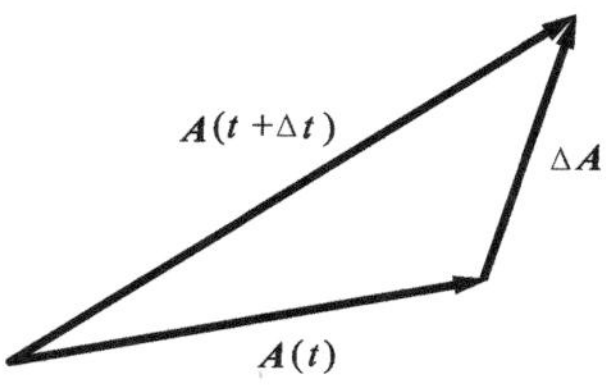

与 1.6 节对 $\boldsymbol{r}$ 求导的程序完全相同，我们定义 $\boldsymbol{A}$ 的时间导数为

$$\frac{\mathrm{d}\boldsymbol{A}}{\mathrm{d}t}=\lim_{\Delta t\to 0}\frac{\boldsymbol{A}(t+\Delta t)-\boldsymbol{A}(t)}{\Delta t}$$

重要的是要领会到，$\mathrm{d}\boldsymbol{A}/\mathrm{d}t$ 是一个新矢量，可大可小，可指向任何方向，这取决于 $\boldsymbol{A}$ 的行为。

$\mathrm{d}\boldsymbol{A}/\mathrm{d}t$ 与简单标量函数的导数有一点是不同的。$\boldsymbol{A}$ 的大小和方向都可以变化——而标量函数只可以改变大小。这个差异至关重要。

图中显示了增量 $\Delta\boldsymbol{A}$ 与 $\boldsymbol{A}$ 相加。第一种情形是 $\Delta\boldsymbol{A}$ 与 $\boldsymbol{A}$ 平行；这使得方向不变，但是大小变到 $|\boldsymbol{A}|+|\Delta\boldsymbol{A}|$。

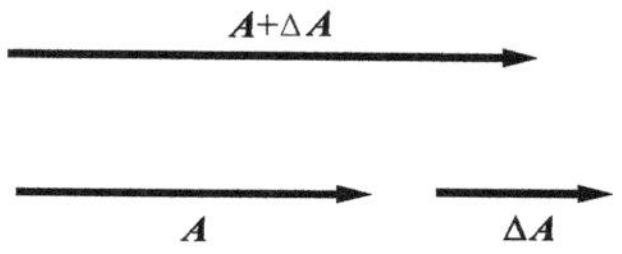

情形1

第二种情形是 $\Delta\boldsymbol{A}$ 与 $\boldsymbol{A}$ 垂直。如果 $\Delta\boldsymbol{A}$ 为小量，这会改变方向，但其大小实际上是不变的。

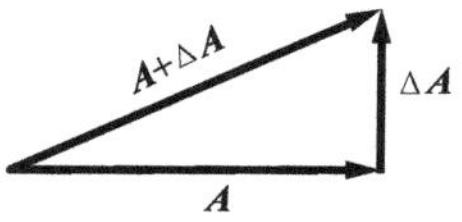

情形2

一般而言，$\boldsymbol{A}$ 的大小和方向都会改变。有必要画出两种变化同时发生的情形。图中我们展示了小的增量 $\Delta\boldsymbol{A}$ 分解成与 $\boldsymbol{A}$ 平行的分量 $\Delta\boldsymbol{A}_{\parallel}$ 和与 $\boldsymbol{A}$ 垂直的分量 $\Delta\boldsymbol{A}_{\perp}$。就像我们在求导中取极限 $\Delta\boldsymbol{A}\to 0$ 时，$\Delta\boldsymbol{A}_{\parallel}$ 只改变 $\boldsymbol{A}$ 的大小，$\Delta\boldsymbol{A}_{\perp}$ 只改变 $\boldsymbol{A}$ 的方向。

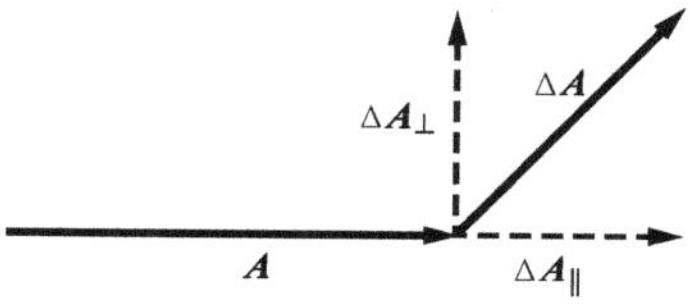

如果不能清楚理解矢量的两种变化方式，就很容易犯错，漏掉其中一个。

1.10.1 旋转矢量

如果 $\mathrm{d}\boldsymbol{A}/\mathrm{d}t$ 总是与 $\boldsymbol{A}$ 垂直，$\boldsymbol{A}$ 一定在转动。因为它的大小不变，它随时间的变化只能来源于方向的变化。

图中显示了当 $\Delta\boldsymbol{A}$ 总是与 $\boldsymbol{A}$ 垂直时，转动是怎么产生的。当把相继的矢量画在一个共同的原点后，旋转运动就更加明显。

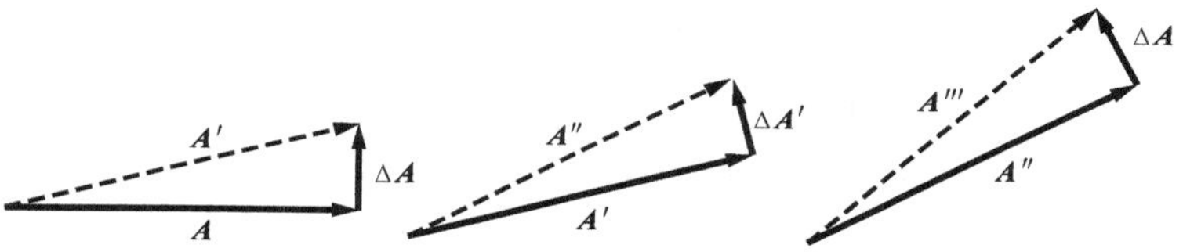

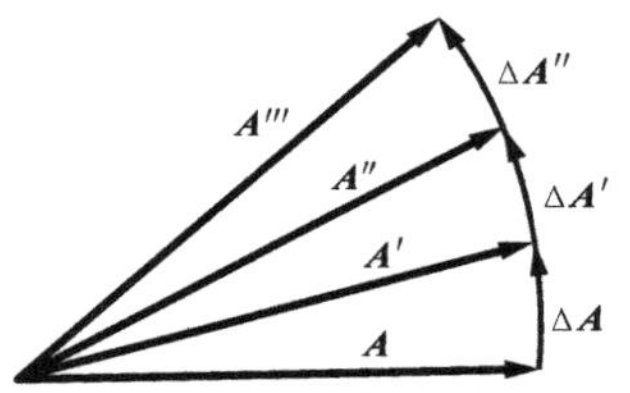

当 $\Delta\boldsymbol{A}$ 总是与 $\boldsymbol{A}$ 平行时，情况刚好相反。

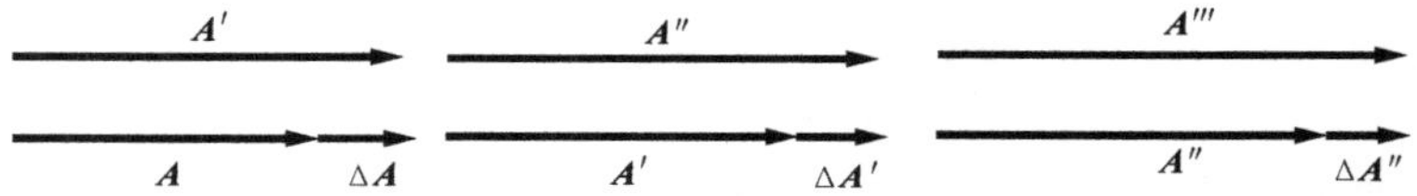

从一个共同的原点，画出的矢量就像这样：

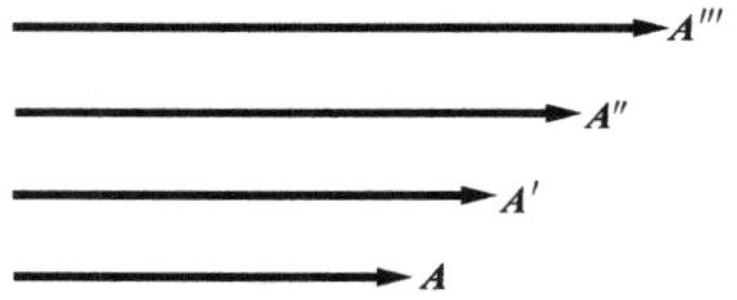

例 1.12　圆周运动和旋转矢量

这道例题把旋转矢量与圆周运动联系起来。在例 1.8 中，我们讨论了运动：

$$\boldsymbol{r}=r(\cos\omega t\hat{\boldsymbol{i}}+\sin\omega t\hat{\boldsymbol{j}})$$

速度为

$$v=r\omega(-\sin\omega t\hat{\boldsymbol{i}}+\cos\omega t\hat{\boldsymbol{j}})$$

因为

$$\begin{aligned}\boldsymbol{r}\cdot v&=r^2\omega(-\cos\omega t\sin\omega t+\sin\omega t\cos\omega t)\\&=0\end{aligned}$$

可以看出，$\mathrm{d}\boldsymbol{r}/\mathrm{d}t$ 与 $\boldsymbol{r}$ 垂直。我们断定 $\boldsymbol{r}$ 的大小为常量。这样，$\boldsymbol{r}$ 的唯一可能的变化就是方向的改变，也就是说，$\boldsymbol{r}$ 必须旋转，轨迹则是圆。实际情况恰恰如此，$\boldsymbol{r}$ 绕原点转动。

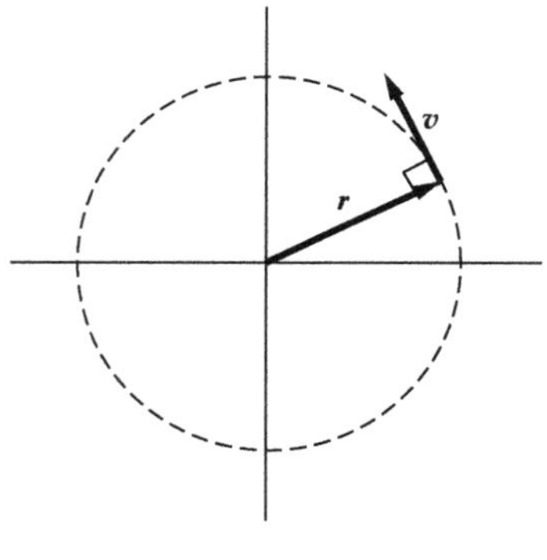

前面我们已经得到 $\boldsymbol{a}=-\omega^2\boldsymbol{r}$。由于 $\boldsymbol{r}\cdot v=0$，$\boldsymbol{a}\cdot v=-\omega^2\boldsymbol{r}\cdot v=0$，$\boldsymbol{a}=\mathrm{d}v/\mathrm{d}t$ 与 v 垂直，这意味着，速度矢量有恒定的大小，只能通过转动发生变化。图中显示了 v 在不同位置都沿着轨道，可看出 v 确实在旋转。在一个共同的原点画出不同位置的速度矢量。很显然，每次质点完成一轮，速度矢量也转了一圈。

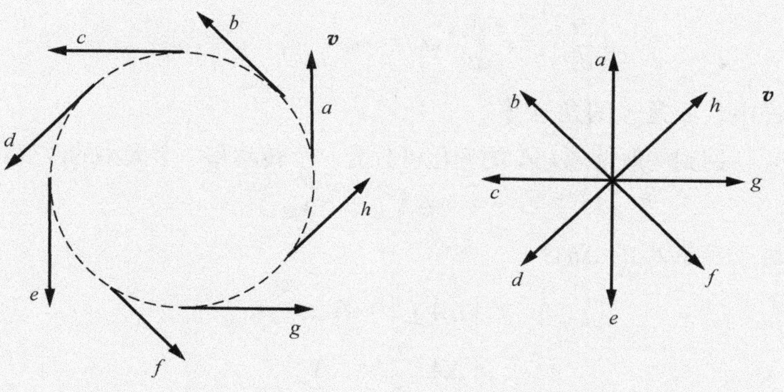

或许你能证明，加速度矢量也在匀速转动。

假设矢量 $\boldsymbol{A}(t)$ 的大小为常量 A。$\boldsymbol{A}(t)$ 随时间变化的唯一方式就是旋转，我们现在就为这样一个旋转矢量的时间导数找一个有用的表达式。$\mathrm{d}\boldsymbol{A}/\mathrm{d}t$ 的方向总是与 $\boldsymbol{A}$ 垂直。$\mathrm{d}\boldsymbol{A}/\mathrm{d}t$ 的大小可以通过几何论证得到。

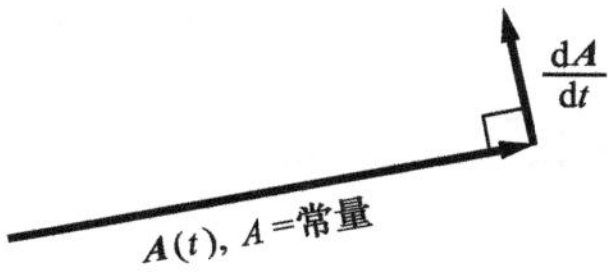

$\boldsymbol{A}$ 在 t 到 $t+\Delta t$ 的时间间隔内的变化为

$$\Delta\boldsymbol{A}=\boldsymbol{A}(t+\Delta t)-\boldsymbol{A}(t)$$

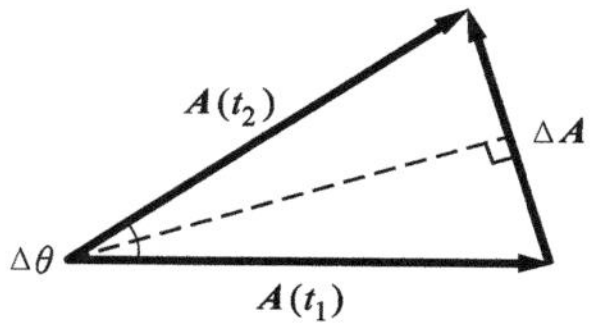

利用图示的角度 $\Delta\theta$，

$$|\Delta\boldsymbol{A}|=2A\sin\frac{\Delta\theta}{2}$$

对于 $\Delta\theta\ll1$，就像注释 1.2 所讨论的，$\sin\Delta\theta/2\approx\Delta\theta/2$。我们有

$$|\Delta\boldsymbol{A}|\approx2A\,\frac{\Delta\theta}{2}$$

$$=A\,\Delta\theta$$

和

$$\left|\frac{\Delta\boldsymbol{A}}{\Delta t}\right|\approx A\,\frac{\Delta\theta}{\Delta t}$$

取极限 $\Delta t\to0$，有

$$\left|\frac{\mathrm{d}\boldsymbol{A}}{\mathrm{d}t}\right|=A\,\frac{\mathrm{d}\theta}{\mathrm{d}t}$$

$\mathrm{d}\theta/\mathrm{d}t$ 称为 $\boldsymbol{A}$ 的**角速率**。

先简单用一下这个结果，让 $\boldsymbol{A}$ 是例 1.8 所讨论的旋转矢量 $\boldsymbol{r}$。

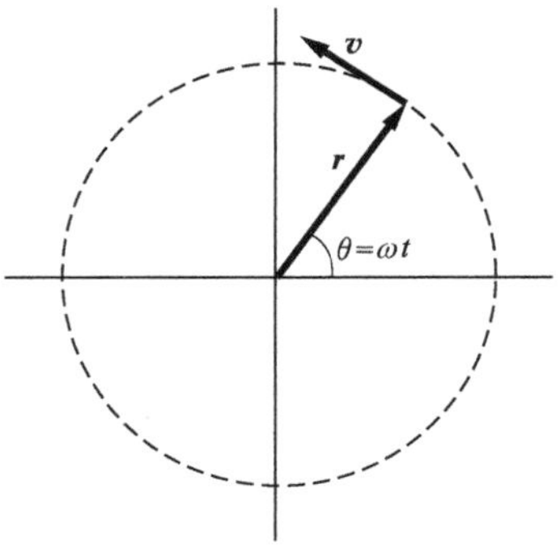

这时 $\theta=\omega t$，

$$\left|\frac{\mathrm{d}\boldsymbol{r}}{\mathrm{d}t}\right|=r\frac{\mathrm{d}}{\mathrm{d}t}(\omega t)=r\omega \quad 或 \quad v=r\omega$$

式中，ω 是 $\boldsymbol{r}$ 的角速率。

回到一般情形，$\boldsymbol{A}$ 的变化可分为一个转动和一个大小的改变：

$$\Delta\boldsymbol{A}=\Delta\boldsymbol{A}_{\perp}+\Delta\boldsymbol{A}_{\parallel}$$

对于足够小的 $\Delta\theta$，

$$|\Delta\boldsymbol{A}_{\perp}|=A\Delta\theta$$

$$|\Delta\boldsymbol{A}_{\parallel}|=\Delta A$$

除以 Δt，再取极限，

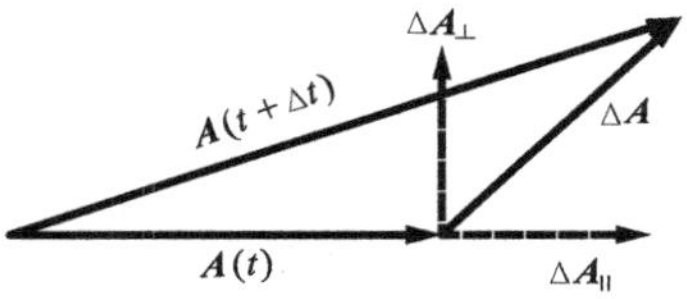

$$\left|\frac{\mathrm{d}\boldsymbol{A}_{\perp}}{\mathrm{d}t}\right|=A\frac{\mathrm{d}\theta}{\mathrm{d}t}$$

$$\left|\frac{\mathrm{d}\boldsymbol{A}_{\parallel}}{\mathrm{d}t}\right|=\frac{\mathrm{d}A}{\mathrm{d}t}$$

$\boldsymbol{A}$ 的方向不变（$\mathrm{d}\theta/\mathrm{d}t=0$），则 $\mathrm{d}\boldsymbol{A}_{\perp}/\mathrm{d}t$ 为零；$\boldsymbol{A}$ 的大小不变，则 $\mathrm{d}\boldsymbol{A}_{\parallel}/\mathrm{d}t$ 为零。

在这一节的最后，我们介绍几个有关矢量求导的恒等式，它们的证明留作练习。令 c 为标量，矢量 $\boldsymbol{A}$ 和 $\boldsymbol{B}$ 为时间的函数，则

$$\frac{\mathrm{d}}{\mathrm{d}t}(c\boldsymbol{A})=\frac{\mathrm{d}c}{\mathrm{d}t}\boldsymbol{A}+c\frac{\mathrm{d}\boldsymbol{A}}{\mathrm{d}t}$$

$$\frac{\mathrm{d}}{\mathrm{d}t}(\boldsymbol{A}\cdot\boldsymbol{B})=\frac{\mathrm{d}\boldsymbol{A}}{\mathrm{d}t}\cdot\boldsymbol{B}+\boldsymbol{A}\cdot\frac{\mathrm{d}\boldsymbol{B}}{\mathrm{d}t}$$

$$\frac{\mathrm{d}}{\mathrm{d}t}(\boldsymbol{A}\times\boldsymbol{B})=\frac{\mathrm{d}\boldsymbol{A}}{\mathrm{d}t}\times\boldsymbol{B}+\boldsymbol{A}\times\frac{\mathrm{d}\boldsymbol{B}}{\mathrm{d}t}$$

考虑到 $A^2=\boldsymbol{A}\cdot\boldsymbol{A}$，则

$$\frac{\mathrm{d}}{\mathrm{d}t}(A^2)=2\boldsymbol{A}\cdot\frac{\mathrm{d}\boldsymbol{A}}{\mathrm{d}t}$$

我们再次看到，如果 $\mathrm{d}\boldsymbol{A}/\mathrm{d}t$ 与 $\boldsymbol{A}$ 垂直，$\boldsymbol{A}$ 的大小为常量，$\mathrm{d}(A^2)/\mathrm{d}t=0$。

1.11 平面极坐标中的运动

目前我们使用的直角或笛卡儿坐标非常适合描述直线运动。例如，我们调整坐标系，使一个轴沿着运动的方向，那

么质点运动时就只有一个坐标会变化。然而，用直角坐标系描述圆周运动就很费事。圆周运动在物理中非常重要，值得为此引入一个更方便的坐标系。

需要强调的是，虽然在物理中可以随意选择坐标系，但是，若选择了合适的坐标系则会**极大地**简化问题。本节所介绍的坐标系对许多问题都是特别适合的，尤其是高等物理。这些材料对你来说可能是新的。若乍看上去很陌生，一定要有耐心。一旦你研究了例题，再做一些习题，就会觉得自然了。

1.11.1 极坐标

这个二维坐标系基于三维柱坐标系，如同笛卡儿坐标系的 x-y 平面是三维 x-y-z 坐标系的子集。柱坐标系的 z 轴与笛卡儿坐标系的相同。

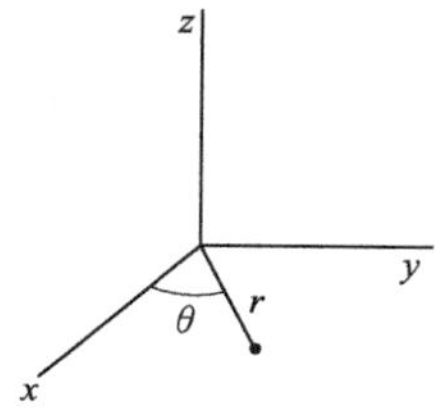

在 x-y 平面的位置不用 x-y 坐标来描述，而是采用 r-θ 坐标，这里 r 为到原点的距离，θ 为 r 与 x 轴的夹角，如图所示。

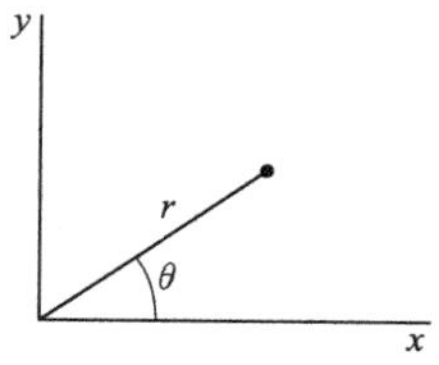

可以看出

$$r=\sqrt{x^2+y^2}$$

$$\theta=\arctan\left(\frac{y}{x}\right)$$

我们主要关心的是平面运动，所以现在忽略 z 轴，把讨论限定在二维。坐标 r 和 θ 称作**平面极坐标**。下面我们将学习如何用这些坐标来描述位置、速度和加速度。

比较笛卡儿和平面极坐标系的常数坐标线，很容易看出两者的差异。

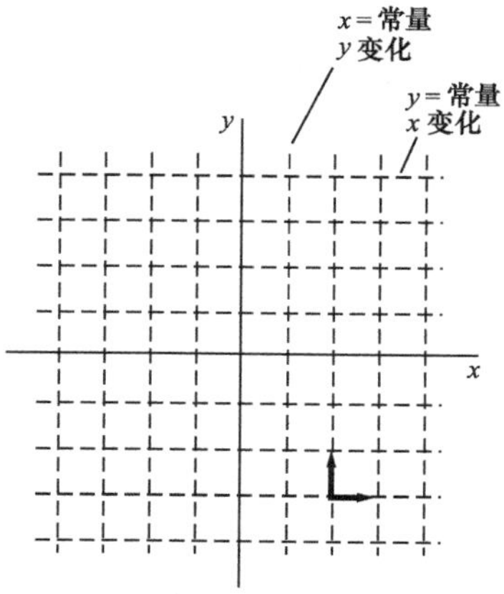

笛卡儿坐标系

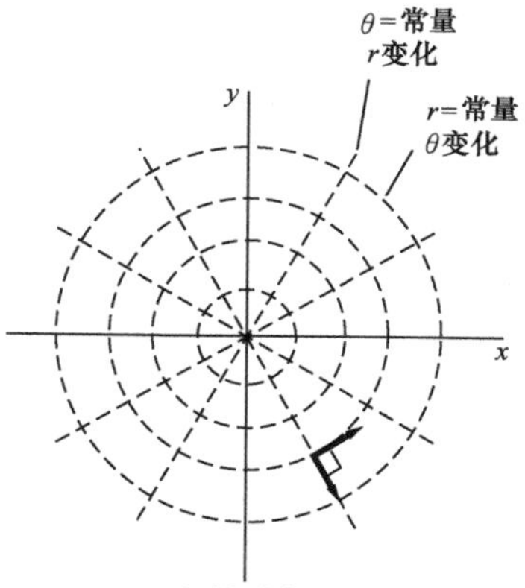

平面极坐标系

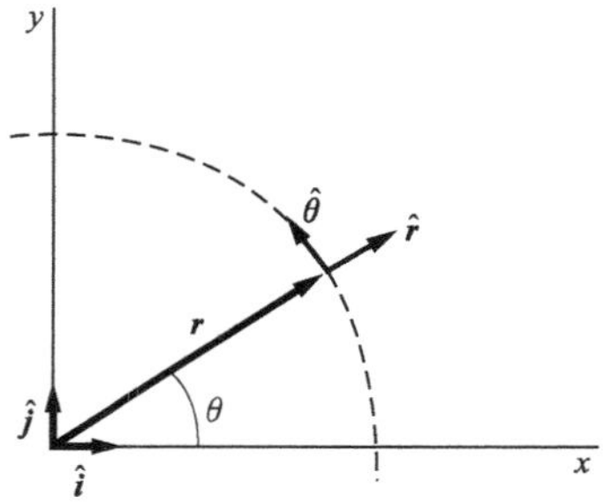

x 和 y 为常数的线是直的，并互相垂直。θ 为常数的线也是直的，并从原点沿径向朝外。相反，r 为常数的线是以原点为圆心的圆。注意，r 和 θ 为常数的线在交点处也是垂直的；笛卡儿和平面极坐标系都是正交坐标系。正交性很重要，它使基矢量相互独立，就像在笛卡儿坐标系中三个 $\hat{\boldsymbol{i}}$、$\hat{\boldsymbol{j}}$、$\hat{\boldsymbol{k}}$ 单位矢量的情形。在一个正交坐标系中，基矢量不会在其他基矢量上有分量。

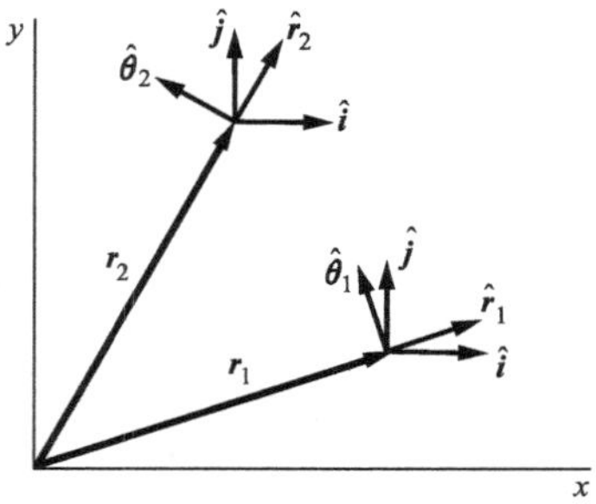

在 1.6 节，我们引入两个单位基矢 $\hat{\boldsymbol{i}}$、$\hat{\boldsymbol{j}}$，使其分别指向 x 和 y 增大的方向。本着同样的原则，我们现在引入两个新的单位基矢 $\hat{\boldsymbol{r}}$ 和 $\hat{\boldsymbol{\theta}}$，使其分别指向 r 和 θ 增大的方向。

平面极坐标系和笛卡儿坐标系的基矢量有一个根本的不同：$\hat{\boldsymbol{r}}$ 和 $\hat{\boldsymbol{\theta}}$ 的方向随位置变化，而 $\hat{\boldsymbol{i}}$、$\hat{\boldsymbol{j}}$ 有固定的方向。在空间的两点画出两套基矢量可以显示这个差异。

由于 $\hat{\boldsymbol{r}}$ 和 $\hat{\boldsymbol{\theta}}$ 随位置变化，极坐标系中的运动学公式比笛卡儿坐标系的看上去更复杂。

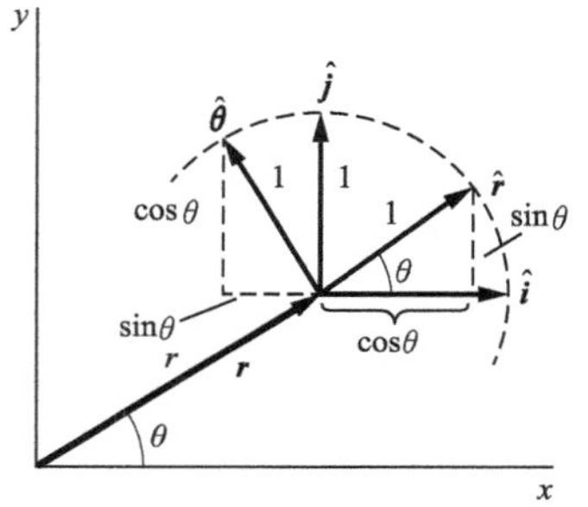

虽然 $\hat{\boldsymbol{r}}$ 和 $\hat{\boldsymbol{\theta}}$ 的方向随位置变化，但它们的方向只依赖于 θ，与 r 无关。为了提示这个 θ 依赖性，我们有时将单位矢量明确写为 $\hat{\boldsymbol{r}}(\theta)$ 和 $\hat{\boldsymbol{\theta}}(\theta)$。

图中显示的是在 x-y 平面某一点的两套单位矢量。由此可以看出

$$\hat{\boldsymbol{r}}(\theta)=\cos\theta\hat{\boldsymbol{i}}+\sin\theta\hat{\boldsymbol{j}} \tag{1.1}$$

$$\hat{\boldsymbol{\theta}}(\theta)=-\sin\theta\hat{\boldsymbol{i}}+\cos\theta\hat{\boldsymbol{j}} \tag{1.2}$$

通过检查几个点，例如 $\theta=0$ 和 $\pi/2$，你可以确信这些表达式是合情合理的。另外，通过证实 $\hat{\boldsymbol{r}}\cdot\hat{\boldsymbol{\theta}}=0$，你还可以肯定 $\hat{\boldsymbol{r}}(\theta)$和 $\hat{\boldsymbol{\theta}}(\theta)$ 的确是正交的。

容易确定，不论采用笛卡儿还是极坐标来描述矢量 $\boldsymbol{r}$，结果都相同。采用笛卡儿坐标，我们有

$$\boldsymbol{r}=x\hat{\boldsymbol{i}}+y\hat{\boldsymbol{j}}$$

在极坐标中则有

$$\boldsymbol{r}=r\hat{\boldsymbol{r}}$$

代入方程（1.1）表示的 $\hat{\boldsymbol{r}}$，则有

$$x\hat{\boldsymbol{i}}+y\hat{\boldsymbol{j}}=r(\cos\theta\hat{\boldsymbol{i}}+\sin\theta\hat{\boldsymbol{j}})$$

利用正交性（或者这个方程分别与 $\hat{\boldsymbol{i}}$ 和 $\hat{\boldsymbol{j}}$ 作点乘），就得到我

们期望的结果

$$x=r\cos\theta$$

$$y=r\sin\theta$$

在极坐标系中表示速度，需要对 $\boldsymbol{r}=r\hat{\boldsymbol{r}}(\theta)$ 求时间导数，而这就要小心了。利用链式法则，我们有

$$\frac{\mathrm{d}\boldsymbol{r}}{\mathrm{d}t}=\frac{\mathrm{d}r}{\mathrm{d}t}\hat{\boldsymbol{r}}(\theta)+r\frac{\mathrm{d}\hat{\boldsymbol{r}}(\theta)}{\mathrm{d}t}$$

第一项的含义是明显的：这是径向速度。第二项就涉及一个新概念——基矢对时间求导。所以，让我们来研究如何对 $\hat{\boldsymbol{r}}(\theta)$和 $\hat{\boldsymbol{\theta}}(\theta)$ 求导。

1.11.2 极坐标中的 $\mathrm{d}\hat{\boldsymbol{r}}/\mathrm{d}t$ 与 $\mathrm{d}\hat{\boldsymbol{\theta}}/\mathrm{d}t$

我们的目标是计算 $\hat{\boldsymbol{r}}$ 和 $\hat{\boldsymbol{\theta}}$ 的时间导数。我们需要这些结果来表示极坐标中的速度v和加速度 $\boldsymbol{a}$。

采用牛顿对时间导数的表示，可以让方程看起来更容易。例如，

$$\frac{\mathrm{d}\theta}{\mathrm{d}t}=\dot{\theta}$$

$$\frac{\mathrm{d}^2\theta}{\mathrm{d}t^2}=\ddot{\theta}$$

我们的出发点是方程（1.1）：$\hat{\boldsymbol{r}}=\cos\theta\hat{\boldsymbol{i}}+\sin\theta\hat{\boldsymbol{j}}$。将它对时间求导，得

$$\begin{aligned}\frac{\mathrm{d}\hat{\boldsymbol{r}}}{\mathrm{d}t}&=\frac{\mathrm{d}}{\mathrm{d}t}(\cos\theta)\hat{\boldsymbol{i}}+\frac{\mathrm{d}}{\mathrm{d}t}(\sin\theta)\hat{\boldsymbol{j}}\\&=-\sin\theta\,\dot{\theta}\,\hat{\boldsymbol{i}}+\cos\theta\,\dot{\theta}\hat{\boldsymbol{j}}\\&=(-\sin\theta\hat{\boldsymbol{i}}+\cos\theta\hat{\boldsymbol{j}})\dot{\theta}\end{aligned}$$

记着方程（1.2）的结果，$\hat{\boldsymbol{\theta}}=-\sin\theta\hat{\boldsymbol{i}}+\cos\theta\hat{\boldsymbol{j}}$，可得

$$\frac{\mathrm{d}\hat{\boldsymbol{r}}}{\mathrm{d}t}=\dot{\theta}\hat{\boldsymbol{\theta}}$$

类似地，对方程（1.2）求时间导数，我们有

$$\begin{aligned}\frac{\mathrm{d}\hat{\boldsymbol{\theta}}}{\mathrm{d}t}&=(-\cos\theta\hat{\boldsymbol{i}}-\sin\theta\hat{\boldsymbol{j}})\dot{\theta}\\&=-\dot{\theta}\hat{\boldsymbol{r}}\end{aligned}$$

我们会用到这些结果，所以在此汇总一下：

$$\frac{d\hat{\boldsymbol{r}}}{dt}=\dot{\theta}\hat{\boldsymbol{\theta}} \tag{1.3}$$

$$\frac{d\hat{\boldsymbol{\theta}}}{dt}=-\dot{\theta}\hat{\boldsymbol{r}} \tag{1.4}$$

例 1.13 用几何方法推导 $d\hat{\boldsymbol{r}}/dt$ 和 $d\hat{\boldsymbol{\theta}}/dt$

换一种方式理解新概念总是有益的。我们用代数方法推导了方程(1.3)和(1.4)，借助 1.8 节旋转矢量的概念，还可以用几何方法导出这些结果。

因为 $\hat{\boldsymbol{r}}(\theta)$ 和 $\hat{\boldsymbol{\theta}}(\theta)$ 是单位矢量，它们的大小为常量，变化的唯一方式就是改变方向，即旋转。

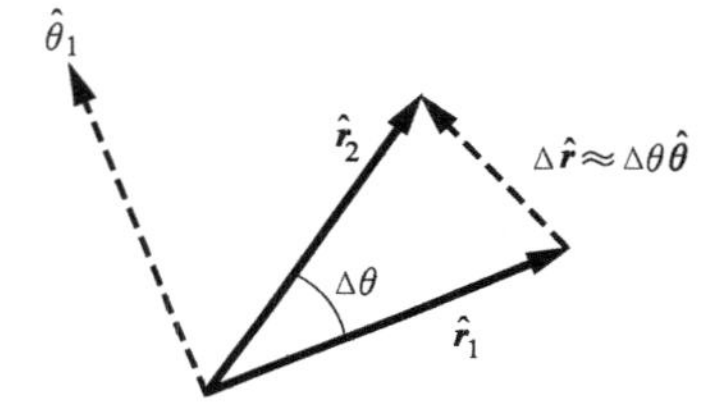

图中显示了 t 时刻的 $\hat{\boldsymbol{r}}(\theta)$，位于角度 θ，以及稍后 $t+\Delta t$ 时刻的 $\hat{\boldsymbol{r}}(\theta+\Delta\theta)$，角度是 $\theta+\Delta\theta$。$\hat{\boldsymbol{r}}$ 的相应的变化，用 $\Delta\hat{\boldsymbol{r}}$ 表示，几乎与 $\boldsymbol{r}$ 垂直：

$$|\Delta\hat{\boldsymbol{r}}|\approx|\hat{\boldsymbol{r}}|\Delta\theta=\Delta\theta$$

除以 Δt，得

$$\frac{|\Delta\hat{\boldsymbol{r}}|}{\Delta t}\approx\frac{\Delta\theta}{\Delta t}$$

取极限 $\Delta t\to 0$，我们有

$$\left|\frac{d\hat{\boldsymbol{r}}}{dt}\right|=\frac{d\theta}{dt}=\dot{\theta}$$

现在大小和方向都有了，就可以得到预期的结论

$$\frac{d\hat{\boldsymbol{r}}}{dt}=\dot{\theta}\hat{\boldsymbol{\theta}}$$

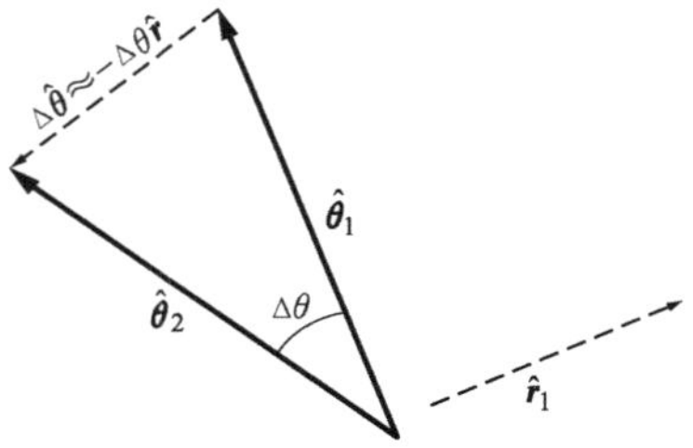

类似地，图中显示了 $\hat{\boldsymbol{\theta}}$ 的变化，用 $\Delta\hat{\boldsymbol{\theta}}$ 表示，沿 $\hat{\boldsymbol{r}}$ 径向朝里。因此，

$$|\Delta\hat{\boldsymbol{\theta}}|\approx|\hat{\boldsymbol{\theta}}|\Delta\theta=\Delta\theta$$

$$\frac{|\Delta\hat{\boldsymbol{\theta}}|}{\Delta t}\approx\frac{\Delta\theta}{\Delta t}$$

取极限，

$$\left|\frac{\mathrm{d}\hat{\boldsymbol{\theta}}}{\mathrm{d}t}\right|=\frac{\mathrm{d}\theta}{\mathrm{d}t}=\dot{\theta}$$

所有结果合并，同样得到预期的结论

$$\frac{\mathrm{d}\hat{\boldsymbol{\theta}}}{\mathrm{d}t}=-\dot{\theta}\,\hat{\boldsymbol{r}}$$

1.11.3 极坐标中的速度

现在，我们就有办法利用极坐标计算速度了。

$$v=\frac{\mathrm{d}}{\mathrm{d}t}(r\hat{\boldsymbol{r}})=\dot{r}\hat{\boldsymbol{r}}+r\,\frac{\mathrm{d}\hat{\boldsymbol{r}}}{\mathrm{d}t}$$

利用方程（1.3），可得

$$v=\dot{r}\hat{\boldsymbol{r}}+r\,\dot{\theta}\,\hat{\boldsymbol{\theta}}$$

考虑每次只改变一个量的情形，我们就能考察各项的意义了。

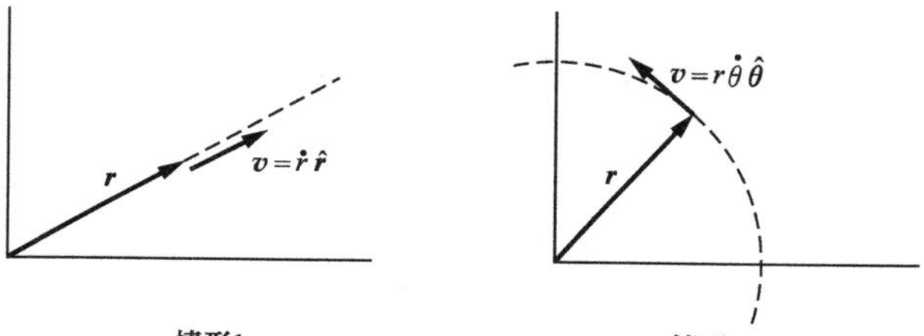

情形1　　　　情形2

情形 1：径向速度（$\theta=$常量，r 变化）。如果 θ 为常量，$\dot{\theta}=0$，$v=\dot{r}\hat{\boldsymbol{r}}$。我们有沿着固定径向的一维运动。

情形 2：横向速度（$r=$常量，θ 变化）。在这种情形下 $v=r\dot{\theta}\hat{\boldsymbol{\theta}}$。由于 r 是定值，运动沿着圆弧，即切向。在圆上的点的速率是 $r\dot{\theta}$，满足$v=r\dot{\theta}\hat{\boldsymbol{\theta}}$。

如果 r 和 θ 都变化，速度是径向和横向运动的合成。

下面四个例子展示了极坐标描述速度的方法。

例 1.14　极坐标中的圆周运动

粒子沿半径为 b 的圆周运动，角速度$\dot{\theta}=\alpha t$，这里 α 为常量（α 有单位 $\mathrm{rad/s^2}$）。在极坐标中描述粒子的速度。

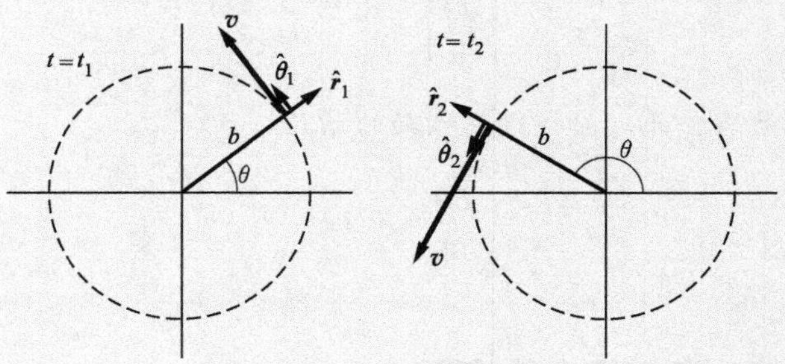

由于 $r=b=$ 常量，v 完全沿切向，$v=b\alpha t\hat{\boldsymbol{\theta}}$。图中显示了时刻 t_1 和稍后时刻 t_2 的 $\hat{\boldsymbol{r}}$、$\hat{\boldsymbol{\theta}}$ 和 v。

粒子位于

$$r=b, \theta=\theta_0+\int_0^t \dot{\theta}\mathrm{d}t=\theta_0+\frac{1}{2}\alpha t^2$$

如果粒子在 $t=0$ 时位于 x 轴，则 $\theta_0=0$。粒子的位置矢量为 $\boldsymbol{r}=b\hat{\boldsymbol{r}}$，但是正如图中显示的那样，为确定 $\hat{\boldsymbol{r}}$ 的方向，θ 必须给定。

例 1.15 极坐标中的直线运动

考虑粒子以匀速 $v=u\hat{\boldsymbol{i}}$，沿直线 $y=2$ 运动。在极坐标中描述 v：

$$v=v_r\hat{\boldsymbol{r}}+v_\theta\hat{\boldsymbol{\theta}}$$

由图可得

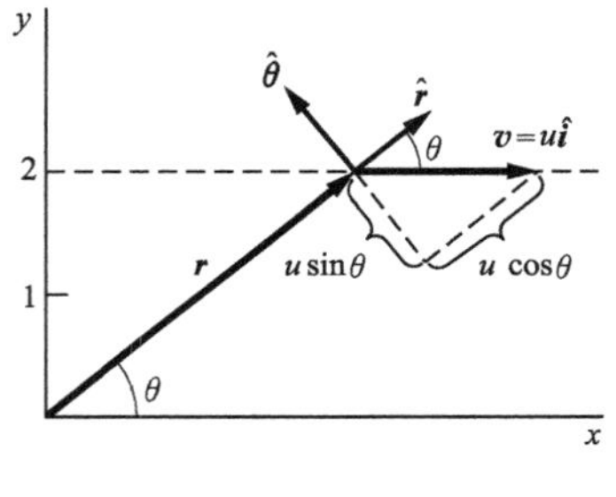

$$v_r=u\cos\theta$$
$$v_\theta=-u\sin\theta$$
$$v=u\cos\theta\hat{\boldsymbol{r}}-u\sin\theta\hat{\boldsymbol{\theta}}$$

当粒子向右运动时，θ 减小，$\hat{\boldsymbol{r}}$ 和 $\hat{\boldsymbol{\theta}}$ 改变方向。当然了，我们通常采用使问题尽可能简化的坐标系；极坐标在这里尽管可以用，但对这个问题不是很合适。

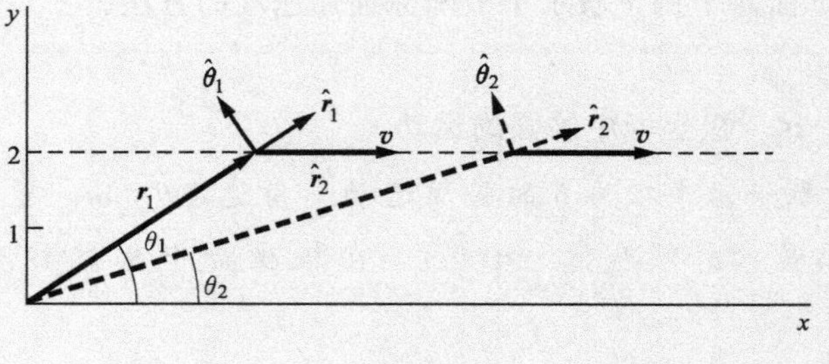

例 1.16 轮辐上珠子的速度

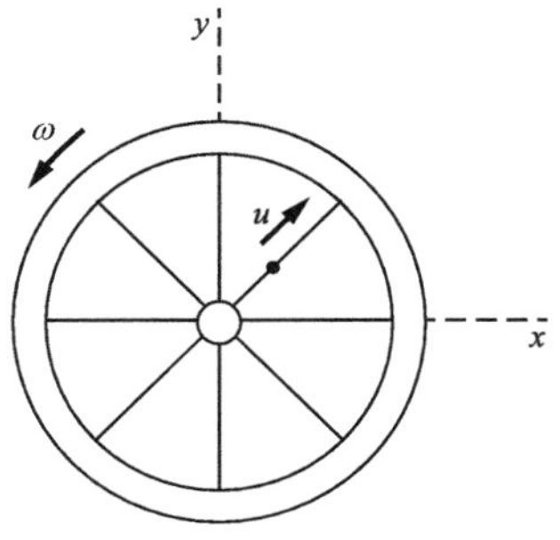

珠子沿轮辐匀速运动，速度为 u(m/s)。轮子绕固定轴匀速转动，角速度为$\dot{\theta}=\omega$。

在 $t=0$ 时轮辐沿着 x 轴，珠子位于原点。在 (a) 极坐标；(b) 笛卡儿坐标中，确定珠子 t 时刻的速度。

(a) 在极坐标中，$r=ut$，$\dot{r}=u$，$\dot{\theta}=\omega$。因此，

$$v=\dot{r}\hat{\boldsymbol{r}}+r\dot{\theta}\hat{\boldsymbol{\theta}}=u\hat{\boldsymbol{r}}+u\omega t\hat{\boldsymbol{\theta}}$$

在时刻 t，珠子位于轮辐半径 ut 处，与 x 轴的夹角为 ωt。

(b) 在笛卡儿坐标中，则有

$$v_x=v_r\cos\theta-v_\theta\sin\theta$$

$$v_y=v_r\sin\theta+v_\theta\cos\theta$$

由于 $v_r=u$，$v_\theta=r\omega=u\omega t$，$\theta=\omega t$，可得

$$v=(u\cos\omega t-u\omega t\sin\omega t)\hat{\boldsymbol{i}}+(u\sin\omega t+u\omega t\cos\omega t)\hat{\boldsymbol{j}}$$

注意！在极坐标中结果是多么的简单。(巧合的是，珠子的轨道就是众所周知的阿基米德螺线。)

例 1.17 在偏离原点的圆周上的运动

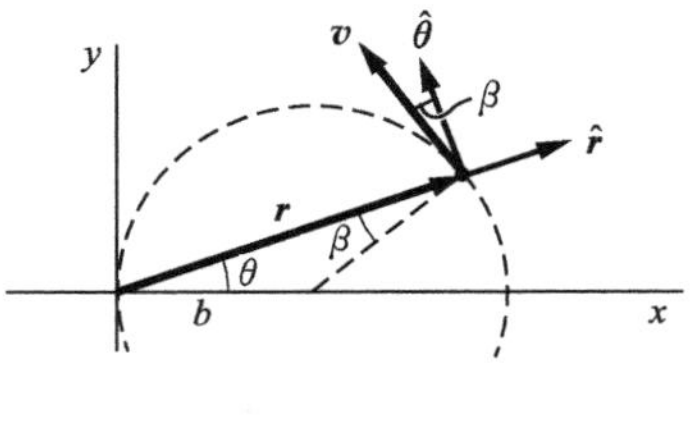

粒子以匀速 v 沿半径为 b 的圆运动，圆心离原点的距离为 b，因此圆与 y 轴相切。在极坐标中确定粒子的速度矢量。

相对于这个原点，v 不再与 $\hat{\boldsymbol{\theta}}$ 完全平行，如图所示：

$$v=-v\sin\beta\hat{\boldsymbol{r}}+v\cos\beta\hat{\boldsymbol{\theta}}$$

$$=-v\sin\theta\hat{\boldsymbol{r}}+v\cos\theta\hat{\boldsymbol{\theta}}$$

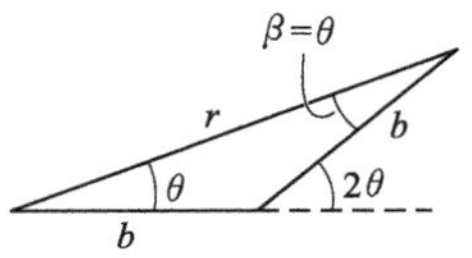

最后一步利用 β 和 θ 是等腰三角形的底角，因而相等。

为完成计算，必须确定作为时间函数的 θ。利用几何关系，$2\theta=\omega t$，或者 $\theta=\omega t/2$，而 $\omega=v/b$。因此，

$$v=-v\sin(vt/2b)\hat{\boldsymbol{r}}+v\cos(vt/2b)\hat{\boldsymbol{\theta}}$$

1.11.4 极坐标中的加速度

我们余下的任务就是在极坐标中表示加速度。对$\boldsymbol{v}$求导可得

$$
\begin{aligned}
\boldsymbol{a} &= \frac{\mathrm{d}\,\boldsymbol{v}}{\mathrm{d}t} \\
&= \frac{\mathrm{d}}{\mathrm{d}t}(\dot{r}\hat{\boldsymbol{r}} + r\dot{\theta}\hat{\boldsymbol{\theta}}) \\
&= \ddot{r}\hat{\boldsymbol{r}} + \dot{r}\frac{\mathrm{d}}{\mathrm{d}t}\hat{\boldsymbol{r}} + \dot{r}\dot{\theta}\hat{\boldsymbol{\theta}} + r\ddot{\theta}\hat{\boldsymbol{\theta}} + r\dot{\theta}\frac{\mathrm{d}}{\mathrm{d}t}\hat{\boldsymbol{\theta}}
\end{aligned}
$$

对 $\mathrm{d}\hat{\boldsymbol{r}}/\mathrm{d}t$ 和 $\mathrm{d}\hat{\boldsymbol{\theta}}/\mathrm{d}t$，利用方程（1.3）和（1.4)，可得

$$
\begin{aligned}
\boldsymbol{a} &= \ddot{r}\hat{\boldsymbol{r}} + \dot{r}\dot{\theta}\hat{\boldsymbol{\theta}} + \dot{r}\dot{\theta}\hat{\boldsymbol{\theta}} + r\ddot{\theta}\hat{\boldsymbol{\theta}} - r\dot{\theta}^2\hat{\boldsymbol{r}} \\
&= (\ddot{r} - r\dot{\theta}^2)\hat{\boldsymbol{r}} + (r\ddot{\theta} + 2\dot{r}\dot{\theta})\hat{\boldsymbol{\theta}}
\end{aligned}
$$

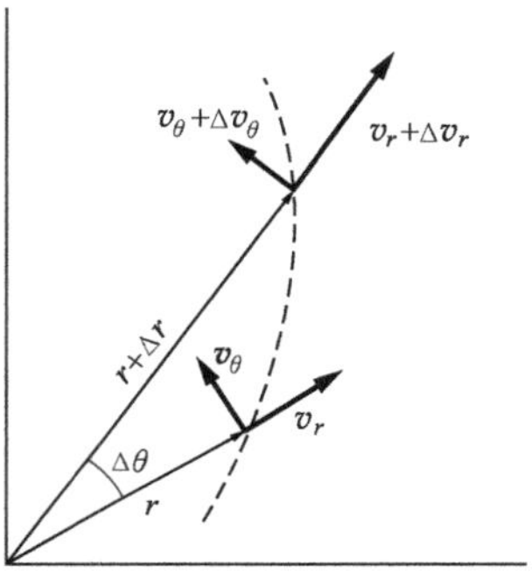

这是一连串的项，我们给出它们的物理和几何的解释后，它们就很好理解了。

情形 1：径向加速度。$\ddot{r}\hat{\boldsymbol{r}}$ 项是径向速率的变化引起的加速度。第二项$-r\dot{\theta}^2\hat{\boldsymbol{r}}$ 是我们前面见过的向心加速度。图中显示了它来自于横向速度方向的变化。从图中可以看出，$|\Delta v_\theta| \approx v_\theta \Delta\theta$。取极限，$|\mathrm{d}v_\theta|/\mathrm{d}t = v_\theta\dot{\theta} = r\dot{\theta}^2$。方向是径向朝里的。

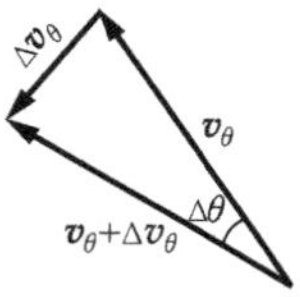

情形 2：横向加速度。$r\ddot{\theta}\hat{\boldsymbol{\theta}}$ 项起源于横向速率大小的变化。下一项 $2\dot{r}\dot{\theta}\hat{\boldsymbol{\theta}}$ 可能就不那么熟悉了。这项称作科里奥利加速度。或许你已经听说过科里奥利力。这是在转动坐标系中起作用的惯性力，我们在第 9 章会研究它。相反，我们这里讨论的科里奥利加速度是真实的加速度，当 r 和 θ 都随时间变化时就会存在。科里奥利加速度的一半来自于径向速度方向的变化。

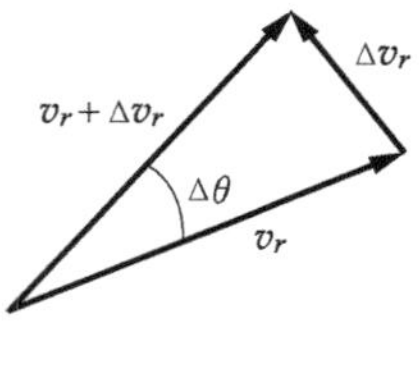

从图中能明显地看出，在时间 Δt 径向速度方向的变化是$|\Delta v_r| \approx v_r\Delta\theta$，取极限，$|\mathrm{d}v_r|/\mathrm{d}t = v_r\dot{\theta}$。为了看清另一半的起源，考虑横向速率 $v_\theta = r\dot{\theta}$。如果 r 改变，那么 v_θ 的变化就是 $\Delta v_\theta = \Delta r\dot{\theta}$，对横向加速度的贡献就是$\dot{r}\dot{\theta}$，即科里奥利加速度的另一半。

例 1.18 轮辐上珠子的加速度

珠子沿轮辐以匀速 u 向外运动。$t=0$ 时它在中心。珠子的角位置由 $\theta=\omega t$ 给定，这里 ω 为常量。确定速度和加速度。

$$v=\dot{r}\hat{\boldsymbol{r}}+r\dot{\theta}\hat{\boldsymbol{\theta}}$$

给定$\dot{r}=u$ 和 $\theta=\omega t$，所以$\dot{\theta}=\omega$。径向位置由 $r=ut$ 给定，与例 1.16 一样，有

$$v=u\hat{\boldsymbol{r}}+u\omega t\hat{\boldsymbol{\theta}}$$

加速度为

$$\begin{aligned}\boldsymbol{a}&=(\ddot{r}-r\dot{\theta}^2)\hat{\boldsymbol{r}}+(r\ddot{\theta}+2\dot{r}\dot{\theta})\hat{\boldsymbol{\theta}}\\&=-u\omega^2t\hat{\boldsymbol{r}}+2u\omega\hat{\boldsymbol{\theta}}\end{aligned}$$

图中显示了轮子处于几个不同位置时的速度。

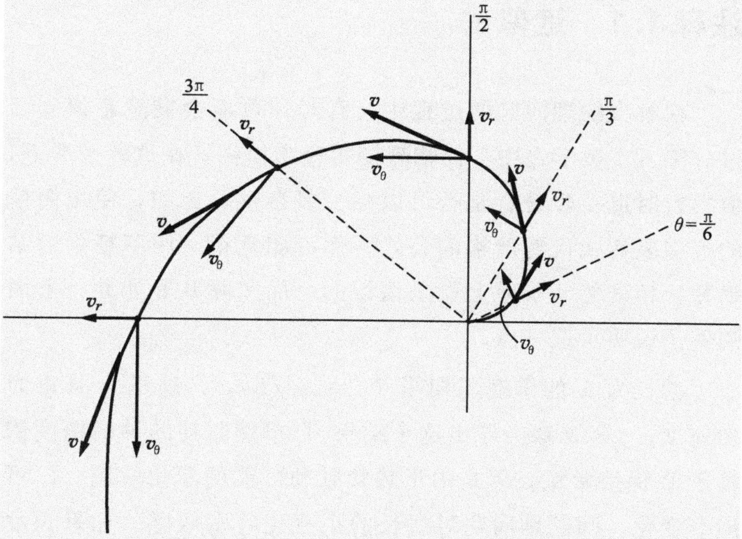

(轨道仍然是阿基米德螺线。) 注意：径向速度是常量。横向加速度也是常量，你能看出这一点吗?

例 1.19 无加速度的径向运动

粒子运动时满足$\dot{\theta}=\omega=$常量和 $r=r_0\mathrm{e}^{\beta t}$，这里 r_0 和 β 是常量。可以证明，对某些特定的 β 值，粒子运动时，$a_r=0$。

$$\begin{aligned}\boldsymbol{a}&=(\ddot{r}-r\dot{\theta}^2)\hat{\boldsymbol{r}}+(r\ddot{\theta}+2\dot{r}\dot{\theta})\hat{\boldsymbol{\theta}}\\&=(\beta^2r_0\mathrm{e}^{\beta t}-r_0\mathrm{e}^{\beta t}\omega^2)\hat{\boldsymbol{r}}+2\beta r_0\mathrm{e}^{\beta t}\omega\hat{\boldsymbol{\theta}}\end{aligned}$$

如果 $\beta=\pm\omega$。$\boldsymbol{a}$ 的径向部分是零。

乍看起来很惊奇，当 $r=r_0\mathrm{e}^{\beta t}$ 时，粒子以零径向加速度运动。错误在于，以为只有$\ddot{r}$对 a_r 有贡献；然而事实上$-r\dot{\theta}^2$ 项也是径向加速度的一部分，不能忽略。

这样似乎存在一个悖论：即便 $a_r=0$，径向速度 $v_r=\dot{r}=r_0\omega e^{\beta t}$ 也是随时间快速增大的。然而，我们或许被笛卡儿坐标的特殊情形误导了；在极坐标中，

$$v_r \neq \int a_r(t)\mathrm{d}t$$

因为 $\int a_r(t)\mathrm{d}t$ 并未考虑单位矢量 $\hat{\boldsymbol{r}}$ 和 $\hat{\boldsymbol{\theta}}$ 是时间的函数这一事实。

注释 1.1 近似法

在解决物理问题的过程中，有时你可能会突然意识到已过分陷入了数学之中，而物理变得极为模糊。在这种情形下，值得暂时退一步看看是否可以减少复杂性，比如，使用简单的近似表达式代替严格的公式。你可能觉得，用不精确的结果替换精确的，本质上就是错误的，而实际并非如此，下面的例子说明了这一点。

摆长为 L 的单摆周期是 $T_0=2\pi\sqrt{L/g}$，这里 g 是重力加速度。（第 3 章会导出这个结果。）单摆驱动的钟的精度依赖于 L 保持常量，但是由于热膨胀和可能的老化效应，L 可能会变化。问题是周期对摆长的小变化有多敏感。如果长度的改变量为 l，新周期为 $T=2\pi\sqrt{(L+l)/g}$。周期的改变为

$$\Delta T=T-T_0=2\pi\left(\sqrt{\frac{L+l}{g}}-\sqrt{\frac{L}{g}}\right)$$

这个方程是精确的，但得不出什么信息。从中几乎看不出 ΔT 对长度 l 变化的依赖性。另外，我们通常感兴趣的情形是 $l\ll L$，ΔT 是两个大数的差值，很小，这使结果对数值误差很敏感。然而，通过重整 ΔT 的形式，这两个问题可以一起解决。技巧是将 ΔT 写成小量 $x=l/L$ 的幂级数。我们有

$$\begin{aligned}\Delta T&=T-T_0=2\pi\left(\sqrt{\frac{L}{g}\left(1+\frac{l}{L}\right)}-\sqrt{\frac{L}{g}}\right)\\&=T_0\left(\sqrt{1+x}-1\right)\end{aligned}\qquad(1)$$

接下来，我们利用如下恒等式，后面会导出此式：

$$\sqrt{1+x}=1+\frac{1}{2}x-\frac{1}{8}x^2+\frac{1}{16}x^3+\cdots\qquad(2)$$

这个展开对 $-1<x<1$ 是有效的，将其代入方程（1）得

$$\Delta T=T_0\left(\frac{1}{2}x-\frac{1}{8}x^2+\frac{1}{16}x^3+\cdots\right) \qquad (3)$$

取极限 $l\to 0$，则得到 $\Delta T\to 0$，这正如我们所料。对于 $x\ll 1$，只有右边第一项是重要的，此时，

$$\Delta T\approx\frac{1}{2}T_0x=\frac{1}{2}T_0\frac{l}{L}$$

例如，如果 $l/L=0.01$，周期大约增大 $5\times10^{-3}T_0$。虽然结果是近似的，我们可以评估这近似是多么的好。误差小于第一个被忽略的项，此时这项是 $(1/8)T_0(l/L)^2\approx 1\times10^{-5}T_0$。若需更高的精度，可以进一步包含更多的项。

形如式（2）和式（3）的方程称为幂级数展开。无论是寻找问题的形式解，还是计算数值结果，这样的展开都极其有用。这里解释它们是如何生成的，并给出几个有用的例子。

注释 1.2 泰勒级数

将函数 $f(x)$ 表示为 x 的幂级数的一般形式为

$$f(x)=a_0+a_1x+a_2x^2+\cdots=\sum_{k=0}^{\infty}a_kx^k \qquad (1)$$

这里，$a_0,a_1,a_2,\cdots$是我们下面要确定的常量。计算$x=0$时级数的值，可得$a_0=f(0)$。现在对级数求导，假设 $f(x)$ 是良性的，换句话说，即是可导的。由此得

$$\frac{\mathrm{d}f}{\mathrm{d}x}=f'(x)=a_1+2a_2x+3a_3x^3+\cdots$$

我们再次计算 $x=0$ 时级数的值，可得

$$a_1=f'(x)|_{x=0}\cdots$$

如果我们对级数求导 k 次，可得

$$a_k=\frac{1}{k!}f^{(k)}(x)|_{x=0}$$

式中，$f^{(k)}(x)$ 是 $f(x)$ 的 k 阶导数。符号 $k!$ 称作 k 阶乘，表示 $k\times(k-1)\times(k-2)\times\cdots\times1$。为简化表示，我们经常将 $f^{(k)}(x)|_{x=0}$记作 $f^{(k)}(0)$，心中记着 $f^{(k)}(0)$，意味着先对 $f(x)$ 求导 k 次，然后让 x 等于 0。综合这些结果，方程（1）变为

$$f(x)=f(0)+f'(0)x+f''(0)\frac{x^2}{2!}+f'''(0)\frac{x^3}{3!}+\cdots \quad (2)$$

这个展开称作泰勒级数。这里不能保证级数收敛，但是若收敛的话，在 $x=0$ 附近，它就为 $f(x)$ 提供了一个好的近似表达式。

很容易将泰勒级数推广到其他点，例如在 $x=a$ 点将 $f(x)$展开，

$$f(a+x)=f(a)+f'(a)x+f''(a)\frac{x^2}{2!}+\cdots$$

这个幂级数展开称作麦克劳林级数。

对某些函数，泰勒级数对 x 的所有值都收敛；而其他的则收敛范围有限。我们简单假定，我们处理的函数的收敛范围，或者是无穷的，或者很明显。

注释 1.3 一些常见函数的级数展开

A. 三角函数

利用 $\mathrm{d}\sin x/\mathrm{d}x=\cos x$，$\mathrm{d}\cos x/\mathrm{d}x=-\sin x$ 以及函数值 $\sin(0)=0$，$\cos(0)=1$，由注释 1.2 的方程（2）可得

$$\sin x=x-\frac{1}{3!}x^3+\frac{1}{5!}x^5-\frac{1}{7!}x^7+\cdots$$

$$\cos x=1-\frac{1}{2!}x^2+\frac{1}{4!}x^4-\frac{1}{6!}x^6+\cdots$$

这些级数对 x 的所有值都收敛。对较小的 x，则有

$$\sin x\approx x$$

$$\cos x\approx 1-\frac{1}{2}x^2$$

这些表达式，有时被称作**小角近似**，直到x^3项都有效，这可记作 $O(x^3)$。

B. 指数函数

指数函数是 e^x，这里 $\mathrm{e}=2.71828\cdots$是自然对数的底。指数函数的基本性质有 $\mathrm{d}\mathrm{e}^x/\mathrm{d}x=\mathrm{e}^x$ 和 $\mathrm{e}^0=1$。泰勒级数为

$$\mathrm{e}^x=1+x+\frac{1}{2}x^2+\frac{1}{3\times 2}x^2+\cdots+\frac{1}{n!}x^n+\cdots$$

这个级数对所有 x 值收敛。

C. 一些代数式

1. $\dfrac{1}{1+x}=1-x+x^2-x^3+\cdots \qquad -1<x<1$

2. $\dfrac{1}{1-x}=1+x+x^2+x^3+\cdots \qquad -1<x<1$

3. $\dfrac{1}{\sqrt{1+x}}=1-\dfrac{1}{2}x+\dfrac{1}{8}x^2+\cdots \qquad -1<x<1$

D. 二项式级数

$(1+x)^n$ 表达式在许多场合会出现。它的幂级数展开，称作二项式级数，很容易展开为泰勒级数。（如果 n 是整数，幂级数也可通过代数运算得到。）

$$(1+x)^n=1+nx+\frac{n(n-1)}{2!}x^2+\frac{n(n-1)(n-2)}{3!}x^3+\cdots$$
$$+\frac{n(n-1)\cdots(n-k+1)}{k!}x^k+\cdots$$

这个结果的有效范围是 $-1<x<1$，n 可取整数或分数值。如果 n 为整数，级数中断，最后一项是 x^n。

在本节前面，出现了表达式 $f(x)=\sqrt{1+x}=(1+x)^{1/2}$。这对应于 $n=1/2$ 的二项式级数：

$$(1+x)^{\frac{1}{2}}=1+\frac{1}{2}x-\frac{1}{8}x^2+\frac{1}{16}x^3+\cdots$$

即使 $|x|>1$，二项式级数采用如下手段后仍然可用：

$$\begin{aligned}(1+x)^n &=x^n\left(1+\frac{1}{x}\right)^n\\ &=x^n\left[1+n\,\frac{1}{x}+\frac{n\ (n-1)}{2!}\left(\frac{1}{x}\right)^2+\cdots\right]\end{aligned}$$

注释 1.4 微分

当 x 变到 $x+\Delta x$ 时，我们常常需要函数 $f(x)$ 变化的简单近似式。用 $\Delta f=f(x+\Delta x)-f(x)$ 表示改变量。$f(x)$ 在 x 点的泰勒级数为

$$f(x+\Delta x)=f(x)+f'(x)\Delta x+\frac{1}{2!}f''(x)\Delta x^2+\cdots$$

略去 $(\Delta x)^2$ 项和更高阶的，就得到简单的线性近似

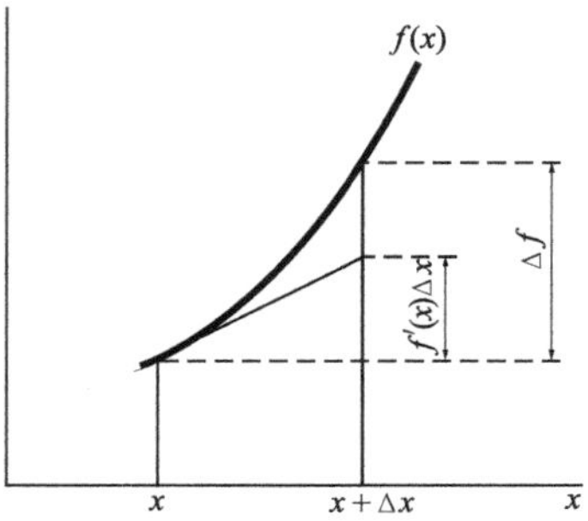

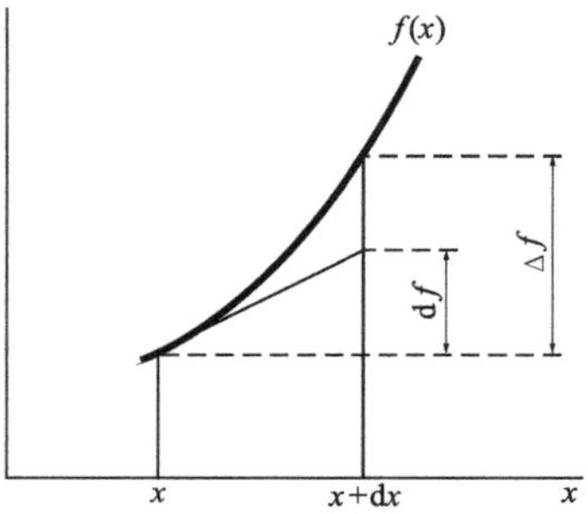

$$\Delta f=f(x+\Delta x)-f(x)\approx f'(x)\Delta x$$

Δx 越小，这个近似就越精确，但是对于有限的 Δx 值，表达式

$$\Delta f\approx f'(x)\Delta x$$

只是近似的。图中显示了 $\Delta f\equiv f(x+\Delta x)-f(x)$ 与线性外延式 $f'(x)\Delta x$ 的对比。显然，对于有限的 Δx，$f(x)$ 的实际改变量 Δf，一般情况下并不精确等于 $f'(x)\Delta x$。

我们用符号 $\mathrm{d}x$，称作 x 的微分，表示 Δx。x 的微分随意，可大可小。我们定义 f 的微分 $\mathrm{d}f$ 为

$$\mathrm{d}f\equiv f'(x)\mathrm{d}x$$

图中显示了这套表示。

符号 $\mathrm{d}x$ 和 Δx 使用时可互换，但是 $\mathrm{d}f$ 和 Δf 是不同的量：$\mathrm{d}f$ 是定义为 $\mathrm{d}f=f'(x)\mathrm{d}x$ 的一个微分，而 Δf 是实际的改变量 $f(x+\mathrm{d}x)-f(x)$。换个方式来说，如果我们写出

$$\frac{\mathrm{d}f}{\mathrm{d}x}\approx\frac{\Delta f}{\Delta x}$$

左边的项 $\mathrm{d}f/\mathrm{d}x$ 是取极限 $\Delta x\to 0$ 的结果，但是右边的项 $\Delta f/\Delta x$ 是两个有限量（可能是小的）的比值。虽然如此，计算中若是线性近似合理，我们就用 $\mathrm{d}f$ 和 $\mathrm{d}x$ 表示有限量 Δf 和 Δx。若是最终取极限的话，这样做总是可以的。

实际应用中，微分为积分变量的变换提供了一个捷径。考虑积分

$$\int_a^b x\mathrm{e}^{x^2}\,\mathrm{d}x$$

引入变量 $t=x^2$，可将指数简化。方法是先用 t 表示 x，

$$x=\sqrt{t}$$

然后取微分：

$$\mathrm{d}x=\frac{1}{2}\frac{1}{\sqrt{t}}\mathrm{d}t$$

这个结果是精确的，因为这相当于取极限。原来的积分现在可以用 t 来表示：

$$\int_a^b x\mathrm{e}^{x^2}\,\mathrm{d}x=\int_{t_1}^{t_2}\sqrt{t}\,\mathrm{e}^t\left(\frac{1}{2}\frac{1}{\sqrt{t}}\mathrm{d}t\right)=\frac{1}{2}\int_{t_1}^{t_2}\mathrm{e}^t\,\mathrm{d}t$$

$$=\frac{1}{2}(\mathrm{e}^{t_2}-\mathrm{e}^{t_1})$$

式中，$t_1=a^2$，$t_2=b^2$。

注释 1.5　有效数字与实验不确定度

当计算数值结果时，对计算应当达到的精度要有一个明确的指导。换句话说，我们应当只保留并非无效的数字，或者说有效数字。

有效数字的例子有：3.1415（五位有效数字）；9（一位有效数字）；0.00021（两位有效数字）；0.00210（三位有效数字）。开头的零不算在内，尾部的零要算在内。

一个有用的经验法则是，在计算结果中，有效数字的个数应当等于计算的所有量中有效数字个数最小的。例如，若计算中重力加速度取为 9.8 m/s^2，计算结果就应不多于两位有效数字。

实验的不确定度可用几种方式表示，比如 72.53 ± 0.20 或更简洁的 72.53（20）。另一种方式是基于相对误差的几分之几。在我们的例子中，相对误差是 $0.20/72.53=2.8\times10^{-3}$，误差可以说成是千分之 2.8，或者 1000 中有 2.8。

习题

标 * 的习题可参考附录中的提示、线索和答案。

1.1　矢量代数 1*

已知两个矢量 $\boldsymbol{A}=(2\hat{\boldsymbol{i}}-3\hat{\boldsymbol{j}}+7\hat{\boldsymbol{k}})$ 和 $\boldsymbol{B}=(5\hat{\boldsymbol{i}}+\hat{\boldsymbol{j}}+2\hat{\boldsymbol{k}})$，确定：(a) $\boldsymbol{A}+\boldsymbol{B}$；(b) $\boldsymbol{A}-\boldsymbol{B}$；(c) $\boldsymbol{A}\cdot\boldsymbol{B}$；(d) $\boldsymbol{A}\times\boldsymbol{B}$。

1.2　矢量代数 2*

已知两个矢量 $\boldsymbol{A}=(3\hat{\boldsymbol{i}}-2\hat{\boldsymbol{j}}+5\hat{\boldsymbol{k}})$ 和 $\boldsymbol{B}=(6\hat{\boldsymbol{i}}-7\hat{\boldsymbol{j}}+4\hat{\boldsymbol{k}})$，确定：(a) $\boldsymbol{A}^2$；(b) $\boldsymbol{B}^2$；(c) $(\boldsymbol{A}\cdot\boldsymbol{B})^2$。

1.3　利用矢量运算确定 cos 和 sin*

确定两个矢量 $\boldsymbol{A}=(3\hat{\boldsymbol{i}}+\hat{\boldsymbol{j}}+\hat{\boldsymbol{k}})$ 和 $\boldsymbol{B}=(-2\hat{\boldsymbol{i}}+\hat{\boldsymbol{j}}+\hat{\boldsymbol{k}})$ 的夹角的余弦和正弦。

1.4　方向余弦

方向余弦，是一个矢量与坐标轴夹角的余弦。矢量与 x，y 和 z 轴夹角的余弦，通常依次称为 α，β 和 γ。利用几何或矢量运算，证明 $\alpha^2+\beta^2+\gamma^2=1$。

1.5 垂直矢量

证明，如果 $|\boldsymbol{A}-\boldsymbol{B}|=|\boldsymbol{A}+\boldsymbol{B}|$，则 $\boldsymbol{A}$ 与 $\boldsymbol{B}$ 垂直。

1.6 平行四边形的对角线

证明等边平行四边形的对角线互相垂直。

1.7 正弦定理*

利用叉积证明正弦定理。只需取一对线即可。

1.8 三角恒等式的矢量证明

令 $\hat{\boldsymbol{a}}$ 和 $\hat{\boldsymbol{b}}$ 是 x-y 平面的单位矢量，与 x 轴的夹角分别为 θ 与 φ。证明表达式 $\hat{\boldsymbol{a}}=\cos\theta\hat{\boldsymbol{i}}+\sin\theta\hat{\boldsymbol{j}}$，$\hat{\boldsymbol{b}}=\cos\phi\hat{\boldsymbol{i}}+\sin\phi\hat{\boldsymbol{j}}$，再利用矢量运算证明 $\cos(\theta-\phi)=\cos\theta\cos\phi+\sin\theta\sin\phi$。

1.9 垂直单位矢量*

确定与 $\boldsymbol{A}=(\hat{\boldsymbol{i}}+\hat{\boldsymbol{j}}-\hat{\boldsymbol{k}})$ 和 $\boldsymbol{B}=(2\hat{\boldsymbol{i}}+\hat{\boldsymbol{j}}-3\hat{\boldsymbol{k}})$ 都垂直的单位矢量。

1.10 垂直单位矢量*

已知矢量 $\boldsymbol{A}=3\hat{\boldsymbol{i}}+4\hat{\boldsymbol{j}}-4\hat{\boldsymbol{k}}$，

(a) 确定位于 x-y 平面并与 $\boldsymbol{A}$ 垂直的单位矢量 $\hat{\boldsymbol{B}}$。

(b) 确定与 $\boldsymbol{A}$ 和 $\hat{\boldsymbol{B}}$ 都垂直的单位矢量 $\hat{\boldsymbol{C}}$。

(c) 证实 $\boldsymbol{A}$ 与 $\hat{\boldsymbol{B}}$ 和 $\hat{\boldsymbol{C}}$ 所确定的平面垂直。

1.11 平行六面体体积

证明以 $\boldsymbol{A}$、$\boldsymbol{B}$ 和 $\boldsymbol{C}$ 为边的平行六面体的体积是 $\boldsymbol{A}\cdot(\boldsymbol{B}\times\boldsymbol{C})$。

1.12 构造到某点的一个矢量

考虑位于 $\boldsymbol{r}_1$ 和 $\boldsymbol{r}_2$ 的两点，其间距为 $r=|\boldsymbol{r}_1-\boldsymbol{r}_2|$。确定从原点到 $\boldsymbol{r}_1$ 和 $\boldsymbol{r}_2$ 连线上一点的矢量 $\boldsymbol{A}$，使其到 $\boldsymbol{r}_1$ 的距离是 xr，这里 x 是某个数。

1.13 用一个矢量表示另外一个

令 $\boldsymbol{A}$ 是一个任意矢量，$\hat{\boldsymbol{n}}$ 是沿某个固定方向的单位矢量。证明 $\boldsymbol{A}=(\boldsymbol{A}\cdot\hat{\boldsymbol{n}})\hat{\boldsymbol{n}}+(\hat{\boldsymbol{n}}\times\boldsymbol{A})\times\hat{\boldsymbol{n}}$。

1.14 两点

考虑位于 $\boldsymbol{r}_1$ 和 $\boldsymbol{r}_2$ 的两点，其间距为 $r=|\boldsymbol{r}_1-\boldsymbol{r}_2|$。确定一个含时的矢量 $\boldsymbol{A}(t)$，起点在原点，t_1 时位于 $\boldsymbol{r}_1$，$t_2=t_1+T$ 时位于 $\boldsymbol{r}_2$。假设 $\boldsymbol{A}(t)$ 沿着两点的直线匀速运动。

1.15 大圆

地球（看作半径为 $\boldsymbol{R}$ 的理想球体）上两点的最短距离是沿着一个大圆的距离——经过两点和地心的平面与地表相交

所形成的圆上的一段圆弧。

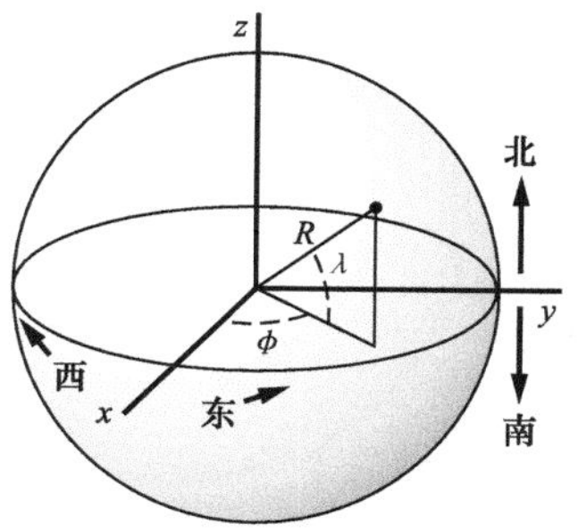

地球上点的位置由经度 ϕ 和纬度 λ 确定。经度是经过该点的子午线（经过两极）和经过格林尼治的本初子午线的夹角。经度以向东为正，向西为负。纬度是从赤道开始，沿该点子午线所量的角度，以向北为正。从地心到两点的矢量为 $\boldsymbol{r}_1$ 和 $\boldsymbol{r}_2$。它们夹角 θ 的余弦可由它们的点积得到，两点在大圆上的距离为 $R\theta$。

确定用两点坐标表示的 θ 表达式。使用这样一个坐标系，x 轴位于赤道面，并穿过本初子午线；z 轴在极轴上，指向北极，如图所示。

1.16　测量 g

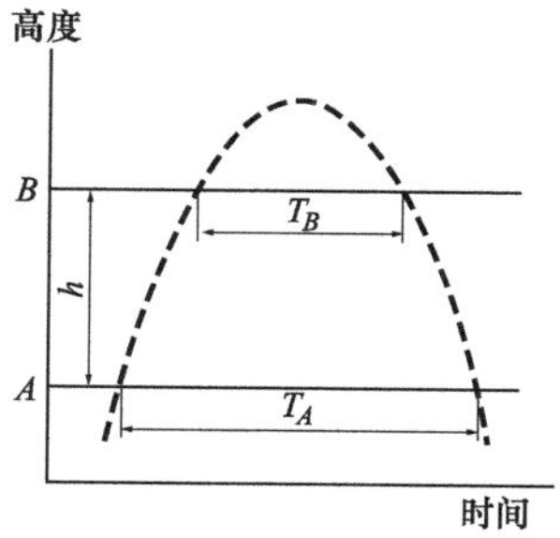

重力加速度可用上抛物体来测量，测量物体双向经过两个给定点各自所用的时间。

物体双向经过水平线 **A** 所用时间为 T_A，双向经过第二条线 B 所用时间为 T_B，假定加速度是常量，证明它的大小为

$$g=\frac{8h}{T_A^2-T_B^2}$$

这里，h 为 B 线在 A 线上的高度。

1.17　滚筒

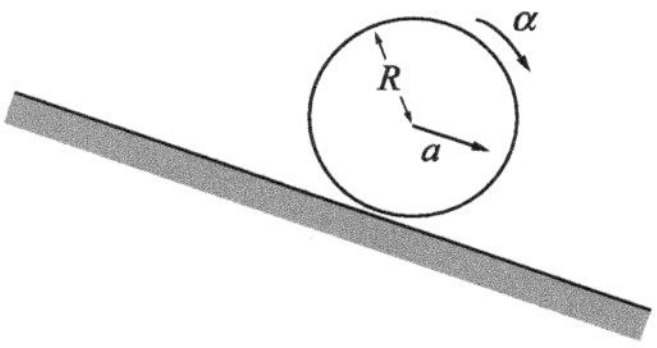

半径为 R 的桶无滑动地滚下斜面。它的轴有一个与斜面平行的加速度 a。桶的角加速度有多大？

1.18　电梯与落珠*

在 $t=0$，电梯以匀速离开地面。在时刻 T_1，一个小孩落下的一粒弹珠，穿过地板。弹珠以匀加速度 $g=9.8\ \mathrm{m/s^2}$ 下落，并在 T_2(s) 后击中地面。确定电梯在时刻 T_1 的高度。

1.19　相对速度*

相对速度指的是相对特定坐标系的速度。（只用速度一词意味着相对于观察者坐标系而言。）

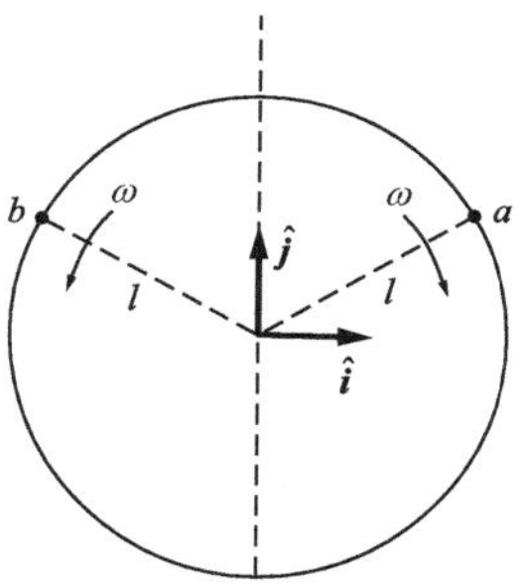

(a) 一点相对坐标系 A 的观测速度为 v_A。坐标系 B 与 A 相距 $\boldsymbol{R}$（$\boldsymbol{R}$ 可以随时间变化），点相对坐标系 B 的速度是多少？

(b) 粒子 a 和 b 在圆周上以角速度 ω 沿相反的方向运动，如图所示。在 $t=0$，它们位于点 $\boldsymbol{r}=l\hat{\boldsymbol{j}}$ 处，这里 l 是圆

的半径。确定 a 相对于 b 的速度。

1.20 跑车

一辆跑车用 3.5 s 可匀加速到 100 km/h。它最大的刹车加速度不能超过 0.7 g。假设在开始和结束时跑车都静止，让它跑完 1.0 km 所需的最短时间是多少？

1.21 径向匀速的粒子 *

一个粒子以径向匀速 $\dot{r}=4\text{m/s}$，从原点开始在平面内运动。角速度为常量，大小为 $\dot{\theta}=2\ \text{rad/s}$。当粒子离原点 3 m 时，确定速度和加速度的大小。

1.22 扎克

加速度的变化率称为“扎克”。粒子沿半径为 R 的圆周以角速度 ω 运动，确定它的扎克的大小和方向。画一幅矢量图，显示瞬时位置、速度、加速度和扎克。

1.23 电梯的平稳运行 *

为了能平稳（低扎克）运行，电梯从静止开始加速的程序为

$$a(t)=(a_m/2)[1-\cos(2\pi t/T)] \qquad 0\leqslant t\leqslant T$$

$$a(t)=-(a_m/2)[1-\cos(2\pi t/T)] \qquad T\leqslant t\leqslant 2T$$

式中，a_m 是最大加速度，$2T$ 是运程的总时间。

(a) 画出时间函数 $a(t)$ 和扎克。

(b) 电梯的最大速率是多少？

(c) 在开始运行的短时间内，$t\ll T$，确定速度的近似表达式。

(d) 距离为 D 的运程所需的时间是多少？

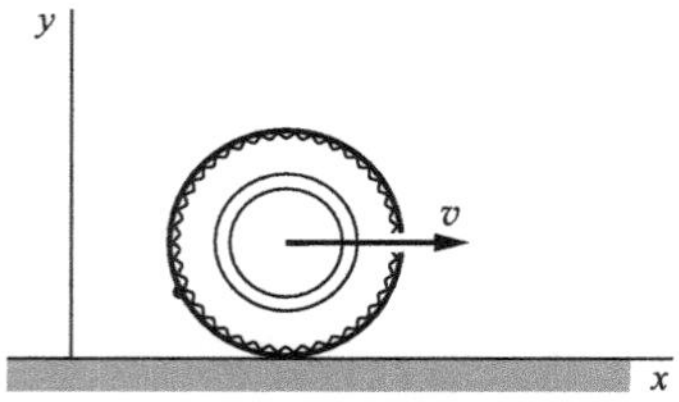

1.24 滚动的轮胎

一个半径为 R 的轮胎沿直线无滑地滚动。它的中心以匀速 V 运动。一个嵌在胎面上的小石子在 $t=0$ 时与地面接触。作为时间的函数，确定石子的位置、速度和加速度。

1.25 粒子的螺旋运动

粒子沿螺线向外运动。它的轨道是 $r=A\theta$，这里 A 是常量，$A=\left(\frac{1}{\pi}\right)$ m/rad。$\theta=\alpha t^2/2$ 随时间增大，式中 α 是常量。

(a) 画出运动曲线，在几个点标出近似的速度和加速度。

(b) 证明当 $\theta=1/\sqrt{2}$ rad 时径向加速度是零。

(c) 在什么角度时，径向和横向加速度大小相等？

1.26　斜坡上的射程*

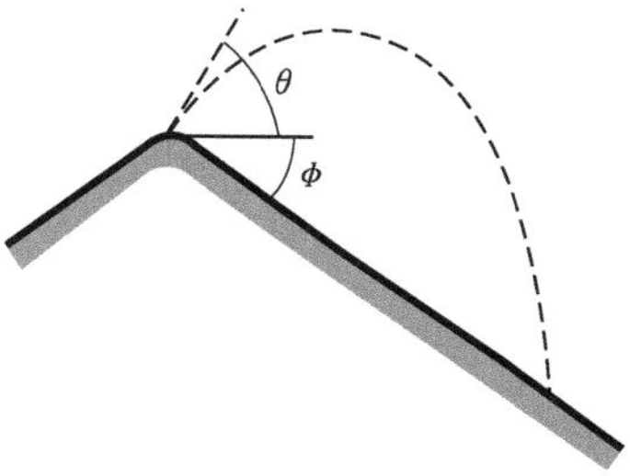

一名运动员站在倾角为 ϕ 斜坡顶上。他抛出一个石块，与地面的角度 θ 是多大时抛出的射程最大？

1.27　尖屋顶*

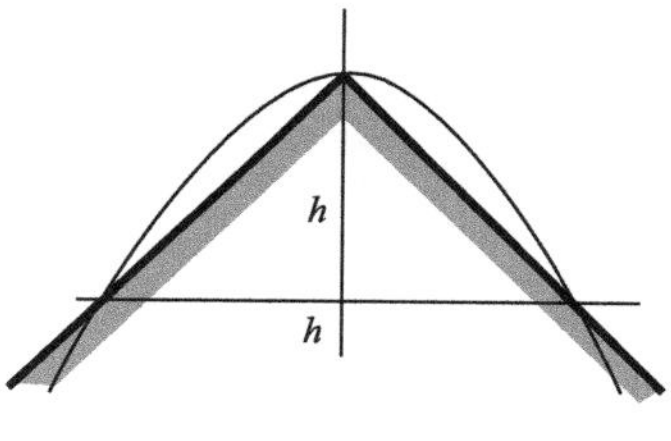

如图所示，一个尖屋顶是对称的且张成直角。站在顶下高度 h 处，抛出一个球，使其刚好擦过屋顶且落在屋顶同样高度的另一侧，抛出的速率是多大？

2　牛顿定律

2.1 简介

本章的目的是理解牛顿运动定律。牛顿定律说起来简单，数学也不复杂，初看很容易。然而我们将会看到，牛顿定律结合了定义、观测、部分缘自直觉的概念和一些未经检验的关于时空的假设。在他经典著作《原理》(1687) 一书中，牛顿对运动定律的表述有些是不清楚的。但是，他的方法太成功了，直到两百年以后，力学的基础才被以马赫为主的维也纳物理学家们仔细检查。我们的处理大多本着马赫的精神。

牛顿运动定律绝不是显然的。根据亚里士多德的观点，物体的自然状态是静止：物体受力时才运动。两千多年来人们接受的是亚里士多德的力学，直觉上它是正确的。为破除亚里士多德的魔咒，需要在观察中仔细推理和天马行空般的想象力。

用牛顿观点分析物理系统需要努力，但收获是丰厚的。为此，本章致力于介绍牛顿定律，并将其应用于基本问题。这样就可以深化对动力学的理解，还有即刻的回报——分析貌似不可理解的物理现象的能力。

牛顿力学有多种表述形式，其中拉格朗日和哈密顿的形式是以能量，而不是以力为基本概念。然而这些形式在物理上都等价于牛顿物理。最终，深入理解了牛顿定律，对理解其他力学处理方法都是至关重要的。

2.2 牛顿力学与近代物理

说一下牛顿定律的有效性：可能你接触过一些现代物理——爱因斯坦的相对论和量子力学在 20 世纪早期的发展。这样你就知道在物理学的一些重要领域，牛顿力学失效而相对论和量子力学成功。简言之，牛顿力学对可与光速相匹敌的运动系统和量子效应显著的原子尺度或更小的系统是失败的。失败源于经典时空概念的局限性和测量属性。深入钻研物理，你就会了解牛顿力学的范围。尽管如此，记住，在牛顿力学适用的领域，它的成功是无与伦比的。

术语牛顿力学和经典物理经常混用，经典物理还包含麦克斯韦的电磁理论。现代物理通常用于描述相对论和量子力学出现后物理学的发展。一个自然的冲动就是放弃牛顿物理，直接用现代理论。这是大错特错的，在自然界的大多数领域，牛顿物理非常好用，而现代理论几乎无用。例如，尝试用量子力学来描述行星的运动将会陷入无解方程的泥沼。根据相对论的原则分析台球游戏则立刻就会回到近似程度特好的牛顿方程。与其空洞地说牛顿物理的对与错，不如认识到牛顿力学在物理学的许多领域非常有用而在其他领域则不适用。牛顿物理使我们能提前几个世纪预言日食、月食，但是预言原子里电子的运动则是不合适的。不管怎样，经典物理能解释那么多的日常现象，它的许多基本概念，例如动量、能量和守恒定律，是高等理论的核心，所以它是所有应用科学家和工程师的基本工具。

2.3 牛顿定律

牛顿定律基于一系列定义和观测，对理解哪个是哪个是重要的。讨论定律时我们也必须学习如何应用它，这是物理学的基本素材，也是深入理解基本概念的唯一方式。

我们直接从实验开始。不幸的是，重力和摩擦力等把日常的运动搞得很复杂，简单的力学实验都难以完成。为看清物理的本质，我们要消除所有干扰，检查最简单的系统。消除重力和摩擦的一个方法是建立空间站实验室，因为在自由落体的环境中大多数日常的干扰都是可以忽略的。由于缺少进入轨道的资源，我们只能退而求其次，一个称作直线气垫导轨的仪器，条件很理想，但只能是一维的。（从研究一维运动是否可以学习三维运动呢？令人高兴的是，这是可以的。）

气垫导轨是一个大约两米长的中空的三角形棱柱，表面有许多小孔，用鼓风机可以从中吹出稳定的气流。滑块静止在导轨上。鼓风机打开后，滑块就浮在一个薄的气垫上。空气的摩擦效应极其小，通常是油膜的 1/5000，因此与我们施加的力相比，是可以忽略的。如果导轨调成水平，并消除不稳定的气流，滑块沿导轨的运动就免去了重力、摩擦力和任何其他可探测得到的影响。

现在，让我们观察滑块的行为。（如果可能，这些实验非

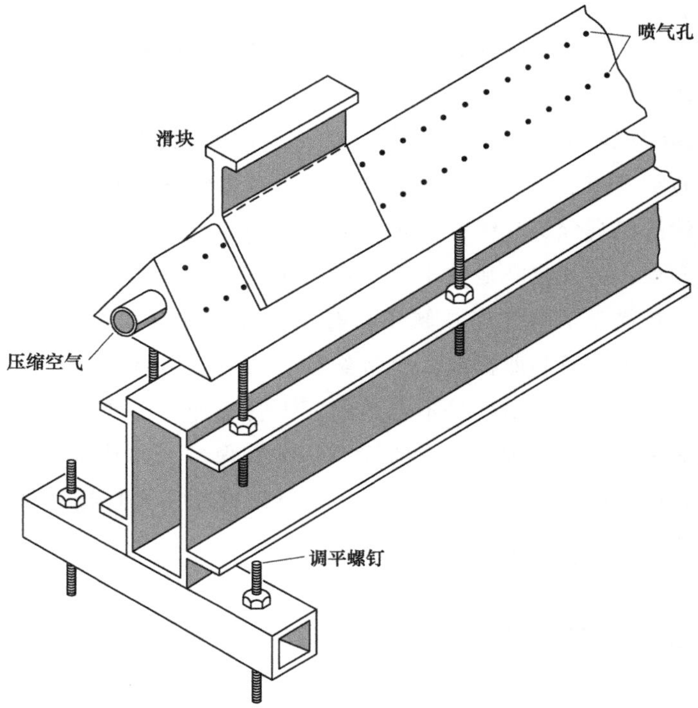

常值得你亲自做。）假设我们把滑块置放在导轨上，并小心地让它静止。不出所料，滑块静止，直到有气流冲击它或某人碰动了仪器。（这并不惊奇，因为我们调平了导轨，直到滑块一动不动。）接下来轻推一下滑块，让它自由运动。运动似乎很神秘，因为滑块始终缓慢而又均匀地运动，速度不增不减。这与我们的日常经验不符。（更不用说亚里士多德的格言：运动的物体，若不推它就会停止运动。）滑块的运动之所以神奇，就在于无摩擦的运动对我们是陌生的。如果停止供气，滑块会在摩擦声中停下来。最终，摩擦终止了运动。但我们已经能够前进了；让我们回到正常运行的气垫导轨，并拓展我们的经验。

类似于一维的气垫导轨，我们可以做一个二维的气垫桌。（一块光滑的玻璃板，上面放一块干冰，表现得就会非常满意。蒸发的干冰自身就提供了气垫。）我们再次发现，不受扰动的滑块会匀速运动。因为不能进入太空，三维的独立运动难于观测，但是让我们暂时假定，一维二维的经验在三维也成立。我们因此推测，所受的影响如果可以略去不计，物体会在空中匀速运动。

2.4　牛顿第一定律与惯性系统

描述气垫导轨实验时，我们忽视了一个基本的问题。运动只有相对某个坐标系测量时才有意义。因此，为描述运动，必须确定一个坐标系。对于沿气垫导轨的运动，我们隐含地使用了一个固定于导轨的坐标系，坐标原点可能就位于某一端。然而，我们可以随意选取任何坐标系，包括相对导轨运动的坐标系。在一个相对导轨匀速运动的坐标系中，未受干扰的滑块再次匀速运动，但是速度不同于固定于导轨的坐标系。这样的坐标系称作惯性系。并非所有的坐标系都是惯性的。例如，在相对导轨加速的坐标系看来，滑块的速度会随时间变化。但是，我们总可以找到这样一个坐标系，孤立物体在其中会匀速运动。第 9 章我们将再次回到这个议题。

这就是牛顿第一定律的精髓。这个定律经常被这样陈述："若不受力的作用，一个匀速运动的物体会继续匀速运动，"但是潜在的观念实际上是孤立物体的思想。由于所有相互作用都随距离减弱，孤立指的是一个物体离其他物体足够远，从而相互作用可以忽略。总是可以找到这样的坐标系，孤立物体在其中匀速运动。从这个观点我们将牛顿第一定律陈述如下：

牛顿第一定律宣称惯性系存在。

牛顿第一定律部分基于定义，部分基于实验事实。孤立物体在惯性系中匀速运动借助了惯性系的定义。相反，宣称惯性系存在是对物理世界的一个表述。牛顿第一定律引起了若干问题，比如孤立物体实际上意味着什么，但是我们现在先不讨论这些。

2.5　牛顿第二定律

我们现在转向在气垫导轨上不再孤立的滑块如何表现。假定我们用橡皮筋拉滑块。当我们开始拉伸橡皮筋时，滑块开始运动。如果我们的手在滑块前运动，使橡皮筋的拉伸量不变，滑块就会以极其简单的方式运动；它的速度均匀增大。

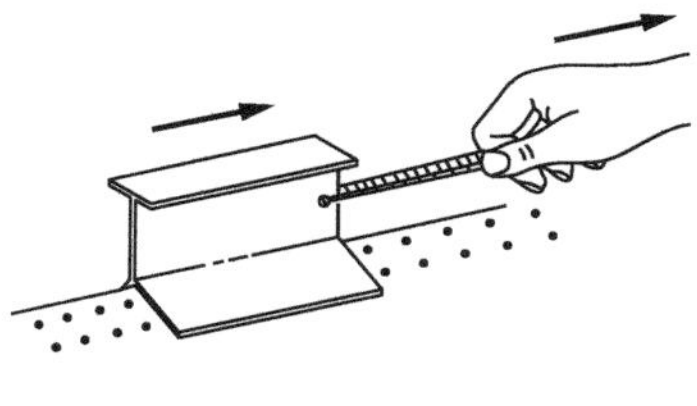

滑块以匀加速度运动。

现在假设我们重复这个实验，但是换了不同的滑块，可能比第一个大很多。如果同样的橡皮筋拉伸到同样的长度，它会产生一个匀加速度，但与上一种情形的加速度不同。显然，加速度不仅依赖于我们对物体做了什么（可认为每次我们都做了同样的事情），而且依赖于物体的某些性质。这个性质称作质量。

2.5.1 质量

我们将通过橡皮筋实验定义质量的含义。一开始，我们可以任意认定第一个物体有质量 m_1。我们可以定义 m_1 为一个质量单位，或者 x 个单位的质量，这里 x 可以是任意一个方便的数。接下来我们定义第二个物体的质量为

$$m_2 \equiv m_1 \frac{a_1}{a_2}$$

式中，a_1 为橡皮筋实验中第一个物体的加速度，a_2 为第二个物体的加速度。在我们这里的用法中，符号“$\equiv$”的意思是“定义为”。

继续我们的步骤，采用标准拉伸的橡皮筋测量其他物体的加速度，我们可以指定它们的质量。因此，

$$m_3 \equiv m_1 \frac{a_1}{a_3}$$

$$m_4 \equiv m_1 \frac{a_1}{a_4}$$

$$\cdots$$

这个步骤是直截了当的，但我们还要说明它是有用的。我们可以定义某些其他的性质，称为性质 Z，满足 $Z_2 \equiv Z_1 (a_1/a_2)^2$。然而，我们很快就会看到，质量原来是有用的，性质 Z（和其他你可能尝试定义的量）无用。

用气垫导轨进一步做其他实验，例如不用橡皮筋，用弹簧或磁铁产生运动，我们发现，只要对每个物体做同样的事情，不管产生的加速度有多大，加速度之比，因而质量之比，都是相同的。因此，这样定义的质量就与加速度的来源无关，好像是物体的内禀属性。当然，我们指定给物体的特定质量数值依赖于质量单位的选择。重要的是任何两个物体都有唯一的质量比。

我们的质量定义是可操作定义的一个例子。可操作的含义是，定义是用我们完成的实验来确定，而不是用抽象的概念，比如“质量是对物体抵抗运动变化的度量”。当然，在一个很简单的实验中可以隐含很多抽象的概念。例如，测量加速度时，我们心照不宣地认为彻底理解了惯性系，空间和时间也是如此。虽然我们直觉的想法在这里是合适的，但我们将会看到，在讨论相对论时，测量杆和时钟的行为本身就属于实验，质量概念本身也需要拓展。

由于操作性定义原则上只限于能够完成操作的情形，它们理论上或许令人满意，实际上却有可能是无用的。然而，这通常不成问题；物理通过建立一系列的理论和实验而向前发展，可以让我们采用方便的测量方法，但它们最终是基于操作性定义。例如，物体所受的引力正比于它的质量。由于重量与质量成正比，人们可以简单地用比较重量来比较质量。比如，确定山的质量最实用的方法是观察它对检验物体的引力，例如，对一个悬挂的铅锤，这实质上是比较山与地球的质量。如果我们采用操作性定义，就需要施加一个标准的力，测量山的加速度。退一步说，这是不实用的。幸运的是，两种方法在概念上是直接相关的。

我们对实验室的物体通过实验定义质量；我们不能事先声称结果在更大或更小的尺度是否一致。事实上，物理学的目标之一就是发现这样定义的局限性，因为局限性常会揭示新的物理规律。不管怎样，若要操作性定义有用，它必须有广阔的应用范围。例如，我们的质量定义不仅对地球上的物体适用，而且对于行星，甚至银河在巨大尺度上的运动也适用。如果最终我们遇到了操作不再给出预期结果的情形，对此也不必惊讶。

现在我们已经定义了质量，接下来关注力的概念。

2.5.2 力

用一根拉伸的橡皮筋作用到检验质量上，我们将这一操作描述为施加一个力。我们再一次有了一个操作性的定义，回避力是什么这一问题，只限于描述力是如何产生的——把橡皮筋拉伸一定的量。当我们施力后，检验质量以某个比率 a 加速。如果使用两根并在一起拉伸的橡皮筋，我们会发现质量以

比率 $2a$ 加速，如果在相反的方向施加力，加速度为零。因此，橡皮筋的效果可以代数相加，至少对直线运动是这样。

把作用在单位质量上产生单位加速度的力定义为单位力，我们就能建立一个力的标度。从我们的实验可得，F 单位的力会以 F 单位加速度加速单位质量。由质量的定义，力 F 作用在质量 m 上，会产生 $F\times(1/m)$ 单位加速度。因此，作用在质量 m 上的力 F 产生的加速度为 $a=F/m$。按我们熟悉的顺序，可将此写成 $F=ma$。

在国际单位制中，力的单位是牛顿（N），质量的单位是千克（kg）。没有给加速度指定特殊的单位，它的单位以米每秒每秒（m/s^2）这个形式被引用。在 2.7 节会更详细地讨论单位。

我们已经集中讨论了一维运动。很自然地会认为，对于三维运动，力，如同加速度一样，具有矢量的性质。虽然这是实情，但也并非显而易见。例如，如果质量在不同的方向是不同的，加速度与力将不平行，力和加速度就不能用一个简单的矢量方程联系起来。虽然质量在不同的方向有不同的值这一观念很荒诞，但也并非不可能。实际上，物理学家对这个假说已经完成了灵敏的检验，没发现任何偏差。所以，我们可以将质量处理为一个标量，即一个简单的数值，记为

$$\mathbf{F}=m\mathbf{a}$$

这就是牛顿第二运动定律，是我们接下来大量讨论的基础。

有必要强调的是，力不仅仅是一个定义。例如，如果我们观测到在气垫导轨上质量为 m 的滑块以比率 a 开始加速，这会诱惑我们断定观察到了一个力 $\mathbf{F}=m\mathbf{a}$。虽然诱人，但却是错的。原因在于力总是源于系统间真实的物理相互作用。相互作用具有科学的含义：加速度只是它们的结果。物体与环境隔离得足够远，就可以消除所有的相互作用——一个惯性系——我们预测它会做匀速运动。

你可能会怀疑，将物体与环境完全隔离是否可能。幸运的是，据我们所知，答案是肯定的。因为相互作用随距离减弱，为使相互作用可略，所要做的就是将其他物体移得足够远。能延伸到最大距离的力是我们所熟悉的引力和库仑力。这些力以 $1/r^2$ 方式衰减，式中 r 是距离。大多数力衰减得更快。例如，分开的原子之间的力以 $1/r^7$ 方式衰减。将物体分

开得足够远，就可以把相互作用减弱到任意的程度。

2.6 牛顿第三定律

牛顿第三定律明确表明力必须是某种相互作用的结果。第三定律声称，力总是成对出现，大小相等，方向相反：如果物体 b 在物体 a 上施加一个力 $\boldsymbol{F}_{\mathrm{a}}$，则必有物体 a 在物体 b 上施加的一个力 $\boldsymbol{F}_{\mathrm{b}}$，且 $\boldsymbol{F}_{\mathrm{b}}=-\boldsymbol{F}_{\mathrm{a}}$。从来不存在只有独自一个力，而没有配对的力。第 4 章我们将看到，第三定律直接导致一个强大的守恒律：动量守恒。

如果牛顿第二定律是有意义的，第三定律就是必不可少的：没有它，就无从知晓加速度是否来自一个真实的力，或者仅仅是非惯性系中存在的一个人为效应。如果加速度源于力，那么在宇宙的某处必有一等值反向的力作用在其他物体上。

例 2.1 惯性和非惯性系

牛顿第二定律 $\boldsymbol{F}=m\boldsymbol{a}$ 只在惯性系中成立。惯性系的概念貌似微不足道，因为地球提供了一个相当好的惯性参考系，非惯性的效应在小尺度不容易觉察到。然而，我们现在就要展示，惯性系的概念并非无关紧要。

外星人入侵了星际空间警局，盗窃了一架航天飞机，开始逃窜。两艘宇宙飞船出发去追击：飞船 A 由指挥官埃尔哈特指挥，飞船 B 由指挥官赖特指挥。为了拦截飞机，指挥官必须确定飞机是在加速还是在自由滑行。为简单起见，我们假定 A、B 和飞机都沿同一条直线运动。

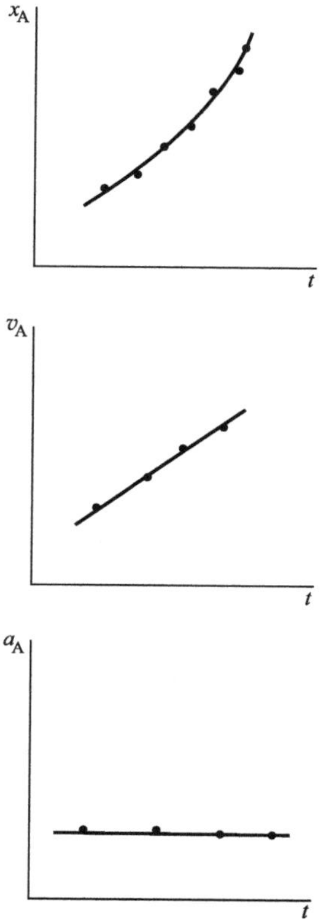

指挥官埃尔哈特凭借她的超级-LIDAR（激光雷达）功能，在一系列时间点测量了到飞机的距离。为画出拦截路线，她建立了一个沿着运动直线的坐标系，原点位于她的飞船，在一系列的时间点测量到航天飞机的距离 $x_{\mathrm{A}}(t)$。由 $x_{\mathrm{A}}(t)$，她计算出飞机的速度 $v_{\mathrm{A}}=\dot{x}_{\mathrm{A}}$ 和加速度 $a_{\mathrm{A}}=\ddot{x}_{\mathrm{A}}$。图中显示的结果是清楚的：距离随时间的二次方而变化。她推断被偷飞机的速度随时间线性变化，因而它的加速度是常量。

埃尔哈特从她的数据计算出，飞机以 $a_{\mathrm{A}}=1000\ \mathrm{m/s^2}$ 在加速。她断定飞机的火箭发动机是打开的，发动机作用

在飞机上的力是 $F_A = a_A M_s = 1000(\text{m/s}^2) \times M_s(\text{kg})$，这里 M_s 为飞机的质量。（注意方程的右边有单位，恰是我们预期的力的单位 $\text{kg} \cdot \text{m/s}^2$。）指挥官赖特用同样的方法，却得到了不同的加速度：$a_B = 950\ \text{m/s}^2$。他断定作用在飞机上的力为 $F_B = a_B M_s = 950(\text{m/s}^2) \times M_s(\text{kg})$。不一致很严重，因为如果不同的观察者对作用在一个系统上的力得到不同值，至少他们之中有一个是错的。幸亏他们都学过物理，对力学规律很自信，就开始着手消除这个差异。

赖特和埃尔哈特想起牛顿定律只在惯性系中成立。他们如何确定他们的系统是不是惯性系呢？埃尔哈特确认她的发动机都没运行，附近也没有其他物体施加力。她断定她在一个孤立的系统中，因而应该是惯性的。为确认这一点，她做了一简单而又灵敏的实验。她小心地释放她的花生酱三明治，看到它在她面前漂浮，没有运动。由于三明治的加速度可以略去不计，她断定她的确是在惯性系中。理由如下：只要埃尔哈特拿着三明治，它就有与飞船一样的速度和加速度。然而，一旦三明治被释放，就没有力对它作用，这里我们假定可忽略与飞船的引力和电相互作用、气流等等。三明治就代表了一个孤立的物体。如果飞船本身在加速，三明治就应该相对于船体加速。因为三明治没这样，所以飞船也是一个惯性系。

埃尔哈特测得的对飞机的力一定是正确的，因为它是在惯性系中测得的。但是对指挥官赖特的测量，我们能说什么呢？为回答这个问题，我们看一看 x_A 和 x_B 的相对位置。

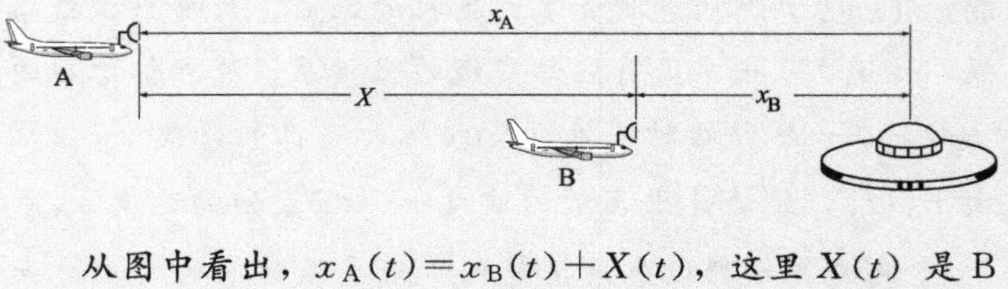

从图中看出，$x_A(t) = x_B(t) + X(t)$，这里 $X(t)$ 是 B 相对 A 的位置。对时间求导两次，我们有

$$\ddot{x}_A = \ddot{x}_B + \ddot{X} \tag{1}$$

因为系统 A 是惯性的，牛顿第二定律应用到飞机，则有

$$F_{真实}=M_S\ddot{x}_A \tag{2}$$

这里，$F_{真实}$为作用在飞机上的真实力。B观测到的表观力是$F_{B,表观}=M_s\ddot{x}_B$。利用方程（1）和（2）的结果，就得到

$$F_{B,表观}=M_s\ddot{x}_A-M_S\ddot{X}=F_{真实}-M_S\ddot{X}$$

赖特只在$\ddot{X}=0$时，才可能测到真实力。然而，只有B相对A匀速运动时才有$\ddot{X}=0$。赖特怀疑这并非实情，也试着做了漂浮三明治实验。令他尴尬的是，他发现三明治并未处于静止状态。检查飞船后发现，一个助理工程师不小心让一个火箭发动机在运行。结果，赖特的系统不是惯性的，而是相对A（可假定相对宇宙的其他部分）以50 m/s^2在加速。关掉发动机后，赖特测得的作用在飞机上力的值与埃尔哈特相同。

上例处理的是直线运动，这个结果很容易推广到三维。如果$\boldsymbol{R}$是从坐标系（x，y，z）的原点到坐标系（x'，y'，z'）的原点的矢量，从图中可以看出，$\boldsymbol{r}'=\boldsymbol{r}-\boldsymbol{R}$。如果在坐标系（$x$，$y$，$z$）中的加速度是$\ddot{\boldsymbol{r}}$，作用在$M_s$上的表观力为

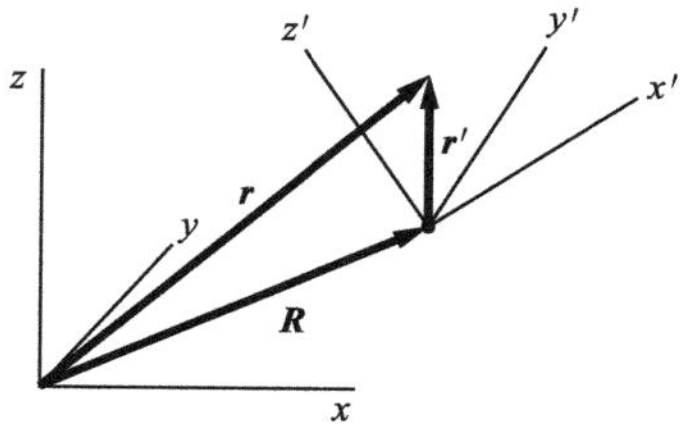

$$\boldsymbol{F}_{表观}=\boldsymbol{F}_{真实}-M_s\ddot{\boldsymbol{R}}$$

如果$\ddot{\boldsymbol{R}}=0$，则$\boldsymbol{F}_{表观}=\boldsymbol{F}_{真实}$，这意味着第二个坐标系也是惯性的。事实上，这里我们只是证明了早期我们就表明的，相对惯性系匀速运动的任何参考系也是惯性的。

2.6.1 惯性力

在非惯性系中进行测量，有时是方便的，也可能是必需的。地球提供了一个典型的例子；地球的表面对于许多用途来说都构成了一个相当好的惯性系，但是，由于地球的转动，它并非严格惯性的。其中一个结果就是科里奥利力，这会在第9章解释，它会引起大尺度气象系统的旋转。另一个是傅科摆的进动——一个没有明显驱动力的圆周加速度——在许多科学博物馆中都有展出。

为了从非惯性系的观测中得到正确的运动方程，我们需

要做什么呢？答案就在关系式 $\boldsymbol{F}_{表观}=\boldsymbol{F}_{真实}-M\ddot{\boldsymbol{R}}$ 之中。我们可以将最后一项处理成一个附加力。因为它不是真实的力——不涉及相互作用——我们把它称作惯性力。因此，有关系式：

$$\boldsymbol{F}_{表观}=\boldsymbol{F}_{真实}+\boldsymbol{F}_{惯性}$$

这里，$\boldsymbol{F}_{惯性}=-M\ddot{\boldsymbol{R}}$。$M$ 是粒子的质量，$\ddot{\boldsymbol{R}}$ 是非惯性系相对任何惯性系的加速度。

解决某些问题时惯性力是有用的，但是处理它们时需要小心。在目前这个研究阶段它们容易引起混乱，为此我们暂时回避它们，只采用惯性系。后面第 9 章，我们会严格讨论惯性力，并学习如何处理它们。

一些注意事项

牛顿定律可以清晰自洽地表述，但是应意识到还有一些基本的困难不能绕过。对牛顿物理的概念更熟悉后，在后面的几章，我们再回顾它们。然而，有几点最好现在就记住。

1. 你已经信了我们的话，我们用来定义质量、发展牛顿第二运动定律的实验确实给出了所要的结果。如果情况并非总是如此，也无须感到意外（虽然第一次发现时令人相当震惊）。例如，当粒子高速运动，爱因斯坦的狭义相对论预言的效应变得重要时，我们建立的质量标度就不再自洽了。我们所定义的质量，现在被称作静止质量 m_0，而一个更有用的量是 $m=m_0/\sqrt{1-v^2/c^2}$，这里 c 是光速，v 是粒子的速度。对于 $v\ll c$ 的情形，m 和 m_0 相差无几。我们的桌面实验并没有让我们发现更普遍的质量表达式，原因就在于，即便是常见的最大速度，比如航天器绕地球运行的速度，$v/c\approx3\times10^{-5}$，m 和 m_0 只相差10^{10}分之几。

2. 牛顿定律描述了质点的行为。如果与相互作用的距离相比，物体是小的，这没有问题。例如，地球和太阳远小于它们的距离，对于许多问题来说，它们的运动可以描述为位于它们各自中心的质点的运动。然而，幸运的是，我们处理理想质点的近似不是必需的，如果我们希望描述大物体的运动，很容易将牛顿定律推广，第 4 章我们就会这样做。讨论由10^{24}个原子组成的刚体的运动，比起单个质点的运动，原来也难不到哪里去。

3. 牛顿定律处理质点，对于连续的系统如流体就很不适合。我们不能将 $\boldsymbol{F}=m\boldsymbol{a}$ 直接应用于流体，这里力和质量都是连续分布的。然而，牛顿力学推广后可以处理流体，并提供流体力学的基本原理。

对牛顿力学现在的形式来说，很麻烦的一个系统是电磁场。这种场存在时会引起矛盾。例如，两个带电体的电相互作用实际上是通过它们激发的电场作用的。从一个粒子到另一个的相互作用不是瞬时传播的，而是以光速传播。在传播过程中，牛顿第三定律是明显破坏的；作用在粒子上的力不是等值反向的。类似的问题在引力和其他相互作用中也会出现。然而，牛顿力学只要不被误用，问题就不会那么多。简单的处理就是，场具有的力学性质，像动量和能量，在分析中必须包含进来。从这个观点来看，不存在简单的两粒子系统。然而，对许多系统来说，场可以加以考虑，矛盾在牛顿体系中就可以化解。

2.7 基本单位和物理标准

长度、时间和质量的概念对物理的每个分支都是基本的。长度、时间和质量的单位称作**基本单位**，由一套物理标准来定义，并伴有使用它们的描述程序。基本单位不仅仅是实用便利的事情：因为它们体现了基本的概念，是物理学的基础。本节对基本单位和由它们导出的单位制给出一个简短的描述，它们用在整个物理中。

基本单位有两个作用。定义和复制基本单位的精度为所有其他计量标准的准确性设置了一个限度。在某些情形，精度高得难以置信——比如，时间可以测量到10^{17}分之几。在更深的层次，与一个物理量的标准一致意味着接受这个量的一个操作性定义。例如，时间的现代观点为时间是由时钟测量的。因此时间的性质只能通过研究时钟的性质来获得。这不是个无足轻重的观点；所有时钟的计时率都受引力和运动影响（在第 9 章和第 12 章会讨论这些），除非我们愿意接受时间本身也受运动和引力影响，否则我们就会陷入概念的困境，实用上也可能带来严重问题。例如，若忽略相对论效应，全球定位系统（GPS）就不能正常工作。更进一步，没人知道时钟在超强引力场中如何工作，比如，在黑洞中，时空的性质尚未弄清楚。

一旦一个物理量用一个测量程序定义了，为了理解它的性质，我们必须求助于实验，而不是预想的观念。为了对比这个操作性观点与非操作性方法，例如，考虑牛顿的时间定义："绝对的、真实的和数学的时间，自身地、本性地、均匀流逝着，与任何外在的事物无关。"这在哲学和心理上更具吸引力，但是很难看出如何使用这个定义。牛顿的时间观念是形而上学的（非物理的）。

物理量所依赖的操作商定后，接下来的任务就是建立一个最精确的实用标准来确定它。在过去，物理标准通常是特殊的物体——人工制品——所有其他的测量都参照它。因而，长度的单位，米，是铂铱合金棒上两道刻痕的距离，质量的单位是一个铂铱圆柱体。这样的人工制品有严重的缺陷。由于标准必须严密保存，实际的测量时常与丧失一定精度的二次标准打交道。人工制品具有内禀的局限性。以米标准为例，精度受限于确定米间隔的刻痕的模糊性。最后一点，人工制品在科学界不能广泛应用，它们必须保留在一个单独的计量实验室里。

今天大多数物理标准不是基于人工制品，而是原子或原子现象。这些所谓的自然或原子单位可以被任何人用规定的仪器复制。这样的单位常常与基本的实验联系在一起。随着实验技术的进步，标准的精度也会提升。长度成为第一个原子的基本单位，它定义为由一个特殊原子所发出的一条特殊谱线的波长的特定倍数。时间的单位，作为第二个原子的基本单位，定义为在一个特殊原子内振动特定次数所用的时间。质量是自然单位的最后一个例外。直到 2013 年，法定的千克是一个铂铱人工制品的质量，保存在法国巴黎的 BIPM（国际计量局的法语缩写）。然而，这一状况有望在不久的将来被改变，千克将要用电的和量子的测量来定义。

这里是时间、长度和质量标准的简述。

2.7.1 时间

历史上，时间是用地球的转动来测量的。直到 1956 年，基本单位秒，仍然被定义为平均太阳日的 1/86400。然而，地球的转动周期不像我们期望的那样是不变的。由于大气潮汐和地核的运动，每天会发生10^7分之一的变化。因为地球绕太阳的运动不受这些微扰影响，在 20 世纪 60 年代初期，秒用平均太阳年来定义，精度可达10^9分之几。然而，20 世纪 50 年代，发明了原子钟，从而有可能用原子中天然的微波频率来测量时间。1967 年，秒被定义为铯-133 的超精细跃迁的 9 192 637 770 个周期的时间。初始的精度为10^{11}分之一，多年以后被提升到10^{15}分之一。新一代的原子钟基于光学跃迁，精度可达10^{17}分之几或更高。到目前为止，时间是最精确定义的基本量。

2.7.2 长度

在 1795 年制定米制时，一致同意，米——长度的单位——不能用被一个国家拥有的人工制品来定义，而应该采取对所有人都可用的标准：地球。米被定义为沿着敦刻尔克-巴塞罗那子午线从赤道到北极之间距离的千万分之一。这样的距离不可能准确地测量（事实上由于地球的变形，它也会变化），因而在 1889 年，米被重新定义为保存在国际标准计量局的铂铱合金棒上两道刻痕的间距。然而，几乎在同一时间，物理学家迈克尔孙发明了用光的波长精确测量距离的方法，亦即创造了一个原子单位。大约经过了 70 年，米被法定采纳为一个原子单位：氪-86 的橙红谱线波长的 1 650 763.73 倍的距离。这个标准的精度是10^8分之几。激光和激光光谱学的出现很快使这一定义过时了。在测量光速 c 时，限制因素原来是测量距离的精度，或更确切地，与之比较的波长的精度。结果，推理被反转，真空的光速被给予指定值 $c=299\ 792\ 458\ \mathrm{m/s}$。米则被重新定义为光在 $1/c$ 秒传播的距离。因此，米现在是一个导出单位，而非初级单位。

2.7.3 质量

在三个基本单位中，质量是唯一的用人工制品定义的（至少到 2013 年），但是这一缺陷有望最终被消除。千克是国际原器（“le grand K”）的质量，一个铂铱合金的圆柱体，保存在国际标准计量局。副基准可与之比对，精度大约在10^9分之一，但是现在已经了解到原器和副基准的质量都会随着时间漂移，达到10^6分之一。在一个称作量子国际单位制中，利用原子常量定义千克的计划已经提出。这不仅能避免质量原器的不稳定性，也为若干基本的物理常量提供了更高的精度。

2.7.4 单位制

虽然定义质量、长度和时间的标准被整个科学界接受，各种各样的单位制仍在使用。在科学中广泛采用的，也是物理中普遍使用的单位制，是国际单位制，缩写为 SI（代表法语 Systѐme International d'Unit'es)。这在大多数国家是法定单位制，除了美国这个显著的例外。SI 的长度、质量和时间的基本单位是米、千克和秒。与此相关的另一个单位制，CGS（分别代表厘米、克和秒）制，与国际单位制相比，只差一个比例因子。CGS 制在较老的数据库里使用，偶尔也用在化学和生物研究领域。另外一个单位制，英制，只在英国和北美的非科学测量中使用，同时英国也使用国际单位制。英制与国际单位制通过法定的比例因子转换；例如，英寸法定为 2.54 cm。我们主要采用的是国际单位制，偶尔会用到英制。

表中列出 SI、CGS 制和英制的一些基本单位。

	SI	CGS 制	英制
长度	1 米(m)	1 厘米(cm)	1 英寸(in)
质量	1 千克(kg)	1 克(g)	1 slug
时间	1 秒(s)	1 秒(s)	1 秒(s)
加速度	1 m/s^2	1 cm/s^2	1 $ft/s^2$①
力	1 牛(N) $=1\ kg\cdot m/s^2$	1 达因(dyne) $=1\ g\cdot cm/s^2$	1 磅(lb) $=1\ slug\cdot ft/s^2$

① ft，即英尺。

这里给出这几个单位制的一些有用关系式。

1 m=100 cm	1 m≈39.4 in
1 ft=12 in	1 mile=5280 ft
1 kg=1000 g	1 slug≈14.6 kg
1 N=10^5 dyne	1 N≈0.224 lb

英制质量的单位为 slug，即 1 lb 的力引起 1 ft/s^2 加速度所对应的质量。这个单位比较陈旧。1 slug 的重量大约是 32 lb。磅一词有时也误用作质量的单位。这样使用时，指的是在地球表面受 1 lb 引力所对应的质量，大约 0.454 kg。我们要避免这种混乱的用法。

我们时常要处理比基本单位很大或很小的量，所以在国际单位制中提供了基于 10 的幂次方（正或负）的词头，可以与基本单位相乘。最常用的词头列在附录 C 中。

2.8 量纲代数

除非单位一致，否则物理方程就没有意义。本书中，量纲一词指的是物理量（最终要用质量、长度和时间的单位来表示）的类型，与数学的用法不同，那里指的是确定一个点所需要的坐标个数。

检查计算结果很有用的一步就是看最终结果两边的单位是否一致。若不一致，肯定在哪里有错误。即便方程有物理意义，有时它们看上去也可能不一致，这只是由于单位需要调整。例如，方程的左边用米表示，右边用千米。

幸运的是，物理单位都有一个很好的性质，它们可以当作代数量处理。例如，关系式：

$$1\ \text{千米}=1000\ \text{米}$$

可以等价地写为

$$1=\frac{1\ \text{千米}}{1000\ \text{米}}$$

右边的表达式称为换算因子，可以像普通的代数量那样操作。

问题的解中可能有各种单位，为使错误减到最少，就需要一套调整它们的系统程序。例如，假设将 3.5 m 的长度用 cm 表示，我们就从已知的关系式 1 m=100 cm 开始。想法就是将换算因子看作一个代数关系，其中的数和单位都当作代数量处理。将换算因子写成一个带“单位”的比值，则有

$$(3.5\ \text{m})\left(\frac{100\ \text{cm}}{1\ \text{m}}\right)=350\ \text{cm}$$

单位形式地相消。如果我们想把长度从 cm 换成 m，换算因子就是 1 m/100 cm。

例 2.2 单位换算

地球到太阳的平均距离是 9300 万英里。利用换算因子 1 mile=5280 ft，1 ft=12 in，1 in=2.54 cm，100 cm=1 m，用米表示这个距离。

我们将换算因子合在一起，可一步得到答案：

$$(9.3\times10^{7}\ \text{mile})\left(\frac{5280\ \text{ft}}{1\ \text{mile}}\right)\left(\frac{12\ \text{in}}{1\ \text{ft}}\right)\left(\frac{2.54\ \text{cm}}{1\ \text{in}}\right)\left(\frac{1\ \text{m}}{100\ \text{cm}}\right)$$

$$=1.5\times10^{11}\ \text{m}$$

单位相消后在结果中就得到了所要求的单位。注意：结果与给定的数据一样要有相同的有效数字。

我们已经看到，力学量，例如速度和力，它们的单位都可以用质量、长度和时间的基本单位来构造。不管我们采用什么单位制，牛顿力学中的每个物理量都以唯一的方式与质量、长度和时间相关。例如，速度的单位在 SI 制中为 m/s，在 CGS 制中为 cm/s，但两者都有相同的量纲，长度/时间。

在分析方程的单位一致性时，质量的量纲缩写为 M，长度的量纲为 L，时间的量纲为 T。发展电磁理论的麦克斯韦，首次使用方括号表示物理量的量纲。

$$[质量]=\text{M}\quad[长度]=\text{L}\quad[时间]=\text{T}$$

力学量的量纲都可以用 M、L 和 T 的幂次来表示。例如，

$$[速度]=\text{LT}^{-1}\quad[力]=\text{MLT}^{-2}$$

方程两边的单位必须一致，只有量纲一致才能如此。注意：M、L 和 T 都是*独立*的量；我们不能用时间表示质量，或用质量表示长度。因此，为使方程成立，不管我们采用什么单位制，M，L 和 T 的幂次必须分别相同。举一个例子，第 5 章我们将接触动能定理，这个定理简单说就是，对于从静止开始运动的一个物体，

$$力\times距离=动能=\frac{1}{2}mv^2$$

我们从量纲上检查它：[力]=[质量][加速度]=MLT^{-2}，所以左边有量纲 ML^2T^{-2}。动能有量纲 $\text{M}(\text{LT}^{-1})^2=\text{ML}^2\text{T}^{-2}$。因此，方程在量纲上是一致的。

2.9 牛顿定律的应用

牛顿定律是简单的，但只有会用才有意义。为此，在本章的余下部分，我们考虑几个力学问题，其中力是已知的，物体当作质点处理，而不是有一定大小的实际物体。我们先

介绍解题的步骤，一旦学会了，就习以为常了。稍加解释以免你觉得太教条：大多数问题都有不同的做法，这里所描述的程序当然不是唯一的。事实上，俗套的程序永远也替代不了充满智慧的分析性思维。然而，就算你以后发现了捷径或其他方法，这套程序还是值得掌握的。下面就介绍做力学题的步骤，适合于只包含几个物体的系统，所受的力也是简单的。

1. 隔离物体

主观上将系统分为更小的系统，每个只包含一个物体。各物体都当作质点处理。以后我们会把这套方法推广到有一定大小的实际物体。

2. 画出每个物体的受力图

受力图描述了问题中所有重要的物理信息，是理解问题的关键所在。为了画受力图：

(a) 用一个点或者简单的符号来表示、标记每个物体。

(b) 对于每个物体，画的力矢量起点位于物体上，每个矢量代表一个力，并标记每个矢量。

这里有技巧。只画作用在物体上的力，而不是物体施加的力。物体可能被绳子拉，被其他物体推，经受引力或电场力等。任何情况下，确信没有漏掉任何力。提醒：在力图上使用符号，绝不能用数值。程序的目的是获得问题的一个符号解，然后代入数值。没有符号解，就没办法确定结果是否合理。

3. 在受力图上建立坐标系

沿着方便的方向设定坐标轴，通常取为假定的运动方向，或者沿着受力的方向。不论什么情形，坐标系必须是惯性的——也就是说，它必须固定在一个惯性参考系中。

4. 写运动方程

所谓运动方程指的是牛顿第二定律形式的方程，在里面包含力和加速度。因此它是这种形式，$F_{1x}+F_{2x}+\cdots=Ma_x$，这里方程左边的每一项代表物体所受每个力的 x 分量。因为力和加速度是矢量，每个感兴趣的维度都需要一个分量方程。每个力分量的正负号必须与受力图和坐标系一致。即使对一个静止的物体，它的加速度为零，先写出完整的运动方程，然后代入已知量，这样做也是一个好的练习。

5. 写约束方程

在许多问题中，物体受到约束，只能沿着特定的路径运动。例如，摆锤沿圆周运动，在桌面上滑动的物块是被约束在一个平面内运动。每个约束可以用一个几何方程来描述，称作**约束方程**。另外，如果同一个系统中的两个物体相互作用，它们之间的作用力满足牛顿第三定律，大小相等，方向相反。列出每个约束方程。有时约束隐含在问题的表述中。例如，对于桌子上的物体，就没有竖直加速度 a_v，约束方程简化为 $a_v=0$。

6. 求解

运动方程和约束方程应提供足够多的关系式，使我们能确定每一个未知量。如果忽视了一个方程，方程太少就不能求解。这就提示你需要进一步寻找。

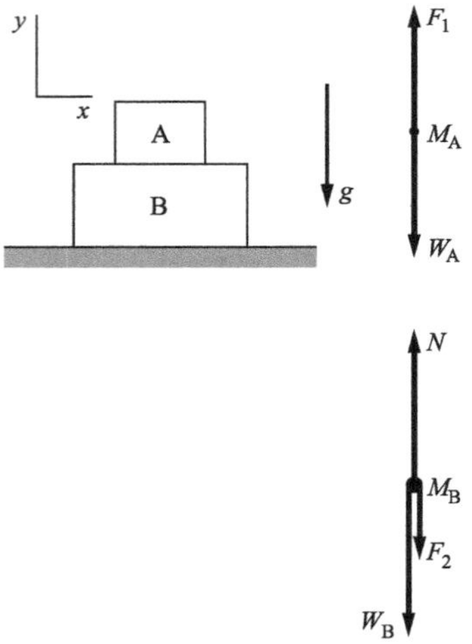

有时力学分为静力学——分析处于平衡的物体所受的力，以及动力学——研究力所产生的运动。然而，这种区分在这里是不重要的：静力学可以看作动力学在加速度为零时的特殊情形。这要求作用在每个物体上的净力也为零。

为展示这个方法，考虑静止在桌上的两个物块 A 和 B，如图所示。图中显示了每个物块的受力图。重力和坐标轴的方向用箭头表示。

问题是确定所有的力。

由于力沿竖直方向，我们只考虑沿 y 轴的分量。受力图显示了物块的重力 W_A 和 W_B，方向朝下。F_1 是物块 B 作用在 A 上的力，F_2 则是物块 A 作用在 B 上的。两个物体的接触力若指向垂直表面的方向，我们称之为**法向力**。桌子作用在 B 上的法向力标记为 N。我们已经假定了力的方向。如果我们猜错了，实际的力沿着相反的方向，求解时它会带有一个负号。

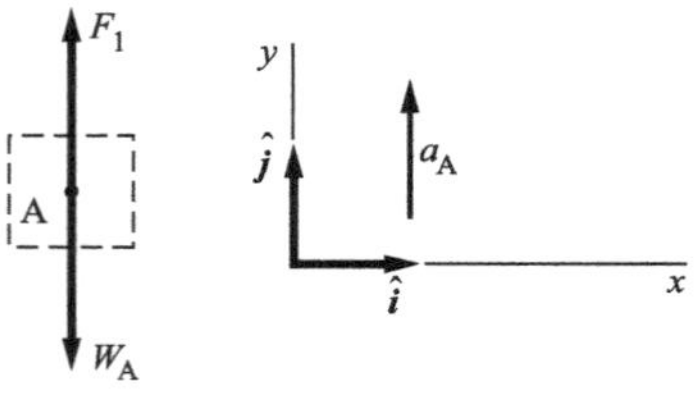

物块 A 的运动方程为

$$F_1-W_A=m_Aa_A$$

物块 B 的运动方程为

$$N-F_2-W_B=m_Ba_B$$

由牛顿第三定律，按照受力图中假定的方向，$F_1=F_2$。因为系统是静止的，$a_A=a_B=0$。因此，

$$F_1=W_A$$

B 的运动方程是

$$N=W_B+F_2$$

解题的最后一步是确保你的答案是合理的。这里，桌子作用在物块 B 上的法向力 N 伴随着一个物块作用在桌子上的等值反向的力（图中未画出）。由于 $N=W_B+F_2=W_B+W_A$，作用在桌子上的力是两个物块的重力，与我们的预期一致。

这道题的目的是展示我们作用在物体上的力与物体作用在我们上的力之间的差异。例如，引力——重力 W_A——只作用在物块 A 上，而不是桌子或者物块 B 上。当然啦，A 的重力对这两个物体都有效果，但却是通过源于保持系统平衡的接触或法向力。生理上，力容易引起混乱。在桌面上推一本书，你感受到的力不是使书运动的力，而是书作用在你身上的力。依据牛顿第三定律，这两个力总是等值反向。

如果一对力中的一个是有限的，另一个也必须是有限的，下面的例子就说明了这一点。

例 2.3 宇航员的拔河比赛

两个宇航员在一次太空行走中，各拉住绳子的一端，要玩拔河比赛。

宇航员爱丽丝，是所在学院的明星，恰好比宇航员鲍勃要强壮一些，而鲍勃则热衷于玩视频游戏。结果，爱丽丝的最大拉力比鲍勃的最大拉力要大。宇航员的质量分别是 M_A 和 M_B，假设绳子的质量 M_r 可以略去不计。当每个宇航员都尽可能用力时，试确定系统的运动。

下图为受力图。

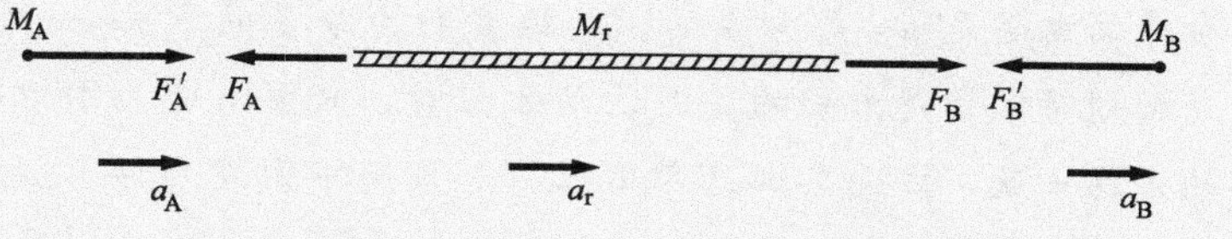

注意：F_A 和 F_B 为宇航员作用在绳子上的力，而不是作用

在他们自身的。绳子作用在宇航员上的力是 F'_A 和 F'_B。受力图显示了力的方向和我们采用的符号规定：加速度以向右为正。

沿绳子的运动是我们感兴趣的。没有约束，可以直接求解。

按照受力图中的方向规定，由牛顿第三定律，有关系式：

$$F'_A = F_A$$
$$F'_B = F_B \quad (1)$$

绳子的运动方程是

$$F_B - F_A = M_r a_r \quad (2)$$

绳子的质量 M_r 可以略去不计，所以我们在方程（2）中代入 $M_r = 0$。由此得到 $F_B - F_A = 0$ 或者

$$F_B = F_A$$

这说明了一个普遍原理：因为有限力作用在零质量的物体上会产生无限大的加速度，所以作用在质量可略物体上的合力必然近似为零。

由于 $F_B = F_A$，方程（1）给出 $F'_A = F_A = F_B = F'_B$。因此，

$$F'_A = F'_B$$

最终，宇航员只能用相同的力拉绳子。不管爱丽丝比鲍勃多强壮，她也不能比鲍勃的拉力大。从身体考虑，如果爱丽丝的拉力太大，鲍勃就握不住绳子，绳子则会滑动。爱丽丝能作用的力受限于鲍勃的抓握。

宇航员的加速度为

$$a_A = \frac{F'_A}{M_A}$$

$$a_B = \frac{-F'_B}{M_B} = \frac{-F'_A}{M_B}$$

负号的意思是 a_B 是向左的。加速度和力分量的方向在开始解题时常常是未知的。写运动方程时，只要与受力图中的方向一致，方向怎么选都有效。如果解中出现负号，加速度和力就与规定的方向相反。

下一个例子则表明，对于正在加速的由几个物体组成的一个系统（复合系统），系统中每个物体都受到一个净力。

例 2.4 多个物体：货车

每个货车的质量为 M，火车头对三节货车的拉力为 F。摩擦力可以略去不计。确定作用在每节货车上的拉力。

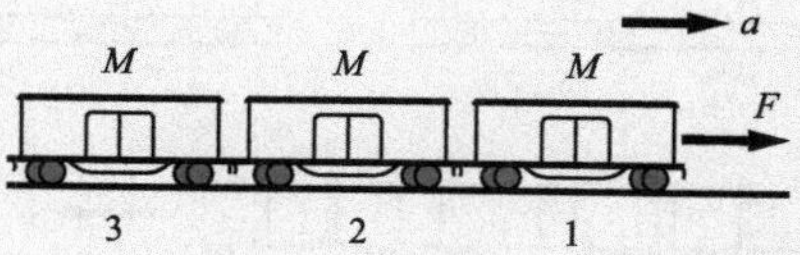

在画受力图之前，有必要先将系统作为一个整体来考虑。货车连在一起，在此约束下就有相同的加速度。总质量是 $3M$，它们的加速度就是

$$a=\frac{F}{3M}$$

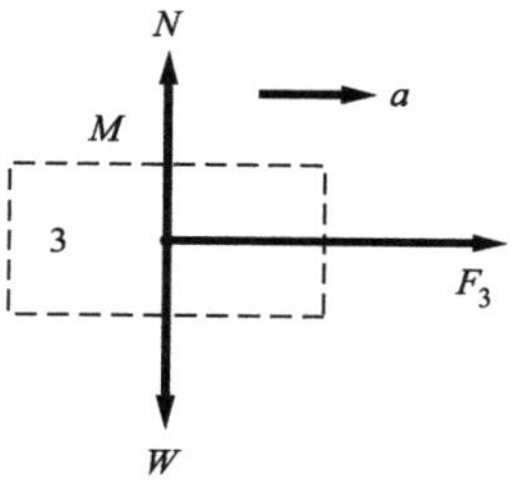

在末节车厢 3 的受力图中，W 为重力，N 为铁轨作用的向上的力，F_3 为车厢 2 作用在车厢 3 上的力。

竖直加速度为零，所以 $N=W$。水平的运动方程为

$$\begin{aligned}F_3&=Ma\\&=M\left(\frac{F}{3M}\right)\\&=\frac{F}{3}\end{aligned}$$

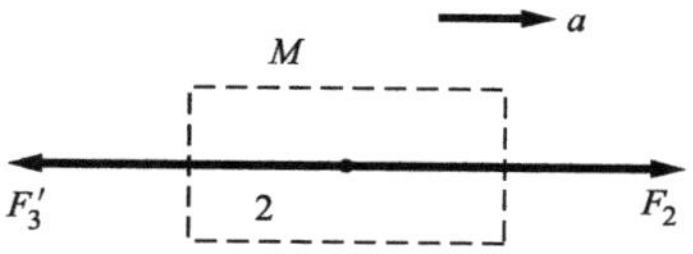

现在我们再来考虑车厢 2。竖直方向的力同前，所以略去它们。F_3' 为最后一节车厢的作用力，F_2 为车厢 1 施加的力。

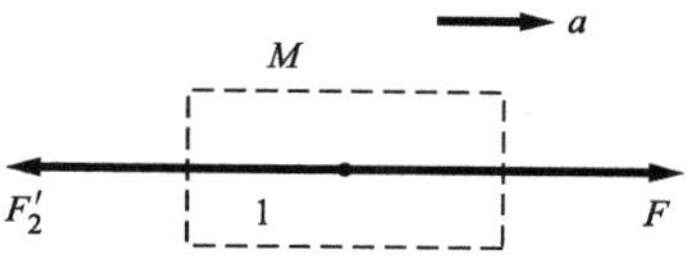

运动方程为

$$F_2-F_3'=Ma$$

由牛顿第三定律，$F_3'=F_3$，所以 $F_3'=F/3$。由于 $a=\frac{F}{3m}$，则有

$$\begin{aligned}F_2&=M\left(\frac{F}{3M}\right)+\frac{F}{3}\\&=\frac{2F}{3}\end{aligned}$$

作用在车厢 1 的力为 F，向右，而

$$F_2'=F_2=\frac{2F}{3}$$

向左。每节车厢所受的净力都是 $F/3$，向右。

看待这个问题还有一个更一般的方法。考虑有 N 节车厢的列车，牵引力为 F，每节的质量为 M。加速度是 $a=F/(NM)$。

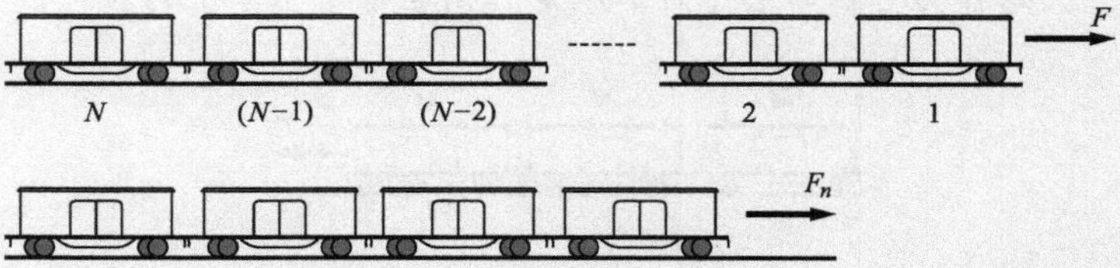

为了确定对最后 n 节车厢的拉力 F_n，注意 F_n 必须使 n 节车厢产生加速度 $F/(NM)$。因此，

$$F_n = nM\frac{F}{NM} = \frac{n}{N}F$$

一节车厢拉另一节的力，或者说，车厢之间的力，正比于所牵引的车厢数量。

接下来我们转向比单一物体更复杂的系统。苹果受重力作用下落，这是牛顿动力学的原型，不管这个传说真实与否，系统都体现了万有引力定律，这必定是科学史上最伟大的智力综合之一。我们稍后再考虑它，现在则从被某些高调者贬为物理中最蠢问题的系统开始：物块在平面上滑动。

然而，为了使问题更有趣，我们允许平面也滑动。我们先看看，物块必须待在平面上这个约束条件与物块和平面加速度的关系。它们的加速度与一个几何约束方程有关，作为处理更实际动力学问题的准备，我们先看两个这样的例子。

例 2.5　约束运动的例子

1. 斜面和物块

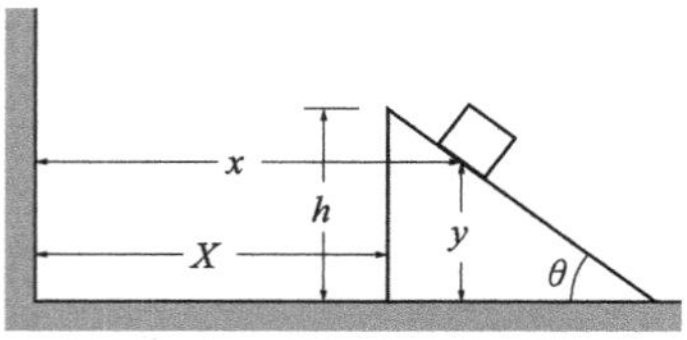

物块在斜面（表面是平的）上滑动，斜面又在水平桌面上滑动，如图所示。斜面的倾角为 θ，高度为 h。物块和斜面的加速度关系如何？摩擦力略去不计。

由于斜面与桌子接触，一个明显的约束是，斜面的竖直加速度为零。为确定物块在斜面上滑动这一不明显的约束，让 X 为斜面顶端的水平坐标，x 和 y 为物块的水平和竖直坐标，如图所示。

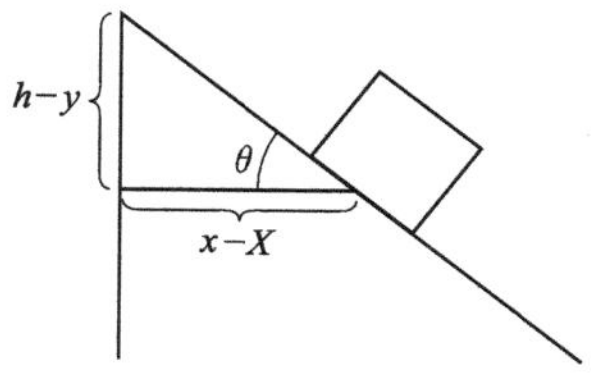

利用几何关系，有

$$\frac{h-y}{x-X}=\tan\theta$$

$$h-y=(x-X)\tan\theta$$

对时间求导两次，再整理，就得到加速度的约束方程：

$$\ddot{y}=(\ddot{X}-\ddot{x})\tan\theta \tag{1}$$

几点评论：注意坐标是惯性的。如果我们相对斜面测量物块的位置，由于斜面在加速，不能当作惯性系，利用牛顿第二定律就会有麻烦。第二点，对时间求导后，不重要的几何参数，例如斜面高度会消失，但是它们在建立几何关系时是有用的。最后，约束方程独立于受力。例如，即使物块和斜面的摩擦力影响它们的加速度，约束方程(1)仍然有效（只要物体保持接触）。

2. 滑轮系统

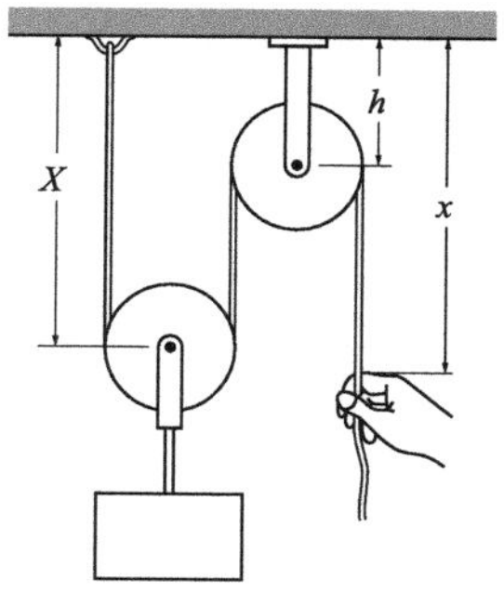

所示的滑轮系统用于提升一个物块。末端绳子的加速度与物块的加速度关系如何？

利用图示的坐标，绳子的长度为

$$l=X+\pi R+(X-h)+\pi R+(x-h)$$

式中，R 为每个滑轮的半径。因此，$\ddot{X}=-\frac{1}{2}\ddot{x}$。物块的加速度是手的一半，方向相反。

例 2.6 物体和滑轮

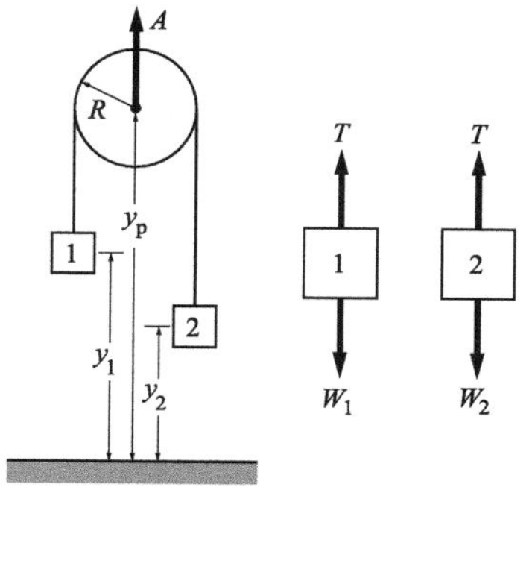

两个物体，质量为 M_1 和 M_2，用绳子连在滑轮上。如图，滑轮向上的加速度为 A，每个物体受的重力是 $W_i=M_ig$。问题是确定物体的加速度和绳中张力。

从受力图可得

$$T-W_1=M_1\ddot{y}_1 \tag{1}$$

$$T-W_2=M_2\ddot{y}_2 \tag{2}$$

我们有两个方程，但有三个未知量：y_1 和 y_2 和 T。所需的第三个方程，就是将加速度联系起来的约束方程。图中显示了各个坐标。若用 y_p 表示到半径为 R 的滑轮中心的距离，l 是绳长，则有

$$l=(y_p-y_1)+\pi R+(y_p-y_2)$$

对时间求导两次，得到

$$0=2\ddot{y}_p-\ddot{y}_1-\ddot{y}_2$$

代入 $A=\ddot{y}_p$，得到约束方程：

$$\ddot{y}_1+\ddot{y}_2=2A \tag{3}$$

很容易求解方程 (1)～(3)：

$$T=2(A+g)\frac{M_1M_2}{M_1+M_2}$$

$$\ddot{y}_1=\frac{(2A+g)M_2-M_1g}{M_1+M_2}$$

$$\ddot{y}_2=\frac{(2A+g)M_1-M_2g}{M_1+M_2}$$

结果是合理的。如果两个物体的质量相同，它们的加速度相等，张力为 $M(A+g)$。如果其中一个质量为零，另一个在重力作用下自由落体。如果 $A=0$，这套装置就是“阿特伍德机”，是课堂展示和初等实验室的常用设备。阿特伍德机的作用就是“减小重力”——较重的物体比自由落体下降得慢。

目前的例子只涉及直线运动。接下来讨论转动的动力学。

2.10 采用极坐标的动力学

为了理解极坐标中的动力学，我们先从简单的圆周运动开始。圆周运动的基本特征是具有径向加速度。这一点时常导致混乱，我们对加速度的直观想法是它通常与速率的变化有关，而在圆周运动中径向加速度则来源于运动方向的改变。

例 2.7 物块和绳子 1

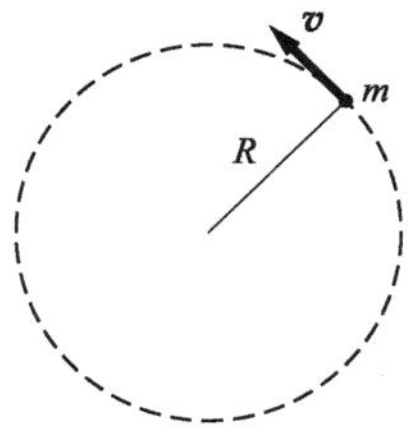

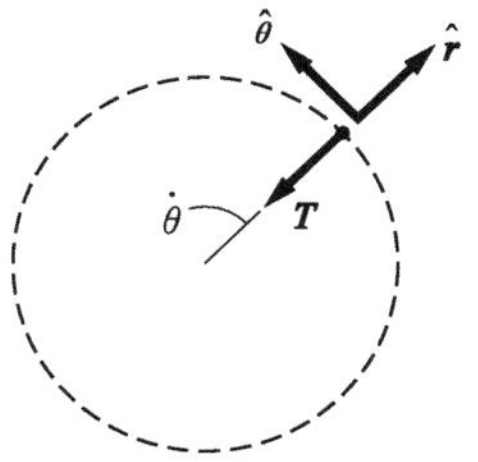

长为 R 的绳末端有质量为 m 的物块，在自由空间的一个水平面内以恒定速率 v 旋转。确定物块所受的力。

物块所受的力只有绳的张力 $\boldsymbol{T}$，如图所示，指向圆心。很自然要用极坐标系。根据 1.11 节的推导，径向加速度为 $a_r=\ddot{r}-r\dot{\theta}^2$，这里 $\dot{\theta}$ 是角速度。（a_r 是正的，向外。）

由于 $\boldsymbol{T}$ 指向原点，$\boldsymbol{T}=-T\hat{\boldsymbol{r}}$，径向运动方程为

$$-T=ma_r=m(\ddot{r}-r\dot{\theta}^2)$$

约束方程是 $r=R$，所以 $\ddot{r}=\ddot{R}=0$。因为 $\dot{\theta}=v/R$，我们得到

$$a_r=-R\left(\frac{v}{R}\right)^2=-\frac{v^2}{R}$$

$$T=\frac{mv^2}{R}$$

注意：$\boldsymbol{T}$ 是指向原点的；在物块上没有向外的力。如果你用绳子旋转一个鹅卵石，你能感受到一个向外的力。然而，你感受到的力并不作用在鹅卵石上，而是作用在你身上。这个力与你拉鹅卵石的力，大小相等，方向相反，这里假定绳子的质量可以忽略。

在下一个例子中，圆周运动中的径向和切向运动都起作用。

例 2.8 物块和绳子 2

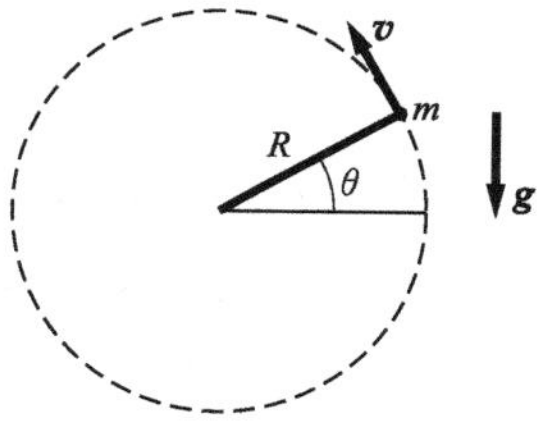

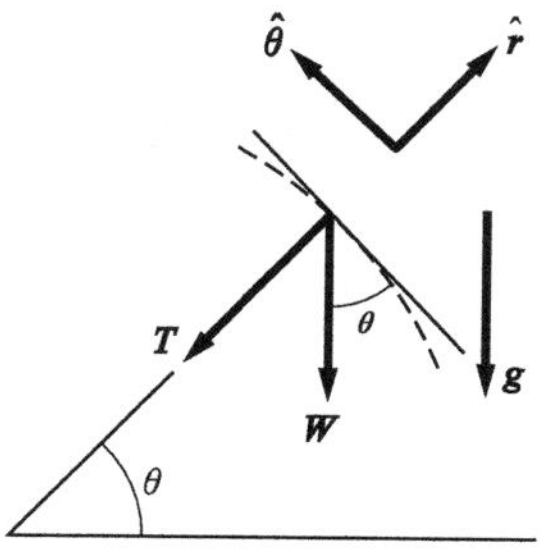

物块在长为 R 的绳子末端，以瞬时速率 v 旋转，在地球重力场中的竖直平面内运动。作用在物块上的力是向下的重力 $W=mg$ 和指向圆心的绳子张力 T。绳子与水平方向的瞬时角度为 θ。确定任意时刻的 T 和切向加速度。

图中显示了力和单位矢量 $\hat{\boldsymbol{r}}$ 和 $\hat{\boldsymbol{\theta}}$。

径向力是 $-T-W\sin\theta$，径向运动方程是

$$\begin{aligned}-(T+W\sin\theta)&=ma_r\\&=m(\ddot{r}-r\dot{\theta}^2)\end{aligned}\qquad(1)$$

切向力是$-W\cos\theta$。因此，

$$-W\cos\theta = ma_\theta = m(r\ddot{\theta} + 2\dot{r}\dot{\theta}) \qquad (2)$$

由于$r=R=$常量，$a_r = -R(\dot{\theta}^2) = -v^2/R$，由方程(1)得

$$T=\frac{mv^2}{R}-W\sin\theta=m\frac{v^2}{R}\left(1-\frac{gR}{v^2}\sin\theta\right)$$

绳子只能拉不能推，所以T不能是负值。这要求$\frac{mv^2}{R}\geqslant W\sin\theta$。物块竖直在上时，$W\sin\theta$达到最大值；在这种情形下，$\frac{mv^2}{R}>W$。如果这个条件不满足，物块就不会沿着圆的路径，而是开始下落；$\ddot{r}$也不再是零。

切向加速度由方程(2)给出。由于$\dot{r}=0$，我们有

$$a_\theta = R\ddot{\theta} = -\frac{W\cos\theta}{m} = -g\cos\theta$$

旋转的物块有切向加速度，在$+g$和$-g$之间变化，而与v的值无关。向下摆动时切向速率增大，向上摆动时减小。如果我们想让物块匀速转动，就需要使$a_\theta=0$，要给T施加一个切向分量$W\cos\theta$。

下一个例子涉及转动、平动和约束。

例 2.9　旋转的物块

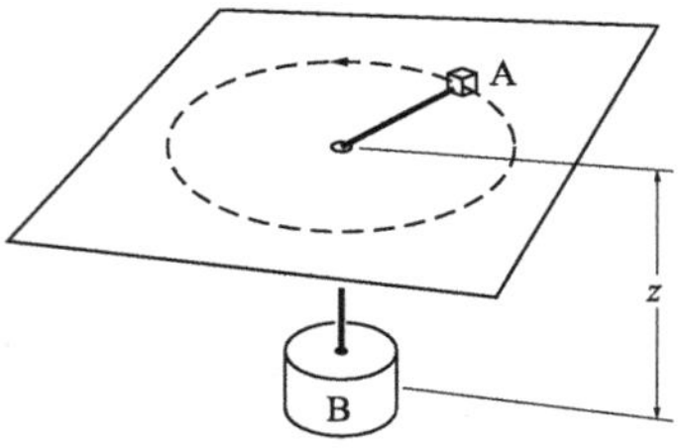

水平无摩擦的桌面中心有一个小孔。桌上的物块A与下面悬挂的物块B由穿过小孔的质量可略的绳子相连。

开始时，使B静止，A以恒定的角速度ω_0转动，半径r_0为常量。如果把B在$t=0$时刻释放，它此刻的加速度是多少？

释放后A和B的受力情况如图所示。

对桌面上的物块只需考虑水平力。作用在A上这样的力只有绳子的力T。作用在B上的力是绳子的力T和它的重力W_B。

对 A 自然是采用极坐标 r，θ，对 B 直线坐标 z 就足够了，如受力图所示。

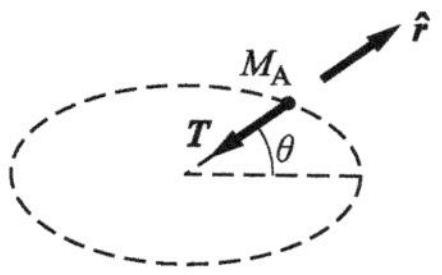

像通常一样，单位矢量 $\hat{r}$ 是径向朝外的。为了方便，我们取 z 向下为正。运动方程是

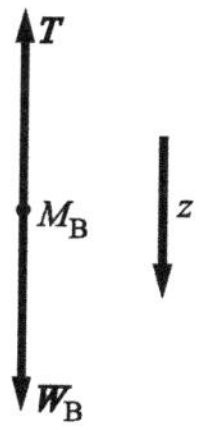

$$-T=M_A(\ddot{r}-r\dot{\theta}^2) \qquad 径向,A \qquad (1)$$

$$0=M_A(r\ddot{\theta}+2\dot{r}\dot{\theta}) \qquad 横向,A \qquad (2)$$

$$W_B-T=M_B\ddot{z} \qquad 竖直,B \qquad (3)$$

因为绳子的长度 l 是常量，则有

$$r+z=l \qquad (4)$$

方程 (4) 对时间求导两次，就得到了约束方程：

$$\ddot{r}=-\ddot{z} \qquad (5)$$

负号意味着，若物块 A 朝外运动，物块 B 就上升。结合方程 (1)、(3) 和 (5)，有

$$\ddot{z}=\frac{W_B-M_Ar\dot{\theta}^2}{M_A+M_B}$$

B 刚被释放时，$r=r_0$ 和 $\dot{\theta}=\omega_0$。因此，

$$\ddot{z}(0)=\frac{W_B-M_Ar_0\omega_0^2}{M_A+M_B} \qquad (6)$$

$\ddot{z}(0)$ 可以是正的、负的，或者为零，依赖于方程 (6) 中分子的值；如果 ω_0 足够大，物块 B 释放后会上升。释放前，$\ddot{r}=0$，但是此后加速度马上达到一个有限值。很显然这是由于力可以突然施加，加速度可以突变——加速度可以随时间不连续。相反，位置和速度是加速度的时间积分，因而随时间是连续的。

下一个例子明显是一个简单问题，却有一些意想不到的微妙之处。

例 2.10 圆锥摆

质量为 M 的物体固定于长度为 l、质量可略的细杆末端，细杆可绕轴的末端摆动，轴以恒定的角频率 ω 转动，如图所示。物体以稳定的速率沿恒定半径的圆周路径运动。问题是确定杆与竖直方向的夹角 α。

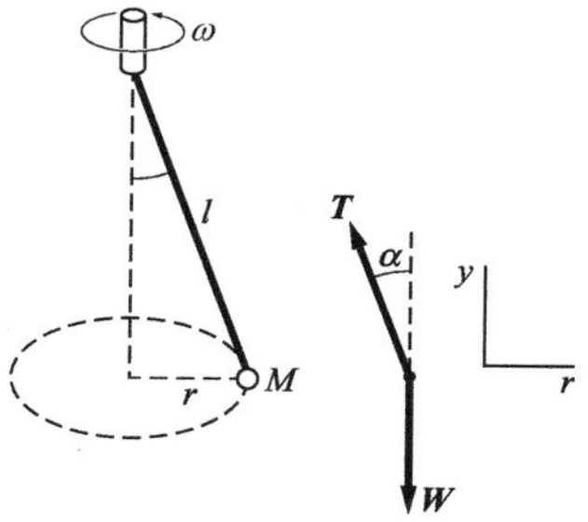

我们从受力图开始。T 是细杆对物体的拉力，W 是物

体所受的重力。注意：没有其他的力作用在物体上。如果这还不清楚，你很可能混淆了加速度与力的关系——一个严重的错误。由于 y 是常量，$\ddot{y}$ 是零，竖直运动方程是

$$T\cos\alpha - W = 0 \tag{1}$$

为确定水平运动方程，注意到摆体是沿着 $\hat{r}$ 的方向，以 $a_r = -\omega^2 r$ 加速。因而

$$-T\sin\alpha = -Mr\omega^2 \tag{2}$$

由于 $r = l\sin\alpha$，有

$$T\sin\alpha = Ml\omega^2\sin\alpha \tag{3}$$

从而得到

$$T = Ml\omega^2 \tag{4}$$

联立方程（1）和（4），得

$$Ml\,\omega^2\cos\alpha = W \tag{5}$$

重力是 $W = Mg$。最终，方程（5）给出结果：

$$\cos\alpha = \frac{g}{l\omega^2}$$

当 $\omega \to \infty$ 时，$\cos\alpha \to 0$，$\alpha \to \pi/2$。这是合理的，在高速时，摆体会向外飞出，等效于 $\alpha \to \pi/2$。然而低速时，解是不合理的。当 $\omega \to 0$，我们的解给出 $\cos\alpha \to \infty$，这是无意义的，因为 $\cos\alpha \leqslant 1$。肯定哪里有严重的错误。

这就是麻烦。对于 $\omega < \sqrt{g/l}$，我们的解给出 $\cos\alpha > 1$。当 $\omega = \sqrt{g/l}$ 时，$\cos\alpha = 1$，$\sin\alpha = 0$；摆体就是简单地竖直悬挂着。从方程（3）推导方程（4）时，我们在两边除以 $\sin\alpha$，在这种情形下，就是除以零，而这是不允许的。然而，由此我们忽略了第二个解：$\sin\alpha = 0$，$T = W$。这个解对所有 ω 的值都是真实的。在这个解中，摆体竖直向下悬挂着。图中显示了所有解的情形。

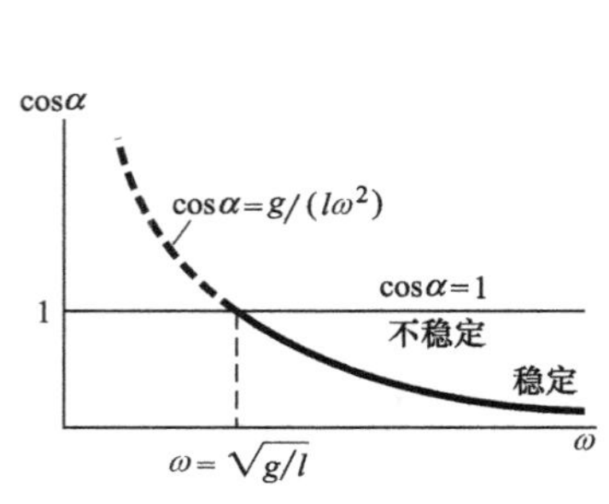

对于 $\omega \leqslant \sqrt{g/l}$，物理上唯一可接受的解是 $\alpha = 0$，$\cos\alpha = 1$。对于 $\omega > \sqrt{g/l}$，存在两个可能的解：

$$\cos\alpha = 1 \tag{A}$$

$$\cos\alpha = \frac{g}{l\omega^2} \tag{B}$$

解（A）对应于物体快速转动，但却竖直悬挂的情形。解（B）对应于物体沿圆周路径飞起来，杆与竖直方向成一夹

角。对于 $\omega>\sqrt{g/l}$，解（A）是不稳定的——如果系统处于这个状态并受到轻微的扰动，就会向外跳离。我们期望分岔点，即在这一点方程突然有两个解，具有一些特殊的意义。在例题 3.10 中，我们将看到 $\omega=\sqrt{g/l}$ 是摆长为 l 的单摆的振动频率，单位是弧度每秒。如果转动频率小于这个值，单摆可竖直悬挂。（它也可以来回摆动，做单摆运动。）然而，对高于单摆频率的转动频率，单摆会向外飞出，除非它恰好竖直。你能看出为什么会这样吗？

本题的寓意是，检查一个数学解的物理意义很重要。

习题

标 * 的习题可参考附录中的提示、线索和答案。

2.1　含时力 *

质量为 5 kg 的物体所受作用力 $\boldsymbol{F}=(4t^2\hat{\boldsymbol{i}}-3t\hat{\boldsymbol{j}})$ N，式中 t 是时间，单位是秒。在 $t=0$ 时刻，它在原点从静止开始运动。确定：此后任意时刻，(a) 它的速度；(b) 它的位置；和 (c) $\boldsymbol{r}\times v$。

2.2　两个物块和绳子 *

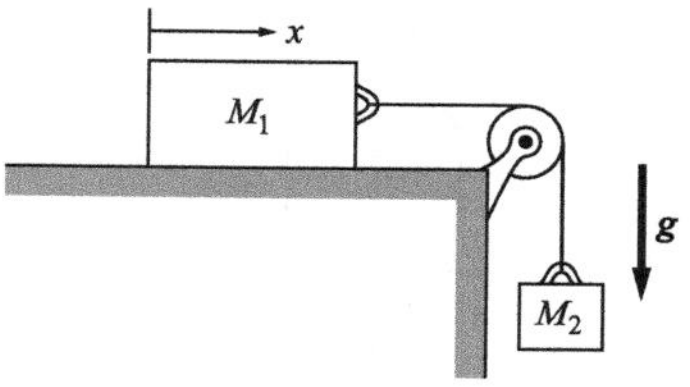

两个物块 M_1 和 M_2 用一根质量可略的绳子相连，如图所示。如果系统从静止释放，确定物块 M_1 在时刻 t 滑动多远。忽略摩擦。

2.3　桌上两个物块

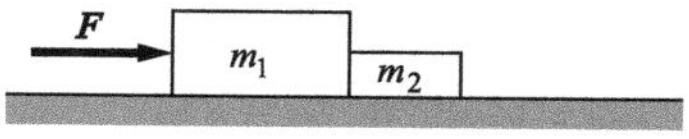

两个物块 m_1 和 m_2 在水平（译者补：光滑）桌面上相互接触。一个水平力施加在一个物块上，如图所示。如果 $m_1=2$ kg，$m_2=1$ kg，$F=3$ N，确定两个物块之间的接触力。

2.4　做圆周运动的粒子和作用力

两个质量分别为 m 和 M 的粒子都相对彼此作匀速圆周运动，间距是 R，相互的作用力是恒定的吸引力 F。角速度是 ω(rad/s)。证明 $R=(F/\omega^2)(1/m+1/M)$。

2.5　混凝土搅拌机 *

在混凝土搅拌机中，水泥、石子和水在缓慢旋转的桶中通过翻跟斗的动作来混合。如果桶转动太快，配料会粘在桶壁上而不混合。

假定搅拌机的桶半径 $R=0.5\ \mathrm{m}$，并使其转轴水平。为了不使配料始终粘在桶壁上，桶最快的转速是多少？假定 $g=9.8\ \mathrm{m/s^2}$

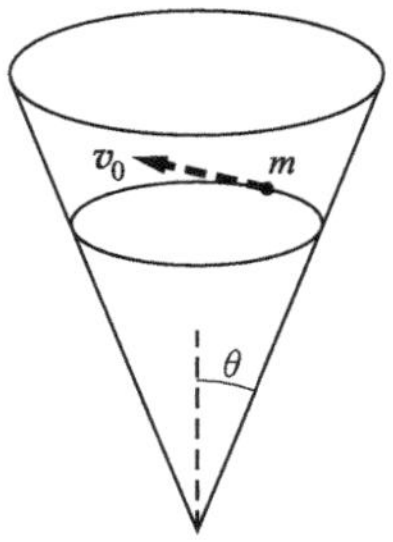

2.6 圆锥里的粒子

质量为 m 的粒子无摩擦地在圆锥内壁滑动。圆锥的轴是竖直的，重力是向下的。圆锥尖端的半角为 θ，如图所示。

粒子的路径恰好是水平面的一个圆。粒子的速率是 v_0。画出受力图，确定圆的半径，并用 v_0、g 和 θ 表示。

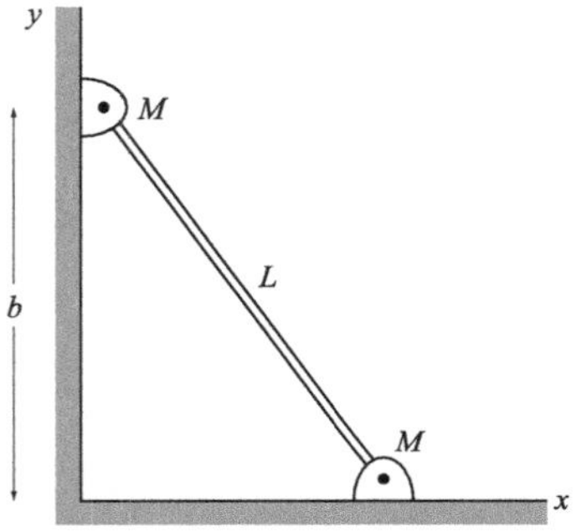

2.7 斜杆

质量可略的杆斜靠在墙上，与水平面的夹角为 θ。重力向下。

(a) 确定一端的竖直加速度和另一端的水平加速度的约束关系。

(b) 现在假定在每一端安装一个带轴的质量为 M 的物体。当杆刚开始在无摩擦的墙壁和地面上滑动时，确定加速度的竖直和水平分量。假定在开始运动时，杆施加的力沿着杆的方向。(在运动过程中，系统转动，杆会施加侧向力。)

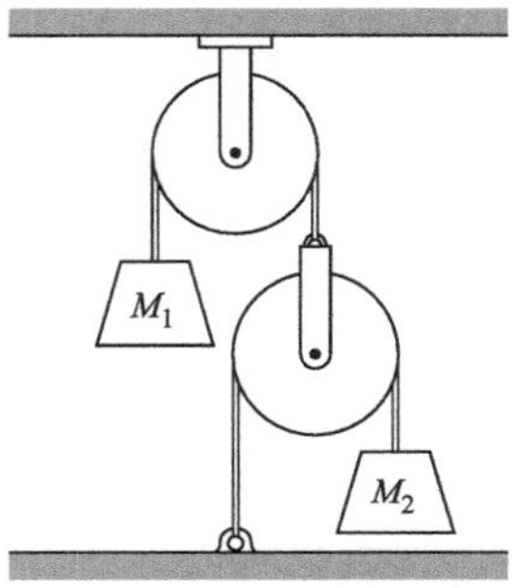

2.8 两个物体和两个滑轮*

质量分别为 M_1 和 M_2 的两个物体用绳子连到一个滑轮系统中，如图所示。绳子是无质量、不可伸长的，滑轮是无质量、无摩擦的。确定 M_1 的加速度。

2.9 桌上的物块

两个物块 A 和 B，放在无摩擦的桌面上，如图所示。

它们系在长 l 的轻绳两端，绳子又绕过质量可略的滑轮。滑轮与悬挂的物体 C 通过绳子相连。确定每个物体的加速度。(你可以考虑特殊情形来检查你的答案是否合理——例如，$M_A=0$ 或者 $M_A=M_B=M_C$ 的情形。)

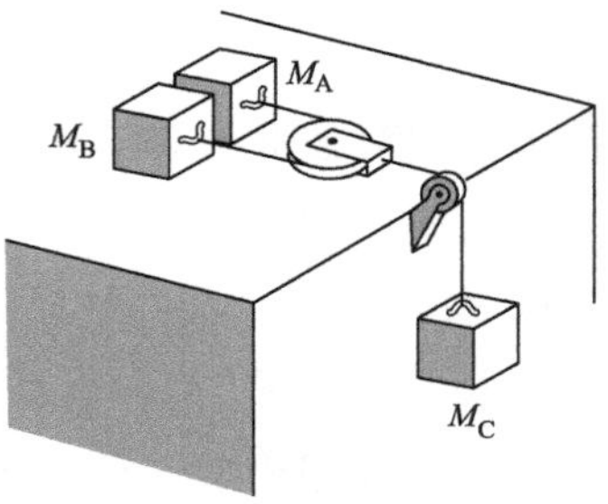

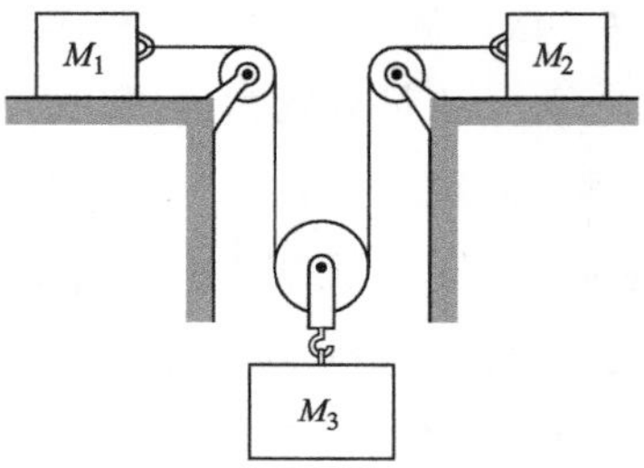

2.10 三个物体

图中质量分别为 M_1、M_2 和 M_3 的三个物体的系统使用了无质量的滑轮和绳子。水平桌面是无摩擦的，重力是向下的。

(a) 画出受力图，显示所有相关的坐标。

(b) 它们的加速度有什么关系？

2.11 斜面上的物块*

以恒定的加速度 $\boldsymbol{A}$ 沿桌面推一个 45°的斜面。质量为 m 的物块沿斜面无摩擦地滑动。确定物块的加速度。重力是向下的。

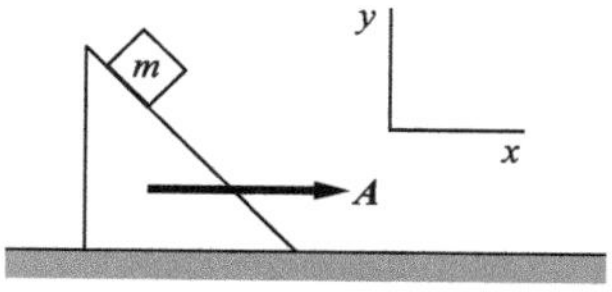

2.12 脚手架上的油漆工*

质量为 M 的油漆工站在质量为 m 的脚手架上，通过悬挂在滑轮上的两根绳子，向上拉起自己，如图所示。

他用力 F 拉每根绳子，以匀加速度 a 向上加速。确定 a——忽略没人可以长期这样做的事实。

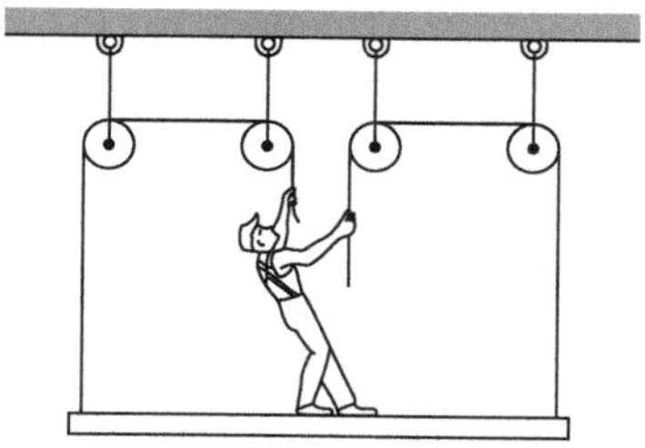

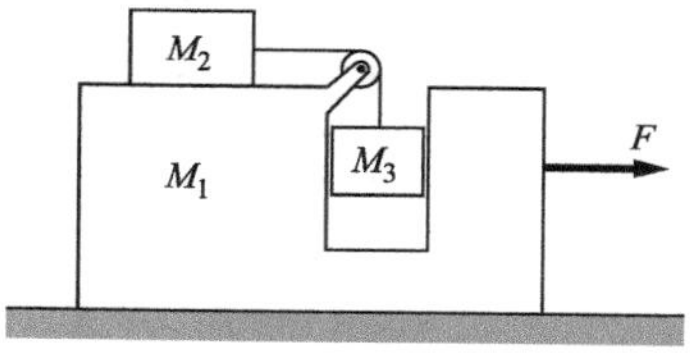

2.13 教学仪器*

一个“教学机器”如图所示。所有的表面都是无摩擦的。为保持 M_3 上升或下降，施加在 M_1 上的力 F 有多大？

2.14 教学仪器 2*

在上一个问题的“教学机器”中，考虑 F 为零的情形。确定 M_1 的加速度。

2.15 带挂钩的转盘

转盘以匀角速度 ω 转动，如图所示。两个质量分别为 m_A 和 m_B 的物体，在穿过盘心的槽中无摩擦地滑动。它们用长 l 的轻绳相连，开始时用挂钩固定在一个位置，使 m_A 到中心的距离为 r_A。重力略去不计。$t=0$ 时，去除挂钩，物体可自由滑动。

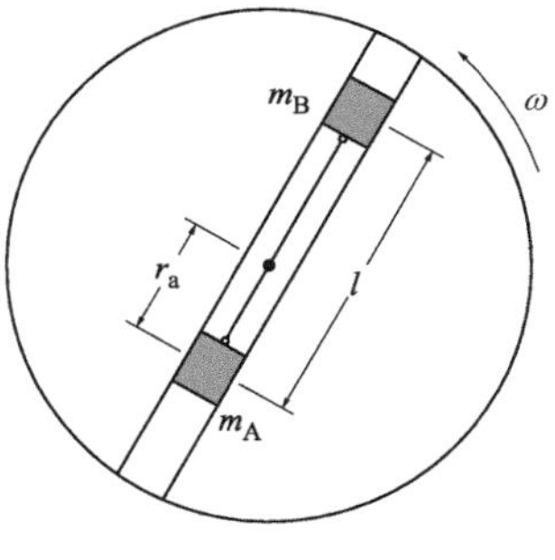

刚去除挂钩时，确定 $\ddot{r}_a$，并用 m_A、m_B、l、r_A 和 ω 表示。

2.16 普朗克单位*

普朗克引入了一个常量 h，现在称作普朗克常量，将谐

振子的能量与它的频率联系起来。$h=6.6\times10^{-34}\mathrm{J\cdot s}$，这里1焦（J）=1牛·米（N·m）。（$h$ 刻在德国哥廷根普朗克的墓碑上。）

普朗克指出，如果采用 h、牛顿的万有引力常量 $G=6.7\times10^{-11}\ \mathrm{m^3\cdot kg^{-1}\cdot s^{-2}}$ 和光速 $c=3.0\times10^8\ \mathrm{m/s}$ 作为基本量，就可能组合它们，形成三个新的独立量，替换常规的质量、长度和时间单位。这三个新的量称作普朗克单位。

(a) 普朗克长度 L_P

(b) 普朗克质量 M_P

(c) 普朗克时间 T_P

普朗克单位很自然地应用到现代宇宙学，特别是早期宇宙的宇宙学中。

确定普朗克单位的 SI 值，例如 $1L_\mathrm{P}=(?)m$。（注意：已公布的结果可能与你的不相同，因为他们时常采用 $\hbar=h/2\pi$ 来计算。）

2.17 加速斜面上的物块

物块停留在斜面上，斜面在水平面上。物块与斜面的摩擦因数是 μ。重力向下。斜面倾角 θ 满足 $\tan\theta<\mu$。斜面的水平加速度为 a。为使物块在斜面上固定不动，确定 a 的最大和最小值。

3 力和运动方程

3.1 简介

力的概念是牛顿物理的核心。本章描述引力和静电力——自然界中的两种基本力。我们也讨论几个唯象力，例如摩擦力。这样的力在“日常”物理中会经常遇到，可用经验方程近似描述它们。由于力的概念只在人们知道如何求解涉及力的问题时才有意义，所以本章包含很多应用牛顿定律的例子。

物理中时常遇到由已知的力计算运动的问题。例如，着手设计粒子加速器的物理学家，利用力学定律和电磁力的知识计算粒子在加速器中如何运动。然而，相反的过程同样重要，从运动的观测推断物理相互作用会发现新的定律。经典的例子就是牛顿从开普勒行星运动定律推断平方反比的引力定律。当代的例子有，在日内瓦的 CERN 大型强子对撞机和其他高能实验室中，通过高能散射实验揭示基本粒子的相互作用所做的种种努力。

整理实验观测以确定潜在的作用力，这一过程是复杂的。英国的宇宙学家 Arthur Eddington 曾经幽默地说，力是我们放在牛顿第二定律左手边的数学表达式，以便得到与观察的运动相符的结果。幸运的是，力有更具体的物理实在。

接下来几章的大多数努力都是理解系统受力后的行为。如果宇宙中的每对粒子都有自己独特的作用，这个任务就毫无希望可言。幸运的是，自然界是更友善的。据我们所知，宇宙中只有四种基本的不同类型的相互作用：引力、电磁相互作用、所谓的弱相互作用和强相互作用。电力和磁力曾经被认为是不同的力，在 19 世纪 70 年代麦克斯韦的工作统一了它们，揭示它们是一个称作电磁场的单一力场的不同方面。在另一个大综合中，Steven Weinberg、Sheldon Glashow 和 Abdus Salaam 在 20 世纪 70 年代统一了弱和电磁相互作用，他们为此获得了 1979 年的诺贝尔奖。

3.2 物理的基本力

最熟悉的基本力是引力和电磁力，两者都在大范围内起作用。它们的强度按粒子间距的平方反比而减弱。除了这点类似，它们在自然界中所起的作用完全不同。引力总是吸引的，电力可以是吸引的，也可以是排斥的。然而最主要的差异是，与电磁相互作用比，引力是难以置信地弱。例如，在氢原子中，电子和质子的引力约为电力的 $1/10^{30}$。然而，在大的系统中，电的吸引和排斥在很大程度上抵消，只剩下引力。因此，引力在大尺度的宇宙起主导作用。相反，我们周围的世界则被电力主导，在原子尺度更是远远强于引力。电力决定着原子、分子和更复杂的物质形式的结构，以及光的存在。

还有其他两种基本力：弱相互作用和强相互作用。它们只在小到原子核直径，一般是 10^{-15} m，这样小的范围内才是重要的。这些相互作用即使在原子的距离，10^{-10} m，也是可以忽略的。顾名思义，强相互作用非常强，在原子核内远强于电磁力。在原子核内，它是把质子和中子结合在一起的“胶水”。除此之外，它对日常世界几乎没有影响。弱相互作用的影响不怎么引人注目，它在中微子的产生和湮灭中起调和作用；而中微子是不带电、质量几乎为零的粒子，它对理解物质结构是必需的，只能被最尖端的实验探测到。

引力和电磁力之所以被认为是基本的，就在于它们不能用更简单的方式来解释。我们要讨论的唯象力，例如摩擦力、接触力和黏滞力，可以用相对简单的经验数学表达式来描述，但是，当进一步仔细检查它们时，它们可以解释为复杂原子力的宏观表现。

3.3 引力

引力，最熟悉的基本力，在力学的发展中久负盛名。牛顿在 1666 年发现了万有引力定律，同一年他还提出了运动定律。通过计算两个受引力相互作用的粒子，牛顿能够导出行星运动的开普勒经验定律。（在 26 岁就完成了这一切，牛顿创立了一个至今仍然保持的传统——伟大的进展时常是年轻的物理学家做出的。）

根据牛顿的引力定律，两个粒子的相互吸引力与它们质量的乘积成正比，与它们距离的平方成反比。引力总是吸引的。

引力的这种文字表述，基本上是对的，但对解题是没有

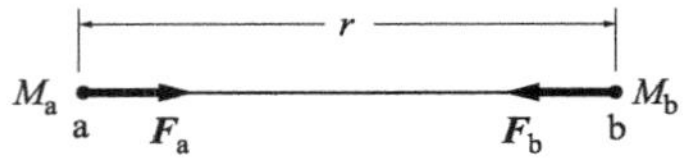

用的，因为我们需要的是数学表达式。考虑两个粒子 a 和 b，质量分别为M_a 和M_b，间距为 r。令 $\boldsymbol{F}_{b,a}$表示粒子 a 作用在粒子 b 上的力。引力大小的文字描述可用数学表达式表示为

$$|\boldsymbol{F}_{b,a}|=\frac{GM_aM_b}{r^2}$$

G 是引力常量。G 的值可通过测量两个处于一定位形的粒子的作用力来确定，这个方法是卡文迪什在 1771 年利用扭秤实现的。在下一节可以看出，地球的质量可从 G、引力加速度 g 和地球半径这几个量得到。卡文迪什一跃成为“称量地球”的著名科学家。

G 的值是 $6.673(10)\times10^{-11}\,\mathrm{m^3\cdot kg^{-1}\cdot s^{-2}}$。由于引力太弱，$G$ 很难测量，相对不确定度是10^{-4}，是物理中最不精确的基本常量。相比之下，其他常量典型的相对不确定度是10^{-8}或更小。

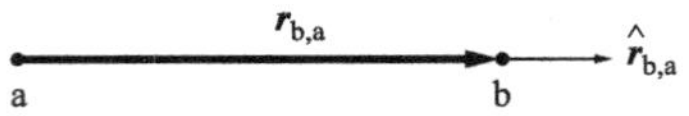

两个粒子之间的引力是有心力，因为力的方向沿着两者的连线。矢量表示最适合从数学上描述这些性质。按照惯例，我们引入矢量 $\boldsymbol{r}_{b,a}$，表示从施力粒子 a 连到受力粒子 b。显然，$\boldsymbol{r}_{b,a}=-\boldsymbol{r}_{a,b}$。注意：$|\boldsymbol{r}_{b,a}|=r$。引入单位矢量 $\hat{\boldsymbol{r}}_{b,a}=\boldsymbol{r}_{b,a}/r$，我们有

$$\boldsymbol{F}_{b,a}=-\frac{GM_aM_b}{r^2}\hat{\boldsymbol{r}}_{b,a}$$

负号表示作用在粒子 b 上的力指向粒子 a，即力是吸引的。b 作用在 a 上的力是

$$\boldsymbol{F}_{a,b}=-\frac{GM_aM_b}{r^2}\hat{\boldsymbol{r}}_{a,b}=+\frac{GM_aM_b}{r^2}\hat{\boldsymbol{r}}_{b,a}=-\boldsymbol{F}_{b,a}$$

这里，我们用到关系式 $\hat{\boldsymbol{r}}_{b,a}=-\hat{\boldsymbol{r}}_{a,b}$。因而两个粒子的力是等值反向的，满足牛顿第三定律。

3.3.1 球体的万有引力

牛顿的引力定律描述了质点之间的相互作用。我们如何确定一个像地球一样的真实的扩展物体作用在一个粒子上的引力呢？由于力满足叠加原理，来自粒子集合的作用力就等于单个粒子所施加力的矢量和。这允许我们将物体看作微元的集合，每个微元可当作质点处理。我们因而可以采用标准的积分方法，对所有质点的力求和。这个方法在注释 3.1 中用来计算一个质量为 m 的质点和一个质量为 M、半径为 R

的匀质薄球壳之间的作用力。结果是

$$\boldsymbol{F}=-G\frac{Mm}{r^2}\hat{\boldsymbol{r}} \qquad r>R$$

$$\boldsymbol{F}=0 \qquad r<R$$

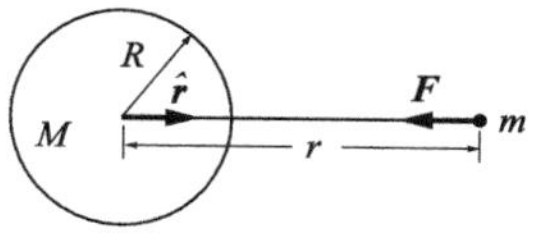

式中，r 是球壳的球心到质点的距离。如果质点位于球壳外，$r>R$，力等同于球壳所有的质量集中在它的球心。如果质点位于内部，力就为零。

在球壳内部引力为零的原因可从牛顿给出的一个简单论证看出。如图所示，考虑顶点位于 m 的锥形在球壳上划出的两个小质元。

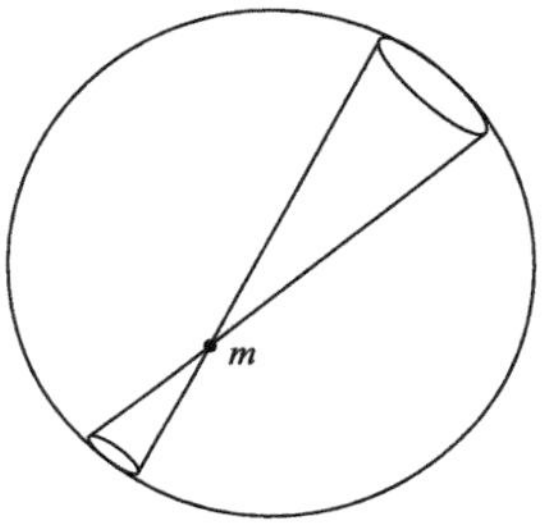

每个质元的质量与它的表面积成正比。面积随（距离）^{2} 的增大而增大。然而，力的强度随 $1/(\text{距离})^2$ 变化。这里，距离是从顶点到球壳测量出的。因此，两个质元对 m 的力等值反向，互相抵消。我们可以对球壳的所有质元这样配对，所以作用在 m 上的合力为零。

一个均匀球体可看作由一系列的薄球壳组成，对于球外的粒子，球的引力表现就好像它的所有质量集中在它的球心。这个结果对密度随半径变化的情形也成立，只要质量分布具有球对称就可以。

例如，虽然地球有一个高密度的内核，但它的质量分布是近似球对称的，所以作为一个合理的近似，地球对质量为 m、距离为 r 的质点的引力是

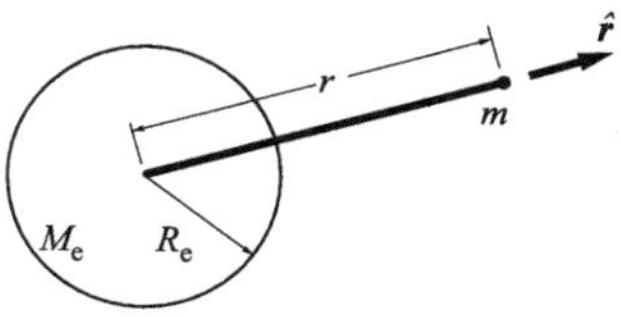

$$\boldsymbol{F}=-\frac{GM_em}{r^2}\hat{\boldsymbol{r}} \qquad r\geqslant R_e$$

式中，M_e 是地球质量，R_e 是地球半径。

3.3.2 引力产生的加速度

在地球表面，作用在质量为 m 的物体上的引力是

$$\boldsymbol{F}=-\frac{GM_em}{R_e^2}\hat{\boldsymbol{r}}$$

引力产生的加速度是

$$\boldsymbol{a}=\frac{\boldsymbol{F}}{m}=-\frac{GM_e}{R_e^2}\hat{\boldsymbol{r}}$$

与我们预期的一样，加速度与质量无关。地球引力产生的加速度，GM_e/R_e^2，通常用 g 表示。当 g 写成矢量时，矢量的方向向下，指向地球的中心：

$$\boldsymbol{g}=-\frac{GM_e}{R_e^2}\hat{\boldsymbol{r}}$$

这个结果证实了我们早期的说法，M_e 可以由 G，g 和 R_e 确定。

g 的值在地球的表面有微小的变化，若精度要求不高，可取 g 的标准值，$9.80\ \mathrm{m/s^2}=980\ \mathrm{cm/s^2}\approx 32\ \mathrm{ft/s^2}$。

按惯例，g 表示相对地球表面测得的物体加速度。这稍微不同于真正的引力加速度——在惯性系测得的加速度——这是由于地球在转动，这一点我们第 9 章再讨论。另外，从赤道到两级，g 增加约千分之五。大致上，这个变化的一半起因于地球稍微有点扁，余下的来自地球的转动。局部的质量分布，例如海洋和大气潮汐会影响 g；典型的变化是百万分之十。

引力加速度也随高度 h 变化。h 与地球半径相比很小时，这个效应容易估算。可以写出关系式

$$\Delta g=g(R_e+h)-g(R_e)\approx h\,\frac{\mathrm{d}g}{\mathrm{d}r}$$

这里估算的是与 R_e 处的偏离。结果是

$$\Delta g\approx -2GM_e\,\frac{h}{R_e^3}=-2g\,\frac{h}{R_e}$$

在物理中把某些量的变化表示成相对变化是一个好的做法，这样马上就能看出效应大小的比例。g 随高度的相对变化是

$$\frac{\Delta g}{g}=-\frac{2h}{R_e}$$

地球的半径近似是 $6\times10^6\,\mathrm{m}$，所以在高度上每增加 3 m，g 减小大约百万分之一。

3.3.3 重力

物体的重力是地球作用在它上的引力。在地球表面，质量为 m 的物体的重力是

$$\boldsymbol{W}=-G\,\frac{M_e m}{R_e^2}\hat{\boldsymbol{r}}=m\boldsymbol{g}$$

重力的单位是牛顿（N，SI），达因（dyne，CGS）；或者在美国和其他一些国家，磅（lb，英制）。在日常事务中，在大多数没有歧义的情形下，重力和质量可以混用。因此，人们可能听到这样的说法“1 千克等于 2.2 磅”，严格说来这意味着，质量为 1 kg 的物体其重力是 2.2 lb。类似的，提到“10

磅质量”意味着物体的重力为 10 lb。

我们对重力的定义是清楚的。根据这个定义，物体的运动不影响它的重力。然而，重力时常在另一种感觉下使用，受引力作用的物体肯定受到周围环境的作用力，以支撑自身，而这被当作重力。下面的例子说明这两个定义的差异。

例 3.1　电梯里的乌龟

一只质量为 M 的可爱的乌龟站在以 $\boldsymbol{a}$ 向上加速的电梯里。确定电梯地板作用在乌龟上的力 $\boldsymbol{N}$。

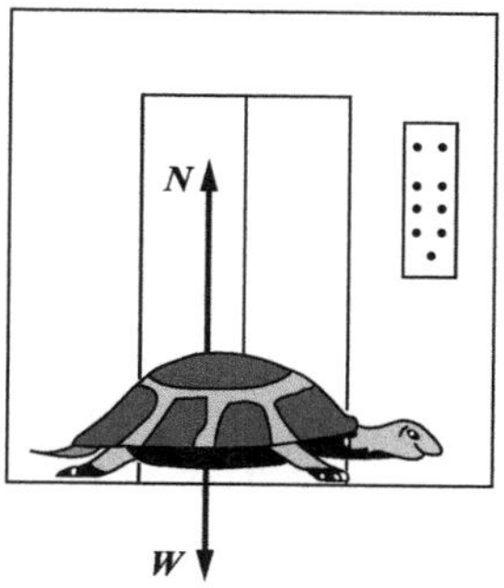

作用在乌龟上的力是法向力 $\boldsymbol{N}$ 和重力，真实的引力 $W=Mg$，以向上为正，则有

$$N-W=Ma$$
$$N=Mg+Ma$$
$$=M(g+a)$$

这个结果说明使用重力的两种情况。第一种情况，重力是引力，乌龟的重力 Mg 独立于电梯的运动。然而，如果重力被看作电梯对乌龟作用力的大小，例如称乌龟所用的秤的读数，那么显示的读数是，重力 $N=M(g+a)$。采用这个定义，电梯向上加速时，乌龟的重力增加，电梯向下加速时重力减少。如果向下的加速度等于 g，N 变为零，乌龟“飘浮”在电梯里，就称乌龟处于失重状态。

虽然重力的两个定义在前面的例子中普遍使用，都是可接受的，我们一般认为重力是作用在 m 上的真实引力 $W=mg$，就像在惯性系中测得的那样。这与我们决定在惯性系中描述所有运动是一致的，也有助于清楚地理解作用在物体上的真实力。

我们的重力定义有一个小缺点。在上一个例子已经看到，在加速的系统中，秤的读数不是 mg。我们已经指出，由于地球自转，静止在地表的系统有一个小的加速度，所以固定于地表的秤的读数不是作用在物体上真实的引力。然而，这个效应很小，目前我们把地球表面当作惯性系。

3.3.4　等效原理

引力表现出一个极其神秘的特性。考虑粒子 b 受粒子 a 引力作用的运动方程。令 $\boldsymbol{a}_{\mathrm{b}}$ 表示粒子 b 的加速度，则

$$\boldsymbol{F}_{\mathrm{b}}=-\frac{GM_{\mathrm{b}}M_{\mathrm{a}}}{r^{2}}\hat{\boldsymbol{r}}_{\mathrm{b,a}} \tag{3.1}$$

$$=M_{\mathrm{b}}\boldsymbol{a}_{\mathrm{b}} \tag{3.2}$$

或者

$$\boldsymbol{a}_{\mathrm{b}}=-\frac{GM_{\mathrm{a}}}{r^{2}}\hat{\boldsymbol{r}}_{\mathrm{b,a}}$$

受引力作用的粒子加速度与它的质量无关！这就是为什么所有的物体在无阻力时都以相同的加速度下落。然而，在合并方程（3.1）和（3.2）、消去 M_{b} 时，我们忽视了一个微妙之处。引力定律的“质量”（引力质量）衡量引力相互作用的强度，在操作上有别于刻画牛顿第二定律中惯性的“质量”（惯性质量）。引力质量为什么正比于惯性质量，是一大奥秘。牛顿发现了这一秘密，并通过观察单摆周期不依赖于单摆的材料，以1%的精度从实验上验证了这个事实。

3.3.5　静电力

我们只简短地讨论一下静电力，它的完整描述最好等到系统地研究了电学和磁学之后。两个粒子之间的静电力的特点是，像引力一样，力是平方反比的有心力。力依赖于一个称作电荷 q 的粒子的基本性质。存在两种电荷：实验上发现，相同电荷排斥，不同的电荷则吸引。

电荷 q_{a} 作用在电荷 q_{b} 上的静电力 $F_{\mathrm{b,a}}$ 由库仑定律给出：

$$\boldsymbol{F}_{\mathrm{b,a}}=k\,\frac{q_{\mathrm{a}}q_{\mathrm{b}}}{r^{2}}\hat{\boldsymbol{r}}_{\mathrm{b,a}}$$

式中，k 是比例常量，$\hat{\boldsymbol{r}}_{\mathrm{b,a}}$ 是从 a 指向 b 的单位矢量。按照本杰明·富兰克林的天才想法，我们为 q 指定一个代数符号来区分两种电荷，或正或负。如果 q_{a} 和 q_{b} 都是正的或者都是负的，力是排斥的；但是，如果电荷有不同符号，$\boldsymbol{F}_{\mathrm{b,a}}$ 是吸引的。

在国际单位制中，电荷的单位是库仑（C），用电流和磁力来定义。在这个单位制中，k 是一个规定值

$$k=10^{-7}c^{2}\approx 8.99\times 10^{9}\,\mathrm{N\cdot m^{2}/C^{2}}$$

式中，c 是规定的光速。

电场的概念在电磁理论中是基本的。目前，我们只简单地定义电场 $\boldsymbol{E}$ 为物体所受的电力除以其电荷。电荷 q 位于原点时，$\boldsymbol{r}$ 处的电场为

$$\boldsymbol{E}=k\,\frac{q}{r^{2}}\hat{\boldsymbol{r}}$$

3.4 一些唯象力

3.4.1 接触力

接触力是物体之间由原子或分子的短程相互作用传递的力。例子包括线的拉力、摩擦力及运动物体和流体之间的黏滞力。当在原子或分子尺度检查时，发现这些力主要来源于粒子之间的静电相互作用。然而，这里我们感兴趣的是受力粒子的动力学，所以我们唯象地处理这些力，用近似的经验公式描述它们，通常忽略它们的微观起源。

3.4.2 张力——线中的力

我们对线的拉力习以为常，对它的表现也有所了解。下面的例子旨在对这个力进行更进一步的分析。

例 3.2 物块和线

质量为 m 的线系在质量为 M 的物块上，线受的拉力是 F。重力略去不计。线作用在物块上的力 F_1 是多少？

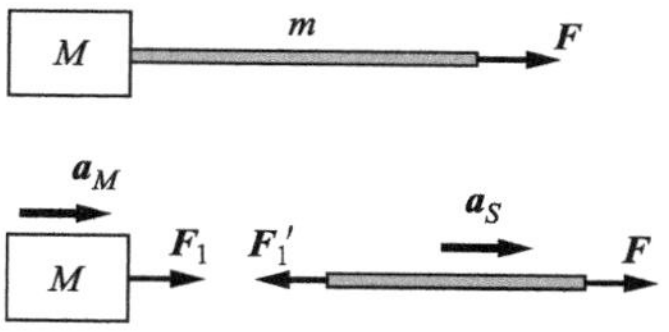

图中显示了受力情况 F_1 是线对物块的作用力，F_1'是物块对线的作用力。物块的加速度是 $\boldsymbol{a}_M$，线的加速度是 a_s。运动方程是

$$F_1 = Ma_M$$

$$F - F_1' = m\,a_s$$

假定线是不能伸长的，线与物块的加速度必须相同，所以约束方程是 $a_M = a_s$。另外，由牛顿第三定律，$F_1 = F_1'$。求解加速度 $a = a_M = a_s$，可得

$$a = \frac{F}{M+m}$$

与我们想的一样，并且

$$F_1 = F_1' = \frac{M}{M+m}F$$

作用在物块上的力小于 F；线没有传递完全的受力。这个解是合理的，像我们期望的那样，如果 $m \ll M$，那么 $F_1 \approx F$。在另一个极端情形 $M \ll m$，我们希望 $F_1 \approx 0$，因为线实际上没有拉任何东西。

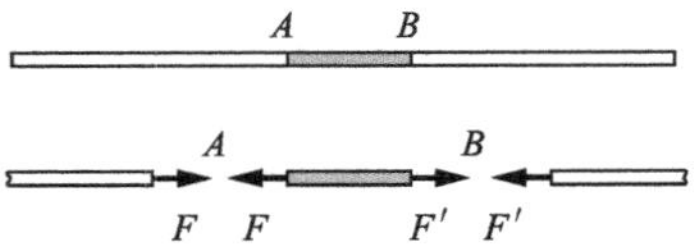

我们可以将线看作由小段组成，通过接触力互相影响。每一段都拉它两侧的小段，根据牛顿第三定律，它也受到相邻小段的拉力。相邻小段之间作用力的大小称作张力。没有与张力相关的方向。插图中，A 处的张力是 F，B 处的张力是 F'。

虽然线上可以有相当大的张力，例如吉他的弦，但若张力是均匀的，每小段所受线的净力仍然是零，每段都保持静止，除非受到外力作用。如果有外力作用在每段上，或者线在加速，张力会沿着线变化，例 3.3 就显示了这一点。

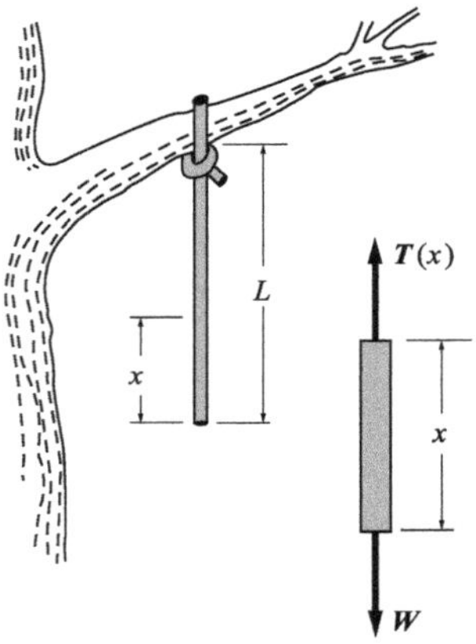

例 3.3 悬挂的绳子

质量为 M、长为 L 的匀质绳子悬挂在树枝上。在距离下端 x 处确定绳子的张力。

绳子下端长 x 的一段的受力已经在图中画出。这一段受到大小为 $T(x)$ 的向上的拉力，$T(x)$ 是 x 处的张力。作用在这一段向下的力是它的重力 $W=Mg(x/L)$。这一段处于静止状态，所受合力为零。因此，

$$T(x)=\frac{Mg}{L}x$$

在绳子的底部张力是零，而在绳子的顶部 $x=L$，张力等于绳子的总重力 Mg。

张力和原子力

在处于平衡状态的线中，每一段所受的合力必须为零。然而，如果张力太大，线会扯断。从原子的角度看一根线，我们就能定性理解这一点。线的一个理想模型是一个单一的分子长链，被分子间力束缚在一起。假设力 F 是线的一端分子 1 上的作用力。分子 1、2 和 3 的受力在图中已画出。平衡时，$F=F'$，$F'=F''$，$F''=F'''$，最终 $F'''=F$。我们看到线在“传递”力 F。

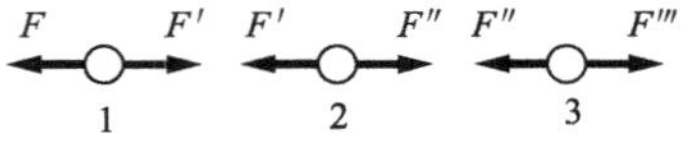

为了理解这是怎么发生的，我们需要了解分子间力的性质。

定性来看，两个分子之间的力——在这个模型中就是线的张力——依赖于它们的距离 R，如图所示。距离大时，所

有分子之间的作用是吸引力，称作范德瓦耳斯力。距离小时，分子之间的力是排斥的。在某一距离 R_0，力为零，$R>R_0$ 时是吸引的。对于较大的 R 值，力必须减小为零，因为分子在大距离时没有相互作用。图上没有刻度，但是 R_0 的典型值是几埃（Å，1 Å$=0.1$ nm$=10^{-10}$ m）。

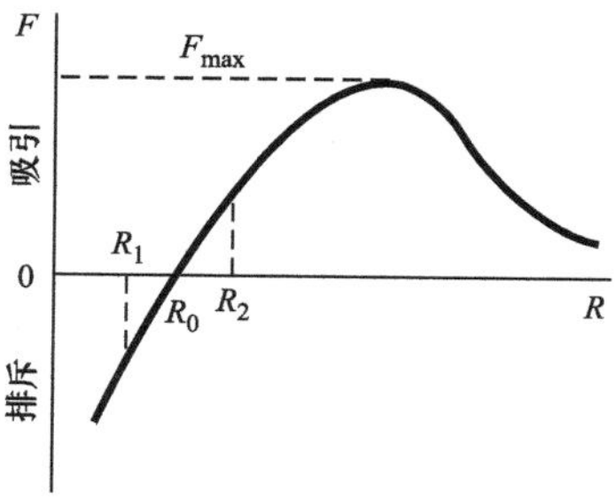

没有外力时，相邻分子之间的距离一定是 R_0；否则分子间的作用力就使线收缩或伸长。当我们拉线时，分子会稍微离开一点，比如到 $R=R_2$，这里分子间的吸引力刚好平衡外加力，使每个分子所受的合力为零。如果线僵硬得像一根金属杆，就既可以推，又可以拉。推力使分子稍微紧凑一点，比如到 $R=R_1$，这里分子间的排斥力平衡外力。长度的变化依赖于 R_0 处分子间的力曲线的斜率。对应于给定的拉力，曲线越陡，伸长越少。

如图所示，分子间的吸引力有一个最大值 F_{max}。如果施加的拉力大于 F_{max}，分子间的力就太弱，不能达到平衡——分子继续分离，线就断了。

对于实际的线或杆，分子间力作用在一个三维原子晶格上。大多数材料的断裂强度远远小于 F_{max} 设定的极限值。断裂发生在晶格的弱点或“缺陷”处，这里分子的排列没有规则性。微观的薄金属“晶须”和碳“纳米管”几乎没有缺陷，它们展示的断裂强度接近理论最大值。

3.4.3　法向力

如果物体与一个表面接触，表面作用在物体上的力可分解成两个分量，一个垂直于表面，另一个与表面相切。垂直的分量称作**法向力**，相切的分量称作**摩擦力**。

法向力的来源与线中张力的来源类似。把一本书放在桌子上，书的分子对桌子的分子施加一个向下的力。桌子顶部向下移动，直到桌子分子的排斥力与书施加的力平衡为止。表面越坚硬，弯曲越小。由于没有完全刚性的表面，压缩总是会发生的。然而，压缩量通常太小，觉察不到，大多数情况下，我们可以假设一个理想表面是完全刚性的。

处于平衡时，表面作用在物体上的法向力与所有其他在垂直方向作用在物体上的合力等值反向。当你站立时，地面施加的法向力与你的重力相等。当你行走时，法向力就像表面上下加速那样涨落。

3.4.4 摩擦力

摩擦力是反抗接触物体间相对运动的力。在机械设计中，摩擦力常被看作是一个问题，然而实际上没有摩擦力的生活会充满绝望：我们走不了，汽车动不了。比如，太空行走的宇航员是在一个无摩擦的环境中运动，为了返回宇宙飞船，他们必须依靠接触力，拉一个牵绳，或者也可能利用喷气背包产生的火箭推力。

当一个物体的表面沿着另一个物体的表面运动或试图运动时，摩擦力就产生了。摩擦力依赖于分子层次的详细结构，一般来说太复杂，不能用基本原理来分析。结果，摩擦力必须唯象地处理，用经验法则来描述。摩擦力的大小以复杂的方式随表面性质和它们的相对速度而变化。事实上，关于摩擦力我们唯一可说的是，它反抗它不存在时所发生的运动。例如，假设我们试着沿桌面推一本书，轻推时书不会动，摩擦力达到使书保持静止所需的大小。然而，这个力不能无限地增大。推力足够大时，书开始滑动。一旦书滑动了，在低速时摩擦力近似是常量。

在很多情况下发现，两个表面之间摩擦力的最大值基本与接触面积无关，这似乎很奇怪。理由就是，在原子尺度，实际的接触面积是总表面面积的很微小的一部分。这部分正比于压强，即单位面积的压力。如果面积增大一倍，而法向力保持不变，那么压强就减半。因而有两倍的接触面积，但是在每一部分只有一半的微观力。最终的总摩擦力，等于接触面积和微观力的乘积，是不变的。这是一个过分简化的解释，像汽车轮胎这样的非刚性物体就更为复杂。宽轮胎比窄的在加速和制动方面通常要好一些。

经验上，摩擦力正比于法向力，可表示成 $f=\mu N$，这里 μ 是无量纲的经验常量，称作**摩擦因数**。μ 的典型值在 0.3 到 0.6 之间。对于异常光滑的特氟龙®，$\mu=0.04$；对于某些表面，μ 可以超过 1。

当物体在表面滑动时，摩擦力有一个最大值 μN，指向反抗运动的方向。实验上，当物体开始滑动时，摩擦力略微减小。术语“静摩擦”和“动摩擦”（或者“滑动摩擦”）有时用来区分静止和运动的情形，但是一般情况下，我们将忽略静摩擦因数和动摩擦因数的差异。

总之，我们这样看待摩擦力：

1. 对于没有相对运动的物体（静摩擦力），

$$0 \leqslant f \leqslant \mu N$$

f 反抗它不存在时所产生的运动。

2. 对于相对运动的物体（动摩擦力），

$$f = \mu N$$

f 指向相对速度的反方向。

例 3.4　物块和有摩擦的斜面

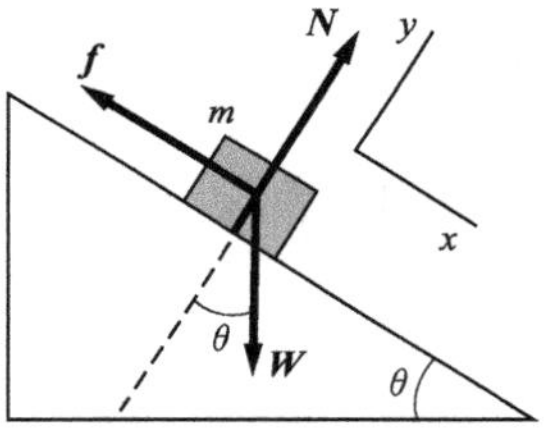

质量为 m 的物块静止在倾角为 θ 的固定斜面上。摩擦因数是 μ。（对于木制物块，μ 的典型值在 0.2 和 0.5 之间。）确定物块开始滑动时 θ 的值和滑动时的加速度 $\ddot{x}$。

没有摩擦力时，物块会滑下斜面，因此摩擦力 f 沿斜面向上。按图中所示的坐标，我们有

$$m\ddot{x} = W\sin\theta - f$$

和

$$m\ddot{y} = N - W\cos\theta = 0$$

刚要开始滑动时，f 有最大值 μN，$\ddot{x}=0$。从方程得到

$$W\sin\theta_{\max} = \mu N$$

$$W\cos\theta_{\max} = N$$

因此，

$$\tan\theta_{\max} = \mu$$

物块在开始滑动前，满足关系式：

$$f = W\sin\theta \qquad \theta \leqslant \theta_{\max}$$

当斜面倾角从零逐渐变大时，摩擦力的大小从零变到最大值 μN。

一旦物块滑动了，它的加速度满足方程：

$$m\ddot{x} = W\sin\theta - \mu W\cos\theta$$

$$\ddot{x} = g(\sin\theta - \mu\cos\theta)$$

方程右边的物理量单位是重力加速度 g 的单位，左边是

$\ddot{x}$，也是加速度，所以方程是量纲正确的。然而，作为一个很好的练习，可以看一下对应不同参数值的情况，本题即 μ 的不同值。μ 较小的时候，加速度略小于没摩擦力的情形，与我们的预期一致。然而，如果 μ 大到一定程度，表达式 $\sin\theta-\mu\cos\theta$ 变成负的，$\ddot{x}$ 就是负的，这表明物块向上滑动，违反了从静止开始滑动的假设。如果物块向上滑动，摩擦力实际上会沿斜面向下，与受力图不符，解与实际出现矛盾了。这个矛盾来源于在分析中假设摩擦力有最大值。而这只有在物块滑动时才是真实的。在 $\mu>\tan\theta$ 的情形，物块从来不会滑动。

例 3.5 恐怖转桶

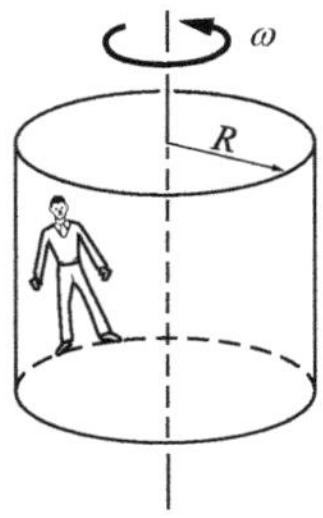

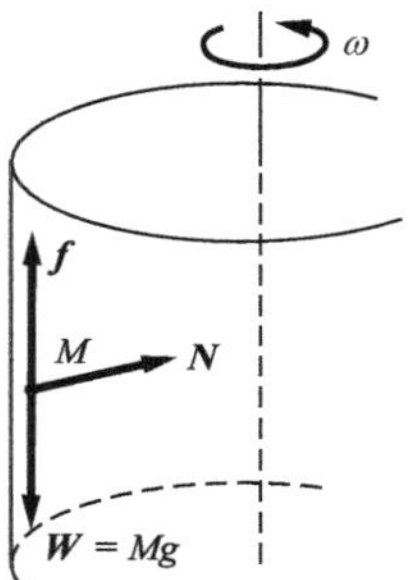

恐怖转桶是游乐园的一个游乐项目——一个大的竖直圆桶，旋转足够快的时候，里面的每个人在桶底去掉时都被粘在桶壁上。若桶底可以安全地去除，最小的稳定角速度 ω 是多大？

假定桶的半径是 R，人的质量是 M。令 μ 是人与桶壁之间的摩擦因数。作用在 M 上的力是重力 $\mathbf{W}$、摩擦力 $\boldsymbol{f}$ 和桶壁施加的法向力 $\mathbf{N}$，如图所示。

径向加速度是 $R\omega^2$，指向转轴，径向运动方程为

$$N=MR\,\omega^2$$

M 在竖直方向平衡，

$$f=Mg$$

由静摩擦力公式：

$$f\leqslant\mu N=\mu MR\,\omega^2$$

则有

$$Mg\leqslant\mu MR\,\omega^2$$

或者

$$\omega^2\geqslant\frac{g}{\mu R}$$

最终为了安全，ω 的最小值为

$$\omega_{\min}=\sqrt{\frac{g}{\mu R}}$$

例如，游乐场里安装的名叫“重力器”和“星际飞船2000”的游乐设施，桶的半径是$R\approx 7\ \text{m}$，大到一次足够容纳40人。衣服和桶壁的摩擦因数至少为0.5。这时$\omega_{\min}=\sqrt{9.8\ \text{m/s}^2/(0.5\times 7\ \text{m})}=1.7\ \text{rad/s}$。桶的转速必须$\geqslant\frac{\omega}{2\pi}=0.27\ \text{r/s}$（转/秒）$=16\ \text{r/min}$（转/分）。实际上，桶通常转到24 r/min。

3.5 漫谈微分方程

解决物理问题的过程中会频繁地出现微分方程。我们常常可以分析系统在短时间间隔的行为，或者能写出系统的一个微元所受的所有作用力。要确定系统所有时间的行为，或者整个系统的行为，归根结底需要积分，或者，本质上需要求解微分方程。

术语**微分方程**可能会引起不安，因为各种微分方程在数学上非常具有挑战性。微分方程的研究一直是应用数学的一个活跃分支，但是本书感兴趣的系统通常可以用一个简单方程来描述，凭物理直觉就能想到其解。这些同样的方程会出现在不同的领域，是物理“工作词汇表”的基本部分，有必要了解。

在力学中处理微分方程包含两个方面。首先，应用物理定律建立微分方程；其次，用数学求解微分方程。

如果系统的不同部分有不同的加速度，牛顿定律仍然成立，但是使用时需要小心。下面的例子就处理这样一个系统。通过分别考虑绳子的每一小段，可以得到一个简单的微分方程，由此可以确定沿着绳子任意一点的张力。

例 3.6 旋转的绳子

质量为M、长为L的均匀绳子以一端为轴，在水平面内以匀角速度ω旋转。在距离转轴r处绳中张力是多少？重力忽略不计。

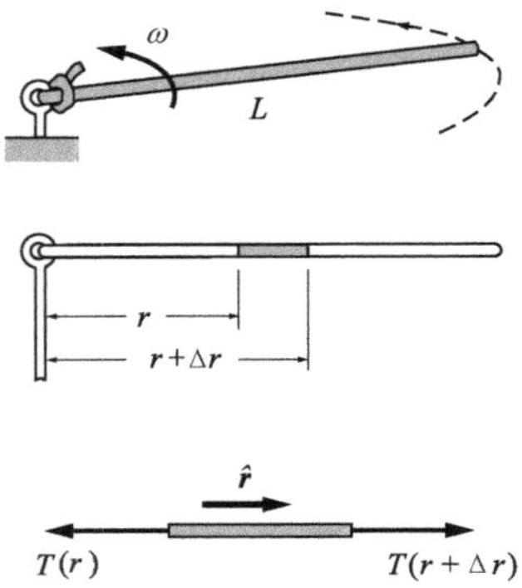

让我们确定在 r 和 $r+\Delta r$ 之间一小段的运动方程。这一小段的长度是 Δr，质量是 $\Delta m=M\Delta r/L$。由于运动是圆周运动，故这一小段有径向加速度。这就要求一个净的径向力，而这只有在这段的两端拉力不等时才可能。结果，张力必须随 r 变化，所以将张力记作 $T(r)$。

在距离转轴 r 处向内的张力是 $T(r)$，向外的力是 $T(r+\Delta r)$。如果我们将这一小段处理成质量为 Δm 的粒子，它向内的径向加速度为 $r\omega^2$。（这一点可能引起混乱，加速度取为 $(r+\Delta r)\omega^2$ 也是合理的。然而，取极限 $\Delta r\to 0$，两个表达式给出同样的结果。）

这一小段的运动方程是

$$T(r+\Delta r)-T(r)=-(\Delta m)r\omega^2$$

$$\Delta T=-\frac{Mr\omega^2\Delta r}{L}$$

最后一个方程除以 Δr 给出 $\Delta T/\Delta r$，这是 T 随 r 的变化率。严格地说，这个结果是近似的，但是当取极限 $\Delta r\to 0$ 时，就给出精确的结果 $\mathrm{d}T/\mathrm{d}r$：

$$\frac{\mathrm{d}T}{\mathrm{d}r}=\lim_{\Delta r\to 0}\frac{T(r+\Delta r)-T(r)}{\Delta r}$$

$$\frac{\mathrm{d}T}{\mathrm{d}r}=-\frac{Mr\omega^2}{L}$$

这是一个微分方程，这个方程不给出张力，而是给出张力随位置如何变化。因为方程的右边<0，故张力随着 r 的增大是减小的，这是合理的变化。

为确定作为 r 的函数的张力，我们积分：

$$\mathrm{d}T=-\frac{M\omega^2}{L}r\,\mathrm{d}r$$

$$\int_{T_0}^{T(r)}\mathrm{d}T=-\int_0^r\frac{M\omega^2}{L}r\,\mathrm{d}r$$

这里，T_0 是 $r=0$ 处的张力，是一个待定的常量。

$$T(r)-T_0=-\frac{M\omega^2}{L}\frac{r^2}{2}$$

或者

$$T(r)=T_0-\frac{M\omega^2}{2L}r^2$$

为确定 T_0 的值，我们需要一条附加信息，称作边界条件。因为在 $r=L$ 处绳子的末端是自由的，张力必须为零。因而有结果：

$$T(L)=0=T_0-\frac{1}{2}M\omega^2L$$

因此，$T_0=\frac{1}{2}M\omega^2L$，最后的结果可写成

$$T(r)=\frac{M\omega^2}{2L}(L^2-r^2)$$

这个结果是合理的：在原点的张力 $M\omega^2L/2$ 等同于绳子所有的质量集中在半绳长的位置，并以此为半径转动。

接下来，我们考虑处于平衡的绳子，但是在这个情形中，作用在绳子上的力沿着不同的方向。问题是确定用滑轮改变绳子的方向时所需的作用力。每个水手都知道，这个力依赖于张力 T 和绳子方向改变的角度 $2\theta_0$。从受力图中可明显看出，绳子作用在滑轮上的总的力是 $2T\sin\theta_0$。这是正确的解，但是，确定绳子每一段对滑轮的作用力，再求矢量和，从这个第一原理导出这一结果，也是具有启示意义的。

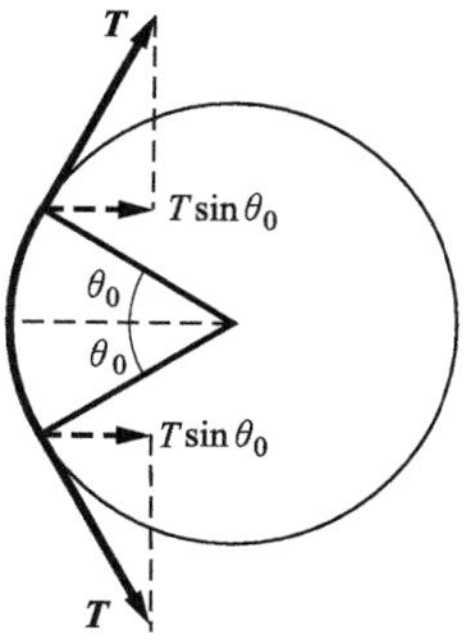

例 3.7 滑轮

一根张力恒定为 T 的细绳被一个固定滑轮偏转角度 $2\theta_0$。作用在滑轮上的力有多大？

考虑角度在 θ 和 $\theta+\Delta\theta$ 之间的一小段细绳。令 ΔF 是滑轮施加在这一段的向外的力。令 $\Delta\theta\to0$，这段线就可以视为一个点。平衡时，这段的合力为零。我们有

$$\Delta F-2T\sin\frac{\Delta\theta}{2}=0$$

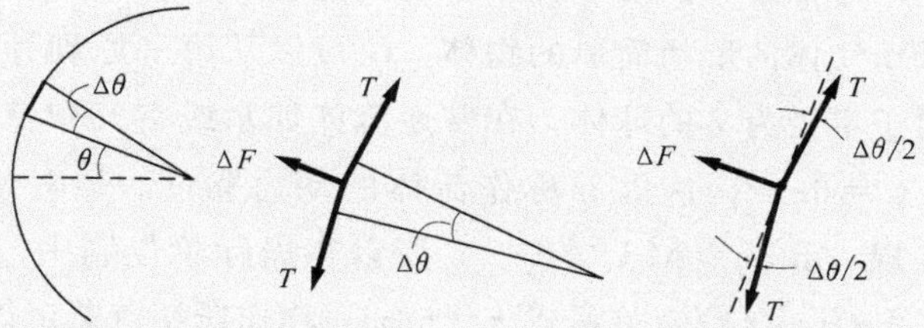

对于小角度 $\Delta\theta$，$\sin(\Delta\theta/2)\approx\Delta\theta/2$，因此

$$\Delta F=2T\frac{\Delta\theta}{2}=T\Delta\theta$$

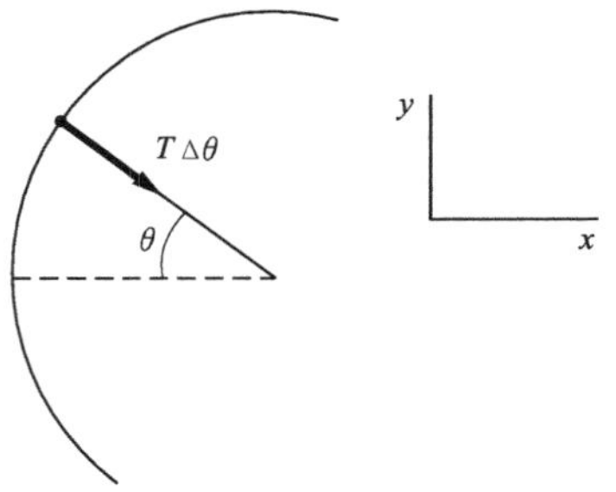

这样这段就对滑轮施加一个向内的径向力 $T\Delta\theta$。确定绳子作用在滑轮上的合力需要对来自每一段的贡献相加（积分）。可能倾向于把方程两边简单地积分

$$\int \mathrm{d}F = T\int \mathrm{d}\theta$$

但是盲目地插入符号将给出荒谬的结果 $F=T\theta$。虽然偏转角度 θ 减小时，力将消失，但当角度变大时，它却会无限增大。

要点是在每一段两端的力是不平行的，每一段作用在滑轮上的力必须求矢量和。由对称性，净力 $\boldsymbol{F}$ 沿 x 方向，所以我们只需计算它的 x 分量。利用关系式 $\Delta F_x = T\Delta\theta\cos\theta$。来自每一段的贡献之和就变为在极限 $\Delta\theta\to 0$ 的积分。我们有

$$F_x = \int \mathrm{d}F_x = T\int_{-\theta_0}^{\theta_0} \cos\theta \mathrm{d}\theta = 2T\sin\theta_0$$

正如所料。

3.6 黏性力

物体穿过流体和气体时会受阻于黏性力——一种来自流体的力。由于穿过介质的物体会施加一个作用力，使周围的流体运动，这时黏性力就会出现。根据牛顿第三定律，流体对物体施加一个反作用力。黏性力 $\boldsymbol{F}_{\mathrm{v}}$ 沿着运动方向线，反抗运动，与速度成正比，我们可以写出矢量形式

$$\boldsymbol{F}_{\mathrm{v}} = -C\boldsymbol{v}$$

式中，C 是常量，依赖于物体的几何形状和流体。对于缓慢穿过低压气体的形状简单的物体，C 可以从第一原理计算出来。对于半径为 r 的球体，在普通流体如水或空气中低速运动时，$C=6\pi\eta r$，这里 η 称作流体的动力黏度。核对量纲，容易发现，$\dim\eta = \mathrm{M\,L^{-1}T^{-1}}$，所以在国际单位制中，$\eta$ 的单位是 kg/(m·s)。关系式 $F=6\pi\eta r v$ 称作斯托克斯定律。

高速时，会带来湍流引起的其他力，总的摩擦力，通常称作拖曳力，有更复杂的速度依赖关系。（赛车设计者假定一个正比于速率平方的力来解释拖曳力。）然而，在许多实用的

低速情形，黏性力是唯一重要的拖曳力。

例 3.8 终极速度

地球的大气层通常包含大量的微小粒子，例如小水滴和炭灰，通常称作浮质。考虑一个球形的小水滴，受重力作用在静止空气中下落。如果小水滴的半径是 5 μm，它下落的最大速度（终极速度）是多少？水的密度是 $\rho_w=1000$ kg/m^3，空气在 20℃的动力黏度是 1.8×10^{-5} kg/(m·s)。

若 m 是小水滴的质量，v 是它的瞬时速度，竖直运动的方程是

$$m\frac{dv}{dt}=-6\pi\eta r v+mg$$

或者

$$\frac{dv}{dt}=-\frac{6\pi\eta r v}{m}+g$$

这里，以向下为正。

利用 $m=(4/3)\pi r^3\rho_w$ 给出速率的微分方程：

$$\frac{dv}{dt}=-\frac{9}{2}\left(\frac{\eta v}{\rho_w r^2}\right)+g$$

如果小水滴从静止 $v=0$ 开始，初始的下落加速度就是 g。但是小水滴加速后，黏性力增大，直到加速度变为零。此后小水滴就以恒定的终极速度 v_t 下落，

$$0=-\frac{9}{2}\left(\frac{\eta v_t}{\rho_w r^2}\right)+g$$

由此得到

$$\begin{aligned}v_t&=\frac{2}{9}\left(\frac{g\rho_w r^2}{\eta}\right)\\&=\frac{2}{9}\frac{(9.8\ \mathrm{m/s^2})(1000\ \mathrm{kg/m^3})(5\times10^{-6}\ \mathrm{m})^2}{1.8\times10^{-5}\ \mathrm{kg/(m\cdot s)}}\\&=3\times10^{-3}\ \mathrm{m/s}\end{aligned}$$

非常小的水滴实际上是飘浮在空气中的。对于较大的水滴，例如雨滴，$r=1\ \mathrm{mm}=10^{-3}$ m，终极速度是 120 m/s，就大了很多。

如果物体只受黏滞阻力，运动方程是

$$m\frac{dv}{dt}=-Cv$$

我们再次得到一个微分方程，一个关于变量v 的方程。因为力沿着运动方向，只有v 的大小发生变化，矢量方程可简化为标量方程：

$$m\frac{\mathrm{d}v}{\mathrm{d}t}=-Cv$$

我们可以把它写成更简单的形式：

$$\frac{\mathrm{d}v}{\mathrm{d}t}=-\frac{1}{\tau}v$$

这里我们引入了参量 $\tau=m/C$。

有几个微分方程，就像这一个，很简单且频繁出现，无论在什么情况下，或用什么符号表示，它们的解都值得彻底掌握。例如，同样形式的微分方程可以表示放射性衰变核素的减少、即将处于热平衡的物体的温度和与电阻相连的电容的电量减少。

方程 $\mathrm{d}v/\mathrm{d}t=-v/\tau$ 告诉我们，速度是按着与其值成正比的比率减小。若你熟悉指数函数e^x，你就知道这实际上是它的基本性质：$\mathrm{d}\mathrm{e}^x/\mathrm{d}x=\mathrm{e}^x$。这提醒我们，可以尝试形如$v=\mathrm{e}^{bt}$的解，这里 b 是常量，需要使 bt 无量纲。然而，在这个尝试解中有一个明显的缺陷：在量纲上是不可能的。方程的左边有速度的量纲，LT^{-1}，但是右边是量纲为 1 的。为弥补这个缺陷，我们尝试一个形如 $v=B\mathrm{e}^{bt}$ 的解，这里 B 是一个有速度单位的常量。这个尝试解给出

$$\frac{\mathrm{d}v}{\mathrm{d}t}=bB\mathrm{e}^{bt}$$

或

$$\frac{\mathrm{d}v}{\mathrm{d}t}=bv$$

只需 $b=-1/\tau$，这个解就满足方程 $\mathrm{d}v/\mathrm{d}t=-v/\tau$，所以解的形式是

$$v=B\mathrm{e}^{-t/\tau}$$

B 可以是任意值，但这就陷入了一个困境，我们需要的是一个不含任意常量的解。为了确定 B 的值，我们利用所谓的初始条件，即在某一特定时间所知的特定信息。这个问题表述为，在 $t=0$，物体有速率 $v=v_0$。因此，

$$v(t=0)=v_0=B\mathrm{e}^0$$

因为 $e^0=1$，由此 $B=v_0$，完整的解是

$$v=v_0 e^{-t/\tau}$$

我们可以通过简单地猜想解的形式来求解方程。这个常识性的方法是求解这类问题的一个好办法，但是方程也可以正规地求解：

$$\frac{dv}{dt}=-\frac{v}{\tau}$$

$$\frac{dv}{v}=-\frac{dt}{\tau}$$

$$\int_{v_0}^{v}\frac{dv}{v}=-\int_0^t\frac{1}{\tau}dt$$

注意积分上下限的对应关系：v 是 t 时刻的速度，v_0 是 0 时刻的速度。初始条件包含在上下限中。

$$\ln\left(\frac{v}{v_0}\right)=-\frac{1}{\tau}t$$

$$\frac{v}{v_0}=e^{-t/\tau}$$

$$v=v_0 e^{-t/\tau}$$

离开这个问题之前，让我们更详细地看一看这个解。我们引入的参量 $\tau=m/C$ 具有时间的单位。速度随时间呈指数式地减小，τ 是系统的特征时间；它是速度降到初始速度的 $e^{-1}\approx 0.37$ 所用的时间。物理问题的解中出现的数学参量通常有物理意义。不难看出，虽然物体理论上从未静止，它却只走一个有限的距离 $v_0\tau$。

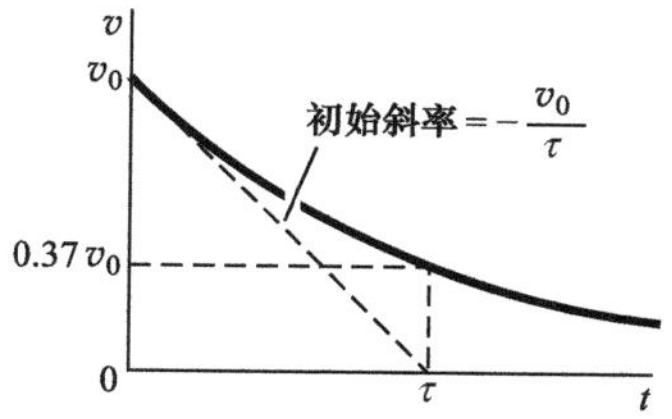

例 3.9 下落的雨滴

在例 3.8 中，我们确定了在重力和黏性力作用下小水滴下落的终极速度。这里我们求解运动方程，确定小水滴从静止释放后在任意时刻的速率。

建立向下为正的坐标系，运动方程可以写成

$$\frac{dv}{dt}=-\frac{1}{\tau}v+g \qquad (1)$$

在这个表示中，终极速度是

$$v_t=\tau g \qquad (2)$$

为求解方程 (1)，通过将因变量从 v 变换到 $u=v+\alpha$，可以把方程转换成我们已经研究过的形式，这里 α 是待定常

量。因为常量的导数为零，则方程(1)的左边是 $dv/dt=du/dt$。用 u 表示，方程 (1) 变换成

$$\frac{du}{dt}=-\frac{1}{\tau}u+\frac{\alpha}{\tau}+g \tag{3}$$

取 $\alpha=-\tau g$ 就把方程 (3) 变为熟悉的形式：

$$\frac{du}{dt}=-\frac{1}{\tau}u$$

它有通解：

$$u=Be^{-t/\tau}$$

因此，

$$v=u+\tau g=\tau g+Be^{-t/\tau}$$

利用初始条件，$t=0$ 时 $v=0$，我们确定 $B=-\tau g$，再利用方程 (2)，最后的解是

$$v=\tau g(1-e^{-t/\tau})=v_t(1-e^{-t/\tau})$$

可见，如果 $t\gg\tau$，小水滴基本上以终极速度下落。对于空气中直径 2 mm 的雨滴，$\tau\approx12$ s。

3.7 胡克定律与简谐运动

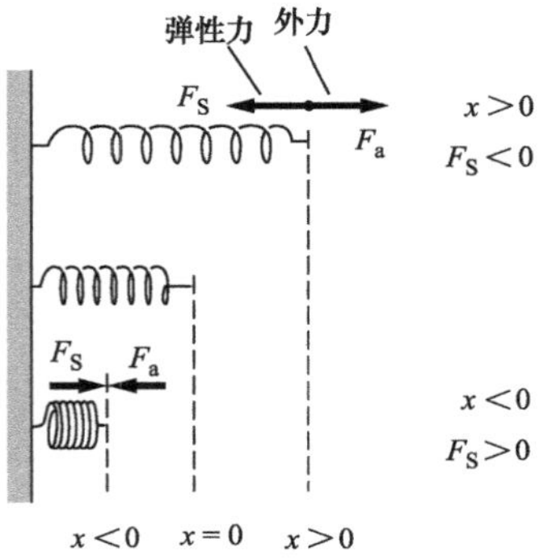

17 世纪中叶胡克（牛顿同时代的人）发现，弹簧的伸长量，不管是正的还是负的位移，都正比于所受的力。弹簧的作用力 F_S 由胡克定律给出：

$$F_S=-k(x-x_0)$$

式中，k 是常量，称作劲度系数，$x-x_0$ 是弹簧末端偏离平衡位置 x_0 的位移。

胡克定律的重要特征是，力随位移线性变化，且总是指向平衡位置。弹簧伸长时，$x>x_0$，F_S 是负的，指向 x_0。弹簧压缩时，$x<x_0$，F_S 是正的，再次指向 x_0。由于这个原因，胡克力有时称作线性回复力。

胡克定律基本上是经验规律，位移较大时不再成立。套用一个并不严谨的说法，胡克定律可以改述为“伸长正比于力，只要它满足即可。”然而，对于足够小的位移，胡克定律

惊人地准确，不仅对弹簧，对于近平衡的每一个实际的系统也是如此。看一看分子之间的作用力曲线就会明白为什么弹性力在本质上如此普遍。

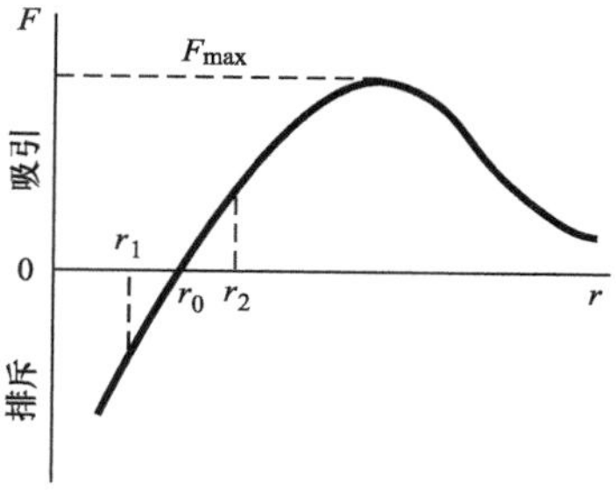

如果力曲线在平衡点附近是线性的，那么力与偏离平衡点的位移成正比。这在物理上几乎总是实情。在力随位移变化的曲线上，足够短的一小段总是可以很好地近似为直线。只有在反常情形，近平衡的力与位移才不具有线性关系。然而，对于较大的位移，正如我们所料，线性近似不可避免地被破坏。

与弹簧相连的物体，偏离平衡点被释放后的运动，称为**简谐运动**（SHM）。这种运动在物理中是普遍存在的，出现在各种各样的力学和电磁学场景中，所有的波动现象以及小到原子尺度的现象中，例如原子核在分子中的振动。

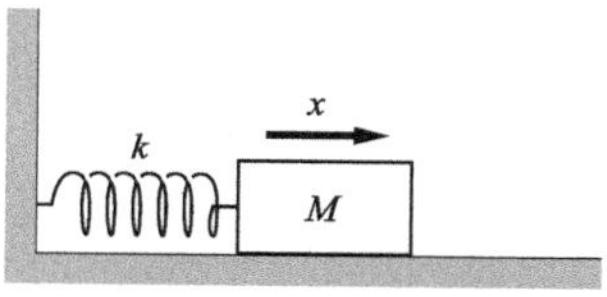

为导出简谐运动的方程，考虑质量为 M、连在弹簧一端的物块，弹簧的另一端是固定的。

物块静止在水平无摩擦的表面。我们取平衡位置为坐标系的原点。运动方程是

$$M\frac{d^2x}{dt^2}=-kx$$

或者

$$\frac{d^2x}{dt^2}+\frac{k}{M}x=0$$

引入变量 $\omega=\sqrt{k/M}$，将 SHM 方程改写成标准形式：

$$\frac{d^2x}{dt^2}+\omega^2x=0$$

满足这个方程的任何系统都称作**谐振子**。在查看谐振子方程的解之前，先看看方程能从物理上告诉我们什么？位移和加速度总是有相反的符号。物体向外运动 $x>0$ 时，负的加速度最终会使物体静止，然后加速使它返回平衡位置。当物体快速通过平衡点时，加速度改变符号，物体被拉回。我们因此预测物体会在平衡位置振动。

有规则的重复运动称为**周期运动**，我们猜测简谐运动是周期运动。正弦和余弦函数是周期性的，当它们的变量增加 2π rad（360°）后就会重复。在例 5.2 中我们将正式推导 SHM 方程的解，但是这个解太直观了，我们可以猜测它的

形式：

$$x=A\sin\omega t+B\cos\omega t$$

式中，A 和 B 是常量，或者等价的形式：

$$x=C\sin(\omega t+\phi)=C(\cos\phi)\sin\omega t+C(\sin\phi)\cos\omega t$$

只要 $A=C\cos\phi$ 且 $B=C\sin\phi$，两种解的形式在任何时间 t 都成立。反过来，$C=\sqrt{A^2+B^2}$，$\tan\phi=B/A$。容易看出，这两个解都满足运动方程，这里，A 和 B、C 和 ϕ 是由初始条件确定的常量，例如，在时刻 $t=0$ 的位置和速度。

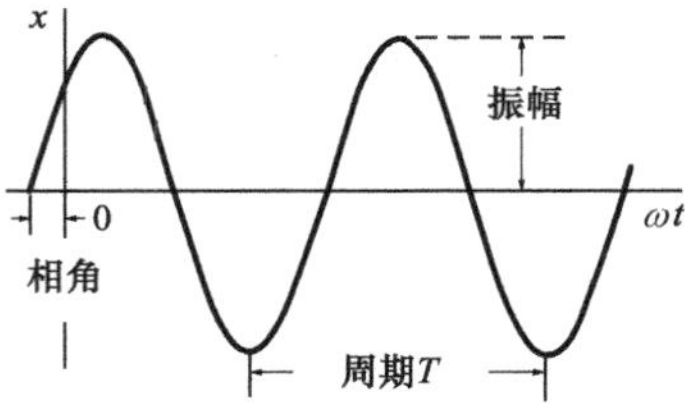

运动是时间周期性的，在时间 T 内完成一周，而 $\omega T=2\pi$。T（符号与张力的符号相同）是运动的**周期**，ω 是运动的**角频率**。最大的偏离 C 称作运动的振幅，角度 ϕ 称作**相角**。

简谐运动的基本性质是，运动的频率和周期不依赖于振幅。释放物体前，若弹簧拉伸较大，运动的振幅变大，这意味着物体在每个周期中要移动得快一些。由于力也随振幅增大，加速度变大，物体更快地通过原点。长距离的效应被较大的加速度效应补偿，完成一周的时间保持不变。

注意：频率[㊀]的单位是赫兹：$1\text{s}^{-1}=1\text{Hz}$（赫兹）。频率用符号 f 或 ν 表示。在物理（数学）中，角度的自然单位是弧度，物理中自然单位是**弧度每秒**的频率，称作角频率。角频率通常用 ω 表示，但是单位没有专有的名字。频率和角频率有相同的物理量纲 $\dim f=\text{T}^{-1}$ 和 $\dim\omega=\text{T}^{-1}$，但是两个量差一个因子 2π：$\omega=2\pi f$。

例 3.10　摆的运动

这里我们考虑一个单摆——质点悬挂在一根无质量的线上——这是许多做简谐运动的物理系统之一。在后面的第 7 章，我们将去除物体是质点和线无质量的假设，分析所谓的物理摆。若摆动的振幅是小角度的，它也可以很好地近似成简谐运动。

㊀　原书此处将频率与圆频率做了等同。——编辑注

图中显示了一个长为 l、质量为 M 的单摆，相应的重力$W=Mg$。

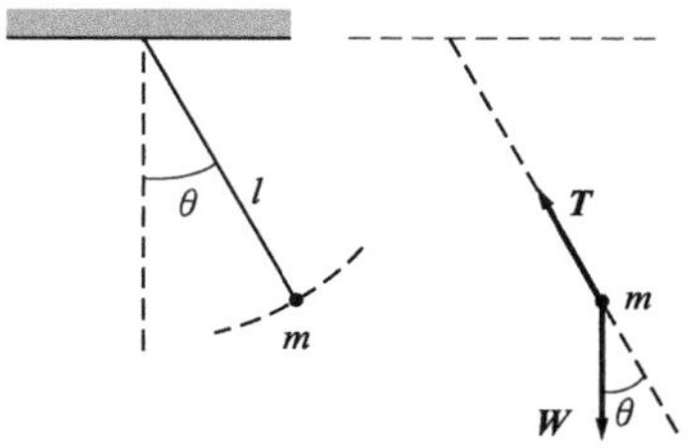

物体在竖直平面内的一个圆弧上运动。用 θ 表示其与竖直方向的夹角，可以看出，速度是 $l\mathrm{d}\theta/\mathrm{d}t$，加速度是 $l\mathrm{d}^2\theta/\mathrm{d}t^2$。切向力是 $-W\sin\theta$。因此运动方程是

$$Ml\frac{\mathrm{d}^2\theta}{\mathrm{d}t^2}=-Mg\sin\theta$$

或者

$$\frac{\mathrm{d}^2\theta}{\mathrm{d}t^2}+\frac{g}{l}\sin\theta=0$$

因为有正弦函数，故这不是 SHM 的方程，不能用熟悉的函数求解。然而，若摆的幅度不大，满足 $\theta\ll 1$，我们可以做近似 $\sin\theta\approx\theta$，从而有

$$\frac{\mathrm{d}^2\theta}{\mathrm{d}t^2}+\frac{g}{l}\theta=0$$

这是简谐运动的方程。取 $\omega=\sqrt{g/l}$，方程可写成标准形式：

$$\frac{\mathrm{d}^2\theta}{\mathrm{d}t^2}+\omega^2\theta=0$$

摆以角频率 ω 振动，以角速度 $\mathrm{d}\theta/\mathrm{d}t$ 运动，重要的是不要混淆两者。

解是

$$\theta=A\sin\omega t+B\cos\omega t$$

式中 $\omega=\sqrt{g/l}$，A 和 B 是常量。如果在时间 $t=0$ 时，摆在角度θ_0静止释放，解是

$$\theta=\theta_0\cos\omega t$$

运动是周期性的，意味着会周而复始地运动。周期 T，相继重复运动的时间，由 $\omega T=2\pi$ 给出，或者

$$T=\frac{2\pi}{\sqrt{g/l}}=2\pi\sqrt{\frac{l}{g}}$$

最大角度θ_0是这个运动的振幅。对于小角度，周期几乎与

振幅无关，这也是摆特别适合校准时钟的原因。然而，运动的这个特点是近似 $\sin\theta\approx\theta$ 的结果。更精确的解表明，周期随着振幅的增大而略微变长。尽管如此，如果机械装置能使振幅近似为常量，则摆钟是适合家用的计时装置。如果振幅（假设为 5°）的变化保持在 0.3°之内，一个典型的摆钟快慢不超过每天 5 s。

在注释 5.1 中，利用能量方法，计算了不做小角度近似时单摆运动的通解。

例 3.11 弹簧枪与初始条件

弹簧枪利用弹簧和枪管中的活塞发射一个质量为 M 的石弹，如图所示。

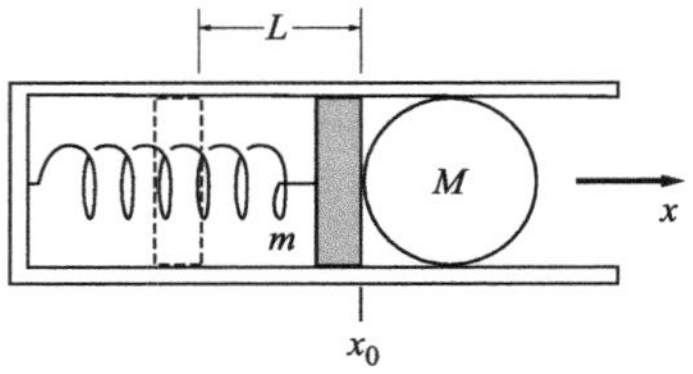

活塞质量为 m，连在劲度系数为 k 的弹簧一端。活塞和石弹从平衡点被拉回的距离是 L，然后释放。问题是确定石弹刚离开活塞时的速率。重力和摩擦力可略去不计。

取 x 轴沿运动方向，原点位于弹簧未伸长的位置。活塞的位置满足 SHM 方程：

$$(M+m)\frac{d^2x}{dt^2}+kx=0$$

或者

$$\frac{d^2x}{dt^2}+\frac{k}{M+m}x=0$$

方程有通解

$$x(t)=A\sin\omega t+B\cos\omega t \quad (1)$$

这里，$\omega=\sqrt{k/(M+m)}$。速度是

$$v(t)=\dot{x}(t)=\omega A\cos\omega t-\omega B\sin\omega t \quad (2)$$

为确定常量 A 和 B 的值，我们利用初始条件 $x(t=0)=-L$ 和 $v(t=0)=0$。代入方程 (1) 和 (2)，我们有

$$x(0)=-L=A\sin(\omega\cdot 0)+B\cos(\omega\cdot 0)=B$$

$$v(0)=0=\omega A\cos(\omega\cdot 0)-\omega B\sin(\omega\cdot 0)=A$$

所以解可以写成

$$x(t)=-L\cos\omega t \quad (3)$$

$$v(t)=\omega L\sin\omega t \tag{4}$$

我们的解只在石弹和活塞接触时成立。活塞只能推石弹，不能拉，当活塞开始慢下来时，就不再接触，石弹以恒定速度运动。从方程（4）看出，速度达到最大值的时间 t_m 满足

$$\omega t_m=\frac{\pi}{2}$$

将此代入方程（3），我们确定

$$x(t_m)=-L\cos\frac{\pi}{2}=0$$

当弹簧经过平衡点时，石弹不再与活塞接触，如我们所料，因为在 $x>0$，活塞被弹力减慢。

由方程（4），石弹的最终速度是

$$v_{max}=v(t_m)=\omega L\sin\frac{\pi}{2}=\sqrt{\frac{k}{M+m}}L$$

要获得高速，k 和 L 应该大，$M+m$ 应该小。换一种说法，为了获得高速，可使用小的抛射体，尽可能用力拉弹簧。答案是合理的。

注释 3.1　球壳的引力

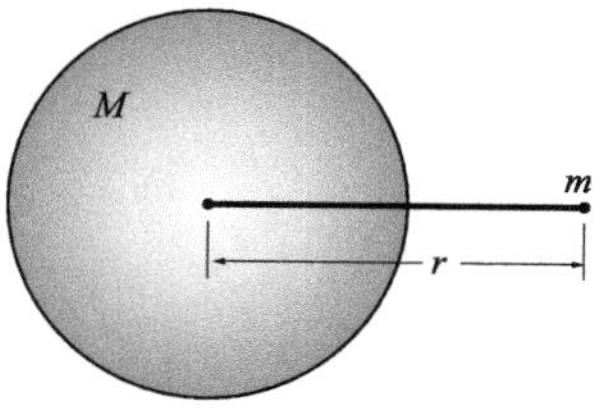

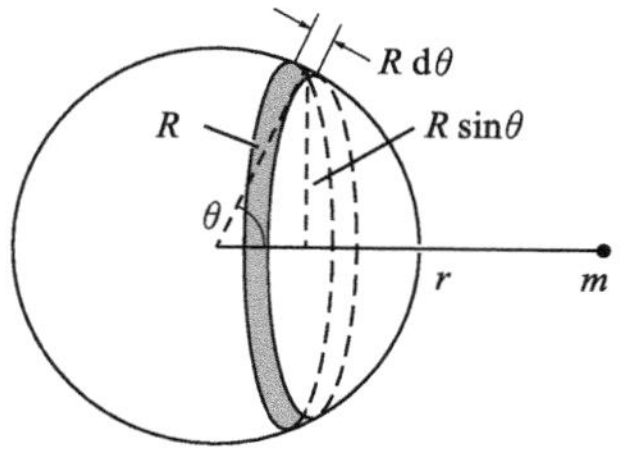

在这个注释中，我们计算一个质量为 M 的均匀薄球壳和一个质量为 m、距离球心为 r 的粒子之间的引力。我们要证明，粒子位于球壳外时，引力的大小是 GMm/r^2，粒子在内部时引力为零。

为攻克这个难题，我们把球壳划分成窄环，利用积分把它们的力加在一起。令 R 为球壳半径，t 是它的厚度，$t\ll R$。在角 θ 处对应着角度 $d\theta$ 的环，有周长 $2\pi R\sin\theta$、宽度 $R d\theta$ 和厚度 t。

它的体积是

$$dV=2\pi R^2 t\sin\theta d\theta$$

它的质量是

$$\rho dV=2\pi R^2 t\rho\sin\theta d\theta=\frac{M}{2}\sin\theta d\theta$$

球壳的总体积是 $4\pi R^2 t$，所以它的质量密度是 $\rho=M/(4\pi R^2 t)$。

环的每一部分离 m 都有相同的距离 r'。环的一小段对 m 的力指向该小段。由对称性，整个环的横向力分量的矢量和为零。

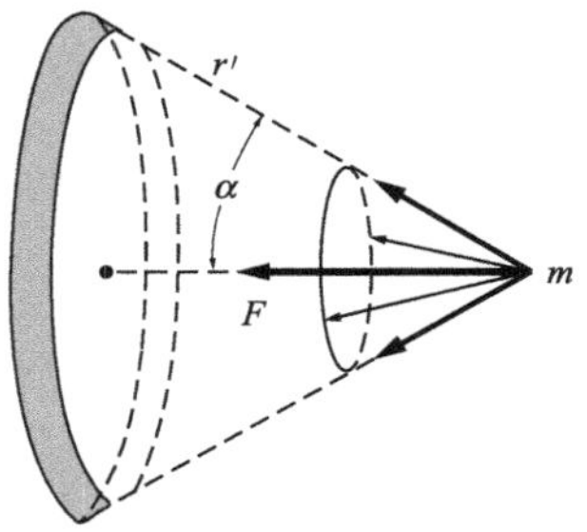

由于力矢量和中心线的夹角 α 对环的所有小段都相同，沿中心线的力分量加在一起就是环对 m 的合力：

$$dF=\frac{Gm\rho dV}{r'^2}\cos\alpha$$

对整个环都适用。

整个球壳的作用力是

$$F=\int dF=\int\frac{Gm\rho dV}{r'^2}\cos\alpha$$

现在的问题是用一个变量来表示被积函数里的所有量，比如极角 θ。由图可得，$\cos\alpha=(r-R\cos\theta)/r'$ 和 $r'=\sqrt{r^2+R^2-2rR\cos\theta}$。

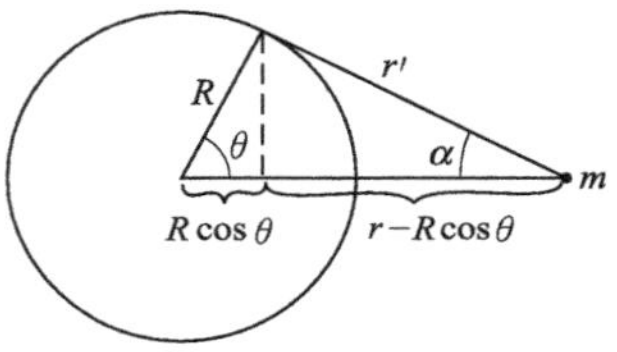

由于

$$\rho dV=M\sin\theta d\theta/2$$

我们有

$$F=\frac{GMm}{2}\int_0^{\pi}\frac{(r-R\cos\theta)\sin\theta d\theta}{(r^2+R^2-2rR\cos\theta)^{3/2}}$$

为计算这个积分，一个方便的代换是 $u=r-R\cos\theta$，$du=R\sin\theta d\theta$。因此，

$$F=\frac{GMm}{2R}\int_{r-R}^{r+R}\frac{u\,du}{(R^2-r^2-2ru)^{3/2}} \tag{1}$$

这个积分列在积分表中，但是我们可以利用分部积分直接计算它。对任意函数 f 和 g，有规则：

$$d(fg)=f dg+g df$$

从 a 积到 b，我们有

$$fg\Big|_a^b=\int_a^b f dg+\int_a^b g df$$

为了用它，我们选择 f 和 g，使 $\int f dg$ 是我们想要计算的积分，还要使 $\int g df$ 是较简单的积分。在这个问题中，一个好的选择是

$$f=u$$

$$g=\frac{-1/r}{\sqrt{R^2-r^2+2ru}}$$

因而有

$$\int f\mathrm{d}g=\int\frac{u\,\mathrm{d}u}{(R^2-r^2-2ru)^{3/2}}$$

和

$$\int g\,\mathrm{d}f=-\int\frac{\mathrm{d}u/r}{\sqrt{R^2-r^2+2ru}}=-\frac{1}{r^2}\sqrt{R^2-r^2+2ru}$$

合并后，结果是

$$\begin{aligned}F&=\frac{GMm}{2R}\ \frac{1}{r^2}\left(\frac{-ur}{\sqrt{R^2-r^2+2ru}}+\sqrt{R^2-r^2+2ru}\right)\Bigg|_{r-R}^{r+R}\\&=\frac{GMm}{2R}\frac{1}{r^2}\left[\left(\frac{-r(r+R)}{r+R}+r+R\right)-\left(\frac{-r(r-R)}{r-R}+r-R\right)\right]\\&=\frac{GMm}{r^2}\quad r>R\end{aligned}$$

对于 $r>R$，球壳的引力作用等效于它的所有质量都集中在球心。

在我们的积分计算中有一微妙之处。$\sqrt{r^2+R^2-2rR}$ 项总是正的，由于 $r>R$，我们必须取$\sqrt{r^2+R^2-2rR}=r-R$。如果粒子在球壳内部，力的大小仍由方程（1）给出。然而，在这种情况下，$r<R$，所以计算中我们取$\sqrt{r^2+R^2-2rR}=R-r$。我们得到

$$\begin{aligned}F&=\frac{GMm}{2R}\frac{1}{r^2}\left[\left(\frac{-r(r+R)}{r+R}+r+R\right)-\left(\frac{-r(r-R)}{R-r}+R-r\right)\right]\\&=0\quad r<R\end{aligned}$$

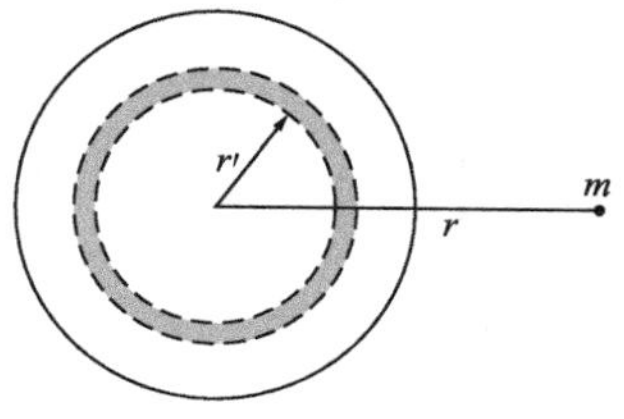

一个实心球体可以看作一系列的球壳系列。不难把我们的结果推广到球密度 $\rho(r')$ 只是径向距离 r' 函数的情形，r' 是到球心的距离。半径为 r'、厚度为 $\mathrm{d}r'$ 的球壳质量是 $\rho(r')4\pi r'^2\mathrm{d}r'$。它对 m 的作用力是

$$\mathrm{d}F=\frac{Gm}{r^2}\rho(r')4\pi r'^2\mathrm{d}r'$$

由于每个球壳的作用力都指向球心，则合力是

$$F=\frac{Gm}{r^2}\int_0^R \rho(r')4\pi r'^2\,\mathrm{d}r'$$

然而，积分很简单，就是球的总质量，我们发现，对于 $r>R$，m 和球的作用力等同于两个质量为 m 和 M、间距为 r 的粒子之间的力。

习题

标 * 的习题可参考附录中的提示、线索和答案。

3.1 无摩擦的倾斜杆

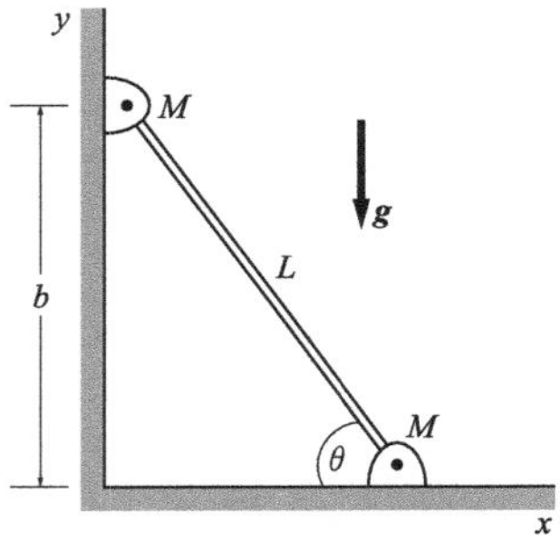

两个质量同为 M 的物体安装在长 L 的无质量的细杆两端。细杆斜靠在光滑的表面上，倾角为 θ，如图所示，然后释放。确定每个物体的初始加速度。

3.2 有摩擦力的滑块 *

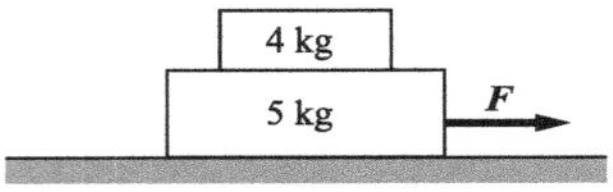

物块 A 的质量 $M_A=4$ kg，静止在物块 B 的顶部。物块 B 的质量 $M_B=5$ kg，静止在无摩擦的桌面上。当对下面物块施加的水平力 $F=27$ N 时，两个物块之间刚要开始滑动。假设现在一个水平力作用在上面的物块上，若物块之间没有相对滑动，力的最大值是多少？

3.3 叠放的物块与滑轮

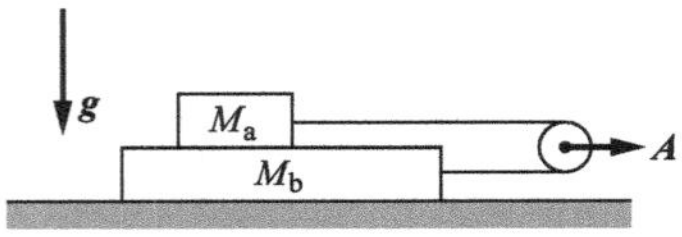

质量为 M_a 的物块 a 放在质量为 M_b 的物块 b 上，如图所示。假设 $M_b>M_a$。两个物块从静止开始被一条穿过滑轮的无质量的绳子拉动。滑轮的加速度为 A。物块 b 在无摩擦的桌面上滑动，但是物块 a 和 b 之间由于相对运动，有恒定的摩擦力 f。确定绳中的张力。

3.4 同步轨道

确定绕地球的同步卫星的轨道半径。（同步卫星每 24 小时绕地球一周，所以它的位置相对地面观测站是静止的。）最简单的确定答案并给出结果的方法是，用地球半径 R_e 表示所有的距离。

3.5 物体与转轴 *

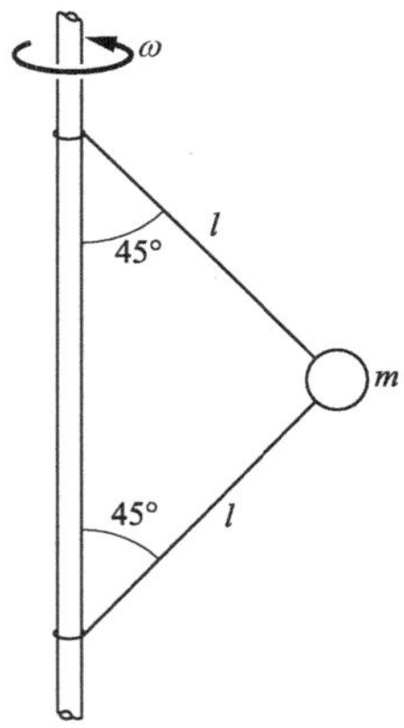

质量为 m 的物体用两根长为 l 的线连在竖直转轴上，每根线与轴的夹角为 45°，如图所示。轴和物体都以角速度 ω 转动。重力向下。

(a) 清楚地画出物体的受力图。

(b) 确定上面那根线的张力 $T_{上}$ 和下面那根线的张力 $T_{下}$。

3.6　桌布游戏

如果你有勇气，手又有力，你可以猛拉铺在桌子和碟子之间的桌布。玻璃杯离桌边 6 in (1 in=25.4 mm)，若要求杯子在离开桌子前达到静止，拉出桌布的最长时间是多少？假定玻璃杯在桌布和桌子上滑动的摩擦因数都是 0.5。(为了游戏的效果，桌布应当快速拉出，而杯子没有明显的移动。)

3.7　滑轮、绳子及摩擦力

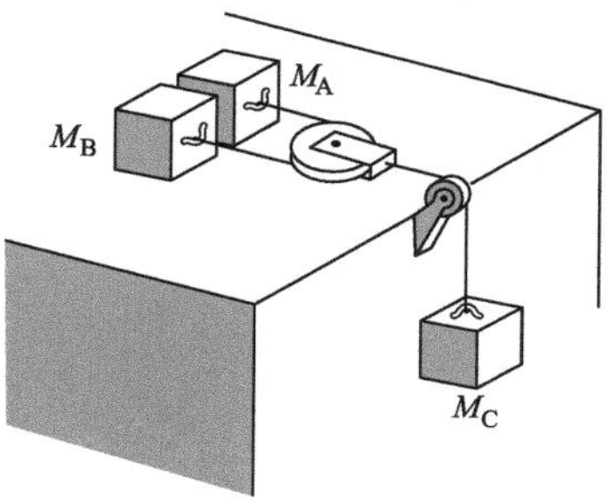

图中所示的系统使用了无质量的滑轮和绳子。物体与水平面的摩擦因数是 μ。假定质量为 M_A 和 M_B 的两个物体都滑动。重力向下。

(a) 画出每个物体的受力图，标明所有相关的坐标。

(b) 加速度的关系如何？

(c) 确定绳中张力。

3.8　物块和斜面*

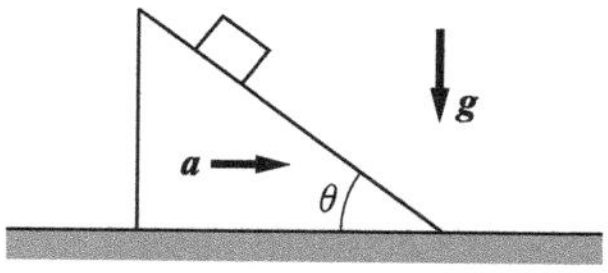

物块静止在倾角 θ 的斜面上。物块与斜面的摩擦因数是 μ。

(a) 斜面固定时，确定使物块待在斜面上不动的 θ 的最大值。

(b) 斜面的水平加速度为 a，如图所示。假设 $\tan\theta>\mu$，为使物块在斜面上不滑动，确定加速度的最小值。

(c) 重复(b)，确定加速度的最大值。

3.9　绳中的张力

质量为 m、长为 l 的均匀绳子连在质量为 M 的物块上。用力 F 拉绳子。确定距离绳子一端 x 处的张力。忽略重力。

3.10　绳子和树*

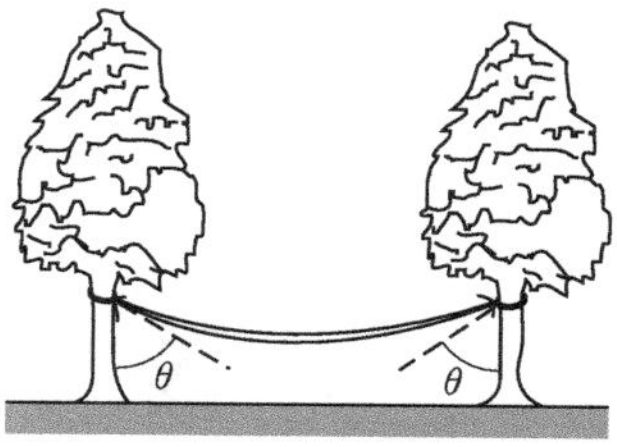

均匀绳子所受重力为 W，悬挂在两棵树之间。绳子两端在同一高度，它们与树的夹角为 θ。确定

(a) 绳子两端的张力。

(b) 绳子中部的张力。

3.11　旋转的环*

将一根长为 l、质量为 M 的线做成一个圆环，并绕圆环的中心以匀角速度 ω 旋转。确定线中的张力。提示：画出对

应着角 $\Delta\theta$ 的环中一小段的受力图。

3.12　绞盘

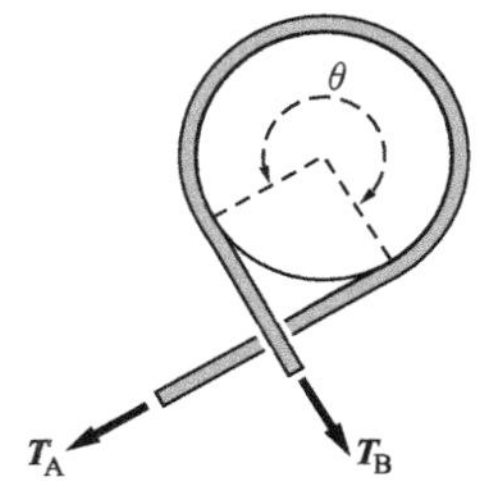

一种称作绞盘的设备，用在船上以控制工作时有很大张力的缆绳。缆绳绕在一个固定卷筒上，通常会绕几圈（图中显示 3/4 圈）。缆绳的负载对缆绳的拉力为T_A，水手以非常小的力T_B拉它。证明$T_B=T_A e^{-\mu\theta}$，这里 μ 是摩擦因数，θ 是缆绳绕在卷筒上的对向总角度。

3.13　未走完全程的环路火车

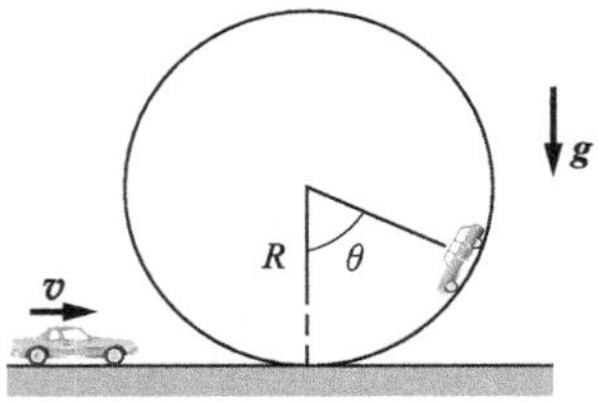

质量为 M 的汽车驶入一个环路火车装置，如图。走完整个环路而不掉下来的最小速度是v_0。然而，一辆汽车以恒定速度 v 驶入，这里$v<v_0$。汽车与环路的摩擦因数是 μ。

汽车在角度 θ 开始下滑，列出其方程。不必求解这个方程。

3.14　在轨道运行的球体

在自由空间，两个全同的实体球以它们间距的中点为圆心，在引力作用下做圆周运动，确定可能的圆周运动的最短周期。球体由白金制成，密度为 21.5 g/cm^3。

3.15　穿越地球的隧道

一个物体到一个均匀的球体中心的距离是 R，物体所受的引力只来自 $r\leqslant R$ 的质量，r 是到球心的距离。这个质量作用的引力等同于它的质量集中在球心。

根据上面的结果证明，如果钻一个孔通过地心，然后由该孔下落，你相对地心将做简谐运动。确定你回到出发点所用的时间，并证明这是卫星绕地球做低轨运动 $r\approx R_e$的时间。推导这个结果时，把地球当作密度均匀的球体，摩擦略去不计，地球转动的任何效应也略去不计。

3.16　偏心隧道

作为上题的变化题型，证明即使直线孔偏离地心，你仍然以相同的周期做简谐运动。

3.17　转弯的汽车*

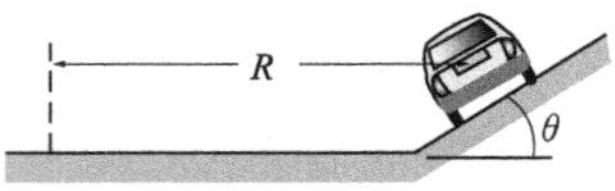

汽车进入半径是 R 的弯道。路面的倾角是 θ，车轮和路面的摩擦因数是 μ。确定汽车不侧向滑动的最大和最小速率。

3.18　旋转平台上的汽车

一辆汽车驶入以匀角速度 ω 旋转的大平台。在 $t=0$ 时刻，汽车离开原点，沿着涂在平台上的径向朝外的线以匀速率v_0运动。车的总质量是W，车与台面的摩擦因数是μ。

(a) 利用极坐标确定作为时间函数的汽车加速度。画一张清楚的矢量图，显示在$t>0$某时刻加速度的分量。

(b) 确定汽车刚要滑动的时间。

(c) 在汽车开始滑动之前，相对于瞬时位置矢量$\boldsymbol{r}$，确定摩擦力的方向。在图上清楚地画出你的结果。

3.19　物体和弹簧*

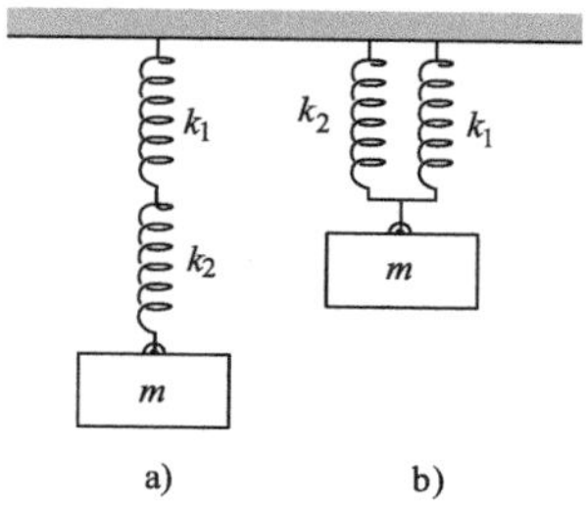

质量为m的物体悬挂在两个劲度系数分别是k_1和k_2的弹簧上，按图示组合在一起，确定振动的频率。

3.20　车轮和鹅卵石

半径为R的车轮在地面上以速度V滚动。一个鹅卵石被小心地放在车轮的顶部，使它瞬时静止在运动的车轮上。

(a) 证明如果$V>\sqrt{Rg}$，鹅卵石会立刻飞出车轮。

(b) 在$V<\sqrt{Rg}$、摩擦因数$\mu=1$的情况下，证明鹅卵石在车轮转过角度$\theta=\arccos[(1/\sqrt{2})(V^2/Rg)]-\pi/4$时开始滑动。

3.21　杆上的滑珠

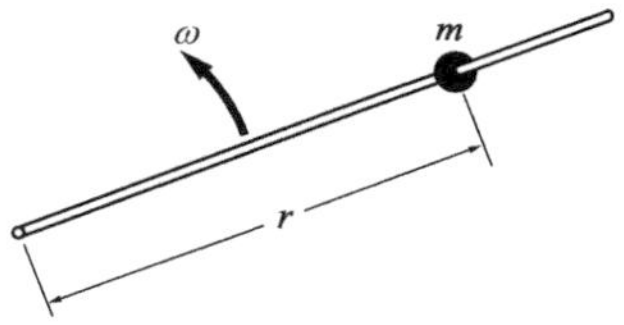

质量为m的小珠子在细杆上可自由滑动。

杆在平面上绕一端以匀角速度ω转动。证明运动满足$r=Ae^{-\gamma t}+Be^{+\gamma t}$，这里$\gamma$是需要确定的常量，$A$和$B$是任意常量。重力略去不计。

证明，对于特定的初始条件［即$r(t=0)$和$v(t=0)$］，可能得到这样一个解，r随时间连续地减小，但是对其他的条件，r最终会增大。(排除珠子碰到原点的情况。)

3.22　物体、线和环*

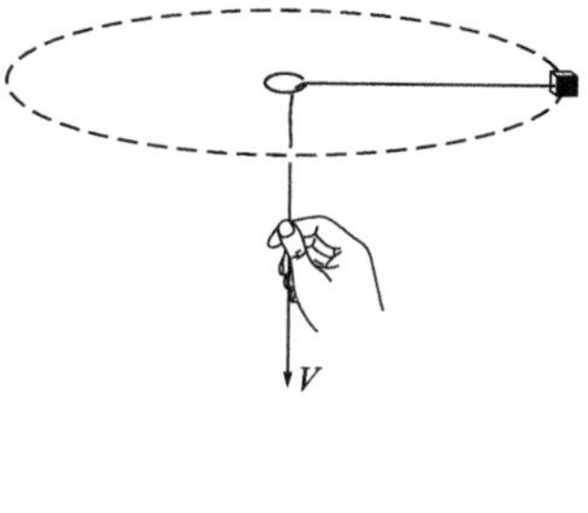

质量为m的物体被一根线拉着旋转，线又通过一个环，如图所示。重力略去不计。开始时，物体到圆心的距离是r_0，以角速度ω_0转动。在$t=0$时刻，以匀速度V拉线，使物体到圆心的径向距离减小。画出受力图，推导ω的微分方程。这个方程很简单，可以凭直觉或者由积分来求解。确定

(a) $\omega(t)$。

(b) 拉线所需的力。

3.23　物块和环*

这道题涉及求解一个简单的微分方程。

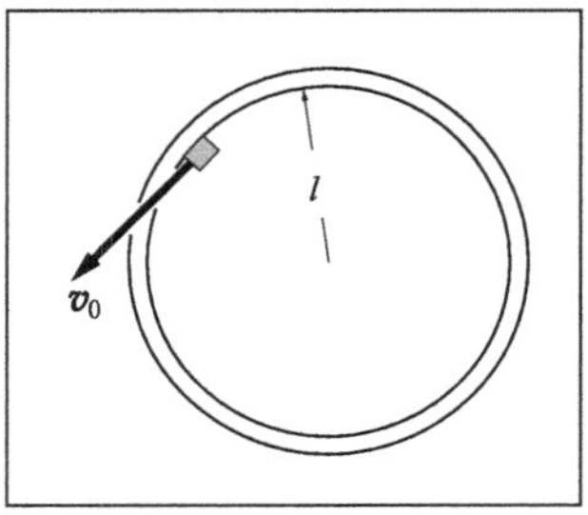

质量为 m 的物块在无摩擦的桌面上滑动。它被约束在一个固定于桌面、半径为 l 的圆环内部。在 $t=0$ 时刻，物块沿着圆环的内壁（沿切向）以速度 v_0 运动。物块与圆环的摩擦因数 μ。

（a）确定此后物块的速度。

（b）确定此后物块的位置。

3.24 阻力*

这道题涉及一个简单的微分方程。用一点小技巧，你应该能用积分解出它。

质量为 m 的粒子沿直线运动，受到一个阻力（总是指向运动的反向）$F=be^{av}$，这里 b 和 a 是常量，v 是速度。在 $t=0$ 时刻，它以速度 v_0 运动。确定此后的速度。

3.25 气垫船

作为一个广告宣传，欧雷卡气垫船公司想要举办气垫船比赛。气垫船通过向下喷气来支撑自身，在顶部甲板上有一个大的固定螺旋桨以获得向前的推力。不幸的是，它没有操舵装置，驾驶员发现高速转弯非常困难。公司决定解决这个问题，设计了一个碗形的轨道，气垫船达到高速后，就会沿着圆轨道滑行，不需要转向。

当公司举办第一次比赛时，他们失望地发现，不管速率有多大，气垫船都以相同的时间 T 绕轨道一周。确定碗的截面方程，用 T 来表示。

3.26 v^2 阻力

质量为 m 的物体被力 $-Cv^2$ 阻碍，这里 C 是常量，v 是它的速率。如果初始的速率是 v_0，确定它走过距离 s 所需的时间。证明对较短的时间这个结果是合理的。

4 动量

4.1 简介

目前我们把自然界看作由理想的质点组成，而不是实际的物体。有时，这样的简化是合理的——例如，在研究行星的运动时，行星的大小与太阳系的辽阔距离相比，是无关紧要的，或者在基本粒子通过加速器的情形，粒子的大小（大概10^{-15} m），与机器的大小相比是微不足道的。然而，在很多时候，我们处理的大物体具有精细的结构。例如，考虑一辆探险者车在火星的着陆。即使我们能够计算像火星这样不规则、不均匀物体的引力场，探险者本身也很难当作一个质点——它有轮子、笨重的天线、展开的太阳能板和块状的主体。

此外，当我们试图分析像火箭这样有质量流动的系统时，上一章的方法会失效。火箭靠向后喷射物质来向前加速。显然，并不能直接将 $\boldsymbol{F}=M\boldsymbol{a}$ 应用到这样的系统。

本章我们要推广运动定律，从而克服这些困难。首先以略微不同的形式重述牛顿第二定律。在第 2 章按熟悉的形式写出了定律：

$$\boldsymbol{F}=M\boldsymbol{a}$$

然而，牛顿给出的形式是

$$\boldsymbol{F}=\frac{\mathrm{d}}{\mathrm{d}t}(M\boldsymbol{v})$$

在牛顿力学中，质点的质量 M 是常量，与前面的结果相同，$(\mathrm{d}/\mathrm{d}t)(M\boldsymbol{v})=M(\mathrm{d}\boldsymbol{v}/\mathrm{d}t)=M\boldsymbol{a}$。量 $M\boldsymbol{v}$ 在力学中的作用很突出，称作动量，有时也称作线动量，以与角动量区别。动量是矢量，它是一个矢量$\boldsymbol{v}$ 与一个标量M 的乘积。用 $\boldsymbol{P}$ 表示动量，牛顿第二定律可写成

$$\boldsymbol{F}=\frac{\mathrm{d}\boldsymbol{P}}{\mathrm{d}t}$$

这个形式比 $\boldsymbol{F}=M\boldsymbol{a}$ 更可取，因为很容易将它推广到复杂系统，这一点我们很快就会看到，另一个原因是，动量比单独的质量或速度都更基本。在国际单位制中，动量的单位是 kg · m/s，或 CGS 制的 g · cm/s。这些单位都没有专用的名称。

4.2 质点系动力学

为了将运动定律推广到扩展的物体，考虑一个有相互作

用的质点系统，例如太阳和行星。与它们的直径相比，太阳系的星体相距太遥远，把它们当作质点处理是非常好的近似。太阳系的所有质点有引力相互作用。行星主要与太阳相互作用，尽管其他行星的作用也影响它们的运动。另外，整个太阳系也被遥远的物质吸引。

在更小的尺度，系统可以是一个静止在桌子上的台球。这里，质点是原子（现在先不考虑原子不是质点而是由更小的粒子组成的）。相互作用主要是原子之间的电作用力。台球所受的外力是地球的引力和桌面的接触力。

现在，我们证明物理系统的一些简单性质。清楚地知道系统意味着什么，这很重要。我们可以任意选择系统的边界，但是一旦做出选择，哪些质点属于系统，哪些不是，要始终保持一致。

我们假定系统内部的质点存在相互作用，与系统外部的质点也存在相互作用。为使论证普适，考虑质量为 $m_1, m_2, m_3, \cdots, m_N$ 的 N 个相互作用的质点所组成的系统。第 j 个质点的位置是 $\boldsymbol{r}_j$，受力是 $\boldsymbol{f}_j$，动量是 $\boldsymbol{p}_j = m_j \dot{\boldsymbol{r}}_j$。第 j 个质点的运动方程是

$$\boldsymbol{f}_j = \frac{\mathrm{d}\boldsymbol{p}_j}{\mathrm{d}t}$$

第 j 个质点的受力可分为两项：

$$\boldsymbol{f}_j = \boldsymbol{f}_j^{\text{int}} + \boldsymbol{f}_j^{\text{ext}}$$

这里，$\boldsymbol{f}_j^{\text{int}}$ 是质点 j 所受的内力，即系统内其他质点对它的作用力；$\boldsymbol{f}_j^{\text{ext}}$ 是质点 j 所受的外力，即来自系统之外的作用力。质点 j 的运动方程因而可写为

$$\boldsymbol{f}_j^{\text{int}} + \boldsymbol{f}_j^{\text{ext}} = \frac{\mathrm{d}\boldsymbol{p}_j}{\mathrm{d}t}$$

现在通过下列手段，让我们关注整个系统：把系统中所有质点的运动方程加在一起：

$$\boldsymbol{f}_1^{\text{int}} + \boldsymbol{f}_1^{\text{ext}} = \frac{\mathrm{d}\boldsymbol{p}_1}{\mathrm{d}t}$$

$$\boldsymbol{f}_2^{\text{int}} + \boldsymbol{f}_2^{\text{ext}} = \frac{\mathrm{d}\boldsymbol{p}_2}{\mathrm{d}t}$$

$$\vdots$$

$$\boldsymbol{f}_N^{\text{int}} + \boldsymbol{f}_N^{\text{ext}} = \frac{\mathrm{d}\boldsymbol{p}_N}{\mathrm{d}t}$$

加在一起的结果可以写成

$$\sum_{j=1}^{N} \boldsymbol{f}_j^{\text{int}} + \sum_{j=1}^{N} \boldsymbol{f}_j^{\text{ext}} = \sum_{j=1}^{N} \frac{\mathrm{d}\boldsymbol{p}_j}{\mathrm{d}t} \tag{4.1}$$

求和遍及所有质点，$j=1,\cdots,N$。

方程（4.1）的第一项 $\sum_{j=1}^{N} \boldsymbol{f}_j^{\text{int}}$ 是所有质点所受的所有内力之和。根据牛顿第三定律，任何两个质点之间的作用力都是大小相等，方向相反的，所以它们的和是零。内力总是成对抵消，因而所有质点之间的作用力之和也是零。因此，

$$\sum_{j=1}^{N} \boldsymbol{f}_j^{\text{int}} = 0$$

第二项 $\sum_{j=1}^{N} \boldsymbol{f}_j^{\text{ext}}$ 是作用在所有质点上的所有外力之和。它等于作用在系统上的合外力 $\boldsymbol{F}_{\text{ext}}$：

$$\sum_{j=1}^{N} \boldsymbol{f}_j^{\text{ext}} \equiv \boldsymbol{F}_{\text{ext}}$$

方程（4.1）就简化为

$$\boldsymbol{F}_{\text{ext}} = \sum_{j=1}^{N} \frac{\mathrm{d}\boldsymbol{p}_j}{\mathrm{d}t}$$

右边 $\sum(\mathrm{d}\boldsymbol{p}_j/\mathrm{d}t)$ 可以写成 $(\mathrm{d}/\mathrm{d}t)\sum \boldsymbol{p}_j$，因为和的导数等于导数的和。$\sum \boldsymbol{p}_j$ 是系统的总动量，用 $\boldsymbol{P}$ 表示：

$$\boldsymbol{P} \equiv \sum_{j=1}^{N} \boldsymbol{p}_j$$

替换后，方程（4.1）变成

$$\boldsymbol{F}_{\text{ext}} = \frac{\mathrm{d}\boldsymbol{P}}{\mathrm{d}t}$$

用文字描述就是，系统所受的合力等于系统动量的变化率。不管什么相互作用，这都是对的；$\boldsymbol{F}_{\text{ext}}$ 可以是作用在单独一个质点上单一的力，也可以是涉及系统每个质点的许多微小作用力的合力。

例 4.1 流星锤

牛仔用流星锤来缠住他们的牛。它由三个石或铁的球组成，用皮带连接在一起。牛仔在空中舞动流星锤，然后把它投向动物。我们能对它的运动说些什么呢？

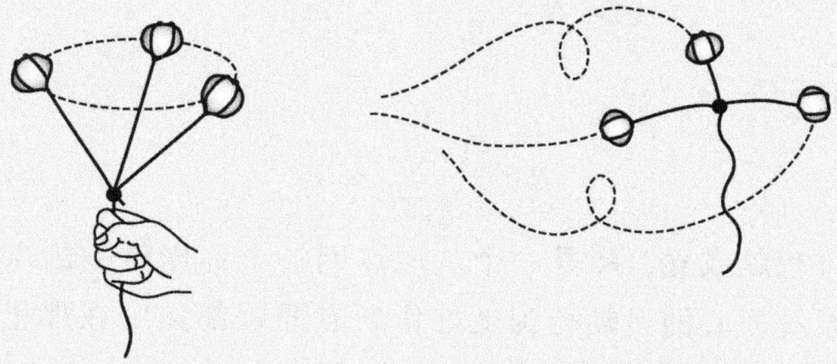

考虑质量为m_1、m_2和m_3的一个流星锤。每个球被捆绑的皮带和重力作用（忽略空气阻力）。由于约束力依赖三个球的瞬时位置，即使列出一个球的运动方程也确实是个问题。然而，总动量满足简单的方程：

$$\frac{\mathrm{d}\boldsymbol{P}}{\mathrm{d}t}=\boldsymbol{F}_{\mathrm{ext}}=\boldsymbol{f}_1^{\mathrm{ext}}+\boldsymbol{f}_2^{\mathrm{ext}}+\boldsymbol{f}_3^{\mathrm{ext}}$$

$$=m_1\boldsymbol{g}+m_2\boldsymbol{g}+m_3\boldsymbol{g}$$

或者

$$\frac{\mathrm{d}\boldsymbol{P}}{\mathrm{d}t}=M\boldsymbol{g}$$

这里，M是总质量。这个方程在确定运动的细节方面迈出了重要的一步。方程等同于质量M、动量$\boldsymbol{P}$的单一质点的方程。牛仔本能地觉察到，当他扔流星锤时，不管系统多复杂，他只需像单一物体那样瞄准它就可以了。

4.3 质心

根据方程（4.1）：

$$\boldsymbol{F}=\frac{\mathrm{d}\boldsymbol{P}}{\mathrm{d}t} \tag{4.2}$$

这里，我们略去了下标“ext”，理解为$\boldsymbol{F}$代表外力。这个结果等同于单一质点的运动方程，虽然实际上它指的是几个质点的系统。这吸引我们把方程（4.2）和单一质点运动之间的类比进一步具体化，可列出方程：

$$\boldsymbol{F}=M\ddot{\boldsymbol{R}} \tag{4.3}$$

式中，M是系统的总质量，$\boldsymbol{R}$是将要定义的一个矢量。因为$\boldsymbol{P}=\sum_{j=1}^{N}m_j\dot{\boldsymbol{r}}_j$，方程（4.2）和（4.3）给出

$$M\ddot{\boldsymbol{R}}=\frac{\mathrm{d}\boldsymbol{P}}{\mathrm{d}t}=\sum_{j=1}^{N}m_j\ddot{\boldsymbol{r}}_j$$

如果

$$\boldsymbol{R}=\frac{1}{M}\sum_{j=1}^{N}m_j\boldsymbol{r}_j \tag{4.4}$$

这个方程就成立。$\boldsymbol{R}$ 是一个从原点到一个称作**质心**的点的矢量。系统质心的运动行为就好像所有质量都集中在那里，所有外力都作用在那一点。

像棒球、汽车这类比较刚性物体的运动是我们经常感兴趣的。这样的物体只不过是通过强大内力固定在一起的质点系而已。方程（4.4）表明，相对于外力，物体表现得好像它是单一的质点。在第 2 和第 3 章，我们随便把每个物体处理成一个质点；现在我们清楚了，这只有在我们关注质心时才是合理的。

你可能好奇，质心运动的描述是否也是一个过分的简化——经验告诉我们，即使质量相同，受力也相同，像木板这样的一个扩展物体的运动也不同于像岩石那样的紧凑物体。的确，质心运动只是故事的一部分。关系式 $\boldsymbol{F}=M\ddot{\boldsymbol{R}}$ 只描述了物体的平动（它的质心的运动）；它并未描述物体的空间方位。在第 7 和第 8 章，我们将分析扩展物体的转动。果不其然，物体的转动依赖它的形状和施力的位置。然而，就质心的平动而言，只要质点之间的力满足牛顿第三定律，$\boldsymbol{F}=M\ddot{\boldsymbol{R}}$ 对任何质点系都成立，而不是只对刚性物体。质点之间是否相对运动，在质心处是否发生了什么，这些都不重要。

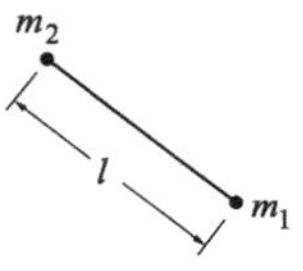

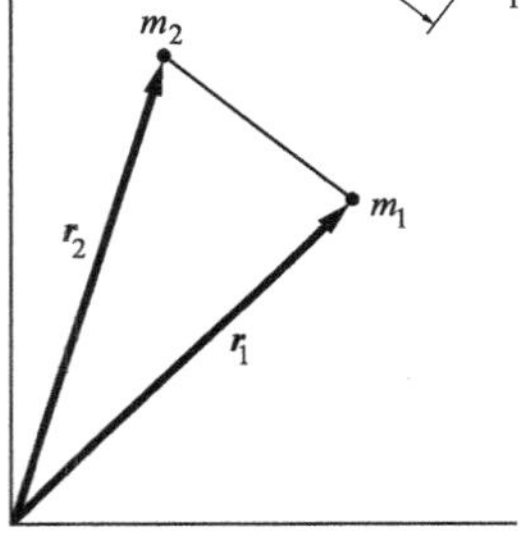

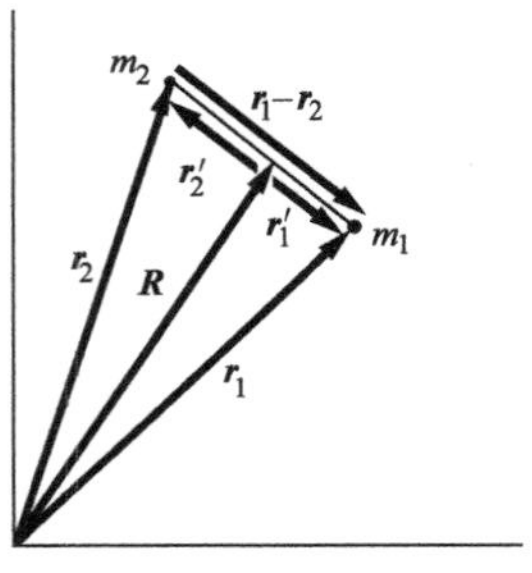

例 4.2　乐队指挥的指挥棒

乐队指挥的指挥棒由质量分别为m_1和m_2的两个物体组成，它们用长为 l 的细杆相连。将指挥棒抛入空中。确定指挥棒的质心和质心的运动方程。

设m_1和m_2的位置矢量分别是 $\boldsymbol{r}_1$和 $\boldsymbol{r}_2$。从同一原点测量，质心的位置矢量是

$$\boldsymbol{R}=\frac{m_1\boldsymbol{r}_1+m_2\boldsymbol{r}_2}{m_1+m_2} \tag{1}$$

这里我们略去了细杆的质量。质心位于m_1和m_2的连线上；其证明留作一个习题。

假设空气阻力略去不计，指挥棒所受的外力是

$$\boldsymbol{F}=m_1\boldsymbol{g}+m_2\boldsymbol{g}$$

质心的运动方程是

$$(m_1+m_2)\ddot{\boldsymbol{R}}=(m_1+m_2)\boldsymbol{g}$$

或者

$$\ddot{\boldsymbol{R}}=\boldsymbol{g}$$

质心沿着重力场中单一物体的抛物线运动。采用第 8 章介绍的方法，我们能够确定m_1和m_2相对质心的运动，从而得到完整的解。

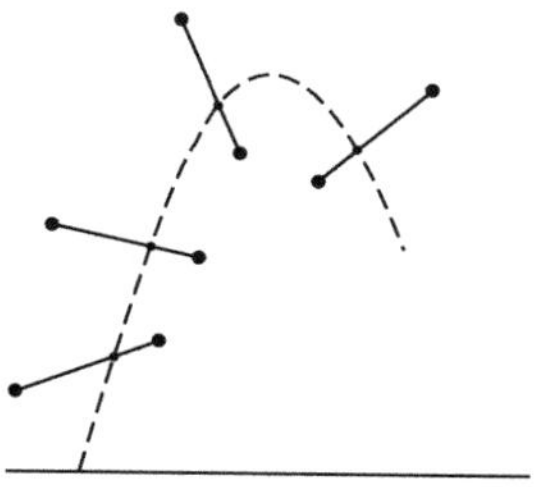

虽然确定质点系的质心是个简单的代数计算，确定扩展物体的质心通常需要积分。我们先把质量 M 的物体分成 N 个质元。如果 $\boldsymbol{r}_j$ 是第 j 个质元的位置，m_j 是质元的质量，则

$$\boldsymbol{R}=\frac{1}{M}\sum_{j=1}^{N}m_j\boldsymbol{r}_j \tag{4.5}$$

在 N 趋于无穷大的极限情形，每个质元的大小趋于零，近似变成精确的：

$$\boldsymbol{R}=\lim_{N\to\infty}\frac{1}{M}\sum_{j=1}^{N}m_j\boldsymbol{r}_j$$

这个极限过程定义了一个积分。形式上，

$$\lim_{N\to\infty}\sum_{j=1}^{N}m_j\boldsymbol{r}_j=\int\boldsymbol{r}\,\mathrm{d}m$$

这里，$\mathrm{d}m$ 是位置 $\boldsymbol{r}$ 处的一个质量微元。则

$$\boldsymbol{R}=\frac{1}{M}\int_V\boldsymbol{r}\,\mathrm{d}m$$

为使这个积分形象化，把 $\mathrm{d}m$ 看作在位置 $\boldsymbol{r}$ 的一个体元 $\mathrm{d}V$ 内的质量。如果在质元处的质量密度是 ρ，则 $\mathrm{d}m=\rho\mathrm{d}V$，且有

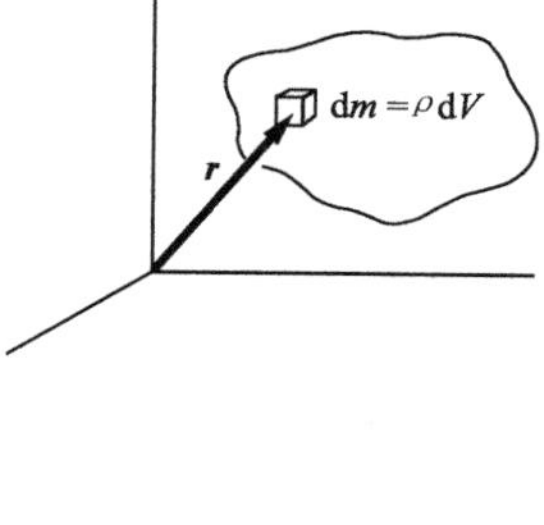

$$\boldsymbol{R}=\frac{1}{M}\int_V\boldsymbol{r}\rho\,\mathrm{d}V$$

这个积分称作体积分。它有时写成三个积分符号（三重积分），来强调积分是在所有三个空间坐标里进行的：

$$\boldsymbol{R}=\frac{1}{M}\iiint_V \boldsymbol{r}\rho\,\mathrm{d}V$$

各项之和的积分等于每项积分的和。我们可以利用积分的这个基本性质，用单个物体的质心来表示几个扩展物体的质心。考虑质量M_1的扩展物体 1 和质量M_2的物体 2。令 $\boldsymbol{R}_1$和 $\boldsymbol{R}_2$是每个质心的位置矢量。由方程（4.5）：

$$\boldsymbol{R}_1=\frac{1}{M_1}\int_{V_1}\boldsymbol{r}_1\,\mathrm{d}m$$

$$\boldsymbol{R}_2=\frac{1}{M_2}\int_{V_2}\boldsymbol{r}_2\,\mathrm{d}m$$

系统质心的位置矢量因而可写成

$$\begin{aligned}(M_1+M_2)\boldsymbol{R}&=\int_{V_1}\boldsymbol{r}_1\,\mathrm{d}m+\int_{V_2}\boldsymbol{r}_2\,\mathrm{d}m\\&=M_1\boldsymbol{R}_1+M_2\boldsymbol{R}_2\end{aligned}$$

换言之，为确定几个扩展物体所组成的系统的质心，可将每个物体处理成好像它的质量集中在它的质心。

像下面例题所展示的，我们只关注计算扩展物体质心的几个简单情形。更多的例子在本章末的注释 4.1 给出。

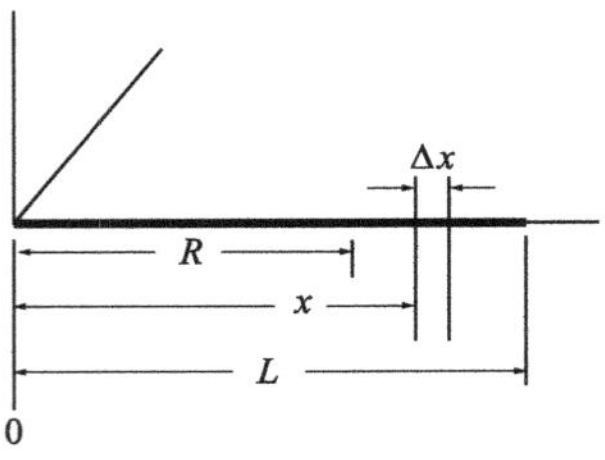

例 4.3 非均匀细杆的质心

长为 L 的细杆密度是不均匀的。细杆单位长度的质量 λ 是变化的，$\lambda=\lambda_0(x/L)$，这里 λ_0是常量，x 是到标记为 0 的一端的距离。确定质心。

很明显 $\boldsymbol{R}$ 位于细杆上。令 x 轴沿着细杆，原点 $x=0$ 在细杆一端。长 $\mathrm{d}x$ 的线元质量是 $\mathrm{d}m=\lambda\,\mathrm{d}x=\lambda_0 x\,\mathrm{d}x/L$。杆从 $x=0$ 扩展到 $x=L$，总质量是

$$\begin{aligned}M&=\int \mathrm{d}m\\&=\int_0^L\lambda\,\mathrm{d}x\\&=\int_0^L\frac{\lambda_0 x\,\mathrm{d}x}{L}\\&=\frac{1}{2}\lambda_0 L\end{aligned}$$

质心位于

$$\begin{aligned}\boldsymbol{R}&=\frac{1}{M}\int\lambda\boldsymbol{r}\,\mathrm{d}x\\&=\frac{2}{\lambda_0 L}\int_0^L(x\hat{\boldsymbol{i}}+0\hat{\boldsymbol{j}}+0\hat{\boldsymbol{k}})\frac{\lambda_0 x\,\mathrm{d}x}{L}\\&=\frac{2}{L^2}\frac{x^3}{3}\bigg|_0^L\hat{\boldsymbol{i}}\\&=\frac{2}{3}L\hat{\boldsymbol{i}}\end{aligned}$$

例 4.4　三角板的质心

如果物体可以分成质心已知的部分，计算质心就很简单。考虑二维情形，一块匀质直角三角板，质量为 M，底为 b，高为 h 和小厚度 t。

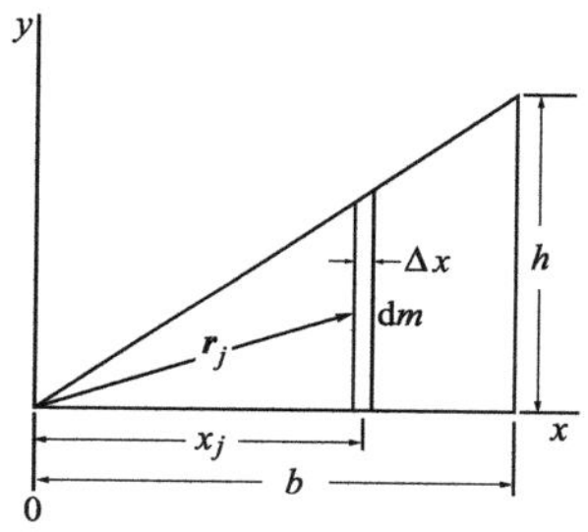

把三角板分成与 y 轴平行、宽 Δx 的窄条，如图所示。因为板是匀质的，第 j 个窄条的质心位于一半处，由相似三角形原理，在 x_j 的第 j 个窄条的总高度是 $x_j h/b$。则这个窄条质心的位置矢量是

$$\boldsymbol{r}_j=x_j\hat{\boldsymbol{i}}+\frac{x_j h}{2b}\hat{\boldsymbol{j}}$$

板的质心位于 $\boldsymbol{R}$ 处，对窄条取极限，则有

$$\boldsymbol{R}=\frac{1}{M}\int\boldsymbol{r}\,\mathrm{d}m \tag{1}$$

式中，

$$M=\rho At=\rho tbh/2$$

$$\mathrm{d}m=\rho ty\,\mathrm{d}x=\rho t\,\frac{xh}{b}\mathrm{d}x$$

方程 (1) 就可改写为

$$\begin{aligned}\boldsymbol{R}&=\left(\frac{2}{\rho tbh}\right)\int\boldsymbol{r}\rho t\,\frac{xh}{b}\mathrm{d}x\\&=\frac{2}{b^2}\int_0^b x\boldsymbol{r}\,\mathrm{d}x\\&=\frac{2}{b^2}\int_0^b\left(x^2\hat{\boldsymbol{i}}+\frac{x^2 h}{2b}\hat{\boldsymbol{j}}\right)\mathrm{d}x\\&=\frac{2}{3}b\hat{\boldsymbol{i}}+\frac{1}{3}h\hat{\boldsymbol{j}}\end{aligned}$$

如果板不是匀质的，为确定质心，像注释 4.1 所讨论的那样，我们需要用到重积分。

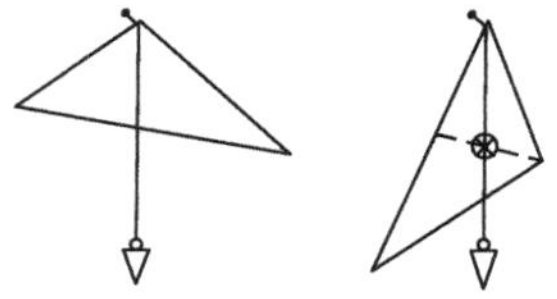

物理的论证有时能代替复杂的计算。假定我们想确定一个不规则的、非匀质的薄板的质心。把它悬挂在一个轴上，再从轴画一条竖直线。质心就悬在轴的正下方（凭直觉，这是显然的，用第 7 章的方法很容易证明这一点），所以质心位于竖直线上的某个位置。换一个不同的悬挂点，重复这个方法。两条线交于质心处。

例 4.5 质心运动

扶着一个矩形的机箱，使其一角静止在无摩擦的桌子上。轻轻地释放机箱，它会下落并有一个复杂的转动。由于涉及转动，我们尚未准备好预言完整的运动，但是确定质心的轨道并不难。

箱子所受的外力是重力和桌子的法向力。这两个力都是竖直的，所以质心只在竖直方向加速。如果箱子从静止释放，它的中心会直线下落。

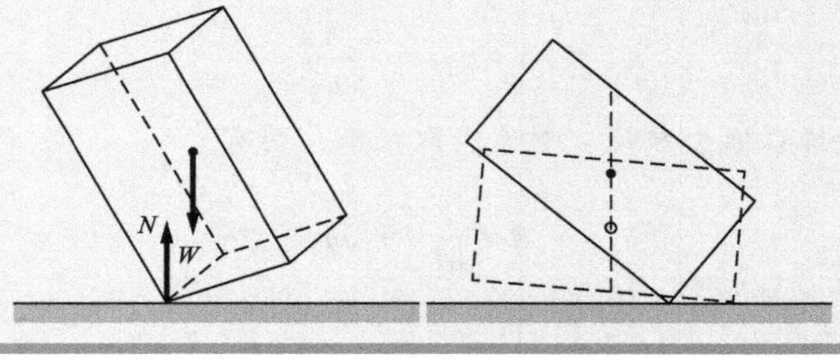

4.4 质心坐标系

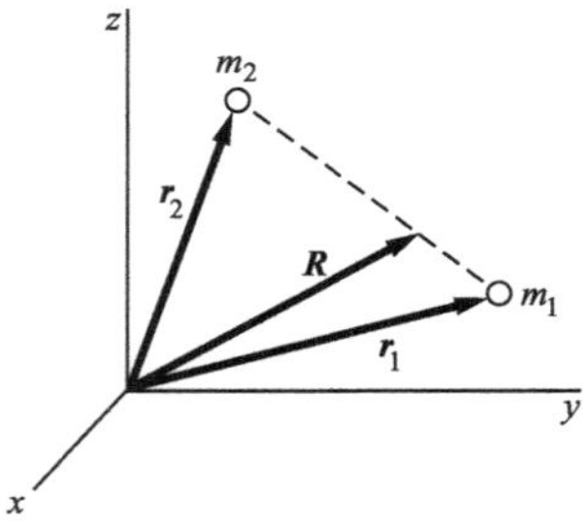

坐标系选得合适常常可以使问题简化。原点位于质心的质心坐标系是特别有用的。考虑质量m_1和m_2的两质点系统。

在原来的坐标系 x、y、z 中，质点位于 $\boldsymbol{r}_1$ 和 $\boldsymbol{r}_2$ 处，它们的质心位于

$$\boldsymbol{R}=\frac{m_1\boldsymbol{r}_1+m_2\boldsymbol{r}_2}{m_1+m_2}$$

我们现在建立质心坐标系 x'、y'、z'，使它的原点处于质心。新旧坐标系原点之间的位移是 $\boldsymbol{R}$。在质心坐标系，两个质点

的坐标是

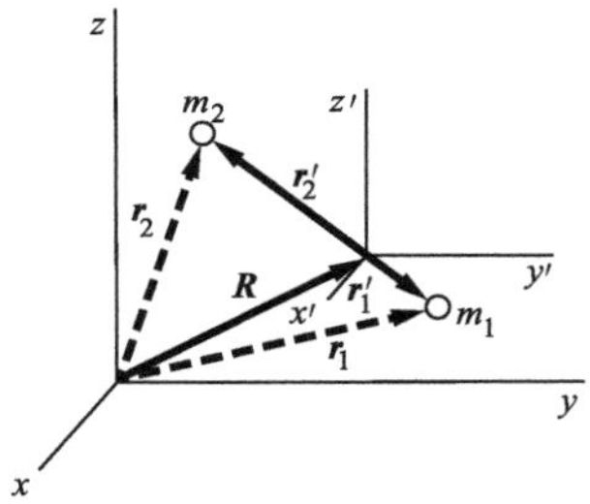

$$\boldsymbol{r}'_1=\boldsymbol{r}_1-\boldsymbol{R}$$

$$\boldsymbol{r}'_2=\boldsymbol{r}_2-\boldsymbol{R}$$

质心坐标系对孤立的两体系统来说是最自然的坐标系。这样的系统不受外力，所以质心的运动并不重要——它只是匀速运动。另外，根据质心的定义，$m_1\boldsymbol{r}'_1+m_2\boldsymbol{r}'_2=0$，如果一个质点的运动是已知的，另一个质点的运动可直接得到。这里给出两个例子。

例 4.6 外行星

很多世纪以来，人们一直想知道在其他星球上是否有生命存在。在我们太阳系的其他行星和月球上寻找生命是一个活跃的探索领域，并且已经扩展到其他的恒星，以便发现绕它们旋转的行星上是否有维持生命的环境。不属于我们太阳系的行星称作外行星（exoplanet，希腊语 exo 的意思是“在……之外”）。在几个适合的情形中，望远镜已经发现了绕附近一颗恒星旋转的行星，但是对于遥远的恒星，又小又暗的行星在恒星耀眼的光辉中是发现不了的。这个例子表明，外行星可以用质心的概念来探测。

牛顿首次计算了在引力作用下两个物体的运动。在第 10 章我们将证明，受引力约束的两个物体的运动满足，连接它们的矢量描绘出一个椭圆，焦点位于质心[㊀]。考虑质量 m 的单一行星绕质量 M 的恒星运动。令 $\boldsymbol{r}_\mathrm{p}$ 和 $\boldsymbol{r}_\mathrm{s}$ 分别是行星和恒星的位置矢量。使原点在质心，则

$$m\boldsymbol{r}_\mathrm{p}+M\boldsymbol{r}_\mathrm{s}=0$$

从而有

$$\boldsymbol{r}_\mathrm{s}=-\left(\frac{m}{M}\right)\boldsymbol{r}_\mathrm{p} \tag{1}$$

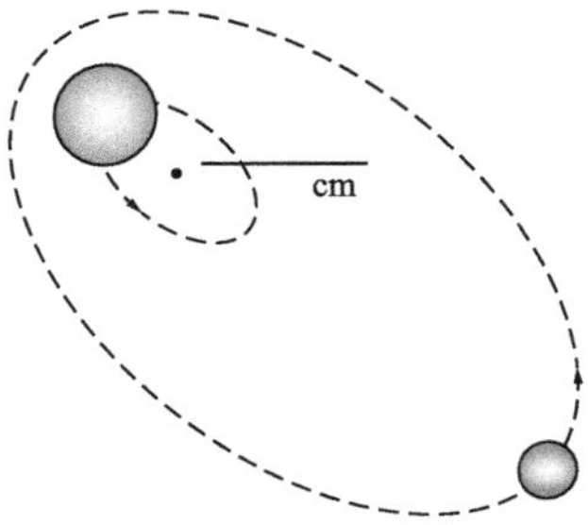

当行星绕着恒星回转时，方程 (1) 表明恒星的中心也在一个轨道上运动，但却是更小的一个，因为 $m\ll M$，如示意图所示。当恒星和行星在轨道运动时，它们的连线总是穿过质心。在轨道侧向观察，在行星转过的一个半圈中，恒星开始朝向观察者前进，在另一个半圈恒星是退后的。

㊀ 行星相对恒星的运动轨道是椭圆，恒星位于焦点；恒星和行星绕它们的质心运动的轨道也是椭圆，椭圆的离心率相同，半长轴与质量成反比，质心是共同的焦点。——译者注

另一个关系式来自动力学的考虑。地球的轨道非常接近于圆，只略微有点椭，这对生命来说可能是一个好的情形，这样的行星温度不会变化太大。极长椭圆形的轨道会导致大的温度涨落，而水会在冰冻和沸腾之间交替。

假设一个圆形轨道，角速度$\dot{\theta}$是常量，

$$mr_{\mathrm{p}}\dot{\theta}^2=\frac{GmM}{(r_{\mathrm{p}}+r_{\mathrm{s}})^2}$$

$$r_{\mathrm{p}}\dot{\theta}^2\approx\frac{GM}{r_{\mathrm{p}}^2}$$

$$\dot{\theta}=\sqrt{\frac{GM}{r_{\mathrm{p}}^3}} \tag{2}$$

积分可得

$$\theta=\sqrt{\frac{GM}{r_{\mathrm{p}}^3}}\,t$$

当 θ 从 0 变到 2π，行星在轨道上转动一周，所以转动一周所用的时间 T（行星的“年”）是

$$T=2\pi\sqrt{\frac{r_{\mathrm{p}}^3}{GM}}$$

巧合的是，这是 17 世纪天文学家开普勒行星运动定律之一的一个特例，这个定律是“年”的平方正比于轨道半径的立方。在第 10 章我们会推导一般的情形。这个定律的一个结论是，绕恒星转动较近的行星比远处的周期要短。

即使在 18 世纪后期可以利用大型望远镜，天文学家仍一直试着通过观察恒星的“摇摆”以探测外行星。虽然摇摆通常非常小，不能直接探测，但许多外行星还是通过摇摆对恒星光谱的效应而被发现。

开普勒空间卫星望远镜利用一项不同但相关的技术已经探测到几百个外行星。从地球上观测，如果行星的轨道是接近侧向的，摇摆的恒星将周期性地朝着地球前后移动。这个运动的速度可以用恒星光谱的多普勒移动而被探测到，警用或棒球雷达枪基于同样的原理。（在第 12 章我们会讨论多普勒移动。）对于侧向的情形，方程（2）给出恒星中心速度的变化如下：

$$r_s\dot{\theta}=\pm\sqrt{\frac{GMr_s^2}{r_p^3}}=\pm\sqrt{\frac{Gm^2}{Mr_p}}$$

最后一步利用了方程（1）。对于地-日系统，这个结果是±0.09 m/s。采用灵敏度为几米每秒的方法，在远离太阳系的地方是不容易探测到我们的地球的，但是对于像木星或土星那样大的行星就可以。中等质量的行星，若距离恒星比较近，是可以探测到的，但是据我们所知，它可能太热而不能维系生命。

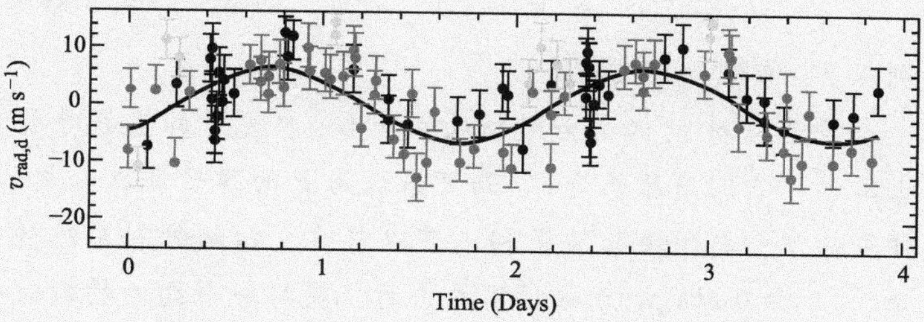

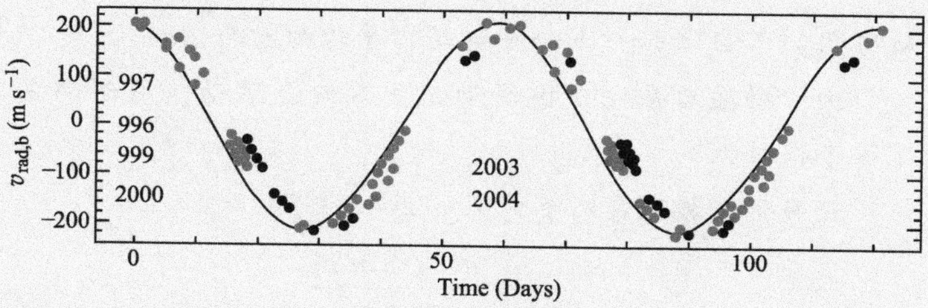

外行星 Gliese 876d（上图）的周期是 1.9 地球日，Gliese 876b（下图）的周期是 61 天。图片取自 NSF 出版社发布的 05-097（2005），这些数据基于 Eugenio Rivera et al.，The Astrophysical J. **634**（1）：625-640（2005）。

图中显示了对两个不同的外行星所测量的径向速度，两者绕同一颗恒星“Gliese 876”转动，径向速度来自对多普勒移动的分析，恒星距离地球 15.3 光年$=1.4\times10^{17}$ m。上图对应靠近恒星的外行星“d”；可以看出，这颗行星的一“年”只有几天，它引起的摇摆对恒星所产生的径向速度变化只有几米每秒。下图对应远离恒星的外行星“b”。它比外行星“d”有更长的“年”，由于质量更大，也引起了更大的摇摆。

我们想知道外行星的质量和轨道半径，以便了解它是否适合维持生命。我们有三个未知量 m、M 和 r_p（或 r_s），但是，根据多普勒移动随着时间的变化只能得到两个测量值：多普勒移动速度和周期 T。

利用基于颜色和亮度的恒星模型，可以估算我们需要的第三个量：恒星质量 M。

这个方法的一个弱点是，对质量较小的行星，例如地球，灵敏度不够。另一个弱点是，对生命可能的不同形式了解得不全面。即便在地球上，生命也有意想不到的存在形式。例如，管虫生活在无光的热排气孔附近，借助细菌的帮助，靠来自风口的化学物质维持生命。天体生物学可以拓展我们对外行星上可能存在的生命的了解。

例 4.7 你推－我拉游戏

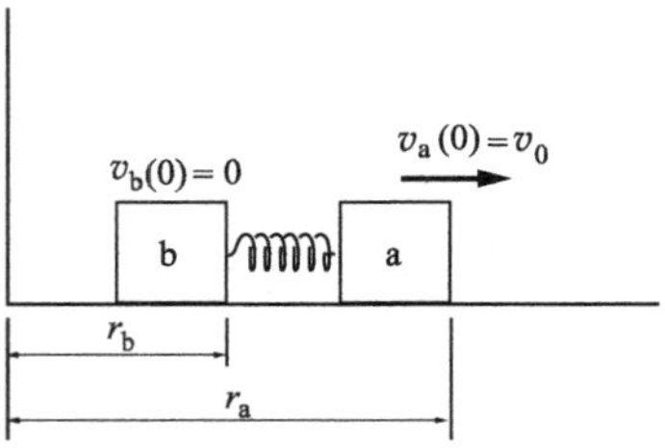

质量为 m 的两个全同物块 a 和 b，在光滑的直线导轨上滑动。它们用原长为 l、劲度系数为 k 的弹簧连在一起；弹簧的质量与物块的质量相比可以忽略。初始时刻系统静止。在 $t=0$ 时，物块 a 被用力击打，获得一个向右的瞬时速度 v_0。确定每个物块此后的速度。（如果有直线气垫导轨可用，亲自试验一下——运动出乎你的意料。）

由于碰撞后系统自由滑动，质心匀速运动，因而确定了一个惯性系。

让我们变换到质心参考系。质心位于

$$R=\frac{m r_a+m r_b}{m+m}$$

$$=\frac{1}{2}(r_a+r_b)$$

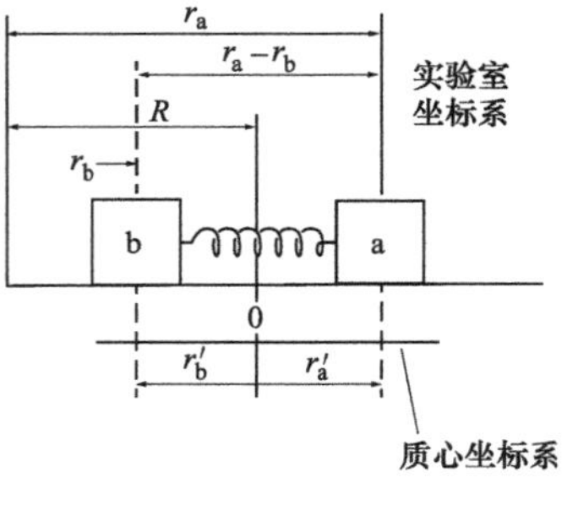

R 总是位于 a 和 b 的中点，这在意料之中。物块 a 和 b 在质心坐标系的坐标是

$$r'_a=r_a-R$$

$$=\frac{1}{2}(r_a-r_b)$$

$$r'_b=r_b-R$$

$$=-\frac{1}{2}(r_a-r_b)=-r'_a$$

图中显示了这些坐标。

弹簧的瞬时长度是 $r_a-r_b=r'_a-r'_b$。弹簧对平衡长度 l 的瞬时偏离是 $r_a-r_b-l=r'_a-r'_b-l$。质心系中的运动方程是

$$m\ddot{r}'_{\rm a}=-k(r'_{\rm a}-r'_{\rm b}-l)$$

$$m\ddot{r}'_{\rm b}=+k(r'_{\rm a}-r'_{\rm b}-l)$$

这些方程的形式提醒我们把两者相减，得到

$$m(\ddot{r}'_{\rm a}-\ddot{r}'_{\rm b})=-2k(r'_{\rm a}-r'_{\rm b}-l)$$

很自然地把对平衡长度的偏离作为一个变量。令$u=r'_{\rm a}-r'_b-l$，我们有

$$m\ddot{u}+2ku=0$$

这是我们在第 3 章讨论的简谐运动方程。通解是

$$u=A\sin\omega t+B\cos\omega t$$

这里，$\omega=\sqrt{2k/m}$。由于弹簧在 $t=0$ 时刻无伸长，$u(0)=0$，这要求 $B=0$。则 $u=A\sin\omega t$，而$\dot{u}=A\omega\cos\omega t$。在 $t=0$ 时刻，

$$\dot{u}(0)=A\omega\cos(0)$$

由于$u=r'_{\rm a}-r'_{\rm b}-l=r_{\rm a}-r_{\rm b}-l$，

$$\dot{u}(0)=v_{\rm a}(0)-v_{\rm b}(0)=v_0$$

从而

$$A=v_0/\omega$$

因此，

$$u=(v_0/\omega)\sin\omega t$$

$$\dot{u}=v_0\cos\omega t$$

由于$v'_{\rm a}-v'_{\rm b}=\dot{u}$，$v'_{\rm a}=-v'_{\rm b}$，我们有

$$v'_{\rm a}=-v'_{\rm b}=\frac{1}{2}v_0\cos\omega t$$

实验室中的速度：

$$v_{\rm a}=\dot{R}+v'_{\rm a}$$

$$v_{\rm b}=\dot{R}+v'_{\rm b}$$

由于$\dot{R}$是常量，它总是等于初始值：

$$\dot{R}=\frac{1}{2}[v_{\rm a}(0)+v_{\rm b}(0)]=\frac{1}{2}v_0$$

把这些结果合在一起，得到

$$v_a = \frac{v_0}{2}(1+\cos\omega t)$$

$$v_b = \frac{v_0}{2}(1-\cos\omega t)$$

平均而言，物块都向右运动，但是它们交替地达到静止，很像你推-我拉游戏的风格。

4.5 动量守恒

在 4.2 节我们建立了系统所受合外力 $\boldsymbol{F}$ 与系统总动量 $\boldsymbol{P}$ 的关系：

$$\boldsymbol{F} = \frac{d\boldsymbol{P}}{dt}$$

考虑把它应用到一个孤立系统。在这种情形下，$\boldsymbol{F}=\boldsymbol{0}$，$d\boldsymbol{P}/dt=0$。不管系统组分之间的相互作用有多强，运动有多复杂，孤立系统的总动量是常量。这就是**动量守恒定律**。我们将要看到，这个表面上简单的定律能使我们深入洞察复杂的系统。

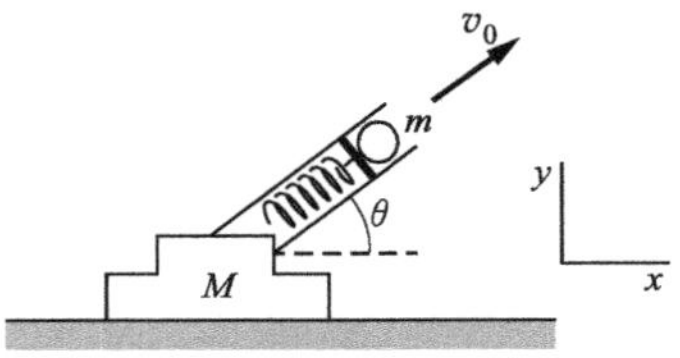

例 4.8 弹簧枪反冲

装有弹簧的枪在开始时静止在无摩擦的水平面，以仰角 θ 发射一个石弹。枪的质量是 M，石弹的质量是 m，石弹的出膛速度（相对于枪口，石弹被弹出的速率）是 v_0。最终，枪如何运动？

取枪和石弹为物理系统。重力和桌子的法向力作用在系统上。这些外力都是竖直的。因为没有水平外力，矢量方程 $\boldsymbol{F}=d\boldsymbol{P}/dt$ 的 x 分量是

$$0 = \frac{dP_x}{dt} \tag{1}$$

根据方程 (1)，P_x 是守恒的：

$$P_{x,开始} = P_{x,结束} \tag{2}$$

令开始的时间先于发射时间。因为系统开始时是静止的，$P_{x,开始}=0$。石弹离开枪口后，枪向左以某一速率 V_f 反冲，它最后的水平动量是 $-MV_f$。

然而，确定石弹的最后速度有一点很微妙。物理上，石弹的加速度来自枪的作用力，而枪的反冲源于石弹的反作用力。一旦石弹离开枪管，枪停止加速，所以在石弹和枪分离的瞬间，枪有最终的速率$-V_f$。在那同一瞬间，石弹相对枪的速率是v_0。因此，石弹相对桌子的最终水平速率是$v_0\cos\theta-V_f$。由水平动量守恒，我们有

$$0=m(v_0\cos\theta-V_f)-MV_f$$

或者

$$V_f=\frac{mv_0\cos\theta}{M+m}$$

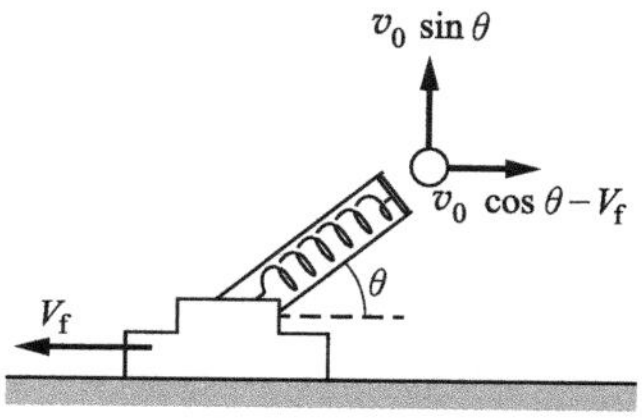

动量守恒定律直接来自牛顿第三定律，所以动量守恒似乎是牛顿力学的一个自然结果。然而，动量守恒在量子力学和相对论领域依然成立，而牛顿力学在这里是不适用的。动量守恒也可以推广应用到光，因为光可以认为是称作光子的粒子流，光子无质量但是具有动量。由于这些原因，通常认为动量守恒定律比牛顿力学定律更基本。按照这个观点，牛顿第三定律是相互作用质点的动量守恒的一个简单结果。就我们现在的目标来说，把牛顿第三定律还是动量守恒定律哪一个看作更基本的，纯属个人的品味。

4.6 动量关系再述和冲量

力和动量的关系是

$$\boldsymbol{F}=\frac{d\boldsymbol{P}}{dt} \tag{4.6}$$

一般情况下，可以用导数表示的物理定律也可以写成积分形式。力-动量关系式的积分形式是

$$\int_0^t \boldsymbol{F}\,dt=\boldsymbol{P}(t)-\boldsymbol{P}(0) \tag{4.7}$$

系统动量的变化可以由力对时间的积分给出。方程（4.7）与方程（4.6）一样，基本包含了同样的物理信息，但是却给出了一种看待力的效果的新方式：动量的变化是力的时间积分。为了在时间间隔 t 产生给定的动量变化，只要求积分 $\int_0^t \boldsymbol{F}\,dt$ 有适当的值；我们可以用小的力作用大部分时间，或者大的

力只作用时间间隔的一部分。

积分 $\int_0^t \boldsymbol{F}\mathrm{d}t$ 称作冲量。冲量一词使我们想起短暂而剧烈的冲击，就像在例 4.7 那样，打击静止的物体使它获得速度 v_0。然而冲量的物理定义也可以应用于作用了很长时间的弱力。动量的变化只依赖于 $\int \boldsymbol{F}\mathrm{d}t$，与力随时间变化的细节无关。

这里的三个例子涉及冲量和动量。

例 4.9　测量子弹的速率

面对测量子弹速率的问题，我们首先想到的可能是求助于大量高科技设备——快速光电探测器、奇特的电子产品，等等。在这个例子中，我们证明，借助动量守恒，一个简单的力学系统就可以测量。

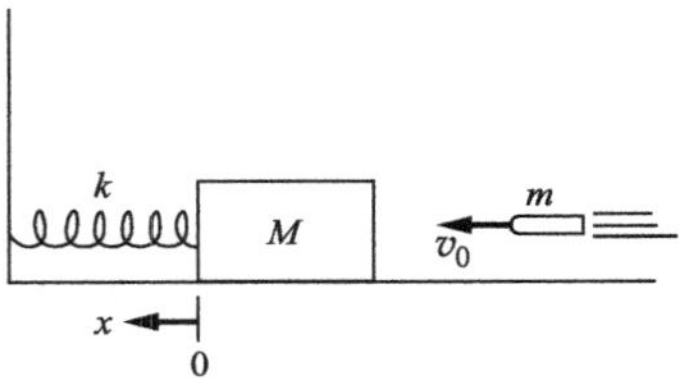

我们取一个简化的模型以强调基本原理。考虑无摩擦水平面上的一个软木块。一个劲度系数为 k、原长为 l 的压缩弹簧把木块连到墙上。木块的质量是 M，弹簧的质量可以略去不计。

在 $t=0$ 时刻，枪把质量为 m、速率为 v_0 的子弹射进木块，由于子弹的冲量，木块以初速 V_i 向后运动。我们的系统是子弹和木块，在碰后非常短的时间应用动量守恒，可得

$$m v_0=(M+m)V_i \tag{1}$$

动量守恒在这里是准确的，因为在非常短的碰撞时间，弹簧的水平力几乎没有作用。然而，在接下来的时间，弹力有大量时间起作用——它使系统立刻静止。测量系统运动多远就可以告诉我们子弹的速率。

初始的冲量过后，系统的运动方程是

$$(M+m)\ddot{x}=-kx$$

由于我们选取弹簧未压缩时为坐标的原点，运动方程中并未出现弹簧的长度。可以看出，方程表示的是简谐运动，有通解：

$$x=A\sin\omega t+B\cos\omega t \tag{2}$$

式中，

$$\omega=\sqrt{\frac{k}{M+m}}$$

在方程（2）中利用初始条件 $x(0)=0$，$\dot{x}(0)=V_{\mathrm{i}}$ 可确定 $A=V_{\mathrm{i}}/\omega$ 和 $B=0$。系统的位置和速度就是

$$x=\frac{V_{\mathrm{i}}}{\omega}\sin\omega t \tag{3}$$

$$\dot{x}=V_{\mathrm{i}}\cos\omega t$$

系统在 $t=t_{\mathrm{f}}$ 时首次达到静止，这里 $\omega t_{\mathrm{f}}=\pi/2$。利用方程（1）、（2）和（3），有

$$x(t_{\mathrm{f}})=\frac{V_{\mathrm{i}}}{\omega}$$

$$=\frac{mv_0}{\sqrt{k(M+m)}}$$

则

$$v_0=\frac{\sqrt{k(M+m)}}{m}x(t_{\mathrm{f}})$$

例 4.10　橡皮球反弹

质量为 0.2 kg 的橡皮球落向地板。球以 8 m/s 的速率击地，以近似同样的速率反弹。高速摄影显示球与地板接触的时间是 $\Delta t=10^{-3}$ s。关于地板对球的作用力，我们能说点什么呢？

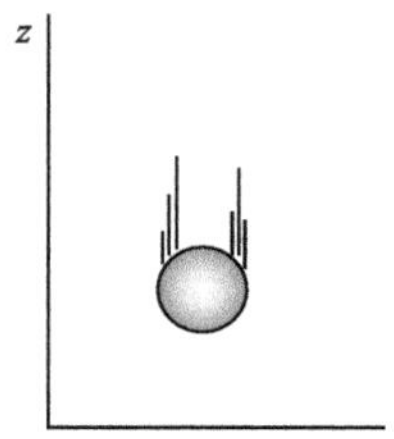

球碰地板前的动量是 $\boldsymbol{P}_a=-1.6\hat{\boldsymbol{k}}$ kg·m/s，10^{-3} s 后它的动量是 $\boldsymbol{P}_a=+1.6\hat{\boldsymbol{k}}$ kg·m/s。利用 $\int_{t_a}^{t_b}\boldsymbol{F}\mathrm{d}t=\boldsymbol{P}_b-\boldsymbol{P}_a$，得到 $\int_{t_a}^{t_b}\boldsymbol{F}\mathrm{d}t=[1.6\hat{\boldsymbol{k}}-(-1.6\hat{\boldsymbol{k}})]$ kg·m/s$=3.2\hat{\boldsymbol{k}}$ kg·m/s。

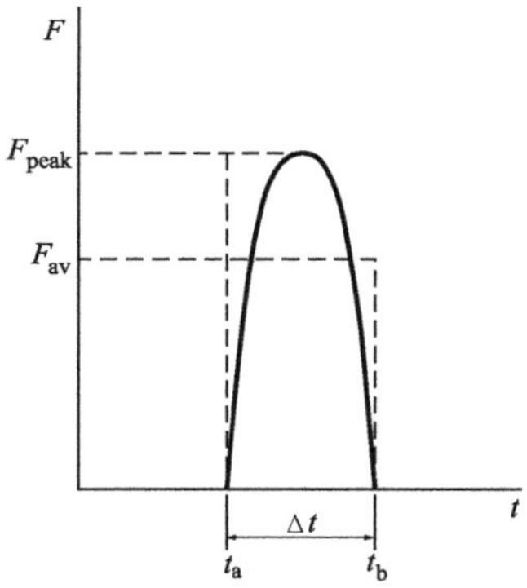

虽然 $\boldsymbol{F}$ 随时间的精确变化是未知的，但很容易确定平均力。如果碰撞时间是 $\Delta t=t_b-t_a$，在碰撞中起作用的平均力是

$$\boldsymbol{F}_{\mathrm{av}}\Delta t=\int_{t_a}^{t_a+\Delta t}\boldsymbol{F}\mathrm{d}t$$

由于 $\Delta t=10^{-3}$ s，

$$\boldsymbol{F}_{\mathrm{av}}=\frac{3.2\hat{\boldsymbol{k}}\ \mathrm{kg\cdot m/s}}{10^{-3}\ \mathrm{s}}=3200\hat{\boldsymbol{k}}\ \mathrm{N}$$

不出所料，平均力指向上方。在英制单位中，3200 N≈720 lb——相当大的一个力。作用在球上的瞬时力在峰值时更大，见示意图。

如果球击中柔软的表面，碰撞时间会变长，峰值和平均力都会变小。

实际上，在我们处理橡皮球反弹时有一个缺点。我们计算冲量 $\int \boldsymbol{F}\mathrm{d}t$ 时，$\boldsymbol{F}$ 是合力。这包含了我们已经忽略的重力。更仔细地处理，可以写成

$$\begin{aligned}\boldsymbol{F} &= \boldsymbol{F}_{\text{地板}} + \boldsymbol{F}_{\text{重力}} \\ &= \boldsymbol{F}_{\text{地板}} - Mg\hat{\boldsymbol{k}}\end{aligned}$$

冲量方程就变为

$$\int_0^{10^{-3}} \boldsymbol{F}_{\text{地板}}\,\mathrm{d}t - \int_0^{10^{-3}} \mathrm{Mg}\,\hat{\boldsymbol{k}}\,\mathrm{d}t = 3.2\hat{\boldsymbol{k}}\ \mathrm{kg\cdot m/s}$$

重力引起的冲量是

$$\begin{aligned}-\int_0^{10^{-3}} Mg\hat{\boldsymbol{k}}\,\mathrm{d}t &= -\mathrm{Mg}\hat{\boldsymbol{k}}\int_0^{10^{-3}}\mathrm{d}t \\ &= -(0.2)(9.8)(10^{-3})\hat{\boldsymbol{k}}\ \mathrm{kg\cdot m/s} \\ &= -1.96\times 10^{-3}\hat{\boldsymbol{k}}\ \mathrm{kg\cdot m/s}\end{aligned}$$

这不到总冲量的 1‰，略去它所引起的偏差很小。时间较长时，重力可以使球的动量产生大的改变（例如，球下落时会获得速度）。然而，在很短的接触时间里，与地板施加的巨大作用力相比，重力贡献的动量变化很小。短时间碰撞过程中，接触力通常会很大，我们可以忽略其他中等强度的作用力所产生的冲量，比如重力或摩擦力。

橡皮球反弹的例子表明，即使初态和末态速度相同，为什么快的碰撞比慢的碰撞更猛烈。这也是锤子产生的力远大于木匠自己的力的原因；硬钢锤头反弹的时间比挥动锤子的时间短，操纵锤子的力就被相应地放大了。反之，把钉子打进高的篱笆桩中是很难的，因为薄的桩会回弹，增大了碰撞时间，因而减小了锤子的力度。

避免身体在事故中受伤的许多设备都基于延长碰撞时间，这也是自行车头盔和汽车安全气囊的设计基础。下面的例子表明，即使在相对柔和的碰撞中，就像你跳到地面上，会发生什么。

例 4.11 如何避免脚踝骨折

包括人在内的动物，在跑或跳时，都会本能地屈体以减小与地面的冲击力。考虑人用刚性的腿与地面撞击会发生什么事情。

假定质量为 M 的人从高度 h 处跳到地面，在与地面的碰撞过程中，质心向下移动的距离为 s。碰撞的平均力是

$$F=\frac{Mv_0}{\Delta t} \tag{1}$$

这里，Δt 是碰撞时间，v_0 是人撞击地面的速度。作为一个合理近似，我们取冲击力产生的加速度为常量，从而人均匀地到达静止状态。在这种情形下，碰撞时间满足 $v_0=2s/\Delta t$，或者

$$\Delta t=\frac{2s}{v_0}$$

将其代入方程（1），得到

$$F=\frac{Mv_0^2}{2s} \tag{2}$$

在重力作用下身体自由下落高度 h，则 $v_0^2=2gh$。将其代入方程（2），得到

$$F=Mg\ \frac{h}{s}$$

如果人在竖直方向刚性地撞击地面，他的质心在碰撞过程中不会移动。假设质心向下只移动 1 cm。如果人从 2 m 的高度跳下，力是体重的 200 倍！如果这个人的质量是 90 kg（≈200 lb），作用在人上的力是

$$F=90\ \text{kg}\times 9.8\ \text{m/s}^2\times 200=1.8\times 10^5\ \text{N}$$

骨头最容易在哪里断裂呢？由于通过人身体的水平面之上的质量随高度而减小，力在脚部最大。因而脚踝会断裂，而不是脖子。如果在每个脚踝部位骨骼的接触面积是 5 cm^2，单位面积的力就是

$$\frac{F}{A}=\frac{1.8\times 10^5\ \text{N}}{10\ \text{cm}^2}=1.8\times 10^4\ \text{N/cm}^2$$

这近似是人体骨骼的抗压强度，所以很大的可能是脚踝会断裂。

当然，没人会那么鲁莽地硬跳。当我们跳下，要撞击地面时，我们会本能地屈体来缓和冲击，极端情形下会瘫在地上。如果在碰撞中质心下降 50 cm，而不是 1 cm，力只是体重的 4 倍，就没有断裂的危险了。

4.7 动量和质量流

分析有质量流（系统与外界有质量的流入或流出）的系统所受的作用力时，若盲目地应用牛顿定律会让你晕头转向。火箭是这类系统中最引人注目的例子，当然了，日常生活中还有许多其他问题可以同样处理——比如，计算消防软管所受的反作用力的问题。

只要我们心里清楚系统中到底都包含了什么，处理这类问题并没有本质的困难。回想一下，$\mathbf{F}=d\mathbf{P}/dt$ 是针对由确定的质点组成的系统建立的。当我们采用这个方程的积分形式时，

$$\int_{t_a}^{t_b}\mathbf{F}\,dt=\mathbf{P}(t_b)-\mathbf{P}(t_a)$$

在t_a到t_b的时间积分过程中，必须始终处理同样的一组质点；我们必须追踪原来就在系统中的所有质点。因此，积分形式只能正确地应用到在所感兴趣的时间段内质量不变的系统。

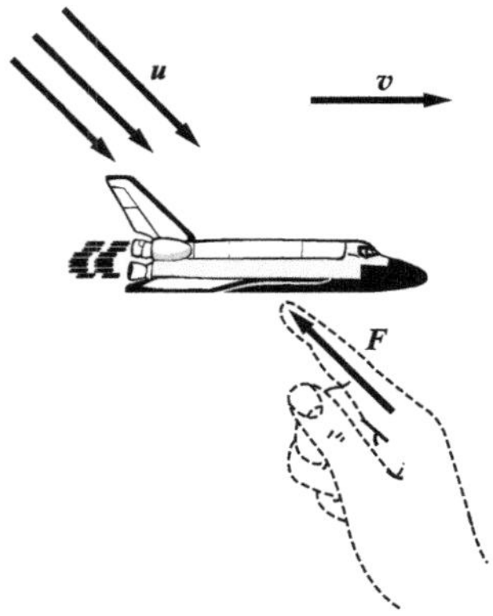

例 4.12 质量流和动量

一架航天飞机在太空中以匀速v 运动。航天飞机遭遇了尘埃粒子流，它们以比率 dm/dt 沉积在外壳上。尘埃在撞击前的速度是 $\mathbf{u}$。

在时间 t，航天飞机的总质量是 $M(t)$。问题是确定保持航天飞机匀速运动所需的外力 $\mathbf{F}$。（实际中，$\mathbf{F}$ 最可能来自于航天飞机自己的火箭发动机。在 4.8 节我们讨论火箭运动之前，先简单地设想力 $\mathbf{F}$ 的来源完全是外在的——一只“看不见的手”。）

让我们关注 t 到 $t+\Delta t$ 之间的一个短时间间隔。图中显示了在间隔开始和结束时的系统。系统由 $M(t)$ 和 Δt 期间加到飞机上的质量增量 Δm 组成。初始动量是

$$\boldsymbol{P}(t)=M(t)\boldsymbol{v}+(\Delta m)\boldsymbol{u}$$

末态动量是

$$\boldsymbol{P}(t+\Delta t)=M(t)\boldsymbol{v}+(\Delta m)\boldsymbol{v}$$

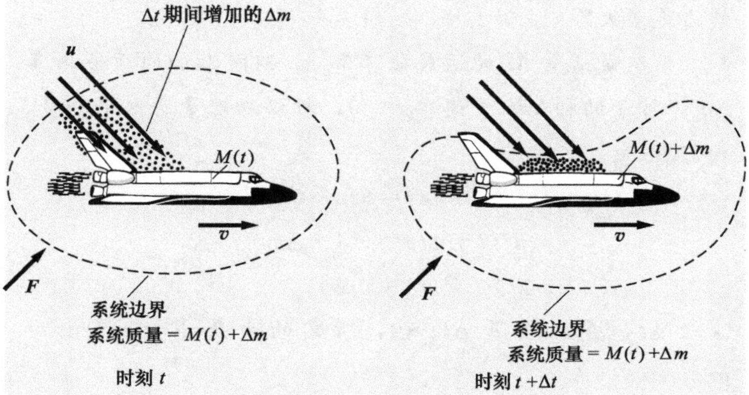

动量的变化是

$$\Delta\boldsymbol{P}=\boldsymbol{P}(t+\Delta t)-\boldsymbol{P}(t)=(\boldsymbol{v}-\boldsymbol{u})\Delta m$$

动量的变化率近似是

$$\frac{\Delta\boldsymbol{P}}{\Delta t}=(\boldsymbol{v}-\boldsymbol{u})\frac{\Delta m}{\Delta t}$$

在 $\Delta t\to 0$ 极限下，结果是精确的：

$$\frac{\mathrm{d}\boldsymbol{P}}{\mathrm{d}t}=(\boldsymbol{v}-\boldsymbol{u})\frac{\mathrm{d}m}{\mathrm{d}t}$$

由于 $\boldsymbol{F}=\mathrm{d}\boldsymbol{P}/\mathrm{d}t$，所需的外力是

$$\boldsymbol{F}=(\boldsymbol{v}-\boldsymbol{u})\frac{\mathrm{d}m}{\mathrm{d}t}$$

注意：$\boldsymbol{F}$ 可正可负，依赖于质量流的方向。如果 $\boldsymbol{u}=\boldsymbol{v}$，系统的动量是常量，$\boldsymbol{F}=0$。

隔离系统、关注微分和取极限的步骤似乎有点形式化，但这有助于在一个容易引起混乱的题目中避免错误。例如，一个常见的错误是，论证 $\boldsymbol{F}=(\mathrm{d}/\mathrm{d}t)(m\boldsymbol{v})=m(\mathrm{d}\boldsymbol{v}/\mathrm{d}t)+\boldsymbol{v}(\mathrm{d}m/\mathrm{d}t)$。在上一个例子中，这会导致不正确的结果 $\boldsymbol{F}=\boldsymbol{v}(\mathrm{d}m/\mathrm{d}t)$，而不是 $(\boldsymbol{v}-\boldsymbol{u})(\mathrm{d}m/\mathrm{d}t)$。错误的原因就是，单个质点的动量表达式 $\boldsymbol{p}=m\boldsymbol{v}$ 不能盲目地应用于多质点的系

统。例 4.12 中所用的求极限的步骤正确地反映了物理情形。

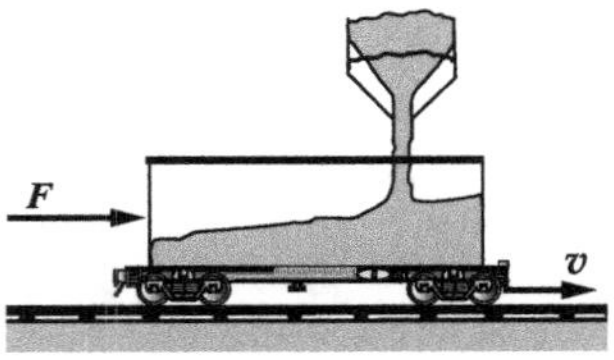

例 4.13 货车和料斗

沙子从一个静止的料斗落入一辆以匀速 v 运动的货车中。沙子以比率 $\mathrm{d}m/\mathrm{d}t$ 下落。保持货车以速率 v 运动所需的力是多大?

系统是质量 M 的运载货车和 Δt 期间添加的质量增量 Δm。沙子的初始水平速率 $v=0$，所以取动量的水平分量，我们有

$$P(t)=Mv+0$$
$$P(t+\Delta t)=(M+\Delta m)v$$
$$P(t+\Delta t)-P(t)=v\Delta m$$

除以 Δt，并取极限 $\Delta t\to 0$，所需的力是 $F=\mathrm{d}P/\mathrm{d}t=v\mathrm{d}m/\mathrm{d}t$。

例 4.14 有漏洞的货车

现在考虑与例 4.13 有关的一种情形。货车以比率 $\mathrm{d}m/\mathrm{d}t$ 泄漏沙子。保持货车以速率 v 运动所需的力有多大?

这里质量是减少的。然而，刚离开货车的沙子速度与它的初速相同，它的动量并没有变化，

$$P(t)=(M+\Delta m)v$$
$$P(t+\Delta t)=Mv+v\Delta m$$

由于 $\mathrm{d}P/\mathrm{d}t=0$，力是不需要的。

4.8 火箭运动

集中于动量这个概念，就很容易理解火箭运动的原理。在时间间隔 Δt，发动机施加一个作用力，加速一部分燃料 Δm，以喷气速度 $\boldsymbol{u}$ 从火箭中排出。根据牛顿第三定律，有一个等值反向的力作用在火箭上，沿相反的方向推动火箭。另一种看待这个的方式是被排出的质量和火箭的质心以匀速运动。因此，如果 Δm 被向后加速，火箭必须被向前加速。

假设火箭在外太空滑行，发动机关闭，外力可略去不计。令火箭的质量是 $M+\Delta m$，并以速度 v 相对我们的坐标系滑

行。在 t 时刻，推进器发动机点火，在时间间隔 Δt 排出质量 Δm。在 $t+\Delta t$ 时刻火箭的速度$v+\Delta v$ 是多少？

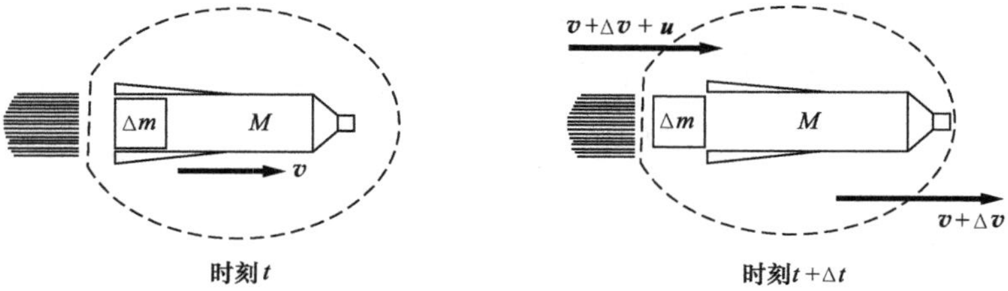

当质量 Δm 以相对火箭的速度 $\boldsymbol{u}$ 被排出时，比较在初始时间 t 和稍后的时间 $t+\Delta t$ 的动量，我们有

$$\boldsymbol{P}(t)=(M+\Delta m)v$$

$$\boldsymbol{P}(t+\Delta t)=M(v+\Delta v)+\Delta m(v+\Delta v+\boldsymbol{u})$$

$$\Delta \boldsymbol{P}=M\Delta v+\Delta m(\Delta v+\boldsymbol{u})$$

因此系统的动量变化率是

$$\frac{\mathrm{d}\boldsymbol{P}}{\mathrm{d}t}=\lim_{\Delta t\to 0}\left(M\frac{\Delta v}{\Delta t}+\frac{\Delta m}{\Delta t}(\Delta v+\boldsymbol{u})\right)$$

$$=M\frac{\mathrm{d}v}{\mathrm{d}t}+\boldsymbol{u}\frac{\mathrm{d}m}{\mathrm{d}t}$$

$$=M\frac{\mathrm{d}v}{\mathrm{d}t}-\boldsymbol{u}\frac{\mathrm{d}M}{\mathrm{d}t}$$

在最后一个方程中我们利用了恒等式 $\mathrm{d}m/\mathrm{d}t=-\mathrm{d}M/\mathrm{d}t$，因为排出的质量减少了火箭的总质量。因此，在自由空间火箭的运动方程是

$$M\frac{\mathrm{d}v}{\mathrm{d}t}-\boldsymbol{u}\frac{\mathrm{d}M}{\mathrm{d}t}=0$$

如果外力 $\boldsymbol{F}$，比如引力，作用在系统上，一般的火箭运动方程变为

$$\boldsymbol{F}=M\frac{\mathrm{d}v}{\mathrm{d}t}-\boldsymbol{u}\frac{\mathrm{d}M}{\mathrm{d}t}$$

例 4.15 质心和火箭方程

在本例题中，我们利用质心推导火箭方程。质量m_1和m_2的两个物体的质心速度 $\dot{\boldsymbol{R}}$ 的一般表达式是

$$\dot{\boldsymbol{R}}=\frac{m_1\dot{\boldsymbol{r}}_1+m_2\dot{\boldsymbol{r}}_2}{(m_1+m_2)}$$

如果没有外力作用在系统上，$\ddot{\boldsymbol{R}}=0$，所以质心匀速运动。在随火箭一起运动的惯性系中，$\dot{\boldsymbol{R}}=0$。

利用我们先前推导（例 4.14）中同样的标记：

$$\dot{\boldsymbol{R}}=\frac{M\Delta v+\Delta m(\boldsymbol{u}+\Delta v)}{M+\Delta m}=0$$

因此，

$$M\Delta v+\Delta m(\boldsymbol{u}+\Delta v)=0$$

除以 Δt，并取极限 $\Delta t\to 0$，则

$$M\frac{\mathrm{d}v}{\mathrm{d}t}+\boldsymbol{u}\frac{\mathrm{d}m}{\mathrm{d}t}=0$$

二阶小量 $\Delta m\Delta v$ 在极限中没有贡献。利用恒等式 $\mathrm{d}m/\mathrm{d}t=-\mathrm{d}M/\mathrm{d}t$，可得

$$M\frac{\mathrm{d}v}{\mathrm{d}t}-\boldsymbol{u}\frac{\mathrm{d}M}{\mathrm{d}t}=0$$

与前面一样。

我们对火箭运动的处理展示了分析物理问题的一个强有力的手段。试着考虑 Δm 和火箭主体分离时加速度的细节就很容易造成混乱。取极限时这些细节会消失；它们的效应实际上包含在最终的运动方程中。正确的运动方程来自取极限且只包含非零的“一阶”项。一阶之外的项，例如 $\Delta m\Delta v$，在取极限 $\Delta t\to 0$ 时会消失。

这里是三个火箭运动的例子。

例 4.16 自由空间的火箭

如果没有外力作用在火箭上，$\boldsymbol{F}=0$，火箭运动满足

$$M\frac{\mathrm{d}v}{\mathrm{d}t}=\boldsymbol{u}\frac{\mathrm{d}M}{\mathrm{d}t}$$

或者

$$\frac{\mathrm{d}v}{\mathrm{d}t}=\frac{\boldsymbol{u}}{M}\frac{\mathrm{d}M}{\mathrm{d}t}$$

检查一下符号——这总是有用的——我们希望火箭在加速（$\mathrm{d}v/\mathrm{d}t>0$）而它的质量在减少（$\mathrm{d}M/\mathrm{d}t<0$）。为了使上一个方程的两边为正，$\boldsymbol{u}<0$，这意味着质量要向后方排出，与我们的预期一致。

排气速度 $\boldsymbol{u}$ 通常是常量，这种情况下很容易积分运动方程：

$$\int_{t_0}^{t_f}\frac{\mathrm{d}v}{\mathrm{d}t}\mathrm{d}t=\boldsymbol{u}\int_{t_0}^{t_f}\frac{1}{M}\frac{\mathrm{d}M}{\mathrm{d}t}\mathrm{d}t$$

$$\int_{v_0}^{v_f}\mathrm{d}v=\boldsymbol{u}\int_{M_0}^{M_f}\frac{\mathrm{d}M}{M}$$

或者

$$v_f-v_0=\boldsymbol{u}\ln\frac{M_f}{M_0}=-\boldsymbol{u}\ln\frac{M_0}{M_f}$$

如果 $v_0=0$，则

$$v_f=-\boldsymbol{u}\ln\frac{M_0}{M_f}$$

末速与质量如何释放无关——燃料耗尽的快与慢都不影响 v_f。唯一重要的量是排气速度和初末质量比。

如果存在引力场，情况会很不同，下面的例子说明这一点。

例 4.17 重力场中的火箭

如果火箭在重力场 $\boldsymbol{F}=M\boldsymbol{g}$ 中起飞，火箭的运动方程变为

$$M\boldsymbol{g}=M\frac{\mathrm{d}v}{\mathrm{d}t}-\boldsymbol{u}\frac{\mathrm{d}M}{\mathrm{d}t}$$

这里，$\boldsymbol{u}$ 和 $\boldsymbol{g}$ 向下并设为常量，上式变为

$$\frac{\mathrm{d}v}{\mathrm{d}t}=\frac{\boldsymbol{u}}{M}\frac{\mathrm{d}M}{\mathrm{d}t}+\boldsymbol{g}$$

对时间积分，可得

$$v_f-v_0=\boldsymbol{u}\ln\left(\frac{M_f}{M_0}\right)+\boldsymbol{g}(t_f-t_0)$$

令 $v_0=0$ 和 $t_0=0$，速度 v 以向上为正：

$$v_f=-u\ln\left(\frac{M_f}{M_0}\right)-gt_f$$

现在，快速燃烧燃料是有利的。燃烧时间越短，末速越大。这也是为什么大型火箭起飞时如此壮观的原因——必须尽可能快地燃烧燃料。

例 4.18　土星 V 火箭

土星 V（“五”）三级火箭，是曾经建造的最强大的消耗性运载火箭之一，在六次不同的任务中使阿波罗宇航员登上月球，完成了它的目标。第一级由五个巨大的 F-1 火箭发动机（每个约 6 m 高，排放口处直径 4 m）驱动。F-1 发动机燃烧的是类似于煤油的碳氢化合物，以液态氧为助燃剂。所有这些材料都必须被火箭装载；填满燃料的土星 V 的总质量是 3.0×10^6 kg，其中 2.1×10^6 kg 是第一级的燃料。所有第一级的燃料要在 168 s 内耗尽。

重力场中的火箭方程是

$$M\frac{\mathrm{d}\boldsymbol{v}}{\mathrm{d}t}=\boldsymbol{u}\frac{\mathrm{d}M}{\mathrm{d}t}+M\boldsymbol{g} \tag{1}$$

方程（1）右边第一项称作“推力”。第二项是火箭的重力，方向竖直朝下。发射时重力是 2.9×10^7 N，当第一级烧尽它的燃料后会快速减小。第一级的五个 F-1发动机产生的总推力是 3.4×10^7 N，稍微大于初始的重力。你很容易核实，初始向上的加速度只有 0.17 g。

推力来自哪里呢？因为 $\boldsymbol{u}\Delta M$ 是在时间 Δt 内被排出气体带走的动量，推力就是被燃烧的燃料带走的动量比率。由于 $\boldsymbol{u}$ 和 ΔM 都是负的，推力是正的，与 $\boldsymbol{g}$ 相反。

燃料是火箭上宝贵的物品。为减少对于给定推力所需的燃料，排气速度必须尽可能的大。第一级 F-1 发动机的排气速度是 2600 m/s，但是第二、第三级使用了液氢和液氧，产生的排气速度是 4100 m/s。

对于第一级，估算方程（1）的右边，得到（2600 m/s)$(2.1\times10^6$ kg)/168 s$=3.4\times10^7$ N，与推力符合得很好。

火箭数据表通常并不列出排气速度，而是代之以称作“比推力”的量，即排气速度除以 g。比推力的单位是秒，因而独立于所用的 SI、CGS 和英制单位制。

4.9 动量流与力

用手抓一个球，会感受到一个反冲的力，或更准确地说，体验到一个冲量。动量和冲量的概念是比较直观的：我们经受的反冲，仅仅是为使球静止必须给它一个冲量的反作用。与这些概念密切相关但却不太直观的是动量流的概念。任何人在接受从软管喷出的水流时都知道水流能产生一个作用力。如果水流很强，就像消防软管那样，推力是相当可观的——高压水的喷射可以穿透燃烧建筑物的墙壁。

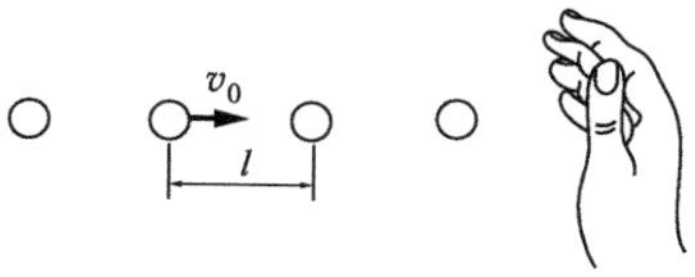

空中飞行的水柱如何产生像硬钢棍传递的力一样完全真实的力呢？力的起源可以形象化，把水流看作由一连串的均匀小液滴组成，每个液滴的质量是 m，运动速度是 v。设液滴间距为 l。假定液滴与你的手碰撞后无反弹，即末速 $v_f=0$，然后直接落地。考虑你的手对水流的作用力。液滴击中你的手时，短时间内会有一个大的作用力。虽然我们不知道瞬时作用力，但是可以确定手给每个液滴的冲量$I_{液滴}$：

$$I_{液滴}=\int_{碰撞开始}^{碰撞结束}F\,dt=\Delta p$$

$$=m(v_f-v)=-mv$$

根据牛顿第三定律，液滴对手的冲量与手对液滴的冲量等值反向：

$$I_{手}=mv$$

正号意味着手所受的冲量与液滴速度同向。冲量等于瞬时力尖峰下的面积，如图所示。

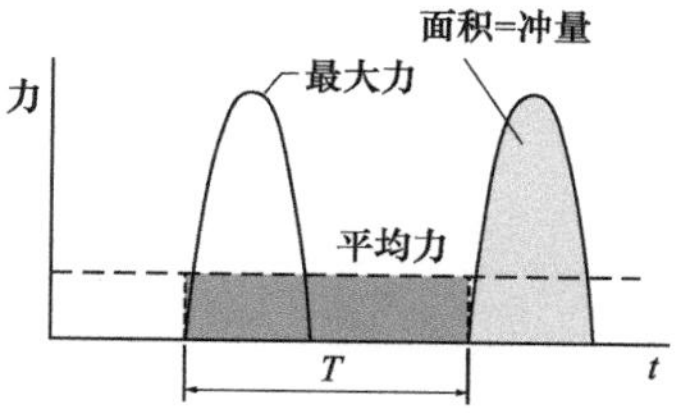

如果每秒有许多次碰撞，你就会感受到一个平均力F_{av}（图中虚线所示），而不是单个液滴的冲击力。如果碰撞的平均时间是 T，那么在时间段 T 内F_{av}下的面积就等于一个液滴所产生的冲量：

$$F_{av}T=\int_{碰撞开始}^{碰撞结束}F\,dt=mv$$

液滴之间的平均距离是 $l=vT$，所以水流作用的平均力可以写成

$$F_{av}=\frac{mv}{T}=\frac{m\,v^2}{l} \qquad (4.8)$$

水流的动量传递也是风力涡轮机叶片的受力和机翼升力的物理机制。

连续碰撞产生一个平均力的描述利用了水流的理想化模型，但是这个模型对一个相关的场景是非常准确的：原子的激光致冷。类似于水流对手的作用力，光流可以对原子施加一个作用力。这个力如此之大，原子几乎瞬间就接近静止。这个过程是制造超冷原子气的第一步，利用激光可将原子冷却到亚-μK 温区。

例 4.19 激光的原子致冷

理解激光如何使原子变慢需要几个来自量子物理的事实，这里我们只陈述，不停下来解释。

出发点是光的经典描述。根据麦克斯韦的电磁理论，光是携带能量的电磁波。光波的速率 c，波长 λ 和频率 ν 满足熟悉的波动关系式 $c=\lambda\nu$。

爱因斯坦给出了光的另一幅图像，乍一看似乎与麦克斯韦的完全不相容：光的能量被吸收时只能按分立的束或量子的形式，现在称作光子，具有类似粒子的性质。爱因斯坦论证了频率为 ν 的光子能量是 $h\nu$，这里常量 h 称作普朗克常量，数值是 $6.63\times10^{-34}\ \mathrm{kg\cdot m^2/s}$。爱因斯坦也论证了每个光子携带的动量是 $h\nu/c$，或等价的 h/λ。

如果原子气被加热或被放电激发，原子会辐射特征波长的光。它们也可以吸收这些波长的光。玻尔提出，原子的能量不能像经典物理预期的那样任意变化，而是只能处于某些态，他称作定态。如果最低的态，称作基态，具有能量 E_a，一个激发态有能量 E_b，那么一个被激发的原子可以通过产生一个光子而释放能量。能量守恒要求 $h\nu=E_b-E_a$。因而，被原子辐射的不同颜色的光反映了它们特殊的定态。

一个激发的原子通过发射一个光子快速地返回基态，这一过程称作自发辐射。这个过程类似于放射性衰变，典型的特征衰变时间 τ 是几十纳秒。为完成描述，我们还需要另一个概念，也是爱因斯坦提出的，受激辐射。处于激发态的原子会适时自发地发射一个光子，但是如果它被那个频率的光照射，发射会抢先发生。受激辐射是激光产生的基本过程。[术语“激光”(LASER)是辐射的受激发射光放大的缩写。]

在激光致冷的设备中，处于基态的大量原子通过一个小孔流入一个高真空室。被调到原子的某一谱线的激光指向小孔。激光如此之强，使得激光在比衰变时间 τ 更短的时间内引起吸收和受激辐射。在这种情形下，原子可以看作一半时间处于基态，一半时间处于激发态。

因为激光指向原子运动相反的方向，每当原子吸收一个光子，它就带着反冲动量，或者冲量 $\Delta p=h/\lambda$ 弹回。当原子发射一个光子，使它沿与发射相反的方向弹回，就又经历了一次动量反冲。然而，自发辐射是沿随机的方向发生的，其动量反冲就平均掉了。结果，原子经历了一系列的反冲后，就延缓了它的运动。时间平均的作用力是

$$F_{\text{av}}=\frac{1}{2}\frac{\Delta p}{\tau}=\frac{1}{2}\frac{h}{\lambda\tau}$$

这里，因子 1/2 考虑了原子只有一半时间处于激发态。若原子的质量是 M，那么平均加速度是

$$a_{\text{av}}=\frac{F_{\text{av}}}{M}=\frac{1}{2M}\frac{h}{\lambda\tau}$$

激光致冷的第一个实验是对钠原子流。对于钠，激发态辐射的波长是 $\lambda=589\times10^{-9}$ m，$M=3.85\times10^{-26}$ kg，$\tau=15\times10^{-9}$ s。利用 $h=6.6\times10^{-34}$ kg·m²/s，

$$a_{\text{av}}=9.7\times10^{5}\ \text{m/s}^2$$

这个加速度约是重力加速度的10^5倍！钠原子在室温的平均速度约是 560 m/s，激光致冷可以使它们在不到 1 m 的距离内基本达到静止。

4.10 动量通量

在第 4.9 节，质量为 m、速度为 v 和间距 l 的液滴流对垂直表面的平均力由方程（4.8）给出：

$$F_{\text{av}}=\frac{m}{l}v^2$$

这个表达式有一个很自然的解释。量 mv/l 是粒子流中单位长度的平均动量。若把这个量乘以 v，即液滴每秒运动的距离，我们就得到，穿过任一点粒子流每秒所携带的动量，即动量的输运率。因此，作用在表面上的平均力就是流输运的动量到表面的比率。

比假想的粒子流更现实的是实际的物质流，比如在截面积 A 的软管中的水流，以速率 v 沿着单位矢量 $\hat{v}$ 的方向流动。若水的质量密度是 ρ_m（$\mathrm{kg/m^3}$），则在水流中单位长度的质量是 $\rho_m A$，单位长度的动量是 $\rho_m vA$。通过水流中一个假想横截面的动量比率是

$$\dot{\boldsymbol{P}}=\rho_m v^2 A\hat{v}$$

如果水流撞击一个固体表面后停下来，表面施加的作用力必须使水流失去动量，与水流输运到表面的动量比率相同。因此，表面对水流的作用力是 $-\dot{\boldsymbol{P}}$。水流对表面的反作用力是

$$\boldsymbol{F}_{\text{在表面}}=+\dot{\boldsymbol{P}}=\rho_m v^2 A\hat{v}$$

果然，作用在表面上力的方向沿着流动 $\hat{v}$ 的方向。如果水流在表面并不达到静止，而是直接反射回来，表面施加的力不仅要抵消进入的动量，而且要产生向外的动量，使作用在表面上的力加倍。此外，如果表面是透明的，物质只是简单地通过，则动量以同样的比率到达和离开表面；动量传递到表面净比率是零，因而没有作用力。

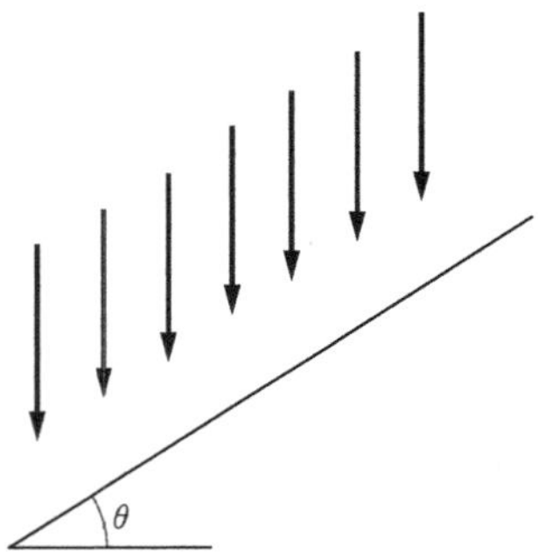

如果表面与流动方向不垂直，而是倾斜一个角度 θ，如图所示，且动量在表面被抵消，则流到表面的动量是

$$\dot{P}=\rho_m v^2 A\cos\theta$$

引入一个很有用的矢量 $\boldsymbol{J}$，大小是 $\rho_m v^2$，方向沿着流动 $\hat{v}$ 的方向：

$$\boldsymbol{J}=\rho_m v^2\hat{v}$$

矢量 $\boldsymbol{J}$ 称作流的通量密度。

用一个矢量 $\boldsymbol{A}$ 来描述面积也很有用。$\boldsymbol{A}$ 的大小在数值上等于面积，方向与表面垂直，就像表面的法向单位矢量 $\hat{\boldsymbol{n}}$ 所描述的。法向矢量可以沿着两个方向。我们选用下列的约定：在计算通过表面进入系统的动量传递时，$\hat{\boldsymbol{n}}$ 指向里面则为正的。

因为流的动量传递沿着流动$\hat{v}$ 的方向，动量传递到表面的比率，即作用在系统上的力是

$$\dot{\boldsymbol{P}}=(\boldsymbol{J}\cdot\boldsymbol{A})\hat{v}$$

量 $\dot{\boldsymbol{P}}=(\boldsymbol{J}\cdot\boldsymbol{A})\hat{v}$ 称作传到表面的动量通量（流量）。

动量是矢量，所以动量通量也是矢量。作为矢量的通量在物理中经常出现，特别是在流体动力学和电磁理论中。

在水流从表面弹回这种情形，动量既可以输运到表面，又可以离开。根据我们的约定，$\hat{\boldsymbol{n}}$ 指向包围系统的表面内部，若动量流入，通量 $\boldsymbol{J}\cdot\boldsymbol{A}$ 是正的；流出则是负的，$\boldsymbol{J}\cdot\boldsymbol{A}<0$。多个动量流动的源所引起的作用在系统上的合力可以写成

$$\boldsymbol{F}_{合}=\sum_k\dot{\boldsymbol{P}}_k=\sum(\boldsymbol{J}_k\cdot\boldsymbol{A}_k)\hat{v}_k$$

这里，求和包括动量流过的所有面元。当面元的数目增大时，求和就变成所谓的面积分。然而现在没必要取极限，我们在这里只关注简单的几何面。

在系统中存在几个动量流动的源时，计算系统受力的一个有用方法是，对向内流动项求和，得到总的向内流动的 $\dot{\boldsymbol{P}}_{内}$，再求总的向外流动的 $\dot{\boldsymbol{P}}_{外}$。系统所受的合力因而可写成

$$\boldsymbol{F}_{合}=\dot{\boldsymbol{P}}_{内}-\dot{\boldsymbol{P}}_{外}$$

例 4.20 不规则物体的反射

流被一个物体反射，如图所示。

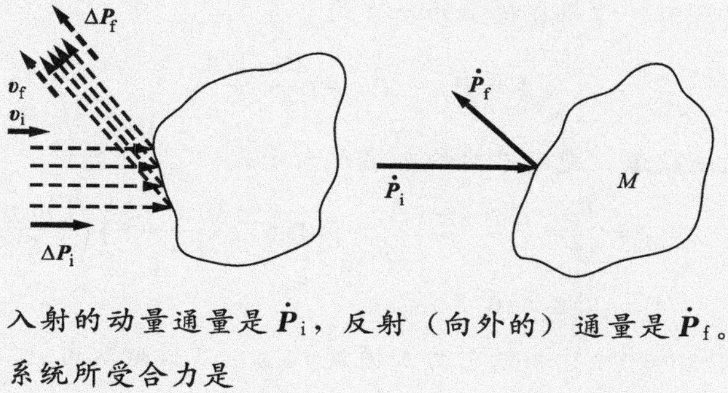

入射的动量通量是 $\dot{\boldsymbol{P}}_i$，反射（向外的）通量是 $\dot{\boldsymbol{P}}_f$。因此，系统所受合力是

$$\boldsymbol{F}=\dot{\boldsymbol{P}}_i-\dot{\boldsymbol{P}}_f$$

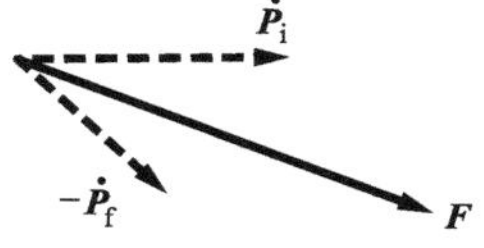

例 4.21 太阳帆航天器

轻型、节省燃料的航天器能携带小型仪器包横跨太阳系，在星际探索中有很多应用。其中，一个精美的设计就是太阳帆航天器，由塑料薄膜制成的巨帆；推动力是太阳光施加的作用力——光子携带的动量。

光从太阳到达地球的能量通量密度，称作太阳常量，其数值是$S_{太阳}=1370\ \mathrm{W/m^2}$。太阳常量可以看作是能量$h\nu$在很大频谱范围内变化的光子的通量。因为每个光子携带的动量是$h\nu/c$，所以太阳光谱的细节是不重要的。结果，太阳光在地球上动量通量密度直接就是

$$S_{太阳}/c=\frac{1370}{3\times10^8}\ \mathrm{kg/(m\cdot s^2)}=4.6\times10^{-6}\ \mathrm{kg/(m\cdot s^2)}$$

这里，我们利用了关系式$1\ \mathrm{W}=1\ \mathrm{J/s}=1\ \mathrm{kg\cdot m^2/s^3}$。这也可以写成$S_{太阳}/c=4.6\times10^{-6}(\mathrm{kg\cdot m/s})/(\mathrm{m^2\cdot s})$，表明它的单位是动量/单位面积·单位时间。

在 2010 年，日本发射了一艘太阳帆太空船，称作 IKAROS（太阳辐射加速的星际风筝太空船的英文缩写）。帆是非常薄的聚酰亚胺（卡普顿®），厚度只有$7.5\times10^{-6}\ \mathrm{m}$。帆的面积是$A=150\ \mathrm{m^2}$，太空船的总质量是$M=1.6\ \mathrm{kg}$。太空船被化学火箭升至太空，帆在那里张开。以 25 转每分的角速度绕轴的转动使帆变平，从而不需要徒增额外质量的支架。IKAROS 要去金星的轨道，这是在外太空展示太阳帆技术的第一艘太空船。

当 IKAROS 从地球附近出发时，我们计算一下它的初始加速度。假定太阳帆是完美的反射体，所有的太阳光都被它反射。作用在帆上的合力是

$$\boldsymbol{F}=\dot{\boldsymbol{P}}_{内}-\dot{\boldsymbol{P}}_{外}=\frac{2S_{太阳}\boldsymbol{A}}{c}$$

在近地轨道，光子产生的加速度大小是

$$a_{光子}=\frac{F}{M}=\left(\frac{2S_{太阳}}{c}\right)\frac{A}{M}=2\left(4.6\times\frac{10^{-6}\ \mathrm{kg}}{\mathrm{m\cdot s^2}}\right)\left(\frac{150\ \mathrm{m^2}}{1.6\ \mathrm{kg}}\right)$$
$$=8.6\times10^{-4}\ \mathrm{m/s^2}$$

太阳施加一个向内的引力加速度$g_{太阳}$。在近地轨道，

$$g_{太阳}=\frac{GM_{太阳}}{R_E^2}$$

式中，$R_E=1.50\times10^{11}$ m 是地球到太阳的平均距离，以天文单位（AU）而著称，

$$g_{太阳}=\frac{[6.7\times10^{-11}\text{m}^3/(\text{kg}\cdot\text{s}^2)](2.0\times10^{30}\text{ kg})}{(1.5\times10^{11}\text{ m})^2}$$

$$=5.9\times10^{-3}\text{ m/s}^2$$

净加速度是

$$a_{净}=a_{光子}-g_{太阳}=(0.86-5.9)\times\frac{10^{-3}\text{ m}}{s^2}$$

$$=-5.0\times10^{-3}\text{ m/s}^2$$

太空船向着太阳朝里下落。由于太阳的辐射强度和太阳引力都随平方反比变化，太空船向太阳移动时加速度会增大，但总是指向里面。然而，在 IKAROS 的飞行过程中，辐射的作用力使太空船变得足够慢，从而能够靠近金星。若要向外飞向木星，太空船就需要更大的帆。

例 4.22　气体的压强

由于气体中粒子的随机运动，气体的压强来自于动量在一个闭合曲面的流入和流出。微小的气体分子具有动量，可以施加一个真实的作用力。考虑一个盛有碳酸饮料的薄的铝罐。打开前，感到罐又硬又结实，这是因为气体在壁上有向外的压强。当拉环打开，过剩的压强释放后，罐是软的，很容易压扁。

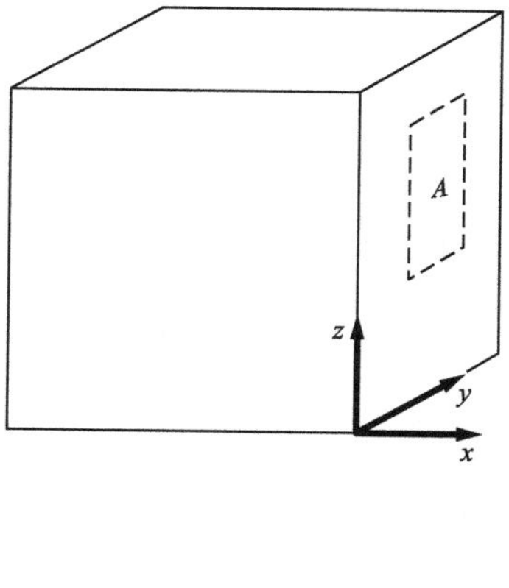

考虑单位体积内有 n 个粒子的气体，每个粒子的质量是 m。质量密度是 $\rho=nm$ kg/m³。我们来确定到一个面积为 A、位于 y-z 平面的容器表面的动量输运，如图所示。

虽然粒子沿所有方向运动，但我们只关心沿 x 方向的运动。暂时假定粒子只有 x 方向的单一速度 v_x，但是沿着正负 x 方向运动的可能性相同。因此，在任意时刻，粒子朝器壁运动的密度是 $\rho/2$。它们沿 $+x$ 方向输运的动量比率是

$$\dot{P}_x=\frac{\rho}{2}v_x^2A$$

粒子离开器壁的比率必须与接近时相同；否则它们会在表面积累。因此，从器壁流走的动量是

$$\dot{P}_{-x}=\frac{\rho}{2}v_x^2A$$

器壁所受的合力是

$$F_x=\dot{P}_x+\dot{P}_{-x}=\rho v_x^2A$$

现在让我们去掉原子只以单一速率 v_x 沿正负 x 方向运动的简化假设。我们期望原子沿随机方向运动且速率随碰撞而改变。如果我们计算粒子在一个小的速度范围内对压强的贡献，就会得到上面的结果，可理解为它表示的是平均力。因此，

$$\overline{F_x}=\overline{\dot{P}_x}+\overline{\dot{P}_{-x}}=\rho\,\overline{v_x^2}A$$

这里“一横”表示对所有粒子求平均。

气体的压强是表面上单位面积的受力。因此，与 x 轴垂直的面上的压强是

$$\mathscr{P}_x=F_x/A=\rho\,\overline{v_x^2}$$

（这里我们用符号 $\mathscr{P}$ 表示压强，以便与表示总动量的符号 P 区别。）因为气体的压强在各个方向上相同，我们期望与 y 和 z 轴垂直的面也有相同的结果。如果

$$\overline{v_x^2}=\overline{v_y^2}=\overline{v_z^2}=\frac{1}{3}\overline{v^2}$$

情况就会如此，这里 $\overline{v^2}=\overline{v_x^2}+\overline{v_y^2}+\overline{v_z^2}$。因此，

$$\mathscr{P}=(1/3)\rho\,\overline{v^2}$$

这个结果为我们第 5 章将要讨论的热、能量和微观运动的概念提供了至关重要的联系。

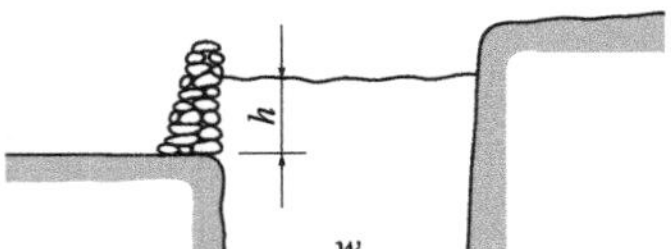

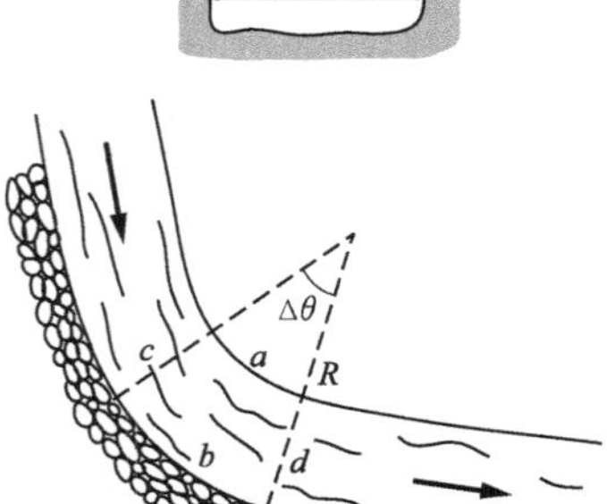

例 4.23 河曲处的大坝

问题是在河曲处建设一个大坝以防止河水上涨时洪水泛滥。大坝必须足够结实以抵挡河流的静压 ρgh，这里 ρ 是水的密度，h 是从坝基到水面的高度。从牛顿定律我们能够理解，外侧的河岸和大坝必须施加一个横向力使河流偏离直线运动。由于河流的弯曲，除了静压，大坝必须额外抵挡一个动压。如何比较动压和静压？

我们用半径为 R 的一段圆弧近似河的弯曲，并关注对向角度 $\Delta\theta$ 的一小段曲线。我们只需考虑坝基上高度为 h 的河流。让我们计算以河岸 a、大坝 b、假想的河流横截

面 c 和 d 为边界的体积的动量通量。河流以速度 v 流动；由于横截面积是常量，故 v 的大小是常量。

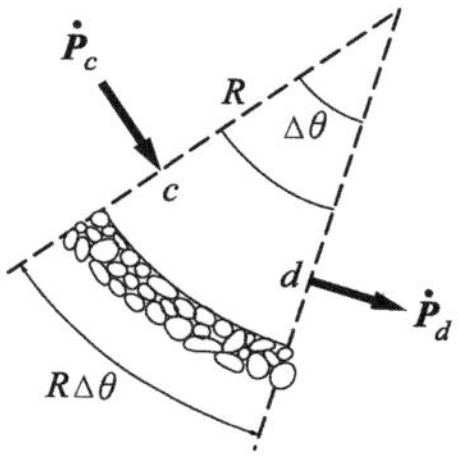

动量流过表面 c 和 d 的比率分别是 $\dot{\boldsymbol{P}}_{进,c}=\rho v^2 A\hat{v}_c$ 和 $\dot{\boldsymbol{P}}_{出,d}=\rho v^2 A\hat{v}_d$。这里，$A=hw$ 是位于坝基之上的河流横截面积。动量传递到所考虑体积的总比率是

$$\dot{\boldsymbol{P}}=\dot{\boldsymbol{P}}_{进,c}-\dot{\boldsymbol{P}}_{出,d}=\rho v^2 A(\hat{v}_c-\hat{v}_d)$$

从图可以看出，动量传递的大小是

$$\dot{P}=\rho v^2 A(2\sin\Delta\theta/2)$$

动量传递沿着径向朝外。大坝必须提供一个作用力以抵消这个动量传递，这个力的反作用力就导致了对大坝的动压。

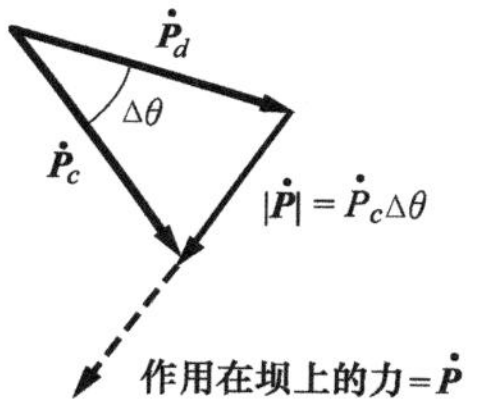

为计算压强，我们取小角极限 $\sin\Delta\theta/2\approx\Delta\theta/2$，考虑来自对向角度 $\Delta\theta$、面积为 $(R\Delta\theta)\ h$ 的大坝一段的作用力。作用在大坝上的动力是径向朝外的，大小是 $\dot{P}\approx\rho v^2 A\Delta\theta$。这个力作用在面积 $(R\Delta\theta)h$ 上面，因此动压是

$$动压=\frac{\dot{P}}{R\Delta\theta h}=\frac{\rho v^2 A\Delta\theta}{R\Delta\theta h}=\frac{\rho v^2 A}{Rh}=\frac{\rho v^2 w}{R}$$

动静压比是

$$\frac{动压}{静压}=\frac{\rho v^2 w}{R}\frac{1}{\rho g h}=\frac{w}{h}\frac{v^2}{Rg}=\frac{宽}{高}\times\frac{向心加速度}{g}$$

对于一个洪水泛滥的河流，设流速是 10 mph（近似是 15 ft/s），半径是 2000 ft，洪水高度是 3 ft，宽度是 200 ft，比是 0.22，所以动压是绝对不可略去的。

注释 4.1 二维与三维物体的质心

在这个注释中，我们确定一些多维物体的质心。若你算过二维和三维积分，这些例子会很简单。否则，继续读下去。

1. 匀质三角板

考虑质量为 M、底为 b、高为 h 和小厚度 t 的匀质直角三角板的二维情形。我们在例 4.4 中处理过这个问题，当时把它简化成一个变量的积分。这里我们用更一般的方法处理它，采用两个变量的积分，这种方法也适用于密度不均匀的情况。

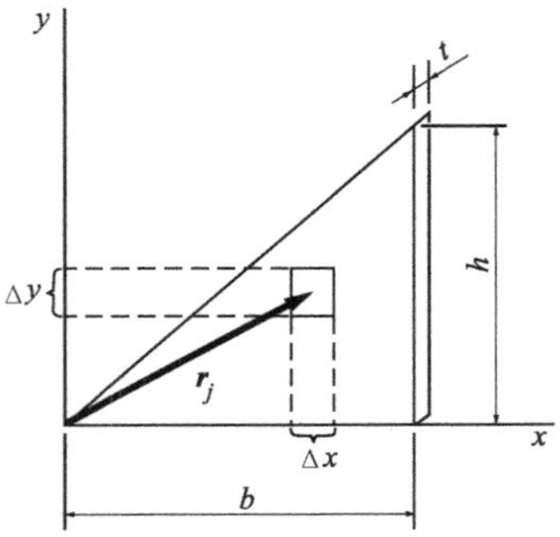

将三角板分成边长 Δx 和 Δy 的小矩形面积，如图。每个小部分的体积是 $\Delta V=t\Delta x\Delta y$，质心位置是

$$\boldsymbol{R}\approx\frac{\sum m_j\boldsymbol{r}_j}{M}$$

$$=\frac{\sum\rho_j t\Delta x\Delta y\boldsymbol{r}_j}{M} \tag{1}$$

式中，j 是每个体元的标记，ρ_j 是它的密度。由于板是匀质的，所以

$$\rho_j=\text{常数}=\frac{M}{V}=\frac{M}{At}$$

式中，$A=bh/2$ 是三角板的面积。

为确定方程（1）的和，我们先对 Δx 求和，再对 Δy 求和，而不是对单一下标 j 求和。这个双重求和通过取极限可以转化为一个二重积分，结果如下：

$$\boldsymbol{R}=\lim_{\substack{\Delta x\to 0\\ \Delta y\to 0}}\left(\frac{M}{At}\right)\left(\frac{t}{M}\right)\sum\sum\boldsymbol{r}_j\Delta x\Delta y$$

$$=\frac{1}{A}\iint\boldsymbol{r}\,\mathrm{d}x\,\mathrm{d}y$$

令 $\boldsymbol{r}=x\hat{\boldsymbol{i}}+y\hat{\boldsymbol{j}}$ 表示面元 $\mathrm{d}x\,\mathrm{d}y$ 的位置矢量，质心的位置矢量记作 $\boldsymbol{R}=X\hat{\boldsymbol{i}}+Y\hat{\boldsymbol{j}}$，则有

$$\boldsymbol{R}=X\hat{\boldsymbol{i}}+Y\hat{\boldsymbol{j}}=\frac{1}{A}\iint(x\hat{\boldsymbol{i}}+y\hat{\boldsymbol{j}})\mathrm{d}x\,\mathrm{d}y$$

$$=\frac{1}{A}\left(\iint x\mathrm{d}x\mathrm{d}y\right)\hat{\boldsymbol{i}}+\frac{1}{A}\left(\iint y\mathrm{d}x\mathrm{d}y\right)\hat{\boldsymbol{j}}$$

因此，质心的坐标是

$$X=\frac{1}{A}\iint x\,\mathrm{d}x\,\mathrm{d}y$$

$$Y=\frac{1}{A}\iint y\,\mathrm{d}x\,\mathrm{d}y$$

二重积分看起来很奇怪，但是它们很容易计算。考虑与 X 相关的第一个二重积分：

$$X=\frac{1}{A}\iint x\,\mathrm{d}x\,\mathrm{d}y$$

这个积分告诉我们，对每个面元，用它的 x 坐标乘以它的面积，然后再求和。我们分步做，先考虑与 y 轴平行的窄带上的面元。这个窄带从 $y=0$ 跑到 $y=xh/b$。（利用相似三角形，斜边上任一点满足关系式 $y/x=h/b$。）

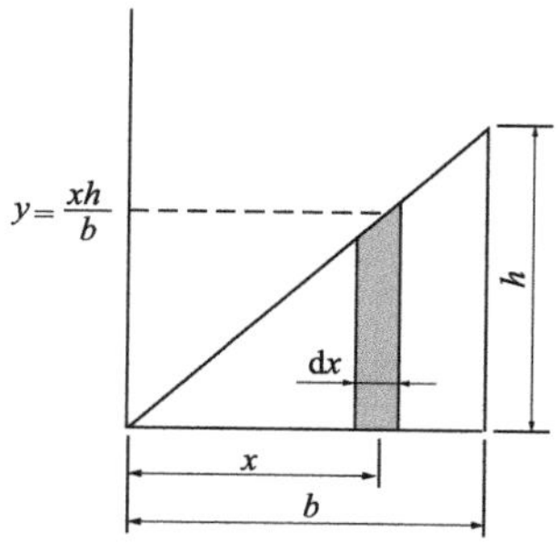

窄带上每个面元有相同的 x 坐标，这个窄带对二重积分的贡献是

$$\frac{1}{A}x\,\mathrm{d}x\int_0^{xh/b}\mathrm{d}y=\frac{h}{bA}x^2\,\mathrm{d}x$$

最后，我们对所有 $x=0$ 到 $x=b$ 的窄带的贡献求和，可得

$$\begin{aligned}X&=\frac{h}{bA}\int_0^b x^2\,\mathrm{d}x\\&=\frac{h}{bA}\frac{b^3}{3}=\frac{hb^2}{3A}\end{aligned}$$

由于 $A=bh/2$，则

$$X=\frac{2}{3}b$$

对 Y 可进行类似的计算，

$$\begin{aligned}Y&=\frac{1}{A}\int_0^b\left(\int_0^{xh/b}y\,\mathrm{d}y\right)\mathrm{d}x\\&=\frac{h^2}{2Ab^2}\int_0^b x^2\,\mathrm{d}x=\frac{h^2b}{6A}\\&=\frac{1}{3}h\end{aligned}$$

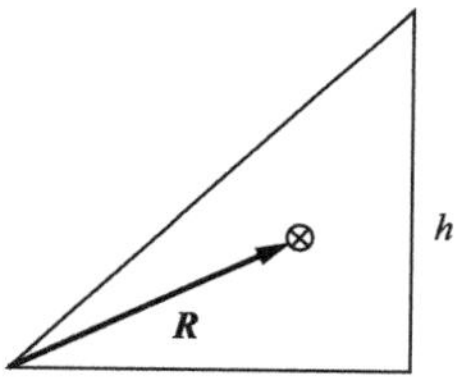

因此，$\boldsymbol{R}=\frac{2}{3}b\hat{\boldsymbol{i}}+\frac{1}{3}h\hat{\boldsymbol{j}}$。

虽然 $\boldsymbol{R}$ 的坐标依赖于我们选择的特定坐标系，但质心相对三角板的位置当然是与坐标系无关的。

2. 非匀质矩形板

确定非匀质矩形薄板的质心，板的边长是 a 和 b，单位面积的质量 σ 是变化的，$\sigma=\sigma_0(xy/ab)$，这里 σ_0 是常量。质心位置是

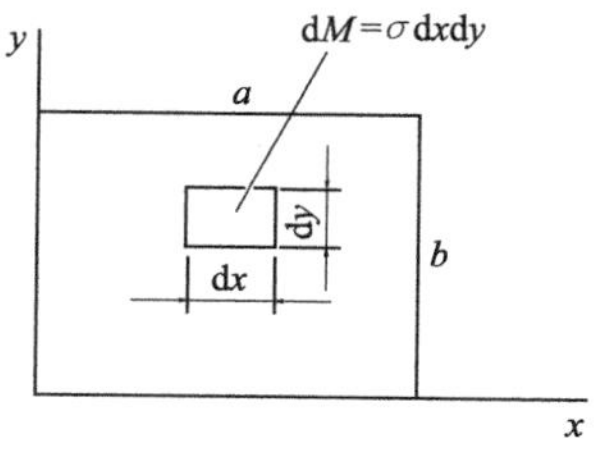

$$\boldsymbol{R}=\frac{1}{M}\iint(x\hat{\boldsymbol{i}}+y\hat{\boldsymbol{j}})\sigma\,\mathrm{d}x\,\mathrm{d}y$$

我们先确定板的质量 M：

$$\begin{aligned}M&=\int_0^b\int_0^a\sigma\,\mathrm{d}x\,\mathrm{d}y\\&=\int_0^b\int_0^a\sigma_0\,\frac{x}{a}\frac{y}{b}\mathrm{d}x\,\mathrm{d}y\end{aligned}$$

对 x 积分，把 y 看作常量，

$$M = \int_0^b \sigma_0 \frac{y}{b}\left(\int_0^a \frac{x}{a}\mathrm{d}x\right)\mathrm{d}y$$

$$= \int_0^b \sigma_0 \frac{y}{b}\left(\frac{x^2}{2a}\bigg|_{x=0}^{x=a}\right)\mathrm{d}y$$

$$= \int_0^b \sigma_0 \frac{y}{b}\frac{a}{2}\mathrm{d}y$$

再对 y 积分，

$$M = \frac{\sigma_0 a}{2}\frac{y^2}{2b}\bigg|_{y=0}^{y=b}$$

$$= \frac{1}{4}\sigma_0 ab$$

采用同样的方法，$\boldsymbol{R}$ 的 x 分量是

$$X = \frac{1}{M}\iint x\sigma \mathrm{d}x\mathrm{d}y$$

$$= \frac{1}{M}\int_0^b \frac{\sigma_0}{ab}y\left(\int_0^a x^2\mathrm{d}x\right)\mathrm{d}y$$

$$= \frac{1}{M}\int_0^b \frac{\sigma_0}{ab}y\left(\frac{x^3}{3}\bigg|_0^a\right)\mathrm{d}y$$

$$= \frac{1}{M}\frac{\sigma_0}{ab}\int_0^b \frac{ya^3}{3}\mathrm{d}y$$

$$= \frac{1}{M}\frac{\sigma_0}{ab}\frac{a^3}{3}\frac{b^2}{2}$$

$$= \frac{4}{\sigma_0 ab}\frac{\sigma_0 a^2 b}{6}$$

$$= \frac{2}{3}a$$

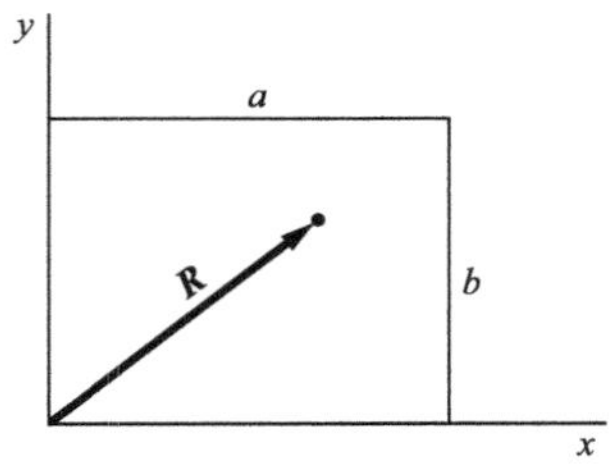

类似地，$Y = \frac{2}{3}b$。

3. 匀质实心半球体

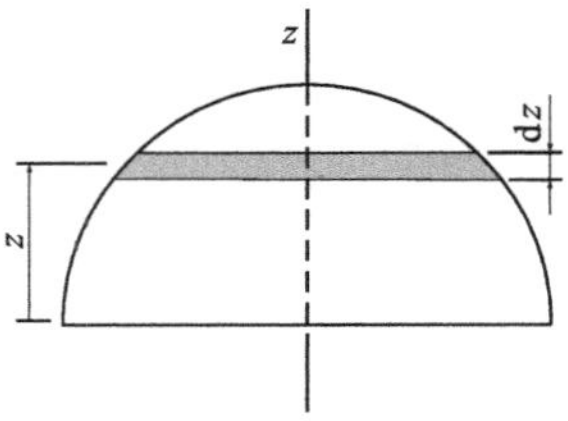

确定半径为 R、质量为 M 的匀质实心半球体的质心。

由对称性，显然质心位于 z 轴上。它到赤道面的高度是

$$Z = \frac{1}{M}\int z\mathrm{d}M$$

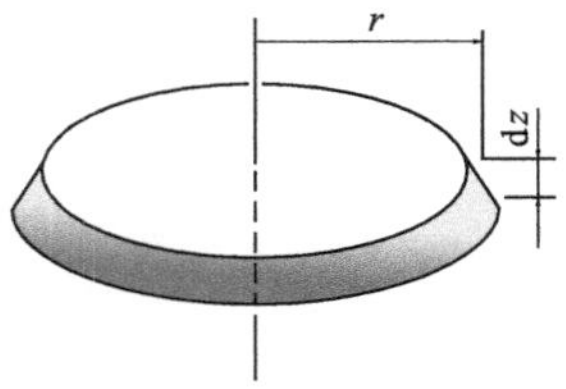

积分在三维空间进行，对称的情形可以让我们把它处理成一维的积分。我们想象半球形由薄的圆盘组成。考虑半径为 r、厚度为 $\mathrm{d}z$ 的一个圆盘。它的体积是 $\mathrm{d}V = \pi r^2\mathrm{d}z$，质量是 $\mathrm{d}M = \rho\mathrm{d}V = (M/V)(\mathrm{d}V)$，这里 $V = \frac{2}{3}\pi R^3$。

因此，

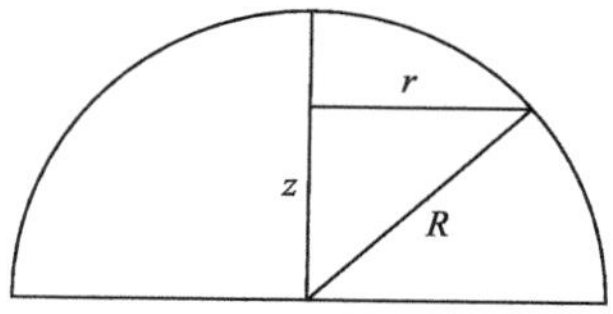

$$Z=\frac{1}{M}\int\frac{M}{V}z\,\mathrm{d}V$$

$$=\frac{1}{V}\int_{z=0}^{R}\pi r^2 z\,\mathrm{d}z$$

为计算积分，需要用 z 表示 r。

由于 $r^2=R^2-z^2$，我们有

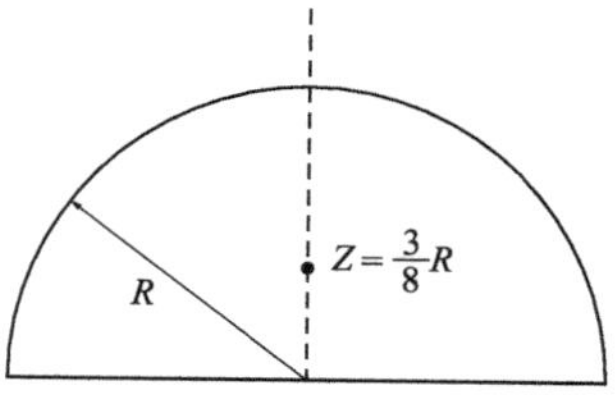

$$Z=\frac{\pi}{V}\int_0^R z(R^2-z^2)\,\mathrm{d}z$$

$$=\frac{\pi}{V}\left(\frac{1}{2}z^2R^2-\frac{1}{4}z^4\right)\Big|_0^R$$

$$=\frac{\pi}{V}\left(\frac{1}{2}R^4-\frac{1}{4}R^4\right)$$

$$=\frac{\frac{1}{4}\pi R^4}{\frac{2}{3}\pi R^3}$$

$$=\frac{3}{8}R$$

习题

标 * 的习题可参考附录中的提示、线索和答案。

4.1　非匀质杆的质心 *

长为 l 的非匀质杆单位长度的质量是 $\lambda=A\cos\left(\frac{\pi x}{2l}\right)$，这里 x 是沿着杆的位置，$0\leqslant x\leqslant l$。

(a) 杆的质量是多少？

(b) 质心的坐标 X 是多少？

4.2　等边三角形的质心

确定边长为 a 的等边三角形的匀质薄板质心。

4.3　水分子的质心

水分子 H_2O 由中心的氧原子和两个束缚的氢原子组成。两个氢氧键对向 104.5°的角，键长是 0.097 nm。

确定水分子的质心。

4.4　失败的火箭

携带仪器的火箭意外地在它的轨道顶部爆炸。发射点和爆炸点的水平距离是 L。火箭水平分成两块。大块的质量是小块

的三倍。令主管科学家惊讶的是，小块返回了地面发射站。大块在多远处着陆？忽略空气阻力和地球的弯曲效应。

4.5　杂技演员与猴子

质量为 M 的马戏团杂技演员从蹦床笔直的向上跳起，初速是 v_0。在他上升时，他在蹦床上方高度 h 处拿取了横杆上质量 m 的受过训练的猴子。

他俩能达到的最大高度是多少？

4.6　紧急着陆

重 2500 lb 的轻型飞机在一个短跑道上做紧急着陆。发动机关闭后，它以 120 ft/s 的速度着陆在跑道上。飞机上的挂钩绊住了一根缆绳，缆绳连着一个 250 lb 的沙袋，飞机拖着沙袋一起运动。如果沙袋与跑道的摩擦因数是 0.4，飞机刹车给出的附加制动力（减速力）是 300 lb，飞机在停止前会走多远？

4.7　物块和压缩弹簧

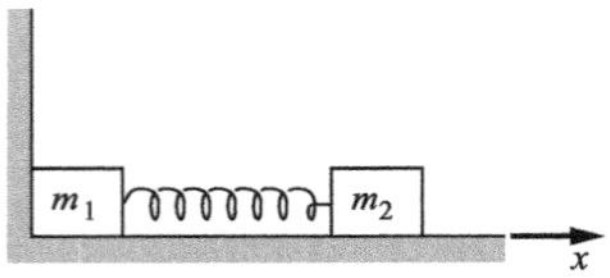

系统由两个质量为 m_1 和 m_2 的物块组成，劲度系数 k 的无质量弹簧把它们连在一起。物块在无摩擦的水平面上滑动。弹簧原长是 l。初始时，控制住 m_2 使弹簧被压缩到 $l/2$，m_1 被顶住，如图所示。m_2 在 $t=0$ 时被释放。

确定系统质心的运动。

4.8　跳跃者

质量为 50 kg 的妇女笔直地跳起来，从地面升高了 0.8 m。为了达到这个高度，地面对她的冲量是多少？

4.9　火箭滑车

火箭滑车沿水平面运动，所受的摩擦力是 $f_{摩擦力}=\mu W$，这里 μ 是常量，W 是车的重力。

滑车的初始质量是 M，它的火箭以恒定比率 $\mathrm{d}M/\mathrm{d}t\equiv\gamma$ 排出质量；被排出的质量相对火箭有恒定速率 v_0。

火箭滑车从静止开始运动，当滑车的总质量减少一半时，发动机关闭。确定最大速率的表达式。

4.10　运沙的滚轮货车

质量为 M 的货车装有质量为 m 的沙子。在 $t=0$ 时一个水平恒力 F 沿滚动方向作用在货车上，同时货车底部的端口打开，让沙子以恒定比率 $\mathrm{d}m/\mathrm{d}t$ 流出。当所有沙子流尽时，确定货车的速率。假定货车在 $t=0$ 时静止。

4.11　货车与料斗*

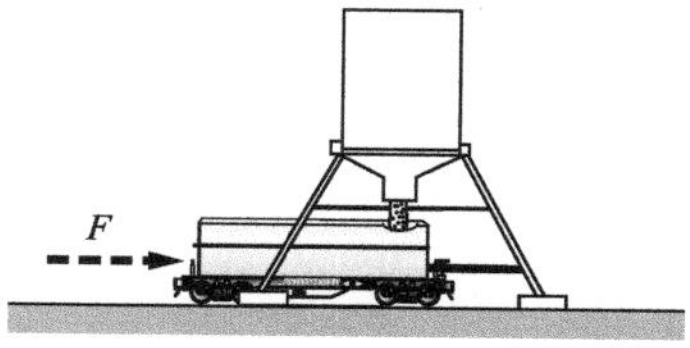

一辆质量为 M 的空货车在力 F 作用下从静止出发。同时沙子从静止在导轨上的料斗以稳定的比率 b 漏出。

确定质量为 m 的沙子转移后货车的速率。

4.12　两车和沙子

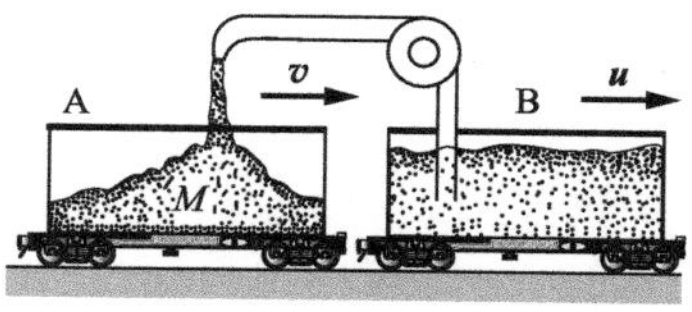

原料以 b kg/s 的比率从车 B 吹进车 A，如图所示。原料沿竖直向下的方向离开溜槽，所以它和车 B 有相同的水平速度 $\boldsymbol{u}$。在我们关注的时刻，车 A 具有质量 M 和速度v。确定车 A 的瞬时加速度 $\mathrm{d}v/\mathrm{d}t$。

4.13　喷沙机

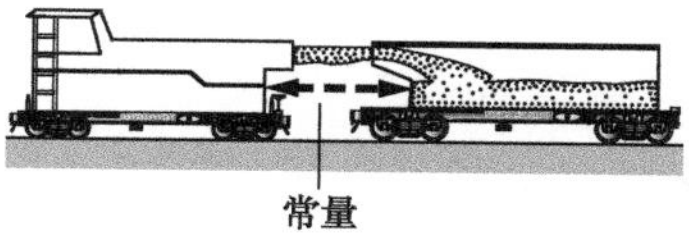

一辆喷沙的机车把沙子水平喷入一辆货车，如示意图所示。机车和货车并没有连在一起。机车的司机维持他的速率使得到货车的距离不变。沙子相对机车的速度是 5 m/s，以 $\mathrm{d}m/\mathrm{d}t=10$ kg/s 的比率转移。货车从静止开始运动，初始质量是 2000 kg。确定 100 s 后它的速率。

4.14　上山缆索

上山缆索是一根长的带状的绳索，绕过两个滑轮，一个在斜坡的底部，另一个在顶部。滑轮被强力电动机驱动，使得绳索以 1.5 m/s 的稳定速率移动。两个滑轮的距离是 100 m，斜坡的倾角是 20°。

滑雪者握住绳索，被拉到顶部，在这里他们松开绳索，然后滑下去。若质量为 70 kg 的滑雪者平均每 5 s 就抓一下绳索，牵引绳索所需要的平均力是多少？忽略滑雪板和雪之间的摩擦力。

4.15　人与平板车

质量都为 m 的 N 个人站在质量为 M 的平台型铁路货车上。他们从平板车的一端跳下，相对车的速度是 u。车沿相反的方向无摩擦地滚动。

(a) 若所有人同时跳下，平板车的末速是多少？

(b) 若他们一次跳下一个，平板车的末速是多少？（答案可以写成求和的形式。）

(c) 是情形 (a) 还是情形 (b) 产生较大的平板车速度？你能对你的答案给出一个简单的物理解释吗？

4.16　桌上的绳子*

质量为 M、长为 l 的绳子位于无摩擦的桌子上，一小段 l_0 通过一个小孔悬挂着。绳子初始时静止。（译者补：结果与绳子的形状有关，例如，直的或盘在一起。）

(a) 确定通过小孔的绳子长度 x (t) 所满足的一般方程。

(b) 确定满足初始条件的特定解。

4.17 太阳帆 1

参考例 4.21，对于像 IKAROS 那样的太阳帆，若要求它离开太阳向外加速，膜的最大厚度是多少？设卡普顿的密度为 $1.4\ g/cm^3$。

4.18 太阳帆 2

参考例 4.21，考虑设计这样一个太阳帆，只利用太阳光的压强就能达到地球的逃逸速度 $\sqrt{2gR_e}=11.2\ km/s$。帆由卡普顿膜制成，膜的厚度是 $0.0025\ cm$，密度是 $1.4\ g/cm^3$。太阳常量取为 $1370\ W/m^2$，并假定在加速的过程中是常量。

(a) 在地球附近，单独由太阳光的压强产生的加速度是多大？

(b) 以地球半径 R_e 为单位，太阳帆从距离地球多远处发射才能脱离地球？

(c) 若帆的有效载荷为 1 kg 时，加速度是原来的一半，帆的面积有多大？

4.19 倾斜的镜子

在地球上，面积为 $1\ m^2$ 的镜子，使镜面与太阳光线垂直。

(a) 假定镜子是理想的反射体，来自太阳的光子对镜子的作用力有多大？太阳光子的动量通量密度是 $J_{太阳}=4.6\times 10^{-6}\ kg/(m\cdot s^2)$。

(b) 若镜子从垂直方向倾斜一个角度 α，确定力随角度如何变化？

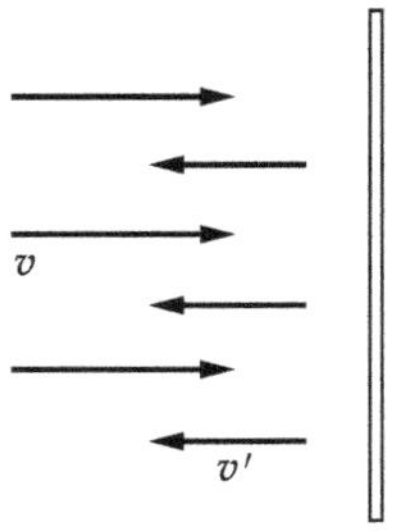

4.20 反射粒子流*

一维的质量为 m 的粒子流，单位长度的粒子数密度为 λ，速率是 v，在一个表面被反射回来，离开的速率是 v'，如图所示。确定表面所受的作用力。

4.21 消防车的受力

消防车以 K kg/s 的比率向着火的建筑物喷出一个水柱。水柱以相对水平面 θ 角离开消防车，在喷嘴上方高度 h 处水平击中建筑物，如图所示。由于水柱的喷出，作用在消防车上的力大小和方向如何？

4.22 消防栓

水从一个消防栓射出，喷嘴的直径是 D，从喷嘴射出的

水的速率是 V_0。消防栓所受的反作用力是多大？

4.23　悬浮的垃圾筒*

重力为 W 的倒扣的垃圾桶被从喷泉喷出的水顶在空中。水从地面以恒定的比率 K kg/s 向上喷出，速率是 v_0。问题是确定垃圾桶被顶起的最大高度。忽略水从垃圾桶下落的影响。

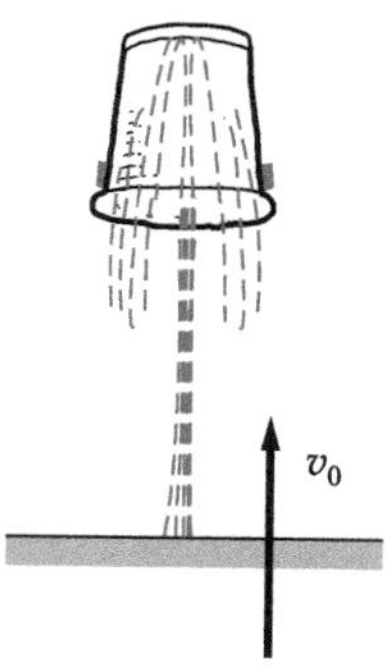

4.24　变大的雨滴

初始质量 M_0 的雨滴在重力影响下从静止下落。假设雨滴从云中获得质量的比率正比于它的瞬时质量和瞬时速度的积：$dM/dt=kMV$，这里 k 是常量。

证明雨滴的速率最终会变为常量，给出终极速率的表达式。忽略空气阻力。

4.25　盛水的碗

盛满水的碗坐落在倾盆大雨中。它的表面积是 500 cm^2。雨水以 10^{-3} g/cm^2 · s 的比率竖直下落，速率是 5 m/s。若过剩的水从碗边滴下，速度可略，确定降雨对碗的作用力。

如果碗向上以 2 m/s 的速率匀速运动，力又是多大？

4.26　星际云中的火箭

直径为 $2R$、质量为 M 的圆柱形火箭在太空中以速率 v_0 滑行时遭遇了星际云。云中的粒子数密度是 N 粒子/m^3。每个粒子的质量 $m\ll M$，初始时静止。

(a) 假设云中粒子与火箭弹性碰撞，碰撞如此频繁，可看作连续的。证明阻力有形式 bv^2，确定 b。设火箭的前锥形对向角度 $\alpha=\pi/2$，如图所示。

(b) 确定云中火箭的速率。

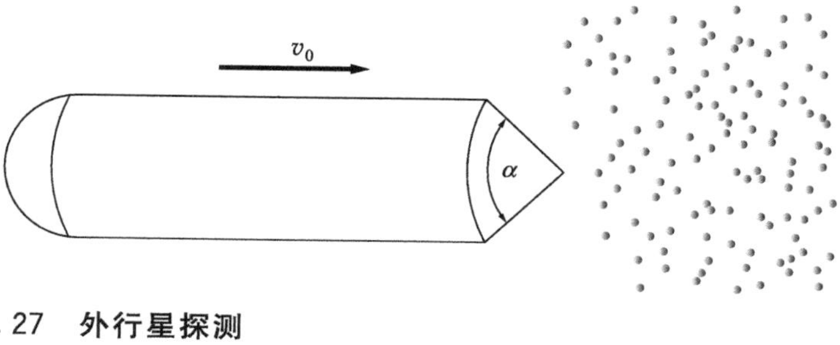

4.27　外行星探测

例 4.6 的数据图表明，采用此题的方法，在恒星径向速度中 1 m/s 的变动是刚好勉强可探测的。在遥远的行星上的宇航员采用这些相同的方法，能探测到太阳有行星吗？效果最大的是木星。

只用下面的数据：

太阳质量$=1.99\times10^{30}$ kg

木星质量$=1.90\times10^{27}$ kg

木星的平均轨道半径$=7.8\times10^{8}$ km

木星的轨道周期=4330 天

5 能量

5.1 简介

这一章我们挑战经典力学的基本问题——从已知的相互作用预言系统的运动。我们将遇到两个重要的新概念，能量和功，一开始它们似乎只是有助于计算，好像数学的拐杖，但最终却具有深刻的物理意义。

乍一看，从已知的力确定质点的运动，似乎没什么问题。牛顿第二定律告诉我们加速度，我们可以积分确定速度，然后再积分速度，确定位置。这听起来简单，但有问题：为了完成这些计算，我们需要知道力作为时间的函数，但是力通常是位置的函数，例如弹力和引力。这个问题是严重的，因为物理学家通常对系统之间的相互作用感兴趣，这意味着知道力随位置如何变化，但不知道力随时间如何变化。

我们的任务就是，从方程

$$\frac{\mathrm{d}v(t)}{\mathrm{d}t}=\boldsymbol{F}(\boldsymbol{r}) \tag{5.1}$$

确定$v(t)$，这里的表示强调了 $\boldsymbol{F}$ 是位置的函数。对数学形式情有独钟的物理学家可能会停在这里，指出我们正在处理的是一个微分方程的问题，为求解这样的方程，我们现在应该做的是研究可用的方法，包括数值方法。从计算的角度，这是完全合理的，但是这种做法太狭隘，不能使我们更好地理解物理。

幸运的是，对于一个变量的一维运动的重要情形，方程(5.1) 是简单的。一般的情况更复杂，但是我们会看到，对于三维运动，积分方程 (5.1) 总是可行的，只要我们满足于一个不太完整的解。这将使我们得到一个非常有用的物理关系，动能定理；它的推广形式——能量守恒定律是物理中最有用的守恒定律之一。

5.2 积分一维运动方程

有一大类重要的问题只需用一个变量来描述运动。例如，一维谐振子。对于这类问题，运动方程简化为

$$m\frac{\mathrm{d}^2x}{\mathrm{d}t^2}=F(x)$$

或者

$$m\frac{\mathrm{d}v}{\mathrm{d}t}=F(x) \tag{5.2}$$

采用一个数学技巧，可求解这个方程。首先，形式上对 x 积分方程 $m\mathrm{d}v/\mathrm{d}t=F(x)$：

$$m\int_{x_a}^{x_b}\frac{\mathrm{d}v}{\mathrm{d}t}\mathrm{d}x=\int_{x_a}^{x_b}F(x)\mathrm{d}x \tag{5.3}$$

由于 $F(x)$ 已知，右边的积分可用标准方法计算。左边的积分按这个样子是很难处理的，但是，利用注释 1.4 所讨论的微分，通过 x 到 t 的变量代换，它是可积的：

$$\mathrm{d}x=\left(\frac{\mathrm{d}x}{\mathrm{d}t}\right)\mathrm{d}t=v\,\mathrm{d}t$$

因此

$$\begin{aligned}m\int_{x_a}^{x_b}\frac{\mathrm{d}v}{\mathrm{d}t}\mathrm{d}x&=m\int_{t_a}^{t_b}\frac{\mathrm{d}v}{\mathrm{d}t}v\,\mathrm{d}t\\&=m\int_{t_a}^{t_b}\frac{\mathrm{d}}{\mathrm{d}t}\left(\frac{1}{2}v^2\right)\mathrm{d}t\\&=m\int_{t_a}^{t_b}\mathrm{d}\left(\frac{1}{2}v^2\right)\\&=\frac{1}{2}mv^2\Big|_{t_a}^{t_b}\\&=\frac{1}{2}mv_b^2-\frac{1}{2}mv_a^2\end{aligned}$$

这里，$x_a\equiv x(t_a),v_a\equiv v(t_a)$，等等。

把这些结果代入方程（5.3），得

$$\frac{1}{2}mv_b^2-\frac{1}{2}mv_a^2=\int_{x_a}^{x_b}F(x)\mathrm{d}x \tag{5.4}$$

换一种方式，我们可以利用方程（5.4）不确定的上限：

$$\frac{1}{2}mv^2-\frac{1}{2}mv_a^2=\int_{x_a}^{x}F(x)\mathrm{d}x \tag{5.5}$$

式中，v 是质点在位置 x 的速率。方程（5.5）给出的 v 是 x 的函数，我们将看到这对确定 t 函数的 v 是足够的。在这样做以前，我们先看看如何利用方程（5.4）解决一个熟悉的问题。

例 5.1 重力场中上抛一个物体

质量为 m 的物体以初速 v_0 竖直上抛。它能上升多高？假定引力是常量并忽略空气阻力。

取 z 轴竖直向上，$F=-mg$，由方程（5.4）可得

$$\frac{1}{2}mv_1^2-\frac{1}{2}mv_0^2=\int_{z_0}^{z_1} F\mathrm{d}z$$
$$=-mg\int_{z_0}^{z_1}\mathrm{d}z$$
$$=-mg(z_1-z_0)$$

在顶部，$v_1=0$，所以

$$mg(z_1-z_0)=\frac{1}{2}mv_0^2$$

由此得到

$$z_1=z_0+\frac{v_0^2}{2g}$$

我们的解没有包含时间。当然，我们用牛顿第二定律很容易解这个问题，但是方法不够优雅，我们必须消去 t 以得到最后的答案。

注意，结果依赖两个初始条件：在 z_0 的 v_0，以及在 z_1 的 v_1。这是利用牛顿第二定律计算的共同特点。用微分方程的语言，牛顿第二定律是位置的“二阶”方程；它涉及的最高阶导数是加速度 $\mathrm{d}^2x/\mathrm{d}t^2$。微分方程的理论表明，$n$ 阶微分方程的完全解一定需要 n 个初始条件。

这里有一个例子，利用能量方法求解比直接用牛顿第二定律更简便。

例 5.2　求解简谐运动的方程

在 3.7 节我们讨论了简谐运动方程，多少有点魔术般地变出了一个解，没有证明。现在我们利用方程（5.5）导出这个解。

考虑质量为 M、连到弹簧上的一个物体。采用从平衡位置测量的坐标 x，弹力是 $F=-kx$。则方程（5.5）变为

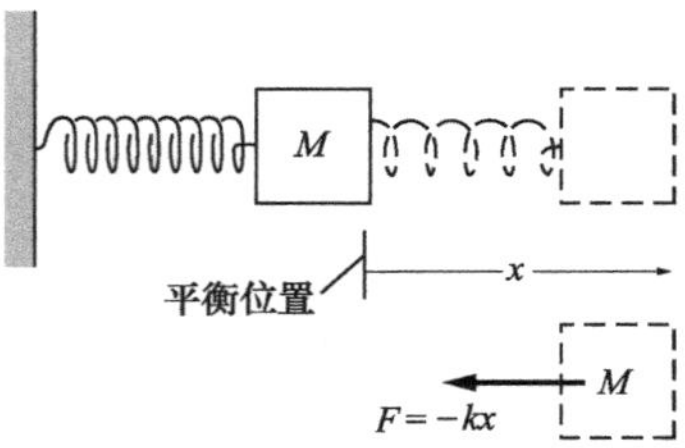

$$\frac{1}{2}Mv^2-\frac{1}{2}Mv_0^2=-k\int_{x_0}^{x} x\mathrm{d}x$$
$$=-\frac{1}{2}kx^2+\frac{1}{2}kx_0^2$$

为了获得 x 和 v 的解，我们必须确定初始条件，因为物理上，运动方程本身不能完全确定任意给定情形的运动。我们可以随意选择任何初始条件（只要它们是独立的）；一个有用的选择是在某一时间 t_0 的位置 x_0 和速度 v_0。让我们考虑在 $t=0$ 时物体从静止释放的情形，因而 $v_0=0$。如果物体在距离原点 x_0 处被释放，则

$$v^2=-\frac{k}{M}x^2+\frac{k}{M}x_0^2$$

由于 $v=\mathrm{d}v/\mathrm{d}t$，我们有

$$\frac{\mathrm{d}x}{\mathrm{d}t}=\sqrt{\frac{k}{M}}\sqrt{x_0^2-x^2}$$

这个方程给出的 v 是位置的函数，但我们在这个问题中实际需要的是作为时间函数的位置。我们重新整理方程并再次积分，

$$\int_{x_0}^{x}\frac{\mathrm{d}x}{\sqrt{x_0^2-x^2}}=\sqrt{\frac{k}{M}}\int_0^t\mathrm{d}t$$

$$=\sqrt{\frac{k}{M}}\,t$$

左边的积分是 arcsin (x/x_0)。这个积分列在标准的积分表中。它也可以通过符号数学的传统，或者历史悠久的“猜”与“玩”的方法而产生。物理学家采用这些方法就像作家查字典一样受人尊重。当然了，在这两种情况下，人们希望随着经验的累积会逐渐减少这种依赖性。

用 ω 表示$\sqrt{k/M}$，我们得到

$$\arcsin\left(\frac{x}{x_0}\right)\Big|_{x_0}^{x}=\omega t$$

或者

$$\arcsin\left(\frac{x}{x_0}\right)-\arcsin(1)=\omega t$$

由于 arcsin (1)$=\pi/2$，我们得到

$$x=x_0\sin\ (\omega t+\pi/2)=x_0\cos\omega t$$

注意：这个解确实满足给定的初始条件：在 $t=0$ 时，$x=x_0\cos(0)=x_0$，$v_0=\dot{x}=x_0\omega\sin(0)=0$。对这些特定的初始条件，我们的结果与 3.7 节给出的通解 $A\sin\omega t+B\cos\omega t$ 是一致的。

5.3 功与能量

5.3.1 一维动能定理

在 5.2 节我们演示了牛顿第二定律对位置积分的步骤。现在我们用物理的术语解释结果

$$\frac{1}{2}mv_b^2-\frac{1}{2}mv_a^2=\int_{x_a}^{x_b}F(x)\mathrm{d}x$$

量 $\frac{1}{2}mv^2$ 称作动能 K，左边可以写成 K_b-K_a。当质点从 a 移动到 b，积分 $\int_{x_a}^{x_b}F(x)\mathrm{d}x$ 称作力 F 对质点所做的功 W_{ba}。我们的关系式现在可写成这个形式：

$$W_{ba}=K_b-K_a \tag{5.6}$$

方程（5.6）的结果就是所谓的动能定理，或更准确地说，一维的动能定理。（我们很快会推广到三维。）在国际单位制中，功和能的单位都是焦耳（J）：

$$1\ \mathrm{N}\cdot\mathrm{m}=1\ \mathrm{J}=1\ \mathrm{kg}\cdot\mathrm{m}^2/\mathrm{s}^2$$

在 CGS 单位制中，功和能的单位是尔格（erg）：

$$1\ \mathrm{dyne}\cdot\mathrm{cm}=1\ \mathrm{erg}=1\ \mathrm{g}\cdot\frac{\mathrm{cm}^2}{\mathrm{s}^2}=10^{-7}\ \mathrm{J}$$

在英制中，功的单位是英尺-磅：

$$1\ \mathrm{ft}\cdot\mathrm{lb}\approx 1.356\ \mathrm{J}$$

各种用来测量能量的其他单位在 5.11 节的表中给出。

例 5.3 在平方反比力场中的竖直运动

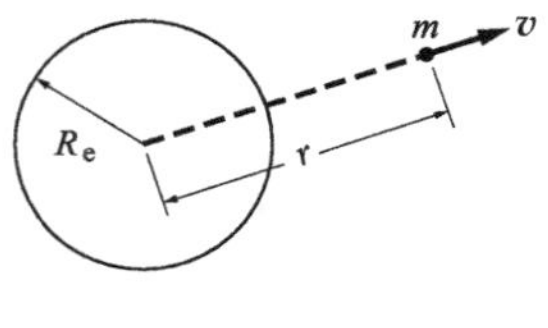

质量为 m 的物体从地球表面以初速率 v_0 竖直向上发射。假定唯一的作用力是引力。确定它的最大高度和物体完全从地球逃逸的速率 v_0 的最小值。

物体所受的作用力是

$$F=-\frac{GM_em}{r^2}$$

问题是一维的，变量是 r，很容易从动能定理确定在位置 r 处的动能。

令质点以初速 v_0 从位置 $r=R_e$ 出发：

$$K(r)-K(R_e)=\int_{R_e}^{r}F(r)\mathrm{d}r=-GM_em\int_{R_e}^{r}\frac{\mathrm{d}r}{r^2}$$

或者

$$\frac{1}{2}mv(r)^2-\frac{1}{2}mv_0^2=GM_em\left(\frac{1}{r}-\frac{1}{R_e}\right)$$

我们可以立刻确定 m 的最大高度。在最高点，$v(r)=0$，我们有

$$v_0^2=2GM_e\left(\frac{1}{R_e}-\frac{1}{r_{max}}\right)$$

不论何时，尽可能用熟悉的量表示，是简化表达式的一个好方法。由于 $g=GM_e/R_e^2$，我们可写出

$$v_0^2=2gR_e^2\left(\frac{1}{R_e}-\frac{1}{r_{max}}\right)=2gR_e\left(1-\frac{R_e}{r_{max}}\right)$$

或者

$$r_{max}=\frac{R_e}{1-v_0^2/2gR_e} \tag{1}$$

地球的逃逸速度是 r_{max} 变到无穷大时的最小初速度。因而逃逸速度是

$$\begin{aligned} v_{逃逸}&=\sqrt{2gR_e}\\ &=\sqrt{(2)(9.8\ \mathrm{m/s^2})(6.4\times10^6\ \mathrm{m})}\\ &=1.1\times10^4\ \mathrm{m/s} \end{aligned}$$

利用逃逸速度的这个表达式，方程（1）可写成

$$r_{max}=\frac{R_e}{1-v_0^2/v_{逃逸}^2} \tag{2}$$

对于 $v_0=v_{逃逸}$，$r_{max}\to\infty$，如我们所料。但是如果 $v_0>v_{逃逸}$，方程（2）给出 $r_{max}<0$。导致这个荒诞结果的原因是我们假定 m 的末速是零。如果 $v_0>v_{逃逸}$，物体从来不会达到静止。

根据动能定理，即方程（5.6），把 50 kg 的航天器从地球表面送到无穷远处所需的最小能量是

$$\begin{aligned} W&=\frac{1}{2}Mv_{逃逸}^2=\frac{1}{2}(50\ \mathrm{kg})(1.1\times10^4\ \mathrm{m/s})^2\\ &=3.0\times10^9\ \mathrm{J} \end{aligned}$$

5.3.2 积分多维运动方程

回到本章的核心问题，质点运动方程的积分，而质点所

受的作用力与位置有关，

$$\boldsymbol{F}(\boldsymbol{r})=m\frac{\mathrm{d}\boldsymbol{v}}{\mathrm{d}t} \tag{5.7}$$

在一维运动的情形，我们对位置进行了积分。为了推广这个积分，考虑质点有位移 $\Delta\boldsymbol{r}$ 时会发生什么。

假设 $\Delta\boldsymbol{r}$ 足够小，$\boldsymbol{F}$ 在这个位移中可以看作常量。如果取方程（5.7）与 $\Delta\boldsymbol{r}$ 的标量积，我们得到

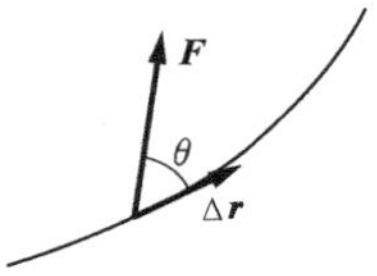

$$\boldsymbol{F}\cdot\Delta\boldsymbol{r}=m\frac{\mathrm{d}\boldsymbol{v}}{\mathrm{d}t}\cdot\Delta\boldsymbol{r} \tag{5.8}$$

图中显示了轨道和沿着轨道某一点的作用力。在这一点，$\boldsymbol{F}\cdot\Delta\boldsymbol{r}=F\Delta r\cos\theta$。

或许，你可能会奇怪我们怎么知道 $\Delta\boldsymbol{r}$ 呢，这只有知道轨道以后才可以，而轨道恰恰是我们要确定的。我们暂时先忽略这个问题，假设我们知道了轨道。

方程（5.8）的右边是 $m(\mathrm{d}\boldsymbol{v}/\mathrm{d}t)\cdot\Delta\boldsymbol{r}$。注意到 $\boldsymbol{v}$ 和 $\Delta\boldsymbol{r}$ 并不是独立的，我们可以变换这个表达式；对足够短的路径长度，$\boldsymbol{v}$ 近似是常量。因此，$\Delta\boldsymbol{r}=\boldsymbol{v}\Delta t$，这里 Δt 是质点移动 $\Delta\boldsymbol{r}$ 所需的时间。从而，

$$m\left(\frac{\mathrm{d}\boldsymbol{v}}{\mathrm{d}t}\right)\cdot\Delta\boldsymbol{v}=m\frac{\mathrm{d}\boldsymbol{v}}{\mathrm{d}t}\cdot\boldsymbol{v}\Delta t \tag{5.9}$$

利用在 1.10 节证明的矢量恒等式 $2\boldsymbol{A}\cdot\mathrm{d}\boldsymbol{A}/\mathrm{d}t=\mathrm{d}A^2/\mathrm{d}t$，我们得到

$$\boldsymbol{v}\cdot\frac{\mathrm{d}\boldsymbol{v}}{\mathrm{d}t}=\frac{1}{2}\frac{\mathrm{d}}{\mathrm{d}t}(v^2)$$

方程（5.9）变为

$$\boldsymbol{F}\cdot\Delta\boldsymbol{r}=\frac{m}{2}\frac{\mathrm{d}}{\mathrm{d}t}(v^2)\Delta t \tag{5.10}$$

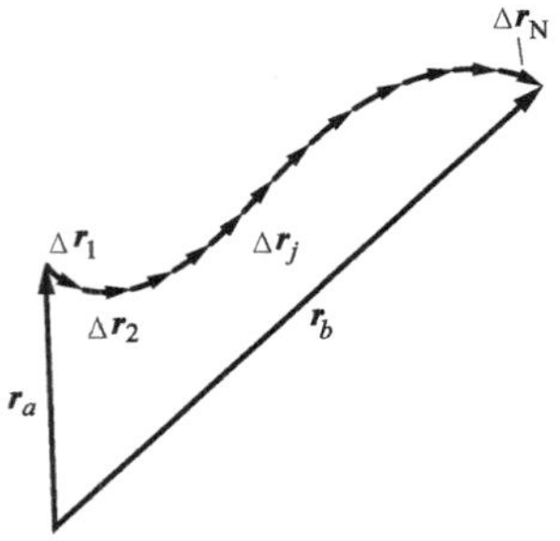

下一步，把从初始位置到终点位置的整个轨道分成长度为 $\Delta\boldsymbol{r}_j$ 的 N 小段，这里 j 是标记小段的下标。（当我们取极限 $\Delta\boldsymbol{r}\to 0$ 时，所有小段是否有相同的长度将不会带来任何差异。）对于每一小段，我们可以列出类似于方程（5.10）的关系式：

$$\boldsymbol{F}(\boldsymbol{r}_j)\cdot\Delta\boldsymbol{r}_j=\frac{m}{2}\frac{\mathrm{d}}{\mathrm{d}t}(v_j^2)\Delta t_j$$

式中，$\boldsymbol{r}_j$ 是 j 小段的位置，v_j 是质点在那里的速度，Δt_j 是通过 j 小段所需的时间。如果我们将所有小段的方程加在一起，则有

$$\sum_{j=1}^{N}\boldsymbol{F}(\boldsymbol{r}_j)\cdot\Delta\boldsymbol{r}_j=\sum_{j=1}^{N}\frac{m}{2}\frac{\mathrm{d}}{\mathrm{d}t}(v_j^2)\Delta t_j$$

接下来我们取极限，每小段的长度趋于零，小段的数目趋于无穷大。极限下，求和变成积分，我们有

$$\int_{\boldsymbol{r}_a}^{\boldsymbol{r}_b} \boldsymbol{F}(\boldsymbol{r}) \cdot \mathrm{d}\boldsymbol{r} = \int_{t_a}^{t_b} \frac{m}{2} \frac{\mathrm{d}}{\mathrm{d}t}(v^2)\mathrm{d}t \tag{5.11}$$

式中，t_a 和 t_b 分别是 $\boldsymbol{r}_a$ 和 $\boldsymbol{r}_b$ 对应的时间。将求和转化为积分时，我们略去了下标 j。第一段 $\Delta\boldsymbol{r}_1$ 的位置用 $\boldsymbol{r}_a$ 表示，最后一段 $\Delta\boldsymbol{r}_N$ 的位置用 $\boldsymbol{r}_b$ 表示。

在方程（5.11）中，我们可用现在熟悉的方法计算右边的积分。

$$\begin{aligned}\int_{\boldsymbol{r}_a}^{\boldsymbol{r}_b} \boldsymbol{F}(\boldsymbol{r}) \cdot \mathrm{d}\boldsymbol{r} &= \int_{t_a}^{t_b} \frac{m}{2} \frac{\mathrm{d}}{\mathrm{d}t}(v^2)\mathrm{d}t \\ &= \frac{m}{2}\int_{t_a}^{t_b} \frac{\mathrm{d}}{\mathrm{d}t}(v^2)\mathrm{d}t \\ &= \frac{1}{2}mv^2\Big|_{t_a}^{t_b} \\ &= \frac{1}{2}mv_b^2 - \frac{1}{2}mv_a^2\end{aligned}$$

这是对一维方程（5.4）的一个简单的推广。然而在这里，$v^2 = v_x^2 + v_y^2 + v_z^2$，而对应一维情形的是 $v^2 = v_x^2$。

方程（5.11）变为

$$\int_{\boldsymbol{r}_a}^{\boldsymbol{r}_b} \boldsymbol{F}(\boldsymbol{r}) \cdot \mathrm{d}\boldsymbol{r} = \frac{1}{2}mv_b^2 - \frac{1}{2}mv_a^2 \tag{5.12}$$

左边的积分由于是沿着一条路径完成，称作**线积分**。下面两节我们将计算这个线积分，并看看从物理上如何解释方程（5.12）。然而，在这么做之前，我们逗留片刻总结一下。

我们的出发点是 $\boldsymbol{F}(\boldsymbol{r}) = m\mathrm{d}\boldsymbol{v}/\mathrm{d}t$。我们所要做的就是对距离积分这个方程，但是由于我们仔细描述了每一步，好像涉及好多运算似的。情况并非如此；整个论证可用几行陈述如下：

$$\boldsymbol{F} = m\mathrm{d}\boldsymbol{v}/\mathrm{d}t$$

$$\begin{aligned}\int_a^b \boldsymbol{F} \cdot \mathrm{d}\boldsymbol{r} &= \int_a^b m\frac{\mathrm{d}\boldsymbol{v}}{\mathrm{d}t} \cdot \mathrm{d}\boldsymbol{r} \\ &= \int_a^b m\frac{\mathrm{d}\boldsymbol{v}}{\mathrm{d}t} \cdot \boldsymbol{v}\mathrm{d}t \\ &= \int_a^b \frac{m}{2}\frac{\mathrm{d}}{\mathrm{d}t}(v^2)\mathrm{d}t \\ &= \frac{1}{2}mv_b^2 - \frac{1}{2}mv_a^2\end{aligned}$$

5.3.3 动能定理

现在，我们用物理的语言叙述方程（5.12）。量$\frac{1}{2}mv^2$称作动能K，所以方程（5.12）的右边可以写为K_b-K_a。当质点从a移动到b时，积分$\int_{r_a}^{r_b}\boldsymbol{F}(\boldsymbol{r})\cdot\mathrm{d}\boldsymbol{r}$称为力$\boldsymbol{F}$对质点所做的功$W_{ba}$。现在方程（5.12）可写成如下形式：

$$W_{ba}=K_b-K_a \tag{5.13}$$

这个结果就是动能定理的一般表述，而我们在一维运动所讨论的方程（5.6）是受限的形式。

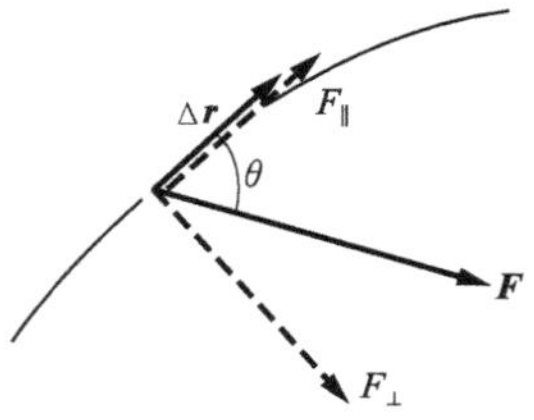

前面说过，在一个小位移$\Delta\boldsymbol{r}$中力所做的功ΔW是

$$\Delta W=\boldsymbol{F}\cdot\Delta\boldsymbol{r}=F\cos\theta\Delta r=F_{\parallel}\Delta r$$

式中，$F_{\parallel}=F\cos\theta$，是$\boldsymbol{F}$沿位移$\Delta\boldsymbol{r}$的分量。垂直$\Delta\boldsymbol{r}$的$\boldsymbol{F}$分量并不做功。对于从$\boldsymbol{r}_a$到$\boldsymbol{r}_b$的有限位移，对质点所做的功$\int_a^b\boldsymbol{F}\cdot\mathrm{d}\boldsymbol{r}$是来自路径每一段的贡献$\Delta W=F_{\parallel}\Delta r$之和，极限下每一段的长度趋于零。

在动能定理的方程（5.13）中，W_{ba}是合力$\boldsymbol{F}$对质点做的功。如果$\boldsymbol{F}$是几个力的合力，即$\boldsymbol{F}=\sum\boldsymbol{F}_i$，我们可写出

$$W_{ba}=\sum_i(W_i)_{ba}=K_b-K_a$$

这里，

$$(W_i)_{ba}=\int_{r_a}^{r_b}\boldsymbol{F}_i\cdot\mathrm{d}\boldsymbol{r}$$

是第i个力$\boldsymbol{F}_i$做的功。

现在，我们的讨论只限于单个质点的情形。在4.3节我们证明了扩展物体的质心运动满足运动方程

$$\boldsymbol{F}=M\ddot{\boldsymbol{R}}=M\frac{\mathrm{d}\boldsymbol{V}}{\mathrm{d}t} \tag{5.14}$$

这里，$\boldsymbol{V}=\dot{\boldsymbol{R}}$是质心的速度。将方程（5.14）对位置积分，可得

$$\int_{\boldsymbol{R}_a}^{\boldsymbol{R}_b}\boldsymbol{F}\cdot\mathrm{d}\boldsymbol{R}=\frac{1}{2}MV_b^2-\frac{1}{2}MV_a^2 \tag{5.15}$$

这里，$\mathrm{d}\boldsymbol{R}=\boldsymbol{V}\mathrm{d}t$是质心在时间$\mathrm{d}t$内的位移。

方程（5.15）是扩展物体平动的动能定理。后面我们将

看到对系统做功的几种方式，例如使物体转动或变热的功。不管怎样，方程（5.15）对质心运动总是成立的。

例 5.4 圆锥摆

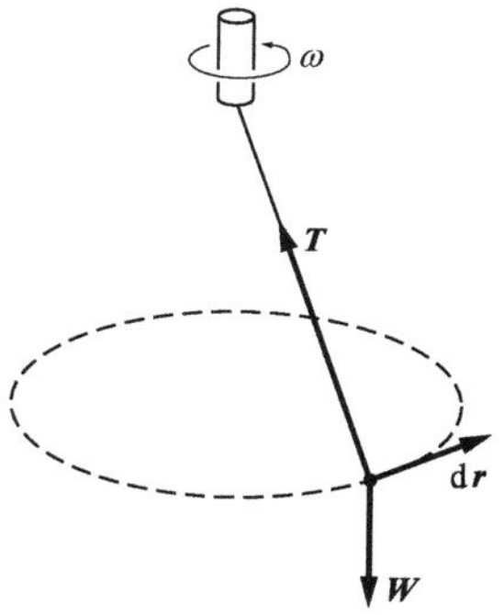

我们在例 2.10 中讨论了圆锥摆的运动。由于物体以匀角速度 ω 在恒定半径 R 的圆周上运动，物体的动能 $\frac{1}{2}mR\omega^2$ 是常量。动能定理则告诉我们，对物体所做的功为零。

仔细分析这种情形，绳力和重力都作用在物体上。然而，这些力的每一个都与圆轨道垂直，使得功的积分中被积函数为零。结果，对 m 的总功是零，因而动能是常量。

重要的是要认识到，在功 $\int \boldsymbol{F}\cdot\mathrm{d}\boldsymbol{r}$ 的积分中，矢量 $\mathrm{d}\boldsymbol{r}$ 沿质点的路径。由于 $v=\mathrm{d}\boldsymbol{r}/\mathrm{d}t$，$\mathrm{d}\boldsymbol{r}=v\mathrm{d}t$，$\mathrm{d}\boldsymbol{r}$ 总是与 v 平行。

例 5.5 逃逸速度——一般的情形

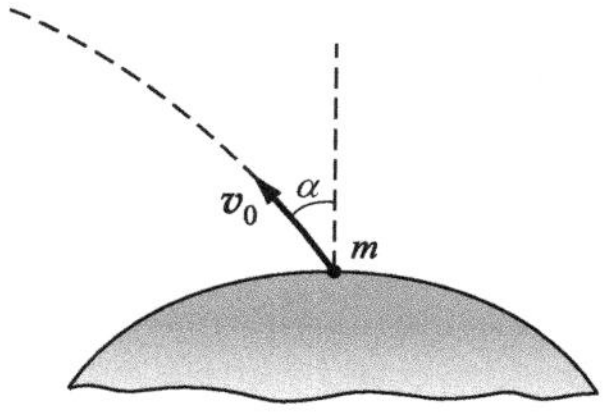

在例 5.3 中，我们讨论了质量为 m 的质点从地球表面竖直向上抛出的一维运动。我们发现，如果质点的初速大于 $v_0=\sqrt{2gR_e}$，质点将从地球逃脱。现在我们重新看这个问题，但是允许质点沿着与竖直成 α 角的方向抛出。

忽略空气阻力，质点所受的作用力是

$$\boldsymbol{F}=-\frac{GM_e m}{r^2}\hat{\boldsymbol{r}}=-mg\frac{R_e^2}{r^2}\hat{\boldsymbol{r}}$$

式中，$g=GM_e/R_e^2$，为地球表面的重力加速度。在没有详细求解问题之前，我们不知道质点的轨道，但是对于路径的任一微元，位移 $\mathrm{d}\boldsymbol{r}$ 可以写成

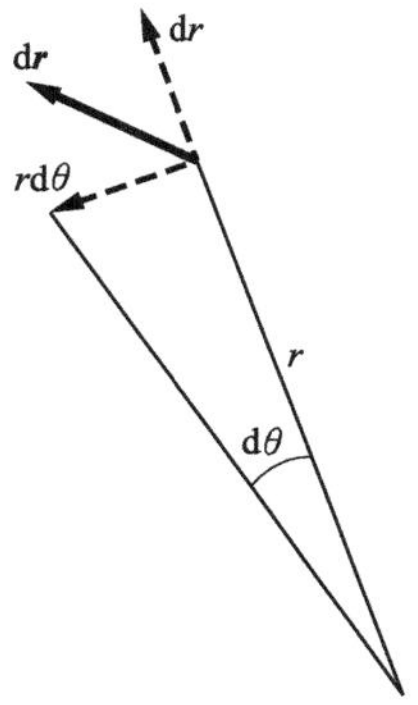

$$\mathrm{d}\boldsymbol{r}=\mathrm{d}r\hat{\boldsymbol{r}}+r\mathrm{d}\theta\hat{\boldsymbol{\theta}}$$

由于 $\hat{\boldsymbol{r}}\cdot\hat{\boldsymbol{\theta}}=0$，我们有

$$\boldsymbol{F}\cdot\mathrm{d}\boldsymbol{r}=-mg\frac{R_e^2}{r^2}\hat{\boldsymbol{r}}\cdot(\mathrm{d}r\hat{\boldsymbol{r}}+r\mathrm{d}\theta\hat{\boldsymbol{\theta}})$$

$$=-mg\frac{R_e^2}{r^2}\mathrm{d}r$$

动能定理变成

$$\frac{1}{2}mv^2-\frac{1}{2}mv_0^2=-mgR_e^2\int_{R_e}^{r}\frac{dr}{r^2}$$

$$=mgR_e^2\left(\frac{1}{r}-\frac{1}{R_e}\right)$$

逃逸速度是 $r\to\infty$ 时 $v=0$ 所对应的 v_0 最小值。由此确定

$$v_{逃逸}=\sqrt{2gR_e}$$

$$=1.1\times10^4\ \mathrm{m/s}$$

与例 5.3 的结果相同。不存在空气阻力时，逃逸速度与发射方向无关，这个结果并不是显而易见的。

在我们的分析中略去了地球的转动。不存在空气阻力时，抛射体应当水平向东发射，这样地球表面的转动速率就可以加到发射速度上。这就是美国的卫星在佛罗里达沿向东的轨道发射的原因，这里是美国最接近赤道的地区，切向速率最大。同样，欧洲的卫星通常在南美的法属圭亚那发射，这个地点在赤道北面只有几度的位置。

5.3.4 功率

功率是做功的比率。当系统移动一段小距离 $\Delta\boldsymbol{r}$ 时，作用在系统上的力 $\boldsymbol{F}$ 所做的功 ΔW 是 $\boldsymbol{F}\cdot\Delta\boldsymbol{r}$。如果位移是在 Δt 时间发生的，那么做功的比率是

$$\frac{\Delta W}{\Delta t}\approx\boldsymbol{F}\cdot\frac{\Delta\boldsymbol{r}}{\Delta t}$$

取极限 $\Delta t\to0$，$\Delta\boldsymbol{r}/\Delta t\to\boldsymbol{v}$，所以我们有

$$\frac{dW}{dt}=\boldsymbol{F}\cdot\boldsymbol{v}\tag{5.16}$$

功率可正可负，取决于是对系统做功还是系统做了功。功率的国际单位是瓦特（W）；1 W＝1 J/s＝1 kg·m^2/s^3。在非科学的领域也使用许多其他单位，例如，马力用来描述机械或汽车的功率。马力有几个略有不同的定义，取决于应用的领域，但是一般取 746 W。功率的其他单位总结在 5.11 节。

例 5.6 帝国大厦的爬楼人

每年的二月初，几百名运动员齐聚纽约的帝国大厦，竞争最快的爬楼梯人，他们要爬过 1576 级台阶到达 86 层，垂直高度 $h=320\ \mathrm{m}$。这个比赛在 1978 年首次举办，获胜时间通常是 10 min 左右。假设人的质量 $m=75\ \mathrm{kg}$，获胜者的平均功率是多少？

将 75 kg 的人提升 320 m 所做的功是

$$W=mgh=75\ \mathrm{kg}\times\frac{9.80\ \mathrm{m}}{\mathrm{s}^2}\times 320\ \mathrm{m}=2.35\times 10^5\ \mathrm{J}$$

如果做这些功所用的时间是 10 min=600 s，平均功率是

$$\overline{\text{功率}}=\frac{2.35\times 10^5\ \mathrm{J}}{600\ \mathrm{s}}=\frac{392\ \mathrm{J}}{\mathrm{s}}=392\ \mathrm{W}$$

爬楼梯人施加的平均功率是 392 W/(746 W/hp)=0.53 hp。状态好的人短时间可以施加的功率接近 1 hp，例如向上冲刺几段楼梯时。

5.3.5 动能定理的应用

上一节我们推导了动能定理：

$$W_{ba}=K_b-K_a$$

并应用到几个简单的例子。本节我们用它处理更复杂的问题。但是开始前，关于定理的几点说明或许是有帮助的。

首先，我们要强调动能定理是牛顿第二定律的数学结果；我们并没有引入新的物理思想。动能定理只是陈述了动能的变化等于净功。不应该把它与一般的能量守恒定律混淆，后者是一个独立的物理定律，我们将在 5.9 节和 5.10 节讨论。

你可能会为下列问题而烦恼：为应用动能定理，我们要计算沿着某个可能的曲线所做的功：

$$W_{ba}=\int_{C\,a}^{b}\boldsymbol{F}\cdot\mathrm{d}\boldsymbol{r}$$

这样的积分就是所谓的**线积分**，因为积分要沿从 a 到 b 的一条特定的曲线或路径计算。积分符号上的 C 表示线积分的符号。但是，计算这个积分需要知道质点实际所走的路径。为了应用定理似乎需要先知道解，这使动能定理变得难以应用。

若做功实际上依赖于路径，动能定理的确不是特别有用。幸运的是，动能定理在两种情形下极其有用，而这两种情形又是相当重要的。对许多感兴趣的作用力来说，功的积分并不依赖特定的路径，而只依赖端点。这样的力称为保守力；它们包括了物理中许多重要的作用力。我们将会看到，当力是保守力时，动能定理呈现出难以置信的简单形式。

约束运动的轨道是已知的，动能定理在这种情形下也是有用的。所谓的约束运动，我们指的是外部约束使质点保持在预定的轨道上。游乐场的过山车就是一个完美的例子。由于轨道上下轮子的限制，过山车只能沿着轨道运动。约束运动还有许多其他的例子——例如，圆锥摆被摆的固定长度约束——但都有一个共同的特征，即约束力不做功。这是由于约束力的效果是确保速度的方向与预定的路径相切。因此，约束力只改变 v 的方向。从而约束力 $\boldsymbol{F}_c$ 与速度 v 垂直。此外，位移 $\Delta\boldsymbol{r}$ 与 v 平行。结果，$\boldsymbol{F}\cdot\Delta\boldsymbol{r}=\boldsymbol{0}$，约束力并不做功。

例 5.7 倒摆

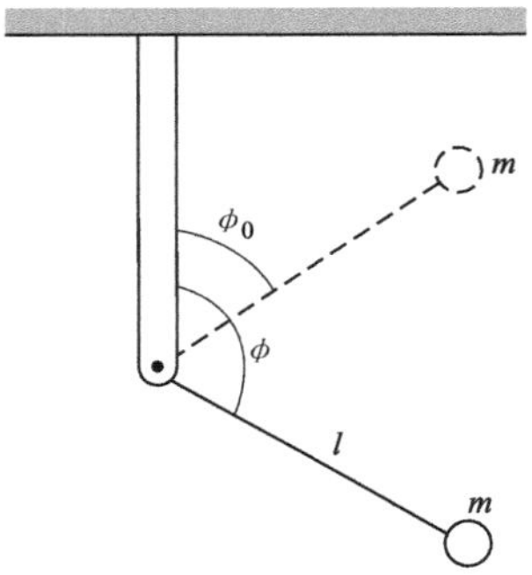

摆由长 l 的轻刚性杆组成，杆的一端为轴，另一端固定一个质量为 m 的物体。摆在角度 ϕ_0 处从静止释放，如图所示。当杆在角度 ϕ 时，物体的速度有多大？

动能定理给出

$$\frac{1}{2}mv(\phi)^2-\frac{1}{2}mv_0^2=W_{\phi,\phi_0}$$

由于 $v_0=0$，我们有

$$v(\phi)=\sqrt{\frac{2W_{\phi,\phi_0}}{m}} \tag{1}$$

为计算 W_{ϕ,ϕ_0}，即物体从 ϕ_0 摆到 ϕ 时重力所做的功，可以看出 $\mathrm{d}\boldsymbol{r}$ 在半径 l 的圆周上。

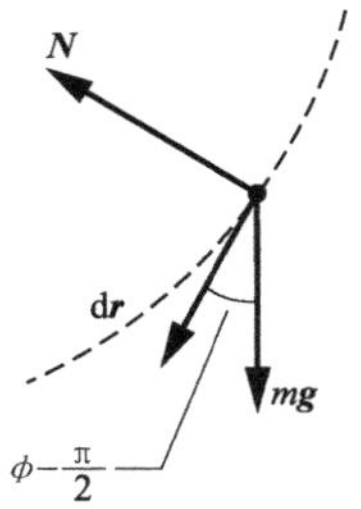

所受的力是向下的重力和杆的作用力 $\boldsymbol{N}$。由于 $\boldsymbol{N}$ 沿半径方向，$\boldsymbol{N}\cdot\mathrm{d}\boldsymbol{r}=0$，$\boldsymbol{N}$ 并不做功。重力所做的功为

$$m\boldsymbol{g}\cdot\mathrm{d}\boldsymbol{r}=mgl\cos\left(\phi-\frac{\pi}{2}\right)\mathrm{d}\phi$$

$$=\mathrm{mg}l\,\sin\phi\mathrm{d}\phi$$

这里我们用了 $|d\boldsymbol{r}|=l d\phi$，

$$W_{\phi,\phi_0}=\int_{\phi_0}^{\phi} mgl\sin\phi d\phi$$

$$=-mgl\cos\phi\Big|_{\phi_0}^{\phi}$$

$$=mgl(\cos\phi_0-\cos\phi)$$

由方程 (1)，在角度 ϕ 时，速率是

$$v(\phi)=\sqrt{2gl(\cos\phi_0-\cos\phi)}$$

摆从顶部 $\phi_0=0$ 落到底部 $\phi=\pi$ 时，速度最大：

$$v_{\max}=2\sqrt{gl}$$

这与物体沿竖直方向下落 $2l$ 获得的速度相同。然而，摆上的物体在轨道的底部是沿水平方向运动，而不是竖直方向。

为了使你相信动能定理的效果，你可以通过积分运动方程解决这个问题。你会发现，还是用动能定理更容易。

例 5.7 既展示了这个方法的效果，也暴露了一个缺点：虽然我们确定了物体在圆周上任意点的速率，但我们没有物体何时到达那里的信息。例如，若摆在 $\phi_0=0$ 处释放，原则上物体可永远平衡在那里，从不到达底部。幸运的是，在许多问题中，我们对时间不感兴趣。当时间比较重要的时候，动能定理朝着完全解迈出了很有价值的第一步，下一节我们就会看到这一点。

接下来我们转到在给定路径上计算已知力所做的功这个一般性问题，这涉及计算线积分，首先从恒力的情形开始。

例 5.8　恒力所做的功

恒力的情形特别简单。当质点从 $\boldsymbol{r}_a$ 沿任意路径移动到 $\boldsymbol{r}_b$ 时，我们要计算恒力所做的功 $\boldsymbol{F}_0=F_0\hat{\boldsymbol{n}}$，这里 F_0 是常量，$\hat{\boldsymbol{n}}$ 是沿某个给定方向的单位矢量。整个计算过程比较清楚，但是不管怎么做，这个问题可以通过检查下列积分就能解决。

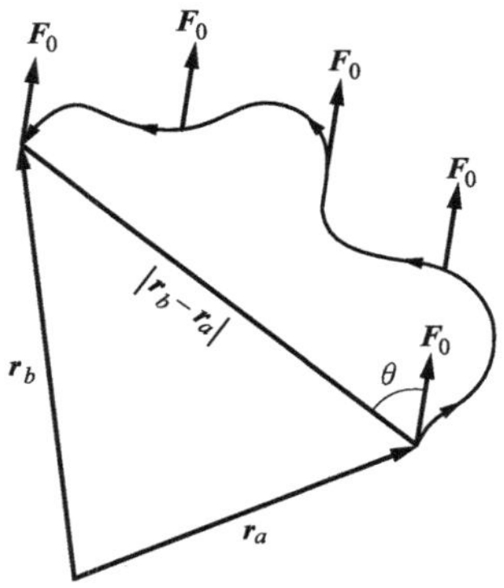

$$
\begin{aligned}
W_{ba} &= \oint_{r_a}^{r_b} \boldsymbol{F}_0 \cdot \mathrm{d}\boldsymbol{r} \\
&= \oint_{r_a}^{r_b} F_0 \hat{\boldsymbol{n}} \cdot \mathrm{d}\boldsymbol{r} \\
&= F_0 \hat{\boldsymbol{n}} \cdot \oint_{r_a}^{r_b} \mathrm{d}\boldsymbol{r} \\
&= F_0 \hat{\boldsymbol{n}} \cdot \left(\hat{\boldsymbol{i}} \int_{x_a, y_a, z_a}^{x_b, y_b, z_b} \mathrm{d}x + \hat{\boldsymbol{j}} \int_{x_a, y_a, z_a}^{x_b, y_b, z_b} \mathrm{d}y + \hat{\boldsymbol{k}} \int_{x_a, y_a, z_a}^{x_b, y_b, z_b} \mathrm{d}z\right) \\
&= F_0 \hat{\boldsymbol{n}} \cdot [\hat{\boldsymbol{i}}(x_b - x_a) + \hat{\boldsymbol{j}}(y_b - y_a) + \hat{\boldsymbol{k}}(z_b - z_a)] \\
&= F_0 \hat{\boldsymbol{n}} \cdot (\boldsymbol{r}_b - \boldsymbol{r}_a) \\
&= F_0 \cos\theta \, | \boldsymbol{r}_b - \boldsymbol{r}_a |
\end{aligned}
$$

这个结果表明，对于恒力来说，做功只依赖净位移$\boldsymbol{r}_b-\boldsymbol{r}_a$，与所走的路径无关。这样一个简单结果并非总是正确的，但是它对一种重要的力——保守力，是成立的。

我们可以用这个例子的结果展示保守力的基本特征。假定我们从 b 回到 a，但沿着一个不同的路径。功是 W_{ab}，像上面那样做完以后我们得到

$$
\begin{aligned}
W_{ab} &= F_0 \hat{\boldsymbol{n}} \cdot (\boldsymbol{r}_a - \boldsymbol{r}_b) \\
&= -W_{ba}
\end{aligned}
$$

由此，$W_{ba}+W_{ab}=0$；$\boldsymbol{F}_0$ 沿一个闭合路径所做的功为零。稍后，我们将详谈这个性质。

下面的例子显示，有心力所做的功也是只依赖端点，与所走的特殊路径无关。

例 5.9　有心力做功

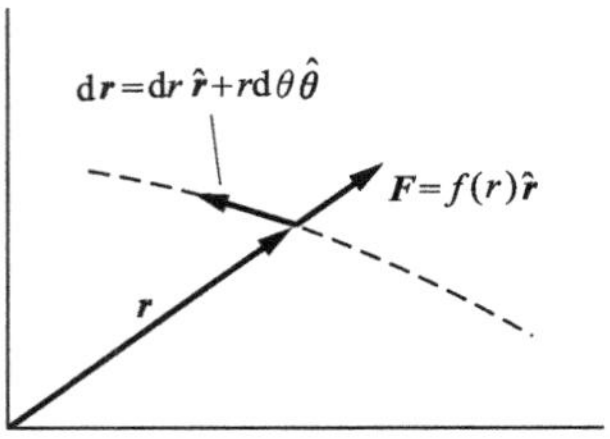

有心力是径向力，只依赖于到原点的距离。当质点从 $\boldsymbol{r}_a$ 移动到 $\boldsymbol{r}_b$ 时，我们计算有心力 $\boldsymbol{F}=f(r)\hat{\boldsymbol{r}}$ 所做的功。为简单起见，我们只考虑平面运动，相应的位移可表示为 $\mathrm{d}\boldsymbol{r}=\mathrm{d}r\hat{\boldsymbol{r}}+r\mathrm{d}\theta\hat{\boldsymbol{\theta}}$。则

$$
\begin{aligned}
W_{ba} &= \oint_a^b \boldsymbol{F} \cdot \mathrm{d}\boldsymbol{r} \\
&= \oint_a^b f(r)\hat{\boldsymbol{r}} \cdot (\mathrm{d}r\hat{\boldsymbol{r}} + r\mathrm{d}\theta\hat{\boldsymbol{\theta}}) \\
&= \int_a^b f(r)\mathrm{d}r
\end{aligned}
$$

功由一个对变量 r 的简单的一维积分给出。由于 θ 在问题中不出现，很明显对给定的 $f(r)$，功只依赖初始和最终的径向距离，与特殊的路径无关。同样满足 $W_{ba}+W_{ab}=0$；有心力沿闭合路径做功为零。

对有些力，功依赖于起点和终点之间的路径。熟悉的例子就是滑动摩擦力做功。这里力总是与运动反向，所以移动了距离 $\mathrm{d}S$ 后摩擦力所做的功是 $\mathrm{d}W=-f\mathrm{d}S$，式中 f 是摩擦力的大小。若我们假设 f 是常量，则从 $\boldsymbol{r}_a$ 移动到 $\boldsymbol{r}_b$ 时摩擦力做的功是

$$
\begin{aligned}
W_{ba} &= -\oint_{\boldsymbol{r}_a}^{\boldsymbol{r}_b} f\mathrm{d}S \\
&= -fS
\end{aligned}
$$

式中，S 是路径的总长度。由于力总是阻碍质点，功是负的。W_{ba} 在大小上从不比 fS_0 更小，这里 S_0 是两点之间的直线距离，但是通过选择一个非常绕来绕去的路线，S 可以任意大。

例 5.10 依赖路径的线积分

这是第二个依赖路径的线积分例子。令 $\boldsymbol{F}=A(xy\hat{\boldsymbol{i}}+y^2\hat{\boldsymbol{j}})$。力 $\boldsymbol{F}$ 没有什么特别的物理意义。

考虑从 (0，0) 到 (0，1)，先沿路径 1，再沿路径 2 的积分，如图所示。

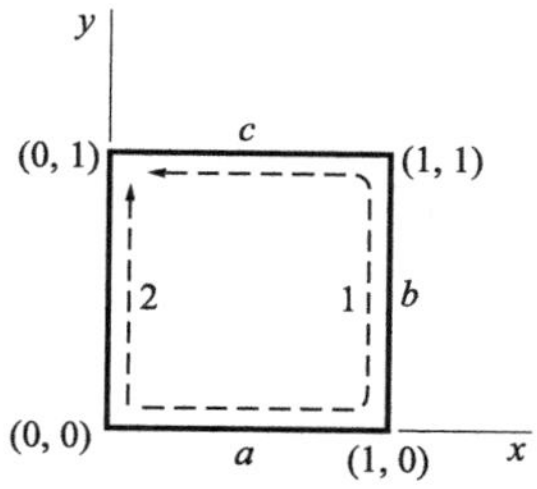

每条路径的线段都沿着一个坐标轴，所以很容易计算积分。对路径 1，我们有

$$
\oint_1 \boldsymbol{F}\cdot\mathrm{d}\boldsymbol{r}=\int_a \boldsymbol{F}\cdot\mathrm{d}\boldsymbol{r}+\int_b \boldsymbol{F}\cdot\mathrm{d}\boldsymbol{r}+\int_c \boldsymbol{F}\cdot\mathrm{d}\boldsymbol{r}
$$

沿线段 a，$\mathrm{d}\boldsymbol{r}=\mathrm{d}x\hat{\boldsymbol{i}}$，$\boldsymbol{F}\cdot\mathrm{d}\boldsymbol{r}=F_x\mathrm{d}x=Axy\mathrm{d}x$。由于沿这段线时 $y=0$，$\int_a \boldsymbol{F}\cdot\mathrm{d}\boldsymbol{r}=0$。对 b 段，

$$
\begin{aligned}
\int_b \boldsymbol{F}\cdot\mathrm{d}\boldsymbol{r} &= A\int_{x=1,y=0}^{x=1,y=1} y^2\mathrm{d}y \\
&= \frac{A}{3}
\end{aligned}
$$

而对 c 段，$y=1$，

$$
\begin{aligned}
\int_c \boldsymbol{F}\cdot\mathrm{d}\boldsymbol{r} &= A\int_{x=1,y=1}^{x=0,y=1} xy\mathrm{d}y \\
&= A\int_1^0 x\mathrm{d}x=-\frac{A}{2}
\end{aligned}
$$

因此，

$$\oint_1 \boldsymbol{F}\cdot \mathrm{d}\boldsymbol{r} = \frac{A}{3} - \frac{A}{2} = -\frac{A}{6}$$

沿着路径2，我们有

$$\oint_2 \boldsymbol{F}\cdot \mathrm{d}\boldsymbol{r} = A\int_{x=0,y=0}^{x=0,y=1} y^2\mathrm{d}y = \frac{A}{3} \neq \oint_1 \boldsymbol{F}\cdot \mathrm{d}\boldsymbol{r}$$

力所做的功对两个路径是不同的。

一般情况下，线积分的路径是沿着某些任意的曲线，而不是方便地沿着坐标轴。若其他的都失败，下面给出的计算线积分的一般方法可奏效。

为了简单，我们再次考虑平面运动。推广到三维是很直接的。

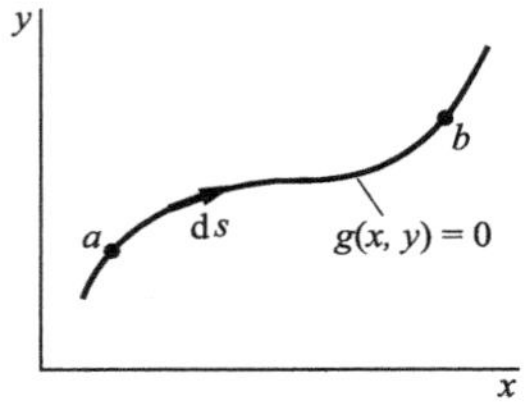

问题是沿着特定的路径计算 $\oint_a^b \boldsymbol{F}\cdot \mathrm{d}\boldsymbol{r}$。路径可用形如 $g(x, y)=0$ 的方程描述。例如，如果路径是关于原点的单位圆，所有路径上的点满足 $x^2+y^2-1=0$。

我们可以用参量 s 来描述路径上的每一点，实际问题中，比如，这可以是沿路径的距离或角度——任何量都可以，只要满足路径上每一点都与 s 的一个值关联，因而可以写出方程 $x=x(s)$，$y=y(s)$。若我们沿路径移动一小段，s 的变化量是 $\mathrm{d}s$，则 x 的变化量是 $\mathrm{d}x=(\mathrm{d}x/\mathrm{d}s)\mathrm{d}s$，$y$ 的变化量是 $\mathrm{d}y=(\mathrm{d}y/\mathrm{d}s)\mathrm{d}s$。由于 x 和 y 都由 s 决定，所以 F_x 和 F_y 也是如此。因此，可以写出 $\boldsymbol{F}=F_x(s)\hat{\boldsymbol{i}}+F_y(s)\hat{\boldsymbol{j}}$，我们有

$$\oint_a^b \boldsymbol{F}\cdot \mathrm{d}\boldsymbol{r} = \int_a^b (F_x\mathrm{d}x + F_y\mathrm{d}y) = \int_{s_a}^{s_b}\left[F_x(s)\frac{\mathrm{d}x}{\mathrm{d}s} + F_y(s)\frac{\mathrm{d}y}{\mathrm{d}s}\right]\mathrm{d}s$$

我们已经把问题简化为更熟悉的计算一维定积分的问题。实际的计算比理论更简单。这里给出一个例子。

例 5.11 引入参量计算线积分

从（$x=0$，$y=0$）到（$x=0$，$y=2R$），沿图示的半圆计算 $\boldsymbol{F}=A(x^3\hat{\boldsymbol{i}}+xy^2\hat{\boldsymbol{j}})$ 的线积分。

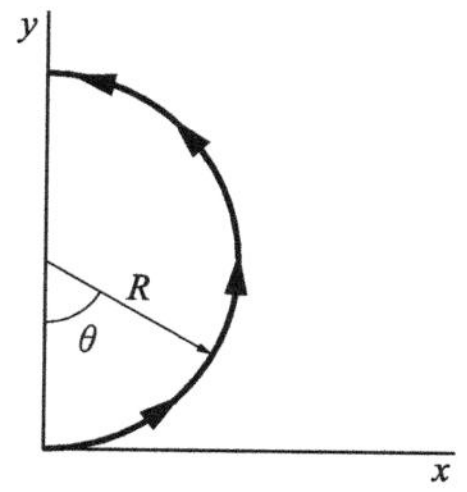

这里很自然的参数是 θ，θ 从 0 变到 π 时，半径矢量扫过半圆。我们有

$$x=R\sin\theta \qquad y=R(1-\cos\theta)$$

$$\mathrm{d}x=R\cos\theta\mathrm{d}\theta \qquad \mathrm{d}y=R\sin\theta\mathrm{d}\theta$$

$$F_x=AR^3\sin^3\theta \qquad F_y=AR^3\sin\theta(1-\cos\theta)^2$$

$$\oint\boldsymbol{F}\cdot\mathrm{d}\boldsymbol{r}=AR^4\int_0^{\pi}[(\sin^3\theta)\cos\theta+\sin\theta(1-\cos\theta)^2\sin\theta]\mathrm{d}\theta$$

这个积分的计算很简单。如果你对计算它有兴趣，可试着进行变量代换 $u=\cos\theta$。

5.4 机械能守恒

沿路径所做的功只依赖端点的保守力，在物理中起着重要的作用。我们已经见过两个保守力的例子：恒力（例 5.8）和有心力（例 5.9）。

从 a 到 b 沿任意路径保守力所做的功是

$$\oint_{\boldsymbol{r}_a}^{\boldsymbol{r}_b}\boldsymbol{F}\cdot\mathrm{d}\boldsymbol{r}=\boldsymbol{r}_b\text{ 的函数}-\boldsymbol{r}_a\text{ 的函数}$$

或者

$$\oint_{\boldsymbol{r}_a}^{\boldsymbol{r}_b}\boldsymbol{F}\cdot\mathrm{d}\boldsymbol{r}=-U(\boldsymbol{r}_b)+U(\boldsymbol{r}_a) \tag{5.17}$$

这里，$U(\boldsymbol{r})$是由上面的表达式定义的函数，称作**势能**函数。（符号的规定一会儿就清楚了。）我们并没有一般性地证明$U(\boldsymbol{r})$的存在，但我们已经见过功与路径无关的作用力的例子，所以我们知道至少对有些力 U 是存在的。

对于保守力，动能定理 $W_{ba}=K_b-K_a$ 变成

$$W_{ba}=-U_b+U_a$$
$$=K_b-K_a$$

或者，重新整理，

$$K_a+U_a=K_b+U_b \tag{5.18}$$

这个方程的左边 K_a+U_a 依赖 $\boldsymbol{r}_a$ 处质点的速率和它的势能，与 $\boldsymbol{r}_b$ 无关。同样，右边依赖 $\boldsymbol{r}_b$ 处的速率和势能，与 $\boldsymbol{r}_a$ 无关。

由于 $\boldsymbol{r}_a$ 和 $\boldsymbol{r}_b$ 是任意的点，而不是特别选择的，方程的两边只有等于一个常量才可能成立。用 E 表示这个常量，我们有

$$K_a+U_a=K_b+U_b=E \tag{5.19}$$

这里，E 称作质点的总机械能，或不太准确地说，总能。

我们已经证明，若作用力是保守的，总能与质点的位置无关。在这种情况下，总能保持为常量，或者，用物理的语言，能量是守恒的。虽然机械能守恒是一个导出定律，意味着它基本上没有新的物理内容，与应用牛顿定律相比，它却提供了看待物理过程的一种全然不同的方式，可以说我们有了一个全新的工具。另外，虽然机械能守恒来自牛顿定律，它却是理解更普遍的能量守恒定律的关键，而能量守恒定律独立于牛顿定律，极大地深化了我们对自然界的理解。当我们在 5.9 节和 5.10 节更详细地讨论了它之后，就会明白机械能守恒定律原来是更普遍的定律的特殊情况。

能量的一个奇特性质是，E 的值是任意的；只有 E 的变化有物理意义。这起因于方程

$$U_b-U_a=-\oint_a^b \boldsymbol{F}\cdot \mathrm{d}\boldsymbol{r} \tag{5.20}$$

只定义了 a 和 b 之间势能的差值，而不是势能本身。我们可以对 U_b 加上一个任意的常量，对 U_a 加同样的常量，仍然满足定义方程。然而，由于 $E=K+U$，对 U 加上一个任意的常量也使 E 增加了同样的量。

作为一个推论，方程（5.20）意味着保守力沿闭合路径做功为零：

$$\oint \boldsymbol{F}\cdot \mathrm{d}\boldsymbol{r}=0 \tag{5.21}$$

积分号上的圆圈表示一个闭合路径。

下列问题展示了用能量方法解决动力学问题带来的新视角。

例 5.12 动力学问题的能量解

为了展示能量方法的威力，我们用能量方法的新方式解决一个老问题。问题是摆的运动，这是我们在例 3.10 中用牛顿定律求解过的。

当物体从 $y=0$ 运动 y 时，重力 mg 对物体所做的功是 $-mgy$，所以 $U(y)-U(0)=mgy$。因此，示意图中所示的摆的总能是

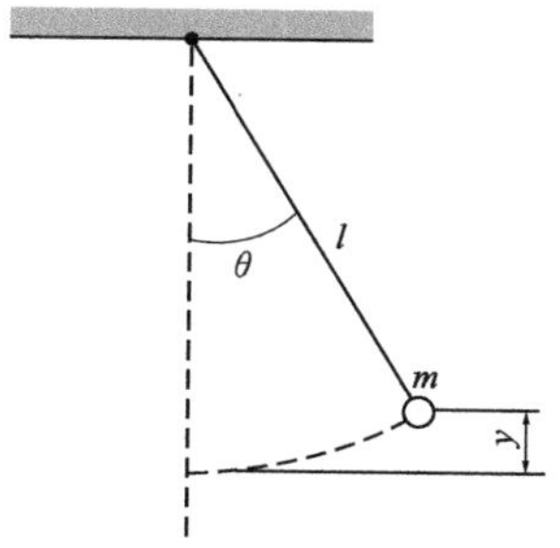

$$E = K + U$$
$$= \frac{1}{2}ml^2\dot{\theta}^2 + mgy$$

式中，l 是摆长，$y = l(1-\cos\theta)$。

容易计算在摆动一端的 E 值，这里 $\theta=\theta_0$，$\dot{\theta}=0$。总能是 $E = mgy = mgl\ (1-\cos\theta_0)$，能量方程变为

$$\frac{1}{2}ml^2\dot{\theta}^2 + mgl(1-\cos\theta) = mgl(1-\cos\theta_0)$$

解出 $\mathrm{d}\theta/\mathrm{d}t$，我们有

$$\frac{\mathrm{d}\theta}{\mathrm{d}t} = \sqrt{\frac{2g}{l}(\cos\theta - \cos\theta_0)}$$

重新整理，得到

$$\int \frac{\mathrm{d}\theta}{\sqrt{\cos\theta - \cos\theta_0}} = \sqrt{\frac{2g}{l}}\int \mathrm{d}t \qquad (1)$$

让我们看一下小幅摆动的情形，这时可取小角近似 $\cos\theta \approx 1 - \frac{1}{2}\theta^2$。我们得到

$$\int \frac{\mathrm{d}\theta}{\sqrt{\frac{1}{2}}\sqrt{\theta_0^2 - \theta^2}} = \sqrt{\frac{2g}{l}}\int \mathrm{d}t$$

重写方程

$$\int \frac{\mathrm{d}\theta/\theta_0}{\sqrt{1-(\theta/\theta_0)^2}} = \omega\int \mathrm{d}t$$

这里，我们引入了 $\omega = \sqrt{g/l}$ 。左边的积分有形式 $\int \mathrm{d}x/\sqrt{1-x^2} = \arcsin x$，式中 $x = \theta/\theta_0$。积分的下限取为 $(\theta=0,\ t=0)$，上限取为 $(\theta,\ t)$。结果是

$$\frac{\arcsin\theta}{\theta_0} - 0 = \sqrt{\frac{g}{l}}(t-0)$$

$$\theta = \theta_0 \sin\omega t$$

注意：能量方法并不要求确定运动的通解，然后再代入边界条件：边界条件是内在的。更重要的是，方程 (1) 是通用的方程，并不限于小角近似。它有一个数学精确解，用椭圆函数来表示，但是无须陷入这种复杂性，我们就可以

用方程（1）得到一个重要的结果：有限振幅对摆动周期的修正。从牛顿运动方程提取这样的修正是非常困难的。注释 5.1 中得到了这个修正。

5.5 势能

势能的概念是上节引入的。它的定义包含在方程（5.20）中，这里给出几个例子展示三个保守力的势能：恒力、有心力和弹力。

例 5.13 恒力场的势能

由例 5.8 可知，恒力做的功是 $W_{ba}=\boldsymbol{F}_0\cdot(\boldsymbol{r}_b-\boldsymbol{r}_a)$。例如，重力场对质量 m 的质点的作用力是 $-mg\hat{\boldsymbol{k}}$，所以质点从 $\boldsymbol{r}_a$ 移动到 $\boldsymbol{r}_b$ 时，势能的变化是

$$\begin{aligned}U_b-U_a&=-\int_{z_a}^{z_b}(-mg)\mathrm{d}z\\&=mg(z_b-z_a)\end{aligned}$$

如果我们按惯例取地面 $z=0$ 的势能 $U=0$，则 $U(h)=mgh$，这里 h 是地面上的高度。然而，形如 $mgh+C$ 的势能也是合适的，这里 C 是任意常量。

作为一个应用，设质量为 m 的物体以初速 $v_0=v_{0x}\hat{\boldsymbol{i}}+v_{0y}\hat{\boldsymbol{j}}+v_{0z}\hat{\boldsymbol{k}}$ 从地面上抛。利用能量守恒确定它在高度 h 处的速率。

$$K_0+U_0=K(h)+U(h)$$

$$\frac{1}{2}mv_0^2+0=\frac{1}{2}mv^2(h)+mgh$$

或者

$$v(h)=\sqrt{v_0^2-2gh}$$

由于恒力场中的运动用 $\boldsymbol{F}=m\boldsymbol{a}$ 很容易确定，例 5.13 并不是很重要。然而，它展示了能量方法解决问题的简单性，对三个方向的运动可以立刻处理。相反，牛顿定律涉及三个方程，每个运动分量对应一个方程。

例 5.14　有心力的势能

有心力都是保守的，有一般的表达式 $\boldsymbol{F}=f(r)\hat{\boldsymbol{r}}$，这里 $f(r)$ 是到原点距离的某个函数。质点在有心力场中的势能是

$$U_b-U_a=-\int_{r_a}^{r_b}\boldsymbol{F}\cdot\mathrm{d}\boldsymbol{r}$$
$$=-\int_{r_a}^{r_b}f(r)\mathrm{d}r$$

平方反比力 $f(r)=A/r^2$ 是有心力的一个重要类型。一个实例是质量为 m_1 和 m_2 的两个物体之间的万有引力，$\boldsymbol{F}\propto(m_1m_2/r^2)\hat{\boldsymbol{r}}$，另一个是两个电荷 q_1 和 q_2 之间的库仑静电力，$\boldsymbol{F}\propto(q_1q_2/r^2)\hat{\boldsymbol{r}}$。

$$U_b-U_a=-\int_{r_a}^{r_b}\frac{A}{r^2}\mathrm{d}r$$
$$=\frac{A}{r_b}-\frac{A}{r_a}$$

为得到一般的势能函数，我们用径向变量 r 替换 r_b。则有

$$U(r)=\frac{A}{r}+\left(U_a-\frac{A}{r_a}\right)$$
$$=\frac{A}{r}+C$$

常量 C 没有物理意义，只有势能的变化是有物理意义的，所以我们可以任意给定 C 的值。在这种情况下，一个方便的选择是 $C=0$，对应于 $U(\infty)=0$。按照这个规定，我们有

$$U(r)=\frac{A}{r}$$

例 5.15　三维弹力的势能

线性回复力或弹力是物理中重要的作用力。为证明弹力是保守的，考虑平衡长度 r_0 的一个弹簧，一端固定在原点。

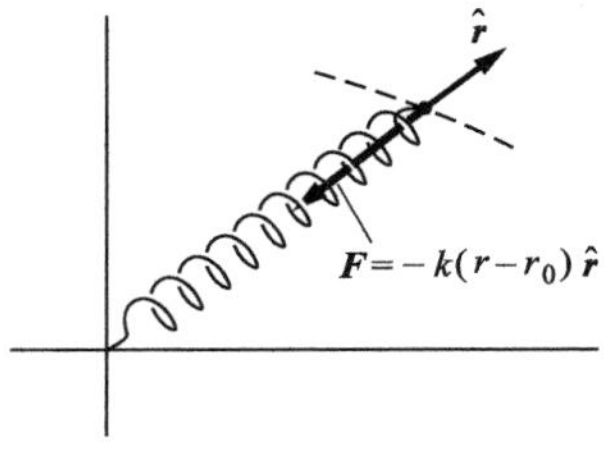

如果弹簧沿方向 $\hat{\boldsymbol{r}}$ 伸长到长度 r，它施加的弹力是

$$\boldsymbol{F}(r)=-k(r-r_0)\hat{\boldsymbol{r}}$$

力是有心的，所以是保守力。势能是

$$U(r)-U(a)=-\int_a^r(-k)(r-r_0)\mathrm{d}r$$

$$=\frac{1}{2}k(r-r_0)^2\Big|_a^r$$

$$=\frac{1}{2}k[(r-r_0)^2-(r_a-r_0)^2]$$

因此

$$U(r)=\frac{1}{2}k(r-r_0)^2+C$$

习惯上，我们选择平衡点为势能的零点：$U(r_0)=0$，从而有

$$U(r)=\frac{1}{2}k(r-r_0)^2$$

当有几个保守力作用在质点上，势能是各个力的势能之和。下面的例子，有两个保守力作用。

例 5.16 珠子、圆环和弹簧

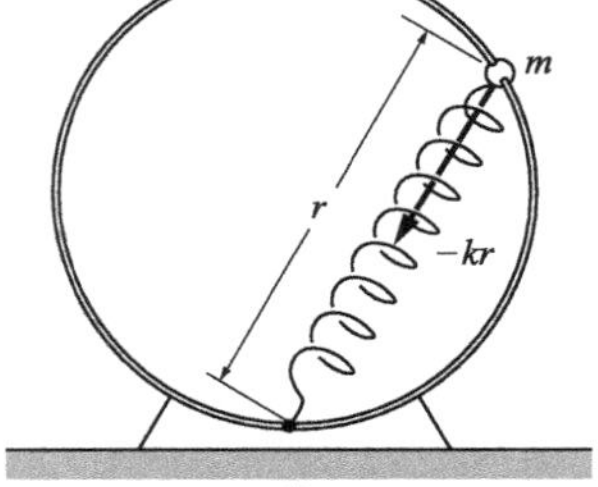

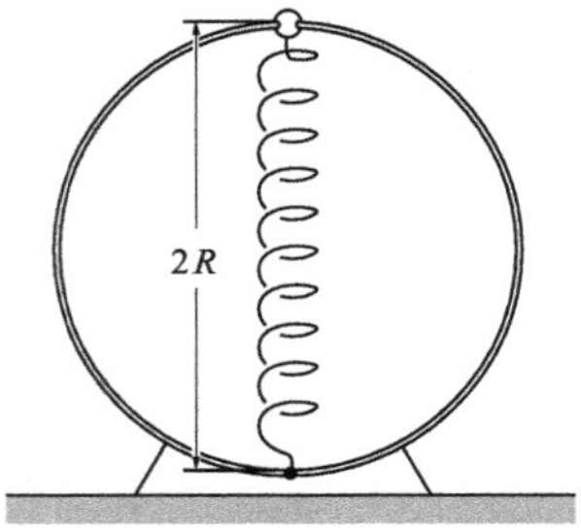

质量为 m 的珠子在半径为 R 的竖直圆环上无摩擦地滑动。珠子在重力和固定在圆环底部的弹簧共同作用下运动。为简单起见，假设弹簧的平衡长度是零，因而弹簧的弹力是 $-kr$，这里 r 是弹簧的瞬时长度，如图所示。珠子在圆环顶部以可略的速率释放。问珠子在圆环底部运动得有多快？

在圆环顶部，珠子的重力势能是 $mg(2R)$，弹性势能是 $\frac{1}{2}k(2R)^2=2kR^2$。因此，初始的势能是

$$U_i=2mgR+2kR^2$$

在圆环底部的总势能是

$$U_f=0$$

由于两个力都是保守力，机械能是常量，我们有

$$K_i+U_i=K_f+U_f$$

初始动能是零，我们得到

$$K_f=U_i-U_f$$

或者

$$\frac{1}{2}mv_f^2=2mgR+2kR^2$$

因此，

$$v_f=2\sqrt{gR+\frac{kR^2}{m}}$$

5.6 由势能了解力

在许多物理问题中，确定势能比计算力更容易。从势能确定力的步骤是很直接的，本节我们考虑一维系统。三维的一般情形在注释 5.2 中讨论。

假设我们有个一维的系统，例如物体连到弹簧上，这里力是 $F(x)$，势能是

$$U_b-U_a=-\int_{x_a}^{x_b}F(x)\mathrm{d}x$$

当质点从某一点 x 移动到 $x+\Delta x$，考虑势能的变化 ΔU：

$$\begin{aligned}U(x+\Delta x)-U(x)&\equiv\Delta U\\&=-\int_{x}^{x+\Delta x}F(x)\mathrm{d}x\end{aligned}$$

对于足够小的 Δx，$F(x)$在积分的范围内可看作常量，我们有

$$\begin{aligned}\Delta U&\approx -F(x)[(x+\Delta x)-x]\\&=-F(x)\Delta x\end{aligned}$$

或者

$$F(x)\approx-\frac{\Delta U}{\Delta x}$$

在 $\Delta x\to 0$ 的极限下，我们有

$$F(x)=-\frac{\mathrm{d}U}{\mathrm{d}x} \tag{5.22}$$

结果是合理的：势能是力的积分的负值，所以力是势能的负导数。

5.7 能量图

所谓**能量图**，就是以总能 E 和势能 U 作为位置的函数画图，从能量图时常可以确定一维系统运动的关键特征。动能

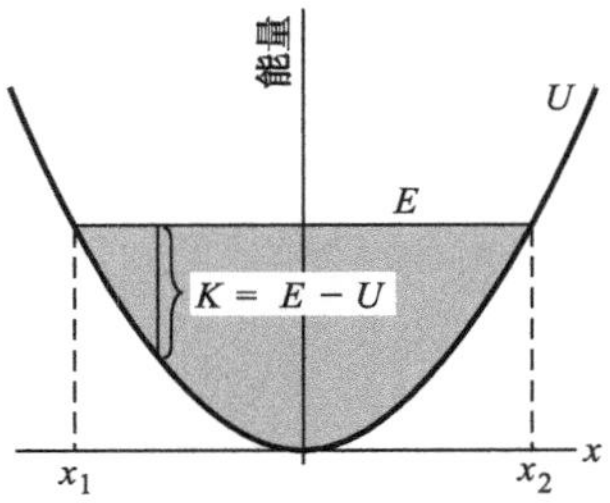

$K=E-U$ 通过观察就能很容易确定。由于动能不能是负的，系统的运动就被约束在 $U\leqslant E$ 的区域。

这里给出谐振子的能量图。势能 $U=kx^2/2$ 是中心位于原点的抛物线。

对于保守系统，总能是常量，E 不随位置 x 变化，可用一条水平直线表示。运动限制在阴影区，这里 $E\geqslant U$；图中运动的边界 x_1 和 x_1 称为转折点。

这些是图告诉我们的。动能 $K=E-U$ 在原点处最大，当质点沿任一方向飞过原点后会减小。在转折点 $K=0$，质点暂时达到静止。接下来质点朝原点往回加速，动能逐渐变大，重复原来的周期运动。

谐振子提供了有界运动的一个范例。当 E 增大时，转折点越来越分开，但质点从未自由。当 E 减小时，运动的幅度减小，最后 $E=0$ 时，质点静止在 $x=0$ 处。

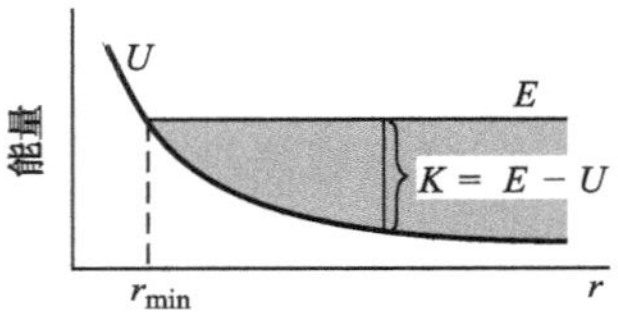

如果 U 不随着距离无限增大，就会出现大不相同的情形。例如，考虑质点约束在径向直线上，并受到一个平方反比的斥力 $(A/r^2)\,\hat{\boldsymbol{r}}$ 作用。这里，$U=A/r$，A 是正的。

从图可以看出，存在一个最接近的距离 $r_{\min}$，但是由于 U 随距离变小，总能是常量，运动对大的 r 是无界的。如果质点朝原点发射，它将逐渐损失动能，直到在 $r_{\min}$ 处暂时达到静止。接下来运动逆转，质点向无穷远处移去。在任一点的末速和初速都是相同的；碰撞仅仅反转了速度。

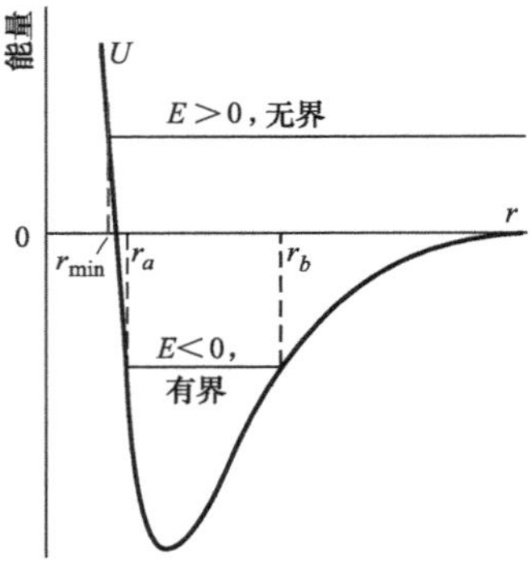

对有些势能，有界或无界的运动都可能发生，这依赖于能量的大小。例如，考虑两个原子之间的相互作用。典型的双原子系统的能量图在示意图中给出。

间距大的时候，原子互相微弱地吸引，吸引力是范德瓦尔斯力，按 $1/r^7$ 变化。原子接近时，电子云开始重合，产生或吸引或排斥的强作用力，这依赖于电子组态的细节。如果力是吸引的，势能随 r 的减小而减小。在很短的距离，原子总是互相排斥的，这源于带正电的原子核的排斥，U 快速增大。

对于正能 $E>0$，运动是无界的，原子可以自由地分开。从图中可以看出，E 增大时，最接近的距离 $r_{\min}$ 没有明显的变化。在小 r 处陡峭的势能曲线意味着原子的行为很像刚性球——最接近的距离 $r_{\min}$ 对碰撞能量是不敏感的。

$E<0$ 的情形则大不一样。这时运动在小和大的间距都是有界的；原子绝不会比 r_a 靠得更近，比 r_b 离得更远。双原子的有界系统当然就是分子了，图中表示的是一个典型的双原子分子的能量图。

两个原子以正能量碰撞是不能形成分子的，除非某些手段可用，失去足够的能量后，使 E 变为负的。一般来说，为带走过剩的能量，第三者是必需的。有时第三者是一个表面，这就是为什么面催化剂可用来加速某些反应。例如，即使氢分子是紧密束缚的，原子态的氢在气相中仍然是稳定的。然而，如果一小片白金插入氢中，原子会立刻结合成分子。出现的情况是，氢原子紧紧吸附在白金的表面，若表面上两个原子发生碰撞，过剩的能量就被释放到表面，没有被表面强烈吸引的分子则离开。传给表面的能量太大了，以至于白金会闪闪发光。第三个原子也可以带走过剩的能量，但是这要求第三个原子在附近时两个原子必须碰撞。这在低压时是小概率事件，但是压强变大时，它逐渐变得很重要。另一种可能是两个原子通过发射光子失去能量，但这很少发生，通常是不重要的。

5.8 非保守力

在这一章中我们强调了保守力和势能，它们在物理中起着重要的作用，但是在许多物理过程中，像摩擦力这样的非保守力也是存在的。本节我们拓展动能定理，把非保守力也包括进来。

保守力和非保守力时常作用在同一个系统上。例如，在空气中下落的物体受到保守的重力和非保守的空气阻力作用。我们可以写出合力 $\boldsymbol{F}$：

$$\boldsymbol{F}=\boldsymbol{F}^{c}+\boldsymbol{F}^{nc}$$

这里 $\boldsymbol{F}^{c}$ 和 $\boldsymbol{F}^{nc}$ 分别是保守力和非保守力。由于动能定理对于力是否为保守力都成立，质点从 a 移到 b 力 $\boldsymbol{F}$ 所做的总功是

$$\begin{aligned}W_{ba}^{总}&=\oint_a^b \boldsymbol{F}\cdot \mathrm{d}\boldsymbol{r}\\&=\oint_a^b \boldsymbol{F}^{c}\cdot \mathrm{d}\boldsymbol{r}+\oint_a^b \boldsymbol{F}^{nc}\cdot \mathrm{d}\boldsymbol{r}\\&=-U_b+U_a+W_{ba}^{nc}\end{aligned}$$

这里，U 是与保守力有关的势能，W_{ba}^{nc} 是非保守力做的功。动能定理，$W_{ba}^{总}=K_b-K_a$，现在的形式为

$$-U_b+U_a+W_{ba}^{\mathrm{nc}}=K_b-K_a$$

或者

$$K_b+U_b-(K_a+U_a)=W_{ba}^{\mathrm{nc}}$$

如果我们像以前那样把机械能定义为 $E=K+U$，则 E 不再守恒，而是依赖系统的状态。我们有

$$E_b-E_a=W_{ba}^{\mathrm{nc}} \tag{5.23}$$

这个结果是 5.4 节讨论的机械能守恒的推广。如果非保守力不做功，则 $E_b=E_a$，机械能守恒。一般来说，非保守力的效果是改变机械能。尤其是摩擦力做功总是负的，机械能会减小。尽管如此，能量方法继续有用；我们只需注意不要忽视非保守力做的功 W_{ba}^{nc}。这里给出一个例子。

例 5.17　物块滑下斜面

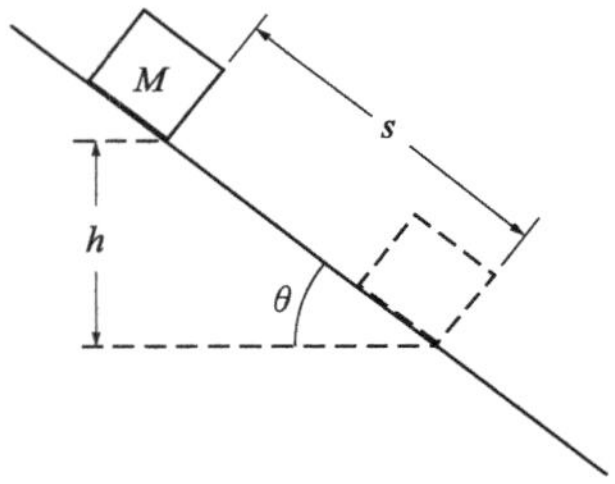

质量为 M 的物块从倾角为 θ 的斜面滑下。假设物块从静止开始下滑，摩擦因数 μ 是常量，问题是确定物块下落高度 h 时的速率。

初始时物块静止在高度 h 处；最后物块在高度 0 处以速率 v 运动。因此，

$$U_a=Mgh \qquad U_b=0$$

$$K_a=0 \qquad K_b=\frac{1}{2}Mv^2$$

$$E_a=Mgh \qquad E_b=\frac{1}{2}Mv^2$$

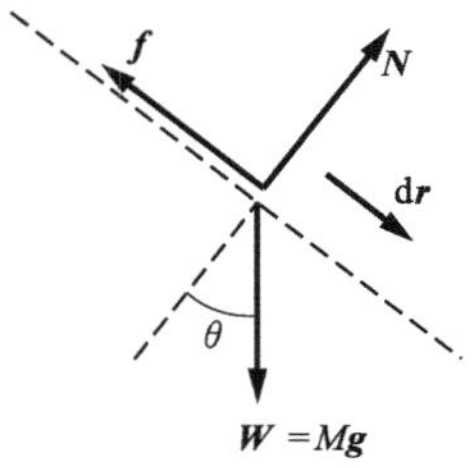

非保守力是 $f=\mu N=\mu Mg\cos\theta$。因此，非保守力做的功为

$$\begin{aligned}W_{ba}^{\mathrm{nc}}&=\int_a^b \boldsymbol{f}\cdot \mathrm{d}\boldsymbol{r}\\&=-fs\\&=-\mu Ns\\&=-(\mu Mg\cos\theta)s\end{aligned}$$

这里，s 是物块下滑的距离。负号源于 $\boldsymbol{f}$ 的方向总是与位移相反，所以 $\boldsymbol{f}\cdot\mathrm{d}\boldsymbol{r}=-f\mathrm{d}s$。利用 $s=h/\sin\theta$，我们有

$$W_{ba}^{nc}=-\mu Mg\cos\theta\,\frac{h}{\sin\theta}=-\mu\cot\theta Mgh$$

能量方程 $E_b-E_a=W_{ba}^{nc}$ 变为

$$\frac{1}{2}Mv^2-Mgh=-\mu\cot\theta Mgh$$

从而有

$$v=\sqrt{2(1-\mu\cot\theta)gh}$$

由于所有作用在物块上的作用力都是常量，v 的表达式也可以用匀加速度的方法很容易地得到；能量方法在这里没有带来多少便捷。能量方法的威力在于它的普适性。例如，假定摩擦因数沿表面变化，因而摩擦力是

$$f=\mu(x)Mg\cos\theta$$

摩擦力做的功为

$$W_{ba}^{nc}=-Mg\cos\theta\int_a^b\mu(x)\,\mathrm{d}x$$

末速很容易确定。相反，通过加速度对时间的积分来确定速率，可就没这么简单了。

5.9 能量守恒与理想气体定律

据我们所知，自然界中基本的相互作用，例如引力、电和磁相互作用力，都是保守力。这就引起了一个困惑：如果基本力都是保守力，非保守力又是怎么产生的？这个问题的解决有待于我们描述一个物理系统所采用的观点和扩展能量概念的意愿。

考虑摩擦力，这是我们最熟悉的非保守力。当物块滑过桌面时，由于摩擦力，会损失机械能，物块的速率减小。也发生了其他的事情：物块和桌子都变热了。直到现在，对能量的讨论还没有涉及温度的概念；不管物块是冷是热，质量为 M 的物块以速率 v 运动所具有的动能都是 $\frac{1}{2}Mv^2$。类似的，谐振子具有动能和势能，但这些与温度无关。然而，若我们仔细观察，会发现系统的变热与机械能的耗散有确定的关系。

英国物理学家焦耳首次建立了热和能量之间的定量关系。在此之前，其他人，特别是德国的 Robert Mayer 曾定性地谈到过它。（Mayer 演示了只通过摇晃就可以把水加热。）在 1840 年

代的早期，焦耳完成了一系列严谨的水被搅拌叶轮加热的实验，搅拌叶轮则被下落的重物带动，显示了摩擦引起的机械能的损失总是伴随着水温的相应升高。焦耳断定，热是一种形式的能量，系统的机械能和热能之和是守恒的。

后来发展的动理论用物质的原子图像解释了焦耳的热能量思想。动理论把气体的宏观性质，例如压强和温度，与气体由许多小的粒子组成的微观模型联系起来。在一级近似下，粒子在碰撞时像刚性小球，其他时候都自由运动。动理论的早期成就是应用于理想气体定律。理想气体定律，把一定量气体的压强 $\mathscr{P}$、体积 V 和温度 T 联系起来，有时又称作盖-吕萨克定律，以纪念实验上建立这个定律的法国物理学家。气体的量——N_{mol}，是用克-摩尔来量度的，这里 1 mol 的克数等于物质的分子量。

理想气体定律是

$$\mathscr{P}V=N_{\mathrm{mol}}RT \tag{5.24}$$

式中，T 是用开尔文(K)来量度的温度，这个温标的零度大约是−273 ℃，水的沸点和冰点的温差是 100 K。(度的符号不用在 K 上。) R 是一个经验常量，所谓普适气体常量，其值为 $R\approx8.314$ J/(mol·K)。

在例 4.22 中，我们导出了用气体的质量密度 ρ 和粒子速率的方均值 $\overline{v^2}$ 表示的气体压强表达式 $\mathscr{P}=\frac{1}{3}\rho\,\overline{v^2}$，乘以气体的体积得到

$$\mathscr{P}V=\frac{1}{3}\rho V\,\overline{v^2}$$

乘积 ρV 是气体的总质量 M_{tot}。

1 mol 气体的粒子数称作阿伏伽德罗常量，$N_{\mathrm{A}}\approx6.022\times10^{23}$。若每个粒子的质量是 m，则对一定的摩尔数 N_{mol}，总质量是 $M=N_{\mathrm{mol}}N_{\mathrm{A}}m$，且有

$$\mathscr{P}V=\frac{1}{3}M\,\overline{v^2}=\frac{1}{3}N_{\mathrm{mol}}N_{\mathrm{A}}m\,\overline{v^2} \tag{5.25}$$

比较方程 (5.24) 和 (5.25)，可以看出：

$$\frac{1}{3}N_{\mathrm{mol}}N_{\mathrm{A}}m\,\overline{v^2}=N_{\mathrm{mol}}RT$$

$$\frac{1}{3}m\,\overline{v^2}=\frac{R}{N_{\mathrm{A}}}\mathrm{T} \tag{5.26}$$

比率 R/N_{A} 在统计物理中具有很基本的作用，称作玻尔兹曼

常量，$k\approx 1.380\times 10^{-23}$ J/K，以纪念动理论奠基人玻尔兹曼。重写方程（5.26），可得

$$\frac{1}{2}m\overline{v^2}=\frac{3}{2}kT \tag{5.27}$$

这个简单的方程包含着丰富的物理。首先，它给出温度的一个物理解释：温度是理想气体中原子平均动能的量度。零温，“绝对零度”，是没有平动的温度。其次，它揭示了热能是微观的动能，是涉及随机运动的一种特殊动能。随机运动是在例 4.22 中假设

$$\overline{v_x^2}=\overline{v_y^2}=\overline{v_z^2}=\frac{1}{3}\overline{v^2}$$

时引入的。没有这个假设，压强会随方向变化，但这从未见到。这个关系式的一个结果是

$$\frac{1}{2}m\overline{v_x^2}=\frac{1}{2}m\overline{v_y^2}=\frac{1}{2}m\overline{v_z^2}=\frac{1}{2}kT$$

能量按平动的三个模式均分。这是称作均分定理的普遍定理的一例：若系统的能量能写成二次项之和，例如，$\frac{1}{2}m\overline{v_x^2}$、$p_x^2/2m$ 或 $\frac{1}{2}kx^2$，则热平衡时，与每一项相关的平均能量是 $\frac{1}{2}kT$。均分定理会在统计力学的教材中导出。这个定理威力巨大，非常有用，但是在某些条件下会失效。实际上，物质量子性质的第一个线索就来自于均分定理的失效。

使热能有别于机械能的另一个性质是，系统一旦开始接触，热能自然地从热系统流向冷系统，从未反向流动。这源于热能的随机本性，统计性质决定了它的流动。结果，热能本质上是一种新型的能量，但是可以将它纳入牛顿力学的更大框架。

例 5.18　气体的热容

系统的热容是升高 1 K 所需的能量。它与系统的质量成正比，所以我们考虑 1 mol 的热容（摩尔热容）。系统加热时所需的能量与系统是否做功有关。若气体膨胀，它对容器做功，所以让我们考虑体积保持不变时的热容，习惯上用 C_V 来表示。从方程（5.27）可看出 1 mol 理想气体的能量是

$$E = N_A \frac{1}{2} m \overline{v^2}$$

$$= \frac{3}{2} N_A kT$$

$$= \frac{3}{2} RT$$

如果只有平动的三个模式有贡献，温度升高 1 K 所需的能量是

$$C_V = \frac{3}{2} R = 12.47 \text{ J/mol} \cdot \text{K}$$

气体数据表里列出了单原子惰性气体氦和氩的 C_V 值是 12.5 J/mol · K，与这个结果是相符的。

5.10 守恒定律

第 4 章我们讨论了动量守恒，本章则是能量守恒。它们是物理中两个最基本的守恒定律，但却具有不同的特色。考虑一个孤立质点系的动量。第 i 个质点在某一时刻有动量 $m_i v_i$，然而却可能因碰撞而改变。虽然如此，质点的动量不会转换成不同的物理量，总动量保持不变。

另一方面，能量是个变色龙，可以从一种形式变成另一种。一个简单例子是本章开始讨论的动能和势能的相互转换。机械能守恒是牛顿定律的一个简单结果，告诉我们没有什么新的东西。接下来我们扩大了能量的概念，包含了热能。除了机械能和热能，还有其他形式的能量：化学的、电磁的和核的，仅举几例而已。当所有形式的能量都包括了，会发现总能量永远是守恒的。只有当一种或几种形式的能量在计算时被忽视了，总能量才可能是不守恒的。谈到机械能，能量不守恒的最一般原因是机械能转化为热能。然而，机械能加上热能后的总能量是守恒的。

能量守恒似乎成了绝望之举：每当机械能出现或消失时，我们就发现一些新的能量类型，以充实能量家族。幸运的是，已知的能量只有几种类型，且都为实验所证实。1905 年是爱因斯坦的“奇迹”年，这一年他发表了狭义相对论和其他几个伟大发现，其中他假设了两种新型的能量。一个与光电效应有关，光的能量是由分立的能量包（“量子”）所携带，现

在称之为光子。频率为 ν 的光子携带的能量 $E=h\nu$，这里 h 为普朗克常量。频率已知的入射光照射到金属上，通过测量从金属中逸出电子的动能，很快就证实了这个假设。

爱因斯坦的第二个想法更为惊人——根据他的著名公式 $E=mc^2$，质量本身就是一种形式的能量。（在第 13 章我们会给出他的证明。）由于光速非常大，即使很小的质量也等价于大量的能量。因为化学能是在 eV 的范围（$1\ \text{eV}\approx 1.6\times 10^{-19}$ J），相应的质量变化是非常小的，因而在化学反应中质量守恒的假设是合理的。一个特别剧烈的化学反应是氢气（H_2）与氟气（F_2）生成氟化氢（HF）的反应。若 1 mol 的氢（2.016g）与 1 mol 的氟（37.996g）反应，释放的能量是 $\Delta E=6.6\times 10^5$ J，但是质量只变化 $\Delta m=\Delta E/c^2=7.3\times 10^{-9}$ g，小于反应物的质量近 10 个数量级。

许多核反应涉及的能量比化学反应的能量大百万倍。20 世纪 30 年代，实验上已经能足够精确地测量核质量，从而证实了核反应中释放的能量与已知的质量差 Δm 满足公式 $\Delta E=\Delta mc^2$。例如，镭-226 原子，^{226}Ra，自发辐射一个 α 射线（一个氦-4 的原子核，^{4}He）后转变为氡-222 核，^{222}Rn：

$$^{226}\text{Ra}\rightarrow {}^{222}\text{Rn}+{}^{4}\text{He}$$

（元素符号左上角的数是质量数，即核中质子和中子的总数。）初态质量 ^{226}Ra 与 ^{222}Rn 加上 ^{4}He 的末态质量之差是 8.80×10^{-30} kg，质量的能量很好地解释了 α 射线的动能和反冲核 ^{222}Rn 的较小动能。质量确实是能量的一种形式，可以转化为机械能。

例 5.19 守恒定律和中微子

一些不稳定核发射一个高能电子，这个过程称为 β 衰变。在一种 β 衰变中，不稳定核中的一个中子变成质子，发出一个带负电的电子（β 射线）。注意：不管是 β 衰变还是 α 衰变，净电荷都没有变化。电荷守恒似乎也是一个基本的守恒定律；从未观测到任何一个过程有净电荷产生。实验上测出 β 射线的能量后，物理学家开始迷惑了。不同于 α 衰变，发出的 α 射线有确定的能量，β 射线有一个依赖于核的连续能谱，从零能到一个极大值。图中显示了实验数据（数据来源：G. J. Neary, Roy. Phys. Soc. (London) A175, 71 (1940)）。当时大多数意见是这些不怎么

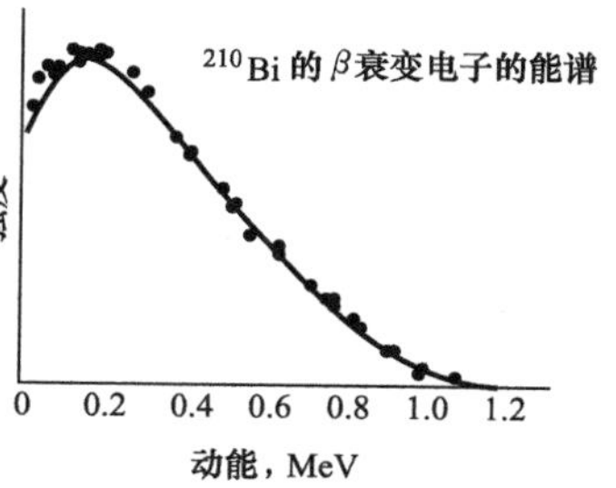

被理解的β衰变过程不满足能量守恒。德国的泡利不同意。泡利，那个时代杰出的物理学家中的杰出理论家，确信能量守恒是物理的基本原理，他假定丢失的能量是被随β射线一起发射的一个未探测到的粒子带走。

未知粒子的几个性质可以从β衰变的测量中推断出来。

(1) 粒子是中性的，因为所有电荷都得到了解释，电荷又是守恒的。此外，带电粒子与物质有强烈的相互作用，可以被探测到。粒子不能被探测到也暗示它与普通物质几乎没有相互作用。

(2) 最大的β射线能量明显对应于接受了所有可用能量的电子，因而必然等于衰变能ΔE。反应的质量差Δm，不包括未知粒子的质量，在实验误差范围内，根据$\Delta m = \Delta E/c^2$，能够解释观测到的能量。因此，未知粒子只能有非常小的质量。粒子一开始被认为是像光子一样无质量的，但是自从被发现，它就有一个非常小的但非零的质量，不到电子质量的10^{-5}倍。

基于这些推断的性质，未知粒子被命名为中微子（“中性小的”）。核反应堆产生大量的中微子，中微子在1956年首次被直接探测到，用的就是来自反应堆的中微子。

太阳内部的核反应可以产生大量的中微子，在地球表面的流量大约是10^{11}中微子每平方厘米每秒。中微子与物质的相互作用太微弱了，几乎所有的太阳中微子都直接穿过地球。

5.11 全球能量的使用

能量在科学的基本概念中非常独特，它的应用领域五花八门，所用的单位各式各样。能量是大众交流的重要话题，与我们的生活品质密切相关，且关乎对环境的担忧。在处理这些事务时，对能量的单位和使用了解一点是很有帮助的。本节我们总结了一些事实。关于社会上能量的进一步讨论可参阅书籍 *Physics and Energy*，Robert L. Jaffe 和 Washington Taylor，Cambridge University Press (2013).

虽然能量有很多种，所有能量和功率的单位都定义为与基本的国际单位——焦耳（J）和瓦特（W）——分别有确定的换算系数。卡（cal）最初定义为 1 g 的水升温 1 ℃所需的能量，但是基于焦耳所做的实验，1 cal 现在定义为 4.1868 J。营养学里所用的卡实际上是千卡（kcal）。

一些非国际单位制的单位由于历史的原因仍然保留着。新单位一般是出于实用的目的而引入的，以避免使用 10 的过大或过小的幂。科学家和工程师因而发明了适用于他们特定领域的单位。例如，物理学家和化学家表示分子中原子的结合能所用的独特单位是电子伏，因为分子的结合能是几个电子伏的量级。但是电子伏对于石油工程师来说就太不方便啦，他们要表示的是一桶油含有的大量能量。

表 1 总结了一些常用的能量和功率的单位。表 2 给出了全球能量生产的统计数据，表 3 给出了美国能量生产的数据，表 4 给出所选国家的人均能量消费。

例 5.20 胡佛大坝的能量和水流量

位于亚利桑那和内华达交界处的胡佛大坝，用于发电和调节科罗拉多河的水流量，这是通过控制该河注入的巨大的密德湖的出口而实现的。落入发电机涡轮的水为周围的州提供大部分电力，流出的水也是主要的灌溉用水。发电和灌溉都依赖水的流动。通过比较流出水的势能损失与实际产生的电能，我们可以估算胡佛大坝产能的效率。

根据美国内政部数据，从 1999 年到 2008 年胡佛大坝每年产生的平均能量大约是 4.2×10^{12} W·h。水头（水下落的高度）在 590 ft 到 420 ft 之间变化，平均是 520 ft。

水在水闸底部将动量传递给涡轮机叶片。简单假设水失去所有的能量给涡轮机，而不管人们能看到水从大坝底部呼啸而出。可用的最大能量是 Mgh，这里 M 是落到涡轮机上水的质量，h 是水头。给定能量和水头，我们可以计算质量 M，由此算出水的体积，假定能量转换的效率是 100%。计算中唯一有点难度的部分是，为了一致性，需要把各种单位转换成国际单位。(2.8 节提供了单位转换的系统方法。)

$1\ \text{ft}=12\ \text{in}=2.54\ \text{cm/in}\times 12\ \text{in}\approx 30.5\ \text{cm}=0.305\ \text{m}$。以 m 为单位的水头则是 $520\ \text{ft}\times 0.305\ \text{m/ft}=159\ \text{m}$。

由于 1 h 等于 3600 s,以焦耳为单位 ($1\ \text{J}=1\ \text{W}\cdot\text{s}$) 每年产生的能量是

$$E=3600\ \text{s/h}\times(4.2\times 10^{12}\ \text{W}\cdot\text{h})=1.51\times 10^{16}\ \text{J}$$

令 M 是每年流过大坝的水的总质量,并令势能等于产生的能量。每年水流的总质量 (利用 $1\ \text{J}=1\ \text{kg}\cdot\text{m}^2/\text{s}^2$) 是

$$M=\frac{E}{gh}=\frac{1.51\times 10^{16}\ \text{kg}\cdot\text{m}^2/\text{s}^2}{9.80\ \text{m/s}^2\times 159\ \text{m}}=9.69\times 10^{12}\ \text{kg}$$

水的密度取为 $1000\ \text{kg/m}^3$,总体积是

$$V=9.69\times 10^{12}\ \text{kg}\times\frac{1\ \text{m}^3}{1000\ \text{kg}}=9.69\times 10^{9}\ \text{m}^3$$

在美国,工程师、测量人员和其他与大型水利项目有关的人员使用的体积单位是英亩-英尺 (acre-ft),而不是国际单位 m^3。一英亩的面积是 $4047\ \text{m}^2$,因此,

$$1\ \text{acre-ft}\approx 4047\ \text{m}^2\times 0.305\ \text{m}=1234\ \text{m}^3$$

产生这些能量所需的以英亩-英尺为单位的每年的体积是

$$V=9.69\times 10^{9}\ \text{m}^3\times\frac{1\ \text{acre-ft}}{1234\ \text{m}^3}=7.0\times 10^{6}\ \text{acre-ft}$$

根据 1922 科罗拉多河契约,流到密德湖下流各州的流量是平均每年 7.5×10^6 acre-ft。如果这些数字是准确的,则发电效率估算为

$$\text{效率}=\frac{\text{产生的能量}}{\text{可用的能量}}=\frac{7.0\times 10^{6}\ \text{acre-ft/yr}}{7.5\times 10^{6}\ \text{acre-ft/yr}}=93\%$$

我们的估算是不准确的,因为我们不知道河流的实际状况,大坝的水头和特定时期产生的能量。另外,我们略去了出水的能量。不管怎样,这个分析表明,水力发电的效率是相当高的。

表 1 能量、功率和相关的单位 *

带“＝”号的条目是精确的定义。

名 称	符号	SI 值	说 明
焦耳	J	—	能量 SI 单位
瓦特	W	$=1\ \mathrm{J/s}$	功率 SI 单位
尔格	erg	$=10^{-7}\ \mathrm{J}$	能量高斯单位
电子伏	eV	$\approx 1.60\times 10^{-19}\ \mathrm{J}$	物理中常用
光子能	$h\nu$	—	光量子能量
开尔文	K	—	非正规能量单位
卡路里	cal	$=4.1868\ \mathrm{J}$	热量的旧单位
大卡路里	Cal, kcal	$=4186.8\ \mathrm{J}$	用于营养学和生理学
太阳常数	—	$\approx 1.368\times 10^{3}\ \mathrm{W/m^2}$	太阳的平均功率/面积
千瓦时	kWh	$=3.6\times 10^{6}\ \mathrm{J}$	能量的民用单位
马力	hp	$=746\ \mathrm{W}$	功率的工程单位
英热单位	Btu	$\approx 1.06\times 10^{3}\ \mathrm{J}$	热能民用单位
吨油当量	toe	$\approx 4.19\times 10^{10}\ \mathrm{J}$	工业能量单位
千克油当量	kgoe	$\approx 4.19\times 10^{7}\ \mathrm{J}$	工业能量单位
色姆	tm	$\approx 1.06\times 10^{8}\ \mathrm{J}$	工业能量单位
千兆英热单位	quad	$\approx 1.06\times 10^{18}\ \mathrm{J}$	全球能量单位
太瓦年	TWyr	$\approx 3.15\times 10^{19}\ \mathrm{J}$	全球能量单位

* 来源：*Guide for the Use of the International System of Units* (SI), NIST, US Department of Commerce, and Graham Woan, *The Cambridge Handbook of Physics Formulas*, Cambridge University Press (2003).

1 原子的电离能和分子的反应能的典型值都在 eV 范围内。核和粒子物理涉及的现象在 MeV，GeV 和 TeV 范围内。

2 $h\approx 6.63\times 10^{-34}\ \mathrm{J\cdot s}$ 是普朗克常量，ν 是光的频率。来自太阳的光子中值能量约是 2.5 J。

3 处于热平衡的系统的平均热能的特征值是 kT，这里 $k\approx 1.38\times 10^{-23}\mathrm{J/K}$ 是玻尔兹曼常量；T 是绝对温度，单位是开尔文。非正规的用法，例如“5.0 nK 的能量”是行话，但在那个语境中是清楚的。

4 在认识到热和能量的关系之前，卡被定义为 1 g 的水升温 1 ℃所需的热量。焦耳在 19 世纪 40 年代测量了“热的机械等价量”。现在卡被定义为 4.1868 J。

5 卡在某些应用中太小了，千卡（“大卡”）在某些领域更常用。

6 在地球轨道的平均半径（平均的半主轴），且在地球大气层的顶部。

7 马力（horsepower）最初来自于对一匹马所产生的平均功率的估算。马力有几个略微不同的定义；给定的值是（电的）马力，定义为 746 W。

8 Btu 最初定义为 1 lb 的水升高 1 ℉所需的能量。

9 对燃烧 1000 kg 原油所释放的能量的估算。

10 10^5 Btu，大约是燃烧 1000 $\mathrm{ft^3}$ 天然气的能量。

表 2　全球的能量供给（2008）**

总供给，12,267 Mtoe（≈485 quad）

能源	总占比
石油	33.2
煤/泥煤	27.0
天然气	21.1
可燃物及废物	10.0
核能	5.8
水能	2.2
其他	0.7

** 来源：2010 Key World Energy Statistics，International Energy Agency，Paris

表 3　美国的能量供给（2009）

总使用 94.6 quad

能源	总占比
石油	35.3
天然气	23.4
煤	19.7
再生能源	7.7
核电	13.9

来源：U.S. Energy Information Administration/Annual Energy Review 2009

表 4　所选国家的人均能源消费

单位：kgoe/人

国家	人均能源	国家	人均能源	国家	人均能源
阿尔巴尼亚	767	阿根廷	1058	澳大利亚	5898
奥地利	4125	比利时	5892	贝宁	306
巴西	1124	保加利亚	2592	加拿大	8473
中国	1316	刚果	300	捷克	4419
丹麦	3634	埃及	828	萨尔瓦多	673
芬兰	6555	法国	4397	德国	4187
冰岛	12209	印度	491	印度尼西亚	814
约旦	1296	哈萨克斯坦	3462	科威特	11102
墨西哥	1701	尼泊尔	338	新西兰	4218
挪威	7153	巴基斯坦	490	波兰	2429
卡塔尔	19456	俄罗斯	4519	沙特阿拉伯	6068
英国	3895	美国	7886	也门	321

来源：International Energy Administration，Statistics Division，2007 Energy Balances of OECD Countries（2008 edition）and Energy Balances of Non－OECD countries（2007 edition）

注释 5.1 摆周期的修正

一阶近似下，摆呈现的是简谐运动，它的周期与摆动的幅度无关。然而，摆的运动并非精确的简谐运动。本注释中我们计算有限摆幅引起的周期修正。

我们从例 5.12 中导出的摆运动方程开始：

$$\int \frac{d\theta}{\sqrt{\cos\theta - \cos\theta_0}} = \sqrt{\frac{2g}{l}} \int dt \tag{1}$$

这个方程是精确的。为得到比小角近似更精确的周期的解，需要利用恒等式 $\cos\theta = 1 - 2\sin^2(\theta/2)$，这给出

$$\cos\theta - \cos\theta_0 = 2[\sin^2(\theta_0/2) - \sin^2(\theta/2)] \tag{2}$$

将方程（2）代入方程（1），得到

$$\int \frac{d\theta}{\sqrt{2}\sqrt{\sin^2(\theta_0/2) - \sin^2(\theta/2)}} = \sqrt{\frac{2g}{l}} \int dt \tag{3}$$

现在，我们做如下变量代换：

$$\sin u = \frac{\sin(\theta/2)}{\sin(\theta_0/2)} \tag{4}$$

这样做的动机是，随着摆完成一个周期，θ 虽然也是周期性的，却只在 $-\theta_0$ 和 θ_0 之间变化。而 u 在 $-\pi$ 和 π 之间变化。若令

$$K = \sin\frac{\theta_0}{2}$$

则

$$\sin\frac{\theta}{2} = K\sin u$$

和

$$d\theta = \left(\sqrt{\frac{1-\sin^2 u}{1-K^2\sin^2 u}}\right) 2K\,du \tag{5}$$

将方程（4）和（5）代入方程（3），得到

$$\int \frac{du}{\sqrt{1-K^2\sin^2 u}} = \sqrt{\frac{g}{l}} \int dt$$

让我们对一个周期积分。u 的上下限分别为 0 和 2π，而 t 从 0 变到 T。我们有

$$\int_0^{2\pi} \frac{du}{\sqrt{1-K^2\sin^2 u}} = \sqrt{\frac{g}{l}}\, T \tag{6}$$

左边的积分是一个椭圆积分：特别的，它是第一类完全椭圆

积分。这个函数的值在计算手册中可以查到。然而，对我们来说，更方便的是展开积分函数：

$$\frac{1}{\sqrt{(1-K^2\sin^2 u)}}=1+\frac{1}{2}K^2\sin^2 u+\cdots$$

周期 T 为

$$\begin{aligned}T&=\sqrt{\frac{l}{g}}\int_0^{2\pi}\mathrm{d}u\left(1+\frac{1}{2}K^2\sin^2 u+\cdots\right)\\&=\sqrt{\frac{l}{g}}\left(2\pi+\frac{2\pi}{4}K^2+\cdots\right)\\&=2\pi\sqrt{\frac{l}{g}}\left(1+\frac{1}{4}\sin^2\frac{\theta_0}{2}+\cdots\right)\end{aligned}$$

若 $\theta_0\ll 1$，则 $\sin^2(\theta_0/2)\approx\theta_0^2/4$，我们有

$$T=2\pi\sqrt{\frac{l}{g}}\left(1+\frac{1}{16}\theta_0^2+\cdots\right) \tag{7}$$

有限幅度 θ_0 引起的周期相对变化是

$$\frac{\Delta T}{T}=\frac{T(\theta_0)-T(\theta_0=0)}{T}=\frac{1}{16}\theta_0^2$$

对于 0.1 rad 的幅度，大约 6°，周期增加约万分之一，使摆钟一天大约慢 1 min。对于较大的幅度，方程（7）的高阶项可以引入，但这时候最好是利用精确解。注意：当 $\theta_0\to\pi$ 时，$T\to\infty$。

注释 5.2 力、势能和矢量算符∇

我们已经说明，在一维情形，力和势能存在积分关系：

$$\int_a^b \boldsymbol{F}\cdot\mathrm{d}\boldsymbol{r}=-[U(b)-U(a)] \tag{1}$$

和微分关系：

$$F_x=-\frac{\mathrm{d}U}{\mathrm{d}x}$$

本注释中，我们把微分关系推广到多于一个自变量的一般情形。

在三维笛卡儿坐标系中，对于小的路径增量 Δx，Δy 和 Δz，方程（1）变为

$$F_x\Delta x+F_y\Delta y+F_z\Delta z\approx-\Delta U(x,y,z) \tag{2}$$

现在，假定 $y=y_0$，$z=z_0$，这里 y_0 和 z_0 均为常量。因而 $\Delta y=0$，$\Delta z=0$，所以方程（2）变为

$$F_x\Delta x\approx-\Delta U(x,y_0,z_0)$$

或者

$$F_x \approx -\frac{\Delta U(x, y_0, z_0)}{\Delta x} \tag{3}$$

方程（3）好像一个导数（在我们取极限以前），但是这里 U 是几个变量的函数，其中只允许一个变量变化。

方程（3）告诉我们，当只有一个独立变量（这里是 x）变化的时候，U 变化得有多快。当我们取极限 $\Delta x \to 0$ 时，这类特殊的导数称为**偏导数**，用符号∂表示，而不是 d：

$$F_x = -\lim_{\Delta x \to 0} \frac{\Delta U}{\Delta x}$$

$$= -\frac{\partial U}{\partial x} \tag{4}$$

由于方程（4）的偏导数是对 x 求导，这要求我们在计算导数时，要保持 y 和 z 为常量。

利用笛卡儿坐标系的对称性，我们可以写出

$$F_x \hat{\boldsymbol{i}} + F_y \hat{\boldsymbol{j}} + F_z \hat{\boldsymbol{k}} = -\left(\hat{\boldsymbol{i}}\frac{\partial U}{\partial x} + \hat{\boldsymbol{j}}\frac{\partial U}{\partial y} + \hat{\boldsymbol{k}}\frac{\partial U}{\partial z}\right) \tag{5}$$

作为一个简单例子，考虑质量为 m 的物体在向下的重力场中的势能 $U = mgz$，这里 z 是地面上的高度。因而，$F_x = 0$，$F_y = 0, F_z = -(\partial U/\partial z)\hat{\boldsymbol{k}} = -mg\hat{\boldsymbol{k}}$。

∇ 和梯度

形式$\left(\hat{\boldsymbol{i}}\frac{\partial}{\partial x} + \hat{\boldsymbol{j}}\frac{\partial}{\partial y} + \hat{\boldsymbol{k}}\frac{\partial}{\partial z}\right)$称为**矢量算符**，因为它有像矢量一样的分量，它的偏导数对放在它右边的量进行运算。当作用在一个标量函数比如势能上时，它也被称作**梯度算符**。为简化表示，引入

$$\boldsymbol{\nabla} \equiv \left(\hat{\boldsymbol{i}}\frac{\partial}{\partial x} + \hat{\boldsymbol{j}}\frac{\partial}{\partial y} + \hat{\boldsymbol{k}}\frac{\partial}{\partial z}\right)$$

这里∇称作“del”（音译：戴尔），有时也称作“nabla”（用类似形状的古代希伯来竖琴命名，音译：纳布拉）。

采用这个表示，力和势能之间的关系可表示为

$$\boldsymbol{F} = -\boldsymbol{\nabla} U \tag{6}$$

如同方程（6）一样，当∇作用在一个标量上就得到一个矢量，组合 $\boldsymbol{\nabla}U$ 称作 U 的**梯度**，有时写作 $\overrightarrow{\mathrm{grad}}U$。

为了看清梯度名称的由来，在方程（1）中利用方程（6），并从 $a = (x_1, y_1, z_1)$ 到 $b = (x_2, y_2, z_2)$ 积分：

$$\int_a^b \nabla U \cdot d\boldsymbol{r} = U(b) - U(a)$$

这个结果没有利用 U 的任何特殊性质，所以它是梯度的一般性质，对任何可微函数都成立，比如 $h(x,y,z)$，和任意的位移，比如 $d\boldsymbol{s}$：

$$\int_a^b \nabla h \cdot d\boldsymbol{s} = h(b) - h(a)$$

梯度告诉我们，对于给定的位移，函数变化有多大。

等值线和梯度

方程 $U(x,y,z)=$常量$=C$，对 C 的每个值定义了一个面，称为等势面。约束在这个面上运动的质点具有不变的势能。例如，质量为 M 的质点固定于原点，质量为 m 的质点在距离 $r=\sqrt{x^2+y^2+z^2}$ 处的引力势能是 $U=-GMm/r$，所以等势面满足方程：

$$-\frac{GMm}{r}=C$$

或者

$$r=-\frac{GMm}{C}$$

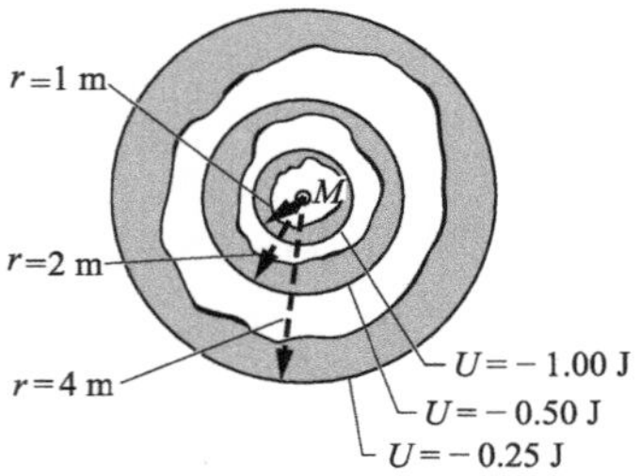

等势面是球心位于 M 的球面，如图所示。（为方便计，我们已经取 $GMm=1\ \text{N}\cdot\text{m}^2$。）等势面通常很难画，由于这个原因，为使 U 形象化，我们转而考虑等势面与平面的交线。

这些线有时称作等势线，或者就简称为等值线。函数的等值线类似于多山乡村地形图的等高线。

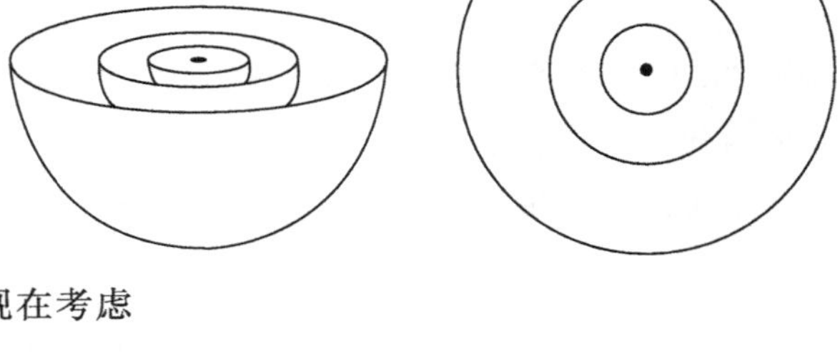

现在考虑

$$\int_a^b \nabla U \cdot d\boldsymbol{s} = U(b) - U(a)$$

若我们取 $d\boldsymbol{s}$ 为与一条圆形等值线相切的任意位移，由于势能在等值线上是常量，则 $U(b)-U(a)=0$。左边的点积相应地就为零，由此断定，梯度必须与 $d\boldsymbol{s}$ 垂直。

这是一个基本结论；函数的梯度矢量总是与函数的等值线垂直。

第二个基本结论是，如果我们使位移从一条等值线指向另一条，函数沿梯度的方向变化最快，这是由于位移 $d\boldsymbol{s}$ 若与 $\boldsymbol{\nabla} U$ 平行，点积是可能的最大值。按照多山乡村的情形，梯度是从山上下降最陡的线——这就是梯度一词的由来。

散度

我们已经看到，$\boldsymbol{\nabla}$ 作用在标量上得到一个梯度矢量。我们现在要问，若 $\boldsymbol{\nabla}$ 作用在矢量上会发生什么？做这个有两种方式：点积给出一个标量，叉积给出一个矢量。两种方法都有重要的物理应用，特别是在电磁学中，但我们把证明和多数细节都留给数学物理的深入学习中。

$\boldsymbol{\nabla}$ 和矢量 $\boldsymbol{F}$ 的点积是一个标量，称作 $\boldsymbol{F}$ 的散度：

$$\boldsymbol{\nabla}\cdot\boldsymbol{F}=\boldsymbol{F}\text{ 的散度}=\mathrm{div}\boldsymbol{F}$$

在笛卡儿坐标中，矢量 $\boldsymbol{F}$ 的散度是

$$\boldsymbol{\nabla}\cdot\boldsymbol{F}=\frac{\partial F_x}{\partial x}+\frac{\partial F_y}{\partial y}+\frac{\partial F_z}{\partial z}$$

为给散度一个更物理的解释，考虑固定于原点的带正电荷 Q 的点电荷。通过在 Q 附近的空间移动一个小的正电荷 q，我们可以画出作用在 q 上的电力 $\boldsymbol{F}$ 的大小和方向，由此可以确定电场强度 $\boldsymbol{E}=\boldsymbol{F}/q$。图中画出了电场线。它们是径向朝外的，给人一种“发散”的感觉。

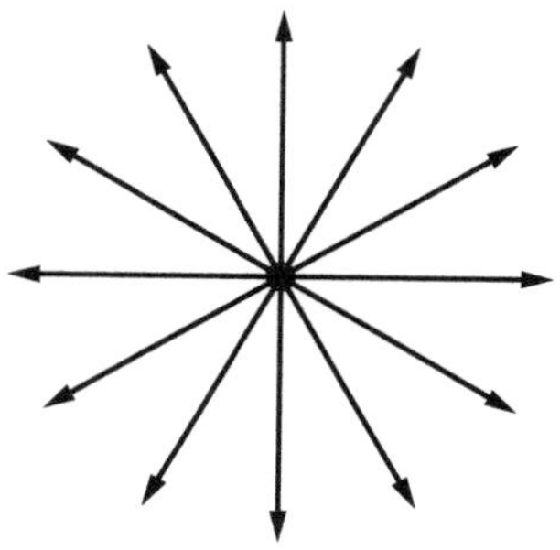

相反，恒力的场线就没有发散的印象。恒力场的散度是零，这是一个不证自明的结果，因为分量的偏导数全都为零。

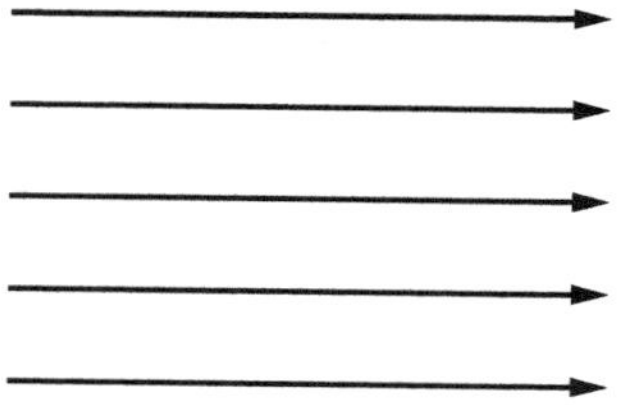

我们现在说明，对于 Q 产生的电场 $\boldsymbol{E}=(kQ/r^2)\hat{\boldsymbol{r}}$，散度不全为零。为避开处理零半径点电荷的数学复杂性，假设 Q 均匀分布在半径为 a 的球中，电荷密度 ρ 为

$$\rho=\frac{Q}{(4/3)\pi a^3}$$

由于电场和引力场都是平方反比有心力，我们可以全盘利用 3.3.1 节的结果，例如，对于 $r\leqslant a$，只有 r 内的电荷对电场有贡献。容易得到，球内的场强是

$$\boldsymbol{E}=\frac{kQr}{a^3}\hat{\boldsymbol{r}}$$

$$=\frac{kQ}{a^3}(x\,\hat{\boldsymbol{i}}+y\,\hat{\boldsymbol{j}}+z\,\hat{\boldsymbol{k}})$$

因而在球内，$\nabla\cdot\boldsymbol{E}=3kQ/a^3\neq0$。在球外，$\nabla\cdot\boldsymbol{E}=0$，但重要的是，散度并非处处为零。

如果我们对$\nabla\cdot\boldsymbol{E}$ 在 $r\geqslant a$ 的任何体积 V 内积分，可得

$$\int_0^r\nabla\cdot\boldsymbol{E}\,\mathrm{d}V=\int_0^r\frac{3kQ}{a^3}\mathrm{d}V$$

$$=\frac{3kQ}{a^3}\int_0^a\mathrm{d}V$$

$$=4\pi kQ$$

这个结果与 a 无关，因而对点电荷也成立。这表明散度的体积分可以告诉我们场的源，在此情形下就是电荷 Q。

旋度

∇ 的另一个操作是与某个矢量 $\boldsymbol{F}$ 取叉积，得到一个新的矢量，称作 $\boldsymbol{F}$ 的旋度：

$$\nabla\times\boldsymbol{F}=\boldsymbol{F}\text{ 的旋度}=\overrightarrow{\mathrm{curl}}\boldsymbol{F}$$

在笛卡儿坐标系中利用行列式的形式：

$$\begin{vmatrix}\hat{\boldsymbol{i}} & \hat{\boldsymbol{j}} & \hat{\boldsymbol{k}}\\ \dfrac{\partial}{\partial x} & \dfrac{\partial}{\partial y} & \dfrac{\partial}{\partial z}\\ \boldsymbol{F}_x & \boldsymbol{F}_y & \boldsymbol{F}_z\end{vmatrix}$$

我们可以计算$\overrightarrow{\mathrm{curl}}\boldsymbol{F}$ 的分量

$$\nabla\times\boldsymbol{F}=\hat{\boldsymbol{i}}\left(\frac{\partial F_z}{\partial y}-\frac{\partial F_y}{\partial z}\right)+\hat{\boldsymbol{j}}\left(\frac{\partial F_x}{\partial z}-\frac{\partial F_z}{\partial x}\right)+\hat{\boldsymbol{k}}\left(\frac{\partial F_y}{\partial x}-\frac{\partial F_x}{\partial y}\right)$$

若我们的已知力是位置的函数，力 $\boldsymbol{F}$ 的旋度在力学中有重要的应用。如果 $\boldsymbol{F}$ 是保守力 $\boldsymbol{F}=\boldsymbol{F}^{\mathrm{c}}$，则它的旋度处处为零；如果 $\boldsymbol{F}$ 是非保守力 $\boldsymbol{F}=\boldsymbol{F}^{\mathrm{nc}}$，它的旋度就并非处处为零。

旋度如何得名

发明旋度是为了描述运动流体的性质。为了看出旋度是如何与“卷曲”或转动有关的，考虑一个以匀角速度 ω 绕 z 轴旋转的理想漩涡。

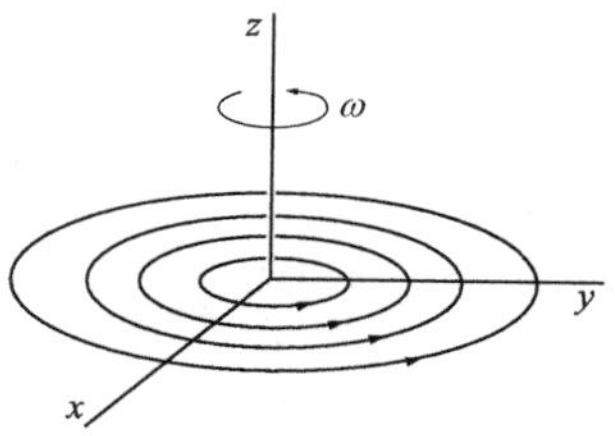

$\boldsymbol{r}$ 处流体的速度是$v=r\omega\hat{\boldsymbol{\theta}}$，这里 $\hat{\boldsymbol{\theta}}$ 是横向的单位矢量。在笛卡儿坐标系，

$$
\begin{aligned}
v &= r\omega(-\sin\omega t\ \hat{\boldsymbol{i}}+\cos\omega t\ \hat{\boldsymbol{j}}) \\
&= r\omega\left(-\frac{y}{r}\hat{\boldsymbol{i}}+\frac{x}{r}\hat{\boldsymbol{j}}\right) \\
&= -\omega y\ \hat{\boldsymbol{i}}+\omega x\ \hat{\boldsymbol{j}}
\end{aligned}
$$

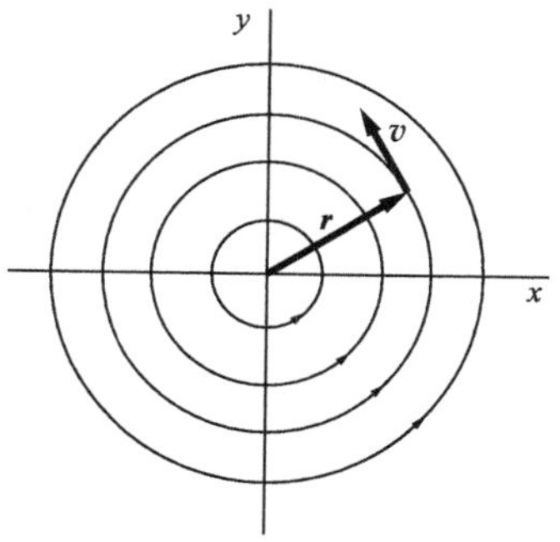

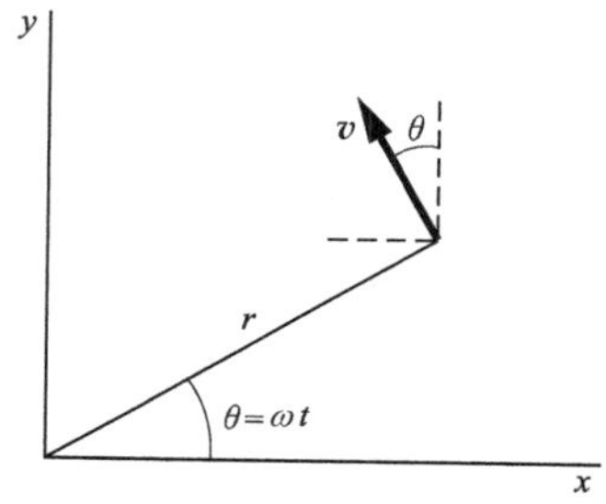

v 的旋度是

$$
\begin{aligned}
\boldsymbol{\nabla}\times v &= \begin{vmatrix} \hat{\boldsymbol{i}} & \hat{\boldsymbol{j}} & \hat{\boldsymbol{k}} \\ \dfrac{\partial}{\partial x} & \dfrac{\partial}{\partial y} & \dfrac{\partial}{\partial z} \\ -\omega y & \omega x & 0 \end{vmatrix} \\
&= \hat{\boldsymbol{k}}\left[\frac{\partial}{\partial x}(\omega x)+\frac{\partial}{\partial y}(\omega y)\right] \\
&= 2\omega\ \hat{\boldsymbol{k}} \\
&\neq 0
\end{aligned}
$$

如果把一个搅拌叶轮放在流体中，它会开始转动。当叶轮的轴沿 z 轴与$\boldsymbol{\nabla}\times v$ 平行时，转动是最大的。在欧洲，旋度时常被称作“rot”（表示“转动”）。

习题

标 * 的习题可参考附录中的提示、线索和答案。

5.1 绕环滑车 *

质量为 m 的小物块从静止开始，沿无摩擦的环路滑下，如图所示。若要 m 在轨道的顶部（在 a 点）以等于自身重力的力推轨道，初始高度 z 应当是多少？

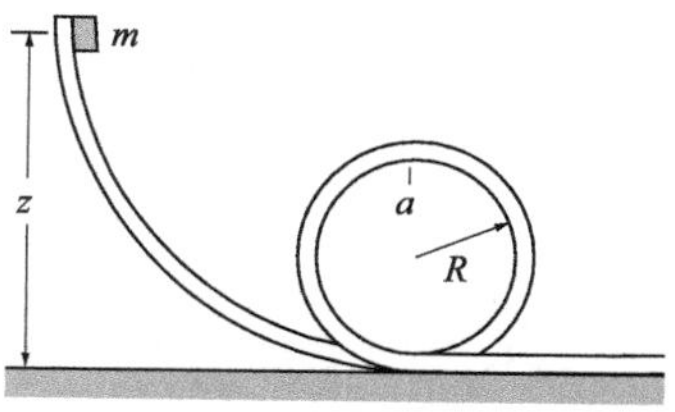

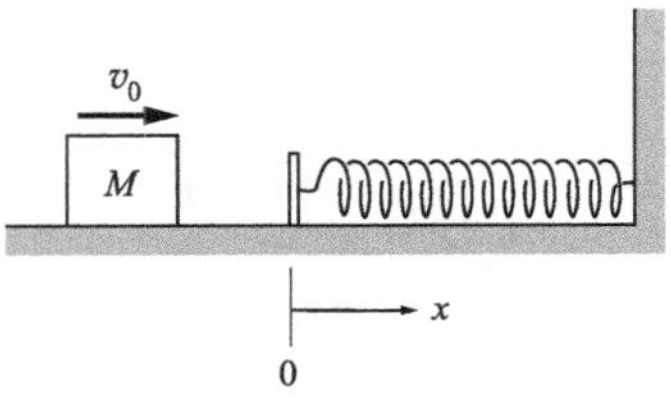

5.2 物块、弹簧和摩擦力

质量为 M 的物块在水平桌面上以速率 v_0 滑动。在 $x=0$ 点它碰上劲度系数为 k 的弹簧，并开始受到摩擦力，如图所示。摩擦因数是可变的，满足方程 $\mu=bx$，这里 b 是常量。确定物块达到静止前移动的距离 l。

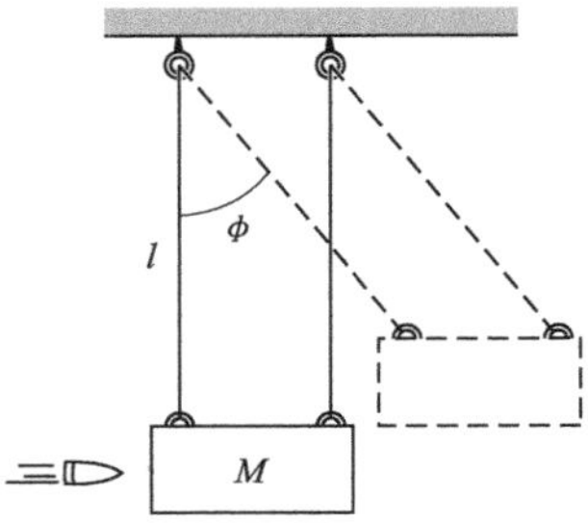

5.3 冲击摆*

测量子弹速率的一个简单方法是冲击摆。如图，它包含一个质量为 M 的木块，会被子弹射入。木块悬挂在长 l 的线上，子弹的冲击使它摆过一个最大角度 ϕ，如图。子弹的初始速率是 v，质量是 m。

(a) 在子弹停止移动后，木块运动得有多快？(假设这些很快发生。)

(b) 通过测量 m、M、l 和 ϕ，如何确定子弹的速率。

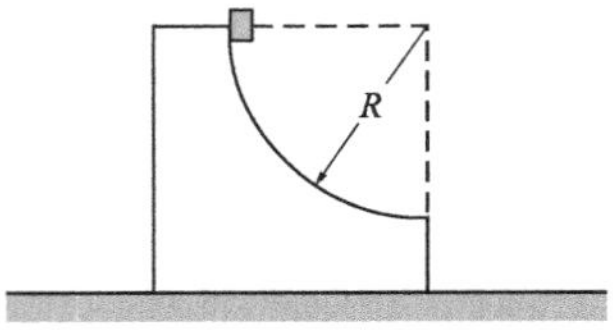

5.4 在圆轨道上滑动 *

质量为 m 的小立方体沿质量为 M 的大物块上的半径为 R 的圆轨道滑下，如图所示。M 静止在桌面上，两个物块都无摩擦地运动。初始时物块都静止，m 从轨道的顶部开始下滑。

当小立方体离开大物块时，确定立方体的速度 v。

5.5 对旋转物体做功

质量为 m 的物体被穿过桌面上小孔的线拉着，在无摩擦的桌面上做圆周运动。线被拉住使得圆的半径从 r_i 变化到 r_f。

(a) 证明量 $L=mr^2\dot{\theta}$ 保持不变。

(b) 证明拉线的力所做的功等于物体动能的增量。

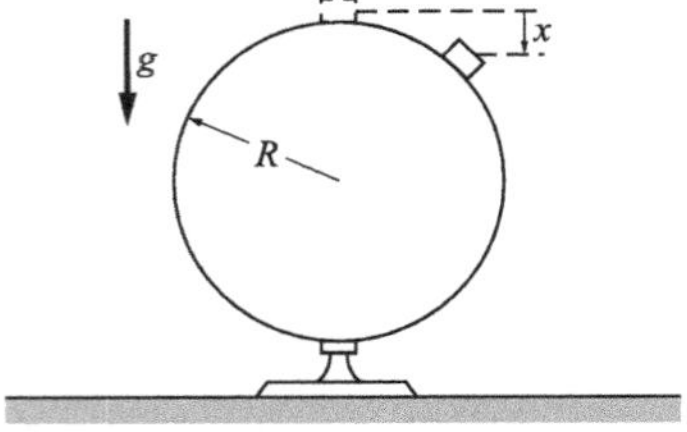

5.6 球面上的滑块*

小物块从半径为 R 的无摩擦球面顶部静止滑下，如图所示。物块在顶部之下多远处不再与球面接触？球不移动。

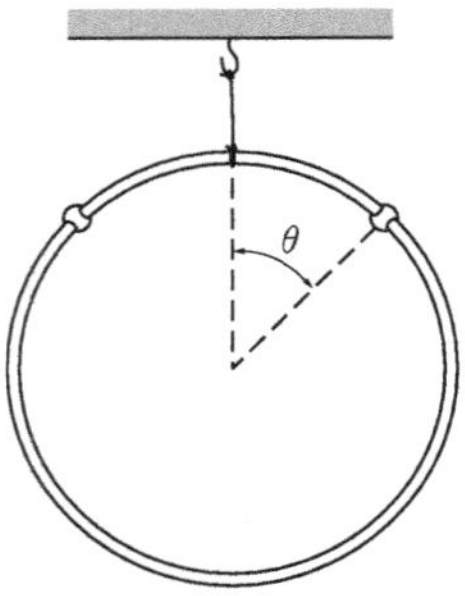

5.7 悬挂圆环上的珠子*

质量为 M 的圆环悬挂在线上，质量为 m 的两个珠子在它上面无摩擦地滑动，如图。珠子从环的顶部同时释放，从两侧滑下。证明，若 $m>3M/2$，环会上升，确定此时的角度。

5.8 阻尼振动*

图中所示的物块受到劲度系数为 k 的弹簧和恒定大小 f

的弱摩擦力作用。物块被拉离平衡点，在距离 x_0 处释放。它会振动很多次，最终达到静止。

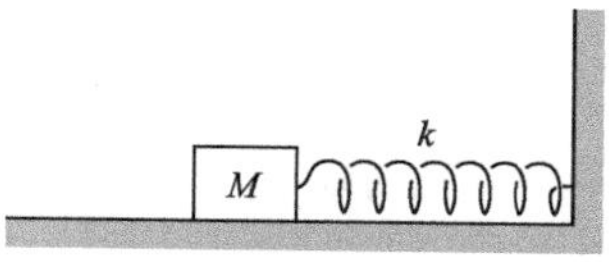

(a) 证明每个振动周期振幅的减少量相同。

(b) 确定物块停止前振动的周期数 n。

5.9　振动的物块

在水平无摩擦的桌面上，质量为 M 的物块与劲度系数为 k 的弹簧相连。使物块相对它的平衡点以确定的振幅 A_0 振动。运动周期是 $T_0=2\pi\sqrt{M/k}$。

(a) 一块质量为 m 的黏性腻子落在物块上。腻子黏住后没有反弹。当 M 的速度为零时，腻子击中物块。确定

(1) 新的周期。

(2) 新的振幅。

(3) 系统机械能的变化。

(b) 重复(a)，但是这次假设当 M 的速度最大时，黏性腻子击中物块。

5.10　下落的链条 *

质量为 M、长为 l 的链条竖直悬挂，它的最低端与秤盘接触。链条被释放，落到秤上。

当长为 x 的链条落入秤盘中时，秤的读数是多少？(忽略单个链环的大小。)

5.11　扔下的士兵

据说，第二次世界大战期间，俄国人空运缺乏足够的降落伞，偶尔会将士兵放进干草捆里，扔到雪上。

人体能承受的平均冲击压强是 30 lb/in^2。假设领头的飞机在 100 ft 的高度扔下一个重量上等于实际负重的虚拟的干草捆，飞行员观测到，它在雪中下沉了 2 ft。若士兵的平均重量是 180 lb，有效面积是 5 ft^2，这样扔下这个人安全吗？

5.12　伦纳德-琼斯势 *

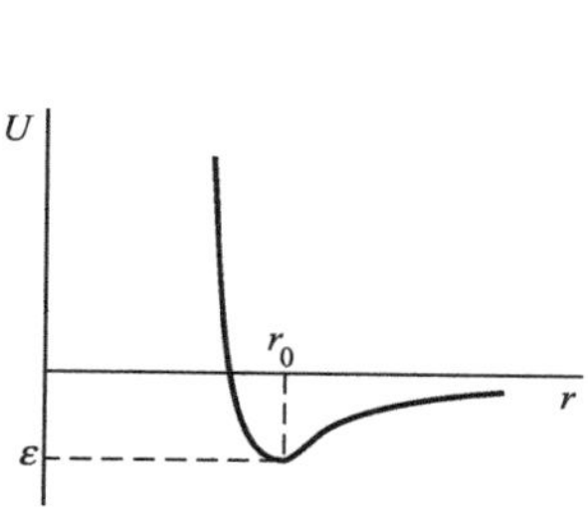

描述两个原子之间相互作用的常用势能函数是伦纳德-琼斯 6-12 势：

$$U=\varepsilon\left[\left(\frac{r_0}{r}\right)^{12}-2\left(\frac{r_0}{r}\right)^{6}\right]$$

(a) 确定势能最小的位置和最小值。

(b) 在最小值附近，原子做简谐运动。确定振动的频率。

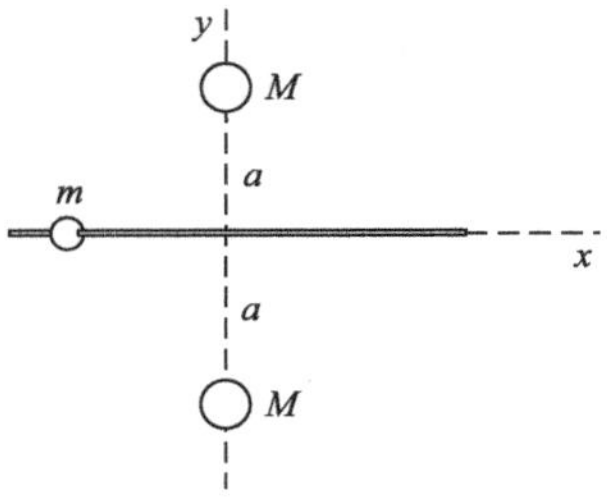

5.13 珠子和引力体

质量为 m 的珠子在沿着 x 轴的光滑细杆上无摩擦地滑动。杆与质量为 M 的两个球等间距。如图所示，两球位于 $x=0$，$y=\pm a$，与珠子有引力相互作用。

(a) 确定珠子的势能。

(b) 珠子在 $x=3a$ 处以速度 v_i 释放，朝向原点运动。确定它经过原点时的速率。

5.14 质点和两个力

质量为 m 的质点沿着 x 轴的正向做一维运动。它受到一个大小为 B、指向原点的恒力和一个大小为 A/x^2 的平方反比的斥力作用。

(a) 确定势能函数 $U(x)$。

(b) 当最大动能为 $K_0=\frac{1}{2}mv_0^2$ 时，画出系统的能量图。

(c) 确定平衡位置 x_0。

5.15 赛车功率

一辆 1800 lb 的赛车在 4 s 内加速到 60 mile/h。在此期间发动机传递给运动赛车的平均功率是多少？为了一致，我们利用定义 1 马力=746 W。

5.16 机动雪橇和斜坡*

机动雪橇以 15 mile/h 的速率爬一个斜坡。斜坡每 40 ft 升高 1 ft。雪的阻力是车重的 5%。机动雪橇下坡时有多快？假设它的发动机有相同的功率。

5.17 跳高运动员*

55 kg 的运动员从蹲伏位置跳入空中。当她的脚离开地面时，她的质心升高了 60 cm，接着其质心又升高了 80 cm 到达跳跃的顶部。假设对地面的作用力为常量，她产生的平均功率是多少？

5.18 沙子与传送带

沙子以 dm/dt 的恒定比率从料斗落到水平传送带上，传送带由马达以匀速率 V 驱动。

(a) 确定驱动传送带所需的功率。

(b) 把 (a) 的答案与沙子动能的变化率进行比较。你能解释两者的差异吗？

5.19　盘绕的绳子

质量线密度为 λ 的均匀绳子盘绕在光滑的水平桌面上。一端被以匀速率 v_0 向上拉起，如图所示。

(a) 作为高度 y 的函数，确定作用在绳子端点上的力。

(b) 把传递给绳子的功率与绳子总机械能的变化率进行比较。

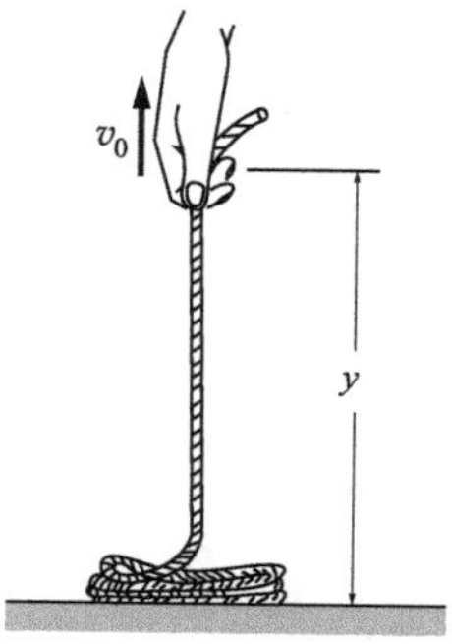

6 动力学专题

6.1 简介

本章论述我们已经学过的牛顿力学以及动量和能量守恒定律的应用，没有新的概念引入。我们将应用这些思想来分析在物理的广阔领域中一再出现的一些现象：小振动、稳定和非稳定运动、束缚系统振动的简正模和从守恒律导出的碰撞的一般性质。

6.2 束缚系统的小振动

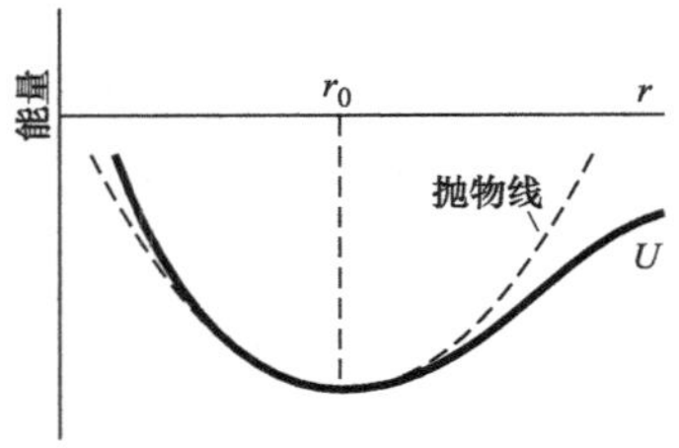

我们在 5.7 节讨论的原子间的势展示了束缚系统的一个共同特征：由于势能在平衡点有极小值，当受到轻微扰动时，几乎每个束缚系统都会像谐振子一样在平衡位置附近振动。靠近极小值的能量图形状暗示我们——U 有一个近似抛物线的形状，非常像谐振子势。如图所示，若总能量足够低，使运动限制在曲线近似为抛物线的区域，系统一定会像谐振子那样振动，我们现在就证明这一点。

如同我们在注释 1.2 所讨论的，任何“良性”的可微函数都可以在给定点展开为泰勒级数。若我们在势能极小值 r_0 位置展开 $U(r)$，则

$$U(r)=U(r_0)+(r-r_0)\left.\frac{\mathrm{d}U}{\mathrm{d}r}\right|_{r_0}+\frac{1}{2}(r-r_0)^2\left.\frac{\mathrm{d}^2U}{\mathrm{d}r^2}\right|_{r_0}+\cdots$$

由于 U 在 r_0 处有最小值，它的一阶导数在 r_0 处是 $\mathrm{d}U/\mathrm{d}r=0$。另外，对于足够小的位移，我们可以略去幂级数中第三项以后的项。在这种情形下，

$$U(r)\approx U(r_0)+\frac{1}{2}(r-r_0)^2\left.\frac{\mathrm{d}^2U}{\mathrm{d}r^2}\right|_{r_0}$$

这是谐振子的势能：

$$U(x)=\text{常量}+\frac{1}{2}k(x-x_0)^2$$

比较这些方程，我们可以确定束缚系统中等效的劲度系数：

$$k=\left.\frac{\mathrm{d}^2U}{\mathrm{d}r^2}\right|_{r_0} \tag{6.1}$$

由于束缚系统在平衡点有势能的极小值，我们自然会认为，对于小位移，它们会像谐振子一样振动（除了那种二阶导数

在平衡点处为零的反常情形)。由于这个原因，从分子振动到地球形状的振荡这些范围的现象都与谐振子近似有关。

例 6.1 分子振动

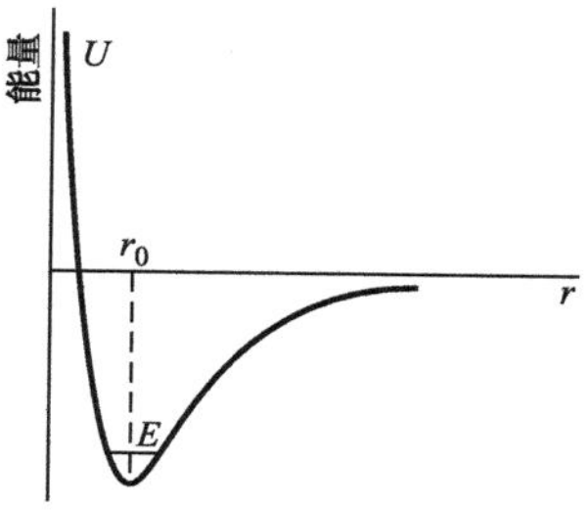

假定质量为 m_1 和 m_2 的两个原子束缚在双原子分子中，能量很低使得它们的间距总是接近平衡值 r_0。

如图所示，采用抛物线近似，分子可以模型化为 m_1 和 m_2 用平衡长度为 r_0、劲度系数为 k 的弹簧相连。

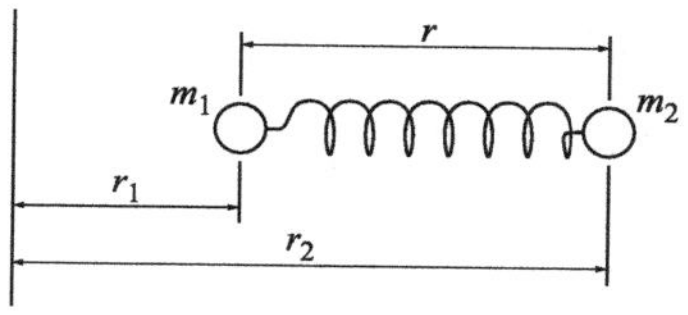

由方程 (6.1)，等效劲度系数 $k=(\mathrm{d}^2U/\mathrm{d}r^2)|_{r_0}$。我们如何确定分子振动的频率呢？

两个原子的运动方程是

$$m_1\ddot{r}_1=k(r-r_0)$$

$$m_2\ddot{r}_2=-k(r-r_0)$$

式中，$r=r_2-r_1$ 是原子的瞬时间距。为了确定 r 的运动方程，第一个方程除以 m_1，第二个方程除以 m_2，然后相减。结果是

$$\ddot{r}_2-\ddot{r}_1=\ddot{r}=-k\left(\frac{1}{m_1}+\frac{1}{m_2}\right)(r-r_0)$$

或者

$$\ddot{r}=-\frac{k}{\mu}(r-r_0)$$

式中，$\mu=m_1m_2/(m_1+m_2)$，具有质量的量纲，称作约化质量。

对于运动方程为 $\ddot{x}=-(k/m)(x-x_0)$ 的谐振子，振动的频率是 $\omega=\sqrt{k/m}$，所以通过类比，分子的振动频率是

$$\omega=\sqrt{\frac{k}{\mu}}$$

$$=\sqrt{\left.\frac{\mathrm{d}^2U}{\mathrm{d}r^2}\right|_{r_0}\frac{1}{\mu}}$$

这个振动，是所有分子的特征，可以通过分子辐射或吸收光来确认。振动频率通常位于近红外 ($<5\times10^{14}$ Hz)，通过测量频率，我们可以确定势能极小值处的 $\mathrm{d}^2U/\mathrm{d}r^2$ 值。

对于氯化氢（HCl）分子，等效劲度系数是 4.8×10^5 dyn/cm＝480 N/m（≈3 lb/in）。对于一氧化氮（NO）分子，$k\approx1550$ N/m。毫不奇怪的是，在 NO 中分开原子的能量约是 HCl 中的 3 倍。

对于大振幅，泰勒级数中的高阶项开始有可观测的影响，并导致振子略微偏离理想谐振子的情形。观测这些轻微的“反常”可以了解关于势能曲线形状的更多细节。

例 6.2 伦纳德-琼斯势

伦纳德-琼斯 6-12 势

$$U=\varepsilon\left[\left(\frac{r_0}{r}\right)^{12}-2\left(\frac{r_0}{r}\right)^{6}\right] \tag{1}$$

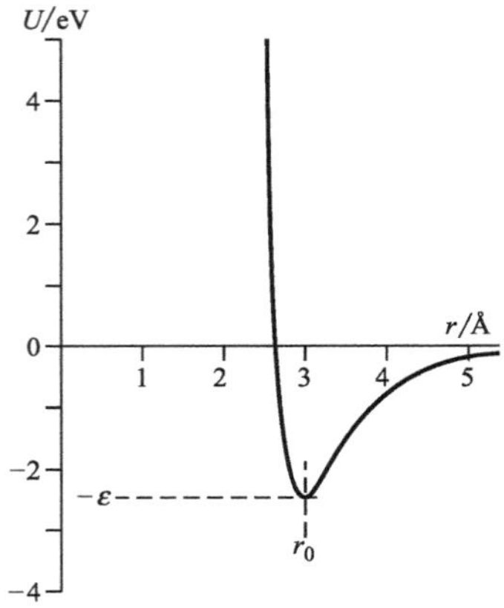

是描述双原子相互作用常用的势能函数。图中给出了氯双原子分子 Cl_2 的 U，这里，$r_0=2.98$ Å$=2.98\times10^{-10}$ m，$\varepsilon=2.48$ eV$=3.97\times10^{-19}$ J。

项 $(r_0/r)^{12}$ 对于 $r<r_0$ 上升得很陡，模拟近距离时两个原子之间强烈的“硬球”排斥。项 $(r_0/r)^6$ 对于 $r>r_0$ 减小得很慢，模拟远距离时两个原子之间长的吸引尾部。两项合在一起产生一个能束缚原子的势，如图所示。

我们来计算，被伦纳德-琼斯势束缚的两个质量为 m 的全同原子，在平衡点附近小幅振动的频率。

由方程（1），U 对 r 的一阶导数是

$$\frac{\mathrm{d}U}{\mathrm{d}r}=\left(\frac{\varepsilon}{r_0}\right)\left[\left(-12\frac{r_0}{r}\right)^{13}+12\left(\frac{r_0{}^7}{r}\right)\right] \tag{2}$$

从方程（2），在 $r=r_0$ 处，$\mathrm{d}U/\mathrm{d}r=0$，证实了平衡半径是 r_0。在方程（1）中代入 $r=r_0$，在平衡点势阱的深度是 $U(r_0)=-\varepsilon$。

U 对 r 的二阶导数是

$$\frac{\mathrm{d}^2U}{\mathrm{d}r^2}=\left(\frac{\varepsilon}{r_0^2}\right)\left[(12\times13)\left(\frac{r_0}{r}\right)^{14}-(12\times7)\left(\frac{r_0}{r}\right)^{8}\right]$$

根据方程（6.1），则等效劲度系数为

$$\begin{aligned}k&=\left.\frac{\mathrm{d}^2U}{\mathrm{d}r^2}\right|_{r_0}\\&=\frac{72\varepsilon}{r_0^2}\end{aligned}$$

约化质量是 $\mu=m^2/2m=m/2$，因此振动频率是

$$\begin{aligned}\omega &=\sqrt{k/\mu}\\ &=12\sqrt{\varepsilon/(r_0^2 m)}\end{aligned}$$

我们把这个结果应用到一个实际的分子，例如，氯双原子分子 Cl_2，对于它，$m=5.89\times10^{-26}$ kg，r_0 和 ε 的计算值是 $r_0=2.98\times10^{-10}$ m，$\varepsilon=3.97\times10^{-19}$ J。由此得到 $\omega=1.05\times10^{14}$ rad/s，与实验测得的振动频率 1.05×10^{14} rad/s 高度吻合。

6.2.1 二次型的能量

在许多问题中是用线位移以外的其他变量很自然地写出能量表达式的。在运动的某些领域，能量通常是二次型，

$$U=\frac{1}{2}Aq^2+\text{常量}$$

$$K=\frac{1}{2}B\dot{q}^2 \tag{6.2}$$

这里，q 是适合问题所用的变量。对于弹簧上固定一个物体这种简单情形，我们有

$$U=\frac{1}{2}kx^2$$

$$K=\frac{1}{2}m\dot{x}^2$$

和

$$\omega=\sqrt{\frac{k}{m}}$$

类比于弹簧上的物体，方程（6.2）所描述的系统角频率是

$$\omega=\sqrt{\frac{A}{B}}$$

为明确任何具有方程（6.2）能量形式的系统都以频率$\sqrt{A/B}$做简谐振动，注意系统的总能量是

$$\begin{aligned}E &=K+U\\ &=\frac{1}{2}B\dot{q}^2+\frac{1}{2}Aq^2+\text{常量}\end{aligned}$$

由于系统是保守的，故 E 是常量。能量方程对时间求导，可得

$$\frac{\mathrm{d}E}{\mathrm{d}t}=B\dot{q}\ddot{q}+Aq\dot{q}$$
$$=0$$

或者

$$\ddot{q}+\frac{A}{B}q=0$$

因此，q 以角频率$\sqrt{A/B}$做简谐振动。

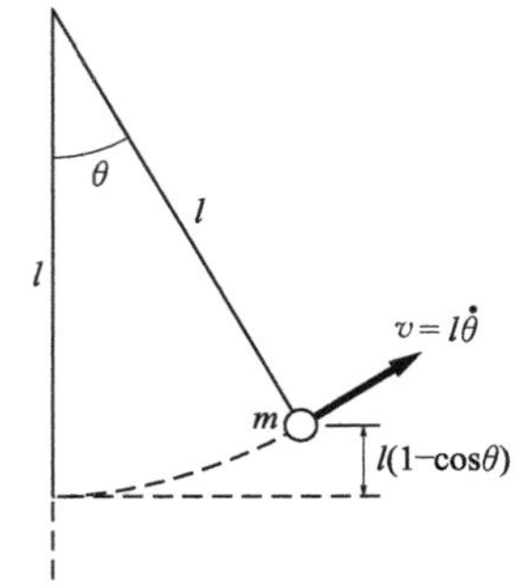

一旦确定了束缚系统的动能和势能，我们就可以通过比较，确定小振动的角频率。例如，摆的能量为

$$U=mgl(1-\cos\theta)\approx\frac{1}{2}mgl\theta^2$$

$$K=\frac{1}{2}ml^2\dot{\theta}^2$$

因而，

$$\omega=\sqrt{g/l}$$

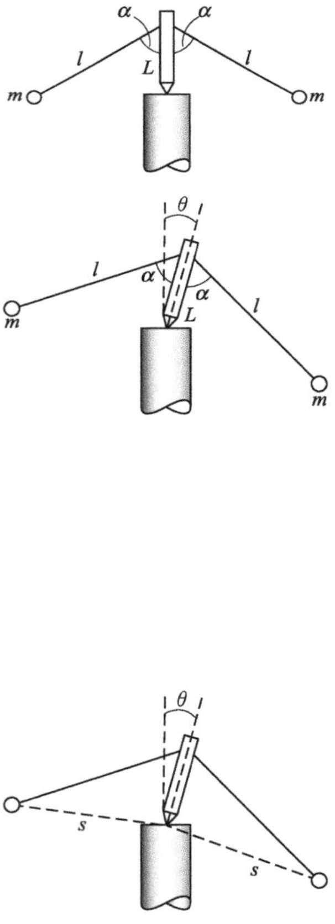

例 6.3　平衡鸟的小振动

如图所示，平衡鸟由两个相同的重物组成，重物悬挂在斜下垂的臂上，中间是带尖端的细杆。

本例中，我们要确定平衡鸟左右摇摆时的振动周期。为简单起见，我们只考虑竖直面内的摇摆。

若以支点为势能零点，我们有

$$U(\theta)=mg[L\cos\theta-l\cos(\alpha+\theta)]+mg[L\cos\theta-l\cos(\alpha-\theta)]$$

利用恒等式 $\cos(\alpha\pm\theta)=\cos\alpha\cos\theta\mp\sin\alpha\sin\theta$，重写 $U(\theta)$：

$$U(\theta)=2mg\cos\theta(L-l\cos\alpha)$$
$$=-A\cos\theta$$

式中，$A=2mg(l\cos\alpha-L)=$常量。利用小角近似（或者用泰勒级数在 $\theta=0$ 展开 $U(\theta)$），我们有

$$U(\theta)=-A\left(1-\frac{\theta^2}{2}+\cdots\right)$$
$$\approx-A+\frac{1}{2}A\theta^2$$

为确定动能，用 s 表示重物到支点的距离，如图所示。

如果玩具以角速率 $\dot{\theta}$ 摇摆，每个重物的速率是 $s\dot{\theta}$，总动能是

$$K=\frac{1}{2}(2m)s^2\dot{\theta}^2$$
$$=\frac{1}{2}B\dot{\theta}^2$$

式中，$B=2ms^2$。

因此，振动的频率是

$$\omega=\sqrt{\frac{A}{B}}$$
$$=\sqrt{\frac{g(l\cos\alpha-L)}{s^2}}$$

6.3 稳定性

在 5.6 节导出的结果 $F=-\mathrm{d}U/\mathrm{d}x$，可以让我们由已知的势能函数计算力。另外，这个结果也有助于在势能图中形象化地理解系统的稳定性。

考虑谐振子情形，这里势能 $U=kx^2/2$ 用抛物线来描述。在 a 点，$\mathrm{d}U/\mathrm{d}x>0$，所以力是负的。在 b 点，$\mathrm{d}U/\mathrm{d}x<0$，所以力是正的。在 c 点，$\mathrm{d}U/\mathrm{d}x=0$，力为零。不管质点移动到哪里，力都指向原点，只有质点位于原点时受力为零。势能曲线的极小值与系统的平衡位置重合。显然，这是一个稳定平衡，系统的任何位移都会产生一个力，把质点推回平衡点。

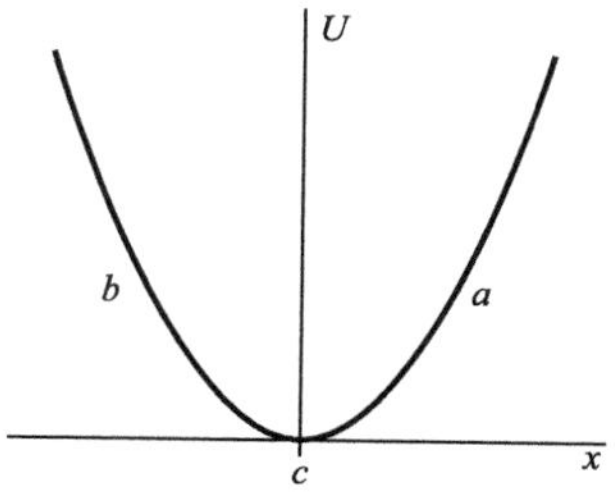

只要 $\mathrm{d}U/\mathrm{d}x=0$，系统就处于平衡。如果是在 U 的极大值位置，$\mathrm{d}^2U/\mathrm{d}x^2<0$，平衡是不稳定的，正的位移产生正的力，会使位移变大，负的位移产生负的力，同样会使位移变大。若 $\mathrm{d}^2U/\mathrm{d}x^2>0$，平衡是稳定的。

摆由质量为 m 的物体和一根长为 l、质量可略的刚性杆组成，用它可以很好地展示稳定性。若取摆的底部为势能零点，则

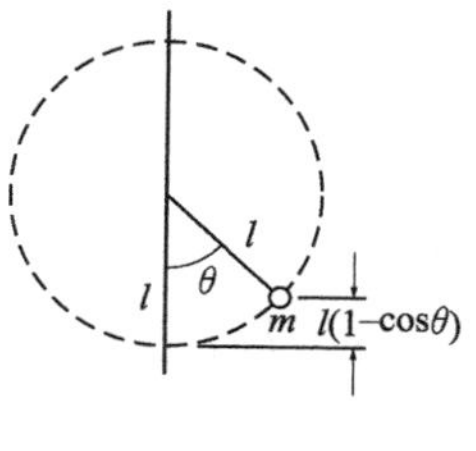

$$U(\theta)=mgz$$
$$=mgl(1-\cos\theta)$$

摆在 $\theta=0$ 和 $\theta=\pi$ 处是平衡的。摆“很乐意”向下悬垂，要多久有多久，但垂直向上悬垂却不会很久。在 $\theta=\pi$ 处 $\mathrm{d}U/\mathrm{d}\theta=$

0，但是在那里 U 有极大值（在 $\theta=\pi$ 处，$\mathrm{d}^2U/\mathrm{d}\theta^2=-mgl<0$），平衡是不稳定的。

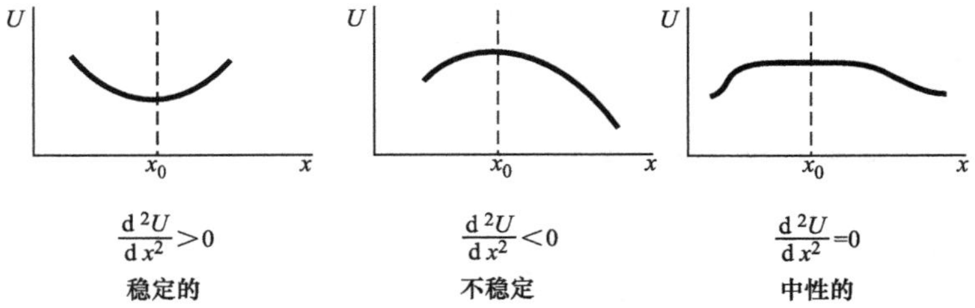

例 6.4　平衡鸟的稳定性

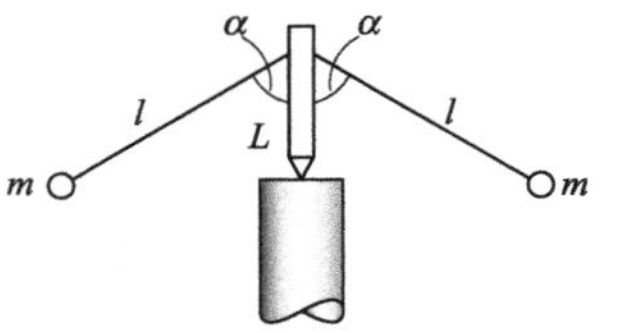

我们在例 6.3 见过的平衡鸟，竟然是稳定的——它可以旋转、摇摆，几乎不会翻倒。通过分析它的势能，我们就明白为什么会如此。为了简单，我们只考虑竖直面内的摇摆运动，并假定所有的质量都落在重物上。

如图所示，平衡鸟歪斜角度 θ 时，我们计算它的势能。若以支点为势能零点，我们有

$$U(\theta)=mg[L\cos\theta-l\cos(\alpha+\theta)]+mg[L\cos\theta-l\cos(\alpha-\theta)]$$

利用恒等式 $\cos(\alpha\pm\theta)=\cos\alpha\cos\theta\mp\sin\alpha\sin\theta$，重写 $U(\theta)$：

$$U(\theta)=2mg\cos\theta(L-l\cos\alpha)$$

当

$$\frac{\mathrm{d}U}{\mathrm{d}\theta}=-2mg\sin\theta(L-l\cos\alpha)=0$$

时，产生平衡。解是 $\theta=0$，这一点也可从对称性看出。（由于必须限定 θ 小于 $\pi/2$，$\theta=\pi$ 的解被排除。）

为了检查平衡位置的稳定性，我们必须检查势能的二阶导数。我们有

$$\frac{\mathrm{d}^2U}{\mathrm{d}\theta^2}=-2mg\cos\theta(L-l\cos\alpha)$$

在平衡位置，

$$\left.\frac{\mathrm{d}^2U}{\mathrm{d}\theta^2}\right|_{\theta=0}=-2mg(L-l\cos\alpha)$$

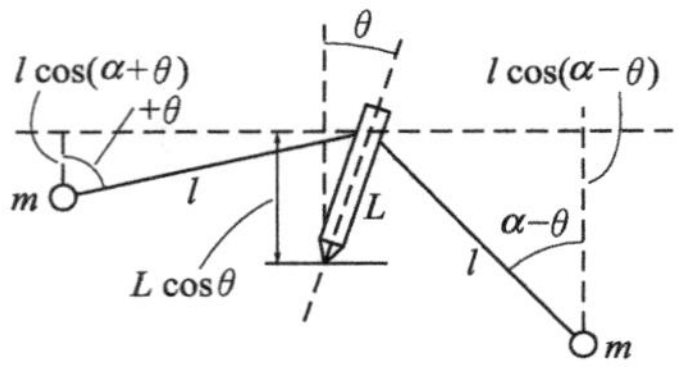

为了稳定，要求二阶导数为正，因而 $L-l\cos\alpha<0$，或者 $L<l\cos\alpha$。结论是，为了使平衡鸟稳定，重物必须悬在支点下面，如图所示。

在例 6.3 中，我们确定了平衡鸟振动的频率是

$$\omega=\sqrt{\frac{g(l\cos\alpha-L)}{s^2}} \tag{1}$$

本例中，我们证明了 $(l\cos\alpha-L)>0$ 时是稳定的。方程 (1) 表明，当 $(l\cos\alpha-L)\to 0$ 时，$\omega\to 0$，振动的周期变得非常长。在极限 $(l\cos\alpha-L)=0$ 的情形，系统是中性平衡。若 $(l\cos\alpha-L)<0$，系统是不稳定的，平衡鸟会翻倒，θ 呈指数式变化，而非简谐的。

上面的例子表明，振动的低频对应于系统在稳定阈值的附近操作。这是稳定系统的一个普遍性质，低频振动对应于弱的回复力。受波浪影响的船在平衡位置振动时，船的晃动周期长的话会比较舒适。在保证稳定性的前提下，船体应设计得使重心尽可能高。降低重心使系统“更生硬”，晃动变得更快，舒适度降低，但是，船却更加稳定。

6.4 简正模

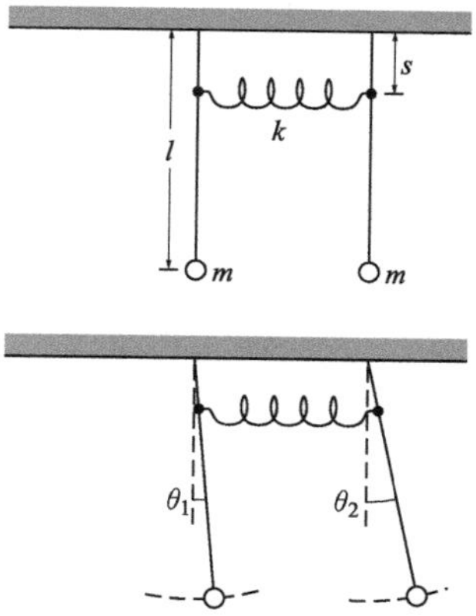

简谐振子是物理中最简单的系统之一。再复杂一点的是两个简谐振子的系统。若谐振子是孤立的，这种情形没有多大意义，但是若它们之间有微弱的相互作用，系统就变了，而且具有独特的性质。

为看清发生了什么，让我们考虑有两个相同摆的系统，摆长为 l、质量为 m，用角度 θ_1 和 θ_2 描述。在小角近似下，$\sin\theta\approx\theta$，运动方程为

$$ml\ddot{\theta}_1=-lmg\theta_1 \tag{6.3a}$$

$$ml\ddot{\theta}_2=-lmg\theta_2 \tag{6.3b}$$

取 $\omega_0^2=g/l$，这些方程可写为标准形式 $\ddot{\theta}+\omega_0^2\theta=0$，通解是 $\theta(t)=A\sin(\omega_0 t+\phi)$。常量 A 和 ϕ 由初始条件确定。

为了使两个摆有相互作用，用一个劲度系数为 k 的弱弹簧把它们耦合起来。选择摆的悬挂点，使其间距为弹簧的长度，因而摆竖直悬挂时弹簧没有被拉伸，如图所示。弹簧连在离悬挂点很近的距离 s 处，当摆运动时，弹簧拉伸的距离

是$s(\theta_1-\theta_2)$。运动方程为

$$ml\ddot{\theta}_1=-lmg\theta_1-ks(\theta_1-\theta_2) \tag{6.4a}$$

$$ml\ddot{\theta}_2=-lmg\theta_2+ks(\theta_1-\theta_2) \tag{6.4b}$$

用 ml 除这些方程，并令 $\omega_0^2=g/l$，$\kappa^2=ks/ml$，引入 $\Omega^2=\omega_0^2+\kappa^2$，方程（6.4）变为

$$\ddot{\theta}_1+\Omega^2\theta_1=\kappa^2\theta_2 \tag{6.5a}$$

$$\ddot{\theta}_2+\Omega^2\theta_2=\kappa^2\theta_1 \tag{6.5b}$$

我们可以合理地猜想运动是周期性的，尝试解的形式为

$$\theta_1(t)=A\sin(\omega t+\phi) \tag{6.6a}$$

$$\theta_2(t)=B\sin(\omega t+\phi) \tag{6.6b}$$

已经假设 θ_1 和 θ_2 有相同的时间依赖性，若它们不同，方程（6.5）就不能在所有时间都被满足。是否能发现满足方程（6.5）的一个 ω 值，还要拭目以待。把方程（6.6）代入方程（6.5），得到

$$(\Omega^2-\omega^2)A=\kappa^2B \tag{6.7a}$$

$$(\Omega^2-\omega^2)B=\kappa^2A \tag{6.7b}$$

把方程（6.7b）代入方程（6.7a）可得

$$(\Omega^2-\omega^2)^2=\kappa^4 \tag{6.8a}$$

或

$$\Omega^2-\omega^2=\pm\kappa^2 \tag{6.8b}$$

因此，我们有两个可能的 ω。把 $\Omega^2=\omega_0^2+\kappa^2$ 代入方程，我们有

$$\omega_0^2+\kappa^2-\omega^2=\kappa^2 \tag{6.9a}$$

$$\omega_0^2+\kappa^2-\omega^2=-\kappa^2 \tag{6.9b}$$

ω^2 的解是

$$\omega_+^2=\omega_0^2+2\kappa^2 \qquad A=-B \tag{6.10a}$$

$$\omega_-^2=\omega_0^2 \qquad A=B \tag{6.10b}$$

显然，系统有两种简单的周期运动。在 ω_+ 频率，两个摆的摆动方向相反，振幅相同。频率大于自由摆的频率 ω_0，这是由于摆分开时会受到相互的拉力，靠近时是推力，从而增大了回复力。在 ω_- 频率，两个摆以相同的振幅一起摆动。弹簧从

未拉伸，频率与自由摆的相同。

这两个运动称为系统的**简正模**。一个耦合振子系统的一个简正模是振子的振幅重合，振子的运动同频。在某种意义上，一个简正模是具有独特频率的新振子。简正模的完全解是

模 1，频率 $\omega_+=\sqrt{\omega_0^2+2\kappa^2 x}$，$\theta_1=-\theta_2$

$$\theta_1(t)=A_+\sin(\omega_+ t+\phi_+)$$

$$\theta_2(t)=-A_+\sin(\omega_+ t+\phi_+)$$

模 2，频率 $\omega_-=\omega_0$，$\theta_1=\theta_2$

$$\theta_1(t)=A_-\sin(\omega_- t+\phi_-)$$

$$\theta_2(t)=A_-\sin(\omega_- t+\phi_-)$$

耦合振子的运动方程对位移是线性的，运动方程的解可以加在一起，产生新的解。简正模的任意线性组合可以加在一起，所以系统最一般的运动是

$$\theta_1(t)=A_+\sin(\omega_+ t+\phi_+)+A_-\sin(\omega_- t+\phi_-) \quad (6.11a)$$

$$\theta_2(t)=-A_+\sin(\omega_+ t+\phi_+)+A_-\sin(\omega_- t+\phi_-) \quad (6.11b)$$

我们可以任意选择振幅 A_+ 和 A_-。若 $A_-=0$，则摆以 ω_+ 频率做简谐运动。每个摆一般的运动具有系统两个简正频率的成分。

在耦合振子的一般情形，简正模分析产生所有简正模的频率和相对振幅。实际的运动依赖初始条件。如果能量被注入一种简正模，它会保持在那种模式，振子以各自特别的相对振幅振动。若几个模式被激发，则激发会互相干涉，使能量在各个振子之间传递，如例 6.5 所示。

例 6.5　耦合振子之间的能量传递

再次考虑我们刚刚讨论的双摆和弹簧系统。假定其中一个摆，称作摆 1，被移到角度 θ_0，然后在 $t=0$ 时释放。初始时刻，系统所有的能量都在摆 1。问题是，看看随着时间的流逝关于能量发生了什么。

系统的初始条件是，$\theta_1(0)=\theta_0$，$\theta_2(0)=0$。由于摆初始时刻静止，方程（6.11）中的相角 ϕ 是 $\pi/2$。解的形式是形如 $\cos\omega t$ 的解，方程（6.11）变为

$$\theta_1(t)=A_+\cos(\omega_+ t)+A_-\cos(\omega_- t)$$

$$\theta_2(t)=-A_+\cos(\omega_+ t)+A_-\cos(\omega_- t)$$

为了满足条件 $\theta_2(0)=0$，我们取 $A_+=A_-=\theta_0/2$。则

$$\theta_1(t)=\frac{\theta_0}{2}[\cos(\omega_+ t)+\cos(\omega_- t)] \qquad (1a)$$

$$\theta_2(t)=\frac{\theta_0}{2}[-\cos(\omega_+ t)+\cos(\omega_- t)] \qquad (1b)$$

引入平均频率 $\overline{\omega}=(\omega_+ +\omega_-)/2$ 和差频 $\delta=\omega_+ -\omega_-$，因而 $\omega_+=\overline{\omega}+\delta$，$\omega_-=\overline{\omega}-\delta$，可以把解写成更对称的形式。利用恒等式，$\cos(A+B)=\cos A\cos B-\sin A\sin B$，可将上面的方程改写为

$$\theta_1(t)=\theta_0\cos\delta t\cos\overline{\omega}t$$

$$\theta_2(t)=\theta_0\sin\delta t\cos\overline{\omega}t$$

系统以平均频率 $\overline{\omega}$ 振动，但是振动的振幅在两个摆之间以频率 δ 缓慢地来回变动。初始时刻能量在摆 1，但是当 $\delta t=\pi/2$ 时，能量已经转移到摆 2。能量最终会回到摆 1。当耦合变弱时，δ 变得更小，转移能量需要更长的时间。尽管如此，它最终会到达那里。在复杂系统的机械设计中，比如飞机，需要注意避免系统中偶然的共振。即使振子之间的耦合比较弱，能量转移也可以很强，从而导致灾难性的后果。

例 6.6　双原子分子的简正模

本例中，我们再次分析例 6.1 中的双原子分子模型，但却是从简正模的角度，其描述可以推广到多原子分子，而多原子分子的力学模型是原子简化为质点，质点之间用弹簧相连。双原子分子模型化为两个质量为 m_1 和 m_2 的质点用劲度系数为 k 的弹簧相连。我们只考虑沿 x 轴的运动，相应的坐标是 x_1 和 x_2。运动方程为

$$m_1\ddot{x}_1=k[(x_2-x_{20})-(x_1-x_{10})]$$

$$m_2\ddot{x}_2=-k[(x_2-x_{20})-(x_1-x_{10})]$$

式中，x_{10} 和 x_{20} 是质点的平衡坐标。注意：力是等值反向的，满足牛顿第三定律。

通过变换因变量消去平衡坐标，可以简化这些方程。令 $x_i'=x_i-x_{i0}$，这里 $i=(1,2)$。运动方程则变为

$$m_1\ddot{x}_1'=k(x_2'-x_1') \tag{1a}$$

$$m_2\ddot{x}_2'=-k(x_2'-x_1') \tag{1b}$$

为了展示分子振动的一般方法，假定我们有一个多原子分子模型，N 个质点由几个弹簧耦合。我们现在寻找的特解形式为

$$x_i'=a_i\sin(\omega t+\phi) \qquad i=1,\cdots,N$$

式中，a_i 为第 i 个质点的振幅。注意：在我们寻找的特解中，每个质点以相同的频率振动。相角 ϕ 对每个质点也相同。我们这样论证存在这种解的合理性，若每个质点都以不同的频率振动，对孤立的分子来说，它的线动量不可能守恒。

这些特解称为系统的简正模，类似于 6.4 节讨论的两个耦合摆的简正模。如果存在 N' 个运动方程，就有 N' 个简正模，每个都有自己独特的频率。总有一个零频率的简正模，对应于无振动静止系统的平庸情形，留下 $N'-1$ 个非平庸的频率。

为给出简正模的一个例子，且保持运算简单，我们回到质量为 m_1 和 m_2 的双原子分子模型。运动方程有两个，所以我们预期有一个非平庸的振动频率。在方程 (1a) 和 (1b) 中利用

$$x_i'=a_i\sin(\omega t+\phi)$$

$$\ddot{x}_i'=-\omega^2a_i\sin(\omega t+\phi)$$

可得

$$(k-\omega^2m_1)a_1=ka_2 \tag{2a}$$

$$(k-\omega^2m_2)a_2=ka_1 \tag{2b}$$

因子 $\sin(\omega t+\phi)$ 在每一项里都有，可全部消去。从方程(2a)中解出 a_2，代入方程(2b)，经过一些化简，得到振幅 a_1 的方程：

$$\omega^2[\omega^2m_1m_2-k(m_1+m_2)]a_1=0 \tag{3}$$

方程(3)有几个可能的解。一个解是 $a_1=0$，且由方程(2a)可得 $a_2=0$。这是一个静止无振动系统的平庸解。类似的，解 $\omega^2=0$ 也对应一个非振动系统。感兴趣的非平庸解是

$$\omega^2=\frac{k(m_1+m_2)}{m_1m_2}$$

$$=\frac{k}{\mu}$$

与我们的预期一致。

现在有了简正模频率，解方程（2a）可得相对振幅 a_2/a_1：

$$\frac{a_2}{a_1}=-\frac{m_1}{m_2}$$

两个质点运动反向，振幅满足线动量守恒。实际的振幅依赖初始条件。

处理多原子分子模型的思路相同，只是计算更复杂一些，就像下面例子所看到的那样。然而，最终的结果仍然是用质量和弹簧劲度系数表示的简正模频率 ω_i。重要的是，ω_i 只是系统可能的非平庸振动频率，任何可能的运动则是简正模的线性组合：

$$\sum_{i=1}^{N'-1}A_i\sin(\omega_it+\phi_i)$$

振幅 A_i 和相角 ϕ_i 依赖初始条件。容易证明，一个简正模的总能量正比于 A_i^2。

例 6.7 二氧化碳的直线振动

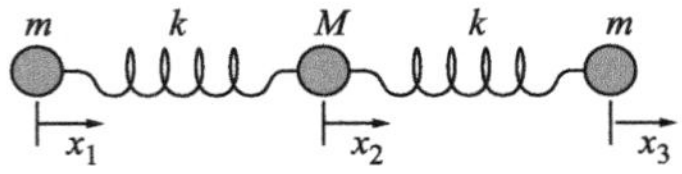

CO_2 是一个直线分子，中心碳原子的两边各有一个氧原子。只考虑直线振动，这个质点-弹簧模型有三个质量 m、M 和 m，两个弹簧，如图所示。两个弹簧有相同的劲度系数，代表碳-氧键。

原子相对平衡位置的偏离用 x_1、x_2 和 x_3 表示，运动方程是

$$m\ddot{x}_1=-k(x_1-x_2) \tag{1a}$$

$$M\ddot{x}_2=-k(x_2-x_1)-k(x_2-x_3) \tag{1b}$$

$$m\ddot{x}_3=-k(x_3-x_2) \tag{1c}$$

定义频率 $\omega_0=\sqrt{k/m}$ 和 $\Omega_0=\sqrt{k/M}$ 可以简化表示，上述方程变为

$$\ddot{x}_1+\omega_0^2(x_1-x_2)=0$$

$$\ddot{x}_2+\Omega_0^2(2x_2-x_1-x_2)=0$$

$$\ddot{x}_3+\omega_0^2(x_3-x_2)=0$$

如果我们寻找形如 $x=a\sin(\omega t+\phi)$ 的解，可得

$$\omega^2 a_1-\omega_0^2(a_1-a_2)=0 \tag{2a}$$

$$\omega^2 a_2-\Omega_0^2(2a_2-a_1-a_3)=0 \tag{2b}$$

$$\omega^2 a_3-\omega_0^2(a_3-a_2)=0 \tag{2c}$$

确定满足这些方程或者任意数目这样耦合的方程的 ω^2 值，有一个通用的方法，但是这里我们直接计算，就能找到方程的解。(通用的方法涉及确定系数行列式的根，这是线性代数里求解齐次方程的众所周知的结果。)

若 $a_2\neq 0$，则方程 (2a) 和 (2c) 给出 $a_1=a_3=-[\omega_0^2/(\omega^2-\omega_0^2)]a_2$。把这些代入方程(2b)，可得

$$\omega^2(\omega^2-\omega_0^2)-2\Omega_0^2\omega^2=0 \tag{3}$$

$\omega=0$ 是一个解，但不是简正模；若 $\ddot{x}=0$，则 $x=x_0+vt$。这个解描述了自由分子质心的运动。方程(3)的第二个根是 $\omega=\sqrt{\omega_0^2+2\Omega_0^2}$。这是一个反对称模，如图(a)所示，两个氧原子沿一个方向运动，而碳原子沿相反的方向运动。由方程(2a)可得，碳和氧运动的相对振幅是 $a_1/a_2=-\omega_0^2/2\Omega_0^2=-M/2m$，为了总动量守恒，这也是我们期待的结果。

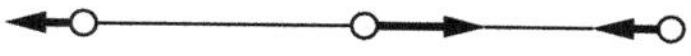
a)

剩下的解属于对称的情形：$a_2=0$，$a_1=-a_3$ 和 $\omega=\omega_0$。这里碳原子保持不动，氧原子以频率 ω 沿相反的方向运动，如图(b)所示。

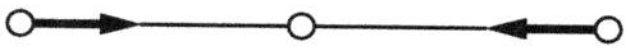
b)

6.5 碰撞与守恒律

20 世纪初，英国曼彻斯特大学的卢瑟福和他的同事完成的实验将物理引向了延续至今的一条道路。他们用放射性元

素发出的高能 α 射线（^{4}He 原子核）轰击金属箔片。大部分 α 射线偏转（“散射”）的角度很小，但是实验人员惊讶地发现，有些 α 射线散射的角度非常大，从箔片处反弹回来。卢瑟福说，这就像炮弹被一张纸反弹回来一样难以置信。对这些实验的解释导致了我们的原子模型：包含大部分质量的致密微小的核被电子云环绕。从这个开创性的工作开始，物理学家一直利用碰撞和散射实验研究粒子的性质，例如，探索粒子的作用力或者它们的电荷或质量如何分布。已建造的大型强子对撞机，是坐落于法国-瑞士边界日内瓦附近的直径 8500 m 的环形质子加速器，用于碰撞高能质子，引起的反应有可能揭示理论预言的粒子或某些新的物理现象。

本节我们利用守恒律导出所有碰撞都满足的一般结果，与所涉及的作用力性质无关。这里我们只用非相对论（“经典”）力学，而碰撞的相对论处理留到第 13 章。相对论效应典型地依赖于因子$\sqrt{1-v^2/c^2}$，这里 v 是质点的速度，c 是光速。若 $v^2/c^2\ll 1$，则经典力学高精度成立。这个判据的另一种表述是，质点的经典动能与静质量能 $=m_0c^2$ 的比率：

$$\frac{2\times\text{经典动能}}{\text{静质量能}}=\frac{m_0v^2}{m_0c^2}=\frac{v^2}{c^2}\ll 1$$

则经典力学精确成立。

粒子的静质量 m_0 是粒子静止时的质量。利用 $E=m_0c^2$，静质量通常用能量单位表示：对于电子，m_0 是 0.51 MeV；对于质子，m_0 是 938 MeV。大型强子对撞机可以把质子加速到能量高达 14 TeV。在这个能区的碰撞是强相对论性的，但是守恒律（适用于相对论力学的）依然成立。

6.5.1　碰撞的阶段

图中显示了两个粒子碰撞期间的三个阶段。

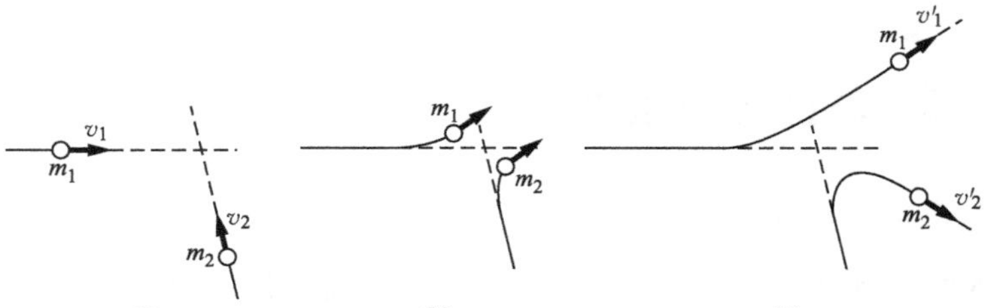

(a)　　(b)　　(c)

在图（a）中，早在碰撞之前，每个粒子实际上都是自由的，因为相互作用力通常只在距离很小时才重要。当粒子接近时，如图（b）所示，由于相互作用，每个粒子的动量和能量会改变。最终，碰撞结束后，如图（c）所示，粒子再次自由，以新的方向和速度沿着直线运动。实验上，我们一般已知初始速度v_1和v_2；通常一个粒子初始时静止在靶上，被已知能量的粒子轰击。实验则是以合适的粒子探测器测量末速度v_1'和v_2'。

假设外力可略去不计，总动量是守恒的，我们有

$$\boldsymbol{P}_{\mathrm{i}}=\boldsymbol{P}_{\mathrm{f}}$$

对于两体碰撞，这变为

$$m_1 v_1+m_2 v_2=m_1 v_1'+m_2 v_2' \tag{6.12}$$

方程（6.12）等价于三个标量方程。然而，v_1'和v_2'的分量包含六个未知量，所以一个完全解还需要另外三个方程。我们下面马上要说明，能量方程提供了速度之间的一个附加关系。

6.5.2 弹性碰撞与非弹性碰撞

考虑在直线型气垫导轨上具有相同质量 M、配有弹簧的两个滑块的碰撞。

假定初始时滑块 1 有速率 v，滑块 2 静止。碰撞后，滑块 1 静止，滑块 2 以速率 v 向右运动。显然，动量是守恒的；两个物体的总动能 $Mv^2/2$，碰撞前后是相同的。总动能不变的碰撞称为弹性碰撞。若相互作用力是保守的，像本例中的弹性力，碰撞就是弹性的。

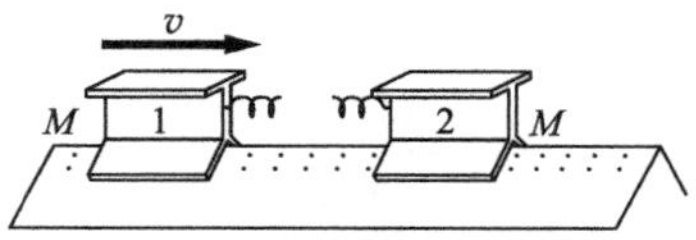

碰前

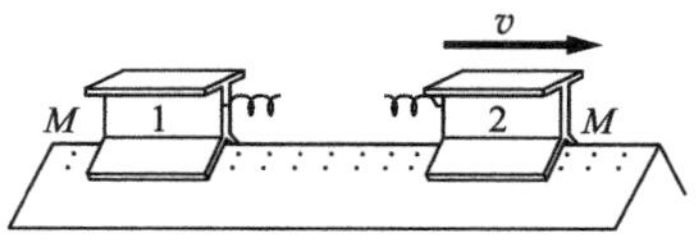

碰后

第二个实验，取相同的两个滑块，用黏性的腻子块取代弹簧。像以前那样，让滑块 2 初始时静止。

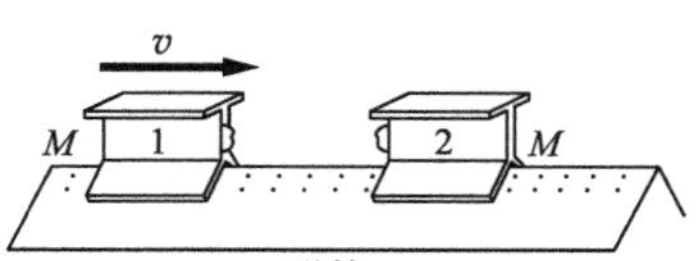

碰前

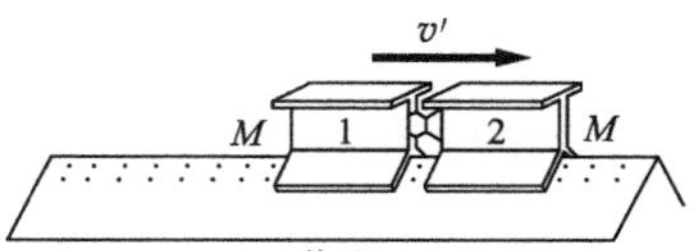

碰后

碰撞后，滑块黏在一起，以速率 v'离开。由动量守恒，$Mv=2Mv'$，所以 $v'=v/2$。系统的初始动能是 $Mv^2/2$，但末态动能是 $(2M)v'^2/2=Mv^2/4$。在这个碰撞中，动能只是碰前的一半。动能的改变是由于相互作用力是非保守的：一部分初始动能在碰撞中转化为腻子块中的随机热能。总动能不守恒的碰撞称为非弹性碰撞。

虽然任何系统的总能量永远是守恒的，但碰撞中一部分动能却有可能转化为其他的形式。考虑到这一点，碰撞的能量守恒方程可写为

$$K_i = K_f + Q \qquad (6.13)$$

这里，$Q = K_i - K_f$ 是转化为其他形式的动能。对于两体碰撞，方程（6.13）变为

$$\frac{1}{2}m_1 v_1^2 + \frac{1}{2}m_2 v_2^2 = \frac{1}{2}m_1 v'^2_1 + \frac{1}{2}m_2 v'^2_2 + Q \qquad (6.14)$$

在日常尺度的大多数碰撞中动能都会损失，Q 是正的。然而，如果系统的内能在碰撞中转化为动能，Q 可以是负的。这样的碰撞有时称为超弹性——出来粒子的动能大于进入粒子的。它们在原子和原子核物理中很重要；在许多核反应中，生成物的总质量小于反应物的总质量。根据第 13 章所讨论的狭义相对论，$Q = (M_{生成物} - M_{反应物})c^2 = \Delta mc^2 < 0$。超弹性在日常生活中很少遇到，但是两个翘起的捕鼠器之间的碰撞就属于这样的例子，储存在弹簧中的能量被释放。

6.5.3 一维碰撞

若两体碰撞中限定质点沿一条直线运动，守恒律的方程（6.12）和（6.14）完全确定了末态速度，与相互作用力的性质无关。按图中所示的速度，守恒律给出：

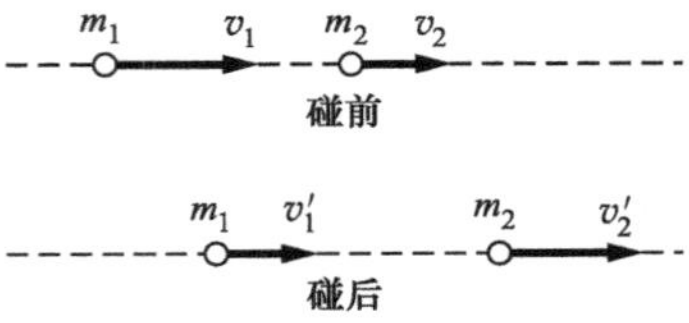

动量：

$$m_1 v_1 + m_2 v_2 = m_1 v_1' + m_2 v_2'$$

能量：

$$\frac{1}{2}m_1 v_1^2 + \frac{1}{2}m_2 v_2^2 = \frac{1}{2}m_1 v'^2_1 + \frac{1}{2}m_2 v'^2_2 + Q$$

由这些方程可解出用 m_1、m_2、v_1、v_2 和 Q 表示的v_1'和 v_2'。下面的例子展示了这个过程。

例 6.8 两球的弹性碰撞

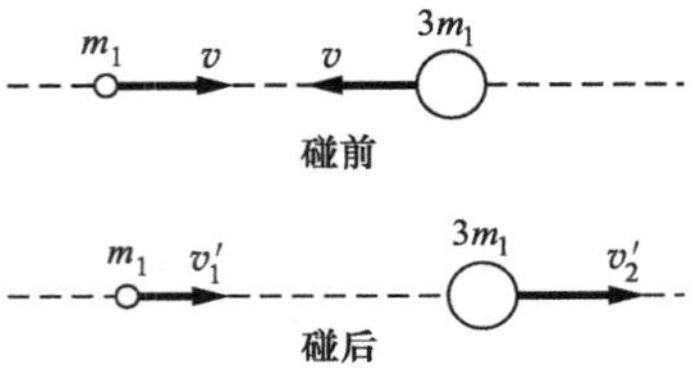

考虑质量分别为 m_1 和 m_2 的两球的一维弹性碰撞，$m_2 = 3m_1$。假定碰前两球有等值反向的速度 v。问题是确定末速度。

由守恒律得到

$$m_1 v - 3m_1 v = m_1 v_1' + 3m_1 v_2' \qquad (1)$$

$$\frac{1}{2}m_1 v^2 + \frac{1}{2}(3m_1)v^2 = \frac{1}{2}m_1 v'^2_1 + \frac{1}{2}(3m_1)v'^2_2 \qquad (2)$$

可以利用方程（1）消去 v_1'：

$$v_1' = -2v - 3v_2' \tag{3}$$

把方程（3）代入方程（2），得到

$$4v^2 = (-2v - 3v_2')^2 + 3v_2'^2$$
$$= 4v^2 + 12vv_2' + 12v_2'^2$$

或者

$$0 = 12vv_2' + 12v_2'^2 \tag{4}$$

方程（4）有两个解：$v_2' = -v$ 和 $v_2' = 0$。v_1'的相应值可从方程（3）得到。

解 1：

$$v_1' = v$$
$$v_2' = -v$$

解 2：

$$v_1' = -2v$$
$$v_2' = 0$$

可以看出，解 1 简单重复了初始条件：两球简单地擦肩而过。在这类问题中，我们总是得到这样的平庸“解”，因为初速度明显满足守恒律方程。

解 2 是非平庸的。这个解表明，碰撞后，m_1 向左以两倍的初始速率运动，较重的球则静止。

6.5.4 碰撞和质心坐标系

在质心（C）坐标系中处理三维碰撞问题常常比在实验室（L）坐标系中简单一些。

考虑质量分别为 m_1 和 m_2 的两个质点，速度分别为$\mathbf{v}_1$和$\mathbf{v}_2$。质心速度 $\mathbf{V}$ 是

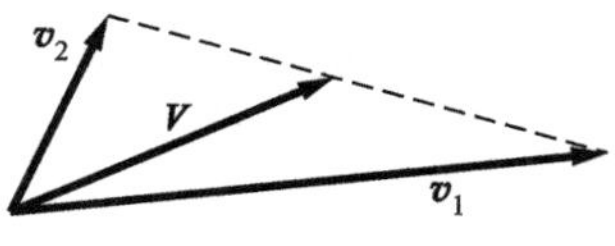

$$\mathbf{V} = \frac{m_1\mathbf{v}_1 + m_2\mathbf{v}_2}{m_1 + m_2}$$

如速度图所示，$\mathbf{V}$ 位于$\mathbf{v}_1$和$\mathbf{v}_2$的连线上。

C 系中的速度为

$$\mathbf{v}_{1c} = \mathbf{v}_1 - \mathbf{V}$$

$$= \frac{m_2}{m_1 + m_2}(\mathbf{v}_1 - \mathbf{v}_2)$$

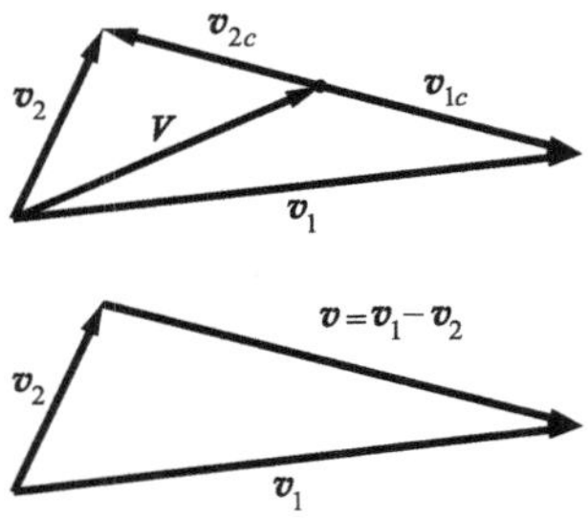

和

$$v_{2c} = v_2 - \boldsymbol{V} = \frac{-m_1}{m_1 + m_2}(v_1 - v_2)$$

v_{1c} 和 v_{2c} 背靠背沿着相对速度 $v = v_1 - v_2$ 的方向。

C 系中的动量为

$$\boldsymbol{p}_{1c} = m_1 v_{1c} = \frac{m_1 m_2}{m_1 + m_2}(v_1 - v_2) = \mu v$$

$$\boldsymbol{p}_{2c} = m_2 v_{2c} = \frac{-m_1 m_2}{m_1 + m_2}(v_1 - v_2) = -\mu v$$

这里，$\mu = m_1 m_2/(m_1 + m_2)$，是系统的约化质量，是两质点系统质量的自然单位。C 系中总动量为零，与预期一致。

L 系中的总动量是

$$m_1 v_1 + m_2 v_2 = (m_1 + m_2)\boldsymbol{V}$$

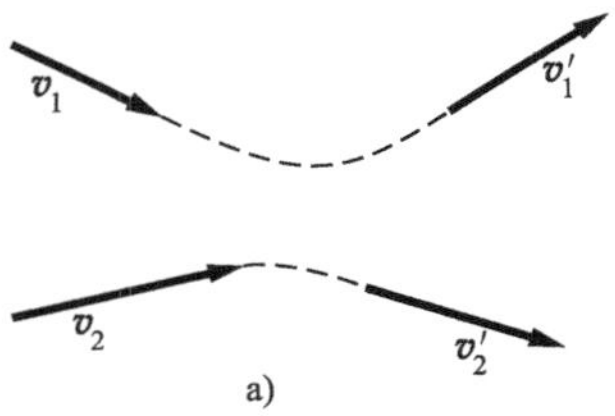

a)

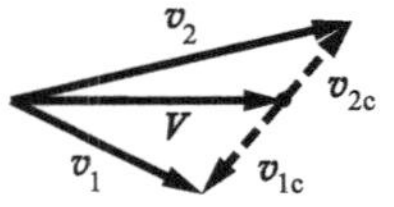

b)

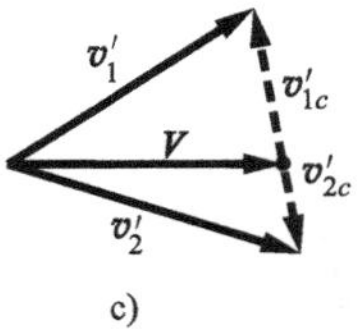

c)

由于总动量在任何碰撞中都守恒，所以 $\boldsymbol{V}$ 是常量。我们可利用这个结果将碰前和碰后的速度矢量形象化。

图 a）显示了碰前、碰后两质点的轨道和速度。图 b）显示了 L 系和 C 系中的初始速度。所有的矢量都位于同一个平面，v_{1c} 和 v_{2c} 必须背靠背，因为 C 系中的总动量为零。图 c）中，碰撞后 C 系中的速度再次背靠背。图 c）也显示了 L 系中的末速度。注意，图 c）中的平面不一定是图 a）中的平面。

显然，在 L 系中初、末速度的几何关系是很复杂的。幸运的是，C 系中的情形就简单得多。C 系中的初、末速度确定了一个平面，称为散射面。在这个平面中，每个质点偏转同样的散射角 Θ。

为了计算散射角 Θ，必须已知相互作用力。反过来，通过测量偏转，我们可以了解相互作用力。然而，这里我们简单假设在 C 系中相互作用已经产生了一些偏转。

若碰撞是弹性的，就会导致重要的简化。对于弹性碰撞，能量守恒应用到 C 系中给出

$$\frac{1}{2}m_1 v_{1c}^2 + \frac{1}{2}m_2 v_{2c}^2 = \frac{1}{2}m_1 v_{1c}'^2 + \frac{1}{2}m_2 v_{2c}'^2$$

C 系中总动量守恒，因而有

$$m_1 v_{1c} - m_2 v_{2c} = 0$$

$$m_1 v'_{1c} - m_2 v'_{2c} = 0$$

利用动量守恒，从能量方程中消去 v_{2c} 和 v'_{2c}，得到

$$\frac{1}{2}\left(m_1+\frac{m_1^2}{m_1}\right)v_{1c}^2=\frac{1}{2}\left(m_1+\frac{m_1^2}{m_2}\right)v_{1c}'^2$$

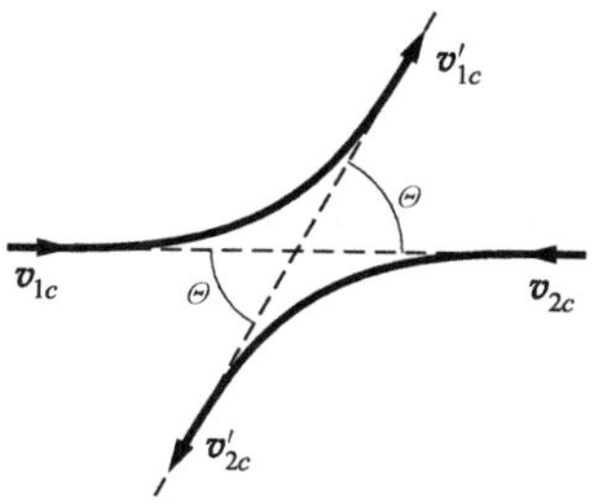

或者

$$v_{1c} = v'_{1c}$$

类似地有

$$v_{2c} = v'_{2c}$$

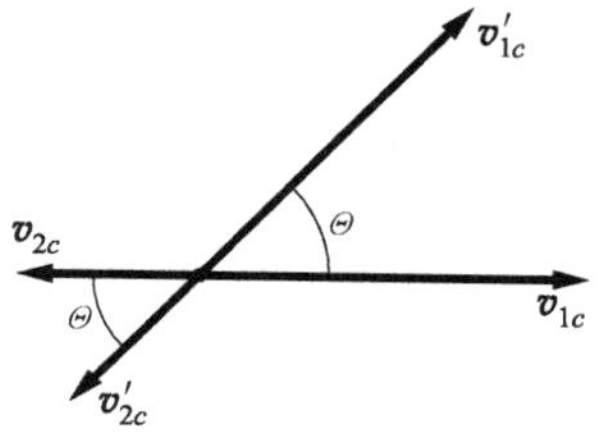

在一个弹性碰撞中，C 系中每个质点的速率在碰撞前后都一样；速度矢量简单地在散射面内转动。在许多实验中，其中一个质点，比如 m_2，初始时静止在实验室。

从碰前的条件，我们有

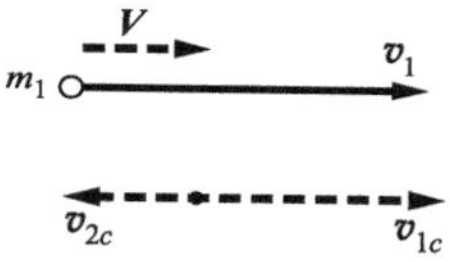

$$\mathbf{V} = \frac{m_1}{m_1+m_2} v_1$$

$$v_{1c} = v_1 - \mathbf{V}$$

$$= \frac{m_2}{m_1+m_2} v_1$$

$$v_{2c} = -\mathbf{V}$$

$$= -\frac{m_1}{m_1+m_2} v_1$$

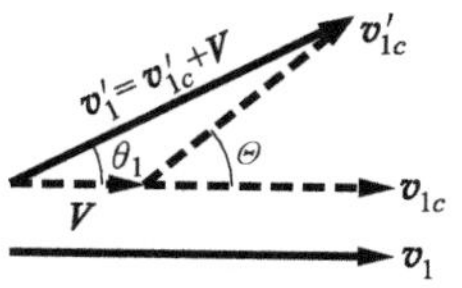

图中显示了在 C 系和 L 系中碰撞后的速度。v'_1 在 L 系中偏转角度 θ_1，v'_2 在 L 系中偏转角度 θ_2。由于这些角度是在 L 系中，原则上它们在实验室中是可测量的。速度图可用来把 θ_1 和 θ_2 与散射角 Θ 联系起来，就如例 6.9 所示。

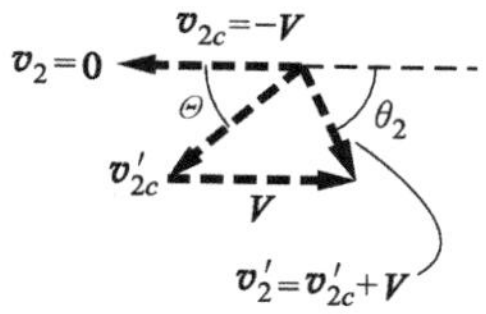

例 6.9　实验室散射角的限制

考虑质量为 m_1、速度为 v_1 的粒子被第二个质量为 m_2 的静止粒子弹性散射。

C 系中的散射角 Θ 是不受限的，但是守恒律对实验室的角度加上了一个限制，我们现在证明这一点。

质心速度的大小是

$$V = \frac{m_1 v_1}{m_1+m_2} \tag{1}$$

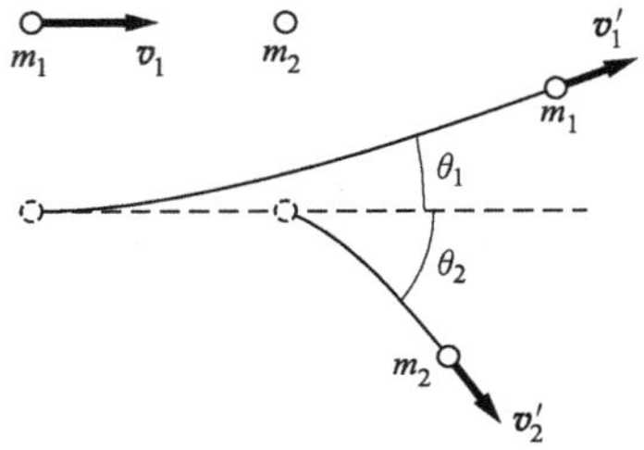

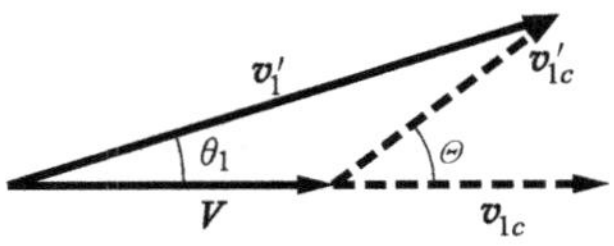

与v_1平行。C 系中的初速度是

$$v_{1c}=\frac{m_2}{m_1+m_2}v_1$$
$$v_{2c}=-\frac{m_1}{m_1+m_2}v_1 \tag{2}$$

假设 m_1 在 C 系中的散射角是 Θ。

从速度图可以看出，入射粒子的实验室散射角为

$$\tan\theta_1=\frac{v_{1c}'\sin\Theta}{V+v_{1c}'\cos\Theta}$$

由于是弹性散射，$v_{1c}'=v_{1c}$，因此

$$\tan\theta_1=\frac{v_{1c}\sin\Theta}{V+v_{1c}\cos\Theta}=\frac{\sin\Theta}{(V/v_{1c})+\cos\Theta}$$

由方程（1）和（2），$V/v_{1c}=m_1/m_2$。因此

$$\tan\theta_1=\frac{\sin\Theta}{(m_1/m_2)+\cos\Theta} \tag{3}$$

散射角 Θ 依赖相互作用的细节，但是一般来说，它可取任意值。若 $m_1<m_2$，由方程（3）或者图 a）中的几何构造，θ_1 是不受限的。然而，若 $m_1>m_2$，情况则完全不同。在这种情形下，θ_1 不会大于确定的角度 $\Theta_{1,\max}$。如图 b）所示，当v_1'与v_{1c}'垂直时，θ_1 取最大角度。在这种情形，$\sin\theta_{1,\max}=v_{1c}/V=m_2/m_1$。若 $m_1\gg m_2$，则 $\theta_{1,\max}\approx m_2/m_1$，且在 L 系中最大散射角趋于零。

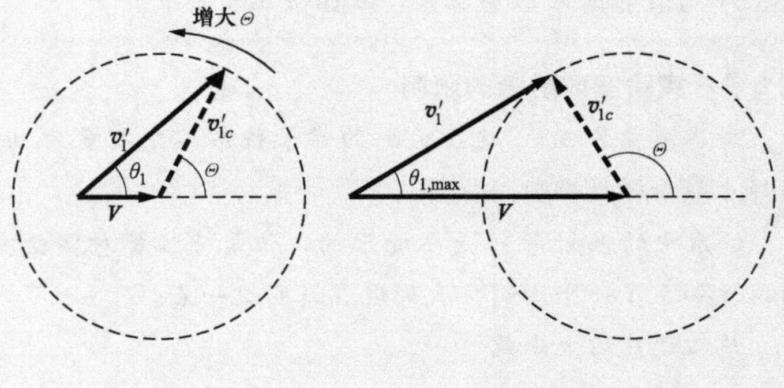

a) $\frac{V}{v_{1c}}=\frac{m_1}{m_2}<1$ b) $\frac{V}{v_{1c}}=\frac{m_1}{m_2}>1$

简单的说明：如图a）所示，若 $m_1/m_2<1$，这就好像一股石子流被保龄球弹开；石子沿所有方向散射；另一方面，若运动的保龄球弄散石子，则 $m_1/m_2\gg1$，保龄球几乎一点也不偏转，继续它原来的路线。

方程（3）的特例是 $m_1/m_2=1$，则

$$\tan\theta_1=\frac{\sin\Theta}{1+\cos\Theta}$$
$$=\tan(\Theta/2)$$

所以

$$\theta_1=\Theta/2$$

习题

标 * 的习题可参考附录中的提示、线索和答案。

6.1　引力产生的珠子的振荡

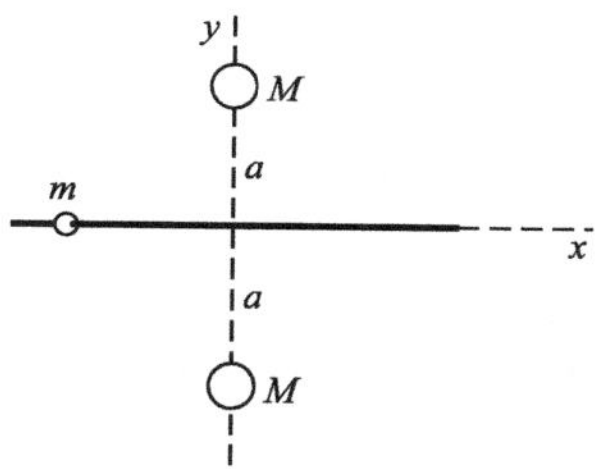

质量为 m 的珠子可沿位于 x 轴的光滑细杆无摩擦地滑动。细杆到质量均为 M 的两球的距离相同。如图所示，球位于 $x=0$，$y=\pm a$，对珠子有引力作用。

确定珠子在原点的小振动频率。

6.2　受两力的质点的振荡

质量为 m 的质点沿正 x 轴做一维运动。它受到一个大小为 B、指向原点的恒力和一个大小为 A/x^2 的平方反比斥力作用。

在平衡点 x_0 的小振动频率是多少？

6.3　简正模与对称性

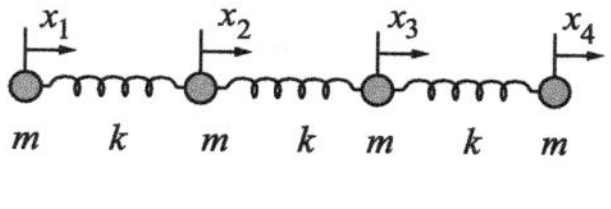

如图所示，质量为 m 的四个全同质点用三个劲度系数均为 k 的相同弹簧相连，并限定在一条直线上运动。

这个问题有高度的对称性，无须冗长的计算，你通过观察，就可以猜出简正模运动。一旦知道了简正模的相对振幅，就可以直接得到简正模的振动频率。

由于对称性，简正模的振幅必须满足 $x_1=\pm x_4$ 和 $x_2=\pm x_3$。另一个条件是质心保持静止。可能性是：

($x_4=x_1$) 和 ($x_3=x_2$)

($x_4=-x_1$) 和 ($x_3=-x_2$)

简正模方程产生三个可能的非平庸振动频率和三个相应的简正模。确定简正模的频率。为方便起见，可利用无量纲参量 $\beta=\omega^2/\omega_0^2$，式中 ω 是待定频率，$\omega_0\equiv\sqrt{k/m}$。

6.4　反弹球*

一个球落到地板上反弹，最终达到静止。球与地板的碰撞是非弹性的；每次碰撞后的速率是碰前速率的 e 倍，这里 $e<1$（e 称作恢复系数）。若第一次反弹前的速率是 v_0，确定达到静止的时间。

6.5　弹珠和超级球

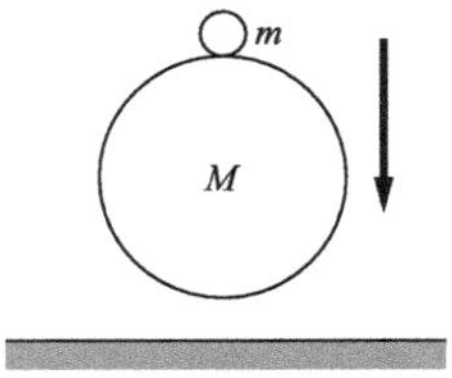

质量为 m 的小球放在质量为 M 的“超级球”顶部，两球从高度 h 处落到地板上。小球碰后能升多高？假定与超级球的碰撞是弹性的，且 $m\ll M$。为使问题形象化，假定当超级球撞击地板时，两球略微分开。（如果你对结果吃惊，试着用弹珠和超级球演示这个问题。）

6.6　三车相撞

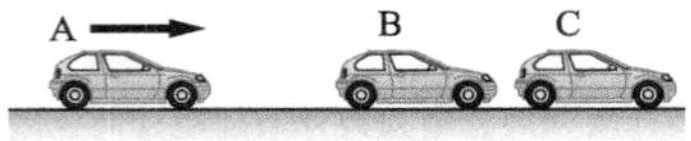

车 B 和车 C 都静止，且未拉起手刹。车 A 高速撞到车 B 上，再推着车 B 撞车 C。若碰撞是完全非弹性的，当车 C 被撞后，初始能量的多大一部分被损失？车初始时都一样。

6.7　质子碰撞

质子与静止的未知粒子发生正碰。质子以初始动能的4/9直线弹回。

确定未知粒子与质子的质量比，假定碰撞是弹性的。

6.8　m 与 M 的碰撞

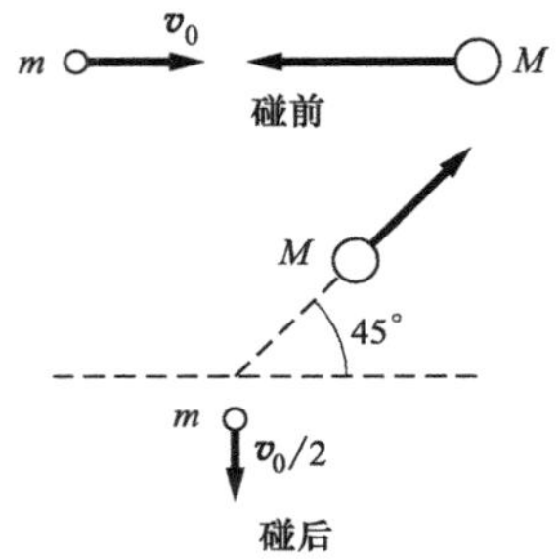

质量为 m 的质点以初速率 v_0 与未知质量为 M 的质点弹性碰撞，M 来自相反的方向，如图所示。碰后 m 的速率为 $v_0/2$，与入射方向呈直角，M 沿着图示方向离开。确定质量比 M/m。

6.9　m 和 $2m$ 的碰撞

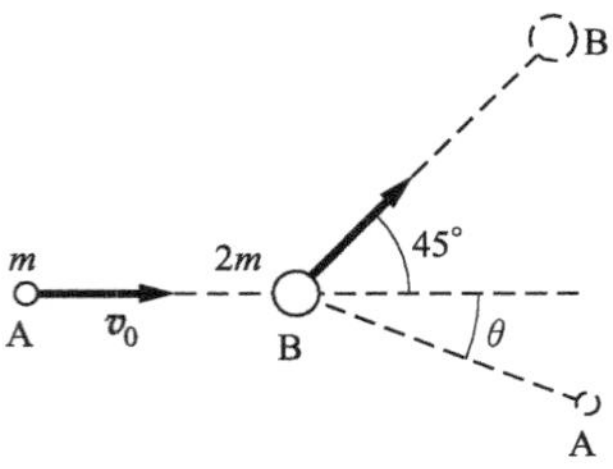

质量为 m 的质点 A 有初速率 v_0，与初始静止、质量为 $2m$ 的质点 B 碰撞后，质点沿着图示的路线运动。确定 θ。

6.10 L 系中的核反应

在 L 系中，质量为 m_1 的粒子以动能 E_1 撞击初始静止、质量为 m_2 的粒子。发生的核反应释放出角度为 θ、能量为 E_3 和质量为 m_3 的粒子与角度为 ϕ、能量为 E_4 和质量为 m_4 的粒子。（角度是 L 系中测得的与入射线的夹角。）ϕ 和 E_4 是未测量的。

确定反应中释放的能量 Q 的表达式，用质量、能量 E_1 和 E_3 以及角 θ 表示。

6.11 铀裂变

在核反应堆发电厂中，慢（“热”）中子有更大的可能性与燃料棒中的铀-235 反应。铀-235 紧接着裂变，非对称地分成轻的一块（最可能是锶^{97}Sr）和重的一块（最可能是氙^{138}Xe），同时释放能量 170 MeV。

裂变也产生几个快中子。当这些中子穿过慢化剂，可能是氦、石墨或者就是普通的水，通过碰撞，减慢到热速率。一旦变慢，它们可以引发额外的裂变，最终这个过程变为自持的链式反应。

(a) 裂变后两块的能量（单位为 MeV）是多少？略去快中子带走的能量。

(b) 一个 1 keV 的快中子（相对质量 1）在慢化剂中与静止的氦原子^4He（相对质量 4）弹性碰撞。中子损失的最大能量是多少？

6.12 氢聚变

太阳产生的大部分能量来自一个核反应链，以两个普通氢原子^1H 的聚变开始。太阳中的这个过程需要高密度（大约是地球上水密度的 160 倍）和极高的温度（大约是 1.5×10^7 K）。这些条件使核能抵抗库仑斥力，充分接近，以允许核进入强核力的作用范围。

地球上产生聚变能量的努力主要集中于氢的两个重同位素的反应，氘^2D（一个质子、一个中子）和氚^3T（一个质子、两个中子）：

$$^2D+{}^3T\rightarrow{}^4He+{}^1n+17.6\ \text{MeV}$$

生成物是^4He（相对质量 4）和一个中子（相对质量 1）。

生成物的能量是多少？用 MeV 表示。氘和氚基本上是静止的。

6.13 α 射线与锂的核反应*

一个锂的薄靶被能量为 E_0 的氦原子核（α 射线）轰击。锂核初始时在靶上静止，且基本上是未束缚的。当 α 射线进入锂核后，核反应发生，复合核分成硼核和中子。碰撞是非弹性的，末动能比 E_0 少 2.8 MeV。粒子的相对质量是：锂，质量 7；硼，质量 10；中子，质量 1。反应可写为

$$^{7}\mathrm{Li}+{}^{4}\mathrm{He}\rightarrow{}^{10}\mathrm{B}+{}^{1}\mathrm{n}-2.8\ \mathrm{MeV}$$

(a) $E_{0,阈}$是多少？$E_{0,阈}$是可以产生中子的 E_0最小值。

(b) 证明，若入射能量在 $E_{0,阈}<E_0<E_{0,阈}+0.27\ \mathrm{MeV}$ 范围内，向前弹出的中子能量并不相同，但是只能取两个可能值之一。（在 C 系中看这个反应，你可以理解这两组是怎么来的。）

6.14 墙壁之间反弹的超级球*

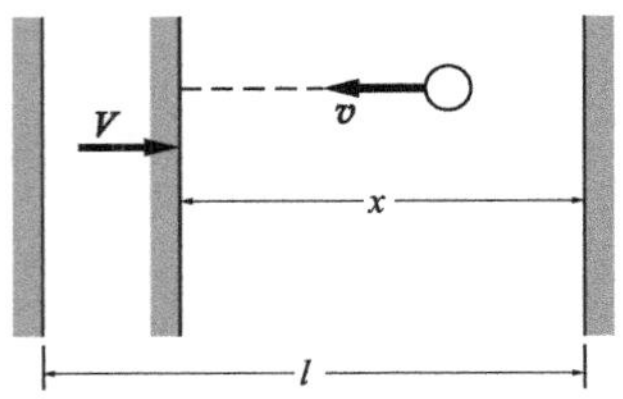

如图所示，质量为 m 的超级球以速率 v 在平行的两个墙壁之间来回反弹。墙壁初始时的间距为 l。引力可略，碰撞是完全弹性的。

(a) 确定每个壁上的时间平均作用力 F。

(b) 如果一个面朝另一个以速率 $V\ll v$ 缓慢移动，由于两次碰撞的距离变短，球与运动面碰撞时速率变大，碰撞比率会增加。证明

$$\frac{\mathrm{d}v}{\mathrm{d}t}\approx\frac{vV}{x},\ \frac{\mathrm{d}v}{\mathrm{d}x}\approx-\frac{v}{x}$$

并确定 $v(x)$。

(c) 确定在距离 x 时的平均力。

6.15 质心能量

证明质量分别为 M_a 和 M_b 的两个无相互作用质点的能量可写为 $E=E_0+E'$，这里 $E_0=\frac{1}{2}MV^2$ 是质心运动的能量，$E'=\frac{1}{2}\mu V_r^2$ 是 C 系中的能量，$M=M_a+M_b$，$\mathbf{V}$ 是 L 系中质心的速度，$\mathbf{V}_r$ 是质点的相对速度。

6.16 C 系和 L 系之间的变换*

质量为 m、速率为 v_0 的粒子与初始时静止、质量为 M 的粒子发生弹性碰撞，在 C 系中以 Θ 角散射。

（a）确定在 L 系中 m 粒子的末速度。

（b）确定 m 粒子动能的相对损失。

6.17　碰撞球

如图所示，质量分别为 m 和 $2m$ 的两个球从垂直的方向以相同的速率 v 接近并碰撞。碰撞后，重球以同样的速率 v 运动，但是向下，与初始方向垂直。轻球以速率 U 运动，运动方向与水平方向的夹角为 θ。假定碰撞中无外力。

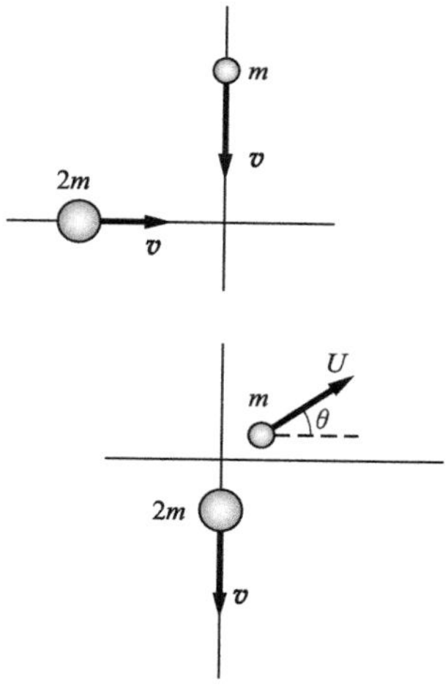

（a）计算轻球的末速率 U 和角度 θ。

（b）确定碰撞中两球的动能损失或增加了多少。这个碰撞是弹性的、非弹性的还是超弹性的？

7 角动量和定轴转动

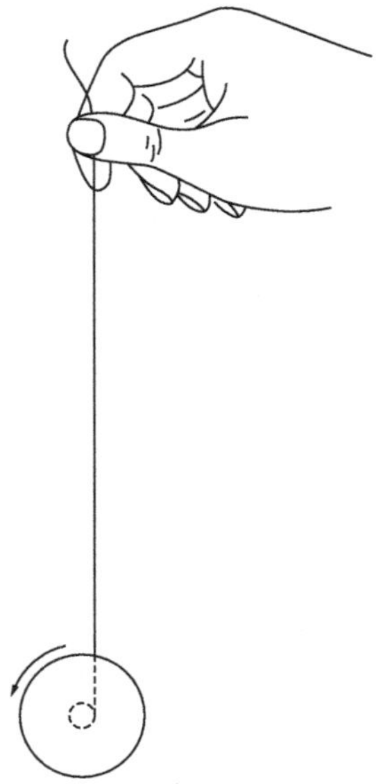

7.1 简介

目前，我们关于力学原理的讨论忽略了一个重要的问题——固体的转动。例如，考虑常见的悠悠球，当线轴缠绕或解开时，它会沿着线上下跑动。原则上，我们可以预言运动，悠悠球的每个质点都满足牛顿定律。运动是简单的，但若想逐点分析它就很快会陷入绝望的处境。为了处理作为整体的扩展物体的转动，我们需要发展一种简单的方法，这就是本章的目的。

在解决平动问题时，我们引入了力、线动量和质心的概念。在本章，对于转动，我们恰好引入类似的概念：力矩、角动量和转动惯量。

我们的目标更为远大，而不仅仅限于理解悠悠球的运动。我们的目标是，对受到任意力作用的刚体，找到分析刚体运动的一般方法。我们会高兴地看到，这个问题可以分为两个更简单的问题——确定质心的运动，这个问题我们已经解决；确定刚体绕质心的转动，这是要着手解决的。这种分解的合理性就是所谓的沙勒定理，这个刚体运动的定理说明，刚体的任意位移都可以分解成两个独立的运动：质心的平动和绕质心的转动。花几分钟玩玩书或凳子之类的刚体就可以使你确信这样的分解是可行的。注意：定理并未说这是表示一般位移的唯一方法——只是说这是这么做的一种可能方式。沙勒定理的正式证明放在本章末的注释 7.1 中，但是证明在我们的讨论中不是必要的，重要的是能够把任意的位移形象化为单一平动和单一转动的组合。

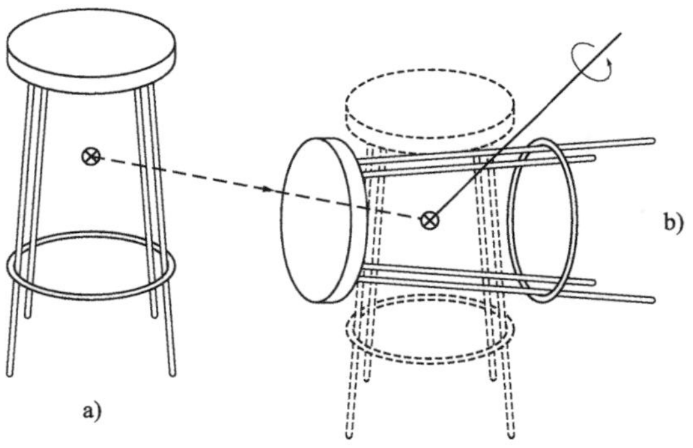

参考插图，为把物体从位置 a) 带到新的位置 b)，首先

平动它使得质心与质心的新位置重合，再绕通过质心的合适的轴转动，使得物体处于所要的位置。

暂时离开扩展物体一会儿，遵循物理的伟大传统，我们从可能的最简单系统——质点开始。由于质点没有大小，它在空间的方位是没有意义的，我们只需考虑平动。然而，质点运动对引入角动量和力矩的概念是有用的。我们最终会进一步接触更复杂的系统，在第 8 章讨论刚体的一般运动。

7.2 质点的角动量

相对给定的坐标系，质点具有动量 $\boldsymbol{p}$，位矢 $\boldsymbol{r}$，质点角动量的正式定义为

$$\boldsymbol{L}=\boldsymbol{r}\times\boldsymbol{p} \tag{7.1}$$

在国际单位制中，角动量的单位是 $\mathrm{kg\cdot m^2/s}$，在 CGS 中是 $\mathrm{g\cdot cm^2/s}$。这些单位没有专用的名称。

角动量的两个方面值得一评。首先，$\boldsymbol{L}$ 明确包含位置矢量 $\boldsymbol{r}$。因而 $\boldsymbol{L}$ 的值不仅依赖质点的运动，而且也依赖相对特定坐标系原点的质点位置。这与线动量 $\boldsymbol{p}$ 的情形相反，$\boldsymbol{p}$ 与坐标系无关。结果，只谈论质点的角动量是没有意义的，还必须确定坐标系。

角动量第二个非同寻常的方面是，它是我们遇到的第一个涉及叉积的物理量。你可能回想起第 1 章，$\boldsymbol{r}\times\boldsymbol{p}$ 是一个矢量，大小为 $|\boldsymbol{r}||\boldsymbol{p}|\sin\alpha$，这里 α 是 $\boldsymbol{r}$ 和 $\boldsymbol{p}$ 之间的夹角。

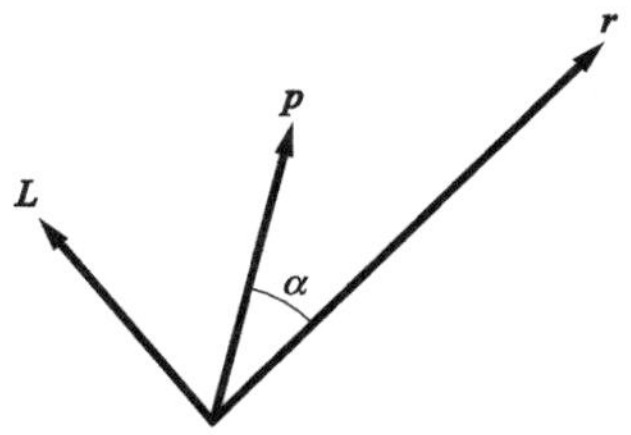

角动量最不直观的方面可能是它的方向。矢量 $\boldsymbol{r}$ 和 $\boldsymbol{p}$ 确定了一个平面（有时称作运动平面），根据叉积的性质，$\boldsymbol{L}$ 垂直这个平面。虽然角动量的这个定义不是特别“自然”，我们将看到，这样定义的 $\boldsymbol{L}$ 却满足一个简单却很重要的动力学方程。

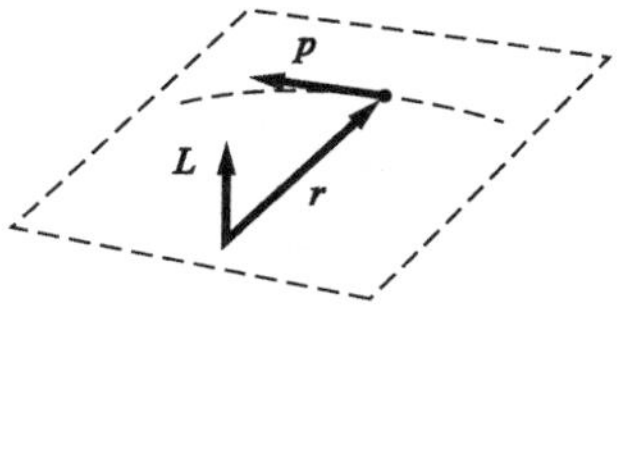

图中显示了质点的轨道、瞬时位置和动量。$\boldsymbol{L}=\boldsymbol{r}\times\boldsymbol{p}$ 垂直 $\boldsymbol{r}$ 和 $\boldsymbol{p}$ 的平面，沿着按矢量乘法的右手定则所确定的方向。(使你右手的食指沿 $\boldsymbol{r}$，调整你的手使得你能够朝着 $\boldsymbol{p}$ 弯曲其他的手指。你的拇指就指向 $\boldsymbol{L}$ 的方向。)

若 $\boldsymbol{r}$ 和 $\boldsymbol{p}$ 位于 x-y 平面，则 $\boldsymbol{L}$ 沿 z 轴。当质点相对原点运动时，若“旋转方向”是逆时针的，$\boldsymbol{L}$ 指向 z 的正方向，若旋转方向是顺时针的就沿 z 的负方向。注意，不管轨道是

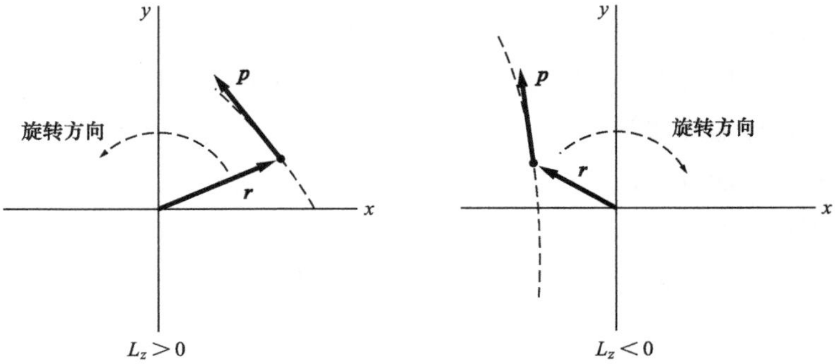

曲线或者直线，这种旋转方向都是明确的。

若轨道对着原点，正负转动的这种区分就失效，但是在该情形下，$\boldsymbol{r}$ 和 $\boldsymbol{p}$ 是平行的，$\boldsymbol{L}=\boldsymbol{0}$。

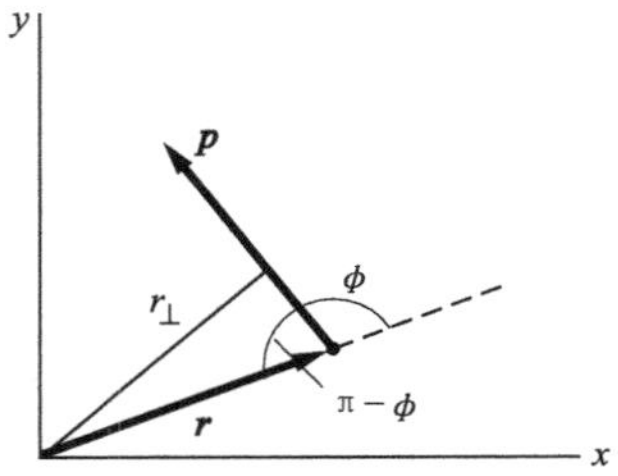

从几何上把角动量形象化与能够进行代数计算一样有用。两者的结果当然是一致的。我们具体地考虑位于 x-y 平面的运动，$\boldsymbol{L}$ 则沿 z 轴。

为从几何上理解 $\boldsymbol{L}$，把 $\boldsymbol{r}$ 分解成与轨道垂直的分量 $r_\perp$ 和平行的 $r_\parallel$。$r_\perp$ 的长度是

$$r_\perp=r\sin(\pi-\phi)=r\sin\phi$$

$$L_z=(\boldsymbol{r}\times\boldsymbol{p})_z=rp\sin\phi=r_\perp p$$

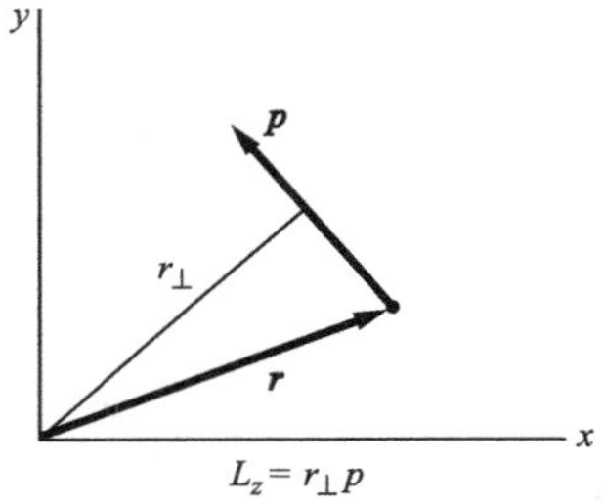

另外，我们也可以把 $\boldsymbol{p}$ 分解成与 $\boldsymbol{r}$ 平行的分量 $p_\parallel$ 和垂直的分量 $p_\perp$。则

$$L_z=(\boldsymbol{r}\times\boldsymbol{p})_z=rp\sin\phi=rp_\perp$$

另一种确定 L_z 的方法是代数计算 $\boldsymbol{r}\times\boldsymbol{p}$。对于 x-y 平面的运动，$\boldsymbol{r}=(x,y,0)$，$\boldsymbol{p}=m(v_x,v_y,0)$。叉积（采用 1.6 节行列式的形式）是

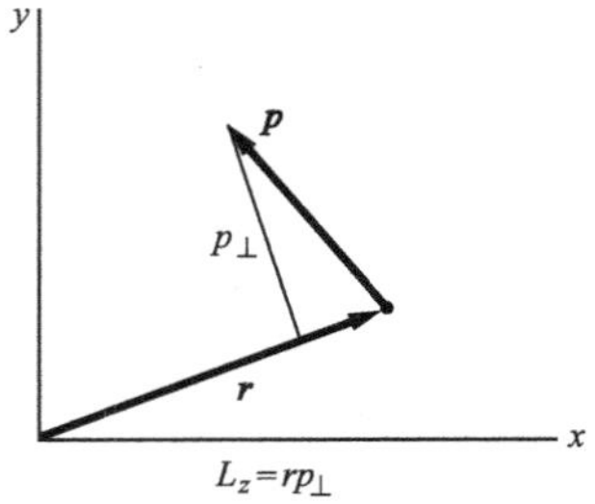

$$\begin{aligned}\boldsymbol{L}&=\boldsymbol{r}\times\boldsymbol{p}\\&=m\begin{vmatrix}\hat{\boldsymbol{i}}&\hat{\boldsymbol{j}}&\hat{\boldsymbol{k}}\\x&y&0\\v_x&v_y&0\end{vmatrix}\\&=m(xv_y-yv_x)\hat{\boldsymbol{k}}\end{aligned}$$

这个代数结果有直接的几何解释。运动在 x-y 平面内；我们首先看 y 方向的运动，再看 x 方向的。如图所示，在 a）中的运动 p_y 表示一个逆时针转动，贡献角动量 $+mxv_y$。在 b）中的运动 p_x 表示一个顺时针转动，产生了绕原点的角动量 $-myv_x$。它们的和是 $m(xv_y-yv_x)$，与前面的计算结果一样。

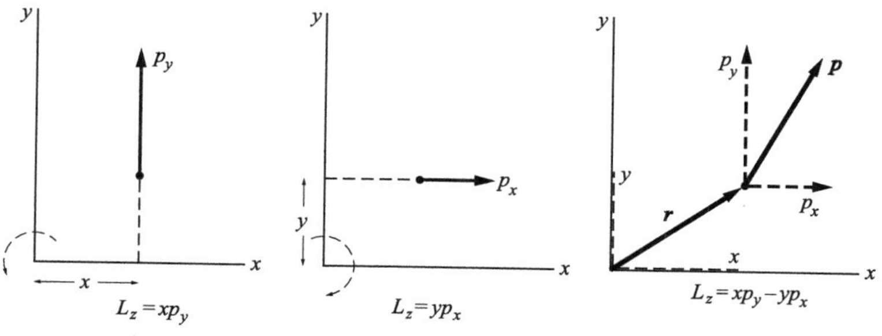

我们已经利用 x-y 平面内的运动展示了角动量，这里角动量沿 z 轴。不难把这些方法应用到一般情形，这时 $\boldsymbol{L}$ 沿所有的坐标轴都有分量。

例 7.1 滑块 1 的角动量

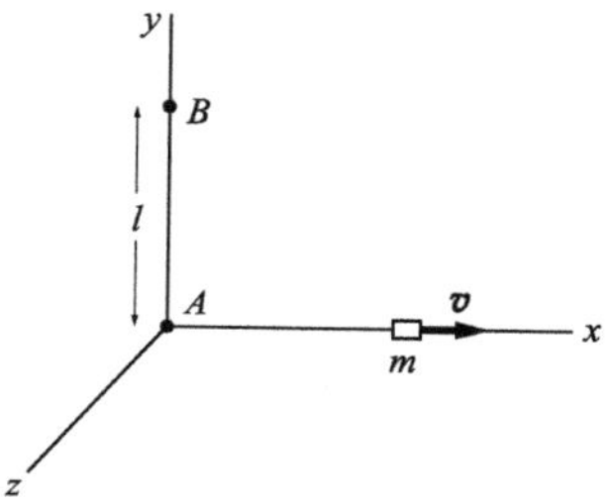

质量为 m、大小可略的物块沿 x 轴以速度 $\boldsymbol{v}=v\hat{\boldsymbol{i}}$ 自由滑动，如图所示。确定相对参考点 A 的角动量和相对参考点 B 的角动量。

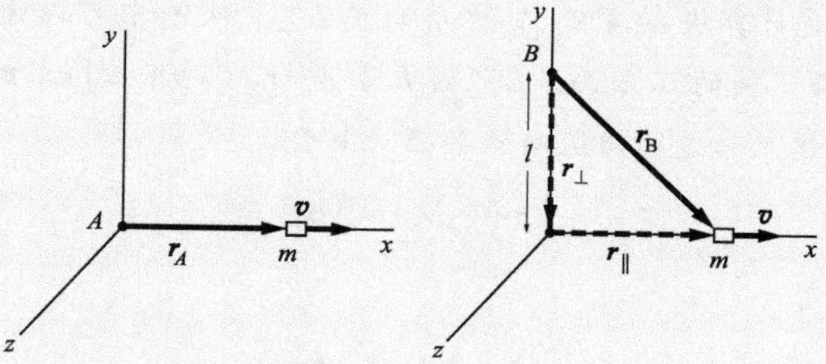

如图所示，从参考点 A 到物块的矢量是 $\boldsymbol{r}_A=x\hat{\boldsymbol{i}}$。由于 $\boldsymbol{r}_A$ 与 $\boldsymbol{v}$ 平行，它们的叉积是零：

$$\begin{aligned}\boldsymbol{L}_A&=m\boldsymbol{r}_A\times\boldsymbol{v}\\&=0\end{aligned}$$

取参考点 B，我们可以把 $\boldsymbol{r}_B$ 分解成平行于 $\boldsymbol{v}$ 的分量 $\boldsymbol{r}_\parallel$ 和垂直于 $\boldsymbol{v}$ 的分量 $\boldsymbol{r}_\perp$。则

$$\boldsymbol{L}_B=m\boldsymbol{r}_B\times\boldsymbol{v}=m(\boldsymbol{r}_\parallel+\boldsymbol{r}_\perp)\times\boldsymbol{v}$$

由于 $\boldsymbol{r}_\parallel\times\boldsymbol{v}=0$，$\boldsymbol{r}_\perp\times\boldsymbol{v}=lv\hat{\boldsymbol{k}}$，我们有

$$\boldsymbol{L}_B=mlv\hat{\boldsymbol{k}}$$

由于旋转方向是绕 z 轴逆时针的，$\boldsymbol{L}_B$ 沿 z 的正方向。

为了正式计算 $\boldsymbol{L}_B$，把位置矢量表示成 $\boldsymbol{r}_B = x\hat{\boldsymbol{i}} - l\,\hat{\boldsymbol{j}}$，可以利用行列式计算 $\boldsymbol{r}_B \times v$：

$$\boldsymbol{L}_B = m\boldsymbol{r}_B \times v$$

$$= \mathrm{m}\begin{vmatrix} \hat{\boldsymbol{i}} & \hat{\boldsymbol{j}} & \hat{\boldsymbol{k}} \\ x & -l & 0 \\ v & 0 & 0 \end{vmatrix}$$

$$= mlv\,\hat{\boldsymbol{k}}$$

结果同前。

下面的例子再次强调了 $\boldsymbol{L}$ 依赖于参考点的选取。

例 7.2　圆锥摆的角动量

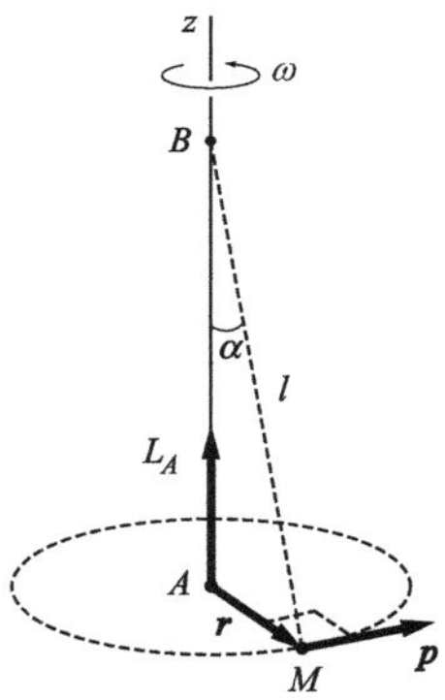

让我们再次回到例 2.10 遇到的圆锥摆。假定摆以匀角速度 ω 做稳定的圆周运动。

先计算绕参考点 A 的角动量 $\boldsymbol{L}_A$。从图中可以看出，$\boldsymbol{L}_A$ 沿 z 轴的正方向。$\boldsymbol{L}_A$ 的大小是 $|\boldsymbol{r}_\perp||\boldsymbol{p}| = |\boldsymbol{r}||\boldsymbol{p}| = rp$，这里 r 是圆周运动的半径。由于

$$|\boldsymbol{p}| = Mv = Mr\omega$$

我们有

$$\boldsymbol{L}_A = Mr^2\omega\,\hat{\boldsymbol{k}}$$

注意：$\boldsymbol{L}_A$ 在大小和方向上都是常量。

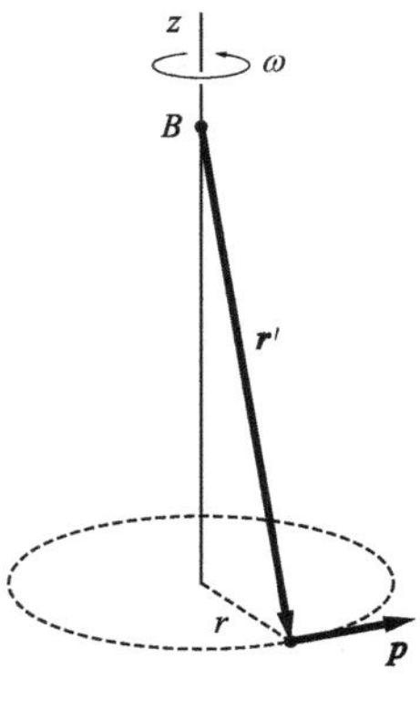

现在计算绕位于轴承上参考点 B 的角动量。$\boldsymbol{L}_B$ 的大小为

$$|\boldsymbol{L}_B| = |\boldsymbol{r}' \times \boldsymbol{p}|$$

$$= |\boldsymbol{r}'||\boldsymbol{p}| = l|\boldsymbol{p}|$$

$$= Mlr\omega$$

这里，$|\boldsymbol{r}'| = l$ 是线长。这再一次表明，$\boldsymbol{L}$ 依赖于参考点的选取。

与 $\boldsymbol{L}_A$ 不同，$\boldsymbol{L}_B$ 的方向不是常量。$\boldsymbol{L}_B$ 与 $\boldsymbol{r}'$ 和 $\boldsymbol{p}$ 都垂直。图显示了不同时间的 $\boldsymbol{L}_B$。这里给出了两幅图，以强调只有 $\boldsymbol{L}$ 的大小和方向是重要的，而不是我们所选的画它

的位置。L_B 的大小是常量，但它的方向显然不是常量；当摆体转动时，L_B 扫过右图中锥形的阴影部分。L_B 的 z 分量是常量，但是水平分量随着摆体做圆周运动。在例 7.9 我们会给出动力学的结果。

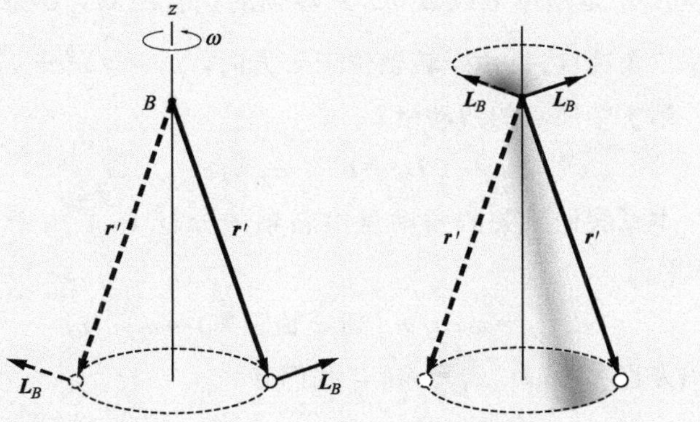

7.3 定轴转动

在牛顿力学中角动量最突出的应用是对刚体运动的分析。刚体运动一般涉及绕任何轴的自由转动——例如，抛向空中的棍子，既旋转又翻跟斗。分析一般情形需要复杂的数学知识，这在第 8 章考虑。本章限定于特殊而又重要的情形，绕固定轴的转动。固定轴的意思是转动轴的方向总是沿同一条直线，但轴本身可以平动。例如，只要汽车沿直线向前行驶，固定于车轴的车轮做的就是定轴转动。若汽车转向，车轮绕车轴转动的同时还必须绕竖直轴转动；运动不再是定轴转动。如果车轮飞离车轴，摇摆着滚下路面，运动肯定也不是绕固定轴的转动。

我们可以选取转轴沿着 z 方向而不失一般性。转动的物体可以是轮子、棍子或其他选定的任何物体，唯一的限制是它为刚体——也就是说，转动时它的形状不会变化。

当刚体绕一个轴转动时，刚体上每一点与轴保持一个固定的距离。选取坐标系使原点位于轴上，对于刚体上每一点，$|\boldsymbol{r}|$ = 常量。当 $|\boldsymbol{r}|$ 保持为常量时，$\boldsymbol{r}$ 可以变化的唯一方式是速度与 $\boldsymbol{r}$ 垂直。在本章和下一章，我们用符号 ρ 表示到转轴的垂直距离。相应地，r 表示到原点的距离：

$$r=\sqrt{x^2+y^2+z^2}$$

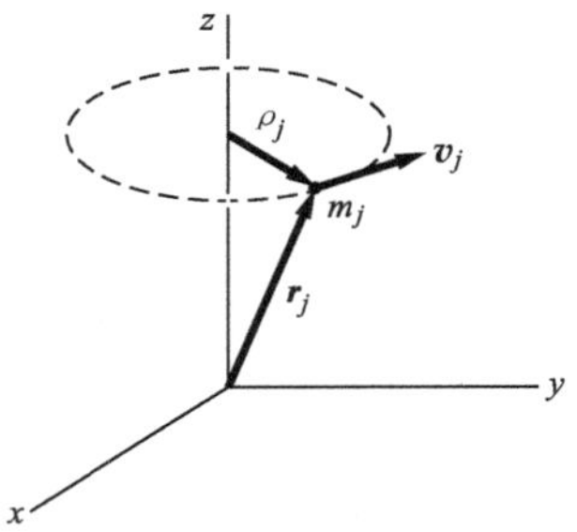

考虑绕 z 轴转动的物体，其上各点的速度满足：

$$|v_j|=|\dot{r}_j|$$
$$=\omega\rho_j \tag{7.2}$$

这里，ρ_j 是刚体上质点 m_j 到转轴的垂直距离，ω 是转动的比率（角速度）。由于转轴位于 z 方向，$\rho_j=\sqrt{x_j^2+y_j^2}$。

第 j 个质点的角动量 $\boldsymbol{L}_j$ 是

$$\boldsymbol{L}_j=\boldsymbol{r}_j\times m_j\,\boldsymbol{v}_j$$

本章我们只关心角动量沿转轴的分量 L_z。由于 v_j 位于 x-y 平面，

$$L_{j,z}=m_jv_j\times(\text{到 } z \text{ 轴距离})=m_jv_j\rho_j$$

利用方程（7.2），$v_j=\omega\rho_j$，我们有

$$L_{j,z}=m_j\rho_j^2\omega$$

刚体总角动量的 z 分量 L_z 是单个 z 分量之和：

$$L_z=\sum_j L_{j,z}$$
$$=\sum_j m_j\rho_j^2\omega \tag{7.3}$$

这里，求和包括刚体所有的质点。由于物体是刚性的，ω 对刚体所有质点是相同的。

7.3.1 转动惯量

方程（7.3）可以写为

$$L_z=I\omega \tag{7.4}$$

这里，

$$I\equiv\sum_j m_j\rho_j^2 \tag{7.5}$$

I 称作**转动惯量**。I 依赖于物体相对转轴的质量分布。（在第 8 章讨论未加限制的刚体运动时，我们会给出 I 更一般的定义。）

方程（7.4）显示了绕轴的角动量和沿着一个轴的线动量 $P=Mv$ 之间的高度相似。转动惯量在转动中与质量在线动量中起相同的作用。这只是转动和直线运动的许多类比之一而已。

对于连续分布的物质，在方程（7.5）中需要将对质点的求和替换为对质元的积分。在这种情形下，

$$\sum_j m_j \rho_j^2 \to \int \rho^2 \mathrm{d}m$$

而转动惯量为

$$I = \int \rho^2 \mathrm{d}m$$
$$= \int (x^2 + y^2) \mathrm{d}m$$

为计算这个积分，通常将质元 $\mathrm{d}m$ 换为 $\mathrm{d}m = w\mathrm{d}V$，即在 $\mathrm{d}m$ 位置的密度（每单位体积的质量）w 与 $\mathrm{d}m$ 所占的体积 $\mathrm{d}V$ 的乘积。（通常用 ρ 来表示密度，但在这里会造成混乱。）我们可写为

$$I = \int \rho^2 \mathrm{d}m$$
$$= \int (x^2 + y^2) w \mathrm{d}V$$

在进一步分析定轴转动的物理之前，我们先计算一些简单物体的转动惯量，它们具有高度的对称性，计算是简单明了的。

例 7.3 一些简单物体的转动惯量

(a) 质量为 M、半径为 R 的匀质薄环绕环的对称轴

绕轴的转动惯量由公式 $I = \int \rho^2 \mathrm{d}m$ 给出。由于环是薄的，$\mathrm{d}m = \lambda \mathrm{d}s$，这里 $\lambda = M/2\pi R$，是环单位长度的质量。环上的所有点到轴的距离都是 R，所以，我们有

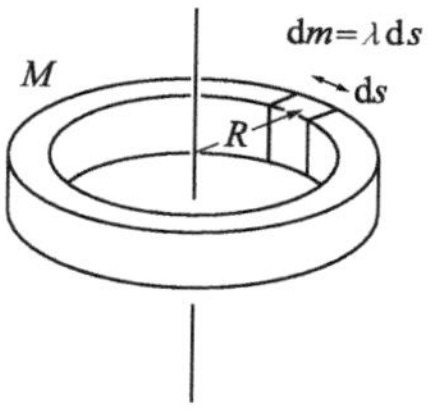

$$I_{环} = \int_0^{2\pi R} R^2 \lambda \mathrm{d}s$$
$$= R^2 \left(\frac{M}{2\pi R}\right) s \Big|_0^{2\pi R}$$
$$= MR^2$$

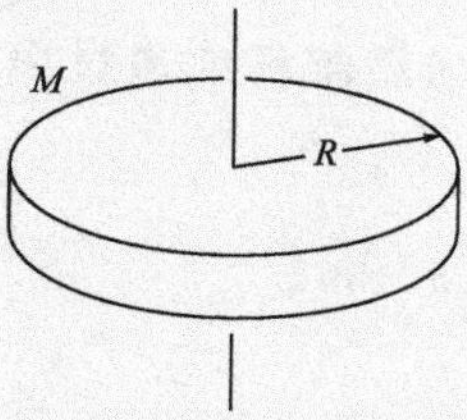

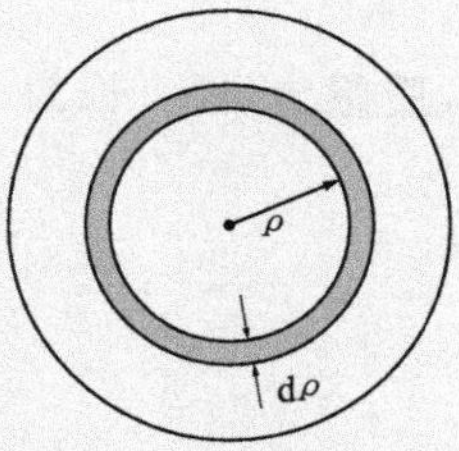

(b) 质量为 M、半径为 R 的匀质薄盘绕盘的对称轴

我们可以把盘分成一系列半径为 ρ、宽度为 $\mathrm{d}\rho$、转动惯量为 $\mathrm{d}I$ 的薄环。则 $I = \int \mathrm{d}I$。相应薄环的面积是 $\mathrm{d}A = 2\pi\rho\mathrm{d}\rho$，它的质量是

$$\mathrm{d}m = M\frac{\mathrm{d}A}{A} = \frac{M2\pi\rho\mathrm{d}\rho}{\pi R^2}$$
$$= \frac{2M\rho\mathrm{d}\rho}{R^2}$$
$$\mathrm{d}I = \rho^2\mathrm{d}m = \frac{2M\rho^3\mathrm{d}\rho}{R^2}$$
$$I = \int_0^R \frac{2M\rho^3\mathrm{d}\rho}{R^2}$$
$$= \frac{1}{2}MR^2$$

为演示最一般的方法，我们用二重积分解决这个问题。

$$I = \int \rho^2\mathrm{d}m$$
$$= \int \rho^2\sigma\mathrm{d}S$$

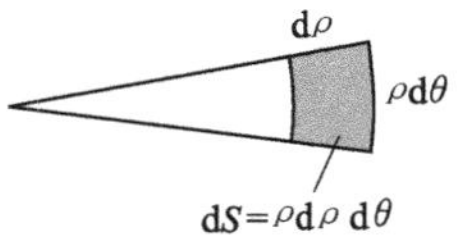

这里，σ 是单位面积的质量，$\mathrm{d}S$ 是面元。对于匀质盘，$\sigma = M/\pi R^2$。对这个问题，极坐标是首选。在平面极坐标中，$\mathrm{d}S = \rho\mathrm{d}\rho\mathrm{d}\theta$。则

$$I_{盘} = \int \rho^2\sigma\mathrm{d}S$$
$$= \left(\frac{M}{\pi R^2}\right)\int \rho^2\mathrm{d}S$$
$$= \left(\frac{M}{\pi R^2}\right)\int_0^R\int_0^{2\pi}\rho^2\rho\mathrm{d}\rho\mathrm{d}\theta$$
$$= \left(\frac{2M}{R^2}\right)\int_0^R \rho^3\mathrm{d}\rho$$
$$= \frac{1}{2}MR^2$$

同前。

(c) 质量为 M、长为 L 的匀质细杆绕通过中点的垂直轴

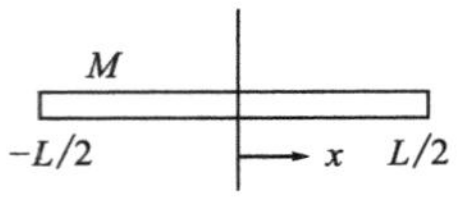

$$I_{o,杆} = \int_{-L/2}^{+L/2} x^2\mathrm{d}m$$
$$= \frac{M}{L}\int_{-L/2}^{+L/2} x^2\mathrm{d}x$$
$$= \frac{M}{L}\frac{1}{3}x^3\Big|_{-L/2}^{+L/2}$$
$$= \frac{1}{12}ML^2$$

(d) 匀质细杆绕过端点的垂直轴

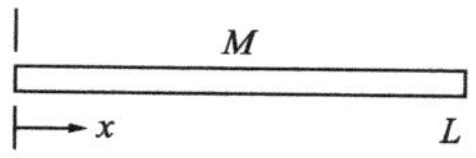

$$I_{杆} = \frac{M}{L}\int_0^L x^2\,dx$$

$$= \frac{1}{3}ML^2$$

(e) 质量为 M、半径为 R 的匀质球绕通过球心的轴

我们引用这个结果，而把证明留作一个习题。

$$I_{球} = \frac{2}{5}MR^2$$

7.3.2 平行轴定理

这个好用的定理告诉我们，要计算绕任意轴的转动惯量 I，只要知道绕通过质心、与其平行的转轴的转动惯量 I_0 即可。若物体的质量是 M，两个轴的距离是 l，此定理表明，

$$I = I_0 + Ml^2$$

为了证明它，考虑绕 z 轴的转动惯量。从 z 轴到质点 j 的垂直矢量是

$$\boldsymbol{\rho}_j = x_j\hat{\boldsymbol{i}} + y_j\hat{\boldsymbol{j}}$$

而转动惯量是

$$I = \sum_j m_j\rho_j^2$$

若质心位于 $\boldsymbol{R} = X\hat{\boldsymbol{i}} + Y\hat{\boldsymbol{j}} + Z\hat{\boldsymbol{k}}$，从 z 轴到质心的垂直矢量是

$$\boldsymbol{R}_\perp = X\hat{\boldsymbol{i}} + Y\hat{\boldsymbol{j}}$$

如果从通过质心的轴到质点 j 的矢量是 $\boldsymbol{\rho}'_j$，则绕质心的转动惯量是

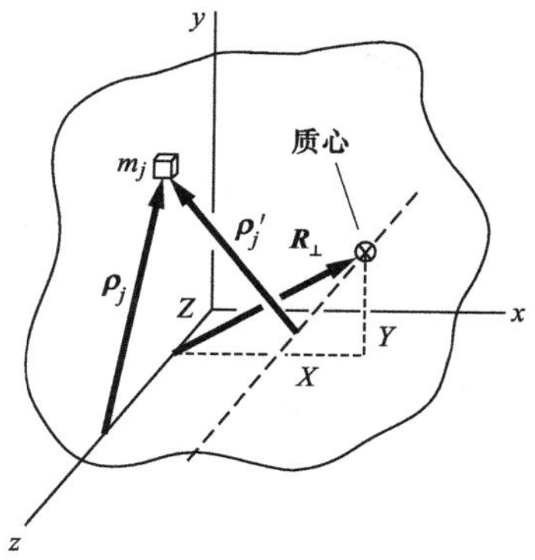

$$I_0 = \sum m_j\rho'^2_j$$

从图中可以看出，

$$\boldsymbol{\rho}_j = \boldsymbol{\rho}'_j + \boldsymbol{R}_\perp$$

所以，

$$\begin{aligned} I &= \sum m_j\rho_j^2 \\ &= \sum m_j(\boldsymbol{\rho}'_j + \boldsymbol{R}_\perp)^2 \\ &= \sum m_j(\rho'^2_j + 2\boldsymbol{\rho}'_j\cdot\boldsymbol{R}_\perp + R^2_\perp) \end{aligned}$$

根据质心定义，中间项为零：

$$\sum m_j \boldsymbol{\rho}'_j = \sum m_j(\boldsymbol{\rho}_j - \boldsymbol{R}_\perp) = M(\boldsymbol{R}_\perp - \boldsymbol{R}_\perp) = 0$$

若我们用 l 表示 $\boldsymbol{R}_\perp$ 的大小，则

$$I = I_0 + Ml^2$$

例如，在例 7.3（c）中，我们证明了过质心（中点）的杆的转动惯量是 $ML^2/12$。端点距离质心 $L/2$，过端点的转动惯量就是

$$I_a = \frac{1}{12}ML^2 + M\left(\frac{L}{2}\right)^2 = \frac{1}{3}ML^2$$

与例 7.3（d）的结果相同。

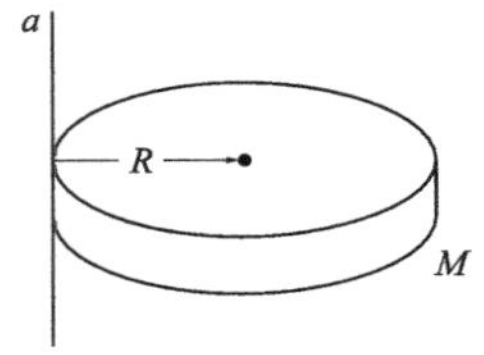

类似地，通过位于盘的边缘、与盘面垂直的转轴的转动惯量是

$$I_a = \frac{1}{2}MR^2 + MR^2 = \frac{3}{2}MR^2$$

7.4　力矩

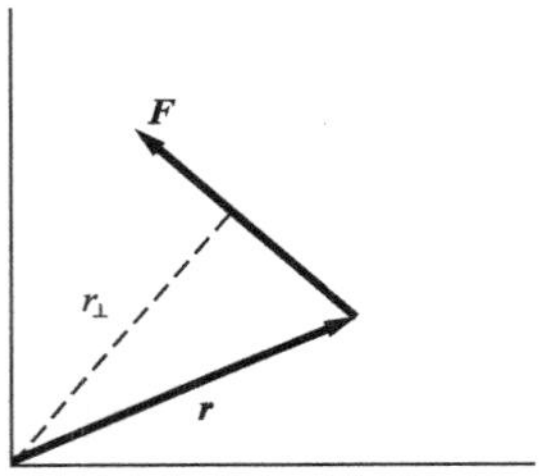

为了继续发展转动的动力学，我们引入一个新的物理量，**力矩** $\boldsymbol{\tau}$，这个量在转动中的作用类似于力在线运动中的作用。作用在位于 $\boldsymbol{r}$ 的质点上的力矩定义为

$$\boldsymbol{\tau} = \boldsymbol{r} \times \boldsymbol{F} \tag{7.6}$$

在 7.2 节我们讨论了计算角动量 $\boldsymbol{r} \times \boldsymbol{p}$ 的几种方式。为计算叉积所发展的方法同样可以应用于力矩 $\boldsymbol{r} \times \boldsymbol{F}$。例如，我们有同样的关系式：

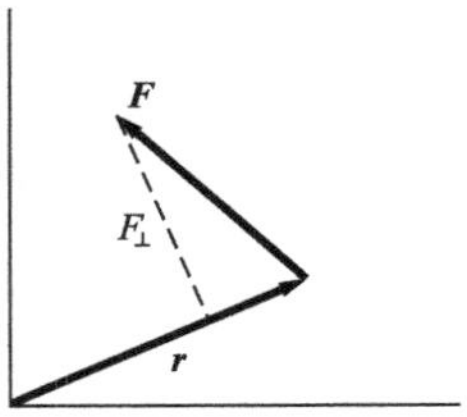

$$|\boldsymbol{\tau}| = |\boldsymbol{r}_\perp||\boldsymbol{F}|$$

$$|\boldsymbol{\tau}| = |\boldsymbol{r}||\boldsymbol{F}_\perp|$$

$$\boldsymbol{\tau} = \begin{vmatrix} \hat{\boldsymbol{i}} & \hat{\boldsymbol{j}} & \hat{\boldsymbol{k}} \\ x & y & z \\ F_x & F_y & F_z \end{vmatrix}$$

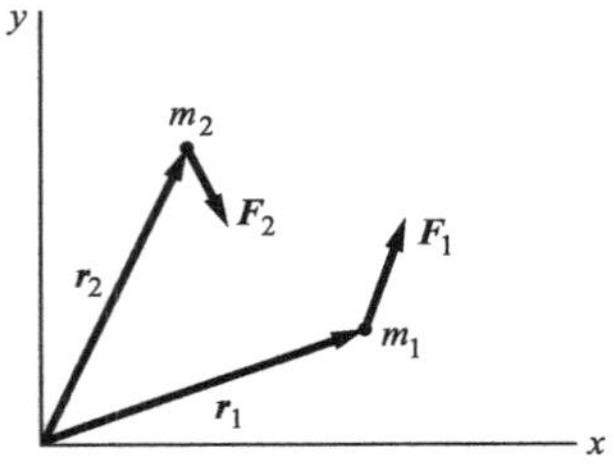

我们也可以用 $\boldsymbol{r}$ 和 $\boldsymbol{F}$ 与旋转方向联系起来。假定图中所有的矢量都位于 x-y 平面内。$\boldsymbol{F}_1$ 作用在 m_1 上的力矩沿 z 轴的正方向（垂直纸面向外），$\boldsymbol{F}_2$ 作用在 m_2 上的力矩沿着 z 轴的负方向（垂直纸面向里）。

重要的是，要领会到力矩和力是内在不同的量。第一点，力矩依赖于我们选择的参考点，而力不会。第二点，从定义 $\boldsymbol{r}\times\boldsymbol{F}$ 可以看出，$\boldsymbol{\tau}$ 和 $\boldsymbol{F}$ 总是互相垂直。系统可以有力矩而所受合力为零，也可以有力而力矩为零。一般情况下，力矩和力都有。图中展示了这三种情形。（力矩的参考点是圆盘的中心。）

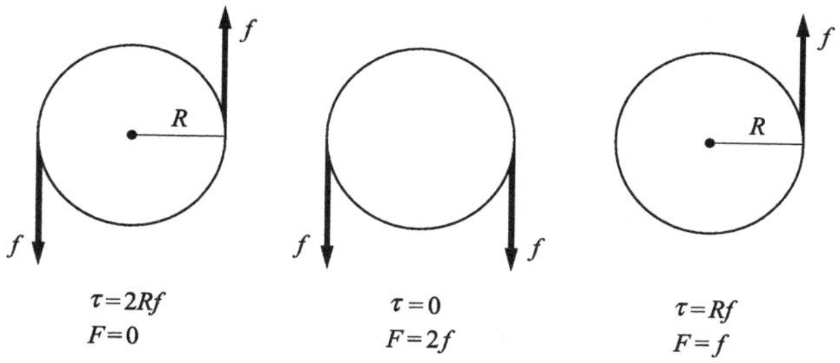

例 7.4　重力的力矩

我们经常会遇到有重力力矩的系统。例如，钟摆、孩子的上部，下落的烟筒。在通常的重力场情形下，相对任意参考点，物体所受的力矩是 $\boldsymbol{R}\times\boldsymbol{W}$，这里 $\boldsymbol{R}$ 是参考点到质心的矢量，$\boldsymbol{W}$ 是重力。这里给出证明。

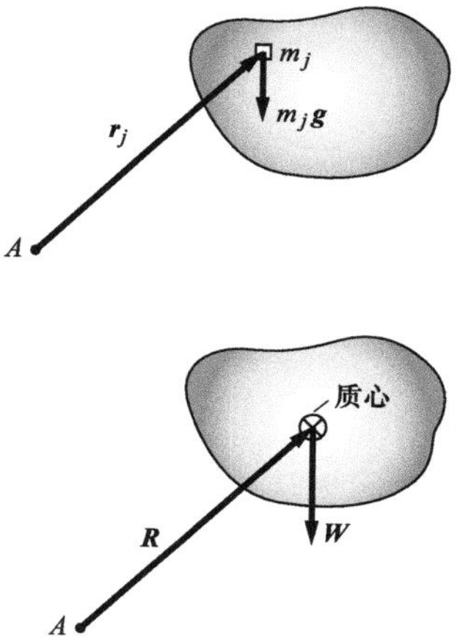

问题是确定相对参考点 A 质量为 M 的物体在重力场 $\boldsymbol{g}$ 中所受的力矩。我们把物体看成质点系。作用在第 j 个质点上的力矩是

$$\boldsymbol{\tau}_j=\boldsymbol{r}_j\times m_j\boldsymbol{g}$$

这里，$\boldsymbol{r}_j$ 是第 j 个质点相对于 A 的位置矢量，m_j 是它的质量。总力矩是

$$\begin{aligned}\boldsymbol{\tau}&=\sum_j\boldsymbol{\tau}_j\\&=\sum_j\boldsymbol{r}_j\times m_j\boldsymbol{g}\\&=\Big(\sum_j m_j\boldsymbol{r}_j\Big)\times\boldsymbol{g}\end{aligned}$$

利用质心定义，

$$\sum m_j\boldsymbol{r}_j=M\boldsymbol{R}$$

这里，$\boldsymbol{R}$ 是质心的位置矢量。因此，

$$\boldsymbol{\tau}=M\boldsymbol{R}\times\boldsymbol{g}=\boldsymbol{R}\times M\boldsymbol{g}$$
$$=\boldsymbol{R}\times\boldsymbol{W}$$

例 7.5 平衡中的力矩和力

对处于平衡的系统，合力和总力矩必须为零。计算力矩时可自由选择参考点，对处于平衡的物体，相对每一点的力矩都为零。最方便的参考点一般是几个力的共同作用点，这时这几个力的力矩都为零。

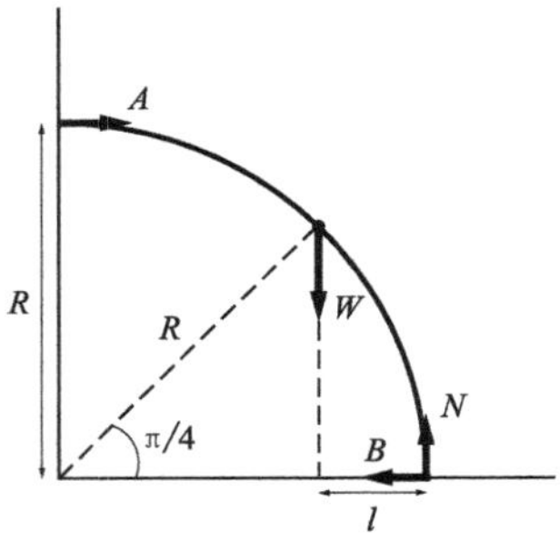

长为 $\pi R/2$ 的匀质杆弯成半径为 R 的 1/4 圆弧。杆的一端在地面上，另一端靠在无摩擦的墙上，如图所示。问题是计算对墙的作用力，此力等于墙对圆弧的力分量 A。

质心在沿杆的一半 $\pi R/4$ 处。对于平动平衡，在竖直方向上有 $N=W$，这里 W 是重力，作用在质心上。无摩擦的墙不会施加竖直方向上的力。在水平方向上，$A=B$。对于转动平衡，让我们计算相对圆弧与地面接触点的力矩。此力矩是 $\tau=Wl-AR$，在平衡时为零（逆时针的力矩为正，垂直纸面向外）。从几何作图可以看出，$l=R-R/\sqrt{2}\approx0.293R$。结果，对墙的作用力是 $A\approx0.293W$。

若力矩取为相对圆弧与墙的接触点，结果是相同的，因为对处于平衡的物体，相对任一点的力矩都为零。（译者提示：此处的计算有一个小错误，你能找出来吗？）

7.5 力矩和角动量

力矩很重要，因为它决定了角动量的变化率：

$$\frac{\mathrm{d}\boldsymbol{L}}{\mathrm{d}t}=\frac{\mathrm{d}}{\mathrm{d}t}(\boldsymbol{r}\times\boldsymbol{p})$$

$$=\left(\frac{\mathrm{d}\boldsymbol{r}}{\mathrm{d}t}\times\boldsymbol{p}\right)+\left(\boldsymbol{r}\times\frac{\mathrm{d}\boldsymbol{p}}{\mathrm{d}t}\right)$$

括起来的第一项为零：$(\mathrm{d}\boldsymbol{r}/\mathrm{d}t)\times\boldsymbol{p}=v\times mv=0$，因为平行矢量的叉积为零。另外，根据牛顿第二定律，$\mathrm{d}\boldsymbol{p}/\mathrm{d}t=\boldsymbol{F}$。因此，括起来的第二项是 $\boldsymbol{r}\times\boldsymbol{F}=\boldsymbol{\tau}$，我们有

$$\boldsymbol{\tau}=\frac{\mathrm{d}\boldsymbol{L}}{\mathrm{d}t} \tag{7.7}$$

7.5.1 角动量守恒

方程（7.7）表明，若力矩为零，$\boldsymbol{L}$ 是常量，角动量守恒。从线动量和能量的讨论中你已经看到，守恒律是强有力的工具。我们已经考虑了单个质点的角动量，角动量的守恒律尚未在更大的范围展开。事实上，方程（7.7）直接来自牛顿第二定律。只有论及扩展系统，角动量才体现出作为一个新物理概念的恰当角色。尽管如此，即便是现在，角动量的考虑也会导致一些惊人的简化，就像下面两个例子所显示的。

例 7.6 有心力运动和等面积定律

1609 年，数学家和天文学家开普勒发布了他的前两个行星运动的定律。第一个是行星的轨道不是圆而是椭圆。第二个是等面积定律：从太阳到行星的径向矢量在给定的时间扫过的面积对轨道上行星的任何位置都是相同的。

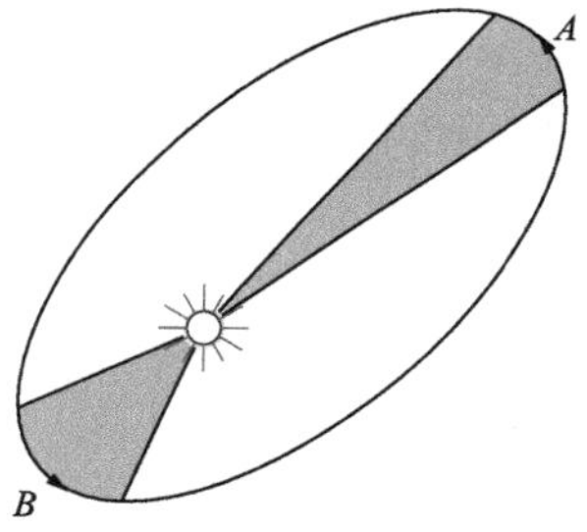

在图（未按比例）中，地球在两个不同的季节 1 个月扫过的面积用阴影表示。在 B 处当地球靠近太阳时，较短的径向矢量为较大的速率所补偿。我们将证明等面积定律直接来自角动量的考虑，它不仅对引力作用的运动成立，而且对任何有心力的运动都成立。

考虑受有心力 $\boldsymbol{F}(\boldsymbol{r})=f(r)\hat{\boldsymbol{r}}$ 作用的质点运动，这里 $f(r)$ 是 r 的任意函数，与我们的选择有关。质点相对原点的力矩是 $\boldsymbol{\tau}=\boldsymbol{r}\times\boldsymbol{F}(\boldsymbol{r})=\boldsymbol{r}\times f(r)\hat{\boldsymbol{r}}=0$。因此质点的角动量 $\boldsymbol{L}=\boldsymbol{r}\times\boldsymbol{p}$ 在大小和方向上都是常量。一个直接的结果是，运动限定于一个平面；否则 $\boldsymbol{L}$ 的方向会随时间变化。

我们现在证明扫过面积的变化率是常量，这直接导致开普勒的等面积定律。

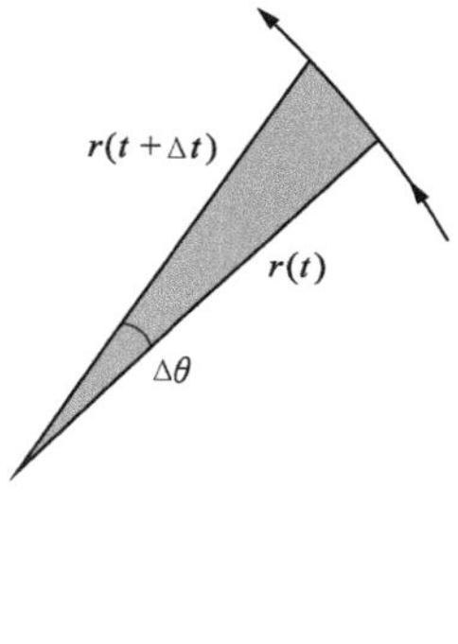

考虑质点在 t 和 $t+\Delta t$ 的位置，它的极坐标分别是 (r,θ) 和 $(r+\Delta r,\theta+\Delta\theta)$。扫过的面积在图中用阴影显示。

如图所示，对小角度 $\Delta\theta$，面积 ΔA 近似等于底为 $r+\Delta r$、高为 $r\Delta\theta$ 的三角形的面积：

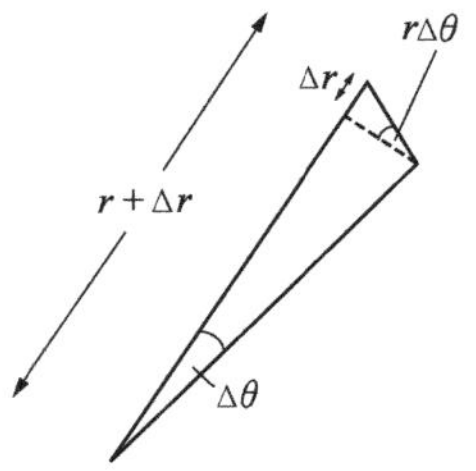

$$\Delta A \approx \frac{1}{2}(r+\Delta r)(r\Delta\theta)$$

$$=\frac{1}{2}r^2\Delta\theta+\frac{1}{2}r\Delta r\Delta\theta$$

扫过面积的变化率是

$$\frac{dA}{dt}=\lim_{\Delta t\to 0}\frac{\Delta A}{\Delta t}$$

$$=\lim_{\Delta t\to 0}\frac{1}{2}\left(r^2\frac{\Delta\theta}{\Delta t}+r\frac{\Delta\theta\Delta r}{\Delta t}\right)$$

$$=\frac{1}{2}r^2\frac{d\theta}{dt}$$

边为 $r\Delta\theta$ 和 Δr 的小三角形是二阶的，取极限时无贡献。

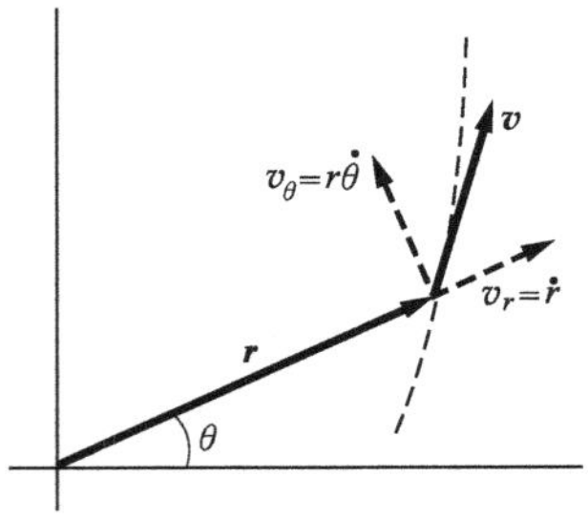

在极坐标系中，质点的速度是 $\boldsymbol{v}=\dot{r}\hat{\boldsymbol{r}}+r\dot{\theta}\hat{\boldsymbol{\theta}}$。它的角动量是

$$\boldsymbol{L}=(\boldsymbol{r}\times m\boldsymbol{v})=r\hat{\boldsymbol{r}}\times m(\dot{r}\hat{\boldsymbol{r}}+r\dot{\theta}\hat{\boldsymbol{\theta}})$$

$$=mr^2\dot{\theta}\hat{\boldsymbol{k}}$$

这里，利用了 $\hat{\boldsymbol{r}}\times\hat{\boldsymbol{\theta}}=\hat{\boldsymbol{k}}$。因此，

$$\frac{dA}{dt}=\frac{1}{2}r^2\dot{\theta}$$

$$=\frac{L_z}{2m}$$

因为 L_z 对任何有心力都是常量，因而 dA/dt 也是常量。

基于横向加速度为零，可以给出证明等面积定律的另一种方法。对于有心力，$F_\theta=0$，所以 $a_\theta=0$。由此，$ra_\theta=0$。而 $ra_\theta=r(2\dot{r}\dot{\theta}+r\ddot{\theta})=(d/dt)(r^2\dot{\theta})=2(d/dt)(dA/dt)$。因此，$dA/dt=$常量。

例 7.7　行星的捕获截面

需要瞄得多准才能使一个无动力的航天器击中遥远的行星？通过望远镜观察，行星具有圆盘的形状。盘的面积是 πR^2，这里 R 是行星的半径。如果引力不起作用，为确保击中，需要我们瞄准航天器，击在这个面积上。幸运的是，实际情形比这更有利。引力倾向于把航天器向行星吸引，以至于有些瞄在行星圆盘外的轨道最终仍能击中行星。结果，击中的有效面积 A_e 大于几何面积 $A_g=\pi R^2$。我们的问题是确定 A_e。

这里，我们略去太阳和其他行星，实际的空间发射显然需要考虑它们。

解决这个问题的一个方法是计算在行星引力场中航天器的精确轨道。这个方法在第 10 章描述，但是这样的计算是不需要的，能量和角动量守恒仅用几步就会给出答案。

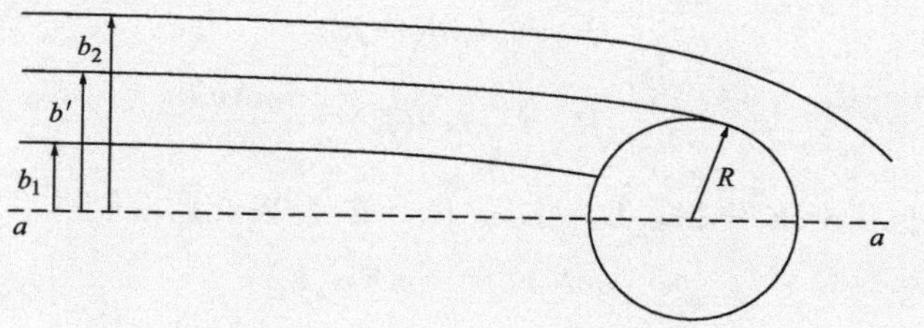

图中显示了航天器的几个可能的轨道。假定发射点和目标行星的距离远远大于 R，因此在行星的引力变得重要以前，不同的轨道实际是平行的。线 aa 与初始轨道平行，并穿过行星的中心。初始轨道和线 aa 之间的距离 b 称作轨道的碰撞参数。轨道击中行星所对应的 b 的最大值在图中用 b' 表示。确保击中所对应的轨道穿过面积是 $A_e=\pi(b')^2$。若没有吸引，轨道是直线。在这种情形下，$b'=R$，$A_e=\pi R^2=A_g$。

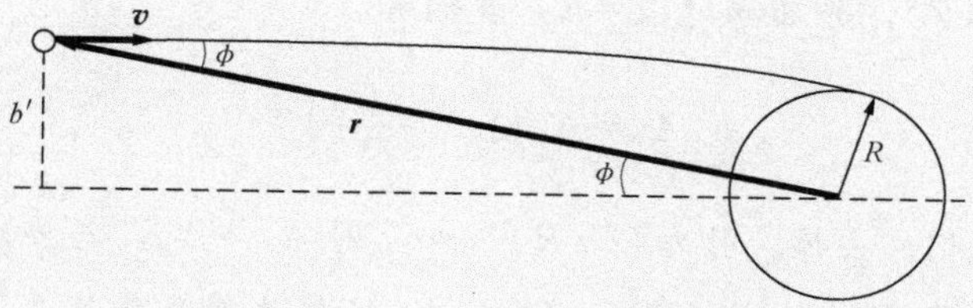

为确定 b'，我们注意到航天器的能量和它相对行星中心的角动量是守恒的。(你能理解为什么航天器的角动量是守恒的而线动量却不是?)

动能是 $K=\frac{1}{2}mv^2$，势能是 $U=-mMG/r$。总能量 $E=K+U$ 是

$$E=\frac{1}{2}mv^2-\frac{mMG}{r}$$

初始时，$r \to \infty$，相应有

$$L_i = -mb'v_0$$

$$E_i = \frac{1}{2}mv_0^2$$

当最接近的距离是行星的半径时，发生第一次碰撞。在最接近的一点，$\boldsymbol{r}$ 和v是垂直的。若 $v(R)$ 是这点的速率，则

$$L_c = -mRv(R)$$

$$E_c = \frac{1}{2}mv(R)^2 - \frac{mMG}{R}$$

由于 L 和 E 守恒，$L_i = L_c$，$E_i = E_c$。因此，

$$-mb'v_0 = -mRv(R) \quad (1)$$

$$\frac{1}{2}mv_0^2 = \frac{1}{2}mv(R)^2 - \frac{mMG}{R} \quad (2)$$

方程 (1) 给出 $v(R) = v_0 b'/R$，把它代入方程 (2)，得到

$$(b')^2 = R^2\left(1 + \frac{mMG/R}{mv_0^2/2}\right)$$

有效面积是

$$A_e = \pi(b')^2$$
$$= \pi R^2\left(1 + \frac{mMG/R}{mv_0^2/2}\right)$$

不出所料，有效面积大于几何面积。由于，$mMG/R = -U(R)$，并且 $mv_0^2/2 = E$，我们有

$$A_e = A_g\left(1 - \frac{U(R)}{E}\right)$$

若我们“去掉”引力 $U(R) \to 0$，则 $A_e \to A_g$，与要求一致。另外，当 $E \to 0$ 时，$A_e \to \infty$，这意味着只要航天器从静止出发就不可能错过行星。对于 $E = 0$，航天器必然落入行星中。

引力是吸引的，所以 A_e 总是大于 A_g。电荷的相互作用满足相同形式的力定律，但是电力可以是排斥的或者吸引的。对于排斥力，$A_e < A_g$。

如果有力矩作用在系统上，根据 $\boldsymbol{\tau} = \mathrm{d}\boldsymbol{L}/\mathrm{d}t$，角动量必然变化，如下例所示。

例 7.8 滑块 2 的角动量

为简单展示关系式 $\boldsymbol{\tau}=\mathrm{d}\boldsymbol{L}/\mathrm{d}t$，考虑质量为 m、沿 x 轴以速度 $\boldsymbol{v}=v\hat{\boldsymbol{i}}$ 滑动的小物块。物块相对参考点 B 的角动量是

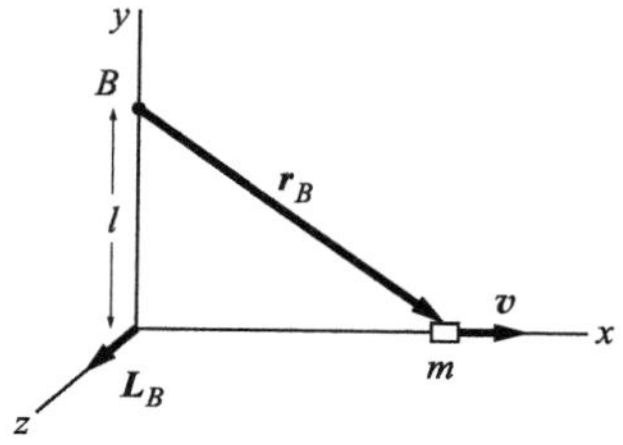

$$\boldsymbol{L}_B=m\boldsymbol{r}_B\times\boldsymbol{v}$$
$$=mlv\hat{\boldsymbol{k}} \tag{1}$$

结果与我们在例 7.1 中讨论的相同。若物块自由滑动，v 并不改变，$\boldsymbol{L}_B$ 因而是常量，这和我们预想的一致，因为没有力矩作用在物块上。

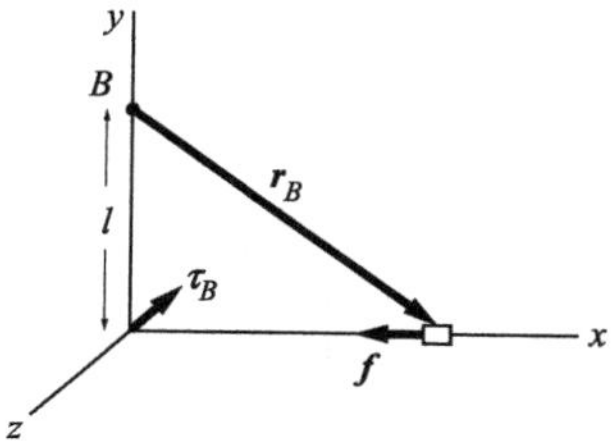

现在假定物块由于摩擦力 $\boldsymbol{f}=-f\hat{\boldsymbol{i}}$ 而变慢。相对于参考点 B，物块所受的力矩是

$$\boldsymbol{\tau}_B=\boldsymbol{r}_B\times\boldsymbol{f}$$
$$=-lf\hat{\boldsymbol{k}}$$

从方程（1）可以看出，当物块变慢时，$\boldsymbol{L}_B$ 仍然沿 z 的正方向，但是它的值变小了。因此，$\boldsymbol{L}_B$ 的改变量 $\Delta\boldsymbol{L}_B$ 指向 z 的负方向，如图所示。$\Delta\boldsymbol{L}_B$ 的方向与 $\boldsymbol{\tau}_B$ 的方向相同。从基本关系式 $\boldsymbol{\tau}=\mathrm{d}\boldsymbol{L}/\mathrm{d}t$ 来看，矢量 $\boldsymbol{\tau}$ 和 $\Delta\boldsymbol{L}$ 总是平行的。

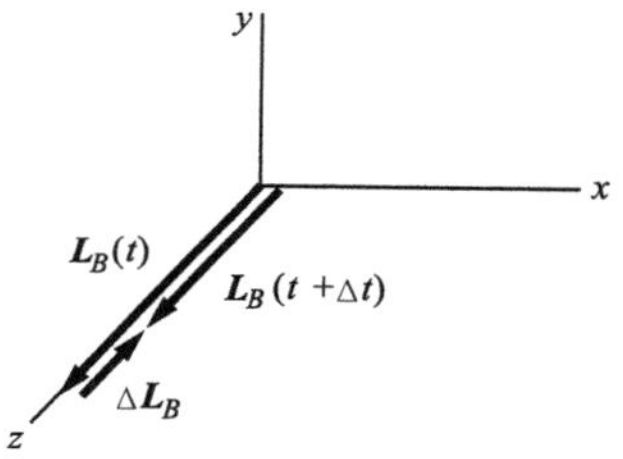

由方程（1），

$$\Delta\boldsymbol{L}_B=ml\Delta v\hat{\boldsymbol{k}} \tag{2}$$

这里，$\Delta v<0$。用 Δt 除方程（2），并取极限 $\Delta t\to 0$，可得

$$\frac{\mathrm{d}\boldsymbol{L}_B}{\mathrm{d}t}=ml\frac{\mathrm{d}v}{\mathrm{d}t}\hat{\boldsymbol{k}} \tag{3}$$

由牛顿第二定律，$\mathrm{d}v/\mathrm{d}t=-f$，方程（3）变为

$$\frac{\mathrm{d}\boldsymbol{L}_B}{\mathrm{d}t}=-lf\hat{\boldsymbol{k}}$$
$$=\boldsymbol{\tau}_B$$

与预期一致。

重要的是牢记，$\boldsymbol{\tau}$ 和 $\boldsymbol{L}$ 都依赖于所选择的参考点，应用关系式 $\boldsymbol{\tau}=\mathrm{d}\boldsymbol{L}/\mathrm{d}t$ 时，两者必须采用同样的参考点，在这道题中我们就是这样小心处理的。

在这道例题中，物块的角动量只改变大小，而方向不变，这是由于 $\boldsymbol{\tau}$ 和 $\boldsymbol{L}$ 恰好沿相同的方向。在下一例题中，我们回到圆锥摆，研究这样的情形，由于力矩的作用，角动量大小不变，但是方向改变。

例 7.9　圆锥摆的动力学

在例 7.2 中，我们计算了圆锥摆相对两个不同参考点的角动量。对于在运动平面圆周中心的参考点，$\boldsymbol{L}$ 是常量。相反，对位于悬挂处的参考点，摆转动时 $\boldsymbol{L}$ 也掠过空间。尽管如此，我们将证明，关系式 $\boldsymbol{\tau}=\mathrm{d}\boldsymbol{L}/\mathrm{d}t$ 对两个参考点都满足。

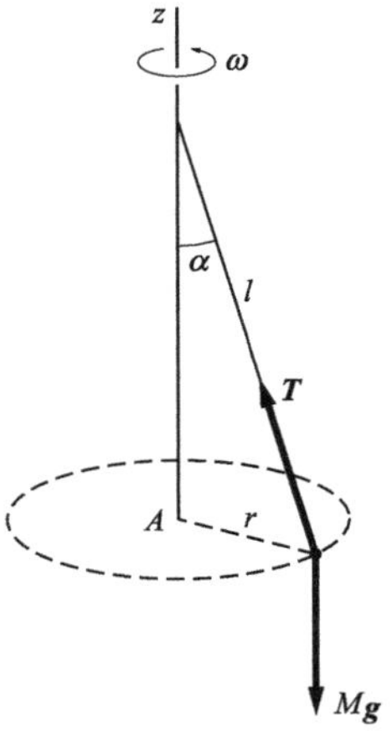

图中显示了摆体的受力，这里 $\boldsymbol{T}$ 是线中张力。对于匀速圆周运动，竖直方向没有加速度，因而，

$$T\cos\alpha-Mg=0 \tag{1}$$

当摆体沿着圆周路径运动时，它的加速度指向转轴。因此，摆体所受的净力沿径向朝里：$\boldsymbol{F}=-T\sin\alpha\hat{\boldsymbol{r}}$。相对于参考点 A 的力矩为

$$\begin{aligned}\boldsymbol{\tau}_A&=\boldsymbol{r}_A\times\boldsymbol{F}\\&=0\end{aligned}$$

这是由于 $\boldsymbol{r}_A$ 和 $\boldsymbol{F}$ 都沿 $\hat{\boldsymbol{r}}$ 方向。因此

$$\frac{\mathrm{d}\boldsymbol{L}_A}{\mathrm{d}t}=0$$

我们有结果：

$$\boldsymbol{L}_A=\text{常量}$$

这是例 7.2 就知道的结果。

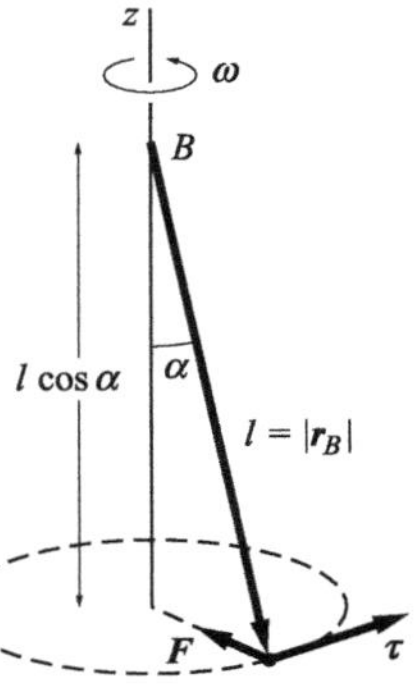

如果我们选取参考点 B，情形会完全不同。力矩 $\boldsymbol{\tau}_B$ 是

$$\boldsymbol{\tau}_B=\boldsymbol{r}_B\times\boldsymbol{F}$$

因此

$$\begin{aligned}|\boldsymbol{\tau}_B|&=lF\cos\alpha=lT\cos\alpha\sin\alpha\\&=Mgl\sin\alpha\end{aligned}$$

这里我们用了由方程（1）得到的 $T\cos\alpha=Mg$。图中显示 $\boldsymbol{\tau}_B$ 的方向与 M 的运动线相切：

$$\boldsymbol{\tau}_B=Mgl\sin\alpha\hat{\boldsymbol{\theta}} \tag{2}$$

这里，$\hat{\boldsymbol{\theta}}$ 是运动平面中的单位切向矢量。

我们的问题是证明关系式

$$\boldsymbol{\tau}_B=\frac{\mathrm{d}\boldsymbol{L}_B}{\mathrm{d}t} \tag{3}$$

是满足的。

从例 7.2 中，我们知道 $\boldsymbol{L}_B$ 有恒定的大小 $Mlr\omega$。如图所示，$\boldsymbol{L}_B$ 有竖直分量 $L_z=Mlr\omega\sin\alpha$ 和水平径向分量 $L_r=Mlr\omega\cos\alpha$。把 $\boldsymbol{L}_B$ 写为 $\boldsymbol{L}_B=\boldsymbol{L}_z+\boldsymbol{L}_r$，可以看出，与我们预想的一样，因为 $\boldsymbol{\tau}_B$ 没有竖直分量，$\boldsymbol{L}_z$ 是常量。然而，$\boldsymbol{L}_r$ 不是常量；当摆体转动时，$\boldsymbol{L}_r$ 改变方向，而大小不变。我们在 1.8 节就遇到过这种情况，在那里我们证明，大小不变的矢量随时间变化的唯一方式是转动，若转动的瞬时变化率是 $\mathrm{d}\theta/\mathrm{d}t$，则 $|\mathrm{d}\boldsymbol{A}/\mathrm{d}t|=A\mathrm{d}\theta/\mathrm{d}t$。我们直接利用这个关系式，可得

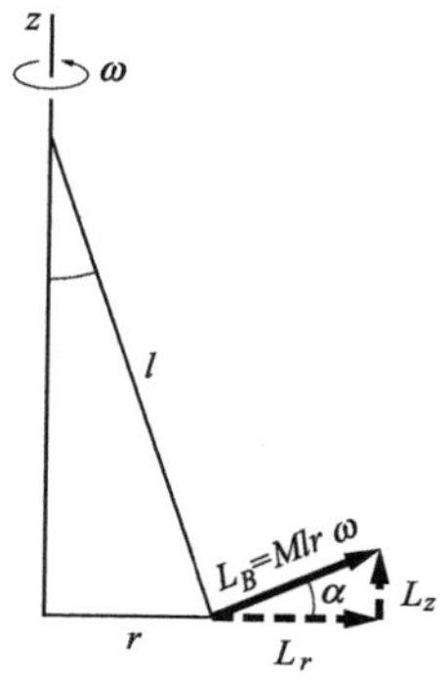

$$\left|\frac{\mathrm{d}\boldsymbol{L}_r}{\mathrm{d}t}\right|=L_r\omega$$

由于经常用到这个结果，让我们花点时间用几何方法重新导出它。

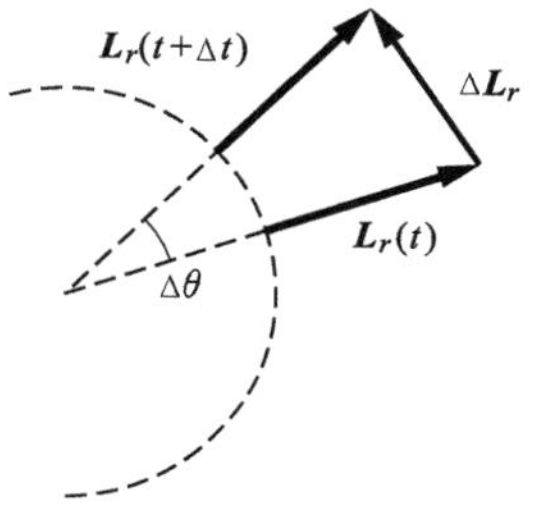

矢量图显示了在时间 t 和 $t+\Delta t$ 的 $\boldsymbol{L}_r$。经过时间间隔 Δt，摆体转过角度 $\Delta\theta=\omega\Delta t$，$\boldsymbol{L}_r$ 转过相同的角度。矢量差 $\Delta\boldsymbol{L}_r=\boldsymbol{L}_r(t+\Delta t)-\boldsymbol{L}_r(t)$ 的大小近似为

$$|\Delta\boldsymbol{L}_r|\approx L_r\Delta\theta$$

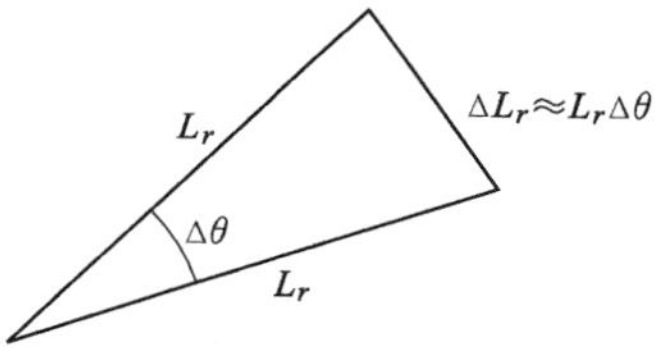

取极限 $\Delta t\to 0$，我们有

$$\begin{aligned}\frac{\mathrm{d}L_r}{\mathrm{d}t}&=L_r\frac{\mathrm{d}\theta}{\mathrm{d}t}\\&=L_r\omega\end{aligned}$$

由于 $L_r=Mlr\omega\cos\alpha$，我们有

$$\frac{\mathrm{d}L_r}{\mathrm{d}t}=Mlr\omega^2\cos\alpha$$

$Mr\omega^2$ 是径向力 $T\sin\alpha$，所以 $Mlr\omega^2\cos\alpha=Tl\sin\alpha\cos\alpha$。由于 $T\cos\alpha=Mg$，我们有

$$\frac{\mathrm{d}L_r}{\mathrm{d}t}=Mgl\sin\alpha$$

与方程（2）的 $\boldsymbol{\tau}_B$ 大小一致。另外，如矢量图所示，$\mathrm{d}\boldsymbol{L}_r/\mathrm{d}t$ 位于切向，不出所料，它也是与 $\boldsymbol{\tau}_B$ 平行的。

另一种计算 $\mathrm{d}\boldsymbol{L}_B/\mathrm{d}t$ 的方式是写出 $\boldsymbol{L}_B$ 的矢量形式，然后求导：

$$\begin{aligned}\boldsymbol{L}_B&=(Mlr\omega\sin\alpha)\hat{\boldsymbol{k}}+(Mlr\omega\cos\alpha)\hat{\boldsymbol{r}}\\\frac{\mathrm{d}\boldsymbol{L}_B}{\mathrm{d}t}&=mlr\omega\cos\alpha\frac{\mathrm{d}\hat{\boldsymbol{r}}}{\mathrm{d}t}\\&=Mlr\omega^2\cos\alpha\hat{\boldsymbol{\theta}}\end{aligned}$$

这里，我们用了 $\mathrm{d}\hat{\boldsymbol{r}}/\mathrm{d}t=\omega\hat{\boldsymbol{\theta}}$。

重要的是能够把角动量形象化为在空间转动的矢量。这种推理方式在分析刚体运动时常用；我们会发现，在第 8 章理解回转仪运动时，这特别有用。

7.6 定轴转动的动力学

在第 4 章我们证明了，若区分了作用在质点上的外力和内力，描述质点系的平动就很简单了。根据牛顿第三定律，内力互相抵消，动量只因外力而改变。由此得到了动量守恒定律：孤立系统的动量是守恒的。

描述转动时也倾向于按同样的方式区分内力矩和外力矩。可惜的是，由牛顿定律没有办法证明内力矩之和为零。尽管如此，实验事实表明，由于从未观测到孤立系统的角动量发生变化，内力矩总是互相抵消的。在第 8 章我们会更充分地讨论这一点，对于这一章余下的部分，我们简单地假定只有外力矩改变刚体的角动量。

本节我们考虑所谓的“固定的定轴”转动，即绕着一个固定好的、不能平动的转轴转动。例如合页上门的运动或水车的转动。转轴静止不动的运动称为纯转动。纯转动既简单又常见，所以很重要。

考虑以角速率 ω 绕 z 轴转动的物体。由方程 (7.4)，角动量的 z 分量是

$$L_z = I\omega$$

由于 $\boldsymbol{\tau} = \mathrm{d}\boldsymbol{L}/\mathrm{d}t$，这里 $\boldsymbol{\tau}$ 是外力矩，我们有

$$\begin{aligned}\tau_z &= \frac{\mathrm{d}}{\mathrm{d}t}(I\omega) \\ &= I\frac{\mathrm{d}\omega}{\mathrm{d}t} \\ &= I\alpha\end{aligned}$$

式中，$\alpha = \mathrm{d}\omega/\mathrm{d}t$ 称作角加速度。我们只关心绕 z 轴的转动，所以去除下标 z，写为

$$\tau = I\alpha \tag{7.8}$$

作为一个简单的例子，回想一下例 7.4，重力场中物体所受的力矩是 $\boldsymbol{R}\times\boldsymbol{W}$，这里 $\boldsymbol{R}$ 是参考点到质心的矢量，$\boldsymbol{W}$ 是重力。因此，为使物体 ($\alpha = 0$) 平衡，支点必须位于质心 $\boldsymbol{R} = 0$。

方程（7.8）使人联想起 $\boldsymbol{F}=m\boldsymbol{a}$。线运动和转动之间有一个很好的类比，转动惯量类似于质量，力矩类似于力，角加速度类似于线加速度。我们可以进一步扩展这个类比，计算纯转动物体的动能：

$$K=\sum_j \frac{1}{2}m_j v_j^2$$

$$=\sum_j \frac{1}{2}m_j \rho_j^2 \omega^2$$

$$=\frac{1}{2}I\omega^2$$

这里，我们用了 $v_j=\rho_j\omega$，$I=\sum m_j\rho_j^2$。这显然类似于物体平动的动能：$K=\frac{1}{2}MV^2$，式中 V 是质心速率。

处理在给定力矩下涉及转动问题的方法，是在给定作用力下处理平动的熟悉流程的一个直接推广，如下例所示。

例 7.10　重滑轮的阿特伍德机

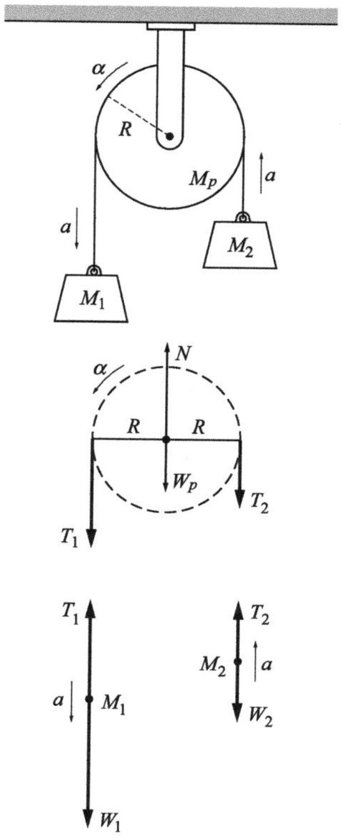

问题是确定图示装置的加速度 a。绳子在滑轮上没有滑动，且考虑重滑轮的影响。

插图显示了三个物体的受力图，包括了力在滑轮上的作用点，无论什么时候计算力矩，这都是必需的。滑轮显然做的是绕自身轴的纯转动，我们就取这个转轴为轴。

运动方程是

$W_1-T_1=M_1a$	物体 1
$T_2-W_2=M_2a$	物体 2
$\tau=T_1R-T_2R=I\alpha$	滑轮所受的净力矩
$N-T_1-T_2-W_p=0$	滑轮所受竖直方向的合力

注意：在力矩方程中，α 必须以逆时针为正，对应于力矩垂直纸面向外为正的约定。

N 是轴作用在滑轮上的力，滑轮所受竖直方向合力的方程只是确保滑轮不会下落。我们不必知道 N，它对解没有贡献。

假定绳子不滑动，就有一个联系 a 和 α 的约束。绳子的速度等于滑轮表面的速度，$v=\omega R$，由此可得 $a=\alpha R$。

我们现在可以消去 T_1，T_2 和 α，

$$W_1-W_2-(T_1-T_2)=(M_1+M_2)a$$

$$T_1-T_2=\frac{I\alpha}{R}=\frac{Ia}{R^2}$$

$$W_1-W_2-\frac{Ia}{R^2}=(M_1+M_2)a$$

若滑轮是一个简单的匀质圆盘，我们有

$$I=(M_p/2)R^2$$

由此可得

$$a=\frac{(M_1-M_2)g}{M_1+M_2+M_p/2}$$

滑轮增加了系统总的惯性质量，但是与悬挂的重物相比，滑轮的有效质量只有它实际质量的一半。

7.7 摆动和定轴转动

在例 3.10 中，我们分析了单摆的运动——质量为 M 的物体悬挂在长 l 的线上，处于重力场 g 中。对于小幅摆动，我们确定单摆做频率 $\omega=\sqrt{g/l}$ 的简谐振动。然而，这个解不能推广到实际的摆——所谓的复摆——其中物体不再是一个质点而是一个扩展物，支撑不再是无质量的线而是杆或其他类似的物体。采用我们发展的方法，现在可以解决这个更一般的问题了。

利用定轴转动的理论形式，我们从描述单摆的运动方程开始。

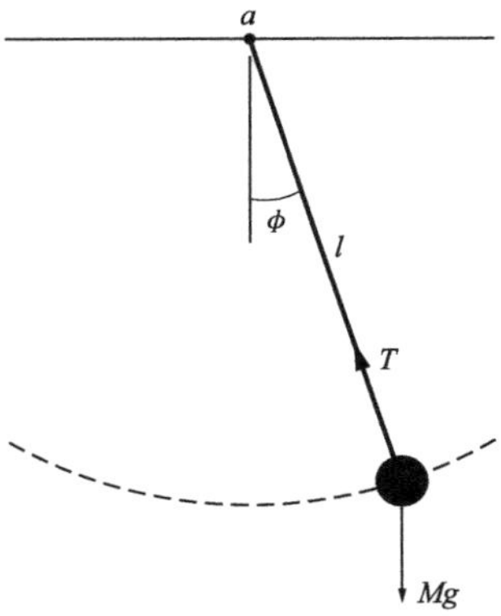

7.7.1 单摆

在例 3.10 中，我们直接应用 $\boldsymbol{F}=M\boldsymbol{a}$ 分析了单摆。解法正确但不够优雅。摆球在圆弧上运动，这是定轴转动的案例，呼之欲出的是用角动量的语言分析这个问题。

考虑相对支点 a 的角动量和力矩。物体的转动惯量是 $I_a=Ml^2$。绳中张力是径向力，相对于 a 点无力矩；力矩只来源于摆球的重力 $W=Mg$。力矩是 $\tau_a=-Wr_\perp=-Wl\sin\phi$（负号缘于相

对 a 的力矩是顺时针的)。利用小角近似，运动方程是

$$\begin{aligned}\tau_a &= I_a\alpha \\ &= I_a\ddot{\phi} \\ -Wl\phi &= I_a\ddot{\phi} \\ I_a\ddot{\phi} &= -Wl\phi \\ \ddot{\phi}+\frac{Wl}{I_a}\phi &= 0\end{aligned}$$

或者代入 $I_0=Ml^2$，

$$\ddot{\phi}+\frac{g}{l}\phi=0$$

这是简谐振子的运动方程，其解在例 3.10 中给出，在例 5.2 中予以证明：

$$\phi=A\sin\omega t+B\cos\omega t$$

振动的频率是

$$\omega=\sqrt{\frac{Wl}{I_a}}=\sqrt{\frac{Mgl}{Ml^2}}=\sqrt{\frac{g}{l}} \tag{7.9}$$

注意：这里的符号 ω 表示振子的角频率，这是物理中广泛采用的惯例。然而，我们已用同样的符号代表角速率，这也与物理中的用法一致。本问题中，摆的角速率是 $\dot{\phi}$。两种用法容易混淆，特别是它们具有相同的物理量纲 $[T]^{-1}$，都用弧度每秒量度。

为使单摆满足谐振子的运动方程，我们不得不作小角近似：$\sin\phi\approx\phi$。物理中有精确解的问题少之又少，像这样的小角近似时常是需要的。由于定量预测是物理的精髓，只要有可能就确定近似的精度是很重要的。

注释 5.1 调查了小角近似的精度。最重要的效果是摆动的有限幅度使运动周期小幅增大。对于小幅度 ϕ_0，摆的周期 T 是

$$T\approx T_0(1+\phi_0^2/16)$$

式中，$T_0=2\pi\sqrt{l/g}$。

7.7.2 复摆

现在让我们转到复摆，一个实际的摆，如图所示。

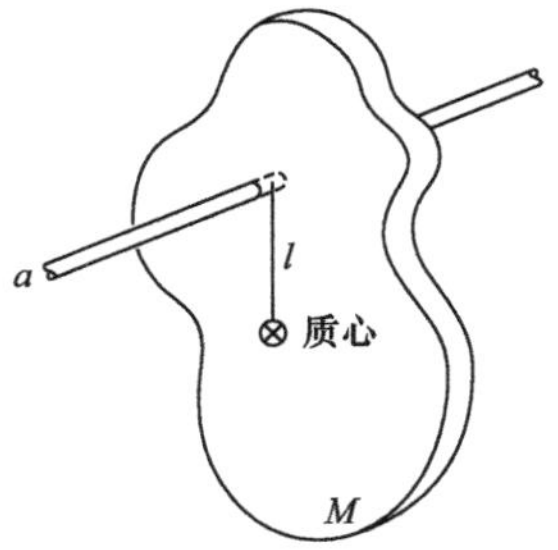

摆动的物体可以具有任何形状。它的质量是 M，质心到轴的距离为 l。绕轴的转动惯量 I_a 不再是 Ml^2，而是依赖于特定的形状。除了这些，所有分析与我们在 7.7.1 节讨论的相同。摆以频率 $\omega=\sqrt{Mgl/I_a}$ 做简谐振动。

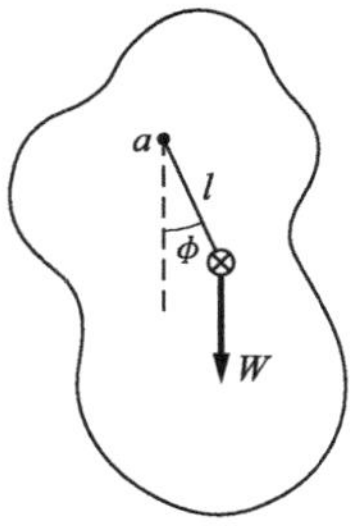

若我们引入回转半径的概念，这个结果可以写得更简单。如果物体绕质心的转动惯量为 I_0，回转半径 k 定义为

$$k\equiv\sqrt{\frac{I_0}{M}} \tag{7.10}$$

半径为 R 的圆环有 $k_{环}=R$；对于圆盘，$k_{圆盘}=\sqrt{1/2}R$；对于实心球，$k_{球}=\sqrt{2/5}R$。

由平行轴定理，我们有

$$\begin{aligned}I_a&=I_0+Ml^2\\&=M(k^2+l^2)\end{aligned}$$

所以

$$\omega=\sqrt{\frac{gl}{k^2+l^2}}$$

单摆对应于 $k=0$，在这种情形下，不出所料，$\omega=\sqrt{g/l}$。

例 7.11　凯特摆

从 16 世纪到 20 世纪，g 的最精确测量来自摆的实验。这个方法很吸引人，因为所需的量只有摆的尺度和摆的周期，其中周期可以通过计数多次摆动而测量得很准。对于精确的测量，限制因素却是摆的质心和它的回转半径的测量精度。有一个巧妙的发明，以 19 世纪英国物理学家、测量员和发明家亨利·凯特命名，克服了这个困难。

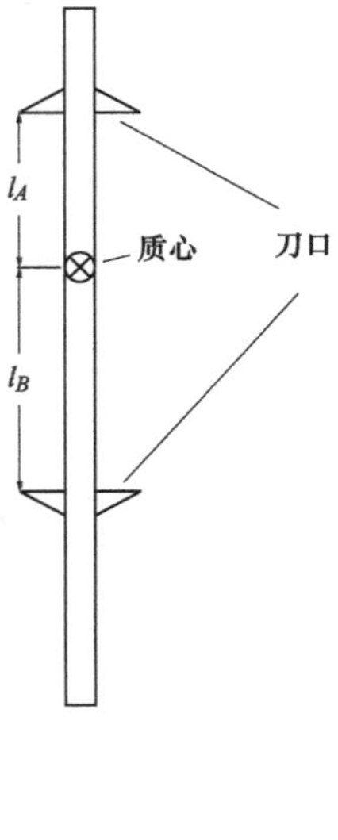

凯特摆有两个刀口，摆可以挂在任一个上。若刀口到质心的距离分别是 l_A 和 l_B，每个小振动的周期分别为

$$T_A=2\pi\sqrt{\frac{k^2+l_A^2}{gl_A}}$$

$$T_B=2\pi\sqrt{\frac{k^2+l_B^2}{gl_B}}$$

操作时，调节 l_A 或 l_B 直到周期相同：$T_A=T_B=T$。这能以很大的精度做到。我们就可以消去 T，求解 k^2：

$$k^2=\frac{l_A l_B^2-l_B l_A^2}{l_B-l_A}$$

$$=l_A l_B$$

则

$$T=2\pi\sqrt{\frac{l_A l_B+(l_A)^2}{g l_A}}$$

$$=2\pi\sqrt{\frac{l_A+l_B}{g}}$$

或者

$$g=4\pi^2\left(\frac{l_A+l_B}{T^2}\right)$$

凯特发明的优美之处在于所需的几何量只有 l_A+l_B，即两个刀口的距离，这可以测量得很准。质心的位置不需要知道。

例 7.12 交叉栅门

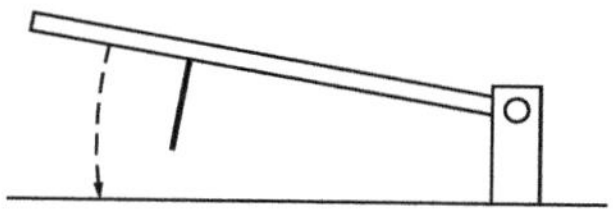

一个简单的铁路道口交叉栅门由质量为 M、长度为 $2L$ 的又长又窄的木条组成，一端安装在转轴上。门打开时略微偏离竖直方向，以便关门信号一到就向下转动。它停在支撑杆上，使门保持水平，如图所示。

支撑杆放在何处才能使转轴的磨损最小呢？支撑杆对门的作用力 $\boldsymbol{F}_s$ 和轴的作用力 $\boldsymbol{F}_p$ 都可以分解成与门垂直的分量和沿着门的分量。沿着门的分量提供转动门的径向离心加速度，由于我们将关注的是冲击的短暂时间，这些分量与大的冲击力相比是小的，可以略去不计。

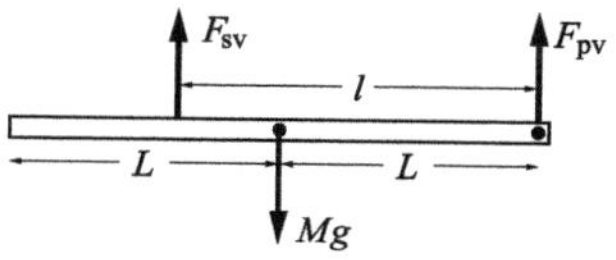

图中显示了在撞击时刻作用在门上的竖直力：支撑的分量 F_{sv}，轴的竖直分量 F_{pv} 和重力。我们将看到，F_{pv} 可以为零，从而使轴上的力最小。

对轴的力矩，

$$\tau = MgL - F_{sv} l$$
$$= I_p \ddot{\theta}$$

这里 I_p 是绕轴的转动惯量，L 是轴到质心的距离，l 是轴到支撑杆的距离。在碰撞的短时间 t 到 $t+\Delta t$ 积分，可得

$$I_p \dot{\theta} \approx (MgL - F_{sv} l)\Delta t$$
$$\approx -F_{sv} l \Delta t \tag{1}$$

重力的力矩与更大的冲击力的力矩相比是可以略去不计的。

把牛顿第二定律应用于质心的运动：

$$M\frac{\mathrm{d}V}{\mathrm{d}t} = -(F_{sv} + F_{pv}) + Mg$$

并积分，

$$MV = ML\dot{\theta} = -(F_{sv} + F_{pv})\Delta t \tag{2}$$

这里重力的冲量在碰撞的短时间内可以略去不计。

求解方程（1）得到 $F_{sv}\Delta t = -I_p\dot{\theta}/l$，把它代入方程（2）可得

$$F_{pv}\Delta t = (I_p/l - ML)\dot{\theta} \tag{3}$$

方程（3）表明，若我们使 $I_p/l - ML = 0$，F_{pv} 的冲量为零，因而作用在轴上的力最小。支撑杆应当位于

$$l = \frac{I_p}{ML} \tag{4}$$

假定门是长的细杆，在例 7.3（d）中已证明 $I_p = M(2L)^2/3$，所以 $l = 4L/3$。

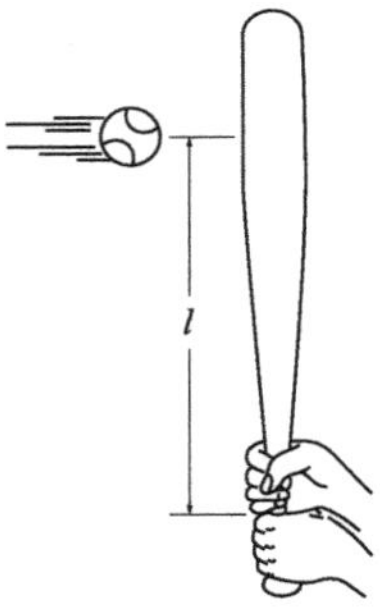

上例中，方程（4）所确定的距离 l 称作**打击中心**。在击打棒球时，用球棒的打击中心击球很重要，这样可以避免对击球运动员手臂的反作用和剧痛。

由方程（7.10），回转半径的定义是 $k = \sqrt{I_0/M}$。到打击中心的距离就是 $l = (k^2 + L^2)/L$，这里 k 是绕轴的回转半径，L 是轴到质心的距离。

7.8 含有平动和转动的运动

同一个系统经常既有平动又有转动，例如从斜面上滚下的圆桶。对于这样的情形，与 7.6 节我们所分析的纯转动相比，并没有明显的转轴。问题似乎有点乱，好在我们有注释 7.1 的定理——刚体的任何运动都可以用质心的平动和绕质心的转动来描述。利用质心坐标系，我们发现平动和转动的简单表达式，以及把它们联系在一起的动力学方程。

我们继续只考虑定轴转动，转轴的方向不变，但是现在我们让转轴平动。令 z 轴沿着转轴的方向。我们将证明，物体角动量的 z 分量 L_z 可以写成两项之和，L_z 等于绕质心转动的角动量加上相对于惯性坐标系原点的质心运动的角动量：

$$L_z = I_0\omega + (\boldsymbol{R}\times M\boldsymbol{V})_z \tag{7.11}$$

这里，$\boldsymbol{R}$ 是原点到质心的矢量，$\boldsymbol{V}=\dot{\boldsymbol{R}}$，$I_0$ 是绕质心的转动惯量。

为证明方程（7.11），把物体看作 N 个质点的集合，第 j 个质点（$j=1$，…，N）的质量为 m_j，在惯性系中相对于原点位于 $\boldsymbol{r}_j$。物体的角动量是

$$\boldsymbol{L} = \sum_{j=1}^{N}(\boldsymbol{r}_j \times m_j\dot{\boldsymbol{r}}_j) \tag{7.12}$$

物体质心的位置矢量 $\boldsymbol{R}$：

$$\boldsymbol{R} = \frac{\sum m_j\boldsymbol{r}_j}{M} \tag{7.13}$$

这里，M 是总质量。让我们采用 4.3 节引入的质心坐标系 $\boldsymbol{r}'_j$：

$$\boldsymbol{r}_j = \boldsymbol{R} + \boldsymbol{r}'_j \tag{7.14}$$

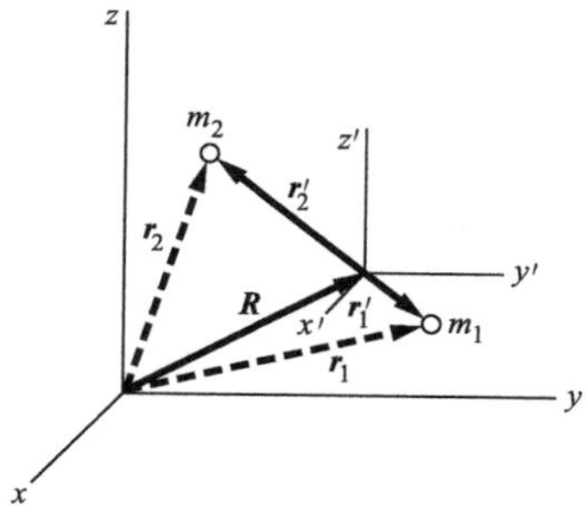

合并方程（7.12）和（7.14）可得

$$\begin{aligned}\boldsymbol{L} &= \sum(\boldsymbol{R}+\boldsymbol{r}'_j)\times m_j(\dot{\boldsymbol{R}}+\dot{\boldsymbol{r}}'_j)\\ &= \boldsymbol{R}\times\sum m_j\dot{\boldsymbol{R}} + \sum m_j\boldsymbol{r}'_j\times\dot{\boldsymbol{R}} +\\ &\quad \boldsymbol{R}\times\sum m_j\dot{\boldsymbol{r}}'_j + \sum m_j\boldsymbol{r}'_j\times\dot{\boldsymbol{r}}'_j\end{aligned} \tag{7.15}$$

这个表达式看起来很繁，但是我们可以证明，中间两项等于零，第一项和最后一项有简单的物理解释。先看第二项，根

据方程（7.13）有

$$\begin{aligned}\sum m_j \boldsymbol{r}'_j &= \sum m_j(\boldsymbol{r}_j - \boldsymbol{R}) \\ &= \sum m_j \boldsymbol{r}_j - M\boldsymbol{R} \\ &= 0\end{aligned}$$

第三项也是零；因为$\sum m_j \boldsymbol{r}'_j$ 恒等于零，它的时间导数为零。

第一项是

$$\begin{aligned}\boldsymbol{R}\times\sum m_j\dot{\boldsymbol{R}} &= \boldsymbol{R}\times M\dot{\boldsymbol{R}} \\ &= \boldsymbol{R}\times M\boldsymbol{V}\end{aligned}$$

式中，$\boldsymbol{V}\equiv\dot{\boldsymbol{R}}$ 是相对于惯性系的质心速度。方程（7.15）变成

$$\boldsymbol{L}=\boldsymbol{R}\times M\boldsymbol{V}+\sum \boldsymbol{r}'_j\times m_j\dot{\boldsymbol{r}}'_j \tag{7.16}$$

方程（7.16）的第一项表示质心运动的角动量，第二项表示绕质心运动的角动量。刚体的质点相对质心运动的唯一方式是刚体作为一个整体的转动。在第 8 章我们将相对任意转轴计算第二项。然而本章我们只限于绕 z 轴的定轴转动。方程（7.16）的 z 分量为

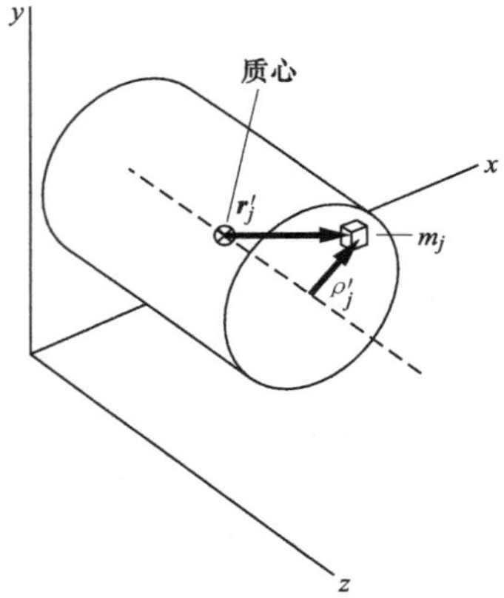

$$L_z=(\boldsymbol{R}\times M\boldsymbol{V})_z+\left(\sum \boldsymbol{r}'_j\times m_j\dot{\boldsymbol{r}}'_j\right)_z \tag{7.17}$$

第二项可以简化。物体绕质心的角速度为 ω，由于 $\boldsymbol{r}'_j$ 的原点是质心，第二项形式上等同于我们在 7.6 节处理的纯转动：

$$\begin{aligned}\left(\sum m_j\boldsymbol{r}'_j\times\dot{\boldsymbol{r}}'_j\right)_z &= \left(\sum m_j\boldsymbol{\rho}'_j\times\dot{\boldsymbol{\rho}}'_j\right)_z \\ &= \sum m_j\rho'^2_j\omega \\ &= I_0\omega\end{aligned}$$

式中，$\boldsymbol{\rho}'_j$ 是从过质心的 z 轴到 m_j 的垂直矢量，$I_0=\sum m_j\rho'^2_j$ 是物体绕这个轴的转动惯量。

整理我们的结果，我们有

$$L_z=I_0\omega+(\boldsymbol{R}\times M\boldsymbol{V})_z \tag{7.18}$$

我们已经证明了本节开始时陈述的结果：刚体的角动量等于绕质心的角动量加上质心相对原点的角动量。这两项时常被分别称为自旋和轨道项。地球绕太阳的运动很好地说明了这个差异。地球绕自身极轴的日常转动产生地球

的自旋角动量，地球每年绕太阳的公转产生它的轨道角动量。

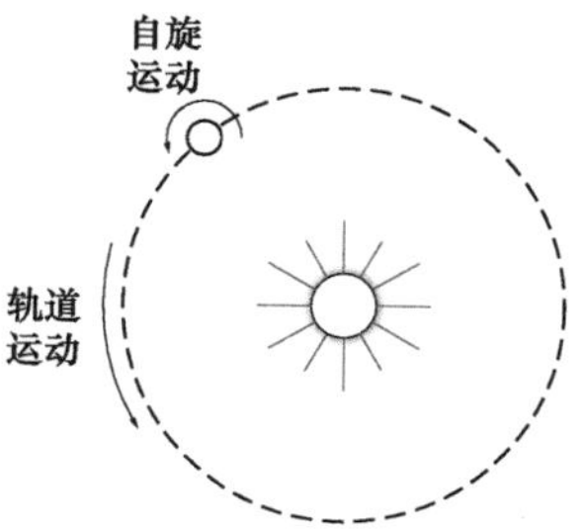

自旋角动量的一个重要特征是它与坐标系无关。在这一点上可以说它是物体的内禀属性；坐标系的变化不会消除自旋，然而若选择参考点位于运动的方向线上，轨道角动量会消失。

即使质心加速运动，方程（7.18）仍然有效，这是因为 $\boldsymbol{L}$ 是相对于惯性坐标系计算的。

例 7.13 滚轮的角动量

质量为 M、半径为 b 的匀质轮子无滑动地匀速滚动，本例中我们应用方程（7.18）计算滚轮的角动量。轮子绕质心的转动惯量是 $I_0=\frac{1}{2}Mb^2$。轮子的运动如图所示，轮子相对质心的角动量是

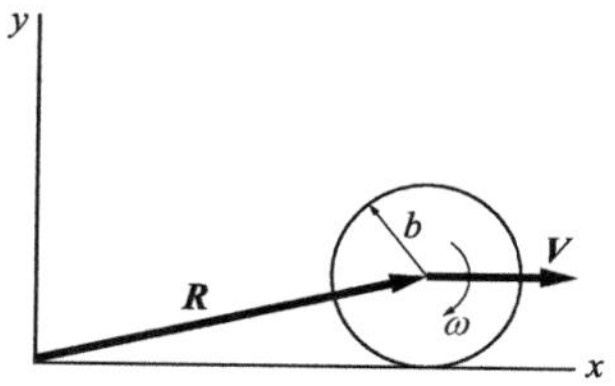

$$\begin{aligned}L_0&=-I_0\omega\\&=-\frac{1}{2}Mb^2\omega\end{aligned}$$

L_0 与 z 轴平行。负号表示 L_0 指向纸面里，沿 z 轴负方向。

由于轮子无滑动地滚动，$V=b\omega$，则

$$(\boldsymbol{R}\times M\boldsymbol{V})_z=-MbV$$

绕原点的总角动量为

$$\begin{aligned}L_z&=-\frac{1}{2}Mb^2\omega-MbV\\&=-\frac{1}{2}Mb^2\omega-Mb^2\omega\\&=-\frac{3}{2}Mb^2\omega\end{aligned}$$

7.8.1 运动物体所受的力矩

力矩也很自然地分为两项。作用在物体上的力矩是

$$\begin{aligned}\boldsymbol{\tau}&=\sum\boldsymbol{r}_j\times\boldsymbol{f}_j\\&=\sum(\boldsymbol{r}'_j+\boldsymbol{R})\times\boldsymbol{f}_j\\&=\sum(\boldsymbol{r}'_j\times\boldsymbol{f}_j)+\boldsymbol{R}\times\boldsymbol{F}\end{aligned}\tag{7.19}$$

式中，$\boldsymbol{F}=\sum\boldsymbol{f}_j$ 是合力。方程（7.19）的第一项是各种外力相对质心的力矩，第二项是合外力作用在质心上的力矩。对

于定轴转动，方程（7.19）可改写为

$$\tau_z = \tau_0 + (\boldsymbol{R} \times \boldsymbol{F})_z \tag{7.20}$$

式中，τ_0 是相对质心的力矩的 z 分量。但是对于方程（7.18）中的 L_z，我们有

$$\begin{aligned}\frac{\mathrm{d}L_z}{\mathrm{d}t} &= I_0 \frac{\mathrm{d}\omega}{\mathrm{d}t} + \frac{\mathrm{d}}{\mathrm{d}t}(\boldsymbol{R} \times M\boldsymbol{V})_z \\ &= I_0\alpha + (\boldsymbol{R} \times M\boldsymbol{a})_z \end{aligned} \tag{7.21}$$

利用 $\tau_z = \mathrm{d}L_z/\mathrm{d}t$，由方程（7.20）和（7.21）得

$$\begin{aligned}\tau_0 + (\boldsymbol{R} \times \boldsymbol{F})_z &= I_0\alpha + (\boldsymbol{R} \times M\boldsymbol{a})_z \\ &= I_0\alpha + (\boldsymbol{R} \times \boldsymbol{F})_z\end{aligned}$$

因此

$$\tau_0 = I_0\alpha \tag{7.22}$$

根据方程（7.22），绕质心的转动只依赖相对质心的力矩，与平动无关。换句话说，即便轴是加速的，方程（7.22）仍然是正确的。

让我们整理一下这个推导的思路。从基本方程

$$\boldsymbol{\tau} = \frac{\mathrm{d}\boldsymbol{L}}{\mathrm{d}t}$$

开始，把它应用于定轴转动，例如滚动的物体，我们证明了，

$$L_z = (\boldsymbol{R} \times M\boldsymbol{V})_z + I_0\omega$$

$$\frac{\mathrm{d}L_z}{\mathrm{d}t} = \frac{\mathrm{d}}{\mathrm{d}t}(\boldsymbol{R} \times M\boldsymbol{V})_z + I_0 \frac{\mathrm{d}\omega}{\mathrm{d}t}$$

利用 $\mathrm{d}\boldsymbol{R}/\mathrm{d}t = \boldsymbol{V}$，$M\mathrm{d}\boldsymbol{V}/\mathrm{d}t = \boldsymbol{F}$ 和 $\mathrm{d}\omega/\mathrm{d}t = \alpha$，

$$\frac{\mathrm{d}L_z}{\mathrm{d}t} = (\boldsymbol{R} \times \boldsymbol{F})_z + I_0\alpha$$

而 $\mathrm{d}L_z/\mathrm{d}t = \tau_z$，再由方程（7.20）

$$\tau_z = \tau_0 + (\boldsymbol{R} \times \boldsymbol{F})_z$$

比较我们的结果，得

$$\tau_0 = I_0\alpha$$

结果 $\tau_0 = I_0\alpha$ 非常类似于一维平动的运动方程，展示了平动和转动运动方程的高度相似性，虽然两者的运动模式是完全不同的。

这种自然的分解对动能 K 也是成立的。

$$\begin{aligned} K &= \frac{1}{2}\sum m_j v_j^2 \\ &= \frac{1}{2}\sum m_j(\dot{\boldsymbol{\rho}}_j' + \mathbf{V})^2 \\ &= \frac{1}{2}\sum m_j \dot{\rho}_j'^2 + \sum m_j \dot{\boldsymbol{\rho}}_j' \cdot \mathbf{V} + \frac{1}{2}\sum m_j V^2 \\ &= \frac{1}{2}I_0\omega^2 + \frac{1}{2}MV^2 \end{aligned} \tag{7.23}$$

第一项对应于自旋角动量的动能，最后一项来自质心的轨道运动。

注释 7.2 总结了定轴转动所满足的动力学关系。

例 7.14 冰上圆盘

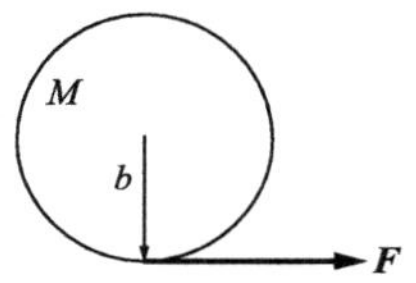

质量为 M、半径为 b 的圆盘被缠在其圆周上的薄带子作用一个恒定的拉力 $\boldsymbol{F}$。圆盘在冰上无摩擦地滑动。圆盘如何运动？

我们用两种不同的方法解决这个问题。

方法 1

分析绕质心的运动，我们有

$$\begin{aligned} \tau_0 &= bF \\ &= I_0\alpha \end{aligned}$$

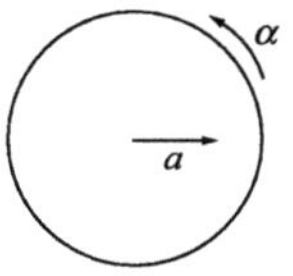

或者

$$\alpha = \frac{bF}{I_0}$$

质心的加速度是

$$a = \frac{F}{M}$$

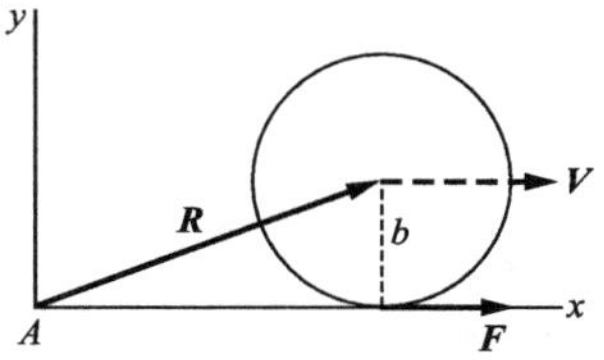

方法 2

我们选择一个坐标系，原点 A 位于 $\boldsymbol{F}$ 的作用线上。相对于 A 的力矩是

$$\begin{aligned} \tau_z &= \tau_0 + (\boldsymbol{R}\times\boldsymbol{F})_z \\ &= bF - bF = 0 \end{aligned}$$

力矩果然为零，相对原点的角动量是守恒的。相对 A 的角动量是

$$\begin{aligned} L_z &= I_0\omega + (\boldsymbol{R}\times M\mathbf{V})_z \\ &= I_0\omega - bMV \end{aligned}$$

由于 $\mathrm{d}L_z/\mathrm{d}t=0$，我们有

$$0=I_0\alpha-bMa$$

或者

$$\alpha=\frac{bMa}{I_0}=\frac{bF}{I_0}$$

同前。

例 7.15　滚下斜面的轮子

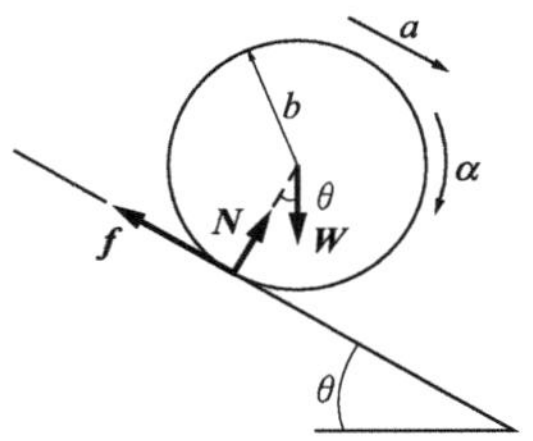

质量为 M、半径为 b 的匀质轮子无滑动地滚下倾角为 θ 的斜面。轮子绕轴的转动惯量是 $I_0=Mb^2/2$。确定轮子沿斜面的加速度。

方法 1

图中显示了轮子的受力。f 是摩擦力。质心沿斜面的平动满足

$$W\sin\theta-f=Ma$$

绕质心的转动满足

$$bf=I_0\alpha$$

对于无滑动的滚动，我们有

$$a=b\alpha$$

消去 f 可得

$$W\sin\theta-I_0\ \frac{\alpha}{b}=Ma$$

利用 $I_0=Mb^2/2$，$\alpha=a/b$ 和 $W=Mg$，我们得到

$$Mg\sin\theta-\frac{Ma}{2}=Ma$$

或者

$$a=\frac{2}{3}g\sin\theta$$

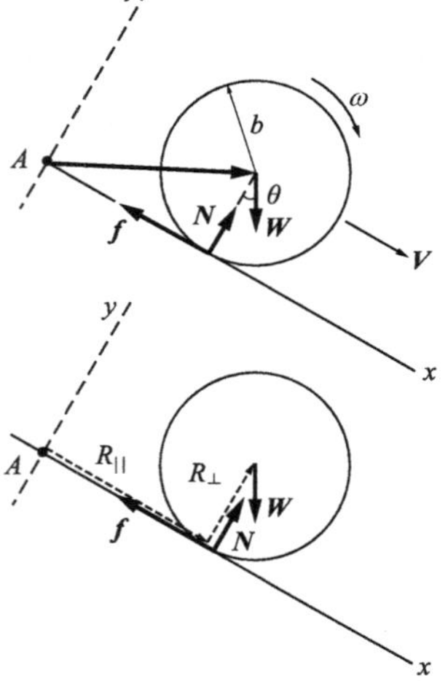

方法 2

选择原点 A 在斜面上的一个坐标系。由于 $R_\perp=b$ 和 $W\cos\theta=N$，绕 A 的力矩为

$$\begin{aligned}\tau_z&=(\boldsymbol{R}\times\boldsymbol{F})_z\\&=-R_\perp W\sin\theta+R_\parallel(N-W\cos\theta)\\&=-bW\sin\theta\end{aligned}$$

绕 A 的角动量是

$$L_z = -I_0\omega + (\boldsymbol{R}\times M\boldsymbol{V})_z$$
$$= -\frac{1}{2}Mb^2\omega - Mb^2\omega$$
$$= -\frac{3}{2}Mb^2\omega$$

式中，$(\boldsymbol{R}\times M\boldsymbol{V})_z = -Mb^2\omega$，与例 7.13 一样。由于 $\tau_z = \mathrm{d}L_z/\mathrm{d}t$，我们有

$$bW\sin\theta = \frac{3}{2}Mb^2\alpha$$

或

$$\alpha = \frac{2}{3}\frac{W}{Mb}\sin\theta = \frac{2}{3}\frac{g\sin\theta}{b}$$

对于无滑动的滚动，$a = b\alpha$，因而，

$$a = \frac{2}{3}g\sin\theta$$

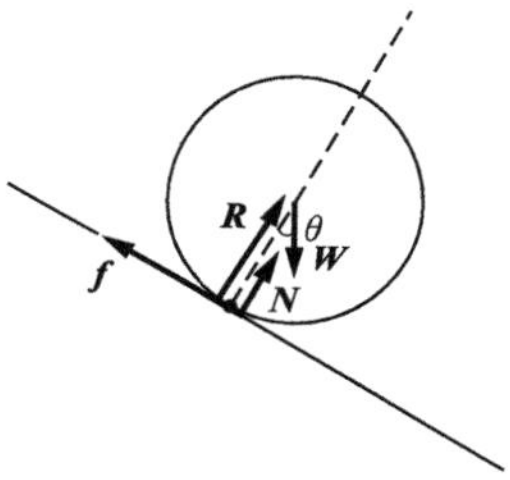

注意：若以接触点为参考点[⊖]，分析会更直接。在这种情形下，我们可以用

$$\tau_z = \sum(\boldsymbol{r}_j\times\boldsymbol{f}_j)_z$$

直接计算 τ_z。由于未知的力 $\boldsymbol{f}$ 和 $\boldsymbol{N}$ 作用在参考点上，它们对力矩无贡献。力矩只来自重力 $\boldsymbol{W}$，

$$\tau_z = -bW\sin\theta$$

根据平行轴定理，相对接触点的转动惯量是 $I = Mb^2 + I_0 = \frac{3}{2}Mb^2$。利用 $a = -\alpha b = -\tau_z b/I$，得到 $a = \frac{2}{3}g\sin\theta$，同前。

7.9 动能定理与转动

在第 5 章我们导出了质点的动能定理：

$$K_b - K_a = W_{ba}$$

这里，

$$W_{ba} = \oint_{r_a}^{r_b}\boldsymbol{F}\cdot \mathrm{d}\boldsymbol{r}$$

⊖ 接触点通常有加速度，需要用到瞬时转轴的定理。本题方法适用于刚体相对接触点的转动惯量保持不变的情形。——译者注

我们可以把它推广到刚体，并证明动能定理自然地分为两个部分，一个处理平动能量，一个处理转动能量。

为了导出平动部分，我们从质心的运动方程开始，

$$\begin{aligned}\boldsymbol{F} &= M\frac{\mathrm{d}^2\boldsymbol{R}}{\mathrm{d}t^2}\\ &= M\frac{\mathrm{d}\boldsymbol{V}}{\mathrm{d}t}\end{aligned}$$

当质心位移 $\mathrm{d}\boldsymbol{R}=\boldsymbol{V}\mathrm{d}t$ 时，所做的功为

$$\begin{aligned}\boldsymbol{F}\cdot\mathrm{d}\boldsymbol{R} &= M\frac{\mathrm{d}\boldsymbol{V}}{\mathrm{d}t}\cdot\boldsymbol{V}\mathrm{d}t\\ &= \mathrm{d}\left(\frac{1}{2}MV^2\right)\end{aligned}$$

积分可得

$$\oint_{\boldsymbol{R}_a}^{\boldsymbol{R}_b}\boldsymbol{F}\cdot\mathrm{d}\boldsymbol{R} = \frac{1}{2}MV_b^2-\frac{1}{2}MV_a^2 \tag{7.24}$$

现在让我们计算与转动动能相关的功。绕质心的定轴转动的运动方程为

$$\begin{aligned}\tau_0 &= I_0\alpha\\ &= I_0\frac{\mathrm{d}\omega}{\mathrm{d}t}\end{aligned}$$

转动动能有形式$\frac{1}{2}I_0\omega^2$，这提示我们用 $\mathrm{d}\theta=\omega\mathrm{d}t$ 乘以运动方程：

$$\begin{aligned}\tau_0\mathrm{d}\theta &= I_0\frac{\mathrm{d}\omega}{\mathrm{d}t}\omega\mathrm{d}t\\ &= \mathrm{d}\left(\frac{1}{2}I_0\omega^2\right)\end{aligned}$$

积分可得

$$\int_{\theta_a}^{\theta_b}\tau_0\mathrm{d}\theta = \frac{1}{2}I_0\omega_b^2-\frac{1}{2}I_0\omega_a^2 \tag{7.25}$$

左边的积分明显是力矩所做的功。

对于刚体，一般的动能定理为

$$K_b-K_a=W_{ba}$$

这里，$K=\frac{1}{2}MV^2+\frac{1}{2}I_0\omega^2$，$W_{ba}$ 是从位置 a 到位置 b 时对物体所做的总功。从方程（7.24）和（7.25）可以看出，动能定理分解成两个独立的定理，一个平动，一个转动。在许多问题中，这些定理可以分别应用，就如下例所示。

例 7.16 滚下斜面的轮子：能量方法

再次考虑半径为 b、质量为 M、重力 $W=Mg$、转动惯量 $I_0=Mb^2/2$ 的匀质轮子在倾角为 β 的斜面上。若轮子从静止开始，无滑动地滚动，确定它下落高度 h 后的质心速度 V。

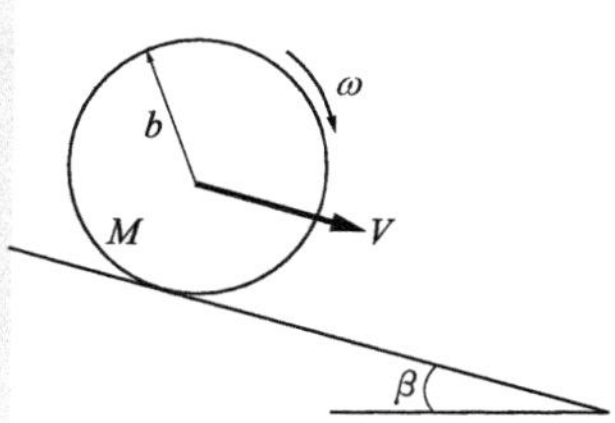

图中显示了轮子的受力。

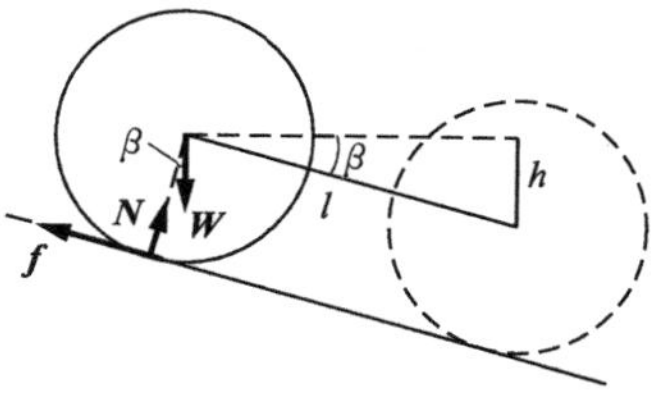

平动的能量方程是

$$\oint_a^b \boldsymbol{F}\cdot \mathrm{d}\boldsymbol{r}=\frac{1}{2}MV_b^2-\frac{1}{2}MV_a^2$$

或者

$$(W\sin\beta-f)l=\frac{1}{2}MV^2 \qquad (1)$$

式中，$l=h/\sin\beta$ 是轮子下落高度 h 时质心的位移。

转动的能量方程是

$$\int_{\theta_a}^{\theta_b}\tau\,\mathrm{d}\theta=\frac{1}{2}I_0\omega_b^2-\frac{1}{2}I_0\omega_a^2$$

或者

$$fb\theta=\frac{1}{2}I_0\omega^2$$

式中，θ 是绕质心转过的角度。对于无滑滚动，$b\theta=l$。因此，

$$fl=\frac{1}{2}I_0\omega^2 \qquad (2)$$

我们还有 $\omega=V/b$，所以

$$fl=\frac{1}{2}\frac{I_0V^2}{b^2}$$

把它代入方程 (1) 消去 f，可得

$$\begin{aligned}Wh&=\frac{1}{2}\left(\frac{I_0}{b^2}+M\right)V^2\\&=\frac{1}{2}\left(\frac{M}{2}+M\right)V^2\\&=\frac{3}{4}MV^2\end{aligned}$$

或者

$$V=\sqrt{\frac{4gh}{3}}$$

这个例子的有趣之处在于摩擦力不是耗散力。由方程 (1)，摩擦力把平动能量减少 fl。然而，由方程 (2)，摩

擦力的力矩把转动能量增加同样的量。在这个运动中，摩擦力只是简单地把机械能从一种模式转化为另一种。若发生滑动，情况就不再如此，一些机械能会耗散为热。

我们以一个涉及约束的例子结束这一节，本例用能量的方法很容易处理。

例 7.17 下落的杆

长为 l、质量为 M 的杆，初始时竖直放在无摩擦的桌面上，然后开始下落。问题是确定质心速率随着与竖直方向夹角 θ 的变化关系。

关键是要认识到，由于没有水平力，质心必须竖直下落。由于我们必须确定速度作为位置的函数，很自然地要采用能量方法。

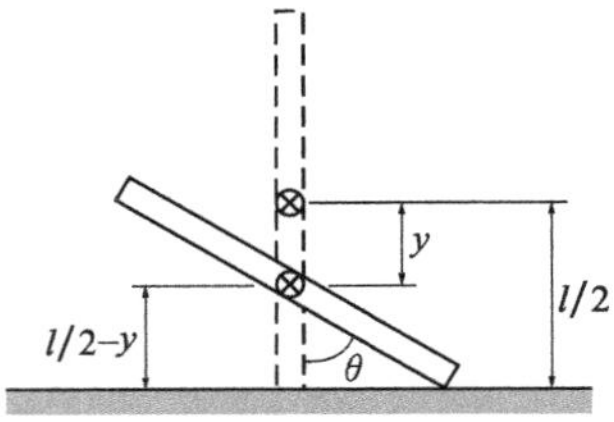

从图可以看出，杆转过角度 θ，质心下落距离 y。

初始能量是

$$E=K_0+U_0$$
$$=\frac{Mgl}{2}$$

此后某时刻的动能是

$$K=\frac{1}{2}I_0\dot{\theta}^2+\frac{1}{2}M\dot{y}^2$$

相应的势能是

$$U=Mg\left(\frac{l}{2}-y\right)$$

由于没有耗散力，机械能守恒，$K+U=K_0+U_0=Mgl/2$，因此，

$$\frac{1}{2}M\dot{y}^2+\frac{1}{2}I_0\dot{\theta}^2+Mg\left(\frac{l}{2}-y\right)=Mg\ \frac{l}{2}$$

我们可以利用约束方程消去 $\dot{\theta}$。如图所示，

$$y=\frac{1}{2}(1-\cos\theta)$$

因而，有

$$\dot{y}=\frac{l}{2}\sin\theta\,\dot{\theta}$$

和

$$\dot{\theta}=\frac{2}{l\sin\theta}\dot{y}$$

利用 $I_0=Ml^2/12$，可得

$$\frac{1}{2}M\dot{y}^2+\frac{1}{2}M\frac{l^2}{12}\left(\frac{2}{l\sin\theta}\right)^2\dot{y}^2+Mg\left(\frac{l}{2}-y\right)=Mg\frac{l}{2}$$

或者

$$\dot{y}^2=\frac{2gy}{[1+1/(3\sin^2\theta)]}$$

$$\dot{y}=\sqrt{\frac{6gy\sin^2\theta}{3\sin^2\theta+1}}$$

$$=\sqrt{\frac{3lg(1-\cos\theta)\sin^2\theta}{3\sin^2\theta+1}}$$

7.10 玻尔原子

丹麦物理学家尼尔斯·玻尔在 1913 年发表的氢原子理论为 19 世纪 20 年代量子力学的诞生开辟了道路。我们以玻尔理论结束这一章，就是要说明本章发展的角动量和能量的概念有助于创造新的理论。我们介绍的玻尔理论与玻尔在 1913 年 26 岁时发表的文章是类似的，但不完全相同。这一简短的叙述虽然不能恰当地呈现玻尔理论的背景，但是它能传达物理上一个伟大历史时期的精神。我们的讨论是不严格的：这个叙述更适合选读，并非发展经典力学所必需的。

19 世纪光谱学的发展积累了大量原子结构的实验数据。由放电激发的原子只能辐射与元素相关的某些离散波长的光。19 世纪后半叶，为测量这些谱线的波长和强度，人们付出了巨大的努力。波长测量代表了卓越的实验成就，对它们的解释却非常失败；除了某些不能洞察潜在物理规律的经验规则外，在基本理解上没有取得任何进展。

最著名的谱线经验公式是瑞士高中艺术教师约瑟夫·巴耳末发现的。他发现氢原子光谱的波长在实验精度的范围内满足公式：

$$\frac{1}{\lambda}=R_\infty\left(\frac{1}{2^2}-\frac{1}{n^2}\right)\quad n=3,4,5,\cdots$$

这里，λ 是特定谱线的波长，R_∞ 是常量，称为**里德伯常量**，以纪念一位瑞典光谱学家，他调整了巴耳末公式，从而可用于某些其他光谱。在数值上，$R_\infty=109,700\ \text{cm}^{-1}$。（本节我们遵从以前原子物理的传统，采用 CGS 单位制。）

巴耳末公式不仅能解释从 $n=3$ 到 6 已知的氢原子谱线，而且能预言 $n=7,8,\cdots$ 的其他谱线，这些谱线很快就被发现了。巴耳末还进一步建议可能存在其他谱线，满足

$$\frac{1}{\lambda}=R_\infty\left(\frac{1}{m^2}-\frac{1}{n^2}\right)\quad m=3,4,5,\cdots\quad n=m+1,m+2,\cdots \tag{7.26}$$

这些也被发现了。（巴耳末忽略了位于紫外的 $m=1$ 的线系，这在 1916 年被发现。）

巴耳末公式肯定包含氢原子结构的关键，但是没人能建立一个产生这些光谱的原子模型。

在剑桥大学卡文迪许实验室工作的 J.J. 汤姆孙在 1897 年推测存在电子。这是原子可分性的第一个信号，由此激发了进一步的研究工作，在新西兰出生的卢瑟福于 1911 年在曼彻斯特大学所做的 α 散射实验表明，原子有一个带电的核，包含了大部分质量。每个原子具有整数的电子，在重的核中有同等数目的正电荷。然而，这个原子的行星模型造成了一个巨大的困境：根据电磁理论的定律，环绕的电子会在极短时间内辐射掉它们的能量，并旋进核内。

在玻尔理论中起基本作用的另一个物理进展是爱因斯坦的光电效应理论。在 1905 年，也就是爱因斯坦发表狭义相对论的同一年，他假定光发射的能量由离散的“包”或者量子组成。光量子称为**光子**，爱因斯坦称光子的能量是 $E=h\nu$，这里 ν 是光的频率，$h=6.62\times10^{-27}\ \text{erg}\cdot\text{s}$ 是普朗克常量。（1901 年普朗克在他的热体辐射理论中引入了 h。）

玻尔作了下列假设：

1. 原子不能具有任意的能量，只能处于某些**定态**。处于定态时，原子并不辐射。通过这一大胆而又“完全没有道理”的一步，玻尔摆脱了原子稳定性问题。

2. 原子可以从一个定态 a “跃迁”到较低的定态 b，辐射的能量为 E_a-E_b。发射的“辐射包”频率是

$$\nu=\frac{E_a-E_b}{h}$$

1926 年“包”被命名为**光子**。

3. 尽管能量跃迁的思想是全新的，但处于定态时，电子的运动可用经典物理描述。

4. 电子的角动量是 $nh/2\pi$，这里 n 是整数。换句话说，角动量是量子化的——它只能取某些离散的值。

由于假设 1 完全违背了经典物理，假设 3 几乎是不合理的。玻尔意识到了这一困难，他继续应用经典物理于非经典情形的可能理由是，他觉得至少经典物理的某些基本概念应当在新物理中继续存在，除非被证明是不适用的，否则不应该抛弃。

玻尔在他的第一篇文章中没有利用假设 4，虽然他指出了这样做的可能性。将这个假设作为一个基本假定已经成了惯例。

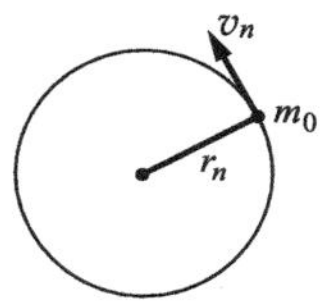

让我们把这四个假设应用于氢原子。氢原子由电荷为 $-e$、质量为 m_e 的单电子和电荷为 $+e$、质量为 M 的核组成。我们假定质量很大的核基本上是静止的，电子以速度 v 在半径 r 的圆轨道上运动。径向运动方程为

$$-\frac{m_e v^2}{r}=-\frac{e^2}{r^2} \tag{7.27}$$

这里，$-e^2/r^2$ 是电荷之间的库仑吸引力。（我们采用的单位制使得两个电荷之间的作用力为 Q_1Q_2/r^2。）能量是

$$E=K+U=\frac{1}{2}m_e v^2-\frac{e^2}{r} \tag{7.28}$$

结合方程（7.27）和（7.28）可得

$$E=-\frac{1}{2}\frac{e^2}{r} \tag{7.29}$$

由假设 4，角动量是 $nh/2\pi$，这里 n 是整数。用 n 标记轨道参量，我们有

$$\frac{nh}{2\pi}=m_e r_n v_n \tag{7.30}$$

结合方程（7.30）和（7.27）可得

$$r_n=\frac{n^2h^2}{m_e e^2}\frac{1}{(2\pi)^2} \tag{7.31}$$

由方程（7.29）得到

$$E_n=-\frac{1}{2}\frac{(2\pi)^2 m_e e^4}{n^2h^2} \tag{7.32}$$

若电子从态 n 跃迁到态 m，发射的光子具有频率

$$\nu=\frac{E_n-E_m}{h}$$

$$=\frac{(2\pi)^2}{2}\frac{m_e e^4}{h^3}\left(\frac{1}{m^2}-\frac{1}{n^2}\right)$$

辐射的波长为

$$\frac{1}{\lambda}=\frac{\nu}{c}$$

$$=\frac{(2\pi)^2}{2c}\frac{m_e e^4}{h^3}\left(\frac{1}{m^2}-\frac{1}{n^2}\right)$$

这在形式上等同于巴耳末公式，方程（7.26），同时预言的里德伯常量依赖基本的常量：

$$R_\infty=\frac{(2\pi)^2}{2c}\frac{m_e e^4}{h^3}$$

由于玻尔预言的里德伯常量与观测值相符，虽然他的论文充满矛盾，但仍被认真对待。

注释 7.1 沙勒定理

沙勒定理表明，刚体的任意位移总可以表示为质心的平动加上绕质心的转动。本注释的证明非常详细，不理解也不影响后续课程的学习。然而，这个结果很有趣，对感兴趣的同学来说，证明本身也是矢量方法的一个很好的练习。

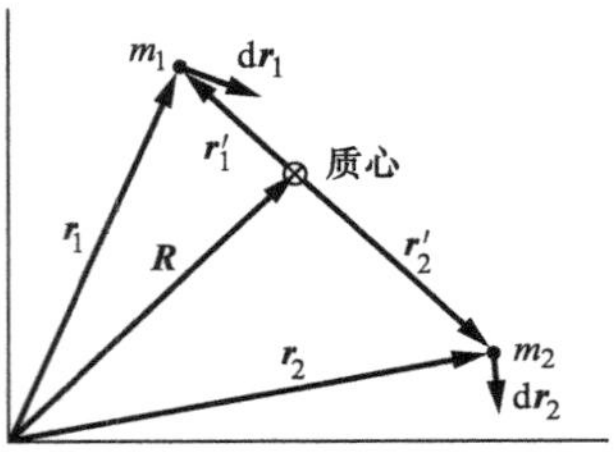

为了避免代数的复杂性，我们这里考虑一个简单的刚体，质量分别为 m_1 和 m_2 的质点用长 l 的无质量刚性杆连在一起。m_1 和 m_2 的位置矢量分别为 $\boldsymbol{r}_1$ 和 $\boldsymbol{r}_2$，如图所示。刚体质心的位置矢量是 $\boldsymbol{R}$，$\boldsymbol{r}'_1$ 和 $\boldsymbol{r}'_2$ 是 m_1 和 m_2 相对质心的位置矢量。矢量 $\boldsymbol{r}'_1$ 和 $\boldsymbol{r}'_2$ 背靠背沿质点的连线。

在刚体的一个任意位移中，m_1 位移为 $d\boldsymbol{r}_1$，m_2 位移为 $d\boldsymbol{r}_2$。由于物体是刚性的，$d\boldsymbol{r}_1$ 和 $d\boldsymbol{r}_2$ 是不独立的，我们从它们的关系开始分析。m_1 和 m_2 的距离是固定的，长度为 l。因此，

$$\left|\boldsymbol{r}_1-\boldsymbol{r}_2\right|=l$$

或者

$$(\boldsymbol{r}_1-\boldsymbol{r}_2)\cdot(\boldsymbol{r}_1-\boldsymbol{r}_2)=l^2 \tag{1}$$

方程（1）取微分，并利用公式 $d(\boldsymbol{A}\cdot\boldsymbol{A})=2\boldsymbol{A}\cdot d\boldsymbol{A}$，可得

$$(\boldsymbol{r}_1-\boldsymbol{r}_2)\cdot(\mathrm{d}\boldsymbol{r}_1-\mathrm{d}\boldsymbol{r}_2)=0 \tag{2}$$

方程（2）就是我们要找的“刚体条件”。很明显，有两种方式满足方程（2）：$\mathrm{d}\boldsymbol{r}_1=\mathrm{d}\boldsymbol{r}_2$ 或者（$\mathrm{d}\boldsymbol{r}_1-\mathrm{d}\boldsymbol{r}_2$）与（$\boldsymbol{r}_1-\boldsymbol{r}_2$）垂直。

我们再转到质心的平动。由定义：

$$\boldsymbol{R}=\frac{m_1\boldsymbol{r}_1+m_2\boldsymbol{r}_2}{m_1+m_2}$$

因此，质心的位移 $\mathrm{d}\boldsymbol{R}$ 为

$$\mathrm{d}\boldsymbol{R}=\frac{m_1\mathrm{d}\boldsymbol{r}_1+m_2\mathrm{d}\boldsymbol{r}_2}{m_1+m_2} \tag{3}$$

如果我们从 $\mathrm{d}\boldsymbol{r}_1$ 和 $\mathrm{d}\boldsymbol{r}_2$ 减去这个平动位移，剩下的位移$\mathrm{d}\boldsymbol{r}_1-\mathrm{d}\boldsymbol{R}$ 和 $\mathrm{d}\boldsymbol{r}_2-\mathrm{d}\boldsymbol{R}$ 就应当给出绕质心的纯转动。在分析这一点之前，我们注意到，

$$\boldsymbol{r}_1-\boldsymbol{R}=\boldsymbol{r}'_1$$
$$\boldsymbol{r}_2-\boldsymbol{R}=\boldsymbol{r}'_2$$

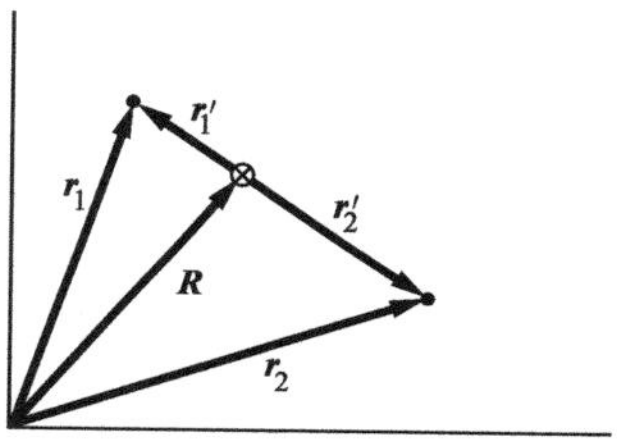

剩余位移是

$$\mathrm{d}\boldsymbol{r}_1-\mathrm{d}\boldsymbol{R}=\mathrm{d}\boldsymbol{r}'_1$$
$$\mathrm{d}\boldsymbol{r}_2-\mathrm{d}\boldsymbol{R}=\mathrm{d}\boldsymbol{r}'_2 \tag{4}$$

在方程（4）中代入方程（3）可得

$$\mathrm{d}\boldsymbol{r}'_1=\mathrm{d}\boldsymbol{r}_1-\mathrm{d}\boldsymbol{R}$$
$$=\left(\frac{m_2}{m_1+m_2}\right)(\mathrm{d}\boldsymbol{r}_1-\mathrm{d}\boldsymbol{r}_2) \tag{5}$$

和

$$\mathrm{d}\boldsymbol{r}'_2=\mathrm{d}\boldsymbol{r}_2-\mathrm{d}\boldsymbol{R}$$
$$=-\left(\frac{m_1}{m_1+m_2}\right)(\mathrm{d}\boldsymbol{r}_1-\mathrm{d}\boldsymbol{r}_2) \tag{6}$$

注意：若 $\mathrm{d}\boldsymbol{r}_1=\mathrm{d}\boldsymbol{r}_2$，剩余位移 $\mathrm{d}\boldsymbol{r}'_1$ 和 $\mathrm{d}\boldsymbol{r}'_2$ 是零，刚体只平动，不转动。

为完成证明，我们现在必须论证剩余位移表示绕质心的纯转动。图中显示了纯转动的情形。

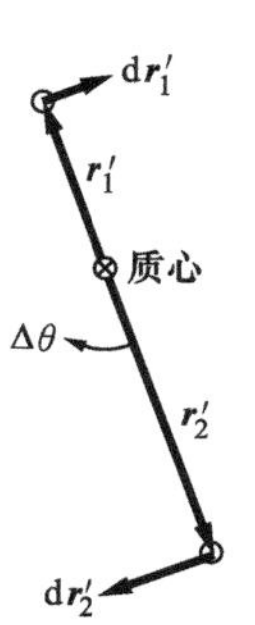

我们先证明，$\mathrm{d}\boldsymbol{r}'_1$ 和 $\mathrm{d}\boldsymbol{r}'_2$ 与 $\boldsymbol{r}'_1-\boldsymbol{r}'_2$ 线垂直：

$$\mathrm{d}\boldsymbol{r}'_1\cdot(\boldsymbol{r}'_1-\boldsymbol{r}'_2)=\mathrm{d}\boldsymbol{r}'_1\cdot(\boldsymbol{r}_1-\boldsymbol{r}_2)$$
$$=\left(\frac{m_2}{m_1+m_2}\right)(\mathrm{d}\boldsymbol{r}_1-\mathrm{d}\boldsymbol{r}_2)\cdot(\boldsymbol{r}_1-\boldsymbol{r}_2)$$
$$=0$$

这里我们已经用了方程（5）和刚体条件方程（2）。类似地，

$$d\boldsymbol{r}'_2 \cdot (\boldsymbol{r}'_1 - \boldsymbol{r}'_2) = 0$$

最后，我们要求剩余位移相当于转过相同的角度 $\Delta\theta$。参考插图，这一条件采用矢量形式表示为

$$\frac{d\boldsymbol{r}'_1}{r'_1} = -\frac{d\boldsymbol{r}'_2}{r'_2}$$

利用质心定义可得

$$\frac{r'_1}{r'_2} = \frac{m_2}{m_1}$$

利用方程（5）和（6），我们有

$$\begin{aligned}\frac{d\boldsymbol{r}'_1}{r'_1} &= \left(\frac{m_2}{m_1+m_2}\right)\frac{(d\boldsymbol{r}_1 - d\boldsymbol{r}_2)}{r'_1} \\ &= \left(\frac{m_1}{m_1+m_2}\right)\frac{(d\boldsymbol{r}_1 - d\boldsymbol{r}_2)}{r'_2} \\ &= -\frac{d\boldsymbol{r}'_2}{r'_2}\end{aligned}$$

证毕。

注释 7.2 定轴转动的动力学小结

（a）绕轴的纯转动——无平动

$$L = I\omega$$

$$\tau = I\alpha$$

$$K = \frac{1}{2}I\omega^2$$

（b）转动和平动（下标 0 表示质心）

$$L_z = I_0\omega + (\boldsymbol{R} \times M\boldsymbol{V})_z$$

$$\tau_z = \tau_0 + (\boldsymbol{R} \times \boldsymbol{F})_z$$

$$\tau_0 = I_0\alpha$$

$$K = \frac{1}{2}I_0\omega^2 + \frac{1}{2}MV^2$$

习题

标 * 的习题可参考附录中的提示、线索和答案。

7.1　参考点

(a) 证明：若质点系的总线动量为零，系统的角动量对所有参考点都相同。

(b) 证明：若质点系所受的合力为零，系统所受的力矩对所有参考点都相同。

7.2　桶和沙子*

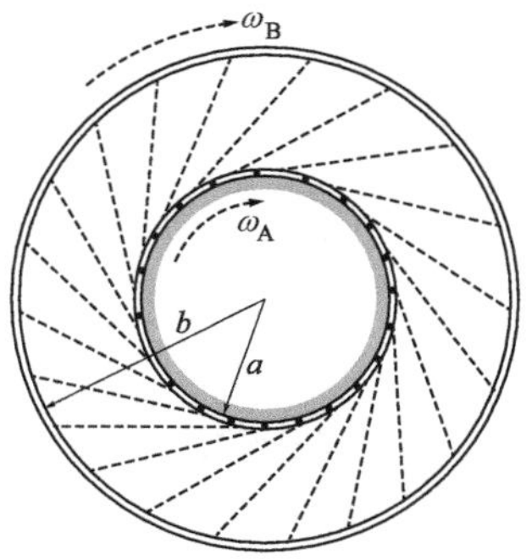

质量为 M_A、半径为 a 的圆桶以初始角速率 $\omega_A(0)$ 自由转动。质量为 M_B、半径 $b>a$ 的第二个圆桶安装在同一转轴上，初始时静止，可自由转动。质量为 M_s 的一薄层沙子分布在较小圆桶的内表面上。$t=0$ 时，内桶的小孔打开。沙子开始以恒定的比率 $dM/dt=\lambda$ 飞出，并黏在外桶上。确定此后两桶的角速度 ω_A 和 ω_B。沙子的传输时间略去不计。

7.3　环和虫子

质量为 M、半径为 R 的圆环平放在无摩擦的桌面上。在桌上安装一个转轴穿过环的边缘。质量为 m 的虫子沿着环以速率 v 从转轴处开始爬行。当虫子爬到 (a) 一半，(b) 回到转轴时，环的转动角速度分别是多少？

7.4　掠过仪器包

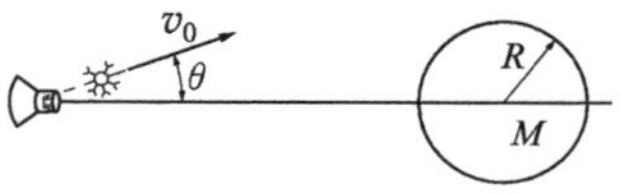

一艘宇宙飞船被派去调查质量为 M、半径为 R 的行星。当飞船距离行星中心 $5R$ 时悬在空中不动，以速率 v_0 发射一个仪器包，如图所示。包的质量为 m，远小于飞船的质量。对于多大的角度，仪器包刚好掠过行星的表面？

7.5　坡上的汽车

一辆 3000 lb 的汽车停在 30°的斜坡上，面向上坡。车的质心在前后轮中间，高出地面 2 ft。前后轮间隔 8 ft。确定路面对前后轮的法向力。

7.6　人在平板车上

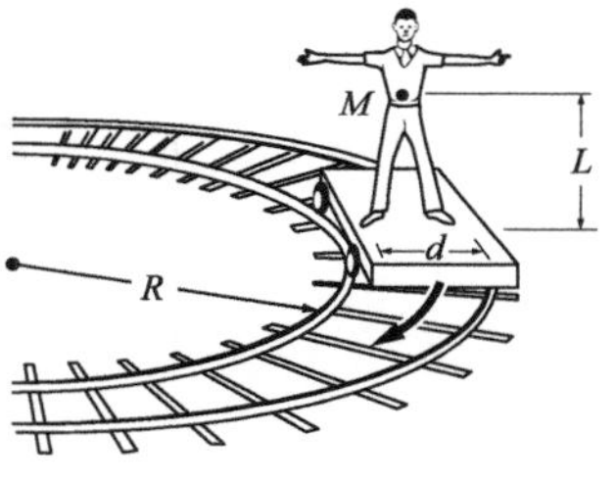

质量为 M 的人站在平板车上以速率 v 转过一个半径为 R 的水平弯道。他的质心在车上 L 处，两脚间距为 d。人面向运动方向。他每只脚上的重量是多少？

7.7　三角形的转动惯量

确定质量 M 的薄等边三角形绕过顶点垂直于板面的轴的

转动惯量。每边的长度为 L。

7.8　球的转动惯量*

确定质量为 M、半径为 R 的匀质球绕通过球心轴的转动惯量。

7.9　杆和轮子

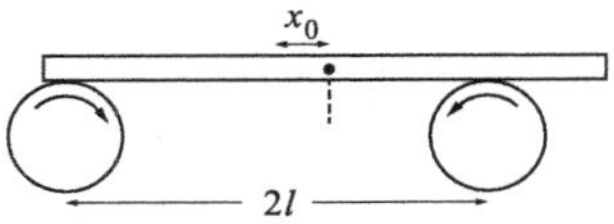

质量为 M 的重型匀质杆静止放在两个相同轮子的顶部，两个轮子按相反的方向连续快速转动，如图所示。两个轮子的中心相距 $2l$。杆和轮子表面的摩擦因数是 μ，是一个与两表面的相对速度无关的常量。

开始时杆处于静止，它的中心到两轮中点的距离为 x_0。在 $t=0$ 时刻，杆被释放。确定杆此后的运动。

7.10　槽中的圆柱*

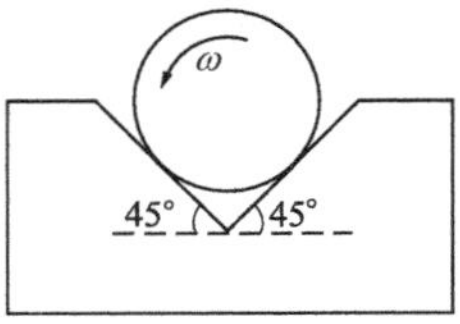

质量为 M、半径为 R 的圆柱在一个 V 型槽中以恒定的角速率 ω 转动。圆柱与每个面的摩擦因数是 μ。为使圆柱保持转动，需要施加多大的力矩？

7.11　轮子和轴*

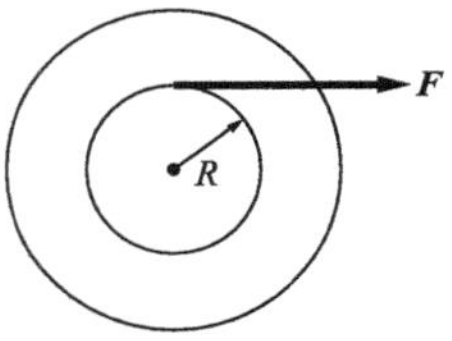

轮子安装在固定的轴上，系统可以无摩擦地自由转动。为了测量轮-轴系统的转动惯量，质量可略的带子缠绕在轴上，并用已知的恒力 $\boldsymbol{F}$ 拉动。当解开的带子达到长度 L 时，系统以角速率 ω_0 转动。确定系统的转动惯量 I_0。

7.12　横梁和阿特伍德机

质量可略的带支点的横梁一端悬挂质量为 m_1 的物体，另一端悬挂一台阿特伍德机，如图所示。无摩擦的滑轮的质量和大小均可略去不计。重力是竖直向下的，$m_2>m_3$。

物体释放后，为使横梁不转动，确定 m_1、m_2、m_3、l_1 和 l_2 的关系。

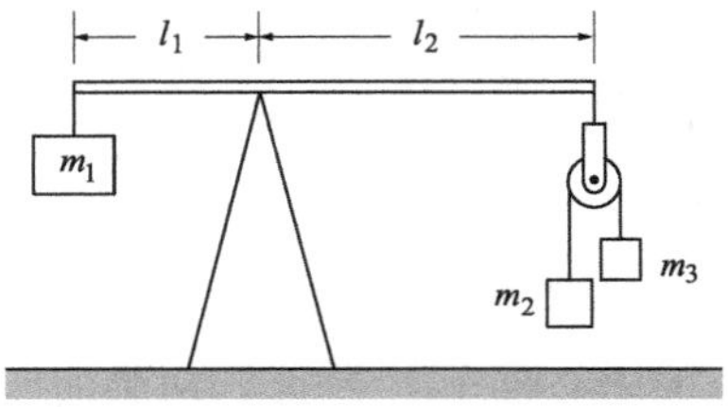

7.13　质点和柱

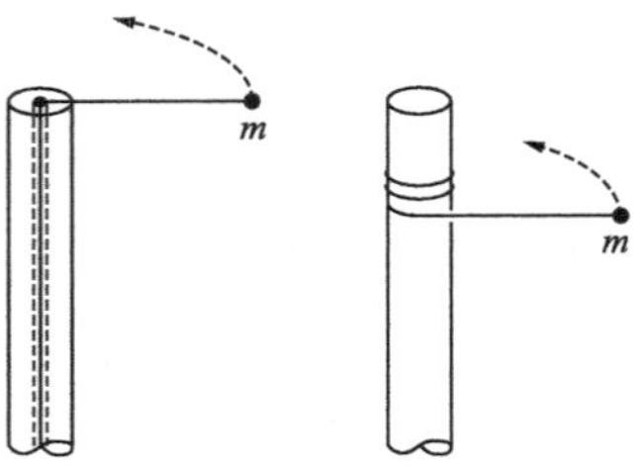

a)　　b)

质量为 m 的质点用线连在一个半径为 R 的柱上。初始时质点到柱中心的距离为 r，并以速率 v_0 沿切向运动。

情形（a）线穿过柱顶部中心的小孔。线被通过小孔拉动而逐渐缩短。

情形（b）线缠绕在柱的外侧。

在每种情形中，什么量是守恒的？确定每种情形下质点击中柱时的最终速率。

7.14　桌上的杆*

质量为 M、长为 l 的匀质杆水平悬空，B 端在桌子的边缘，另一端 A 用手扶住。A 端突然释放。在释放后的瞬间：

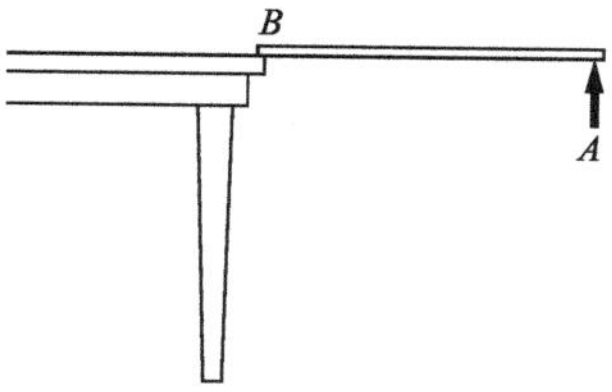

（a）绕 B 的力矩有多大？

（b）绕 B 的角加速度有多大？

（c）质心的竖直加速度有多大？

（d）由（c），确定 B 端所受的竖直力。

7.15　双盘摆

质量为 M、半径为 R 的两个圆盘用一个无质量的杆连接，盘面平行，做成一个摆。其中一个盘的中心为轴。在同一个平面将圆盘悬挂，盘心的间距为 l。确定小振动的周期。

7.16　盘摆

质量为 M、半径为 R 的匀质圆盘悬挂在无质量的杆上，做成一个复摆。轴到盘心的距离是 l。l 取何值时周期最短？

7.17　杆和弹簧

长为 l、质量为 m 的杆，以一端为轴，被位于中点和另一端的弹簧拉住，两个弹簧的拉力相反。弹簧的劲度系数为 k，当拉力与杆垂直时处于平衡。确定绕平衡点的小振动频率。

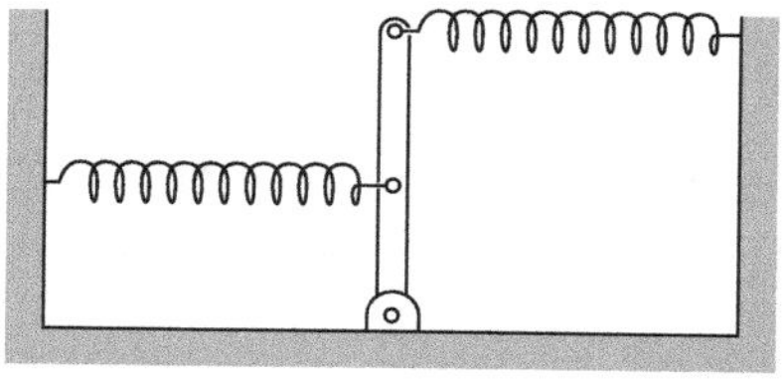

7.18　杆和盘摆

质量为 M、半径为 R 的圆盘固定在长为 l、质量为 m 的杆末端，如图所示，确定此摆的周期。若用一个无摩擦的轴承将盘安装在杆上，圆盘完全不转动，周期如何变化呢？

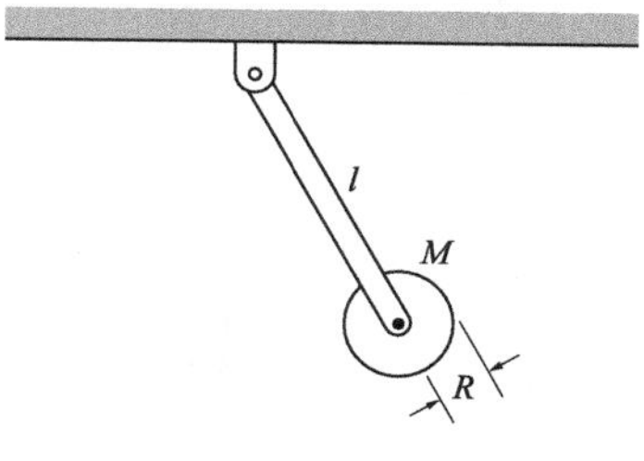

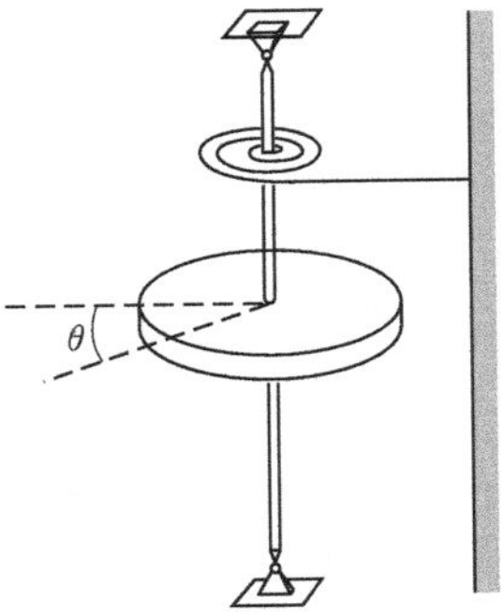

7.19 盘和线圈弹簧

质量为 M、半径为 R 的固体盘装在竖直轴上。连在轴上的线圈弹簧施加一个大小为 $C\theta$ 的线性回复力矩，这里 θ 是从静止平衡位置测量的角度，C 是常量。杆和弹簧的质量略去不计，并假定轴承是无摩擦的。

(a) 证明盘做简谐振动，并确定运动的频率。

(b) 假定盘按 $\theta=\theta_0\sin(\omega t)$ 运动，这里 ω 是 (a) 所确定的频率。在时间 $t_1=\pi/\omega$，一个质量为 M、半径为 R 的黏性腻子环同心地落在盘上。确定：

(1) 运动的新频率。

(2) 运动的新振幅。

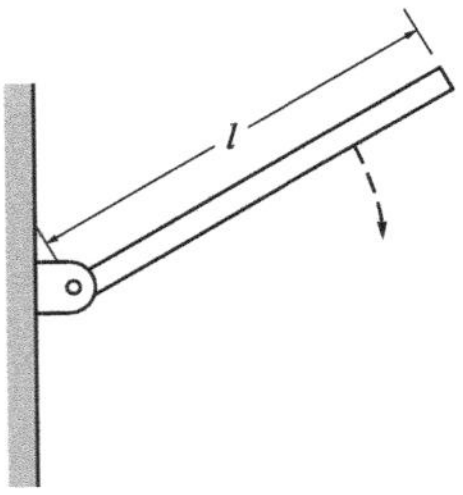

7.20 下落的板

质量为 M、长为 l 的薄板以一端为轴，如图所示。板从与竖直方向成 60°的角度释放。当板水平时，确定作用在轴上的力的大小和方向。

7.21 滚动的圆柱 *

半径为 R、质量为 M 的圆柱无滑动地滚下倾角 θ 的斜面。摩擦因数为 μ。为使圆柱无滑动地滚动，θ 的最大角度是多少？

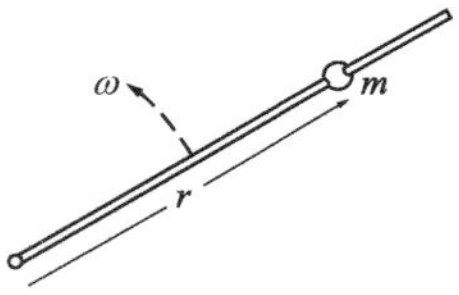

7.22 珠子和杆

质量为 m 的珠子可在杆上无摩擦地滑动，而杆以恒定的角速率 ω 转动。重力略去不计。

(a) 证明 $r=r_0e^{\omega t}$ 是珠子可能的一个运动，这里 r_0 是珠子到轴的初始距离。

(b) 对于 (a) 所描述的运动，确定杆对珠子的作用力。

(c) 对于上述运动，确定使杆转动的功率，并通过直接的计算证明这个功率等于珠子动能的变化率。

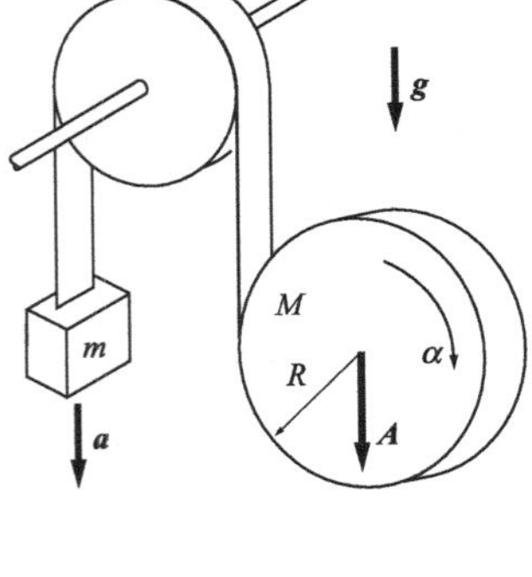

7.23 圆盘、物块和带子 *

质量为 M、半径为 R 的圆盘从缠绕其上的带子中解开。带子经过无摩擦的滑轮，质量为 m 的物块悬挂在另一端。假设圆盘竖直下落。

(a) 分别确定物块和圆盘的加速度 a 和 A 与圆盘角加速

度 α 的关系。

（b）确定 a、A 和 α。

7.24　两个桶

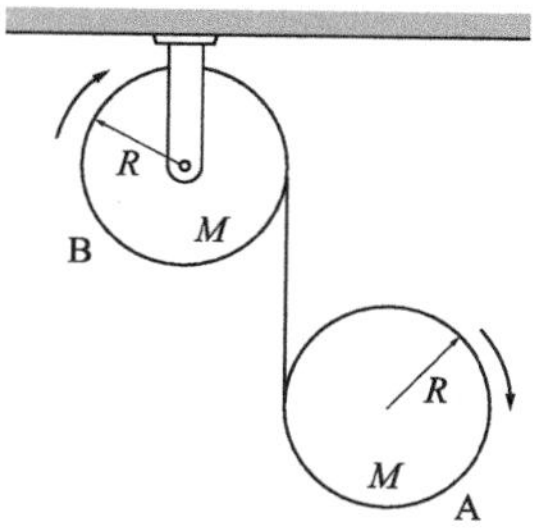

质量为 M、半径为 R 的圆桶 A 悬挂在同样是质量为 M、半径为 R 的圆桶 B 上，B 可以绕它的轴自由转动。悬挂方式为，无质量的金属带子缠绕在每个桶的外侧，并可以自由解开，如图所示。重力是向下的。两个桶初始时都静止。假设桶 A 竖直向下运动，确定其初始的加速度。

7.25　滚动的弹珠*

质量为 M、半径为 R 的弹珠滚上倾角 θ 的斜面。若弹珠的初始速度是 v_0，在开始往下滚以前，它沿斜面向上移动的距离 l 有多少？

7.26　球和圆柱

质量为 M、半径为 R 的匀质球和质量为 M、半径为 R 的匀质圆柱同时从静止状态在斜面顶部释放。若它们都无滑地滚动，哪个物体先到达底部？

7.27　桌上的悠悠球

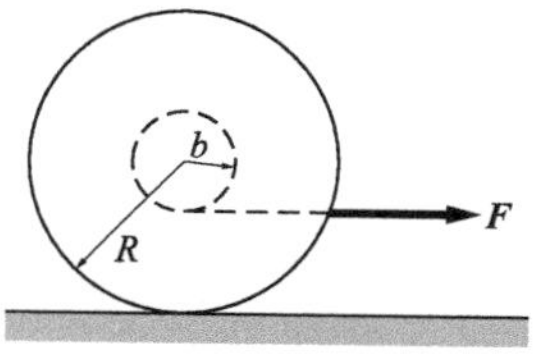

质量为 M 的悠悠球有一个半径为 b 的轴和半径为 R 的外轮。它的转动惯量取为 $MR^2/2$。悠悠球安放在桌面上，线受一个水平拉力 $\boldsymbol{F}$，如图所示。悠悠球与桌面的摩擦因数是 μ。若使悠悠球无滑地滚动，$\boldsymbol{F}$ 的最大值是多少？

7.28　斜拉悠悠球

在上一问题中，悠悠球被线斜着拉动，线与地面的夹角为 θ。对于多大的角度 θ，悠悠球不会转动？

7.29　悠悠球运动

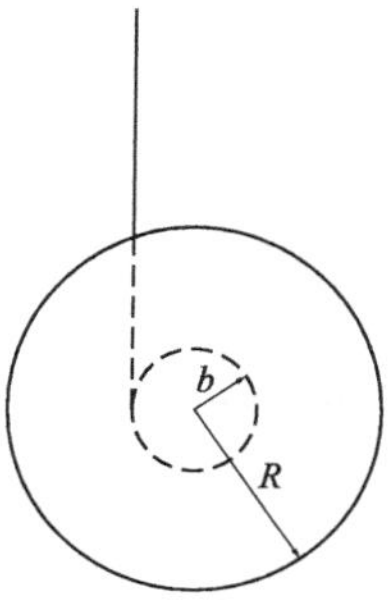

质量为 M 的悠悠球有一个半径为 b 的轴和半径为 R 的外轮。它的转动惯量取为 $MR^2/2$。线的厚度可略去不计。悠悠球从静止释放。

（a）当悠悠球下降和上升时，线中的张力有多大？

（b）线完全解开时，悠悠球的中心下降了距离 l。假设它以匀自转速度向上运动，当它转动时确定线上的平均作用力。

7.30　又滚又滑的保龄球

保龄球以速率 v_0 抛下滑道。开始时它只滑动不滚动，但是由于摩擦力，它开始滚动。证明当它无滑地滚动时，它的速率是$\frac{5}{7}v_0$。

7.31　又滚又滑的圆柱*

半径为 R 的圆柱以角速率 ω_0 自转。把圆柱轻放在桌面上，它先短时间滑动，但最终无滑地滚动。最终的角速率 ω_f 是多少？

7.32　两个橡胶轮

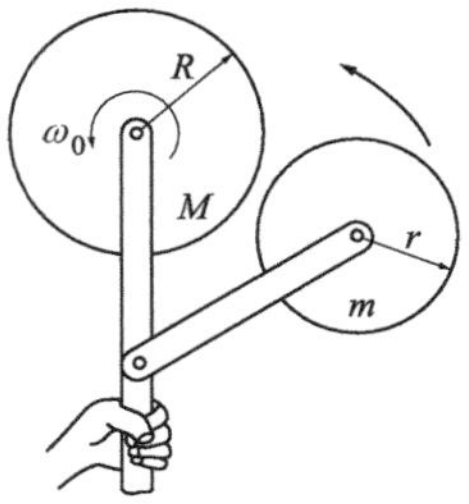

半径为 R、质量为 M 的实心橡胶轮以角速率 ω_0 绕无摩擦的轴转动，如图所示。半径为 r、质量为 m 的第二个橡胶轮也安装在一根无摩擦的轴上，并与第一个接触。第一个轮最后的角速率有多大？

7.33　带槽的锥体和物块

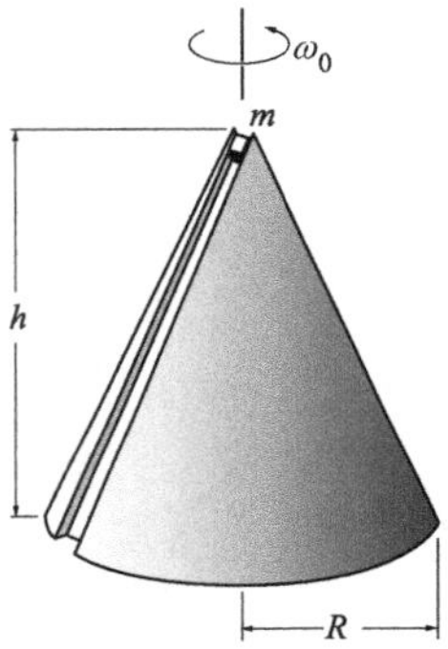

高为 h、底部半径为 R 的锥体绕竖直轴自由转动。在它的表面刻了一条细槽。使锥体以角速率 ω_0 自由转动，质量为 m 的小物块从无摩擦的槽顶部释放，并可以在重力作用下滑动。假设物块待在槽中。锥体绕竖直轴的转动惯量为 I_0。

(a) 当物块到达底部时，椎体的角速率有多大？

(b) 在惯性系中确定物块到达底部时的速率。

7.34　盘中弹珠*

半径为 b 的弹珠在半径为 R 的浅盘中来回滚动，这里 $R \gg b$。确定小振动的频率。

7.35　立方体和桶

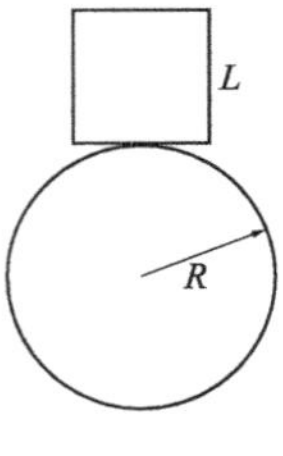

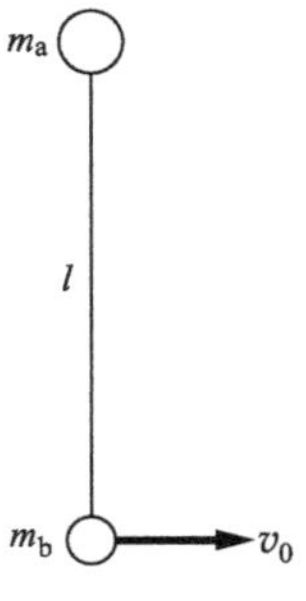

边长为 L 的立方体物块静止放在半径为 R 的圆柱形桶上，如图所示。若要求物块是稳定的，确定 L 的最大值。

7.36　两个旋转的物体*

质量分别为 m_a 和 m_b 的两个物体用长 l 的线相连，放在无摩擦的桌面上。使 m_a 瞬时静止，m_b 沿与中心连线垂直的方向，以瞬时速率 v_0 运动，如图所示。确定系统此后的运动和线中的张力。

7.37　板和球*

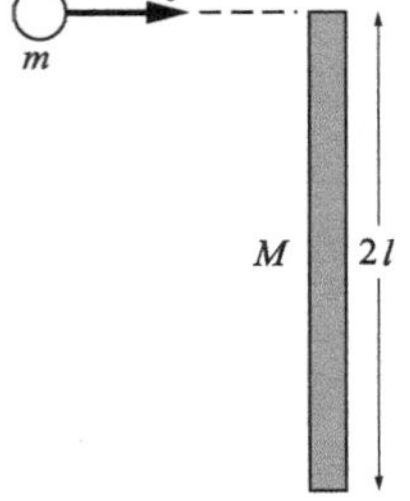

(a) 长为 $2l$、质量为 M 的板位于无摩擦的桌面上。质量为 m、初速为 v_0 的球击中板的一端，如图所示。确定球的末速度 v_f，假设机械能守恒，v_f 沿着原来的运动方向。

(b) 假设板以下端为轴转动，确定 v_f。

7.38　桌上的碰撞*

长为 l 的无质量刚性杆连着两个质量均为 m 的质点。杆放在无摩擦的桌面上，质量为 m、初速为 v_0 的质点按图示方向运动，并击中杆。碰撞后抛射体向后运动。

假设机械能守恒，确定碰后杆绕质心的角速率。

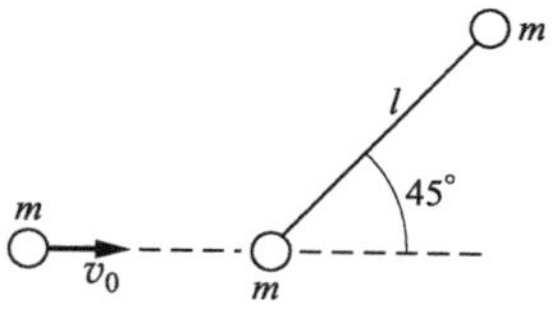

7.39　冰上小孩和木板*

质量为 m 的小孩以速率 v_0 在冰上奔跑，踩上长为 l、质量为 M 的木板一端，木板与小孩的路线垂直，如图所示。

(a) 定量描述小孩踩到木板后系统的运动，与冰的摩擦力略去不计。

(b) 碰后木板上一点瞬时静止，这个点在哪里？

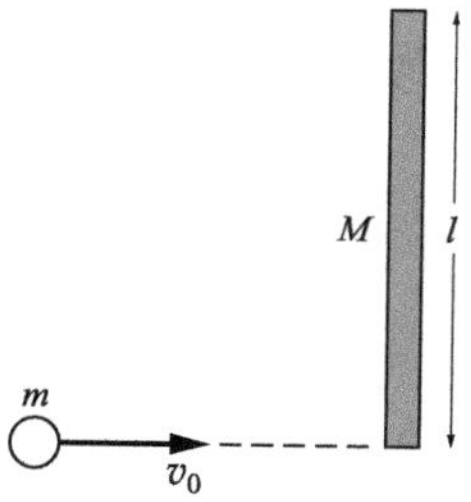

7.40　带齿的轮子和弹簧

带细齿的轮子固定于劲度系数为 k、原长为 l 的弹簧一端，如图所示。对于 $x>l$，轮子可在表面自由滑动，但是对于 $x<l$，轮齿与地面上的齿啮合，从而轮子不能滑动。轮子的质量为 M，半径为 R。假定轮子的所有质量都在边缘。

(a) 轮子被拉到 $x=l+b$ 位置，然后释放。在第一次行程中，它距离墙有多近？

(b) 离开墙后，它能走多远？

(c) 当轮子下一次碰到齿轨时会发生什么？

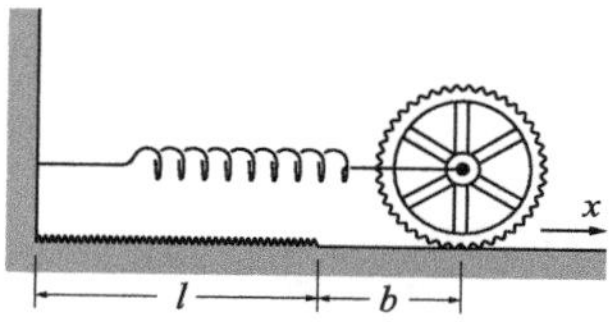

7.41　倾斜的木板*

这个问题用到了目前所学的大多数重要的定律，值得付出扎实的努力。问题很巧妙（虽然实际上并不复杂），若找不到解，也不要大惊小怪。

长 $2L$ 的板斜靠在墙上。它开始无摩擦地下滑。证明板的顶部下滑到初始高度的 2/3 时与墙失去接触。

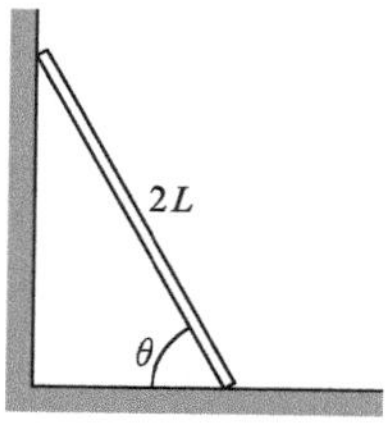

8　刚体运动

8.1 简介

第 7 章使我们能够分析滚下斜坡的圆桶、悠悠球和转轴方向不变的物体转动。然而，即使是分析像转弯自行车这样简单的系统，我们都需要解除定轴的限制。本章我们将致力于可绕任何轴转动的刚体运动的一般问题。不强调正规的数学分析细节，通过重点讨论具有较大自旋角动量的陀螺仪和其他仪器，我们将努力深入探索其基本原理。

我们的分析基于角动量是矢量这一基本概念。理解了角动量的矢量性质就可以对回转仪进动这样的神秘效应给出一个简单而又自然的解释，并能洞察刚体运动的一般问题。

本章的第二个主题是角动量守恒。在第 7 章我们接触过这个守恒定律，但没进行任何关键性的讨论。这里所遇到的挑战是物理的微妙而非数学的复杂。

8.2 角速度和角动量的矢量性质

为描述刚体最一般的转动，我们必须引入合适的坐标系。回想平动的情形，我们的步骤是，采用笛卡儿坐标系，位置矢量表示为 $\boldsymbol{r}=x\hat{\boldsymbol{i}}+y\hat{\boldsymbol{j}}+z\hat{\boldsymbol{k}}$。把 $\boldsymbol{r}$ 相继对时间求导就得到了速度和加速度。

尝试采用类似的方法处理转动，虽然很自然，但却是不对的，比如用角坐标 θ_x、θ_y 和 θ_z 分别表示绕 x、y 和 z 轴的转动，然后定义一个角位置矢量 $\boldsymbol{\Theta}$：

$$\boldsymbol{\Theta}\overset{?}{=}(\theta_x\hat{\boldsymbol{i}}+\theta_y\hat{\boldsymbol{j}}+\theta_z\hat{\boldsymbol{k}})$$

不幸的是，这行不通。不可能用一个矢量描述角方位。原因在于真正矢量的加法满足交换律：$\boldsymbol{A}+\boldsymbol{B}=\boldsymbol{B}+\boldsymbol{A}$。然而，下例表明，转动是不对易的：$\theta_x\hat{\boldsymbol{i}}+\theta_y\hat{\boldsymbol{j}}\neq\theta_y\hat{\boldsymbol{j}}+\theta_x\hat{\boldsymbol{i}}$。

例 8.1　转过有限角的转动

考虑一罐枫糖浆，方位如图所示。把罐绕 x 轴转动 $\pi/2$，再绕 y 轴转动 $\pi/2$，并与相反顺序转动的结果进行比较，看看发生了什么？

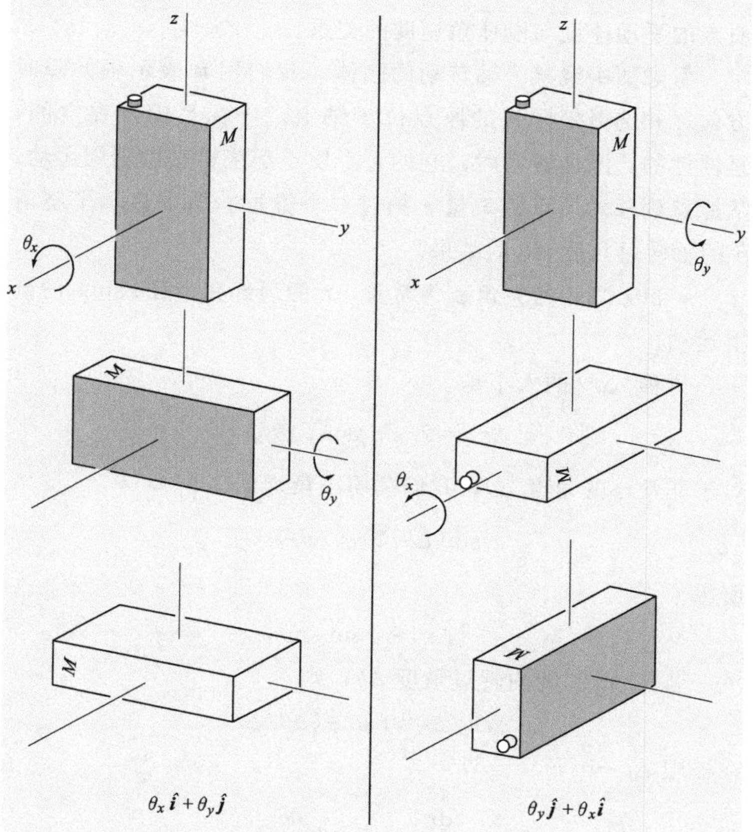

从图中明显看出，

$$\theta_x \hat{\boldsymbol{i}} + \theta_y \hat{\boldsymbol{j}} \neq \theta_y \hat{\boldsymbol{j}} + \theta_x \hat{\boldsymbol{i}}$$

幸运的是，一切完好无损；虽然角位置不能用矢量表示，角位置的变化率，角速度却是一个完美的矢量。角速度定义为

$$\begin{aligned}\boldsymbol{\omega} &= \frac{\mathrm{d}\theta_x}{\mathrm{d}t}\hat{\boldsymbol{i}} + \frac{\mathrm{d}\theta_y}{\mathrm{d}t}\hat{\boldsymbol{j}} + \frac{\mathrm{d}\theta_z}{\mathrm{d}t}\hat{\boldsymbol{k}} \\ &= \omega_x \hat{\boldsymbol{i}} + \omega_y \hat{\boldsymbol{j}} + \omega_z \hat{\boldsymbol{k}}\end{aligned}$$

关键在于，虽然有限角的转动不对易，但像 $\Delta\theta_x$、$\Delta\theta_y$ 和 $\Delta\theta_z$ 这样无限小的转动是对易的。因此，$\omega = \lim\limits_{\Delta t \to 0}$（$\Delta\theta/\Delta t$）代表一个真正矢量的分量，其理由在本章末的注释 8.1 中讨论。简言之，相继转过小角度 $\Delta\theta_x$ 和 $\Delta\theta_y$ 的转动与按相反顺序的转动之间在方位上的差异是大小为 $\Delta\theta_x\Delta\theta_y$ 的小转动。这一项在角度上是二阶小量，在极限 $\Delta \to 0$ 时为零。

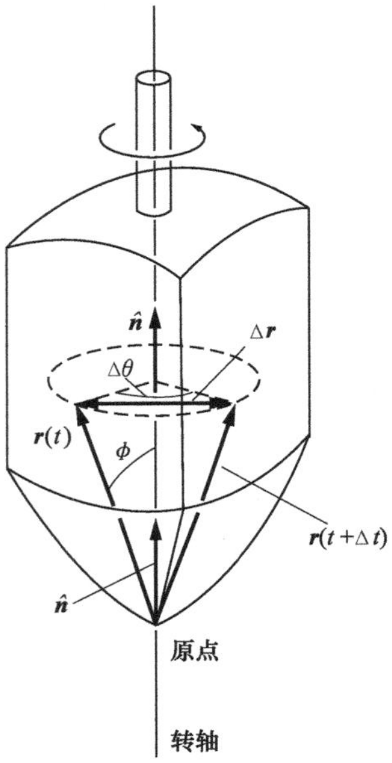

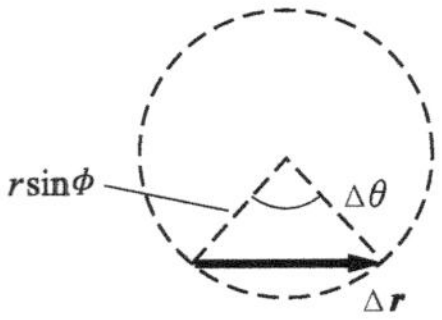

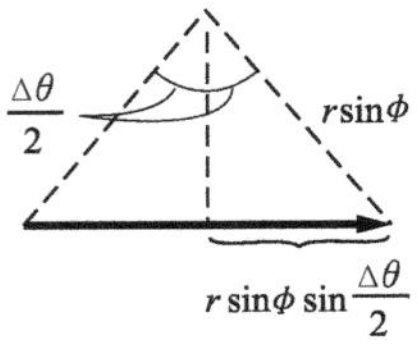

假设角速度的确是矢量，让我们确定在转动刚体中任意质点的平动速度与刚体角速度的关系。

考虑图中绕某个轴转动的刚体。我们用 $\hat{\boldsymbol{n}}$ 表示轴的瞬时方向，并选择坐标系的原点位于轴上。坐标系固定在空间，是惯性的。刚体转动时，它的每个质点都绕转轴做圆周运动。从原点到任意质点的矢量 $\boldsymbol{r}$ 扫过一个锥形。图中显示了绕沿 $\hat{\boldsymbol{n}}$ 的轴转过角度 $\Delta\theta$ 的结果。

$\hat{\boldsymbol{n}}$ 和 $\boldsymbol{r}$ 之间的夹角 ϕ 为常量，$\boldsymbol{r}$ 的顶部在半径 $r\sin\phi$ 的圆上运动。

位移 $|\Delta\boldsymbol{r}|$ 的大小是

$$|\Delta\boldsymbol{r}| = 2r\sin\phi\sin(\Delta\theta/2)$$

对于非常小的角度 $\Delta\theta$，我们利用小角近似

$$\sin(\Delta\theta/2) \approx \Delta\theta/2$$

所以

$$|\Delta\boldsymbol{r}| \approx r\sin\phi\,\Delta\theta$$

若在 Δt 时间内转过角度 $\Delta\theta$，则

$$|\Delta\boldsymbol{r}|/\Delta t \approx \boldsymbol{r}\sin\phi(\Delta\theta/\Delta t)$$

在极限 $\Delta t \to 0$ 下，

$$\left|\frac{\mathrm{d}\boldsymbol{r}}{\mathrm{d}t}\right| = r\sin\phi\,\frac{\mathrm{d}\theta}{\mathrm{d}t}$$

在极限下，$\mathrm{d}\boldsymbol{r}/\mathrm{d}t$ 与圆周相切，如图所示。

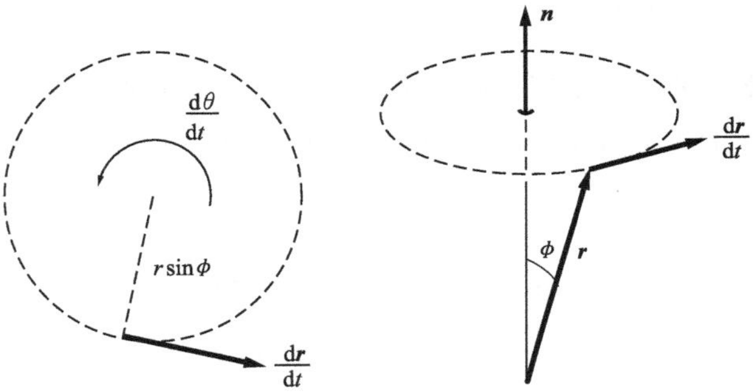

回想矢量叉积的定义（见 1.4.2 节），我们看到，$\mathrm{d}\boldsymbol{r}/\mathrm{d}t$ 的方向与 $\boldsymbol{r}$ 和 $\hat{\boldsymbol{n}}$ 的平面垂直，$\mathrm{d}\boldsymbol{r}/\mathrm{d}t$ 的大小 $|\mathrm{d}\boldsymbol{r}/\mathrm{d}t| = r\sin\phi\,\mathrm{d}\theta/\mathrm{d}t$ 和方向都可以由 $\mathrm{d}\boldsymbol{r}/\mathrm{d}t = \hat{\boldsymbol{n}} \times \boldsymbol{r}\,\mathrm{d}\theta/\mathrm{d}t$ 给出。由于 $\mathrm{d}\boldsymbol{r}/\mathrm{d}t = \boldsymbol{v}$，$\hat{\boldsymbol{n}}\,\mathrm{d}\theta/\mathrm{d}t = \boldsymbol{\omega}$，我们有

$$\frac{\mathrm{d}\boldsymbol{r}}{\mathrm{d}t} = \boldsymbol{v} = \boldsymbol{\omega} \times \boldsymbol{r} \tag{8.1}$$

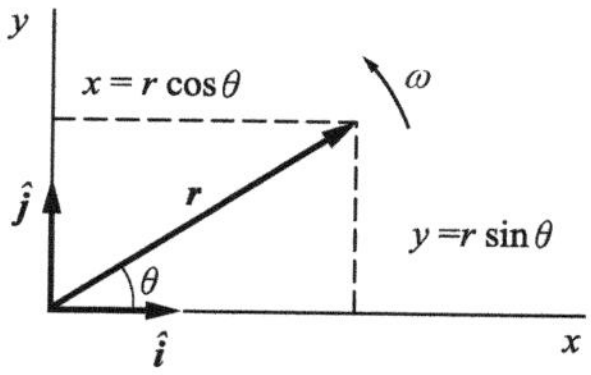

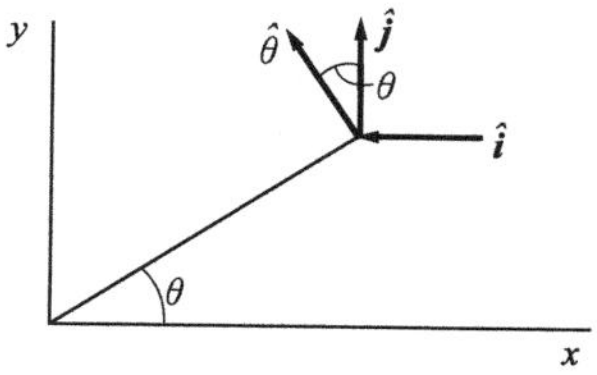

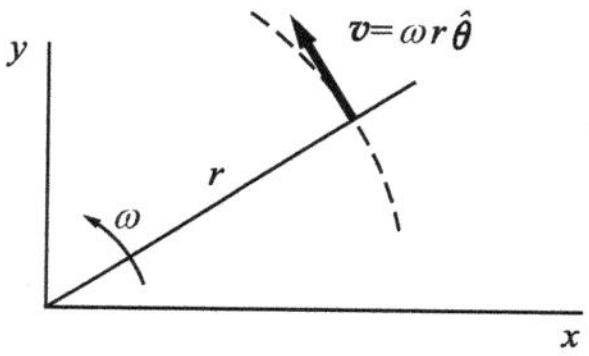

例 8.2 在 x-y 平面内的转动

为了把方程 (8.1) 与一个更熟悉的情形——在 x-y 平面内的转动——联系起来，我们计算绕 z 轴转动的质点速度v。我们有 $\boldsymbol{\omega}=\omega\hat{\boldsymbol{k}}$，$\boldsymbol{r}=x\hat{\boldsymbol{i}}+y\hat{\boldsymbol{j}}$。因此，

$$\begin{aligned}v&=\boldsymbol{\omega}\times\boldsymbol{r}\\&=\omega\hat{\boldsymbol{k}}\times(x\hat{\boldsymbol{i}}+y\hat{\boldsymbol{j}})\\&=\omega(x\hat{\boldsymbol{j}}-y\hat{\boldsymbol{i}})\end{aligned}$$

在平面极坐标系中，$x=r\cos\theta$，$y=r\sin\theta$，所以

$$v=\omega r(\hat{\boldsymbol{j}}\cos\theta-\hat{\boldsymbol{i}}\sin\theta)$$

但是 $\hat{\boldsymbol{j}}\cos\theta-\hat{\boldsymbol{i}}\sin\theta$ 是横向的单位矢量 $\hat{\boldsymbol{\theta}}$。因此，

$$v=\omega r\hat{\boldsymbol{\theta}}$$

这就是质点沿半径 r 的圆周以角速度 ω 运动的速度。

由于我们习惯于绕定轴的转动，这只涉及角速度的一个分量，所以一开始很难理解角动量的矢量性质。对同时绕几个轴的转动我们就更不熟悉了。

在关系式$v=\boldsymbol{\omega}\times\boldsymbol{r}$ 中，我们已经能够把角速度处理成一个矢量了。若我们把 $\boldsymbol{\omega}$ 像其他矢量那样分解成分量，重要的是要确保这个关系式仍然有效。换句话说，若我们写出 $\boldsymbol{\omega}=\boldsymbol{\omega}_1+\boldsymbol{\omega}_2$，$v=(\boldsymbol{\omega}_1\times\boldsymbol{r})+(\boldsymbol{\omega}_2\times\boldsymbol{r})$ 是对的吗？下面的例子表明，答案是肯定的。

例 8.3 角速度的矢量性质

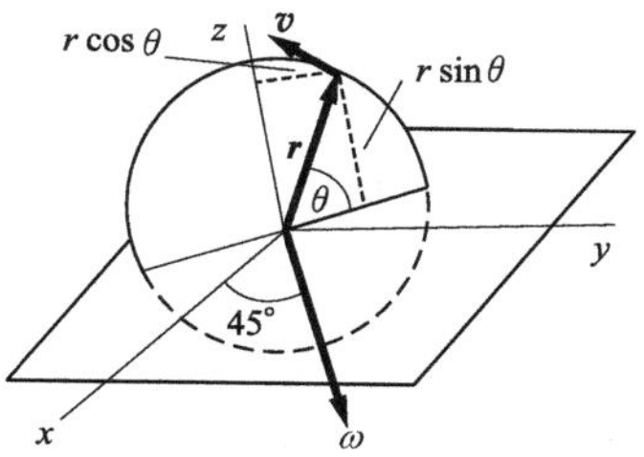

如图所示，考虑在竖直面内转动的质点。角速度 $\boldsymbol{\omega}$ 位于x-y 平面内，与 x-y 轴成 45°角。角速度设为常量，所以$\theta=\omega t$。

先直接利用关系式$v=\mathrm{d}\boldsymbol{r}/\mathrm{d}t$ 计算v。先确定 $\boldsymbol{r}$，从图中可看出，$x=-r\cos\theta/\sqrt{2}$，$y=r\cos\theta/\sqrt{2}$，$z=r\sin\theta$。因此，

$$\boldsymbol{r}=r\left(-\frac{\cos\theta}{\sqrt{2}}\hat{\boldsymbol{i}}+\frac{\cos\theta}{\sqrt{2}}\hat{\boldsymbol{j}}+\sin\theta\hat{\boldsymbol{k}}\right)$$

对时间求导，并注意到 r 是常量，我们有

$$
\begin{aligned}
\frac{\mathrm{d}\boldsymbol{r}}{\mathrm{d}t} &= v \\
&= r\left(\frac{\sin\theta}{\sqrt{2}}\hat{\boldsymbol{i}} - \frac{\sin\theta}{\sqrt{2}}\hat{\boldsymbol{j}} + \cos\theta\hat{\boldsymbol{k}}\right)\frac{\mathrm{d}\theta}{\mathrm{d}t} \\
&= \omega r\left(\frac{\sin\theta}{\sqrt{2}}\hat{\boldsymbol{i}} - \frac{\sin\theta}{\sqrt{2}}\hat{\boldsymbol{j}} + \cos\theta\hat{\boldsymbol{k}}\right) \qquad (1)
\end{aligned}
$$

式中我们用了 $\mathrm{d}\theta/\mathrm{d}t = \omega$。

利用关系式 $v = \boldsymbol{r} \times \boldsymbol{\omega}$ 是确定速度的简单方法。从图中可以看出，

$$
\boldsymbol{\omega} = \frac{\omega}{\sqrt{2}}\hat{\boldsymbol{i}} + \frac{\omega}{\sqrt{2}}\hat{\boldsymbol{j}}
$$

$$
\begin{aligned}
\boldsymbol{\omega} \times \boldsymbol{r} &= \begin{vmatrix} \hat{\boldsymbol{i}} & \hat{\boldsymbol{j}} & \hat{\boldsymbol{k}} \\ \dfrac{\omega}{\sqrt{2}} & \dfrac{\omega}{\sqrt{2}} & 0 \\ \dfrac{-r\cos\theta}{\sqrt{2}} & \dfrac{r\cos\theta}{\sqrt{2}} & r\sin\theta \end{vmatrix} \\
&= \omega r\left(\frac{\sin\theta}{\sqrt{2}}\hat{\boldsymbol{i}} - \frac{\sin\theta}{\sqrt{2}}\hat{\boldsymbol{j}} + \cos\theta\hat{\boldsymbol{k}}\right)
\end{aligned}
$$

结果与方程（1）相同。

果然，我们可以像其他任何矢量那样处理 $\boldsymbol{\omega}$。

下一个例子表明，把 $\boldsymbol{\omega}$ 沿合适的轴分解可使问题极大地简化。另外，它还揭示了角动量不一定与角速度平行这个基本性质，这与定轴转动的情形不同，那里 $\boldsymbol{L}$ 和 $\boldsymbol{\omega}$ 是平行的，且有关系式 $\boldsymbol{L} = I\boldsymbol{\omega}$ ㊀。

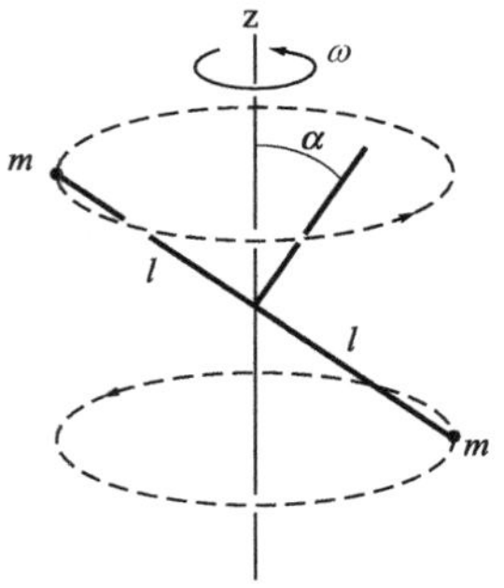

例 8.4 倾斜杆上质点的角动量

考虑一个简单的刚体，长为 $2l$ 的无质量杆的两端分别固定质量为 m 的两个质点。杆的中点安装在一个竖直轴上，并绕 z 轴以角速率 ω 转动。杆倾斜一个角度 α，如图所示。问题是确定系统的角动量。

最直接的方法是用定义 $\boldsymbol{L} = \sum(\boldsymbol{r}_i \times \boldsymbol{p}_i)$ 计算角动量。

㊀ 这里考虑的只是 z 分量。一般情况下，$\boldsymbol{L}$ 和 $\boldsymbol{\omega}$ 也不平行，即使 $\boldsymbol{\omega}$ 只有沿定轴的分量。——译者注

每个质点以角速率 ω 在半径为 $l\cos\alpha$ 的圆周上运动。每个质点的线动量为 $|\boldsymbol{p}|=m\omega l\cos\alpha$，并与圆轨道相切。为计算两个质点的角动量，我们取斜杆的中点为参考点，$\boldsymbol{r}$ 沿杆并与 $\boldsymbol{p}$ 垂直。因此 $|\boldsymbol{L}|=2m\omega l^2\cos\alpha$。$\boldsymbol{L}$ 与斜杆垂直，并位于杆与 z 轴的平面内，如图所示。$\boldsymbol{L}$ 随杆转动，它的顶部描绘出一个绕 z 轴的圆。

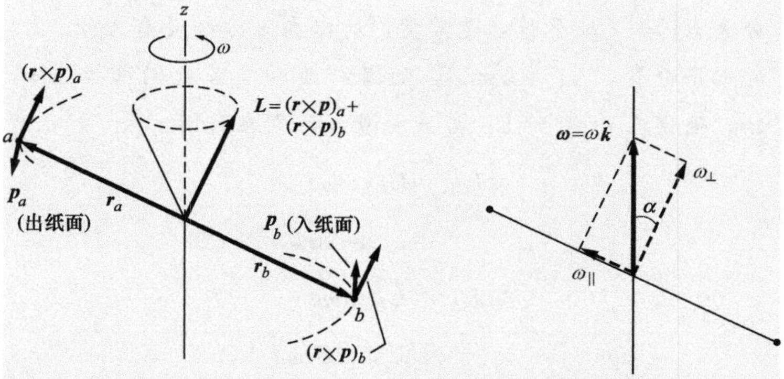

现在，我们采用一个凸显 $\boldsymbol{\omega}$ 矢量性质的计算 $\boldsymbol{L}$ 的方法。首先，我们把 $\boldsymbol{\omega}=\omega\hat{\boldsymbol{k}}$ 分解成与斜杆垂直的分量 $\boldsymbol{\omega}_\perp$ 和平行的分量 $\boldsymbol{\omega}_\parallel$。从图中可以看出，$\omega_\perp=\omega\cos\alpha$，$\omega_\parallel=\omega\sin\alpha$。

由于质点没有大小，$\omega_\parallel$ 不产生角动量。因而，角动量完全来自于 $\omega_\perp$。由于 $\boldsymbol{L}$ 与 $\boldsymbol{\omega}_\perp$ 平行，我们可以利用定轴转动的结果 $L=I\omega_\perp$，这里绕 $\boldsymbol{\omega}_\perp$ 方向的转动惯量是 $ml^2+ml^2=2ml^2$。角动量的大小是

$$
\begin{aligned}
L &= I\omega_\perp \\
&= 2ml^2\omega_\perp \\
&= 2ml^2\omega\cos\alpha
\end{aligned}
$$

$\boldsymbol{L}$ 指向 $\omega_\perp$ 的方向。因此，$\boldsymbol{L}$ 随杆回转；$\boldsymbol{L}$ 的顶部描绘出绕 z 轴的圆。（我们在例 7.2 和例 7.8 的圆锥摆中遇到过类似的情形。）这个系统的重要特点是 $\boldsymbol{L}$ 与 $\boldsymbol{\omega}$ 不平行，非对称刚体一般都是如此。

刚体运动的动力学满足 $\boldsymbol{\tau}=\mathrm{d}\boldsymbol{L}/\mathrm{d}t$，这对任何运动都成立，因为它是由牛顿定律导出的（第 7 章）。通过计算使 $\boldsymbol{L}$ 改变方向的力矩，我们可以更好地理解这个简单的转动斜杆。

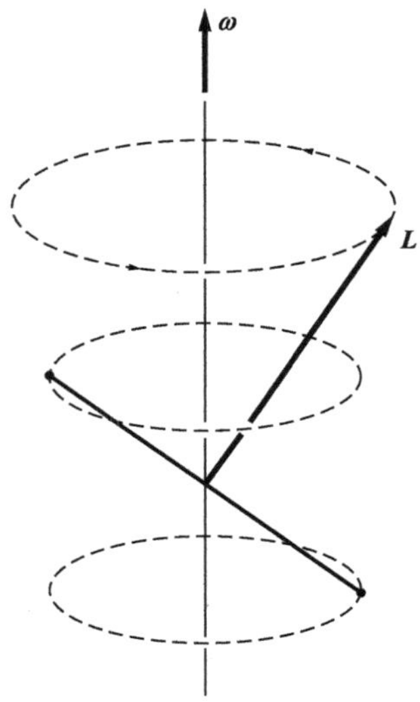

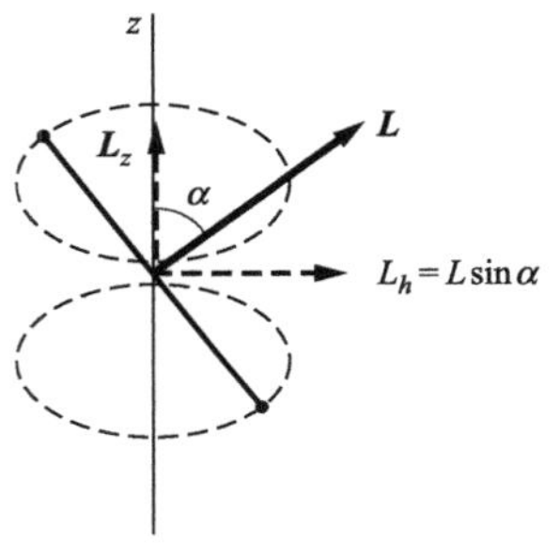

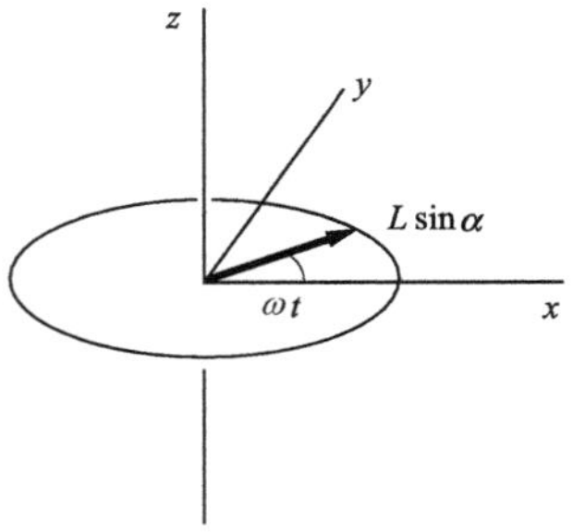

例 8.5　转动斜杆的力矩

在例 8.4 中，我们证明了匀速转动斜杆的角动量的大小为常量，但方向是变化的。$\boldsymbol{L}$ 相对于杆是不变的，但随着杆在空中转动。

杆的力矩由 $\boldsymbol{\tau}=\mathrm{d}\boldsymbol{L}/\mathrm{d}t$ 给出。把 $\boldsymbol{L}$ 按图示分解，可以很容易确定 $\mathrm{d}\boldsymbol{L}/\mathrm{d}t$。(在例 7.9 中我们采用了类似的方法。)分量 $\boldsymbol{L}_z$ 与 z 轴平行，是常量，所以在 z 方向没有力矩。$\boldsymbol{L}$ 的水平分量，$L_h=L\sin\alpha$，随着杆旋转。若我们选择 x-y 轴，使得在 $t=0$ 时 L_h 与 x 轴重合，则在时间 t，

$$\begin{aligned}L_x&=L_h\cos\omega t\\&=L\sin\alpha\cos\omega t\\L_y&=L_h\sin\omega t\\&=L\sin\alpha\sin\omega t\end{aligned}$$

因此

$$\boldsymbol{L}=L\sin\alpha(\hat{\boldsymbol{i}}\cos\omega t+\hat{\boldsymbol{j}}\sin\omega t)+L\cos\alpha\hat{\boldsymbol{k}}$$

力矩是

$$\begin{aligned}\boldsymbol{\tau}&=\frac{\mathrm{d}\boldsymbol{L}}{\mathrm{d}t}\\&=L\omega\sin\alpha\ (-\hat{\boldsymbol{i}}\sin\omega t+\hat{\boldsymbol{j}}\cos\omega t)\end{aligned}$$

利用例 8.4 的结果 $L=2ml^2\omega\cos\alpha$，可得

$$\begin{aligned}\tau_x&=-2ml^2\omega^2\sin\alpha\cos\alpha\sin\omega t\\\tau_y&=2ml^2\omega^2\sin\alpha\cos\alpha\cos\omega t\end{aligned}$$

因此

$$\begin{aligned}\tau&=\sqrt{\tau_x{}^2+\tau_y{}^2}\\&=2ml^2\omega^2\sin\alpha\cos\alpha\\&=\omega L\sin\alpha\end{aligned}$$

注意：对于 $\alpha=0$ 或 $\alpha=\pi/2$，$\tau=0$。你能明白为什么吗？另外，你能明白为什么力矩应当与 ω^2 成正比吗？

这个分析有点拐弯抹角，确定每个物体上的受力后，力矩本可以直接用 $\boldsymbol{\tau}=\sum\boldsymbol{r}_j\times\boldsymbol{f}_j$ 计算。然而，这里所用的方法是快捷的。此外，它展示了角速度和角动量是真正的矢量，可以沿我们所选的任何轴分解。

例 8.6 转动斜杆的力矩（几何方法）

在例 8.5 中，我们把 $\boldsymbol{L}$ 分解成分量，利用 $\boldsymbol{\tau}=\mathrm{d}\boldsymbol{L}/\mathrm{d}t$ 计算了转动斜杆的力矩。为了强调力矩与 $\boldsymbol{L}$ 的变化率之间的联系，我们用几何方法重复这个计算。这个方法对分析回转仪的运动是有帮助的。

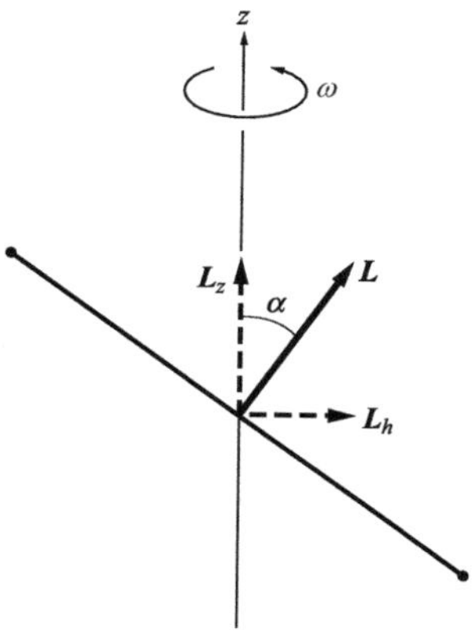

像例 8.5 一样，我们把 $\boldsymbol{L}$ 分解成竖直分量 $L_z=L\cos\alpha$ 和水平分量 $L_h=L\sin\alpha$，如图所示。由于 $\boldsymbol{L}_z$ 为常量，对 z 轴没有力矩。$\boldsymbol{L}_h$ 的大小为常量，但随杆转动，$\boldsymbol{L}$ 的时间变化率只来自这个效应。

像 1.10 节所讨论的，我们再次处理旋转的矢量。按照那里的想法，我们知道，$\mathrm{d}L_h/\mathrm{d}t=\omega L_h$。然而，由于使这个结果形象化非常重要，我们再推导一次。由矢量图可得

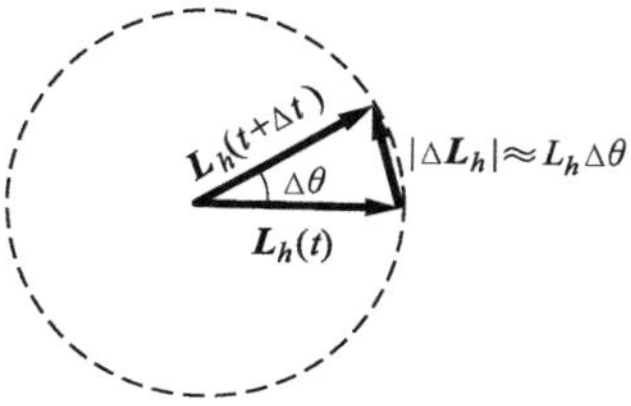

$$|\Delta \boldsymbol{L}_h|\approx|\boldsymbol{L}_h|\Delta\theta$$

$$\frac{\mathrm{d}L_h}{\mathrm{d}t}=L_h\frac{\mathrm{d}\theta}{\mathrm{d}t}$$

$$=L_h\omega$$

力矩是

$$\tau=\frac{\mathrm{d}L_h}{\mathrm{d}t}$$

$$=L_h\omega$$

$$=\omega L\sin\alpha$$

与例 8.5 得到的结果相同。在极限下力矩 $\boldsymbol{\tau}$ 与 $\Delta\boldsymbol{L}$ 平行。对于斜杆，$\boldsymbol{\tau}$ 在水平面沿切向随杆转动。

你可能会认为，转动系统的力矩肯定引起转动速率的变化。然而，在这个问题中，转动的速率为常量，力矩引起 $\boldsymbol{L}$ 的方向变化。力矩是由斜杆转动轴承上的作用力产生的。对于实际的杆来说，这肯定是一个扩展结构，像套筒之类的东西。力矩在套筒上产生一个随时间变化的负荷，这将导致振动和磨损。由于重力场对斜杆无力矩，杆就被称作是静态平衡的。然而，由于斜杆转动时会有力矩，它不是动态平衡的。为了平稳运行，转动的机械必须设计成动态平衡的。

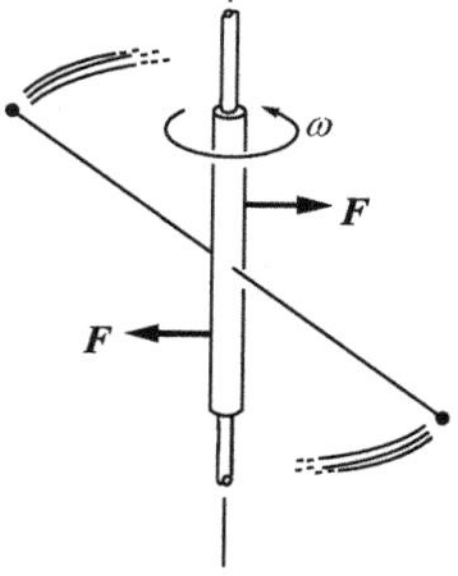

8.3　回转仪

我们现在就致力于回转仪运动的几个方面，以说明角动量、力矩和矢量的时间导数这些基本概念。费这么大力气理解一个小玩具似乎有点草率，但是若这个玩具是回转仪，你会发现这个努力是值得的。我们将仔细讨论每一步，这是直觉没多大帮助的一个物理领域。

我们现在跳过回转仪运动一般解的复杂数学问题，首先专注于匀速进动。在匀速进动中，回转仪转轴的顶部在水平面内以匀速率旋转。我们的目的是要证明匀速进动与 $\boldsymbol{\tau}=\mathrm{d}\boldsymbol{L}/\mathrm{d}t$ 和牛顿定律是一致的。另外，这个解为理解更复杂的刚体运动提供了一个好的起点。

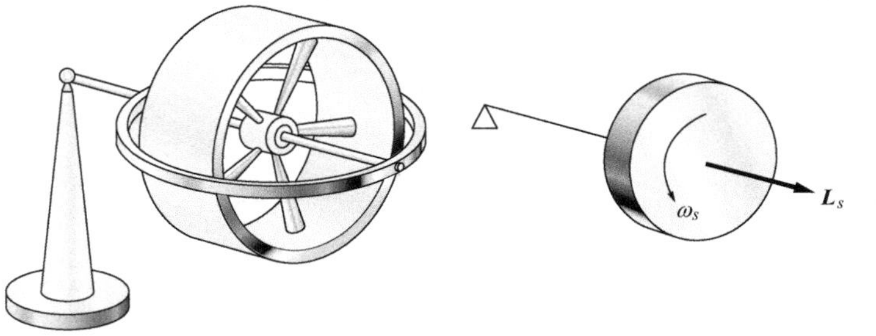

回转仪的基本组件是绕一个轴自旋的飞轮和使轴能取任何方位的悬架。如左图所示，熟悉的玩具回转仪就适合我们的讨论。轴的一端停在支架上，允许轴无约束地处于任何方位。

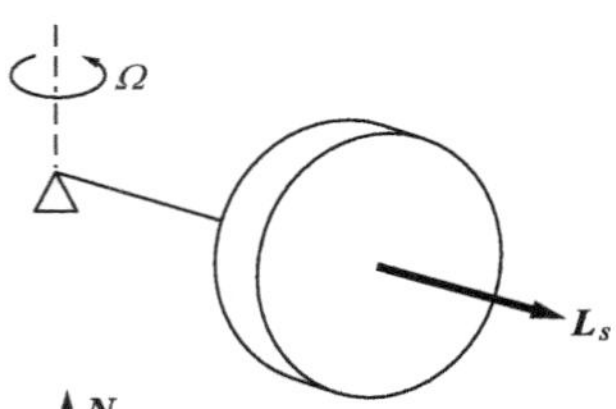

右图是回转仪的示意图。三角代表一个自由的支点，飞轮按图示方向自旋。

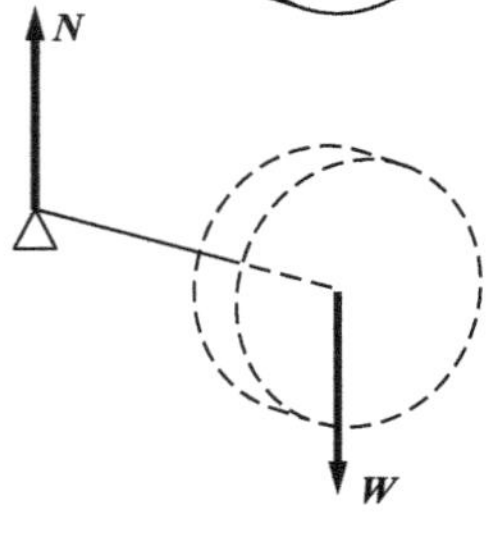

先让飞轮达到一定的转速，以 ω_s 自旋，最常用的方法是猛拉缠绕在轴上的绳子。回转仪的一端被支点支撑，然后将其水平释放，它的轴会短暂摇晃，接下来回转仪就稳定到一个匀速进动，即转轴以匀角速度 Ω 缓慢地绕竖直轴转动。我们马上会问，回转仪为什么不下落。一个可能的答案由受力图给出。竖直的合力是 $N-W$，这里 N 是支点作用的竖直力，W 是重力。若 $N=W$，质心不会下落。当然，如果你去掉向上的力 N，回转仪会像石块那样下落。

这个解释是正确的，但并不真正令人满意，这是由于我们问了一个错误的问题。不要惊奇于回转仪为什么不下落，我们应该问，在重力矩作用下，它为什么不像摆一样绕着支点摆动。

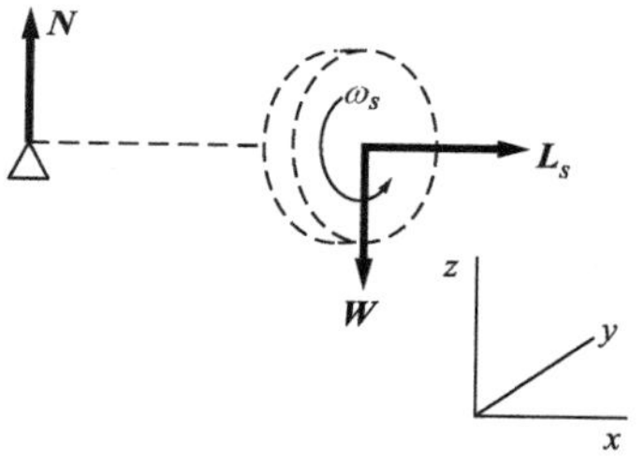

事实是，若飞轮静止时把回转仪释放，它开始时的表现和摆完全一样；它不是水平进动，而是开始在竖直方向摆动，这个行为我们将在后面考虑。但是若回转仪高速自旋，它很快就开始平稳地进动。

若转轴在空中保持不动，回转仪的角动量 $\boldsymbol{L}_s$ 完全来自飞轮的自旋，沿转轴的方向，大小 $L_s=I_0\omega_s$，这里 I_0 是飞轮绕轴的转动惯量。回转仪绕 z 轴进动时，它也有一个 z 方向的小的轨道角动量。然而，对于匀速进动，这个轨道角动量在大小和方向上都不变，没有动力学的效果。因此，我们这里可以忽略它。

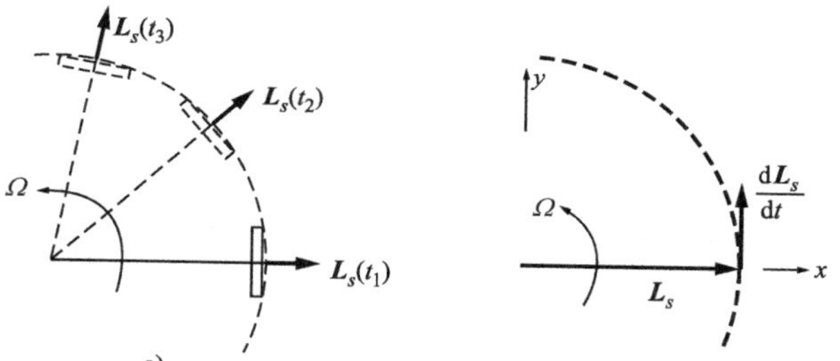

a) b)

$\boldsymbol{L}_s$ 总是沿着转轴。回转仪进动时，$\boldsymbol{L}_s$ 随其转动，如图 a）所示。我们多次遇到过转动矢量，最近的一次是对斜杆的讨论。若进动的角速度是 Ω，$\boldsymbol{L}_s$ 的变化率是

$$\left|\frac{\mathrm{d}\boldsymbol{L}_s}{\mathrm{d}t}\right|=\Omega L_s$$

$\mathrm{d}\boldsymbol{L}_s/\mathrm{d}t$ 的方向与 $\boldsymbol{L}_s$ 扫过的水平圆相切。在图 b）所示的那一刻，$\boldsymbol{L}_s$ 沿 x 方向，$\mathrm{d}\boldsymbol{L}_s/\mathrm{d}t$ 沿 y 方向。

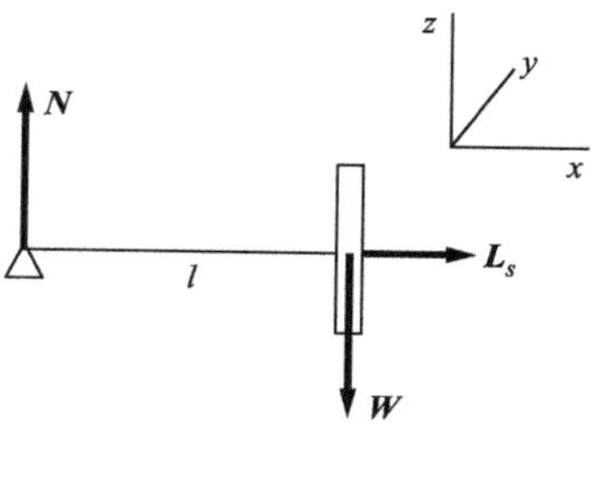

必然有一个回转仪的力矩解释 $\boldsymbol{L}_s$ 的变化。力矩的来源在受力图中很明显。若取支点为参考点，力矩源于作用在飞轮质心的重力。

力矩的大小为

$$\tau=lW$$

果然，$\boldsymbol{\tau}$ 与 $\mathrm{d}\boldsymbol{L}_s/\mathrm{d}t$ 平行。

从关系式

$$\left|\frac{\mathrm{d}\boldsymbol{L}_s}{\mathrm{d}t}\right|=\tau$$

可以确定进动的角速率 Ω。由于 $|\mathrm{d}\boldsymbol{L}_s/\mathrm{d}t|=\Omega L_s$，$\tau=lW$，我们有

$$\Omega L_s=lW$$

或者

$$\Omega=\frac{lW}{I_0\omega_s} \tag{8.2}$$

我们也可以分析相对质心（飞轮质心）的运动。在此情形下，由于 $N=W$，力矩是 $\tau_0=Nl=Wl$，与前面相同。

方程（8.2）表明，飞轮变慢后，进动的角速率 Ω 会变大。这个效应在回转仪玩具中很容易看到。显然，Ω 不能无限变大；最终匀速进动会转为剧烈奇怪的运动。当 Ω 足够大，以至于我们不能忽略摩擦力矩引起的绕竖直轴的角动量的小变化时，就会出现这种运动。另外，匀速进动是回转仪动力学方程的精确解，这在注释 8.2 中会详细解释。

例 8.7 回转仪进动

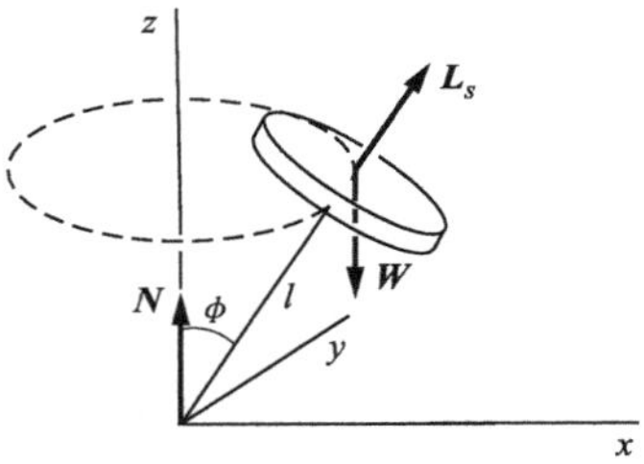

考虑自转轴与竖直方向夹角为 ϕ 的回转仪的匀速进动。

$\boldsymbol{L}_s$ 在 x-y 平面的分量随着回转仪的进动而旋转，与 z 轴平行的分量保持不变。

$\boldsymbol{L}_s$ 的水平分量是 $L_s\sin\phi$。因此

$$|\mathrm{d}\boldsymbol{L}_s/\mathrm{d}t|=\Omega L_s\sin\phi$$

重力矩是水平的，大小为

$$\tau=l\sin\phi W$$

我们有

$$\Omega L_s\sin\phi=l\sin\phi W$$

$$\Omega=\frac{lW}{I_0\omega_s}$$

进动速度与 ϕ 无关。

上面的例子证明了回转仪的匀速进动满足动力学方程 $\boldsymbol{\tau}=\mathrm{d}\boldsymbol{L}/\mathrm{d}t$，但是对于理解回转仪为什么进动帮助不大，或许下面的例子对此有帮助。

例 8.8 回转仪为什么进动

回转仪进动之所以神秘主要在于，与线动量相比，我们对角动量过于陌生。如果从一个简单刚体的转动动力学能看出直接满足牛顿定律，就会令人非常满意。为此，让我们考虑一个这样的刚体，长为 $2l$ 的无质量杆的两端分别固定质量为 m 的两个质点。

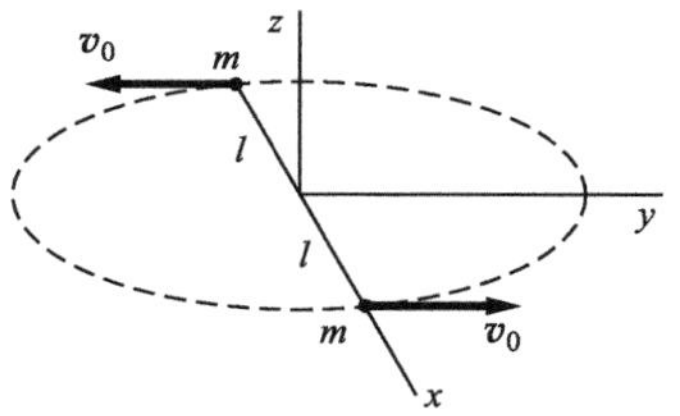

假定杆在自由空间转动，角动量 $\boldsymbol{L}_s$ 沿 z 方向。每个质点的速率为 v_0。我们将证明所施力矩的效果是使 $\boldsymbol{L}_s$ 以角速度 $\Omega=\tau/L_s$ 进动。

为简化，假定力矩只作用很短的时间 Δt，杆此刻沿着 x 轴。我们假定力矩来自两个等值反向的力 F，如图所示。合力为零，所以质心保持静止。

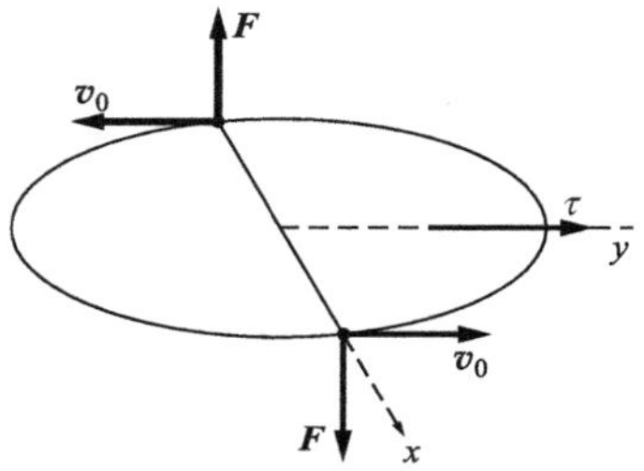

每个质点的动量变化为

$$\Delta \boldsymbol{p}=m\Delta \boldsymbol{v}=\boldsymbol{F}\Delta t$$

由于 Δv 与 v_0 垂直，每个质点的速度改变的方向如图所示，杆绕一个新的方向转动。

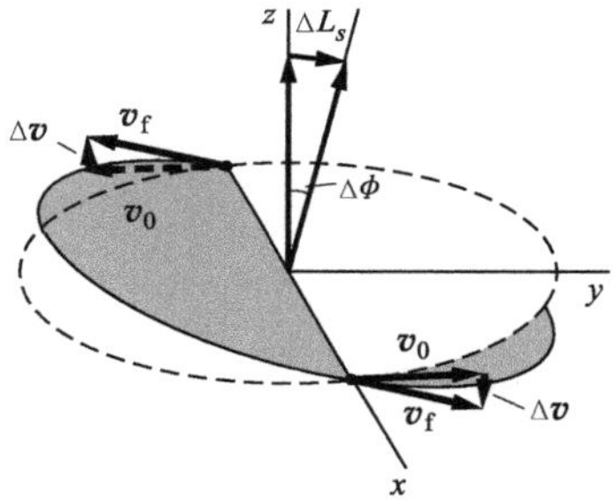

转动轴倾斜的角度为

$$\Delta\phi \approx \frac{\Delta v}{v_0} = \frac{F\Delta t}{mv_0}$$

系统的力矩是 $\tau=2Fl$，角动量是 $L_s=2mv_0 l$。因此

$$\Delta\phi = \frac{F\Delta t}{mv_0} = \frac{2lF\Delta t}{2lmv_0} = \frac{\tau\Delta t}{L_s}$$

在间隔 Δt 的进动角速率就是

$$\Omega = \frac{\Delta\phi}{\Delta t} = \frac{\tau}{L_s}$$

这与回转仪的进动结果相同。另外，角动量的变化 $\Delta\boldsymbol{L}_s$ 在 y 方向，与力矩平行，符合要求。

这个模型可以使我们理解为什么力矩引起自旋物体的转轴倾斜。论证可以细化以便应用于像回转仪飞轮这样的扩展物体。这样分析的结果等价于应用 $\boldsymbol{\tau}=\mathrm{d}\boldsymbol{L}/\mathrm{d}t$。

本节的讨论描述了匀速进动，但这只是回转仪运动的特殊情形。在开始分析时，我们假定回转仪初始时是平稳进动，但是其他的初始条件会导致其他的运动类型。例如，若转轴的自由端保持不动，然后突然释放，进动速度初始为零。在这种情形下，回转仪的质心就简单地开始下落。看看这个下落运动如何转化为匀速进动，确实是非常有趣的，我们在注释 8.2 中会直接应用 $\boldsymbol{\tau}=\mathrm{d}\boldsymbol{L}/\mathrm{d}t$ 进行分析。分析涉及在 8.6 节推导的 $\boldsymbol{L}$ 和 $\boldsymbol{\omega}$ 的一般关系。

8.4 刚体运动示例

本节我们分析几个在刚体运动中能体现角动量行为的系统。

例 8.9 岁差

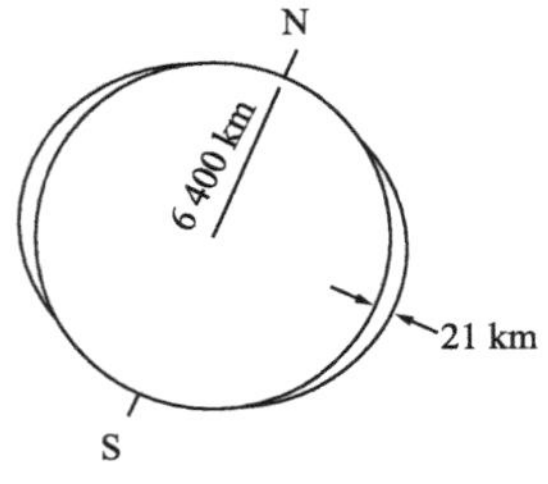

地球的角动量有两个分量：质心绕太阳运动的轨道角动量和绕自身极轴转动的自旋角动量。我们这里关心的是地球自旋角动量，它偏离轨道面（黄道面）法线 23.5°。在地球是球形的这个近似下，它不受附近物体的力矩。因此，它的角动量为常量——它的自旋和轨道角动量总是指向相同的方向。

若我们更仔细地分析地-日系统，考虑到地球不是严格的球形，而是略扁的，会发现地球受到一个小的力矩。这使自旋轴缓慢地改变方向，导致所谓的岁差现象。

力矩来自太阳和月亮与非球形地球的相互作用。地球略微凸起一点；它的平均半径近似为 6400 km，但是它的赤道半径比极半径大 21 km。由于地球的转轴相对于黄道面是倾斜的，太阳的引力就产生一个力矩。

图中画出了 12 月冬至日的情形。在那个时间，在黄道面之上的 A 部凸起比 B 部离太阳更近一些。A 处物体比 B

处的受太阳吸引更强一些，如图所示。这就导致了作用在地球上的力矩，方向与插图平面垂直。

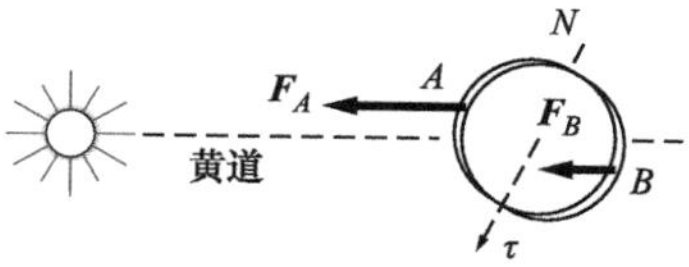

6 个月后的夏至日，地球位于太阳的另一边，B 比 A 受的吸引更强。然而，力矩与前面一样，有相同的方向。在这两个极端中间（春分和秋分），力矩为零。平均力矩与自旋角动量垂直，并位于黄道面内。

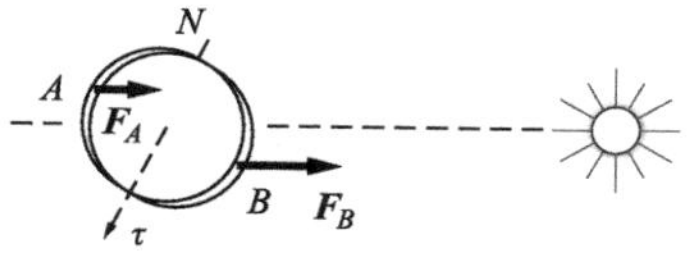

力矩引起自旋轴绕黄道面法线进动。当自旋轴进动时，力矩始终与它垂直；系统就像我们在例 8.7 分析过的倾斜回转仪。

进动的周期是 26000 年。再过 13000 年后，极轴将不指向勾陈一，即现在的北极星；它的指向将偏离 $2\times 23.5°=47°$。猎户座和天狼星，这些冬季熟悉的指路明星，届时会闪耀在仲夏的天空，冬至将发生在 6 月。

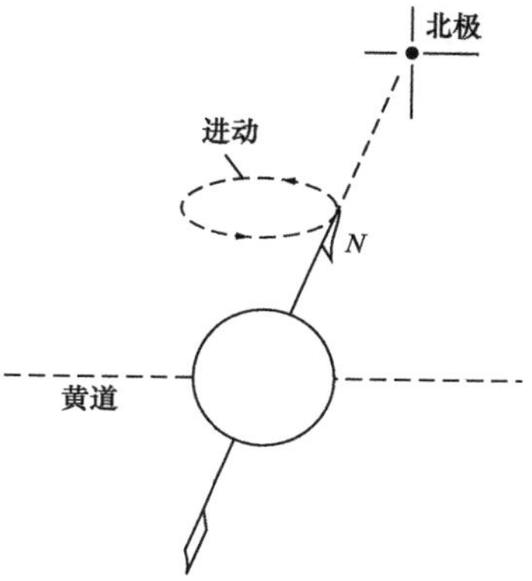

当太阳在它从南到北的表观行程中直射赤道时，春分就到了。由于地球轴的进动，在固定恒星的背景上，太阳春分的位置每年移位 50 弧秒（1 角度＝3600 弧秒）。古人已经知晓春分的这个进动。它描绘在循环史的占星表中，其中用太阳在春分所处的星座区分 12 个时期。现在的时期是双鱼座，600 年后是水瓶座。

例 8.10 回转罗盘

随着全球定位系统（GPS）的发明，指南针已经不那么重要了。但是若 GPS 卫星信号不可用，比如在潜艇和宇宙飞船中，惯性导航系统可以测量本地加速度，然后通过积分确定速度和位置。为了提供飞行器相对地球的位置，必须知道严格正北（沿地球转轴）的方向。回转罗盘，或者称“回转仪”，可以做到这一点。

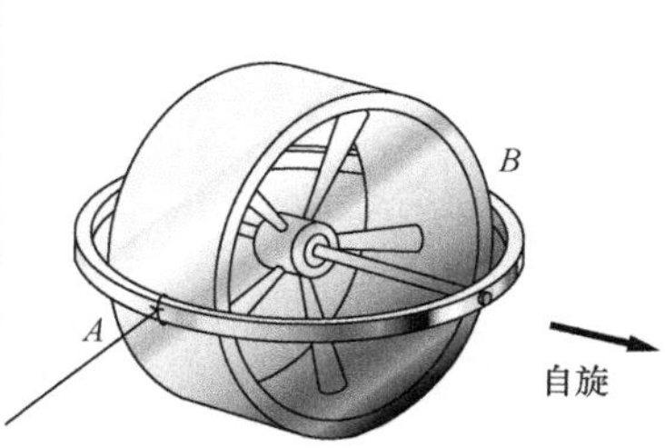

尝试用玩具回转仪做下面的实验。把线系在回转仪框架上的 A 和 B 两点，A 和 B 两点位于自旋轴的轴承中间的两侧，如图所示。把线拉紧，并使自旋轴水平。现在缓慢地旋转，使自旋的回转仪的圆形框架保持在一个圆上运动。回转仪会突然空翻，使它的自转轴停在竖直方向上，与你的转动方向平行。沿相反的方向转动会使回转仪空翻180°，它的自转轴再次与你的转轴平行。（更仔细地观察会发现，自旋轴绕竖直方向振动。水平轴上的摩擦力会很快抑制这个运动。）

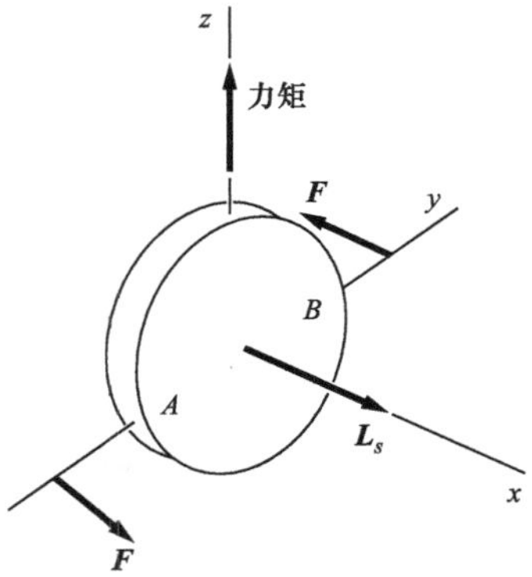

回转罗盘就基于这个效应。可以绕两个垂直轴自由转动的飞轮倾向于使它的自转轴与系统的转轴平行。对于回转仪来说，“系统”是地球；罗盘停在它的轴与极轴平行的位置。

我们可以用简单的矢量分析定性地理解这种运动。假定轴是水平的，$\boldsymbol{L}_s$ 指向 x 轴。如图所示，假设我们施加力矩 τ_z，试着以角速率 ω_z 绕 z 轴转动回转仪。

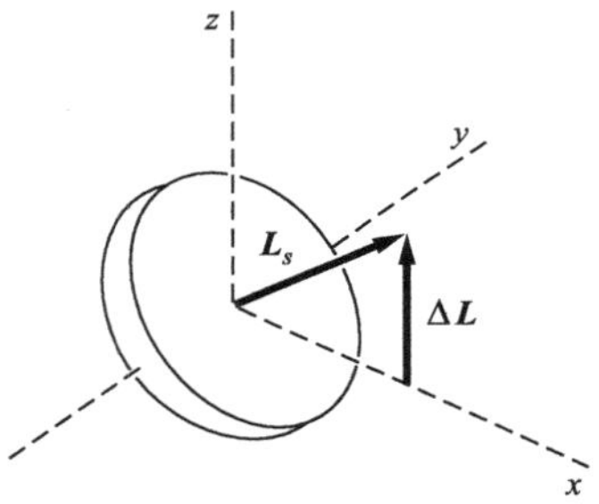

结果，沿 z 轴的角动量 L_z 开始增加。若自旋角动量 $\boldsymbol{L}_s$ 为零，L_z 完全来自于回转仪绕 z 轴的转动，$L_z=I_z\omega_z$，这里 I_z 是绕 z 轴的转动惯量。然而，由于飞轮自旋，L_z 变化的另一种方式为回转仪绕 A-B 轴的转动，朝 z 方向旋转 $\boldsymbol{L}_s$。经验告诉我们，若 $\boldsymbol{L}_s$ 较大，大部分力矩用于使自旋角动量转向；只有一小部分使回转仪绕 z 轴转动。

通过考虑沿 y 轴的角动量可以明白为什么这个效应如此显著。在 A 和 B 的两个支点允许系统绕 y 轴自由旋转，所以沿 y 轴方向没有力矩。由于 L_y 初始为零，它必须始终为零。当回转仪开始绕 z 轴转动时，$\boldsymbol{L}_s$ 开始获得 y 方向的一个分量。为了保持 $L_y=0$，回转仪和它的框架开始绕 y 轴快速转动，或空翻。来自这个运动的角动量抵消了 $\boldsymbol{L}_s$ 的 y 分量。当 $\boldsymbol{L}_s$ 最终停在与 z 轴平行的位置时，框架的运动不再改变 $\boldsymbol{L}_s$ 的方向，它的自旋轴保持静止。

地球是一个转动系统。在地球表面的回转罗盘与极轴对齐，指向真正的北。然而，实际的回转罗盘要更复杂一些，它必须不受它所导航的轮船或飞行器运动的影响，持续指向真正的北。下一个例子中，我们求解回转罗盘的动力学方程，证明固定于地球的回转罗盘如何指向真正的北。

例 8.11 回转罗盘的运动

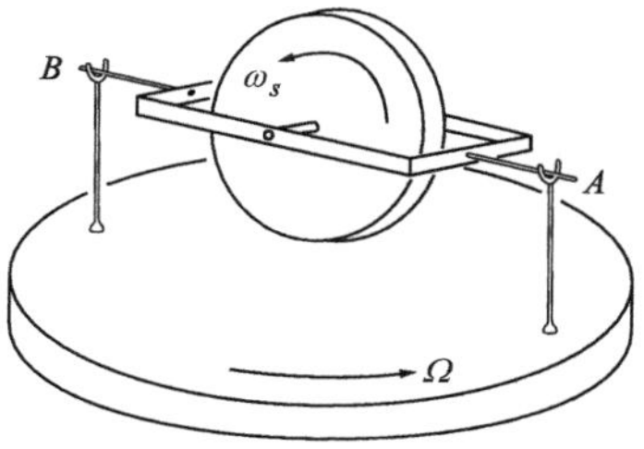

考虑这样一个回转罗盘，一个平衡的自旋圆盘位于轻的框架内，被一个水平轴支撑，如图所示。装置放在一个以匀角速度 Ω 旋转的转盘上。回转仪具有沿自旋轴的自旋角动量 $L_s=I_s\omega_s$。另外，整体绕着竖直轴以 Ω 的转动和绕 A-B 轴的转动都会产生角动量。

由于 A-B 轴被放在轴承上，沿 A-B 轴无力矩。因此，沿 A-B 方向的角动量 L_h 为常量，$\mathrm{d}L_h/\mathrm{d}t=0$。

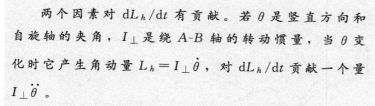

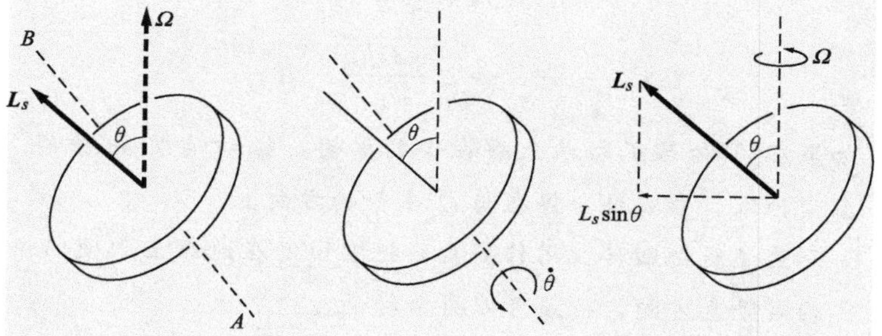

两个因素对 $\mathrm{d}L_h/\mathrm{d}t$ 有贡献。若 θ 是竖直方向和自旋轴的夹角，$I_\perp$ 是绕 A-B 轴的转动惯量，当 θ 变化时它产生角动量 $L_h=I_\perp\dot\theta$，对 $\mathrm{d}L_h/\mathrm{d}t$ 贡献一个量 $I_\perp\ddot\theta$。

另外，在分析回转仪进动时我们已经看到，$\boldsymbol{L}_s$ 方向的变化也会导致 L_h 改变。$\boldsymbol{L}_s$ 的水平分量是 $L_s\sin\theta$，它在 A-B 轴的变化率是 $\Omega L_s\sin\theta$。

我们已经考虑了 L_h 的两个独立的变化。L_h 总的变化应当是两个变化之和；严格的证明将在 8.7 节给出。

把 $\mathrm{d}L_h/\mathrm{d}t$ 的两个变化加在一起，得到

$$\frac{\mathrm{d}L_h}{\mathrm{d}t}=I_\perp\ddot\theta+\Omega L_s\sin\theta$$

由于 $\mathrm{d}L_h/\mathrm{d}t=0$，运动方程变为

$$\ddot\theta+\left(\frac{L_s\Omega}{I_\perp}\right)\sin\theta=0$$

这等同于例 3.10 摆的方程。当自旋轴接近于竖直时，$\sin\theta\approx\theta$，运动方程变为

$$\ddot{\theta}+\left(\frac{L_s\Omega}{I_\perp}\right)\theta=0$$

我们再次得到了简谐运动方程。因此，回转仪的轴做简谐运动，满足

$$\theta=\theta_0\sin\beta t$$

式中

$$\beta=\sqrt{\frac{L_s\Omega}{I_\perp}}$$

$$=\sqrt{\frac{\omega_s\Omega I_s}{I_\perp}}$$

如果在 A 和 B 的轴承上存在小的摩擦，振动幅度 θ_0 最终会变为零，自旋轴会停在与 Ω 平行的方向上。

为了能把回转仪用作罗盘，把它固定在地球上，使 A-B 轴沿竖直方向，框架可以自由转动。

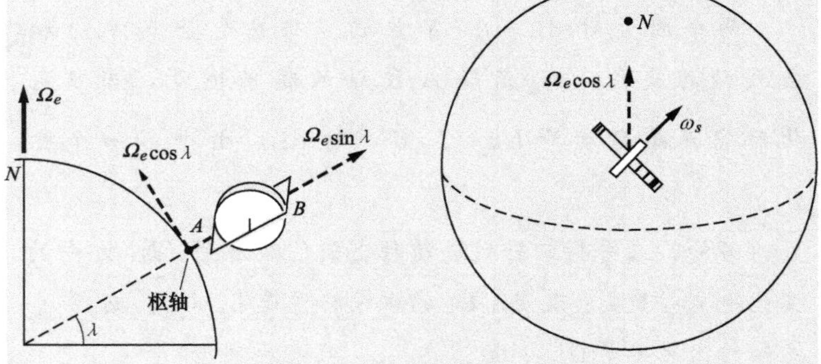

如图所示，若 λ 为回转仪的纬度，地球自转角速度 Ω_e 垂直 A-B 轴的分量就是水平分量 $\Omega_e\cos\lambda$。自旋轴在水平面内相对北极方向振动，最终会指向北。

小振动的周期是 $T=2\pi/\beta=2\pi\sqrt{I_\perp/(I_s\omega_s\Omega_e\cos\lambda)}$。对于薄的圆盘，$I_\perp/I_s=1/2$，$\Omega_e=2\pi$ rad/day$\approx 7.27\times 10^{-5}$ rad/s。当回转仪的转速达到 $\omega_s=20000$ rpm≈ 2100 rad/s，在赤道的周期是 11 s。靠近北极的位置，周期会变得太长，回转罗盘失效。

例 8.12 自旋物体的稳定性

角动量可以使自由运动的物体保持惊人的稳定性。自旋角动量可以使小孩的滚动铁环即使颠簸也能保持直立；铁环并不倒下而只是略微改变一下方向，继续滚动。另一个例子是子弹的自旋效应。枪膛里的螺旋槽或来复线给子弹自旋角动量，从而有助于子弹的稳定。如果你想验证转动的稳定效应，可尝试无旋转地抛掷一个飞盘。

为了分析自旋的稳定效应，考虑质量为 M 的一个圆柱体，沿轴方向运动，但不绕轴自旋。假设一个小的微扰力 $\boldsymbol{F}$ 作用在圆柱上一段时间 Δt。令 $\boldsymbol{F}$ 与轴垂直，作用点距离质心 l，如图所示。

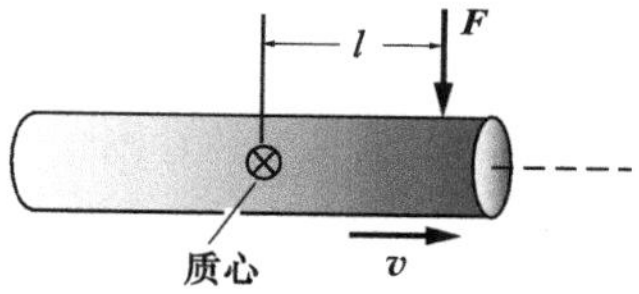

沿通过质心的 A-A 轴的力矩是 $\tau=Fl$，所以"角冲量"是 $\tau\Delta t=Fl\Delta t$。由于圆柱没有自旋，沿 A-A 轴获得的角动量是

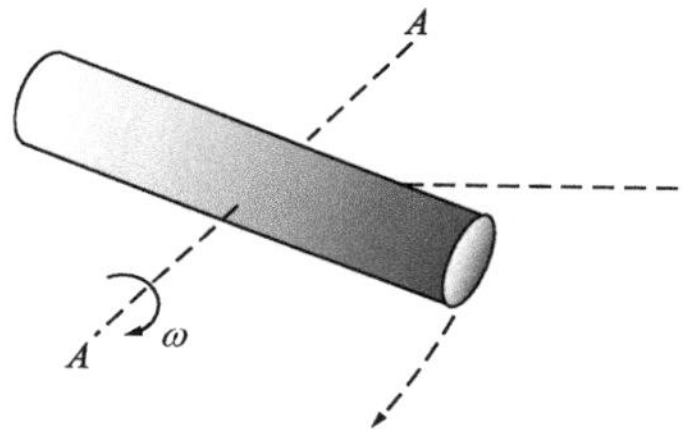

$$\Delta L_A=I_A(\omega-\omega_0)=Fl\Delta t$$

假定初始角速度是 0，则末态角速度是

$$\omega=\frac{Fl\Delta t}{I_A}$$

打击的效果是给圆柱沿横向轴一个角速度，它便开始翻转。

现在考虑同样的情形，但圆柱沿着长轴快速自旋，具有角动量 $\boldsymbol{L}_s$。

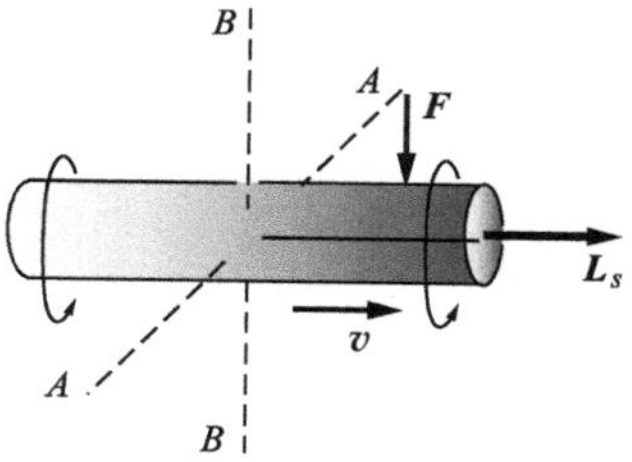

情形类似于回转仪：沿 A-A 轴的力矩引起绕 B-B 轴的进动。当 $\boldsymbol{F}$ 作用时，进动的角速度是 $\mathrm{d}L_s/\mathrm{d}t=\Omega L_s$，或者

$$\Omega=\frac{Fl}{L_s}$$

圆柱进动转过的角度是

$$\phi=\Omega\Delta t$$

$$=\frac{Fl\Delta t}{L_s}$$

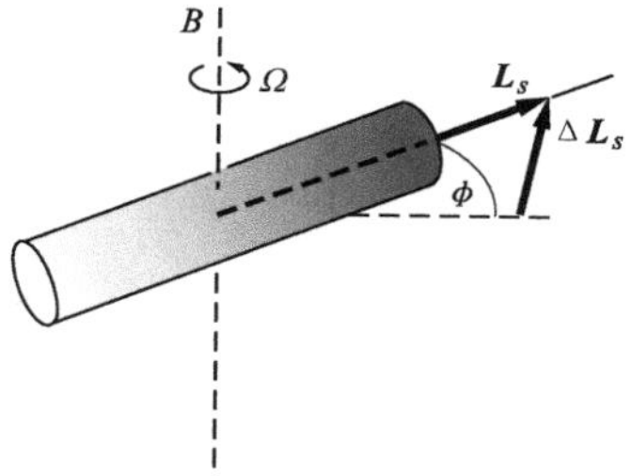

受力的圆柱不是开始翻转，而是缓慢地改变方向，然后停止进动。自旋越大，进动转过的角度越小，微扰对飞行的影响越小。

注意，自旋对质心运动没有影响。在两种情况下，质心都获得一个速度 $\Delta v=\boldsymbol{F}\Delta t/M$。

8.5 角动量守恒

在着手刚体运动的一般问题之前，让我们先看看孤立系统的角动量是否守恒。若这个守恒定律能从牛顿定律直接导出，会令人十分满意，但实际并非如此。尽管如此，孤立系统的总角动量永远是守恒的。现在我们就看看这个守恒定律被支持的程度。

考虑质量 $m_1, m_2, \cdots, m_j, \cdots, m_N$ 的 N 个质点的系统。我们假定系统是孤立的，作用力完全来自于质点之间的相互作用。质点 j 的受力是

$$\boldsymbol{F}_j = \sum_{k=1}^{N} \boldsymbol{F}_{jk}$$

这里，$\boldsymbol{F}_{jk}$是质点 k 对质点 j 的作用力。（在求和计算中，我们忽略去了 $k=j$ 的项，根据牛顿第三定律，$\boldsymbol{F}_{jj}=0$。）

让我们选取一个合适的参考点来计算质点 j 所受的力矩：

$$\begin{aligned}\boldsymbol{\tau}_j &= \boldsymbol{r}_j \times \boldsymbol{F}_j \\ &= \boldsymbol{r}_j \times \sum_k \boldsymbol{F}_{jk}\end{aligned}$$

令 $\boldsymbol{\tau}_{jk}$是质点 k 对质点 j 的力矩：

$$\boldsymbol{\tau}_{jk} = \boldsymbol{r}_j \times \boldsymbol{F}_{jk}$$

类似地，j 对 k 的力矩是

$$\boldsymbol{\tau}_{kj} = \boldsymbol{r}_k \times \boldsymbol{F}_{kj}$$

这两个力矩之和为

$$\boldsymbol{\tau}_{jk} + \boldsymbol{\tau}_{kj} = \boldsymbol{r}_k \times \boldsymbol{F}_{kj} + \boldsymbol{r}_j \times \boldsymbol{F}_{jk}$$

由于 $\boldsymbol{F}_{jk} = -\boldsymbol{F}_{kj}$，我们有

$$\begin{aligned}\boldsymbol{\tau}_{jk} + \boldsymbol{\tau}_{kj} &= (\boldsymbol{r}_k \times \boldsymbol{F}_{kj}) - (\boldsymbol{r}_j \times \boldsymbol{F}_{kj}) \\ &= (\boldsymbol{r}_k - \boldsymbol{r}_j) \times \boldsymbol{F}_{kj} \\ &= \boldsymbol{r}_{jk} \times \boldsymbol{F}_{kj}\end{aligned}$$

这里，$\boldsymbol{r}_{jk}$是从 j 指向 k 的矢量。若我们能证明 $\boldsymbol{\tau}_{jk} + \boldsymbol{\tau}_{kj} = 0$，内力矩就可以像内力那样成对地抵消，则总的内力矩为零，由此证明了孤立系统的角动量守恒。

由于 $\boldsymbol{r}_{jk}$ 和 $\boldsymbol{F}_{kj}$ 都不是零，为了使总力矩为零，$\boldsymbol{F}_{kj}$ 需要与 $\boldsymbol{r}_{jk}$ 平行，如图 a）所示。对于图 b）的情形，力矩不为零，角动量是不守恒的。尽管如此，力是等值反向的，线动量是守恒的。

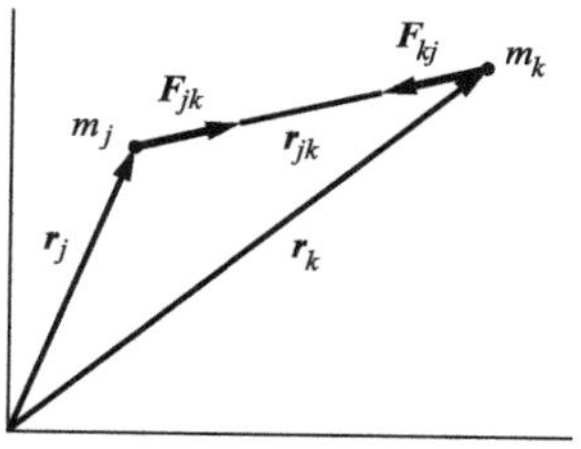

a)

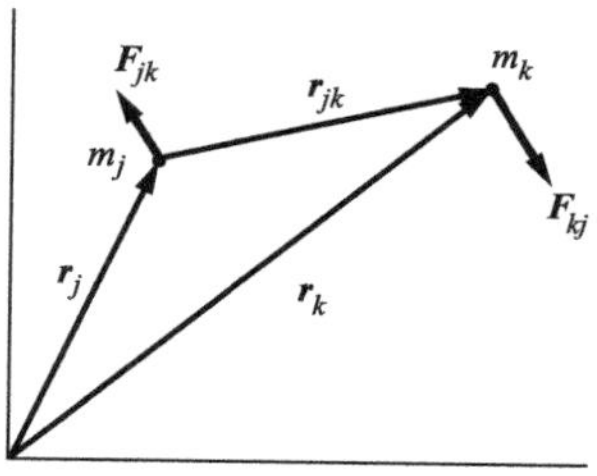

b)

图 a）的情形对应于有心力的类型。对于有心力运动的特殊情形，角动量守恒可以从牛顿定律导出。然而，牛顿定律并没有明确要求力是有心的。由于牛顿定律并不排除图 b）的情形，我们必须说这些定律对孤立系统的角动量是否守恒没有直接的关系。

基于下面的理由可以对上面的论证提出反驳：虽然牛顿定律没有明确要求力是有心的，在牛顿定律处理质点这种最简单的情形，却隐含地提出了这个要求。质点是没有大小和结构的理想物体。由于两质点系统能确定的唯一矢量是从一个质点到另一个的矢量 $\boldsymbol{r}_{jk}$，在这种情形下，孤立质点之间的作用力必须是有心的。

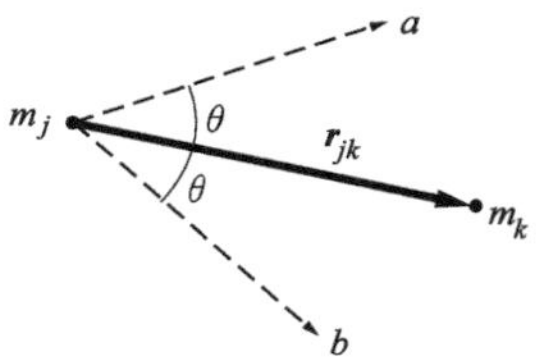

假如我们想发明一个作用力，使其与质点之间的轴夹角为 θ，如图所示。我们没有办法区分方向 a 和 b；两者相对于 $\boldsymbol{r}_{jk}$ 的角度都是 θ。只用一个矢量 $\boldsymbol{r}_{jk}$ 不能定义与角度有关的作用力；两个质点之间的作用力必须是有心的。

在牛顿的思想体系中讨论角动量的困难在于，现在我们理解的自然遭遇了与简单质点大不相同的实体。例如，电子或许最接近牛顿质点的概念。电子具有确定的质量，据目前所知，半径为零。尽管如此，电子还是具有类似内部结构的东西；它具有自旋角动量。这似乎是矛盾的，零大小的物体却具有角动量，但我们必须把它当作自然界的一个事实而接受这个矛盾。

由于电子的自旋在空间确定了一个附加的方向，两个电子之间的作用力不必是有心的。例如，可能存在这样一个作用力：

$$\boldsymbol{F}_{12}=C\boldsymbol{r}_{12}\times(\boldsymbol{S}_1+\boldsymbol{S}_2)$$

$$\boldsymbol{F}_{21}=C\boldsymbol{r}_{21}\times(\boldsymbol{S}_1+\boldsymbol{S}_2)$$

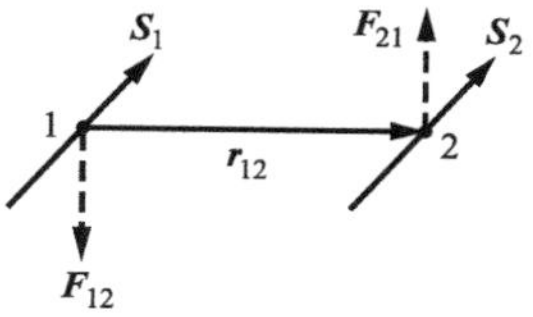

这里，C 是某个常量，$\boldsymbol{S}_i$ 是与第 i 个电子角动量平行的一个矢量。作用力是等值反向的，但不是有心力，它们产生力矩。

还有其他非有心力的可能性。实验上，两个相对运动的点电荷之间的作用力不是有心的；速度确定了力所依赖的附加轴。两个质点的角动量不一定守恒。角动量守恒的貌似不成立是由于忽略了系统的一个基本部分：电磁场。场指的是由物理的相互作用，例如引力或电磁引起的空间（或者在相对论情形，时空）性质的变化。虽然场不在质点力学的范围内，然而场却具有能量、动量和角动量。当场的角动量考虑进来后，整个质点-场系统的角动量是守恒的。

简言之，现状就是，牛顿物理不能预言角动量守恒，但是实验上还没有观测到孤立系统的总角动量是不守恒的。我们断定，角动量守恒定律是一个独立的物理定律，除非出现矛盾，我们的物理解释必须由它指导。

8.6　刚体转动与惯量张量

刚体运动所遵守的方程 $\boldsymbol{\tau}=\mathrm{d}\boldsymbol{L}/\mathrm{d}t$ 形式上与平动方程 $\boldsymbol{F}=\mathrm{d}\boldsymbol{P}/\mathrm{d}t$ 类似。然而两者之间存在本质的不同。线动量和质心运动满足简单的矢量方程 $\boldsymbol{P}=M\boldsymbol{V}$，这里 M 是标量，一个简单的数。因而，$\boldsymbol{P}$ 和 $\boldsymbol{V}$ 总是平行的。$\boldsymbol{L}$ 和 $\boldsymbol{\omega}$ 之间的关系就没这么简单了。对于定轴转动，$\boldsymbol{L}=I\boldsymbol{\omega}$[⊖]，对于一般的转动，人们也倾向于认为 $\boldsymbol{L}=I\boldsymbol{\omega}$，这里 I 是标量。然而，这不可能正确，在例 8.4 里，从转动斜杆的研究中我们已经知道，$\boldsymbol{L}$ 和 $\boldsymbol{\omega}$ 不一定平行。

本节我们推导角动量和角速度的一般关系，在 8.7 节我们将致力于求解运动方程的问题。

8.6.1　角动量与惯量张量

我们先证明，为了分析刚体的转动，实际上只需考虑以质心为参考点的角动量。

第 7 章我们讨论过，刚体的任意位移可以分解成质心的位移加上绕通过质心的某瞬时轴的转动。为推导运动方程，我们从刚体角动量和力矩的一般表达式，方程（7.15）和（7.18）开始，有

$$\boldsymbol{L}=\boldsymbol{R}\times M\boldsymbol{V}+\sum\boldsymbol{r}'_j\times m_j\dot{\boldsymbol{r}}'_j$$

$$\boldsymbol{\tau}=\boldsymbol{R}\times\boldsymbol{F}+\sum\boldsymbol{r}'_j\times\boldsymbol{f}_j$$

这里，$\boldsymbol{r}'_j$ 是 m_j 相对质心的位置矢量，$\sum\boldsymbol{f}_j$ 是合力 $\boldsymbol{F}$。由于 $\boldsymbol{\tau}=\mathrm{d}\boldsymbol{L}/\mathrm{d}t$，我们有

⊖　这里仅指 $\boldsymbol{L}$ 和 $\boldsymbol{\omega}$ 的 z 分量。——译者注

$$\boldsymbol{R}\times\boldsymbol{F}+\sum\boldsymbol{r}'_j\times\boldsymbol{f}_j=\frac{\mathrm{d}}{\mathrm{d}t}(\boldsymbol{R}\times M\boldsymbol{V})+\frac{\mathrm{d}}{\mathrm{d}t}\left(\sum\boldsymbol{r}'_j\times m_j\dot{\boldsymbol{r}}'_j\right)$$

$$=\boldsymbol{R}\times M\boldsymbol{A}+\frac{\mathrm{d}}{\mathrm{d}t}\left(\sum\boldsymbol{r}'_j\times m_j\dot{\boldsymbol{r}}'_j\right)$$

由于 $\boldsymbol{F}=M\boldsymbol{A}$，涉及 $\boldsymbol{R}$ 的项抵消，留给我们关系式

$$\sum\boldsymbol{r}'_j\times\boldsymbol{f}_j=\frac{\mathrm{d}}{\mathrm{d}t}\left(\sum\boldsymbol{r}'_j\times m_j\dot{\boldsymbol{r}}'_j\right)$$

换句话说，绕质心的总力矩等于绕质心的角动量的变化率。这个关系式与质心运动无关。相对质心的角动量 $\boldsymbol{L}_{\mathrm{cm}}$ 是

$$\boldsymbol{L}_{\mathrm{cm}}=\sum\boldsymbol{r}'_j\times m_j\dot{\boldsymbol{r}}'_j \tag{8.3}$$

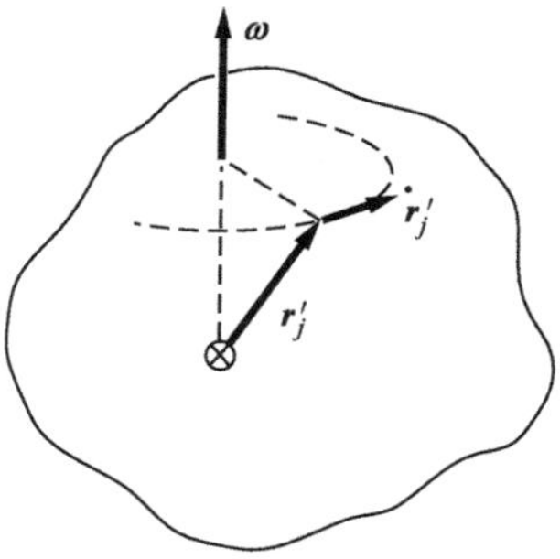

我们现在的任务是用瞬时角速度 $\boldsymbol{\omega}$ 表示刚体的角动量 $\boldsymbol{L}_{\mathrm{cm}}$。由于 $\boldsymbol{r}'_j$ 的长度是固定的，$\boldsymbol{r}'_j$ 变化的唯一方式是转动。所以，$\boldsymbol{r}'_j$ 是一个转动矢量：

$$\dot{\boldsymbol{r}}'_j=\boldsymbol{\omega}\times\boldsymbol{r}'_j$$

因此

$$\boldsymbol{L}_{\mathrm{cm}}=\sum\boldsymbol{r}'_j\times m_j(\omega\times\boldsymbol{r}'_j)$$

为简化表示，我们采用质心坐标系，用 $\boldsymbol{L}$ 表示 $\boldsymbol{L}_{\mathrm{cm}}$，用 $\boldsymbol{r}_j$ 表示 $\boldsymbol{r}'_j$。我们的结果变为

$$\boldsymbol{L}=\sum\boldsymbol{r}_j\times m_j(\boldsymbol{\omega}\times\boldsymbol{r}_j) \tag{8.4}$$

这个结果看起来很复杂。事实是，它的确复杂，但我们可以使它看起来简单。我们在笛卡儿坐标系中采用笨办法来耐心计算方程 (8.4) 中的叉积。(一个优雅的方法是利用矢量恒等式 $\boldsymbol{A}\times(\boldsymbol{B}\times\boldsymbol{C})=(\boldsymbol{A}\cdot\boldsymbol{C})\boldsymbol{B}-(\boldsymbol{A}\cdot\boldsymbol{B})\boldsymbol{C}$。)

由于 $\boldsymbol{\omega}=\omega_x\hat{\boldsymbol{i}}+\omega_y\hat{\boldsymbol{j}}+\omega_z\hat{\boldsymbol{k}}$，我们有

$$\boldsymbol{\omega}\times\boldsymbol{r}=(z\omega_y-y\omega_z)\hat{\boldsymbol{i}}+(x\omega_z-z\omega_x)\hat{\boldsymbol{j}}+(y\omega_x-x\omega_y)\hat{\boldsymbol{k}} \tag{8.5}$$

让我们计算 $\boldsymbol{L}$ 的一个分量，比如 L_x。先暂时丢掉下标 j，我们有

$$[\boldsymbol{r}\times(\boldsymbol{\omega}\times\boldsymbol{r})]_x=y(\boldsymbol{\omega}\times\boldsymbol{r})_z-z(\boldsymbol{\omega}\times\boldsymbol{r})_y \tag{8.6}$$

将方程 (8.5) 代入方程 (8.6)，结果是

$$[\boldsymbol{r}\times(\boldsymbol{\omega}\times\boldsymbol{r})]_x=y(y\omega_x-x\omega_y)-z(x\omega_z-z\omega_x)$$

$$=(y^2+z^2)\omega_x-xy\omega_y-xz\omega_z$$

因此，

$$L_x=\sum m_j({y_j}^2+{z_j}^2)\omega_x-\sum m_jx_jy_j\omega_y-\sum m_jx_jz_j\omega_z \tag{8.7}$$

引入如下符号：

$$I_{xx}=\sum m_j(y_j{}^2+z_j{}^2)$$
$$I_{xy}=-\sum m_jx_jy_j$$
$$I_{xz}=-\sum m_jx_jz_j \tag{8.8}$$

这个表达式可以写成更紧凑的形式，I_{xx}称作**转动惯量**，它就是我们在定轴转动中引入的转动惯量，$I=\sum m_j\rho_j{}^2$，这里我们取转轴沿 x 方向，因而 $\rho_j{}^2=y_j{}^2+z_j{}^2$。量 I_{xy}和 I_{xz}称作**惯量积**。它们具有 x 和 y 的交换对称性；$I_{xy}=-\sum m_jx_jy_j=-\sum m_jy_jx_j=I_{yx}$。

为计算 L_y 和L_z，我们可以重复上面的推导，但更简单的方式是重新标记坐标，令 $x\to y$，$y\to z$，$z\to x$。在方程（8.7）和（8.8）中作了这些代换后可得

$$L_x=I_{xx}\omega_x+I_{xy}\omega_y+I_{xz}\omega_z \tag{8.9a}$$
$$L_y=I_{yx}\omega_x+I_{yy}\omega_y+I_{yz}\omega_z \tag{8.9b}$$
$$L_z=I_{zx}\omega_x+I_{zy}\omega_y+I_{zz}\omega_z \tag{8.9c}$$

这三个方程的阵列描述了绕某个轴的转动，包含了作为特殊情形的定轴转动。例如，考虑绕着沿 z 方向轴的转动，$\boldsymbol{\omega}=\omega\hat{\boldsymbol{k}}$。方程（8.9c）则简化为

$$\begin{aligned}L_z&=I_{zz}\omega\\&=\sum m_j(x_j{}^2+y_j{}^2)\omega\end{aligned}$$

此即我们在第 7 章对定轴转动导出的结果。

然而，方程（8.9）也表明，z 方向的角速度可以产生沿三个坐标轴任意一个的角动量。例如，若 $\boldsymbol{\omega}=\omega\hat{\boldsymbol{k}}$，则 $L_x=I_{xz}\omega$，$L_y=I_{yz}\omega$。事实上，检查一下 L_x、L_y 和 L_z 的方程组，可以看出，沿每个轴的角动量都依赖于沿三个轴的角速度。$\boldsymbol{L}$ 和 $\boldsymbol{\omega}$ 都是普通的矢量，$\boldsymbol{L}$ 与 $\boldsymbol{\omega}$ 成正比是指，$\boldsymbol{\omega}$ 的分量加倍，$\boldsymbol{L}$ 的分量也加倍。然而，我们从转动斜杆的行为中已经看到，$\boldsymbol{L}$ 不一定指向 $\boldsymbol{\omega}$ 的方向。

转动惯量和惯量积的九元素阵列称作**惯量张量**。除了力学，张量在曲线和曲面的分析中也有重要的应用，包括广义相对论中弯曲时空的几何。

这里给出演示惯量张量的例子。

例 8.13 转动的哑铃

考虑由两个匀质球组成的哑铃，半径为 b、质量为 M 的球用无质量的轻杆相连。球心的间距是 $2l$。物体绕着通

过质心的某个轴转动。在某一时刻，杆与 z 轴重合，$\boldsymbol{\omega}$ 位于 y-z 平面，$\boldsymbol{\omega}=\omega_y\hat{\boldsymbol{j}}+\omega_z\hat{\boldsymbol{k}}$。问题是确定瞬时角动量 $\boldsymbol{L}$。

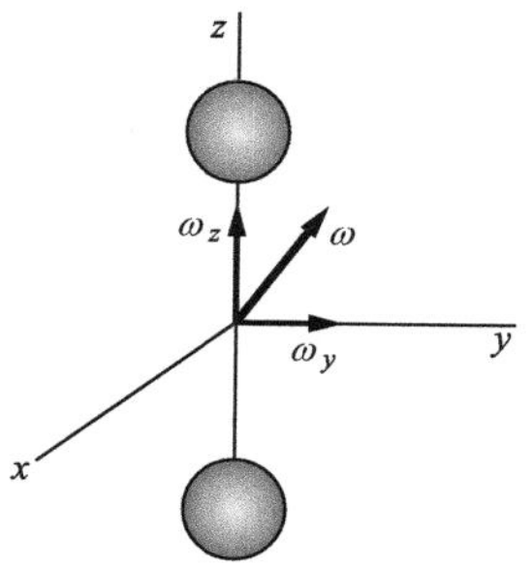

为确定 $\boldsymbol{L}$，我们需要知道转动惯量和惯量积。幸运的是，惯量积对于沿某个坐标轴对称的物体都为零。例如，$I_{xy}=-\sum m_j x_j y_j=0$，这是因为，若 m_n 位于 (x_n, y_n)，在对称的物体里，相等的质量会位于 $(x_n, -y_n)$，这两个质量对 I_{xy} 的贡献抵消。在这种情况下，方程 (8.9) 简化为

$$L_x=I_{xx}\omega_x$$
$$L_y=I_{yy}\omega_y$$
$$L_z=I_{zz}\omega_z$$

转动惯量 I_{zz} 就是两个球绕它们直径的转动惯量：

$$I_{zz}=2\left(\frac{2}{5}Mb^2\right)=\frac{4}{5}Mb^2$$

为了计算 I_{yy}，我们可利用平行轴定理确定每个球绕 y 轴的转动惯量

$$I_{yy}=2\left(\frac{2}{5}Mb^2+Ml^2\right)$$
$$=\frac{4}{5}Mb^2+2Ml^2$$

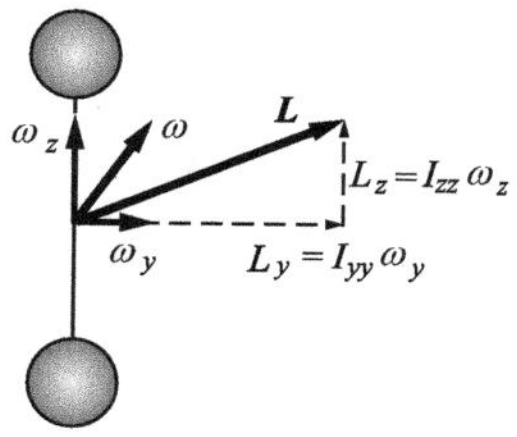

由于我们令 $\boldsymbol{\omega}$ 位于 y-z 平面，我们有 $\boldsymbol{\omega}=\omega_y\hat{\boldsymbol{j}}+\omega_z\hat{\boldsymbol{k}}$，因而，

$$L_x=0$$
$$L_y=I_{yy}\omega_y$$
$$L_z=I_{zz}\omega_z$$

由于 $I_{yy}\neq I_{zz}$，从而 $L_y/L_z\neq\omega_y/\omega_z$，$\boldsymbol{L}$ 与 $\boldsymbol{\omega}$ 并不平行，如图所示。

方程 (8.9) 很繁琐，为了书写方便，引入简约的符号：

$$\boldsymbol{L}=\widetilde{\boldsymbol{I}}\boldsymbol{\omega} \tag{8.10}$$

就像 $\boldsymbol{F}=m\boldsymbol{a}$ 表示三个方程一样，这个矢量方程也表示三个方程。不同的是，m 是一个简单的标量，而 $\widetilde{\boldsymbol{I}}$ 是更复杂的惯量张量。

$\widetilde{\boldsymbol{I}}$ 的九个分量可排列成一个 3×3 的阵列：

$$\widetilde{\boldsymbol{I}}=\begin{pmatrix} I_{xx} & I_{xy} & I_{xz} \\ I_{yx} & I_{yy} & I_{yz} \\ I_{zx} & I_{zy} & I_{zz} \end{pmatrix} \tag{8.11}$$

由于，$I_{yx}=I_{xy}$，$I_{zx}=I_{xz}$，$I_{yz}=I_{zy}$，这九个分量中，只有六个是不同的。$\widetilde{\boldsymbol{I}}$ 和 $\boldsymbol{\omega}$ 相乘以确定 $\boldsymbol{L}=\widetilde{\boldsymbol{I}}\boldsymbol{\omega}$ 的规则可以利用矩阵乘法来定义，将 $\boldsymbol{L}$ 和 $\boldsymbol{\omega}$ 写成列矢量：

$$\begin{pmatrix} L_x \\ L_y \\ L_z \end{pmatrix}=\begin{pmatrix} L_{xx} & L_{xy} & L_{xz} \\ L_{yx} & L_{yy} & L_{yz} \\ L_{zx} & L_{zy} & L_{zz} \end{pmatrix}\begin{pmatrix} \omega_x \\ \omega_y \\ \omega_z \end{pmatrix} \tag{8.12}$$

下面的例子是惯量张量的另一个演示。

例 8.14　转动斜杆的惯量张量

在例 8.4 中，我们从第一原理出发已经确定了转动斜杆的角动量。现在，我们用 $\boldsymbol{L}=\widetilde{\boldsymbol{I}}\boldsymbol{\omega}$ 确定斜杆的 $\boldsymbol{L}$。

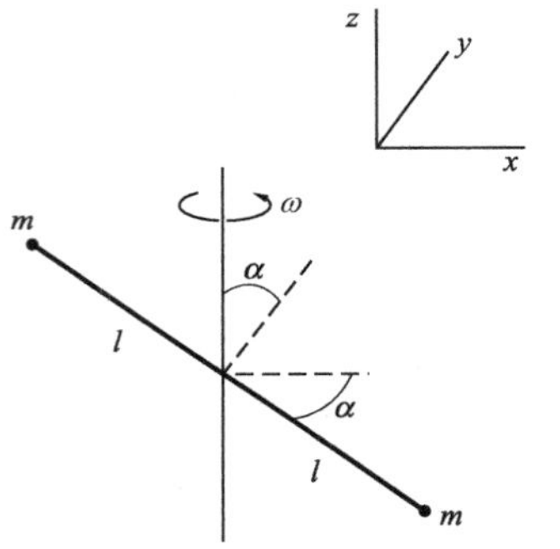

长为 $2l$ 的无质量杆隔开两个相等的质量 m。杆相对竖直方向倾斜一个角 α，以角速度 ω 绕 z 轴转动。在 $t=0$ 时，它位于 x-z 平面。引入参数 $\rho=l\cos\alpha$ 和 $h=l\sin\alpha$，质点在任意其他时间的坐标为

质点 1	质点 2
$x_1=\rho\cos\omega t$	$x_2=-\rho\cos\omega t$
$y_1=\rho\sin\omega t$	$y_2=-\rho\sin\omega t$
$z_1=-h$	$z_2=h$

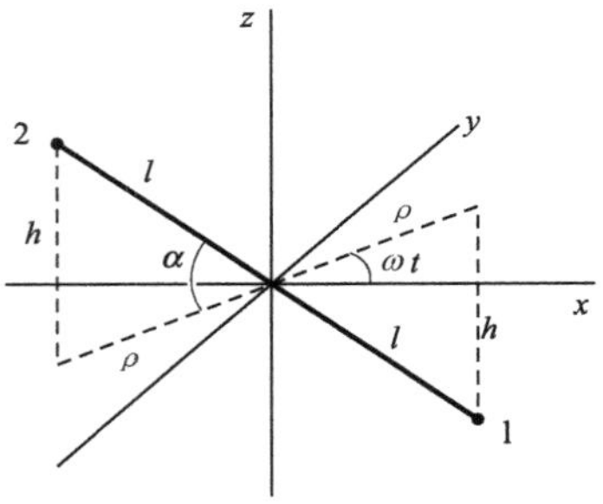

$\widetilde{\boldsymbol{I}}$ 的分量可以用它们的定义来计算。例如，

$$\begin{aligned} I_{zz}&=m_1(y_1{}^2+z_1{}^2)+m_2(y_2{}^2+z_2{}^2) \\ &=2m(\rho^2\sin^2\omega t+h^2) \\ I_{zy}&=I_{yz} \\ &=-m_1y_1z_1-m_2y_2z_2 \\ &=2m\rho h\sin\omega t \end{aligned}$$

剩下的项是容易计算的。我们得到

$$\widetilde{\boldsymbol{I}}=2m\begin{pmatrix} \rho^2\sin^2\omega t+h^2 & -\rho^2\sin\omega t\cos\omega t & \rho h\cos\omega t \\ -\rho^2\sin\omega t\cos\omega t & \rho^2\cos^2\omega t+h^2 & \rho h\sin\omega t \\ \rho h\cos\omega t & \rho h\sin\omega t & \rho^2 \end{pmatrix}$$

共同的因子 $2m$ 乘 9 项里的每一个。

由于 $\omega=(0, 0, \omega)$，从方程 (8.9) 或等价的方程 (8.12) 可得

$$L_x=2m\rho h\omega\cos\omega t$$
$$L_y=2m\rho h\omega\sin\omega t$$
$$L_z=2m\rho^2\omega$$

通过计算 $\boldsymbol{L}$ 的时间导数，由公式 $\boldsymbol{\tau}=\mathrm{d}\boldsymbol{L}/\mathrm{d}t$ 可以确定杆所受的力矩：

$$\tau_x=-2m\rho h\omega^2\sin\omega t$$
$$\tau_y=-2m\rho h\omega^2\cos\omega t$$
$$\tau_z=0$$

可以看到，做了代换 $\rho h=l^2\cos\alpha\sin\alpha$ 后，这些结果与例 8.5 的相同。

8.6.2 主轴

如果匀质对称物体的对称轴与坐标轴重合，就像我们在例 8.13 中关于转动哑铃所看到的，惯量积就为零。在这种情形下，惯量张量取简单的对角形式：

$$\widetilde{\boldsymbol{I}}=\begin{pmatrix} I_{xx} & 0 & 0 \\ 0 & I_{yy} & 0 \\ 0 & 0 & I_{zz} \end{pmatrix} \tag{8.13}$$

令人惊讶的是，对于任意的形状和质量分布，这也总是可能的，可以找到一套三个垂直的轴，相应的惯量积为零。(这个证明用到矩阵代数，可在大多数关于高等动力学的教材中找到。) 这样的轴称作**主轴**。相对于主轴，惯量张量具有对角形式。

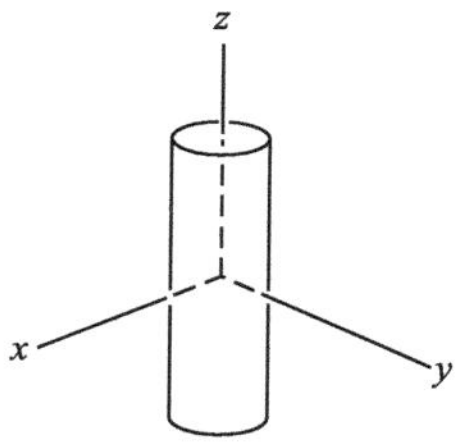

对于一个匀质球体，通过球心的任何垂直轴都是主轴。对于柱对称的物体，转轴是一个主轴，其他两个主轴是相互垂直的，并位于过质心且与转轴垂直的平面内。

考虑一个转动的物体，假定我们引入一个坐标系 1、2 和 3，与物体的主轴瞬时重合。

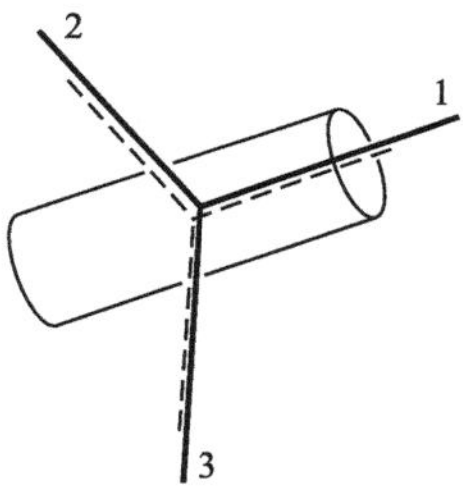

相对这个坐标系，瞬时角速度有分量 ω_1、ω_2 和 ω_3，$\boldsymbol{L}$ 的分量具有简单的形式：

$$L_1=I_1\omega_1$$
$$L_2=I_2\omega_2$$

$$L_3 = I_3\omega_3 \tag{8.14}$$

这里，I_1、I_2 和 I_3 是相对主轴的转动惯量。

8.6.3 刚体的转动动能

刚体的动能是

$$K = \frac{1}{2}\sum m_j v_j{}^2$$

为了将平动和转动的贡献分开，我们引入质心坐标系：

$$\boldsymbol{r}_j = \boldsymbol{R} + \boldsymbol{r}_j'$$
$$v_j = \boldsymbol{V} + v_j'$$

我们有

$$K = \frac{1}{2}\sum m_j(\boldsymbol{V}+v_j')^2 = \frac{1}{2}\sum m_j(\boldsymbol{V}+v_j')\cdot(\boldsymbol{V}+v_j')$$
$$= \frac{1}{2}MV^2 + \frac{1}{2}\sum m_j v_j'^2$$

这里，项 $\boldsymbol{V}\cdot\sum m_j v_j'$ 恒等于零。利用 $v_j' = \boldsymbol{\omega}\times\boldsymbol{r}_j'$，转动动能变为

$$K_{\text{rot}} = \frac{1}{2}\sum m_j v_j'^2$$
$$= \frac{1}{2}\sum m_j(\boldsymbol{\omega}\times\boldsymbol{r}_j')\cdot(\boldsymbol{\omega}\times\boldsymbol{r}_j')$$

用矢量恒等式 $(\boldsymbol{A}\times\boldsymbol{B})\cdot\boldsymbol{C} = \boldsymbol{A}\cdot(\boldsymbol{B}\times\boldsymbol{C})$ 可以把右边简化。使 $\boldsymbol{A}=\boldsymbol{\omega}$，$\boldsymbol{B}=\boldsymbol{r}_j'$，$\boldsymbol{C}=\boldsymbol{\omega}\times\boldsymbol{r}_j'$，我们得到

$$K_{\text{rot}} = \frac{1}{2}\sum m_j\boldsymbol{\omega}\cdot[\boldsymbol{r}_j'\times(\boldsymbol{\omega}\times\boldsymbol{r}_j')]$$
$$= \frac{1}{2}\boldsymbol{\omega}\cdot[\sum m_j\boldsymbol{r}_j'\times(\boldsymbol{\omega}\times\boldsymbol{r}_j')]$$

根据方程 (8.4)，求和为角动量 $\boldsymbol{L}$。因此，

$$K_{\text{rot}} = \frac{1}{2}\boldsymbol{\omega}\cdot\boldsymbol{L} \tag{8.15}$$

当 $\boldsymbol{L}$ 和 $\boldsymbol{\omega}$ 都相对主轴表示时，转动动能有一个简单的形式。利用方程 (8.15)，我们有

$$K_{\text{rot}} = \frac{1}{2}\boldsymbol{\omega}\cdot\boldsymbol{L}$$
$$= \frac{1}{2}I_1\omega_1{}^2 + \frac{1}{2}I_2\omega_2{}^2 + \frac{1}{2}I_3\omega_3{}^2 \tag{8.16}$$

或者表示为

$$K_{\text{rot}} = \frac{L_1{}^2}{2I_1} + \frac{L_2{}^2}{2I_2} + \frac{L_3{}^2}{2I_3} \tag{8.17}$$

例 8.15 为什么飞碟优于飞行的雪茄

一颗早期的圆柱形的空间卫星，投放到轨道上后绕它的长轴自旋。令设计者吃惊的是，即使飞行器是不受力矩的，它却开始越来越剧烈地摇晃，最终会绕横轴自旋。

原因在于，虽然 $\boldsymbol{L}$ 对无力矩的运动是严格守恒的，但是，若物体不是严格刚性的，转动动能是可以变化的。如果卫星转动略微偏离对称轴，刚体的各部分会受到一个随时间变化的离心加速度。飞行器在随机变化的力作用下翘起和弯曲，能量被结构中的内摩擦力耗散掉。转动动能减少，能量转化为热能。根据方程（8.17），若物体绕一个主轴旋转，$K_{\text{rot}}=L^2/2I$。K_{rot} 对转动惯量最大的轴最小，绕这个轴的运动就是稳定的。对于柱形飞行器，初始转轴的转动惯量最小，运动是不稳定的。

薄圆盘（“飞碟”）绕它的柱形轴自旋是内在稳定的，因为其他两个转动惯量只有其一半大。雪茄型的飞行器相对它的长轴是不稳定的，相对横轴只是中性稳定的；不存在单一的轴具有最大转动惯量的情形。

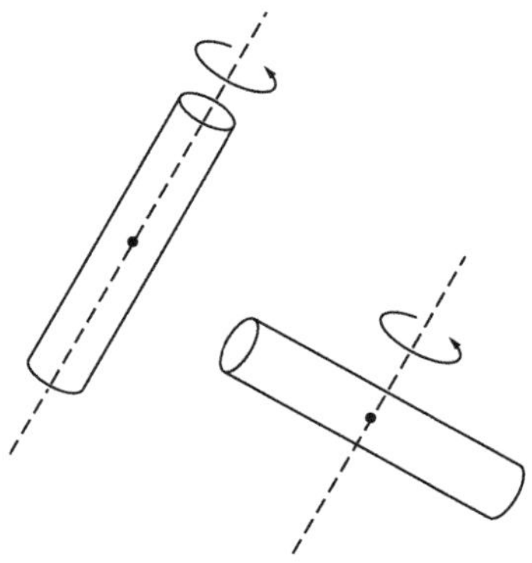

8.6.4 定点转动

本节开始我们就已经证明，在分析既平动又转动的刚体运动时，相对质心计算力矩和角动量总是正确的。然而在某些应用中，刚体的一点在空间是固定的，就像回转仪在框架的枢轴点。以固定点为参考点分析运动时常是方便的，因为质心运动不需要直接考虑，而约束力在枢轴点不产生力矩。

以固定点为原点，$\boldsymbol{r}_j$ 是质点 m_j 的位置矢量，$\boldsymbol{R}=X\hat{\boldsymbol{i}}+Y\hat{\boldsymbol{j}}+Z\hat{\boldsymbol{k}}$ 是质心的位置矢量。相对原点的力矩是

$$\boldsymbol{\tau}=\sum \boldsymbol{r}_j\times\boldsymbol{f}_j$$

式中，$\boldsymbol{f}_j$ 是作用在 m_j 上的力。

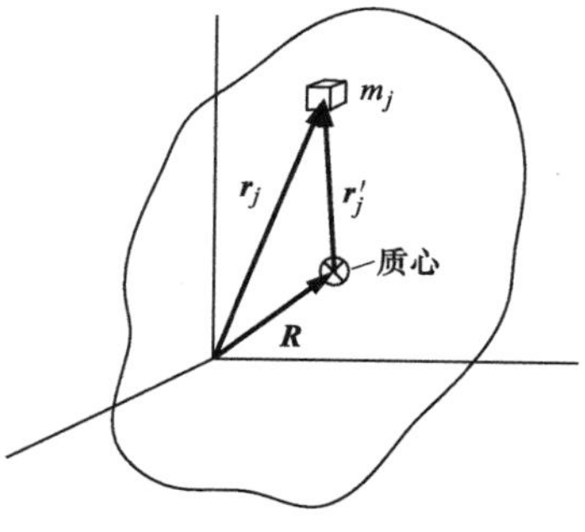

如果物体的角速度是 $\boldsymbol{\omega}$，相对原点的角动量是

$$\begin{aligned}\boldsymbol{L}&=\sum \boldsymbol{r}_j\times m_j\dot{\boldsymbol{r}}_j\\&=\sum \boldsymbol{r}_j\times m_j(\boldsymbol{\omega}\times\boldsymbol{r}_j)\end{aligned}$$

这与方程（8.4）具有相同的形式。照搬全部结果，我们有

$$\boldsymbol{L}=\widetilde{\boldsymbol{I}}\boldsymbol{\omega}$$

以及

$$I_{xx}=\sum m_j(y_j'^2+z_j'^2)$$
$$I_{xy}=-\sum m_j x_j' y_j'$$
$$\cdots$$

这里撇号表示质心坐标系。这个结果形式上等同于方程(8.8)，但是现在 $\widetilde{\boldsymbol{I}}$ 的分量是相对固定点计算，而不是质心。

若相对质心的惯量张量 $\widetilde{\boldsymbol{I}}_0$ 已知，相对其他任何参考点的 $\widetilde{\boldsymbol{I}}$ 可以从 7.3.1 节中平行轴定理的推广形式得到。证明留作习题，结果是

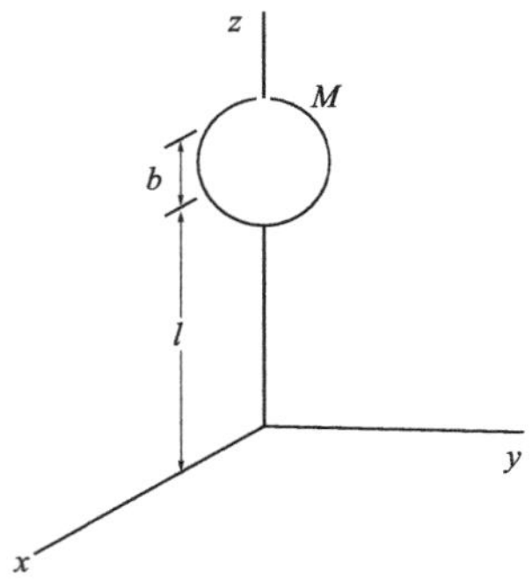

$$I_{xx}=(I_0)_{xx}+M(Y^2+Z^2)$$
$$I_{xy}=(I_0)_{xy}-MXY \tag{8.18}$$
$$\cdots$$

例如，考虑质量为 M、半径为 b 的匀质球，球心在 z 轴，到原点的距离为 l。我们有 $I_{xx}=\frac{2}{5}Mb^2+Ml^2$，$I_{yy}=\frac{2}{5}Mb^2+Ml^2$，$I_{zz}=\frac{2}{5}Mb^2$。

8.7 刚体动力学专题

本节我们关注几个刚体运动的例子。这些结果在后续的章节中是不需要的，略去这节也不失连贯性。

刚体动力学的基本问题是，给定力矩，确定转动刚体的方位随时间如何变化。目标是求解 $\boldsymbol{\tau}=\mathrm{d}\boldsymbol{L}/\mathrm{d}t$，这是与 $\boldsymbol{F}=M\boldsymbol{a}$ 类似的。然而，由于角动量 $\boldsymbol{L}$ 和角速度 $\boldsymbol{\omega}$ 的复杂关系$\boldsymbol{L}=\widetilde{\boldsymbol{I}}\boldsymbol{\omega}$，这种类比没什么实际的帮助。利用与刚体主轴重合的坐标系，我们可以使问题看起来简单一些。惯量张量 $\widetilde{\boldsymbol{I}}$ 形式上变成对角的（非对角的惯量积全都为零），$\boldsymbol{L}$ 的分量是

$$L_x=I_{xx}\omega_x$$
$$L_y=I_{yy}\omega_y$$
$$L_z=I_{zz}\omega_z$$

问题的难点在于，当刚体转动时，固定于刚体的主轴也随着转动。由于所受的力矩是在固定坐标系中施加的，我们能考虑的是我们的“实验室系”，我们需要沿着空间固定方向的轴

的 $\boldsymbol{L}$ 分量。当刚体转动时，它的主轴不再与空间的固定坐标系重合。惯量积在空间固定坐标系不再为零，更糟糕的是，惯量张量 $\widetilde{\boldsymbol{I}}$ 的分量还随时间变化。

形势似乎无望地纠缠在一起。幸运的是，若主轴并不远离空间固定坐标系，利用简单的矢量参量就可以确定运动。一般情形放在以后讨论，我们通过确定无力矩的刚体运动来演示这个方法。

8.7.1 无力矩进动：为什么地球会摇晃

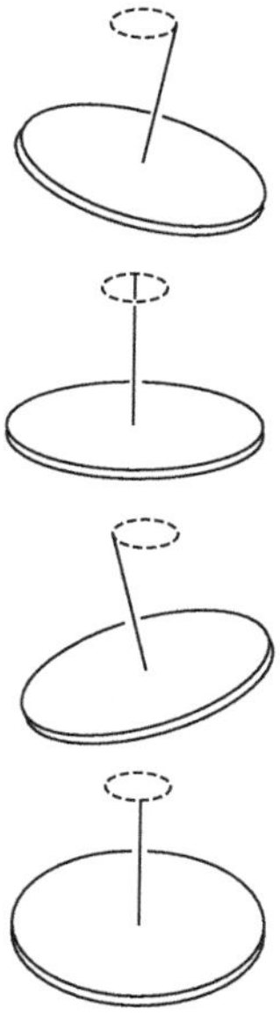

如果你扔下一枚自旋的硬币，并轻弹一下，硬币在空中下落时会摇晃；对称轴常在空中转动，如图所示。

由于基本上没有力矩作用在下落的硬币上，这种运动称为无力矩进动。

无力矩进动是刚体运动的特有模式。例如，由于这个效应，地球的自转轴绕极轴运动。我们观察到，$\boldsymbol{L}$ 和 $\boldsymbol{\omega}$ 不一定平行，而摇晃运动与此有关。若物体不受力矩，$\boldsymbol{L}$ 在空间是固定不变的，而 $\boldsymbol{\omega}$ 就必须运动，就如下面我们所证明的。

为使数学上简单，考虑柱对称的刚体，如硬币或类球体。为了应用小角近似，假设进动幅度较小。

设物体沿着主对称轴有较大的自旋角动量 $L_s=I_s\omega_s$，这里 I_s 是相应的转动惯量，ω_s 是绕对称轴的角速度。另外，我们允许物体绕着垂直主对称轴的轴有小的角位移。

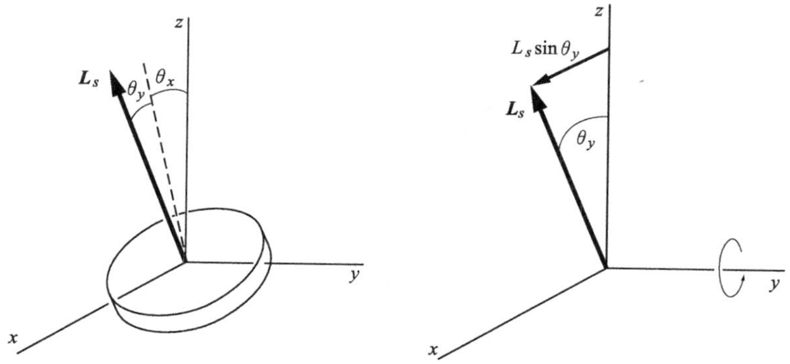

假设 $\boldsymbol{L}_s$ 靠近 z 轴，相对于 x 和 y 轴，指向 $\theta_x \ll 1$ 和 $\theta_y \ll 1$的方向。就像注释 8.1 所论证的那样，对于无限小角度的转动，绕每个轴的转动在一阶近似下可以认为是独立的。绕 x 轴的转动对 L_x 的贡献是 $L_x=\mathrm{d}(I_{xx}\theta_x)/\mathrm{d}t=I_{xx}\,\mathrm{d}\theta_x/\mathrm{d}t$。对于小角度位移，绕主轴的转动惯量在一阶近似下为常量，所以

可将 I_{xx} 当作常量。类似地，在一阶近似下，惯量积仍然为零。（证明留作一个习题。）另外，绕 y 轴的转动使 $\mathbf{L}_s$ 在 x 方向上给 L_x 贡献一个分量 $L_s\sin\theta_y$。两个贡献加起来，我们有

$$L_x=I_{xx}\frac{\mathrm{d}\theta_x}{\mathrm{d}t}+L_s\sin\theta_y$$

类似地

$$L_y=I_{yy}\frac{\mathrm{d}\theta_y}{\mathrm{d}t}-L_s\sin\theta_x$$

由对称性，$I_{xx}=I_{yy}=I_\perp$。对于小角度，$\sin\theta\approx\theta$ 和 $\cos\theta\approx 1$。因此，

$$L_x=I_\perp\frac{\mathrm{d}\theta_x}{\mathrm{d}t}+L_s\theta_y \tag{8.19a}$$

$$L_y=I_\perp\frac{\mathrm{d}\theta_y}{\mathrm{d}t}-L_s\theta_x \tag{8.19b}$$

在同阶近似下，

$$L_s=I_s\omega_s \tag{8.19c}$$

由于力矩为零，$\mathrm{d}\mathbf{L}/\mathrm{d}t=0$。方程（8.19c）给出 $L_s=$常量，$\omega_s=$常量，方程（8.19a）和（8.19b）给出

$$I_\perp\frac{\mathrm{d}^2\theta_x}{\mathrm{d}t^2}+L_s\frac{\mathrm{d}\theta_y}{\mathrm{d}t}=0 \tag{8.20a}$$

$$I_\perp\frac{\mathrm{d}^2\theta_y}{\mathrm{d}t^2}-L_s\frac{\mathrm{d}\theta_x}{\mathrm{d}t}=0 \tag{8.20b}$$

若令 $\omega_x=\mathrm{d}\theta_x/\mathrm{d}t$，$\omega_y=\mathrm{d}\theta_y/\mathrm{d}t$，方程（8.20）变为

$$I_\perp\frac{\mathrm{d}\omega_x}{\mathrm{d}t}+L_s\omega_y=0 \tag{8.21a}$$

$$I_\perp\frac{\mathrm{d}\omega_y}{\mathrm{d}t}-L_s\omega_x=0 \tag{8.21b}$$

为求解这一对耦合方程，对方程（8.21a）求导，并将 $\mathrm{d}\omega_y/\mathrm{d}t$ 的值代入方程（8.21b），得到

$$\frac{I_\perp^2}{L_s}\frac{\mathrm{d}^2\omega_x}{\mathrm{d}t^2}+L_s\omega_x=0$$

或者

$$\frac{\mathrm{d}^2\omega_x}{\mathrm{d}t^2}+\gamma^2\omega_x=0 \tag{8.22}$$

这里，

$$\gamma=\frac{L_s}{I_\perp}=\omega_s\frac{I_s}{I_\perp}$$

方程（8.22）是熟悉的简谐运动方程。解可以写成

$$\omega_x=A\sin(\gamma t+\phi) \tag{8.23}$$

这里，A 和 ϕ 是任意常量。把它代入方程（8.21a）：

$$\omega_y = -\frac{I_\perp}{L_s}\frac{d\omega_x}{dt}$$
$$= \frac{I_\perp}{I_s\omega_s}A\gamma\cos(\gamma t+\phi)$$

或者

$$\omega_y = A\cos(\gamma t+\phi) \tag{8.24}$$

对方程（8.23）和（8.24）积分，可得

$$\theta_x = \frac{A}{\gamma}\cos(\gamma t+\phi)+\theta_{x0} \tag{8.25a}$$

$$\theta_y = -\frac{A}{\gamma}\sin(\gamma t+\phi)+\theta_{y0} \tag{8.25b}$$

这里，θ_{x0}和θ_{y0}是积分常量。由于做了小角近似，我们要求$A/\gamma \ll 1$。

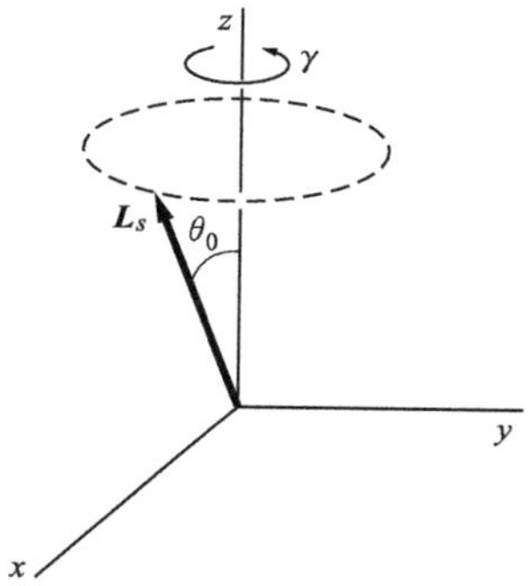

方程（8.25a）和（8.25b）显示，自旋轴绕着在空间的一个固定方向转动。若取这个方向沿着z轴，则$\theta_{x0}=\theta_{y0}=0$。假设在$t=0$时，$\theta_x=\theta_0$和$\theta_y=0$，我们有

$$\theta_x = \theta_0\cos\gamma t \tag{8.26a}$$
$$\theta_y = \theta_0\sin\gamma t \tag{8.26b}$$

这里，我们取$A/\gamma=\theta_0$和$\phi=0$。

方程（8.26a）和（8.26b）描述了无力矩的进动，自旋轴相对于z轴以一个固定角度θ_0在空间进动。进动的频率为$\gamma=\omega_s I_s/I_\perp$。对于一个沿着对称轴是扁平的物体，例如图中扁平的类球体，$I_s>I_\perp$和$\gamma>\omega_s$。对于薄的硬币，$I_s=2I_\perp$和$\gamma=2\omega_s$。因此，自由下落的硬币比它的自旋摇晃得快一倍。

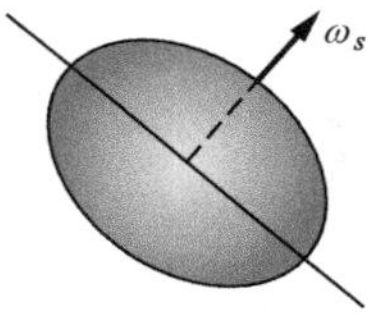

地球是一个扁平的类球体，并显示了无力矩进动。运动的幅度是小的；自旋轴绕着极轴在北极 5 m 处徘徊。由于地球本身以角速率ω_s自旋，对于地面的观察者，表观的进动速率是

$$\gamma' = \gamma-\omega_s = \omega_s\left(\frac{I_s-I_\perp}{I_\perp}\right) \tag{8.27}$$

对于地球，$(I_s-I_\perp)/I_\perp=\frac{1}{300}$，进动的周期应当是 300 天。实际上，情况全然不那么理想。观测到的运动有点不规则，表观的周期约是 430 天。涨落来源于地球的弹性，对于这么小的运动，这影响是显著的。

在注释 8.2 中对于章动回转仪的讨论也是基于小角近似，是这里所用方法的另一个例子。

8.7.2 欧拉方程

我们现在面对求解刚体运动方程的任务。方程写起来简单：

$\boldsymbol{\tau}=\mathrm{d}\boldsymbol{L}/\mathrm{d}t$。为了计算 $\mathrm{d}\boldsymbol{L}/\mathrm{d}t$，我们利用小角近似先计算在 t 到 $t+\Delta t$ 的时间间隔 $\boldsymbol{L}$ 分量的变化。结果只在一阶近似下是正确的，但是，当我们取极限 $\Delta t\to 0$ 时，它们就严格成立。

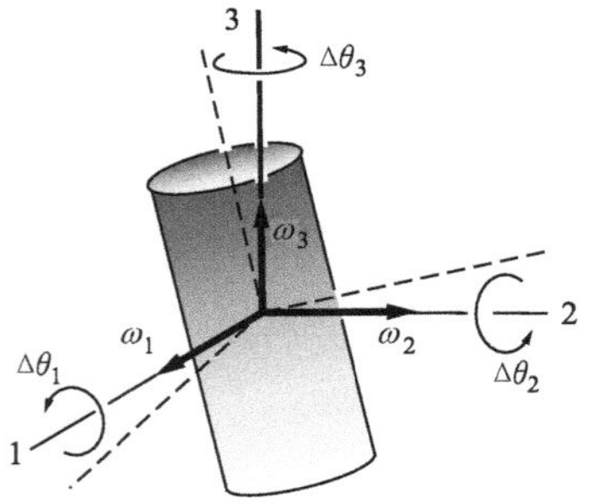

我们引入一个惯性坐标系，使其在 t 时刻与物体主轴的瞬时位置重合。用 1、2 和 3 标记惯性系的坐标轴。令 t 时刻相对 1、2 和 3 坐标系角速度 $\boldsymbol{\omega}$ 的分量为 ω_1、ω_2 和 ω_3。由于我们正在使用主轴，$\boldsymbol{L}$ 的分量是 $L_1=I_1\omega_1$，$L_2=I_2\omega_2$，$L_3=I_3\omega_3$，这里 I_1、I_2 和 I_3 分别是相对于三个轴的转动惯量。

经过时间间隔 Δt，主轴转动，离开 1、2 和 3 轴。在一阶近似下，绕 1 轴转过的角度是 $\Delta\theta_1=\omega_1\Delta t$；类似地，$\Delta\theta_2=\omega_2\Delta t$ 和 $\Delta\theta_3=\omega_3\Delta t$。根据注释 8.1 对无限小转动的分析，在一阶近似下，相应的变化 $\Delta L_1=L_1(t+\Delta t)-L_1(t)$ 可通过依次处理三个转动而确定。L_1 变化有两种方式。若 ω_1 变，$I_1\omega_1$ 的大小也变。另外，绕着其他两个轴的转动可以使 L_2 和 L_3 改变方向，这些对沿 1 轴的角动量也有贡献。

对于绕主轴的小角位移，$\tilde{\boldsymbol{I}}$ 的分量在一阶近似下为常量，$\Delta(I_1\omega_1)$ 对 ΔL_1 的贡献为 $\Delta(I_1\omega_1)=I_1\Delta\omega_1$。

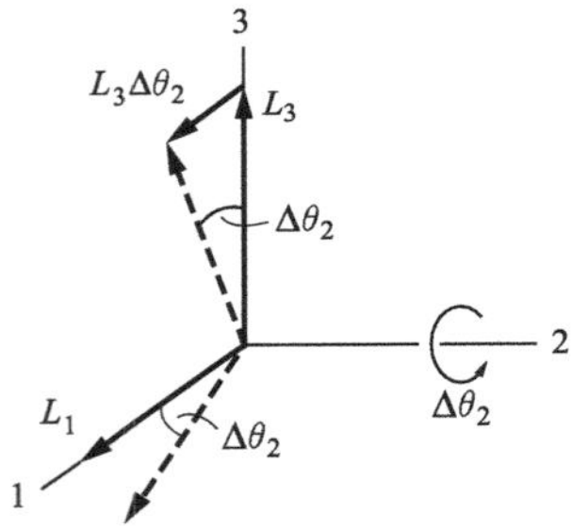

为确定对 ΔL_1 的其他贡献，先考虑绕 2 轴转过角度 $\Delta\theta_2$。这引起 L_1 和 L_3 转动，如图所示。

在一阶近似下，L_1 的转动沿 1 轴无变化。然而，L_3 绕 2 轴的转动沿 1 轴贡献 $L_3\Delta\theta_2=I_3\omega_3\Delta\theta_2$。类似地，绕着 3 轴的转动对 ΔL_1 的贡献是 $-L_2\Delta\theta_3=-I_2\omega_2\Delta\theta_3$。

把所有贡献加起来，得到

$$\Delta L_1=I_1\Delta\omega_1+I_3\omega_3\Delta\theta_2-I_2\omega_2\Delta\theta_3$$

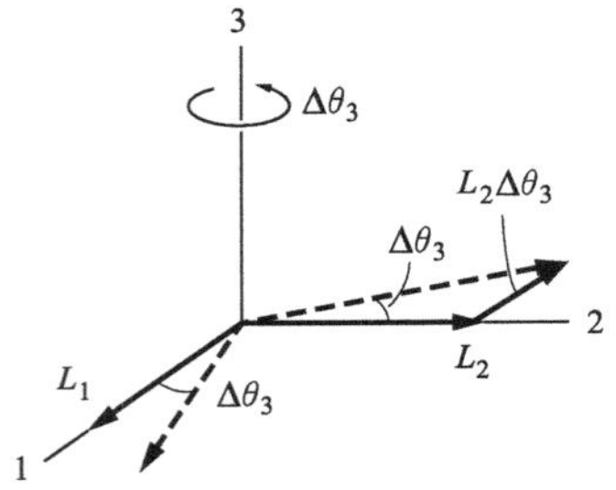

除以 Δt 并取极限 $\Delta t\to 0$，可得

$$\frac{\mathrm{d}L_1}{\mathrm{d}t}=I_1\frac{\mathrm{d}\omega_1}{\mathrm{d}t}+(I_3-I_2)\omega_3\omega_2$$

其他的分量可类似处理，或者我们简单地重新标记下标，$1\to 2$，$2\to 3$，$3\to 1$，可得

$$\frac{\mathrm{d}L_2}{\mathrm{d}t}=I_2\frac{\mathrm{d}\omega_2}{\mathrm{d}t}+(I_1-I_3)\omega_1\omega_3$$

$$\frac{\mathrm{d}L_3}{\mathrm{d}t}=I_3\frac{\mathrm{d}\omega_3}{\mathrm{d}t}+(I_2-I_1)\omega_2\omega_1$$

利用 $\boldsymbol{\tau}=\mathrm{d}\boldsymbol{L}/\mathrm{d}t$，我们得到

$$\tau_1 = I_1 \frac{d\omega_1}{dt} + (I_3 - I_2)\omega_3\omega_2 \tag{8.28a}$$

$$\tau_2 = I_2 \frac{d\omega_2}{dt} + (I_1 - I_3)\omega_1\omega_3 \tag{8.28b}$$

$$\tau_3 = I_3 \frac{d\omega_3}{dt} + (I_2 - I_1)\omega_2\omega_1 \tag{8.28c}$$

这里，τ_1、τ_2、τ_3 是 $\boldsymbol{\tau}$ 沿惯性系 1、2、3 轴的分量。

方程 (8.28) 首次被伟大的数学家欧拉在 18 世纪中叶导出，称作刚体运动的欧拉方程。

由于欧拉方程的应用难于处理，重要的是理解它们的含义。

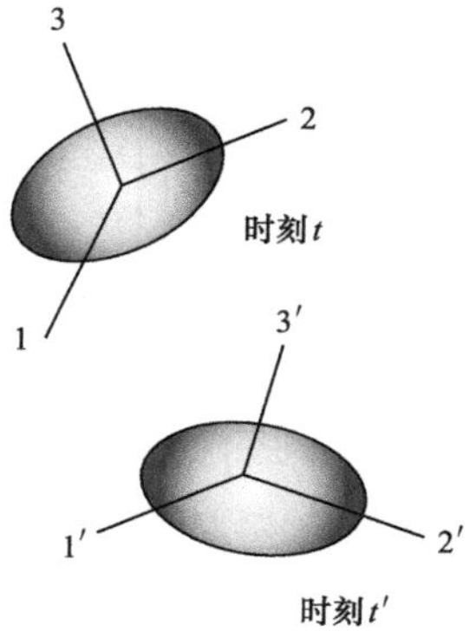

我们建立了 1、2、3 惯性系，使其在某个 t 时刻与物体主轴的瞬时方向重合。$\boldsymbol{\tau}$ 在 t 时刻沿 1、2、3 轴的分量为 τ_1、τ_2、τ_3。类似地，ω_1、ω_2、ω_3 是 $\boldsymbol{\omega}$ 在 t 时刻沿着 1、2、3 轴的分量，$d\omega_1/dt$、$d\omega_2/dt$、$d\omega_3/dt$ 是这些分量的瞬时变化率。欧拉方程把这些量在 t 时刻联系起来。为了在另一个时刻 t' 应用欧拉方程，我们必须在 t' 时刻与主轴重合的新惯性系 1′、2′、3′中，沿三个轴分解 $\boldsymbol{\tau}$ 和 $\boldsymbol{\omega}$。

难点在于欧拉方程并没有告诉我们如何确定这个坐标系在空间的方位。本质上，我们把一个问题换成了另外一个；我们知道在熟悉的 x、y 和 z 实验室坐标系中轴的安排，但是惯量张量的分量却以未知的方式变化。在 1、2、3 系中，$\widetilde{\boldsymbol{I}}$ 的分量为常量，但我们不知道轴的方位。结果，欧拉方程不能直接积分，以给出物体相对 x、y 和 z 实验室系的方位角。欧拉克服了这个困难，用一套所谓的欧拉角来表示 ω_1、ω_2、ω_3，欧拉角把刚体的主轴与实验室系的轴联系起来。

用欧拉角表示，欧拉方程是一组耦合微分方程。一般的方程相当复杂，在高等教材中有讨论。幸运的是，在许多重要的应用中，利用直接的几何参量，可从欧拉方程中确定刚体的运动。这里有三个例子。

例 8.16 刚体运动的动态稳定性

原则上，铅笔可以在笔尖上平衡，但实际中，铅笔会立刻倒下。虽然精致平衡的铅笔是处于平衡中，但平衡是不稳定的。若铅笔由于小的微扰开始倾斜，重力矩会使它更加倾斜；系统会持续地偏离平衡。

若偏离平衡的位移所导致的力使系统回到平衡，这个静态系统就是稳定的。若系统对微扰力的反应只是略微改变它的运动，这个动态系统就是稳定的。相反，不稳定系统的运动可以被微扰力急剧改变，就有可能导致灾难性的事故。

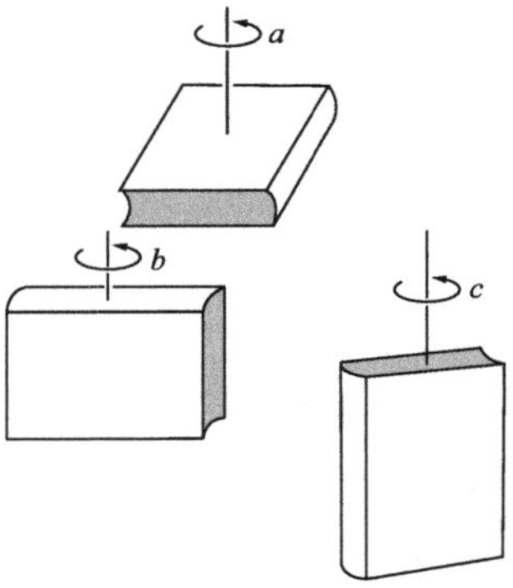

转动刚体可以展示稳定或非稳定的运动，这与转轴有关。我们将证明，对于绕着最大或最小转动惯量轴的转动，运动是稳定的，而对于绕着中等转动惯量轴的转动则是不稳定的。这个效应是容易验证的：用橡皮筋缠绕一本书，使它依次绕每个主轴自旋着下落。令绕轴 a 的转动惯量最大，绕轴 c 的最小。你会发现，书绕着这样的一个轴自旋时，运动是稳定的。然而，若书绕中等转动惯量的轴 b 旋转时，它自旋时就容易翻转，通常会宽边着地。

为了解释这种行为，我们求助于欧拉方程——方程(8.28)。假设物体的初始自旋角速度为 $\omega_1=$ 常量 $\neq 0$，$\omega_2=0$，$\omega_3=0$，并突然受到微扰。微扰过后，ω_2 和 ω_3 不再是零，但与 ω_1 相比是小的。一旦微扰结束，运动是无力矩的，欧拉方程变为

$$I_1\frac{\mathrm{d}\omega_1}{\mathrm{d}t}+(I_3-I_2)\omega_2\omega_3=0 \tag{1}$$

$$I_2\frac{\mathrm{d}\omega_2}{\mathrm{d}t}+(I_1-I_3)\omega_1\omega_3=0 \tag{2}$$

$$I_3\frac{\mathrm{d}\omega_3}{\mathrm{d}t}+(I_2-I_1)\omega_1\omega_2=0 \tag{3}$$

由于 ω_2 和 ω_3 都非常小，我们可略去方程 (1) 的第二项。因此，$I_1\mathrm{d}\omega_1/\mathrm{d}t=0$，所以 ω_1 是常量。

对方程 (2) 求导，并在方程 (3) 代入 $\mathrm{d}\omega_3/\mathrm{d}t$ 的值，可得

$$I_2\frac{\mathrm{d}^2\omega_2}{\mathrm{d}t^2}-\frac{(I_1-I_3)(I_2-I_1)}{I_3}\omega_1^2\omega_2=0$$

或者

$$\frac{\mathrm{d}^2\omega_2}{\mathrm{d}t^2}+A\omega_2=0 \tag{4}$$

这里，

$$A=\frac{(I_1-I_2)(I_1-I_3)}{I_2I_3}\omega_1^2$$

如果 I_1 是最大或最小的转动惯量，$A>0$，方程（4）就是简谐运动的方程：ω_2 以频率 $\sqrt{A}$ 做有限幅度的振动。容易证明，ω_3 也做简谐振动。由于 ω_2 和 ω_3 是有界的，运动是稳定的，这对应于我们早期算过的无力矩进动。

如果 I_1 是中等的转动惯量，$A<0$。在这种情形下，ω_2 和 ω_3 通常随时间指数式增大，运动是不稳定的。

例 8.17 转动杆

考虑一个匀质杆，安装在穿过质心的水平无摩擦轴上。轴被架在以匀角速度 $\boldsymbol{\Omega}$ 旋转的转盘上，杆的质心在转盘的轴上。令 θ 为图示的角度。问题是确定 θ 随时间的变化。

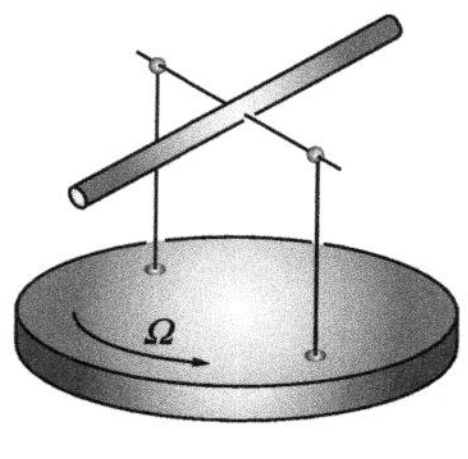

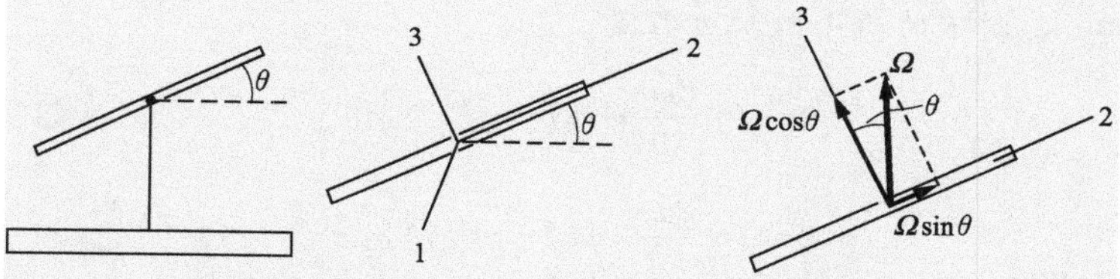

为应用欧拉方程，取杆的主轴 1 为沿着水平轴，主轴 2 沿杆的长度方向，主轴 3 在竖直面内与杆垂直。$\omega_1=\dot{\theta}$，$\boldsymbol{\Omega}$ 沿 2 和 3 方向分解，可得 $\omega_2=\Omega\sin\theta$ 和 $\omega_3=\Omega\cos\theta$。

沿 1 轴无力矩，欧拉方程的第一个给出

$$I_1\ddot{\theta}+(I_3-I_2)\Omega^2\sin\theta\cos\theta=0$$

或者

$$\ddot{\theta}+\left(\frac{I_3-I_2}{2I_1}\right)\Omega^2\sin2\theta=0 \tag{1}$$

这里利用了 $\sin\theta\cos\theta=\frac{1}{2}\sin2\theta$。

对于靠近水平的振动，$\sin2\theta\approx2\theta$，方程（1）变为

$$\ddot{\theta}+\left(\frac{I_3-I_2}{I_1}\right)\Omega^2\theta=0$$

想到 $I_3>I_2$，我们看出，θ 做角频率为 $\sqrt{(I_3-I_2)/I_1}\,\Omega$ 的简谐运动。

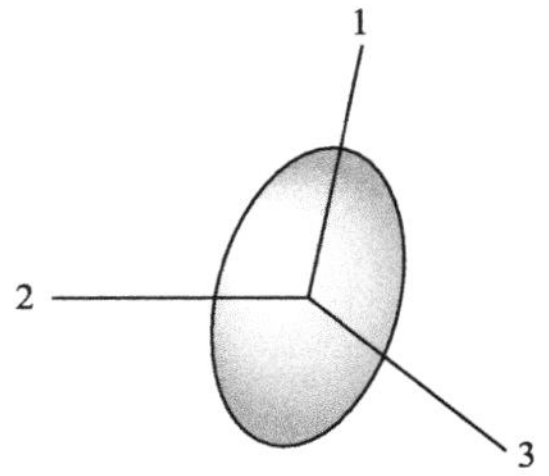

例 8.18　欧拉方程和无力矩进动

我们在 8.7.1 节中利用小角近似，讨论了柱对称物体的无力矩运动。这里，我们用欧拉方程得到精确解。

令柱对称轴为主轴 1，转动惯量为 I_1。其他两个主轴与 1 轴垂直，$I_2=I_3=I_\perp$。

由欧拉方程的第一个方程 (8.28a)：

$$\tau_1=I_1\frac{\mathrm{d}\omega_1}{\mathrm{d}t}+(I_3-I_2)\omega_2\omega_3 \tag{1}$$

我们有

$$0=I_1\frac{\mathrm{d}\omega_1}{\mathrm{d}t}$$

由此得到

$$\omega_1=\text{常量}=\omega_s$$

因此，主轴 2 和 3 绕 1 轴以匀角速度 ω_s 旋转。

剩下的两个欧拉方程是

$$0=I_\perp\frac{\mathrm{d}\omega_2}{\mathrm{d}t}+(I_1-I_\perp)\omega_s\omega_3 \tag{2}$$

$$0=I_\perp\frac{\mathrm{d}\omega_3}{\mathrm{d}t}+(I_\perp-I_1)\omega_s\omega_2 \tag{3}$$

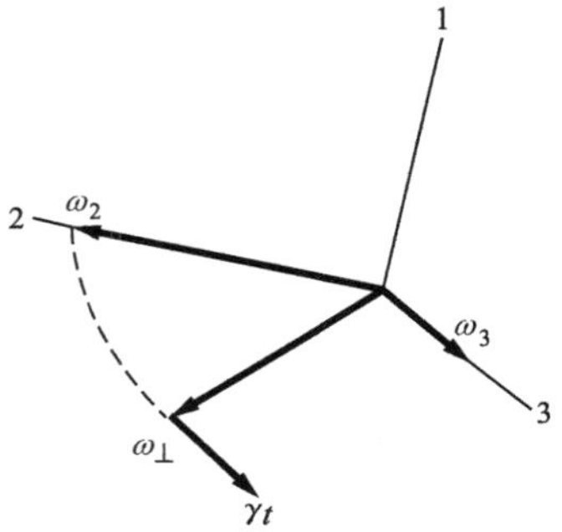

对方程 (2) 求导，并利用方程 (3) 消去 $\mathrm{d}\omega_3/\mathrm{d}t$，得到

$$\frac{\mathrm{d}^2\omega_2}{\mathrm{d}t^2}+\left(\frac{I_1-I_\perp}{I_\perp}\right)^2\omega_s^2\omega_2=0$$

角速度分量 ω_2 做简谐运动，角频率为

$$\gamma=\left|\frac{I_1-I_\perp}{I_\perp}\right|\omega_s$$

因此，ω_2 满足 $\omega_2=\omega_\perp\cos\gamma t$，这里振幅 $\omega_\perp$ 由初始条件确定。于是，如果 $I_1>I_\perp$，方程 (2) 给出

$$\begin{aligned}\omega_3&=-\frac{1}{\gamma}\frac{\mathrm{d}\omega_2}{\mathrm{d}t}\\&=\omega_\perp\sin\gamma t\end{aligned}$$

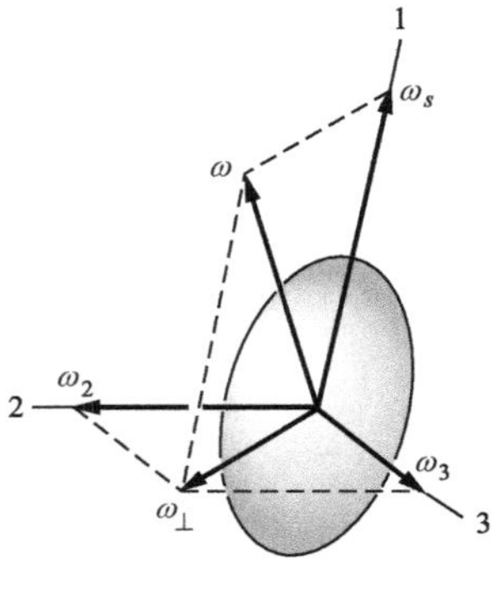

如图所示，在 2-3 平面内转动、以频率 γ 变化的矢量 $\omega_\perp$ 的分量是 ω_2 和 ω_3。固定在物体上的观察者会看到 $\omega_\perp$ 绕 1 轴以角频率 γ 相对于物体转动。

由于 1,2,3 轴固定在物体上，物体绕着 1 轴以 ω_s 转动，$\omega_\perp$ 相对于在固定空间的观察者的转动速度是

$$\gamma+\omega_s=\frac{I_1}{I_\perp}\omega_s$$

欧拉方程已经告诉我们角速度相对物体如何变动，但是我们还必须确定物体在空间的实际运动。这里我们必须展现我们的才华。我们知道 $\boldsymbol{\omega}$ 相对物体的运动，我们也知道对于无力矩运动，$\boldsymbol{L}$ 为常量。我们将证明，这对于确定刚体的实际运动是足够的。

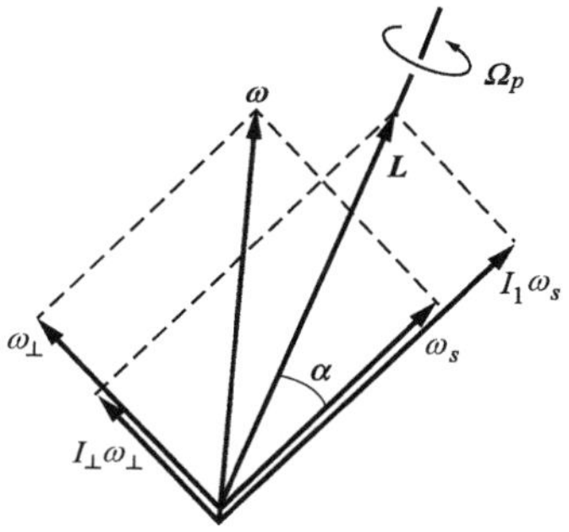

图中显示了在某一时刻的 $\boldsymbol{\omega}$ 和 $\boldsymbol{L}$。由于 $L\cos\alpha=I_1\omega_s$，ω_s 和 L 为常量，α 也必须是常量。因此，图中所有矢量的相对位置从未变化。唯一可能的运动是图绕 $\boldsymbol{L}$ 以某个“进动”角速度 Ω_p 转动。（要记住，图是相对于物体运动的；Ω_p 大于 ω_s。）

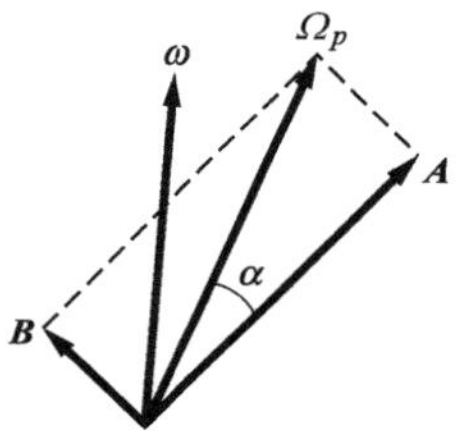

剩下的问题是确定 $\boldsymbol{\Omega}_p$。我们已经证明 $\boldsymbol{\omega}$ 绕 $\boldsymbol{\omega}_s$ 在空间以比率 $\gamma+\omega_s$ 进动。将其与 $\boldsymbol{\Omega}_p$ 联系起来，把 $\boldsymbol{\Omega}_p$ 分解成沿 $\boldsymbol{\omega}_s$ 的矢量 $\boldsymbol{A}$ 和垂直 $\boldsymbol{\omega}_s$ 的矢量 $\boldsymbol{B}$。

大小是 $A=\Omega_p\cos\alpha$ 和 $B=\Omega_p\sin\alpha$。转动 $\boldsymbol{A}$ 使 $\boldsymbol{\omega}$ 绕着 $\boldsymbol{\omega}_s$ 转动，但转动 $\boldsymbol{B}$ 不会如此。因此，$\boldsymbol{\omega}$ 绕着 $\boldsymbol{\omega}_s$ 进动的角速度为 $\Omega_p\cos\alpha$。这等于 $\gamma+\omega_s$：

$$\begin{aligned}\Omega_p\cos\alpha&=\gamma+\omega_s\\&=\frac{I_1}{I_\perp}\omega_s\end{aligned}$$

或者

$$\Omega_p=\frac{I_1\omega_s}{I_\perp\cos\alpha}$$

进动角速度表示了对称轴绕着固定方向 $\boldsymbol{L}$ 转动的角速度 $\boldsymbol{\Omega}_p$。它是我们轻弹旋转的硬币所观察到的摇晃频率。本节前段，我们利用了小角近似并确定了对称轴绕空间固定方向转动的频率为 $I_1\omega_s/I_\perp$。我们早期的结果与这里导出的精确结果在 $\alpha\to0$ 极限下是一致的。

注释 8.1 有限与无限小转动

本注释中，我们要论证，若转动是大的，转动的顺序是重要的——有限转动是不对易的；若转动是小的就不这样——无限小转动是对易的。所谓无限小转动是指，高于转动角一次幂的都可略去。对易性是重要的，它可以让我们把小角位移处理成矢量的分量。

在例 8.1 中，我们论证了，若两个转动按相反的顺序操作，结果是不同的，所以不能把有限转动写成矢量。为了证明这一点，我们要计算对位置矢量 $\boldsymbol{r}$ 相继转动的效果。令 $\boldsymbol{r}_\alpha$ 是把 $\boldsymbol{r}$ 绕 $\hat{\boldsymbol{n}}_\alpha$ 转过 α 的结果，而 $\boldsymbol{r}_{\alpha\beta}$ 是把 $\boldsymbol{r}_\alpha$ 绕 $\hat{\boldsymbol{n}}_\beta$ 转过 β 的结果。我们要证明：

$$\boldsymbol{r}_{\alpha\beta} \neq \boldsymbol{r}_{\beta\alpha}$$

然而，对于 $\alpha \ll 1$ 和 $\beta \ll 1$，我们会发现，在转角的一阶近似下，$\boldsymbol{r}_{\alpha\beta} = \boldsymbol{r}_{\beta\alpha}$，所以对于无限小转动，把方位角处理成矢量是没有问题的。我们的计算是一个特例，但却展示了一般证明的基本特征。

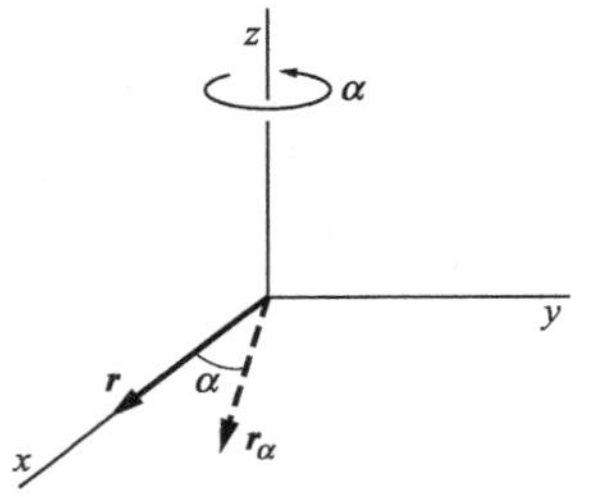

假定矢量 $\boldsymbol{r}$ 开始时沿着 x 轴，$\boldsymbol{r} = r\hat{\boldsymbol{i}}$。首先绕着 z 轴转过角度 α，接着绕 y 轴转过角度 β，操作如下。

第一次转动：绕 z 轴转过角度 α。

$$\boldsymbol{r} = r\hat{\boldsymbol{i}}$$

$$\boldsymbol{r}_\alpha = r\cos\alpha\hat{\boldsymbol{i}} + r\sin\alpha\hat{\boldsymbol{j}}$$

这里，$|\boldsymbol{r}_\alpha| = |\boldsymbol{r}| = r$。

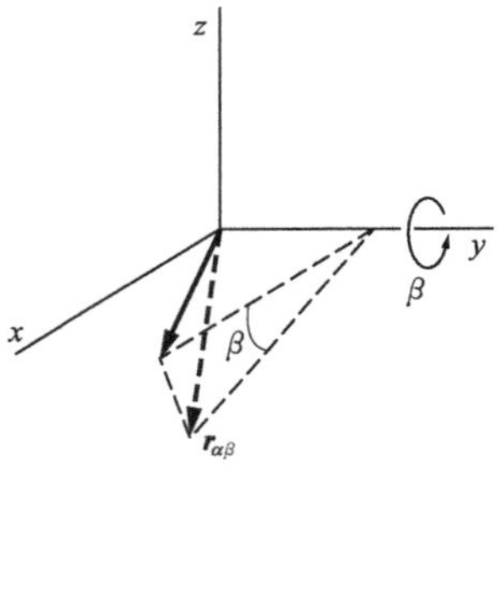

第二次转动：绕着 y 轴转过角度 β。这个转动不改变 y 分量 $r\sin\alpha\hat{\boldsymbol{j}}$。

$$\begin{aligned}\boldsymbol{r}_{\alpha\beta} &= r\cos\alpha(\cos\beta\hat{\boldsymbol{i}} - \sin\beta\hat{\boldsymbol{k}}) + r\sin\alpha\hat{\boldsymbol{j}} \\ &= r\cos\alpha\cos\beta\hat{\boldsymbol{i}} + r\sin\alpha\hat{\boldsymbol{j}} - r\cos\alpha\sin\beta\hat{\boldsymbol{k}} \qquad (1)\end{aligned}$$

现在进行相同的操作，但是按相反的顺序。结果是

$$\boldsymbol{r}_{\beta\alpha} = r\cos\alpha\cos\beta\hat{\boldsymbol{i}} + r\cos\beta\sin\alpha\hat{\boldsymbol{j}} - r\sin\beta\hat{\boldsymbol{k}} \qquad (2)$$

比较方程（1）和（2），看到 $\boldsymbol{r}_{\alpha\beta}$ 和 $\boldsymbol{r}_{\beta\alpha}$ 的 y 和 z 分量是不同的。

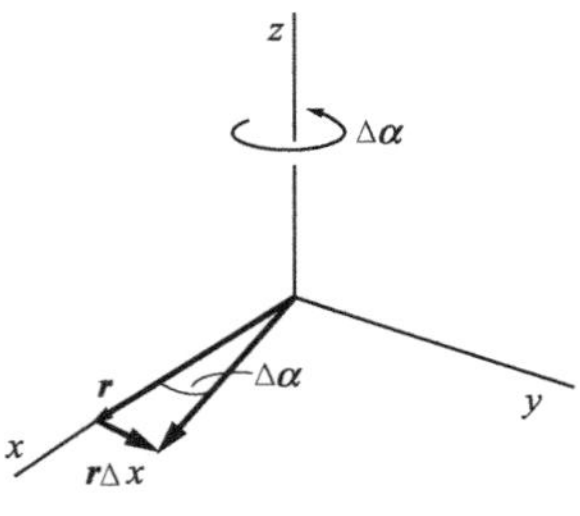

如图所示，用 $\Delta\alpha$ 和 $\Delta\beta$ 表示转动角，并取 $\Delta\alpha \ll 1$，$\Delta\beta \ll 1$。若我们忽略所有的二阶和更高阶项，则 $\sin\Delta\theta \approx \Delta\theta$ 和 $\cos\Delta\theta \approx 1$，方程（1）变为

$$\boldsymbol{r}_{\alpha\beta} = r\hat{\boldsymbol{i}} + r\Delta\alpha\hat{\boldsymbol{j}} - r\Delta\beta\hat{\boldsymbol{k}} \qquad (3)$$

方程（2）变为

$$\boldsymbol{r}_{\beta\alpha} = r\hat{\boldsymbol{i}} + r\Delta\alpha\hat{\boldsymbol{j}} - r\Delta\beta\hat{\boldsymbol{k}} \qquad (4)$$

因此，对于小转动，在一阶近似下，$\boldsymbol{r}_{\alpha\beta}=\boldsymbol{r}_{\beta\alpha}$，矢量

$$\Delta\boldsymbol{\theta}=\Delta\beta\hat{\boldsymbol{j}}+\Delta\alpha\hat{\boldsymbol{k}}$$

就定义好了。特别的，$\boldsymbol{r}$ 的位移是

$$\begin{aligned}\Delta\boldsymbol{r}&=\boldsymbol{r}_{末}-\boldsymbol{r}_{初}\\&=\boldsymbol{r}_{\alpha\beta}-r\hat{\boldsymbol{i}}\\&=r\Delta\alpha\hat{\boldsymbol{j}}-r\Delta\beta\hat{\boldsymbol{k}}=\Delta\boldsymbol{\theta}\times\boldsymbol{r}\end{aligned}\qquad(5)$$

若位移发生在时间 Δt 内，速度是

$$\begin{aligned}v&=\lim_{\Delta t\to 0}\frac{\Delta\boldsymbol{r}}{\Delta t}\\&=\lim_{\Delta t\to 0}\frac{\Delta\boldsymbol{\theta}\times\boldsymbol{r}}{\Delta t}\\&=\boldsymbol{\omega}\times\boldsymbol{r}\end{aligned}$$

这里，

$$\boldsymbol{\omega}=\lim_{\Delta t\to 0}\frac{\Delta\boldsymbol{\theta}}{\Delta t}$$

在我们的例子中，$\boldsymbol{\omega}=(\mathrm{d}\beta/\mathrm{d}t)\hat{\boldsymbol{j}}+(\mathrm{d}\alpha/\mathrm{d}t)\hat{\boldsymbol{k}}$。

方程（3）和（4）表明，两个无限小转动的结果可以通过独立计算转动的效果而确定。在一阶近似下，绕着 z 轴把 $\boldsymbol{r}=r\hat{\boldsymbol{i}}$ 转过角度 $\Delta\alpha$ 的效果是产生一个 y 分量，$r\Delta\alpha\hat{\boldsymbol{j}}$。绕 y 轴把 $\boldsymbol{r}$ 转过角度 $\Delta\beta$ 的效果是产生一个 z 分量，$-r\Delta\beta\hat{\boldsymbol{k}}$。在一阶近似下，$\boldsymbol{r}$ 的总变化量等于两个效果之和，

$$\Delta\boldsymbol{r}=r\Delta\alpha\hat{\boldsymbol{j}}-r\Delta\beta\hat{\boldsymbol{k}}$$

这与方程（5）是一致的。

注释 8.2　再论回转仪

在 8.3 节，我们用简单的矢量方法讨论了回转仪的匀速进动。然而，匀速进动并非回转仪运动的最一般形式。例如，回转仪的轴从水平静止释放，它并不立刻开始进动，而是质心开始下落，下落运动又快速转化为称之作**章动**的起伏运动。若起伏被轴承的摩擦减弱，回转仪最终会变成匀速进动。本注释的目标就是，利用小角近似说明章动是如何发生的。（我们在 8.7.1 节用同样的方法解释了

无力矩进动。）

考虑这样的一个回转仪，质量为 M 的飞轮位于长为 l 的杆的一端，另一端在一个定支点上。使飞轮快速自旋，轴从水平释放。接下来是什么运动？

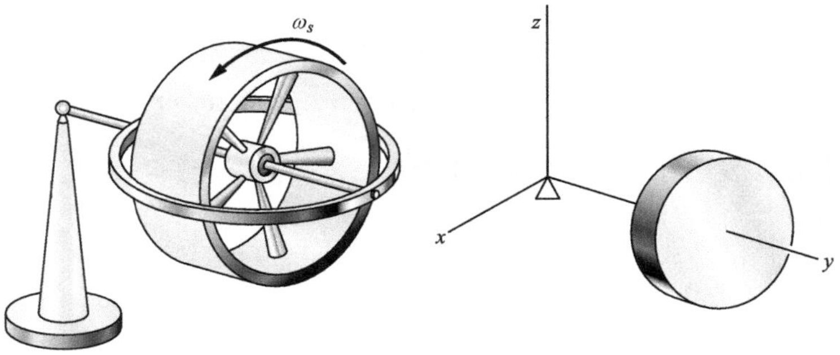

由于习惯于用绕着固定支点的转动来考虑运动，我们引入原点在支点的坐标系。

假设这样一个时刻，回转仪并不自旋，而是转轴以角速度 ω_z 绕着支点水平转动。为了计算相对原点的角动量，我们需要一个推广的平行轴定理。考虑轴以角速度 ω_z 绕 z 轴转动的角动量。若盘绕通过质心的竖直轴的转动惯量是 I_{zz}，则绕着过支点的 z 轴的转动惯量为 $I_{zz}+Ml^2$。（证明是很直接的，留作习题。）若令 $I_{zz}+Ml^2=I_p$，则 $I_z=I_p\omega_z$。由对称性，绕 x 轴的转动惯量是 $I_{xx}+Ml^2=I_p$，所以 $L_x=I_p\omega_x$。

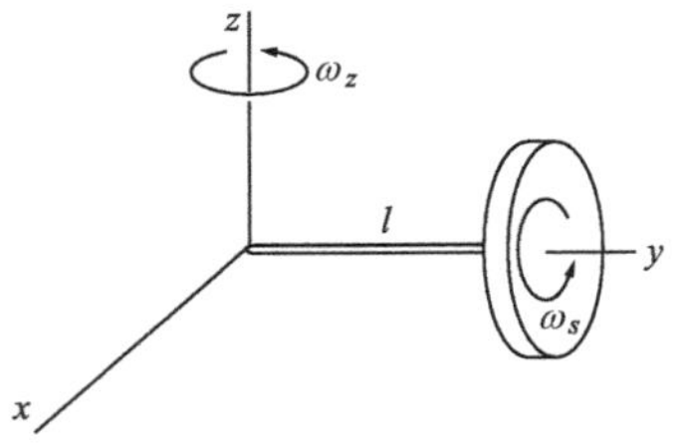

如图所示，当回转仪沿着 y 轴时，这些结果是精确的；对于偏离 y 轴的小角度，在角度的一阶近似下它们也是正确的。

现在假设飞轮以 ω_s 自旋。若沿这个轴的转动惯量为 I_s，则自旋角动量是 $L_s=I_s\omega_s$。

与偏离 y 轴的小角位移有关，对角动量有贡献的因素有两个。第一个是系统作为整体以某个角速度 ω_z 绕支点的运动。这个转动的贡献形如 $I\omega_z$，这里 I 是绕 ω_z 轴的转动惯量。第二项源于自旋方向的变化，当回转仪离开 y 轴时，$\mathbf{L}_s$ 在 x 和 z 方向产生分量。对于小角位移 θ，这些分量的形式为 $L_s\theta$。

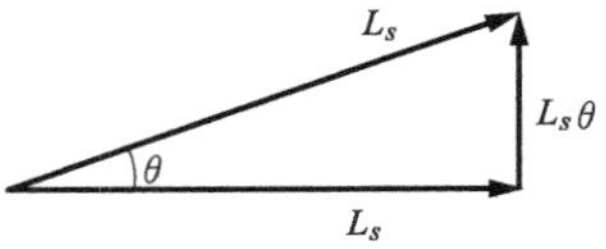

对于小角位移，绕 x 轴的 $\theta_x\ll1$，绕 z 轴的 $\theta_z\ll1$，转动可以看作独立的，它们的效果可以相加。

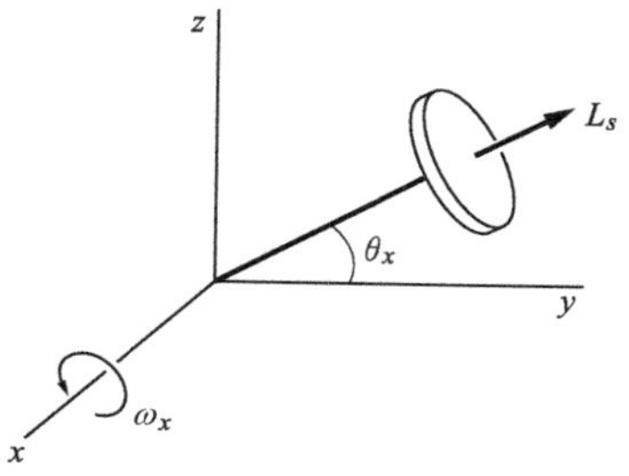

a)

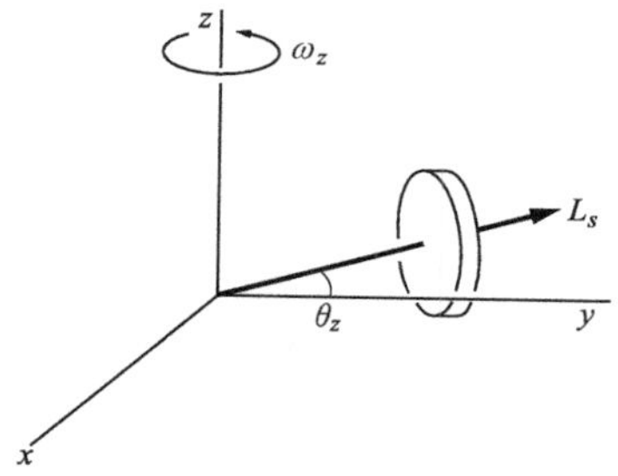

b)

(a) 绕 x 轴的转动

假设自转轴绕 x 轴转过的角度 $\theta_x \ll 1$，具有瞬时角速度 ω_x，则

$$\begin{aligned} L_x &= I_p\omega_x \\ L_y &= L_s\cos\theta_x \approx L_s \\ L_z &= L_s\sin\theta_x \approx L_s\theta_x \end{aligned} \tag{1}$$

(b) 绕 z 轴的转动

对于绕 z 轴的转动 $\theta_z \ll 1$，类似的论证给出：

$$\begin{aligned} L_x &= -L_s\sin\theta_z \approx -L_s\theta_z \\ L_y &= L_s\cos\theta_z \approx L_s \\ L_z &= I_p\omega_z \end{aligned} \tag{2}$$

方程（1）和（2）表明，转动 θ_x 和 θ_z 在一阶近似下并不改变 L_y。然而，转动对 L_x 和 L_z 有一阶贡献。从方程（1）和（2）可得

$$\begin{aligned} L_x &= I_p\omega_x - L_s\theta_z \\ L_y &= L_s \\ L_z &= I_p\omega_z + L_s\theta_x \end{aligned} \tag{3}$$

相对原点的瞬时力矩为

$$\tau_x = -lW \tag{4}$$

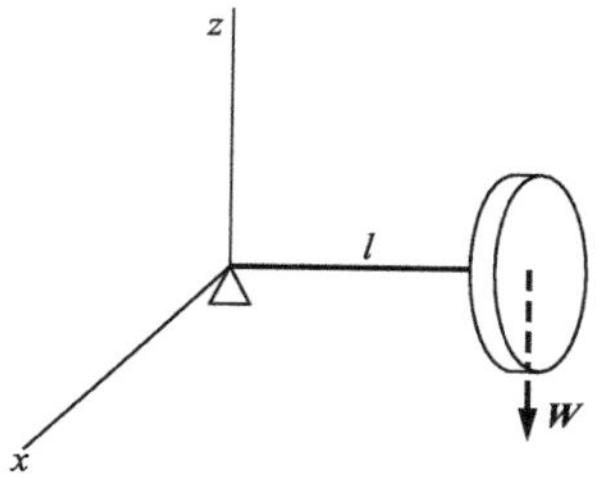

式中，l 为轴的长度，W 为回转仪所受的重力。由于 $\boldsymbol{\tau} = \mathrm{d}\boldsymbol{L}/\mathrm{d}t$，方程（3）和（4）给出：

$$I_p\dot{\omega}_x - L_s\omega_z = -lW \tag{5a}$$

$$\dot{L}_s = 0 \tag{5b}$$

$$I_p\dot{\omega}_z + L_s\omega_x = 0 \tag{5c}$$

这里，我们利用了 $\dot{\theta}_z = \omega_z$，$\dot{\theta}_x = \omega_x$。

方程（5b）使我们确信自旋是常量，就像我们对好的轴承所预料的一样。为求解剩下的方程，对方程（5a）求导，可得

$$I_p \ddot{\omega}_x - L_s \dot{\omega}_z = 0$$

从方程（5c）中代入结果 $\dot{\omega}_z = -L_s \omega_x / I_p$，可得

$$\ddot{\omega}_x + \frac{L_s^2}{I_p^2} \omega_x = 0$$

令 $\gamma = L_s / I_p = \omega_s I_s / I_p$，方程变为

$$\ddot{\omega}_x + \gamma^2 \omega_x = 0$$

我们再次得到了熟悉的简谐运动方程。解为

$$\omega_x = A\cos(\gamma t + \phi) \tag{6}$$

这里，A 和 ϕ 为任意常量。

我们可以从方程（5a）确定 ω_z：

$$\omega_z = \frac{lW}{L_s} + \frac{I_p}{L_s} \dot{\omega}_x$$

代入从方程（6）获得的结果 $\dot{\omega}_x = -A\gamma\sin(\gamma t + \phi)$，可得

$$\begin{aligned}\omega_z &= \frac{lW}{L_s} - \frac{I_p}{L_s} A\gamma\sin(\gamma t + \phi) \\ &= \frac{lW}{L_s} - A\sin(\gamma t + \phi)\end{aligned} \tag{7}$$

对方程（6）和（7）积分，得到

$$\begin{aligned}\theta_x &= B\sin(\gamma t + \phi) + C \\ \theta_z &= \frac{lW}{L_s} t + B\cos(\gamma t + \phi) + D\end{aligned} \tag{8}$$

这里，$B = A/\gamma$，C 和 D 是积分常量。

回转仪的运动依赖于方程（8）中的常量 B、ϕ、C 和 D，而这些依赖于初始条件。我们考虑三个不同的情形。

情形 1. 匀速进动 取 $B = 0$，$C = D = 0$，方程（8）给出：

$$\begin{aligned}\theta_x &= 0 \\ \theta_z &= lW \frac{t}{L_s}\end{aligned} \tag{9}$$

这对应于 8.3 节处理的匀速进动情形。进动的角速度是 $\mathrm{d}\theta_z/\mathrm{d}t = lW/L_s$，与早期发现的方程（8.2）结果相同。若回转仪在 $t = 0$ 时匀速进动，它会一直这样运动。然而，若我们在 $t = 0$ 从静止释放回转仪，它的初始进动速率为零。我们就需要更仔细地检查方程的解。

情形 2. 无力矩进动 若我们“去掉”重力，即 W 为零，则方程（8）在 $C = D = 0$ 时给出：

$$\theta_x = B\sin(\gamma t + \phi) \tag{10a}$$

$$\theta_z = B\cos(\gamma t + \phi) \tag{10b}$$

轴的尖端在绕 y 轴的一个圆上运动。运动的幅度依赖初始条件。这等同于 8.7.1 节和例 8.18 所讨论的无力矩进动。

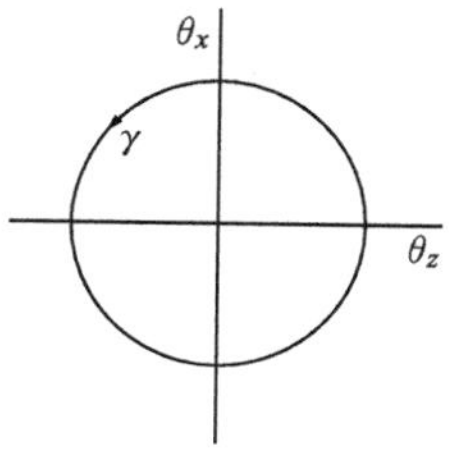

情形 3. 章动 假设在 $t=0$ 时自转轴沿 y 轴从静止释放。在 $t=0$ 时 x 运动的初始条件为 $(\theta_x)_0=0$，$(\mathrm{d}\theta_x/\mathrm{d}t)_0=0$。从方程（8）可得

$$B\sin\phi + C = 0$$

$$B\gamma\cos\phi = 0$$

假定此刻 B 不为零，我们有 $\phi=\pi/2$，$C=-B$。方程（8）就变为

$$\theta_z = \frac{lW}{L_s}t - B\sin\gamma t + D$$

在 $t=0$ 时 z 运动的初始条件为 $(\theta_z)_0=0$，$(\mathrm{d}\theta_z/\mathrm{d}t)_0=0$，由此得到

$$D = 0$$

$$-B\gamma + \frac{lW}{L_z} = 0$$

或者

$$B = \frac{lW}{\gamma L_s}$$

把这些结果代入方程（8），可得

$$\theta_x = \frac{lW}{\gamma L_s}(\cos\gamma t - 1) \tag{11a}$$

$$\theta_z = \frac{lW}{\gamma L_s}(\gamma t - \sin\gamma t) \tag{11b}$$

方程（11）所描述的运动在图中画出。随着时间的增大，轴的尖端划出一个摆线路径。轴的这个升降运动称为**章动**。用做工良好的回转仪很容易看到这个运动。注意，轴的初始运动是垂直向下的。回转仪被释放后，它开始下落，但是运动被很快反转，它又升到其初始高度。同时，它已经轻微进动。由于轴的摩擦力，章动最终会衰减掉，阻尼章动转化为

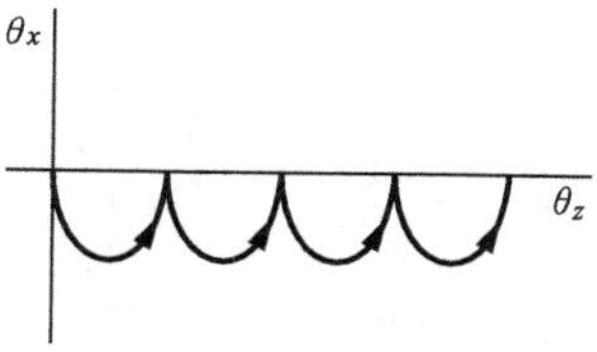

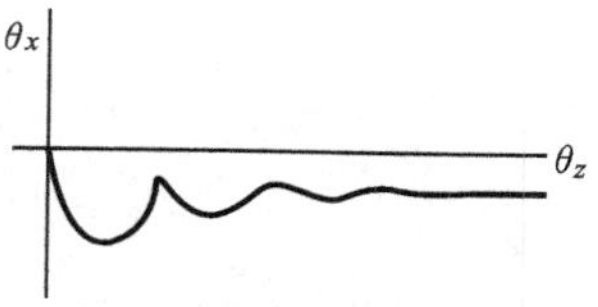

阻尼章动

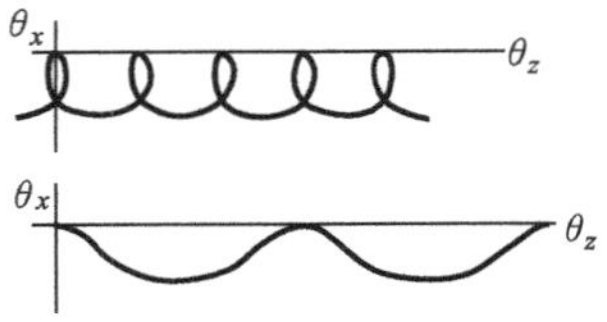

匀速进动，如图所示。

章动衰减后，轴会略微下沉；这使绕 z 轴的总角动量为零。进动的转动能量来自质心的下降。其他的章动也是可能的，这与初始条件有关；图中显示了两个可能的情形。通过选择合适的常量，这些都可以用方程（8）描述。

我们做了近似，$\theta_x \ll 1$，$\theta_z \ll 1$。但是，由于进动，θ_z 随时间线性增大，近似必然被破坏。若我们只检查一个章动周期的运动，这不会有问题。章动重复的周期为 $T=2\pi/\gamma$。若 θ_z 在一个周期内是小的，我们就可以在周期结束后采用一个新的坐标系，使它的 y 轴再次沿着轴的方向，重新开始这个问题。对 θ_z 的限制就是 $\Omega T \ll 1$，或者

$$\frac{2\pi\Omega}{\gamma} \ll 1$$

若进动的角速度与章动的角速度差不了多少，我们的解就失效了。更加明显的是，如果回转仪进动了一整圈，而章动完成了很多次，我们的近似仍然是好的。

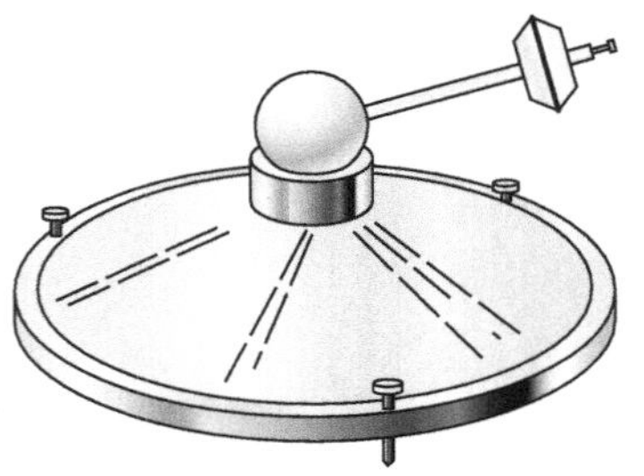

对于玩具回转仪，摩擦太大，实际上不可能观测到章动。然而，对于悬空的回转仪，摩擦非常小，章动很容易观测到。这个回转仪的转子是一个大质量的金属球，放在贴合的杯中。球悬在从杯底小孔吹出的空气薄膜上。所受的力矩是由球的径向伸出的杆上小物体的重力施加的。图片是杆末端小珠子的频闪照片，显示了三种运动模式。通过分析点的间距，你能识别进动循环过程中杆的速率的变化。

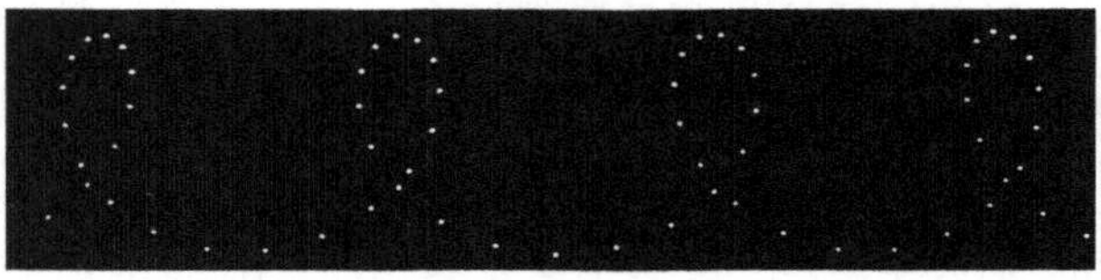

习题

标 * 的习题可参考附录中的提示、线索和答案。

8.1 转动的圆环

一个质量为 M、半径为 R 的细圆环绕着 z 轴无滑动地滚动。它被一个长为 R、通过质心的轴支撑，如图所示，环绕着 z 轴以角速率 Ω 转圈。

(a) 环的瞬时角速度 $\boldsymbol{\omega}$ 是多大？

(b) 环的角动量 $\boldsymbol{L}$ 是多大？$\boldsymbol{L}$ 与 $\boldsymbol{\omega}$ 平行吗？（环对沿着它直径的轴的转动惯量为 $\frac{1}{2}MR^2$。）

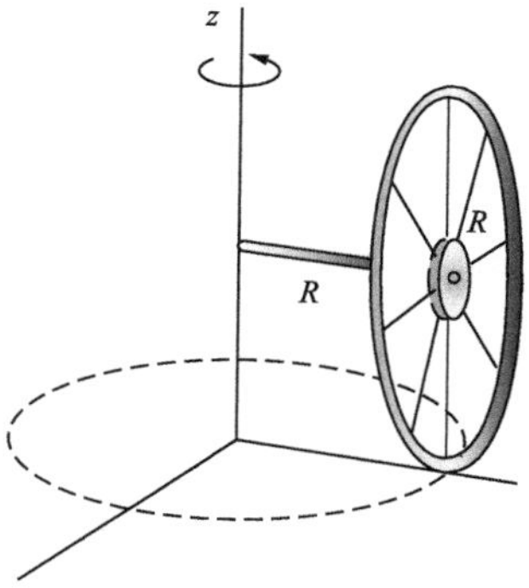

8.2 转盘上的飞轮

转动惯量为 I_0 的飞轮在长 $2l$ 的轴中间以角速度 ω_0 转动。轴的每一端都用长 l 的弹簧连到一个支撑杆，弹簧提供张力 T。你可以假设，对于轴的小位移，T 保持为常量。支撑杆固定在以角速度 Ω 转动的桌上，这里 $\Omega \ll \omega_0$。飞轮的质心就在转盘的转动中心之上。重力略去不计，并假设运动完全是匀速的，不存在章动效应。问题是，相对支撑杆之间的直线，确定轴的方向。

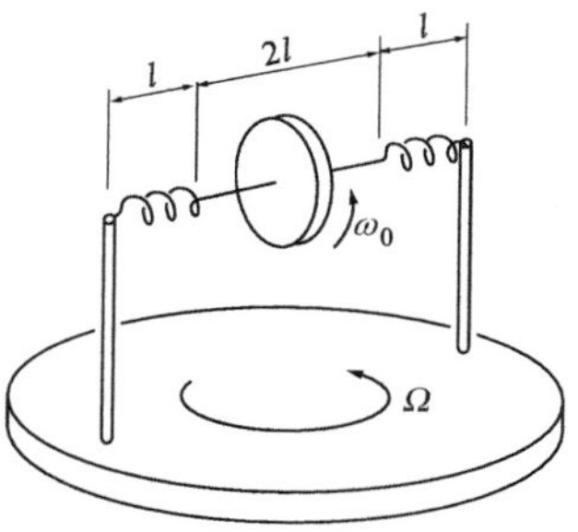

8.3 悬挂的回转仪

回转仪的轮子在长 l 的轴的一端。轴的另一端悬挂在长 L 的线上。使轮子在水平面内匀速进动。轮子的质量是 M，相对质心的转动惯量为 I_0。它的自旋角速度是 ω_s。轴和线的质量略去不计。

确定线与竖直方向的夹角 β。假设 β 很小，可取近似 $\sin\beta \approx \beta$。

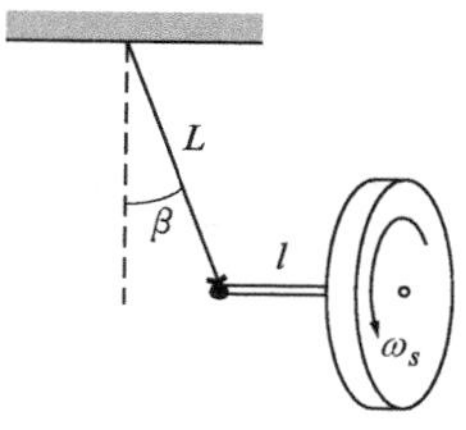

8.4 谷物碾子 *

在古老的磨坊中，谷物是盘形的碾子磨碎的，碾子由竖直轴驱动，在平面上沿着圆周滚动。由于石头的角动量，与表面的接触力大于轮子的重力。

假定碾子是质量为 M、半径为 b 和宽度为 w 的匀质盘，它在半径为 R 的圆上以角速度 Ω 无滑地滚动。确定接触力与碾子重力的比值。

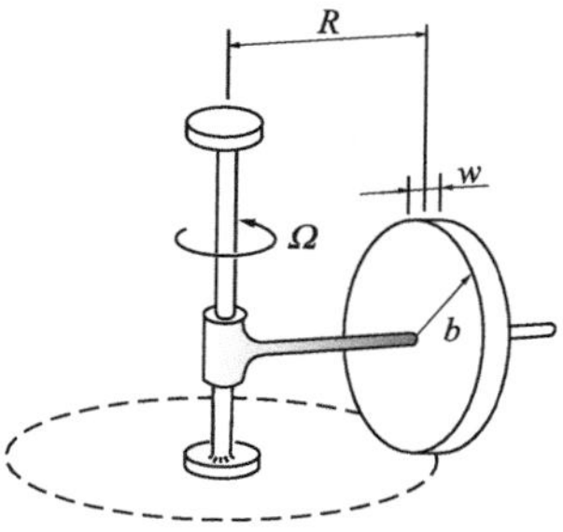

8.5 转弯的汽车

当汽车高速转弯时，在轮上的载荷（重力分布）会显著地变化。对于足够大的速度，内轮的载荷趋于零，这时车开始翻滚。通过在车上安装一个大的自旋飞轮就可以避免这种趋势。

(a) 飞轮应当安装在哪个方向？什么转动方向有助于补偿载荷？（确保你的方法对转向任何一侧的汽车都奏效。）

(b) 证明，对于一个质量为 m、半径为 R 的盘形飞轮，匹配载荷的要求为，飞轮的角速度 ω 与车速 V 满足关系

$$\omega=2V\frac{Mb}{mR^2}$$

这里，M 是车和飞轮的总质量，b 是车（包含飞轮）质心在路面上的高度。假设路是没有路沿的。

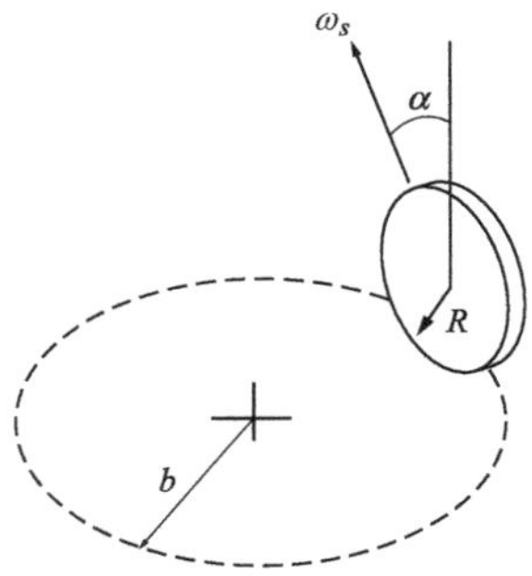

8.6 滚动的硬币*

半径为 R、质量为 M 的硬币在水平面上以速率 V 滚动。若硬币的面是竖直的，硬币沿直线滚动。如果面是倾斜的，硬币的路线是半径为 b 的圆。用给定的量确定硬币倾角 α 的表达式。（由于硬币的倾斜，它的质心经过的圆略小于 b，你可以忽略这个差异。）

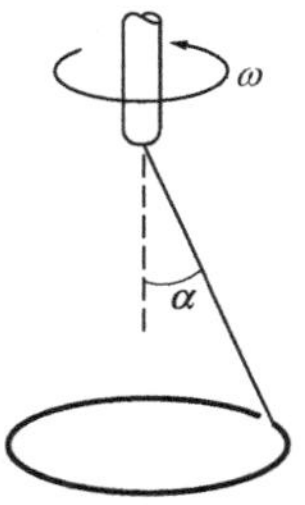

8.7 悬挂的圆环

质量为 M、半径为 R 的细圆环用线系于圆环边上的一点，悬挂起来。如果支架以高角速度 ω 转动，环会自旋，它的面接近水平，中心几乎在支架的转轴上，如图所示。线与竖直方向的夹角为 α。

(a) 近似确定环面与水平面的小角度 β。假设质心静止。

(b) 近似确定质心绕着竖直轴的转动的小圆半径。

(c) 确定质心运动可略的判据。（有点技巧的话，你可用绳子演示这个运动。这是备受欢迎的牛仔套索技巧。）

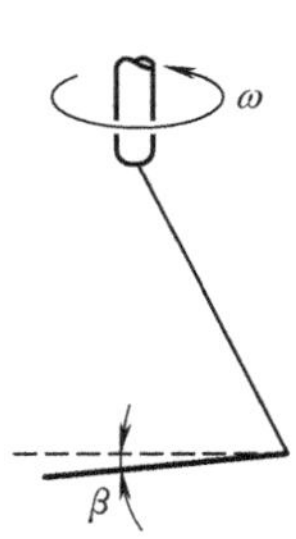

8.8 转向的圆环

小孩玩的质量为 M、半径为 b 的圆环沿着直线以速度 V 滚动。用棍从侧面轻敲环的顶部，敲打方向与运动方向垂直。敲打的冲量为 I。

(a) 假定自旋角动量远远大于角动量的任何其他分量，敲打的唯一效果是环滚动的方向改变角度 Φ。确定 Φ。

(b) 为使 (a) 中的假设成立，确定对所施加的力 F 峰值的判据。

8.9 自行车的稳定性*

当自行车改变方向时，车手向内侧倾斜，从而对车产生一个水平力矩。力矩的一部分用来改变车轮自旋角动量的方向。考虑自行车和车手系统，总质量为 M，以速率 V 在半径 R 的曲线上转弯，轮子的质量为 m，半径为 b。系统的质心距离地面 $1.5b$。

(a) 确定倾角 α 的表达式。

(b) 如果 $M=70$ kg，$m=2.5$ kg，$V=30$ km/h 和 $R=30$ m，确定 α 的值，用度表示。

(c) 若自旋角动量可略，α 的变化百分比是多少？

8.10 用回转仪测纬度

纬度可以用这样一个回转仪来测量，自旋的圆盘安装在一个通过圆盘平面的轴上，这个轴水平且沿着东西方向。

(a) 当回转仪的自旋轴与极轴平行时，证明它可以保持静止，与水平方向的夹角就是纬度角 λ。

(b) 使回转仪的自旋轴与极轴成一个小角度，然后释放，证明回转仪的自旋轴将相对极轴以频率 $\omega_{osc}=\sqrt{I_1\omega_s\Omega_e/I_\perp}$ 振动，这里 I_1 是回转仪绕自旋轴的转动惯量，$I_\perp$ 是绕水平固定轴的转动惯量，Ω_e 是地球的自转角速度。

(c) 回转仪以 4000 rpm 转动，假定盘是薄的，框架对转动惯量无贡献，ω_{osc}的值是多少？

8.11 惯量张量

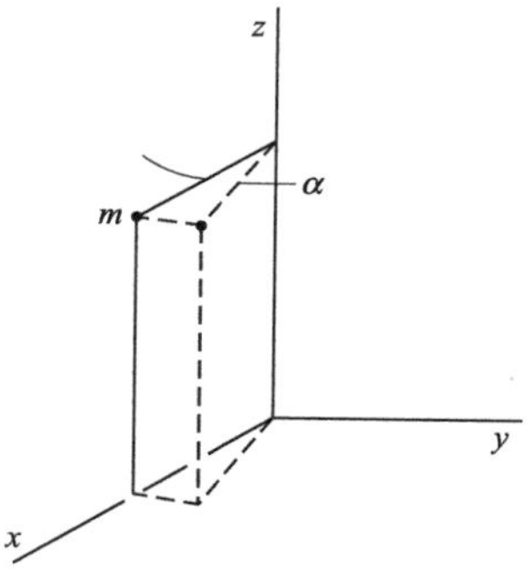

质量为 m 的质点位于 $x=2$，$y=0$，$z=3$。

(a) 确定它相对原点的转动惯量和惯量积。

(b) 若质点绕着 z 轴做纯转动，转过一个小角度 α。若 $\alpha\ll1$，证明它的转动惯量和惯量积在 α 的一阶近似下是不变的。

8.12 欧拉盘*

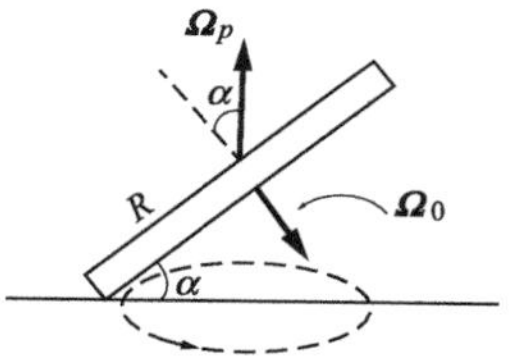

如果你在一个硬的表面绕着竖直轴旋转一枚硬币或实心匀质盘，最终它会失去能量，并开始摇晃，或许在滚动时会发出嗡嗡声。对一个大质量的圆盘——称作欧拉盘的玩具——这种摇晃运动会令人惊讶，嗡嗡声的频率随圆盘转动角速率的减小而变大。乍看这个运动似乎像回转仪运动，但是可以论证，欧拉盘是一个反回转仪。本题的目标就是理解盘运动的物理机制。

考虑半径为 R、质量为 M，正在快速嗡嗡运动的薄圆盘。盘面与桌面的夹角为 α。盘的轴绕着竖直方向以 $\boldsymbol{\Omega}_p$ 进动。盘也绕着它自己的轴以自旋角速度 $\boldsymbol{\Omega}_0$ 旋转。两个运动的结果是，与桌面的接触点暂时静止不动。

（a）对于给定的小角度 α，确定 $\boldsymbol{\Omega}_p$。

（b）确定圆盘的总角速度和角动量，并由此确定进动角速度 $\boldsymbol{\Omega}_p$。

（c）当 α 很小时，从上面观测，确定圆盘转动的速度。

9 非惯性系和惯性力

9.1 简介

在第 2 章讨论动力学原理时，我们强调牛顿第二定律 $\boldsymbol{F}=m\boldsymbol{a}$ 只在惯性坐标系中成立。到目前为止，我们尽量避免非惯性系，以便不妨碍我们理解加速度和力的物理性质。由于那个目标已基本实现，本章我们带着双重目的致力于非惯性系的使用。引入非惯性系，可使许多问题简化；从这一点来说，非惯性系的使用意味着多了一个计算工具。然而，非惯性系的考虑使我们也能探索经典力学的一些概念性困难。因此，本章的第二个目的是深入理解牛顿定律、空间的性质和惯性的含义。我们首先发展一套方法，把不同惯性系的观测联系起来。

9.2 伽利略变换

本节我们将证明，相对惯性系匀速运动的任何坐标系也是惯性的。这个结果太明显了，几乎不需要什么正式的证明。然而，这个论证在下一节我们分析非惯性系时是有帮助的。

假设两个物理学家，爱丽丝和鲍伯打算观察一系列的事件，比如，质量为 m 的物体位置随时间的变化。每个人都有自己的一套测量仪器，都在自己的实验室工作。爱丽丝通过实验确认牛顿定律在她的实验室是精确成立的，因此断定她的参考系是惯性的。她怎么预测鲍伯的系统是否也是惯性的呢？

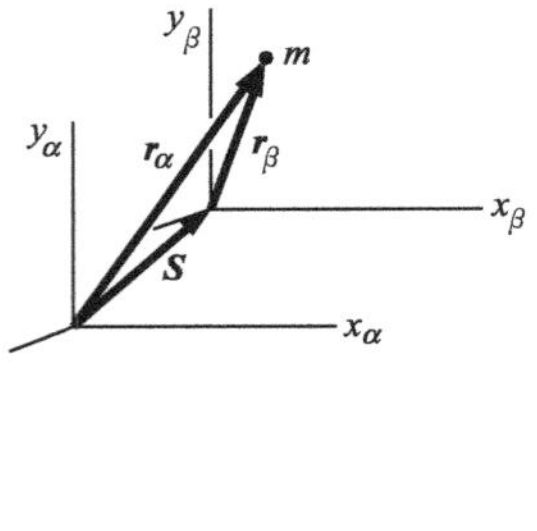

为简单起见，爱丽丝和鲍伯一致同意使用笛卡儿坐标系，且有完全相同的单位。一般而言，他们的坐标系并不重合。先不考虑转动，我们暂时假设系统有相对运动，但坐标轴是平行的。设在爱丽丝系统中 m 的位置为 $\boldsymbol{r}_\alpha$，在鲍伯系统中为 $\boldsymbol{r}_\beta$。若两个系统的原点之间的位移为 $\boldsymbol{S}$，如图所示，则

$$\boldsymbol{r}_\beta=\boldsymbol{r}_\alpha-\boldsymbol{S} \tag{9.1}$$

若爱丽丝看到质点以 $\boldsymbol{a}_\alpha=\ddot{\boldsymbol{r}}_\alpha$ 加速，由牛顿第二定律，她断定作用在 m 上的作用力为

$$\boldsymbol{F}_\alpha=m\boldsymbol{a}_\alpha$$

鲍伯观测到 m 以 $\boldsymbol{a}_\beta$ 加速，似乎它所受的作用力为

$$\boldsymbol{F}_\beta=m\boldsymbol{a}_\beta$$

$\boldsymbol{F}_\beta$ 与在惯性系测量的真实力 $\boldsymbol{F}_\alpha$ 的关系是什么？

把两个参考系的加速度联系起来很简单。方程（9.1）对时间相继求导可得

$$v_\beta = v_\alpha - \boldsymbol{V} \tag{9.2a}$$

$$\boldsymbol{a}_\beta = \boldsymbol{a}_\alpha - \boldsymbol{A} \tag{9.2b}$$

这里，$\boldsymbol{V}=\dot{\boldsymbol{S}}$ 和 $\boldsymbol{A}=\dot{\boldsymbol{V}}=\ddot{\boldsymbol{S}}$ 。

若 $\boldsymbol{V}$ 是常量，相对运动是匀速的，$\boldsymbol{A}=0$。在这种情形下，$\boldsymbol{a}_\beta=\boldsymbol{a}_\alpha$，

$$\begin{aligned}\boldsymbol{F}_\beta &= m\boldsymbol{a}_\beta = m\boldsymbol{a}_\alpha \\ &= \boldsymbol{F}_\alpha\end{aligned}$$

在两个系中测量的力是相同的。在相对于惯性系匀速运动的系统中，运动方程与惯性系的相同。由此，相对一个惯性系匀速平动的所有参考系都是惯性的。这个简单的结果带来了一个难题。虽然挑出一个绝对静止的坐标系很吸引人，但是却没有任何动力学方法可以把一个惯性系与另一个区分开来。大自然对绝对静止没有提供任何线索。

在上面的论证中，我们心照不宣地做了若干貌似合理的假设。首先，我们假设了两个观察者都采用相同尺度测量距离。为确保这一点，爱丽丝和鲍伯必须用相同的长度标准校准他们的刻度。假如爱丽丝确定在她的参考系中某一静止杆的长度为 L_α，我们期望鲍伯也测出同样的长度。若两个系统之间没有运动，情况的确如此。然而，这并非普遍正确。若鲍伯沿着与杆平行的方向以匀速 v 运动，他测得的长度是 $L_\beta=L_\alpha\sqrt{1-v^2/c^2}$，这里 c 是光速。运动杆的收缩，称为**洛伦兹收缩**，满足 12.8.2 节所讨论的狭义相对论。

我们做的第二个假设是时间在两个系中相同。若爱丽丝确定两个事件的时间间隔为 T_α，我们假定鲍伯将观测到同样的时间间隔。这个假设再一次在高速下失效。就像 12.8.1 节所讨论的那样，鲍伯发现他所测得的间隔为 $T_\beta=T_\alpha\sqrt{1-v^2/c^2}$，自然再次给出了一个意想不到的结果。

这些结果如此出人意料就在于，我们的时空观念主要来自与我们周围世界的直接接触，而这些都与光速相去甚远。若我们通常以接近光速的速度运动，这些结果对我们来说就理所当然。实际上，即使是最高的“日常”速度，与光速相比也是低的。例如，绕地球的人造卫星速度约为 8 km/s。在这种情形下，$v^2/c^2\approx10^{-9}$，长度和时间只改变 $1/10^9$。

第三个假设是观察者测得的质量值相同。然而，测量质量的实验涉及时间和距离，所以这个假设也必须有待检查。根据狭义相对论进一步的结果，若物体静止时具有质量 m_0，对于以速度 v 运动的观察者来说，与质量对应的最有用的量是 $m=m_0\sqrt{1-v^2/c^2}$。

现在，我们意识到了一些复杂性，让我们把相对论的考虑推迟到第 12，13 和 14 章，暂时把我们的讨论限定在$v\ll c$的情形。在这种情形下，牛顿关于空间、时间和质量的理念是精确成立的。若爱丽丝和鲍伯的坐标系以匀速 $\boldsymbol{V}$ 相对运动，下面的方程就把他们所做的测量联系起来了。选择在$t=0$时坐标系的原点重合，则 $\boldsymbol{S}=\boldsymbol{V}t$。由方程（9.1），我们有

$$\boldsymbol{r}_\beta=\boldsymbol{r}_\alpha-\boldsymbol{V}t \tag{9.3a}$$

$$t_\beta=t_\alpha \tag{9.3b}$$

方程（9.3b）的时间关系通常是被隐含地假设的。

这套方程，称作**变换**，给出了把一个坐标系中事件的坐标变换到另一个的方法。方程（9.3）变换惯性系之间的坐标，称作**伽利略变换**。由于力在伽利略变换下是不变的，不同惯性系的观察者得到相同的动力学方程。由此，在所有惯性系中物理定律都是相同的；或者说，它们具有相同的形式。否则，不同的观察者会有不同的预言。例如，若一个观察者预言两个质点会碰撞，另一个观察者可能预言不会。

物理定律的形式在所有惯性系中相同这个论述称作**相对性原理**。虽然相对性原理在牛顿力学中的作用不大，它在爱因斯坦的相对论中却是至关重要的。这在第 12 章会进一步地讨论，我们会证明伽利略变换并非普遍有效，必须代之以更普遍的洛伦兹变换。然而，伽利略变换对于 $v\ll c$ 是正确的，本章我们认为它精确成立。

9.3 匀加速系

接下来我们关注，在相对惯性系以匀加速 $\boldsymbol{A}$ 运动的参考系中观察者所看到的物理定律。为简化起见，我们去掉下标 α 和 β，用$'$标记非惯性系中的物理量。方程（9.2b）就变为

$$\boldsymbol{a}'=\boldsymbol{a}-\boldsymbol{A}$$

这里，$\boldsymbol{A}$ 是在惯性系中测得的“$'$”系的加速度。

在加速系中，表观力为

$$\begin{aligned}\boldsymbol{F}' &= m\boldsymbol{a}' \\ &= m\boldsymbol{a} - m\boldsymbol{A}\end{aligned}$$

由于不带“$'$”的参考系是惯性的，$m\boldsymbol{a}$ 等于源自物理相互作用的真实力 $\boldsymbol{F}$。因此

$$\boldsymbol{F}' = \boldsymbol{F} - m\boldsymbol{A}$$

我们把它写成

$$\boldsymbol{F}' = \boldsymbol{F} + \boldsymbol{F}_{\text{fict}}$$

这里，

$$\boldsymbol{F}_{\text{fict}} \equiv -m\boldsymbol{A}$$

$\boldsymbol{F}_{\text{fict}}$称作**惯性力**。用语言表述就是，$\boldsymbol{F}_{\text{fict}}$的大小为 mA，方向与 $\boldsymbol{A}$ 的方向相反。

在匀加速参考系中所受的惯性力，像重力一样，是正比于质量的恒力。但是，惯性力源于坐标系的加速度，并非物体之间的相互作用。术语“虚拟”（fictitious）意在强调 $\boldsymbol{F}_{\text{fict}}$ 的非物理性质。

这里是演示惯性力应用的三个例子。

例 9.1　表观重力

质量为 m 的小重物用线悬挂在以加速度 $\boldsymbol{A}$ 运动的汽车里。线偏离竖直方向的静态角度是多大，线中的张力是多大？

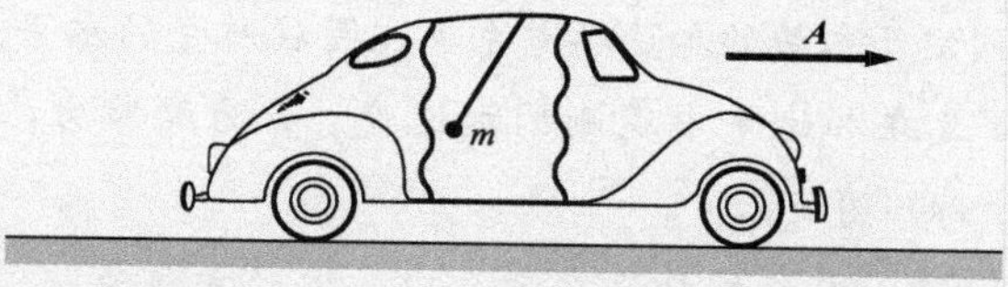

我们既在惯性系又在随汽车加速的非惯性系中分析这个问题。

符号说明：在矢量图中所示方向为正，所以本例中我们列出方程：

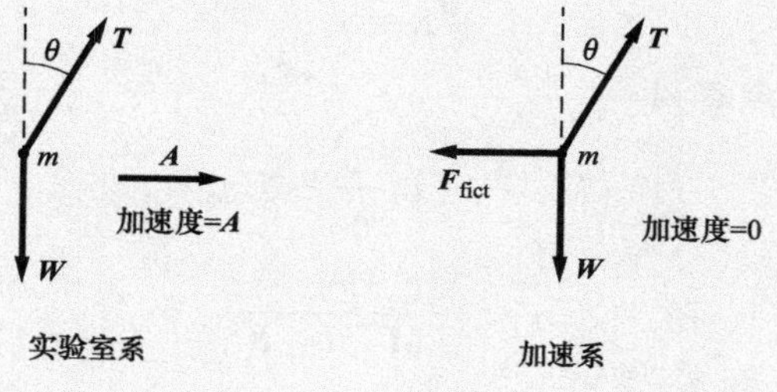

实验室系	加速系
$T\cos\theta - W = 0$	$T\cos\theta - W = 0$
$T\sin\theta = mA$	$T\sin\theta - F_{\text{fict}} = 0$
	$F_{\text{fict}} = mA$
$\tan\theta = \dfrac{mA}{W} = \dfrac{A}{g}$	$\tan\theta = \dfrac{A}{g}$
$T = m\sqrt{g^2 + A^2}$	$T = m\sqrt{g^2 + A^2}$

物理上可观测量 θ 和 T 与我们所采用的参考系无关，一定相同。

在加速汽车中的观察者看来，惯性力就像一个水平重力一样起作用。等效的重力是真实力和惯性力的矢量和。在加速的汽车中线上的氦气球表现怎样？

在匀加速参考系中的惯性力表现得就如同重力；惯性力是常量，与质量成正比。扩展物体所受的惯性力作用在质心上，如例 9.2 所示。

例 9.2　加速行进的木板上的圆柱

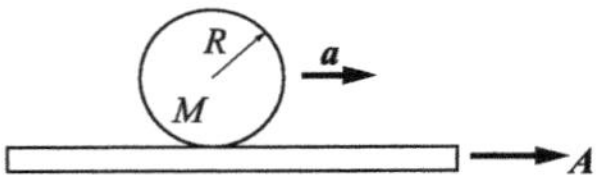

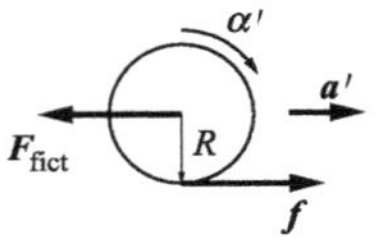

质量为 M、半径为 R 的圆柱在以 $\boldsymbol{A}$ 加速的木板上无滑地滚动。确定圆柱的加速度。

在固定于木板的加速参考系中，圆柱所受的水平力如图所示。$\boldsymbol{a}'$ 是在加速系中观测的加速度。$\boldsymbol{f}$ 为摩擦力，$F_{\text{fict}} = MA$，方向如图所示。

在固定于木板的加速参考系中，运动方程为

$$f - F_{\text{fict}} = Ma'$$

$$Rf = -I_0\alpha'$$

圆柱在木板上无滑地滚动，所以

$$\alpha' R = a'$$

由这些方程得到

$$Ma' = -I_0\frac{a'}{R^2} - F_{\text{fict}}$$

$$a' = -\frac{F_{\text{fict}}}{M + I_0/R^2}$$

由于 $I_0=MR^2/2$，$F_{fict}=MA$，我们有

$$a'=-\frac{2}{3}A$$

在惯性系中圆柱的加速度为

$$a=A+a'$$
$$=\frac{1}{3}A$$

例 9.1 和 9.2 在惯性系和加速参考系中处理都同样容易。这里有一个问题，在惯性系中求解很复杂（试一试），但是在加速参考系中很容易。

例 9.3 在加速汽车中的单摆

再次考虑例 9.1 加速汽车中悬挂在线上的重物，但是现在假设重物竖直悬挂时汽车静止。汽车突然以 A 加速。问题是确定重物摆过的最大角度 ϕ（ϕ 大于例 9.1 由于突然加速所导致的平衡角 θ）。

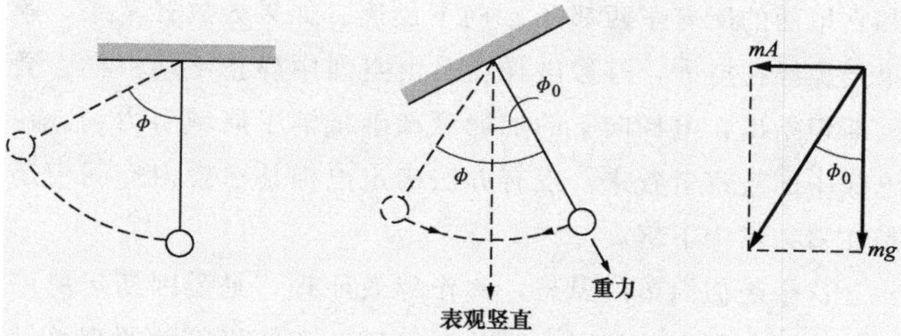

在随汽车加速的参考系中，悬挂物的行为类似于重力场中的单摆，这里的"向下"与真实的竖直方向夹角为 ϕ_0。由例 9.1 可知，$\phi_0=\arctan(A/g)$。单摆初始时静止，所以它相对表观的竖直方向，以振幅 ϕ_0 来回摆动。因此，$\phi=2\phi_0=2\arctan(A/g)$ 是从真实竖直方向摆过的最大角度。

9.4 等效原理

只要我们对每个质点引入惯性力 $\boldsymbol{F}_{fict}=-m\boldsymbol{A}$，在匀加

速系中的物理定律就与惯性系的相同。$\boldsymbol{F}_{\text{fict}}$与均匀的引力场 $\boldsymbol{g}=-\boldsymbol{A}$ 是没有区别的；引力和惯性力都是正比于质量的恒力。

在一个局域引力场 $\boldsymbol{g}$ 中，质量为 m 的自由质点受到作用力 $\boldsymbol{F}=m\boldsymbol{g}$。考虑在太空不受任何物理相互作用的相同质点。若质点处于以 $\boldsymbol{A}=-\boldsymbol{g}$ 匀加速的非惯性系中，像以前一样，它所受的表观力 $\boldsymbol{F}_{\text{fict}}\equiv-m\boldsymbol{A}=m\boldsymbol{g}$。存在任何物理方法区分这两种情形吗?

爱因斯坦通过下述的“思想”实验，首次指出了这个问题的意义。(所谓思想实验，是指只思考而不付诸实施。)

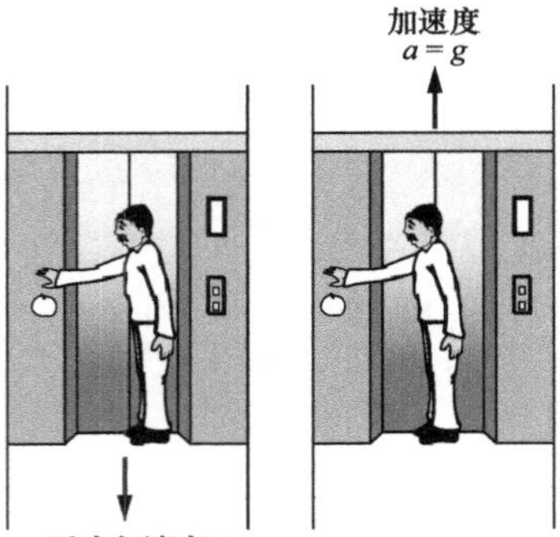

在引力场 g 中静止的电梯里，一个人拿着一个苹果。他松开苹果，苹果以加速度 $a=g$ 下落。现在考虑在同样的电梯里的同一个人，但是让电梯在自由空间中以 $a=g$ 向上加速。这人再次松开苹果，苹果再次以 g 向下加速。从人的角度来看，两种情形是相同的。没有办法区分电梯加速度和引力场。

当电梯在引力场中自由下落时，这一点更为明显。电梯和它里面的所有东西都以 g 向下加速。如果人放开苹果，苹果会漂浮在空中，好像电梯在自由空间中静止不动一样。爱因斯坦指出，电梯向下的加速度精确抵消了局域引力场。在电梯中的观察者看来，没有办法确定电梯是在自由空间中还是在引力场中下落。

这个貌似简单的思想，称作等效原理，是爱因斯坦的广义相对论和所有其他引力理论的基础。我们将等效原理总结如下：在均匀引力场 $\boldsymbol{g}$ 和 $\boldsymbol{A}=-\boldsymbol{g}$ 的加速坐标系之间，没有办法做出局域的区分。

所谓没有办法做出局域的区分，指的是在足够有限的系统中没有办法区分。爱因斯坦之所以把观察者放在电梯里就是为了定义这样一个封闭的系统。例如，若你在电梯中观察到自由物体以 a 朝着地板加速，就有两种可能的解释：

1. 存在一个向下的引力场 g，电梯在场中静止（或匀速运动）。

2. 不存在引力场，但是电梯以 $a=g$ 向上加速。

为了区分这两者，你必须从电梯里朝外看。例如，假设你看到附近的树上突然掉下一个苹果，以加速度 a 下落。最可能的解释是，你和树在大小为 $g=a$ 的向下引力场中静止。然而，你也可能想到，你的电梯和树都静止在一个巨大的电梯里，这个电梯以 a 向上加速。

为了在两者之间做出选择，你必须向远处望。若你看到，相对于固定的恒星，你有一个向上的加速度 a，也就是说，恒星似乎是以 a 向下加速，唯一可能的解释就是你处在非惯性系中；你的电梯和树是在向上加速。另一种情形是不可能的，你静止在一个整个空间都均匀的引力场中。但是这样的场是不存在的；真实的作用力来自真实物体之间的相互作用，对于足够大的间距，力总是减弱的。因此，扩展到整个空间的均匀引力场肯定是非物理的。

这就是引力场和加速坐标系的差异。实际的场是局域的；距离较大时，它们减弱。一个加速坐标系是非局域的；加速度均匀扩展到整个空间。只有对小的系统，两者是不可区分的。

这些思想听起来可能有点抽象，下面两个例子表明，它们有直接的物理后果。

例 9.4　潮汐的驱动力

地球朝着太阳自由下落，根据等效原理，在一个地球表面系统，不可能观测到太阳引力。但是，等效原理只应用于局域系统。地球如此之大，像潮汐这样相当可观的非局域效应是可以观测到的。本例中我们讨论潮汐的起源，看看非局域效应意味着什么。

由于太阳和月亮在地球表面产生一个逐点变化的引力场，潮汐就会出现。虽然月亮的效应大于太阳的，作为演示，我们只考虑太阳。

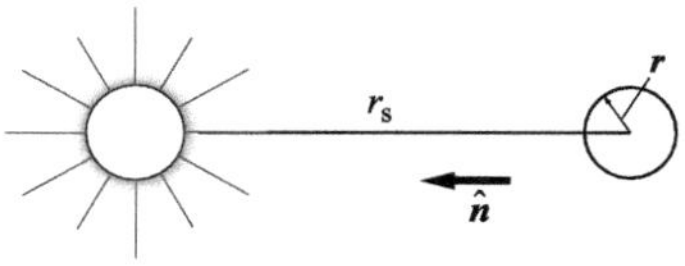

太阳在地心的引力场是

$$\boldsymbol{G}_0=\frac{GM_s}{r_s^2}\hat{\boldsymbol{n}}$$

这里，M_s 是太阳的质量，r_s 是太阳和地球中心之间的距离，$\hat{\boldsymbol{n}}$ 是从地球到太阳的单位矢量。地球朝着太阳以 $\boldsymbol{A}=\boldsymbol{G}_0$ 加速。

若 $\boldsymbol{G}(\boldsymbol{r})$ 是在地球上某点 $\boldsymbol{r}$ 的太阳引力场，这里 $\boldsymbol{r}$ 的原点位于地球中心，则在 $\boldsymbol{r}$ 处质量 m 所受的作用力为

$$\boldsymbol{F}=m\boldsymbol{G}(\boldsymbol{r})$$

对于地面观察者，表观力是

$$\boldsymbol{F}'=\boldsymbol{F}-m\boldsymbol{A}=m\boldsymbol{G}(\boldsymbol{r})-m\boldsymbol{G}_0$$

表观场为

$$\boldsymbol{G}'(\boldsymbol{r})=\frac{\boldsymbol{F}'}{m}$$
$$=\boldsymbol{G}(\boldsymbol{r})-\boldsymbol{G}_0$$

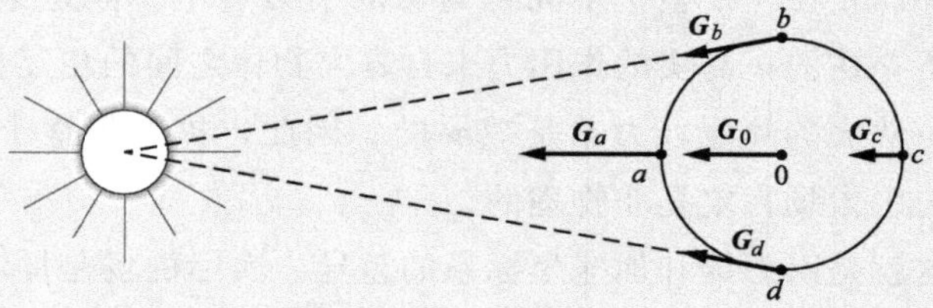

图中画出了在地球表面不同地点真实的场 $\boldsymbol{G}(\boldsymbol{r})$（变化是夸大了的）。由于 a 点比地心更靠近太阳，$\boldsymbol{G}_a$ 大于 $\boldsymbol{G}_0$。同样，$\boldsymbol{G}_c$ 小于 $\boldsymbol{G}_0$。$\boldsymbol{G}_b$ 和 $\boldsymbol{G}_d$ 的大小近似等于 $\boldsymbol{G}_0$ 的，但是它们的方向略微不同。

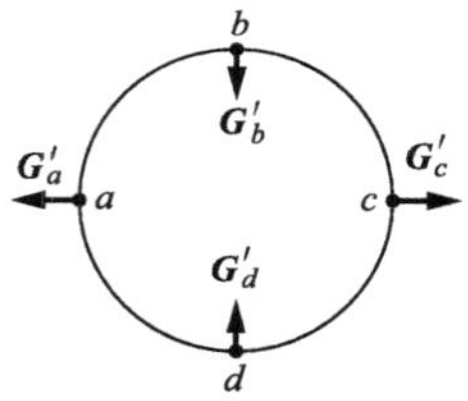

示意图显示了表观场 $\boldsymbol{G}'=\boldsymbol{G}-\boldsymbol{G}_0$。

我们现在计算图示各点的 $\boldsymbol{G}'$。

1. $\boldsymbol{G}'_a$ 和 $\boldsymbol{G}'_c$

从 a 到太阳中心的距离是 r_s-R_e，这里 R_e 是地球半径。太阳引力场在 a 点的大小是

$$G_a=\frac{GM_s}{(r_s-R_e)^2}$$

$\boldsymbol{G}_a$ 与 $\boldsymbol{G}_0$ 平行。在 a 点表观场的大小为

$$G'_a=G_a-G_0$$
$$=\frac{GM_s}{(r_s-R_e)^2}-\frac{GM_s}{r_s^2}$$
$$=\frac{GM_s}{r_s^2}\left[\frac{1}{[1-(R_e/r_s)]^2}-1\right]$$
$$=G_0\left[\frac{1}{[1-(R_e/r_s)]^2}-1\right]$$

由于 $R_e/r_s=6.4\times10^3\ \text{km}/1.5\times10^8\ \text{km}=4.3\times10^{-5}\ll1$，我们有

$$G'_a = G_0\left[\left(1-\frac{R_e}{r_s}\right)^{-2}-1\right]$$
$$= G_0\left[1+2\frac{R_e}{r_s}+\cdots-1\right]$$
$$\approx 2G_0\frac{R_e}{r_s}$$

这里，我们略去了 $(R_e/r_s)^2$ 和更高阶的项。

在 c 点也可类似分析，只是到太阳的距离为 r_s+R_e，而不是 r_s-R_e。我们得到

$$G'_c = -2G_0\frac{R_e}{r_s}$$

注意：$\boldsymbol{G}'_a$ 和 $\boldsymbol{G}'_c$ 从地球上看是径向朝外的。

2. $\boldsymbol{G}'_b$ 和 $\boldsymbol{G}'_d$

点 b 和 d 到太阳的距离，与地心的几乎相同。然而，$\boldsymbol{G}_b$ 与 $\boldsymbol{G}_0$ 不平行；两者的夹角是 $\alpha\approx R_e/r_s=4.3\times10^{-5}\ll1$。

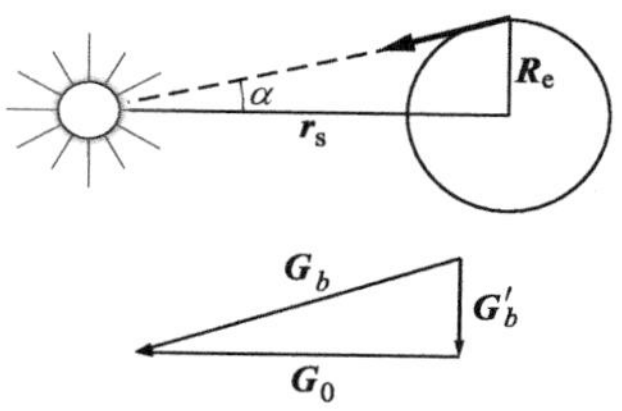

在此近似下，

$$G'_b \approx G_0\alpha$$
$$\approx G_0\frac{R_e}{r_s}$$

由对称性，$\boldsymbol{G}'_d$ 与 $\boldsymbol{G}'_b$ 等值反向。$\boldsymbol{G}'_b$ 和 $\boldsymbol{G}'_d$ 均指向地心。

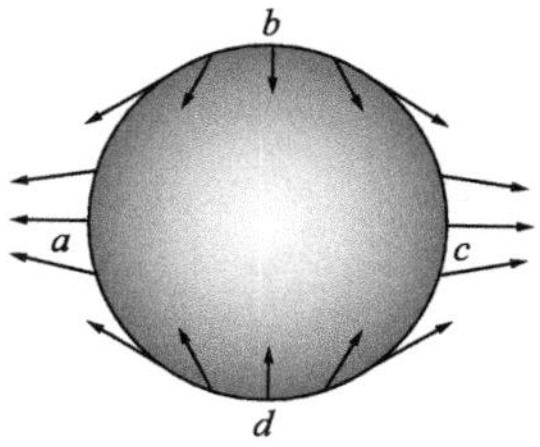

示意图画出了地球表面不同地点的 $\boldsymbol{G}'(\boldsymbol{r})$。这幅图是分析潮汐的出发点。在 a 和 c 的作用力倾向于提升海平面，在 b 和 d 的作用力倾向于压低它们。若地球被水均匀覆盖，随着地球的自转，力的切向分量使地球表面掀起一日两次的涨潮。这幅图像解释了潮汐每天两次的退和涨，但是实际的运动以复杂的方式依赖于地球转动时海洋的响应和局部地形。

如例 9.5 所示，我们很容易估算潮汐效应的强弱。

例 9.5　潮汐的平衡高度

下列的论证基于牛顿设计的模型。假设两口充满水的井从地球表面通到地心，并连通。一口井沿着地球-太阳轴，另一口井垂直。对于平衡态，两口井在井底的压强必须相同。

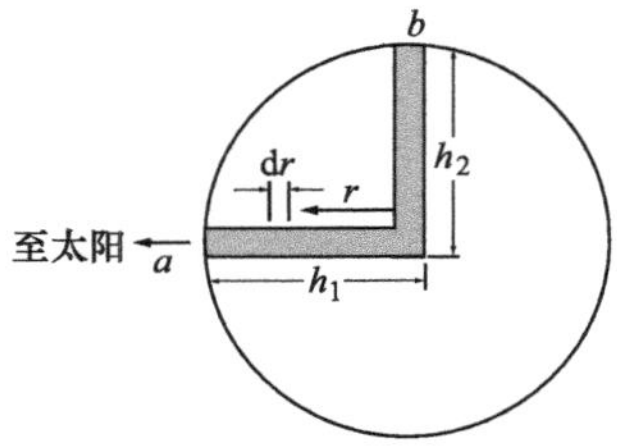

高 dr 的小水柱的压强为 $\rho g(r)\mathrm{d}r$，这里 ρ 是水的密度，$g(r)$ 为 r 处的等效引力场。平衡条件是

$$\int_0^{h_1}\rho g_1(r)\mathrm{d}r=\int_0^{h_2}\rho g_2(r)\mathrm{d}r$$

h_1 和 h_2 是从地心到相应水柱表面的距离。若我们假设水是不可压缩的，则 ρ 为常量，平衡条件变为

$$\int_0^{h_1}g_1(r)\mathrm{d}r=\int_0^{h_2}g_2(r)\mathrm{d}r$$

问题是计算差值 $h_1-h_2=\Delta h_s$，即太阳引起的潮汐高度。这里假设地球是球形的，并略去转动效应。

沿柱 1 指向地心的等效场是 $g_1(r)=g(r)-G_1'(r)$，这里 $g(r)$ 为地球的引力场，$G_1'(r)$ 是太阳沿着柱 1 的等效场。（负号表示 $G_1'(r)$ 是径向朝外的。）在例 9.4 中，我们计算出 $G_1'(R_e)=G_a'=2GM_sR_e/r_s^3$。用 r 代替 R_e，就得到沿柱 1 的等效场

$$\begin{aligned}G_1'(r)&=\frac{2GM_sr}{{r_s}^3}\\&=2Cr\end{aligned}$$

式中，$C=GM_s/{r_s}^3$。

综合这些结果就得到

$$g_1(r)=g(r)-2Cr$$

同样的分析可得

$$\begin{aligned}g_2(r)&=g(r)+G_2'(r)\\&=g(r)+Cr\end{aligned}$$

平衡条件是

$$\int_0^{h_1}[g(r)-2Cr]\mathrm{d}r=\int_0^{h_2}[g(r)+Cr]\mathrm{d}r$$

或者，整理成

$$\int_0^{h_1}g(r)\mathrm{d}r-\int_0^{h_2}g(r)\mathrm{d}r=\int_0^{h_1}2Cr\mathrm{d}r+\int_0^{h_2}Cr\mathrm{d}r$$

合并左边的积分为 $\int_{h_2}^{h_1}g(r)\mathrm{d}r$ 。

由于 h_1 和 h_2 均近似等于地球半径，$g(r)$ 在积分中可当作常量。$g(r)=g(R_e)=g$，即地球表面的重力加速

度。左边的积分贡献为 $g(h_1-h_2)=g\Delta h_s$。取近似 $h_1\approx h_2\approx R_e$，右边的积分可以合并，从而得到 $\int_0^{R_e}3Cr\mathrm{d}r=\frac{3}{2}CR_e^2$。最终的结果是

$$g\Delta h_s=\frac{3}{2}CR_e^2$$

利用 $g=GM_e/R_e^2$ 和 $C=GM_s/r_s^3$，我们得到

$$\Delta h_s=\frac{3}{2}\frac{M_s}{M_e}\left(\frac{R_e}{r_s}\right)^3R_e$$

利用如下数据：

$M_s=1.99\times10^{33}$ g　　$M_e=5.98\times10^{27}$ g

$r_s=1.49\times10^{13}$ cm　　$R_e=6.37\times10^{8}$ cm

得到

$$\Delta h_s=24.0\ \text{cm}$$

对月亮进行相同的论证，可得

$$\Delta h_m=\frac{3}{2}\frac{M_m}{M_e}\left(\frac{R_e}{r_m}\right)^3R_e$$

代入 $M_m=7.34\times10^{25}$ g，$r_m=3.84\times10^{10}$ cm，我们得到 $\Delta h_m=53.5$ cm。可以看出，虽然太阳在地球的引力场是月亮的 200 倍，月亮的效果约是太阳的两倍。原因就在于，引潮力既依赖太阳或月亮的质量，又依赖引力场的梯度，而梯度以 $1/r^3$ 变化。虽然太阳远远重于月亮，但月亮离地球近则意味着它的引力场在地球有更大的变化。

最强的潮汐，称作大潮，发生在新月和满月的时候，此时月亮和太阳沿着同一条线作用。弱的小潮发生在两者中间，每月的 1/4 的时间。这两种情形的引潮力之比为

$$\frac{\Delta h_{\text{大潮}}}{\Delta h_{\text{小潮}}}=\frac{\Delta h_m+\Delta h_s}{\Delta h_m-\Delta h_s}\approx3$$

潮汐提供了地球向着太阳自由下落的令人信服的证据。若地球只是被太阳吸引而不自由下落，就会只有一次潮汐，如图所示，自由下落则会在一天产生两次潮汐。从自由落体察觉到太阳的引力场这一事实与等效原理并不矛盾。潮汐的高度依赖地球半径与太阳距离之比 R_e/r_s。然而，对于相对

地球不加速

太阳的引力场为局域的系统，场的变化在系统的尺度一定是可以忽略的。若 R_e 相对于 r_s 是可略的，地球将是一个局域系统，也就不会有潮汐。潮汐证实地球太大，不能在太阳场中构成一个局域系统。

尽管等效原理貌似简单，从中却可以得到影响深远的结果，对此已有若干实验研究。例如，等效原理要求引力严格正比于惯性质量。另一种表述是，引力质量与惯性质量之比对所有物质必须相同，引力质量是在万有引力表达式中出现的质量，惯性质量是在牛顿第二定律中出现的质量。

如果具有引力质量 M_{gr} 和惯性质量 M_{in} 的物体与引力质量 M_0 的物体相互作用，我们有

$$\boldsymbol{F}=-\frac{GM_0M_{gr}\hat{\boldsymbol{r}}}{r^2}$$

加速度是 $\boldsymbol{F}/M_{in}$，所以

$$\boldsymbol{a}=-\frac{GM_0}{r^2}\left(\frac{M_{gr}}{M_{in}}\right)\hat{\boldsymbol{r}} \tag{9.4}$$

等效原理要求 M_{gr}/M_{in} 对所有物体都相同，否则就有可能局域地把引力场和加速度区分。例如，假设对于物体 A，M_{gr}/M_{in} 是物体 B 的两倍。若我们在爱因斯坦电梯里同时释放两个物体，它们以同样的加速度下落，唯一可能的结论是电梯是在向上加速。另一方面，若 A 下落的加速度是 B 的两倍，我们就知道加速度一定是由引力场产生的。电梯向上的加速度就与向下的引力场区分开来，而这与等效原理矛盾。

在牛顿引力定律中，比值 M_{gr}/M_{in} 取为 1。比值的其他选择会使 G 的值不同，根据实验，唯一的要求是 $G(M_{gr}/M_{in})=6.67\times10^{-11}\ \mathrm{N\cdot m^2/kg^2}$。

牛顿通过研究摆的周期来调查惯性和引力质量的等效性，摆体可更换成不同材料的物体。在小角度近似下，摆体的运动方程是

$$M_{in}l\ddot{\theta}+M_{gr}g\theta=0$$

摆的周期为

$$\begin{aligned}T&=\frac{2\pi}{\omega}\\&=2\pi\sqrt{\frac{l}{g}}\sqrt{\frac{M_{in}}{M_{gr}}}\end{aligned}$$

牛顿的实验是，采用不同的摆体，寻找 T 的变化。他发现没

有变化，由方法的灵敏度估算，对于普通材料，M_{gr}/M_{in}在1‰内为常量。

等效原理最令人叹服的证据来自匈牙利物理学家厄缶在20世纪初发明的实验。(实验在1908年完成，但是结果直到1922年厄缶去世3年以后才发表。) 厄缶实验的方法和技术被普林斯顿大学的Robert Dicke和他的同事改进，更近的则是华盛顿大学的Eric Adelberger和他的同事。

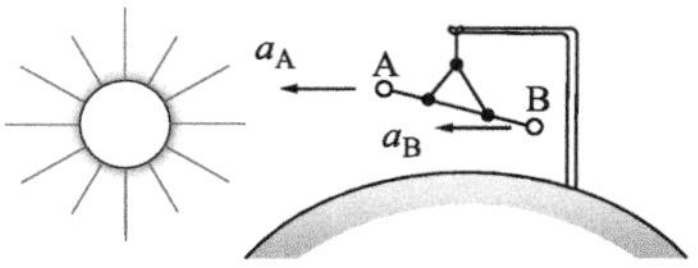

考虑这样一个扭秤，不同成分的质量A和B位于杆的两端，杆悬挂在一根细弹性纤维上，后者被扭转时能产生回复力矩。杆只能绕竖直轴转动。物体既被地球也被太阳吸引。地球的引力是竖直的，不会引起扭秤的转动，但是我们将证明，若等效原理被破坏，太阳的吸引会产生力矩。

如图所示，假定太阳位于地平线上，水平杆与日-地的轴垂直。根据方程(9.4)，太阳引起的物体加速度为

$$a_A = \frac{GM_s}{r_s^2}\left[\frac{M_{gr}(A)}{M_{in}(A)}\right]$$

$$a_B = \frac{GM_s}{r_s^2}\left[\frac{M_{gr}(B)}{M_{in}(B)}\right]$$

这里，M_s是太阳的引力质量，r_s是太阳和地球之间的距离。在固定于地球的坐标系中，物体的加速度是

$$a'_A = a_A - a_0$$

$$a'_B = a_B - a_0$$

这里，a_0是地球朝着太阳的加速度。(地球转动引起的加速度不起作用，我们略去不计。)

若等效原理成立，$a'_A = a'_B$，杆没有绕着纤维转动的趋势。然而，若两个质量A和B具有不同的引力与惯性质量之比，一个会比另一个具有更大的加速度。扭秤会转动，直到悬挂纤维的回复力矩使它静止。随着地球的转动，太阳的表观方向变化；扭秤平衡位置的移动周期是24小时。

Adelberger的仪器能检测到引力与惯性质量之比的$1/10^{12}$变化引起的偏差，但是在此精度内，没有效应被发现。

等效原理通常被当作物理的基本定律。我们利用它讨论了引力与惯性质量之比。令人震惊的是，它也可以用来证明，时钟在不同的引力场中计时率不同。在注释9.1中，一个简单的论证表明，等效原理是如何使我们放弃经典的时间观念的。

9.5 转动坐标系中的物理

上节我们讨论了直线加速参考系中的物理。本节我们面临转动坐标系中更复杂的物理问题。

但是，首先说几句为什么惯性力是有用的。在例 9.1 中，不管我们使用惯性系还是非惯性系，物理结果都是一样的。在惯性系中，牛顿定律无须调整就成立。在非惯性直线加速参考系中，我们加入一项非物理的惯性力 $-M\boldsymbol{A}$。包含了惯性力就允许我们像在惯性系中那样来处理问题。

如果我们尝试从惯性系的立场去处理转动坐标系中的运动，就很容易深陷几何的泥沼之中。本节我们会看到，通过加入两个惯性力——离心力和科里奥利力，处理转动坐标系中的运动就像在惯性系中一样。惯性力系统地解释了转动非惯性系和惯性系之间的差异。

地球表面提供了转动坐标系的一个很好的范例，利用惯性力，我们能解释地球上观察到的现象，例如傅科摆的进动和天气系统的循环性质。

为了分析转动坐标系中的运动，我们需要把惯性和转动系中的运动联系起来的方程。在相对惯性系转动的坐标系中，我们先确定计算任意矢量时间导数的一般规则，然后利用它把两个参考系的速度和加速度联系起来。

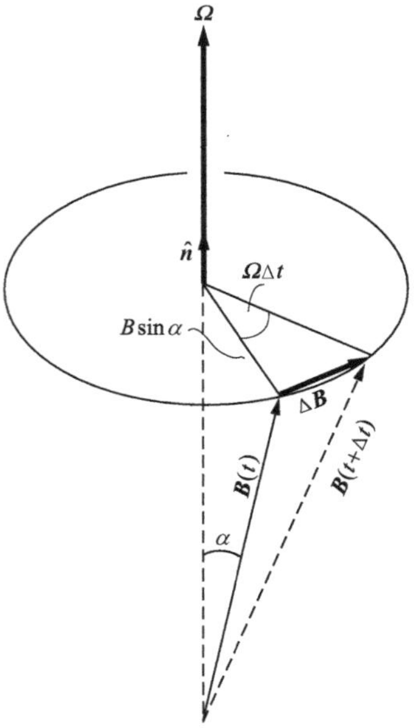

9.5.1 转动矢量的变化率

考虑绕着沿 $\hat{\boldsymbol{n}}$ 的轴、以角速度 Ω 旋转的一个任意矢量 $\boldsymbol{B}$。转动的角速度矢量是 $\boldsymbol{\Omega}=\Omega\hat{\boldsymbol{n}}$。令 α 为 $\boldsymbol{B}$ 与 $\hat{\boldsymbol{n}}$ 的夹角。

图中显示了 $\boldsymbol{B}(t)$ 和 $\boldsymbol{B}(t+\Delta t)$。

$\boldsymbol{B}$ 的尖端扫过半径 $B\sin\alpha$ 的圆周，圆平面与 $\hat{\boldsymbol{n}}$ 垂直。在时间 Δt，$\boldsymbol{B}$ 的尖端扫过一个角度 $\Omega\Delta t$。因此，$\boldsymbol{B}$ 的尖端移动了 ΔB：

$$\Delta B \approx (B\sin\alpha)\Omega\Delta t$$

所以

$$\frac{\mathrm{d}B}{\mathrm{d}t}=\lim_{\Delta t\to 0}\frac{(B\sin\alpha)\Omega\Delta t}{\Delta t}$$

$$=(B\sin\alpha)\Omega$$

注意：$(B\sin\alpha)\ \Omega=|\boldsymbol{\Omega}\times\boldsymbol{B}|$，$\Delta\boldsymbol{B}$ 垂直于 $\boldsymbol{B}$ 和 $\hat{\boldsymbol{n}}$。用叉积可以完美地描述 $\mathrm{d}\boldsymbol{B}/\mathrm{d}t$：

$$\frac{\mathrm{d}\boldsymbol{B}}{\mathrm{d}t}=\boldsymbol{\Omega}\times\boldsymbol{B} \tag{9.5}$$

这个结果对绕轴 $\hat{\boldsymbol{n}}$、以角速度 Ω 做纯转动的任意矢量都成立。

9.5.2 转动坐标系中矢量的时间导数

考虑在惯性系中观测的以 $(\mathrm{d}\boldsymbol{C}/\mathrm{d}t)_{\mathrm{in}}$ 变化的任意矢量 $\boldsymbol{C}$。问题是确定在以角速度 $\boldsymbol{\Omega}$ 转动的参考系中观测到的时间导数 $(\mathrm{d}\boldsymbol{C}/\mathrm{d}t)_{\mathrm{rot}}$。

令惯性系的基矢量为 $(\hat{\boldsymbol{i}},\ \hat{\boldsymbol{j}},\ \hat{\boldsymbol{k}})$，转动参考系的为 $(\hat{\boldsymbol{i}}',\ \hat{\boldsymbol{j}}',\ \hat{\boldsymbol{k}}')$。在惯性系中，$\boldsymbol{C}$ 和它的时间导数是

$$\boldsymbol{C}=C_x\hat{\boldsymbol{i}}+C_y\hat{\boldsymbol{j}}+C_x\hat{\boldsymbol{k}}$$

$$\left(\frac{\mathrm{d}\boldsymbol{C}}{\mathrm{d}t}\right)_{\mathrm{in}}=\left(\frac{\mathrm{d}C_x}{\mathrm{d}t}\hat{\boldsymbol{i}}+\frac{\mathrm{d}C_y}{\mathrm{d}t}\hat{\boldsymbol{j}}+\frac{\mathrm{d}C_z}{\mathrm{d}t}\hat{\boldsymbol{k}}\right)$$

在转动系中令 $\boldsymbol{C}$ 的分量为

$$\boldsymbol{C}=C'_x\hat{\boldsymbol{i}}'+C'_y\hat{\boldsymbol{j}}'+C'_z\hat{\boldsymbol{k}}'$$

记住，矢量是物理上可测量的，不管我们在什么坐标系中分解其分量，它的大小和方向均保持不变。在计算 $(\mathrm{d}\boldsymbol{C}/\mathrm{d}t)_{\mathrm{rot}}$ 的时间导数时，我们必须考虑到转动系中的基矢量均以角速度 $\boldsymbol{\Omega}$ 转动，由方程 (9.5)，

$$\begin{aligned}\frac{\mathrm{d}\hat{\boldsymbol{i}}'}{\mathrm{d}t}&=\boldsymbol{\Omega}\times\hat{\boldsymbol{i}}'\\ \frac{\mathrm{d}\hat{\boldsymbol{j}}'}{\mathrm{d}t}&=\boldsymbol{\Omega}\times\hat{\boldsymbol{j}}'\\ \frac{\mathrm{d}\hat{\boldsymbol{k}}'}{\mathrm{d}t}&=\boldsymbol{\Omega}\times\hat{\boldsymbol{k}}'\end{aligned} \tag{9.6}$$

我们有

$$\frac{\mathrm{d}\boldsymbol{C}}{\mathrm{d}t}=\left(\frac{\mathrm{d}C'_x}{\mathrm{d}t}\hat{\boldsymbol{i}}'+\frac{\mathrm{d}C'_y}{\mathrm{d}t}\hat{\boldsymbol{j}}'+\frac{\mathrm{d}C'_z}{\mathrm{d}t}\hat{\boldsymbol{k}}'\right)+\left(C'_x\frac{\mathrm{d}\hat{\boldsymbol{i}}'}{\mathrm{d}t}+C'_y\frac{\mathrm{d}\hat{\boldsymbol{j}}'}{\mathrm{d}t}+C'_z\frac{\mathrm{d}\hat{\boldsymbol{k}}'}{\mathrm{d}t}\right) \tag{9.7}$$

右边第一项是 $(\mathrm{d}\boldsymbol{C}/\mathrm{d}t)_{\mathrm{rot}}$，是由转动系中的观察者测量的 $\boldsymbol{C}$ 的时间导数。现在把方程 (9.6) 代入方程 (9.7) 右边的第二项：

$$\left(C'_x\frac{\mathrm{d}\hat{\boldsymbol{i}}'}{\mathrm{d}t}+C'_y\frac{\mathrm{d}\hat{\boldsymbol{j}}'}{\mathrm{d}t}+C'_z\frac{\mathrm{d}\hat{\boldsymbol{k}}'}{\mathrm{d}t}\right)=(C'_x\boldsymbol{\Omega}\times\hat{\boldsymbol{i}}'+C'_y\boldsymbol{\Omega}\times\hat{\boldsymbol{j}}'+C'_z\boldsymbol{\Omega}\times\hat{\boldsymbol{k}}')$$
$$=\boldsymbol{\Omega}\times(C'_x\hat{\boldsymbol{i}}'+C'_y\hat{\boldsymbol{j}}'+C'_z\hat{\boldsymbol{k}}')$$
$$=\boldsymbol{\Omega}\times\boldsymbol{C}$$

合并这些结果，我们有

$$\left(\frac{\mathrm{d}\boldsymbol{C}}{\mathrm{d}t}\right)_{\mathrm{in}}=\left(\frac{\mathrm{d}\boldsymbol{C}}{\mathrm{d}t}\right)_{\mathrm{rot}}+\boldsymbol{\Omega}\times\boldsymbol{C} \tag{9.8}$$

这个方程对任意矢量都成立。把它当作一个算符是容易记住的，类似于在注释 5.2 中的$\boldsymbol{\nabla}$算符。规则是

$$\left(\frac{\mathrm{d}}{\mathrm{d}t}\right)_{\mathrm{in}}=\left(\frac{\mathrm{d}}{\mathrm{d}t}\right)_{\mathrm{rot}}+\boldsymbol{\Omega}\times\_$$

现在，我们利用这个变换来确定转动系中速度和加速度的表达式。

9.5.3 转动坐标系中的速度和加速度

把方程（9.8）应用于位置矢量 $\boldsymbol{r}$，我们有

$$\left(\frac{\mathrm{d}\boldsymbol{r}}{\mathrm{d}t}\right)_{\mathrm{in}}=\left(\frac{\mathrm{d}\boldsymbol{r}}{\mathrm{d}t}\right)_{\mathrm{rot}}+\boldsymbol{\Omega}\times\boldsymbol{r}$$

或者

$$v_{\mathrm{in}}=v_{\mathrm{rot}}+\boldsymbol{\Omega}\times\boldsymbol{r}$$

我们可再次应用方程（9.8），以确定转动坐标系中的加速度 $\boldsymbol{a}_{\mathrm{rot}}$。我们有

$$\left(\frac{\mathrm{d}v_{\mathrm{in}}}{\mathrm{d}t}\right)_{\mathrm{in}}=\left(\frac{\mathrm{d}v_{\mathrm{in}}}{\mathrm{d}t}\right)_{\mathrm{rot}}+\boldsymbol{\Omega}\times v_{\mathrm{in}}$$
$$=\left[\frac{\mathrm{d}}{\mathrm{d}t}(v_{\mathrm{rot}}+\boldsymbol{\Omega}\times\boldsymbol{r})\right]_{\mathrm{rot}}+\boldsymbol{\Omega}\times(v_{\mathrm{rot}}+\boldsymbol{\Omega}\times\boldsymbol{r})$$
$$=\left(\frac{\mathrm{d}v_{\mathrm{rot}}}{\mathrm{d}t}\right)_{\mathrm{rot}}+\boldsymbol{\Omega}\times\left(\frac{\mathrm{d}\boldsymbol{r}}{\mathrm{d}t}\right)_{\mathrm{rot}}+\boldsymbol{\Omega}\times(v_{\mathrm{rot}}+\boldsymbol{\Omega}\times\boldsymbol{r})$$
$$=\left(\frac{\mathrm{d}v_{\mathrm{rot}}}{\mathrm{d}t}\right)_{\mathrm{rot}}+2\boldsymbol{\Omega}\times v_{\mathrm{rot}}+\boldsymbol{\Omega}\times(\boldsymbol{\Omega}\times\boldsymbol{r})$$

用加速度 $\boldsymbol{a}_{\mathrm{in}}$ 和 $\boldsymbol{a}_{\mathrm{rot}}$ 来表示这个式子，我们有

$$\boldsymbol{a}_{\mathrm{in}}=\boldsymbol{a}_{\mathrm{rot}}+2\boldsymbol{\Omega}\times v_{\mathrm{rot}}+\boldsymbol{\Omega}\times(\boldsymbol{\Omega}\times\boldsymbol{r}) \tag{9.9}$$

在转动系中的加速度是

$$\boldsymbol{a}_{\mathrm{rot}}=\boldsymbol{a}_{\mathrm{in}}-2\boldsymbol{\Omega}\times v_{\mathrm{rot}}-\boldsymbol{\Omega}\times(\boldsymbol{\Omega}\times\boldsymbol{r}) \tag{9.10}$$

9.5.4 转动坐标系中的惯性力

从转动坐标系来看，质量 m 的运动方程是

$$\boldsymbol{F}_{\text{rot}}=m\boldsymbol{a}_{\text{rot}}$$

由方程 (9.10)，我们有

$$\boldsymbol{F}_{\text{rot}}=m\boldsymbol{a}_{\text{in}}-2m\boldsymbol{\Omega}\times v_{\text{rot}}-m\boldsymbol{\Omega}\times(\boldsymbol{\Omega}\times\boldsymbol{r}) \qquad (9.11)$$

可将其表示为

$$\begin{aligned}\boldsymbol{F}_{\text{rot}}&=\boldsymbol{F}+\boldsymbol{F}_{\text{Coriolis}}+\boldsymbol{F}_{\text{centrifugal}}\\&=\boldsymbol{F}+\boldsymbol{F}_{\text{fict}}\end{aligned}$$

这里，$\boldsymbol{F}$ 是真实力，

$$\boldsymbol{F}_{\text{centrifugal}}=-m\boldsymbol{\Omega}\times(\boldsymbol{\Omega}\times\boldsymbol{r})$$

$$\boldsymbol{F}_{\text{Coriolis}}=-2m\boldsymbol{\Omega}\times v_{\text{rot}}$$

是惯性力。当我们用线旋转一个物体时，在这个圆周运动中很容易感受到离心力。在转动系中物体静止，所以它的运动方程是 $\boldsymbol{F}_{\text{centrifugal}}-T=0$，这里 T 是线中张力。线对我们的手作用一个拉力 T，所以我们感到物体被向外拉。

离心力 $\boldsymbol{F}_{\text{centrifugal}}=-m\boldsymbol{\Omega}\times(\boldsymbol{\Omega}\times\boldsymbol{r})$ 与转轴垂直，沿径向朝外。它的大小是 $m\Omega^2\rho$，这里 ρ 是 $\boldsymbol{r}$ 的尖端到转轴的垂直距离。如图所示，$\boldsymbol{\Omega}\times(\boldsymbol{\Omega}\times\boldsymbol{r})$ 是径向朝里的，是向心加速度，这是由于在转动系中静止的各点在惯性系中做圆周运动。朝外的惯性离心力与朝里的向心加速度相反。

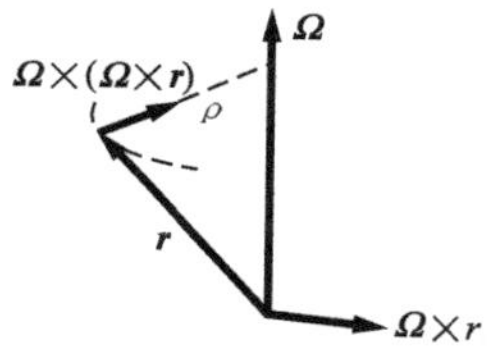

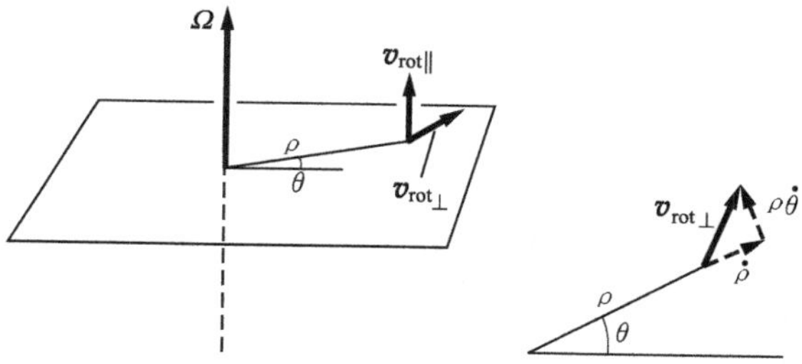

科里奥利力 $\boldsymbol{F}_{\text{Coriolis}}$ 是惯性力，用于平衡提供科里奥利加速度 $2\boldsymbol{\Omega}\times v_{\text{转}}$ 的真实力。这里解释科里奥利加速度是如何产生的。图中显示了 v_{rot} 的两个分量，$v_{\text{rot}\parallel}$ 和 $v_{\text{rot}\perp}$，分别与 $\boldsymbol{\Omega}$ 平行和垂直。只有 $v_{\text{rot}\perp}$ 对叉积有贡献。因此，加速度位于与 $\boldsymbol{\Omega}$ 垂直的平面内，采用平面极坐标 ρ 和 θ 描述这个平面内的运动就比较方便。如图所示，$v_{\text{rot}\perp}$ 有径向分量 $\dot{\rho}$ 和横向分量 $\rho\dot{\theta}'$。

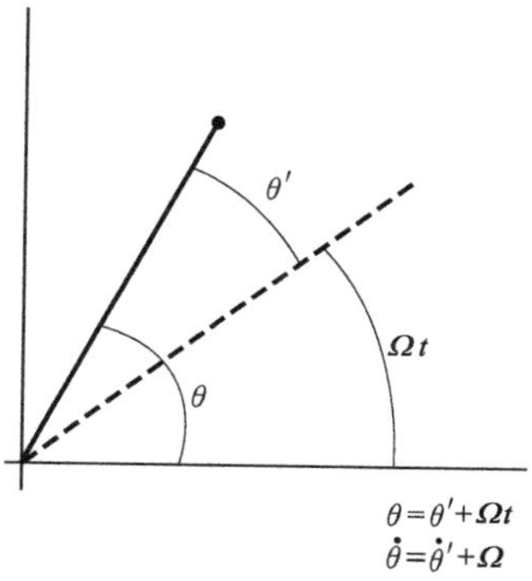

径向分量 $\dot{\rho}$ 对 $\boldsymbol{a}_{\text{in}}$ 在横向方向上的贡献为 $2\Omega\dot{\rho}$。在 1.11.4 节我们在惯性空间研究过角速度为 $\boldsymbol{\Omega}$ 和径向速度为 $\dot{\rho}$ 的运动，这个横向加速度就是那里的科里奥利项。

$v_{\text{rot}\perp}$ 的横向分量 $\rho\dot{\theta}'$ 对科里奥利加速度贡献一个径向分量 $2\Omega\rho\dot{\theta}'$，指向转轴方向。为了看清这一项的来源，注意到

在惯性空间的瞬时角速度是 $\dot{\theta}=\dot{\theta}'+\Omega$，在 $\boldsymbol{a}_{\rm in}$ 的向心加速度是

$$\begin{aligned}\rho\dot{\theta}^2&=\rho(\dot{\theta}'+\Omega)^2\\&=\rho\dot{\theta}'^2+2\Omega\rho\dot{\theta}'+\rho\Omega^2\end{aligned}$$

右边三项对应于方程（9.9）右边的三项。$\rho\dot{\theta}'^2$ 属于 $\boldsymbol{a}_{\rm rot}$，像我们已经论证的，$2\Omega\rho\dot{\theta}'$对应 $2\boldsymbol{\Omega}\times\boldsymbol{v}_{\rm rot}$，$\rho\Omega^2$ 来自 $\boldsymbol{\Omega}\times(\boldsymbol{\Omega}\times\boldsymbol{r})$。

下面的例子展示转动坐标系的应用。

例 9.6 转动液体的表面

一桶水以角速率 ω 自旋。水面会呈现什么形状？在随桶转动的坐标系中，问题是纯静态的。考虑在液体表面的小体元内质量为 m 的水所受的作用力。对于平衡态，作用在 m 上的合力必须为零。这些力是接触力 $\boldsymbol{F}_0$、重力 $\boldsymbol{W}$ 和径向朝外的惯性力 $\boldsymbol{F}_{\rm fict}$

$$F_0\cos\phi-W=0$$
$$-F_0\sin\phi+F_{\rm fict}=0$$

这里 $F_{\rm fict}=m\Omega^2r=m\omega^2r$，这是由于坐标系随桶转动，$\Omega=\omega$。

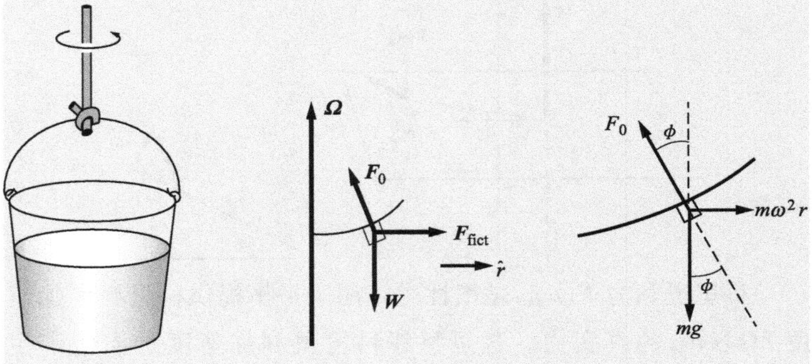

由这些方程求解 ϕ：

$$\phi=\arctan\left(\frac{\omega^2r}{g}\right)$$

与固体不同，液体不可能沿表面的切向施加一个静态的作用力。因此，周围液体对 m 的作用力 $\boldsymbol{F}_0$ 必须与表面垂直。表面上任意点的斜率则为

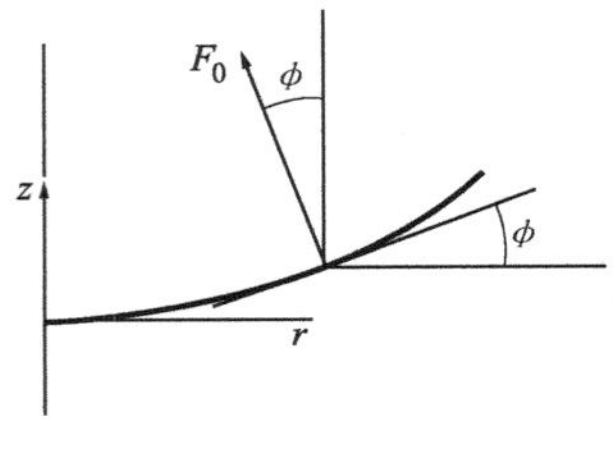

$$\frac{dz}{dr}=\tan\phi$$
$$=\frac{\omega^2r}{g}$$

我们可以通过积分确定表面的方程 $z=f(r)$：

$$\int \mathrm{d}z=\frac{\omega^2}{g}\int r\,\mathrm{d}r$$

$$z=\frac{1}{2}\,\frac{\omega^2}{g}r^2$$

这里，我们取轴在液面上的点为 $z=0$。表面是旋转抛物线。

例 9.7 滑动的珠子和科里奥利力

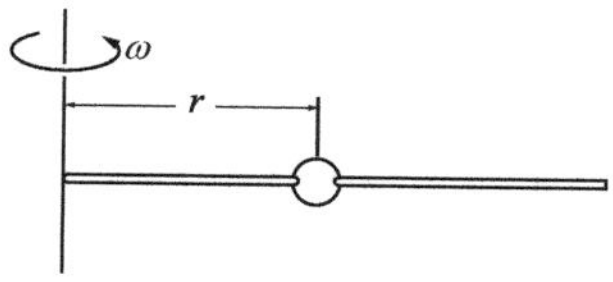

一颗珠子在一根以匀角速率 ω 转动的钢丝上无摩擦地滑动。问题是确定钢丝对珠子的作用力。忽略重力。

在随钢丝转动的坐标系中，运动是纯径向的。图中显示了在转动系中的俯视受力图。

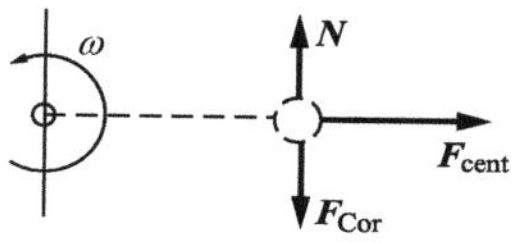

F_{cent}是离心力，F_{Cor}是科里奥利力。由于钢丝无摩擦，接触力 N 沿钢丝的法向。在转动系中，运动方程为

$$F_{\text{cent}}=m\ddot{r}$$

$$N-F_{\text{Cor}}=0$$

利用 $F_{\text{cent}}=m\omega^2 r$，由第一个方程得到

$$m\ddot{r}-m\omega^2 r=0$$

方程的通解为

$$r=A\mathrm{e}^{\omega t}+B\mathrm{e}^{-\omega t}$$

这里，A 和 B 是依赖于初始条件的常量。在转动系中没有横向加速度，横向运动方程给出

$$\begin{aligned}N=F_{\text{Cor}}&=2\omega\dot{r}\omega\\&=2m\omega^2(A\mathrm{e}^{\omega t}-B\mathrm{e}^{-\omega t})\end{aligned}$$

为了完成这道题，必须给定两个独立的初始条件，通常为 $r(0)$ 和 $\dot{r}(0)$，以确定 A 和 B。

例 9.8 落体的偏转

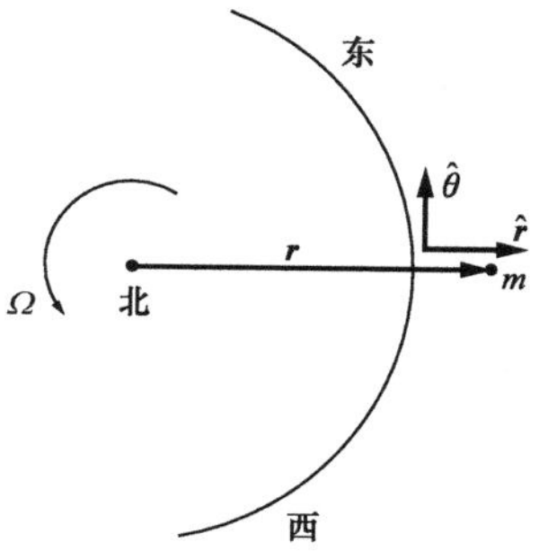

由于科里奥利力，地球上落下的物体会水平方向偏转。例如，从塔上落下的物体会落在释放点下铅垂线以东的位置。本题中我们计算在赤道位置高 h 的塔上释放的质量 m 的物体的偏离。在固定于地球的坐标系 r 和 θ 中（横向朝东），m 所受的表观力是

$$\boldsymbol{F}=-mg\hat{\boldsymbol{r}}-2m\boldsymbol{\Omega}\times v_{\text{rot}}-m\boldsymbol{\Omega}\times(\boldsymbol{\Omega}\times\boldsymbol{r})$$

引力和离心力是径向的，若物体从静止下落，科里奥利力位于赤道面（赤道的大圆所确定的平面）。因此，m 的运动限定在赤道面，我们有

$$v_{\text{rot}}=\dot{r}\hat{\boldsymbol{r}}+r\dot{\theta}\hat{\boldsymbol{\theta}}$$

利用 $\boldsymbol{\Omega}\times v_{\text{rot}}=\Omega\dot{r}\hat{\boldsymbol{\theta}}-r\Omega\dot{\theta}\hat{\boldsymbol{r}}$ 和 $\boldsymbol{\Omega}\times(\boldsymbol{\Omega}\times\boldsymbol{r})=\Omega^2r\hat{\boldsymbol{r}}$，我们得到

$$F_r=-mg+2m\Omega\dot{\theta}r+m\Omega^2r$$
$$F_\theta=-2m\dot{r}\Omega$$

径向运动方程为

$$m\ddot{r}-mr\dot{\theta}^2=-mg+2m\Omega\dot{\theta}r+m\Omega^2r$$

作为一个好的近似，m 竖直下落，$\dot{\theta}\ll\Omega$。与 $m\Omega^2r$ 相比，我们因而可以略去项 $r\dot{\theta}^2$ 和 $2m\Omega\dot{\theta}r$。因此

$$\ddot{r}\approx-g+\Omega^2r \tag{1}$$

横向运动方程是

$$mr\ddot{\theta}+2m\dot{r}\dot{\theta}=-2m\dot{r}\Omega$$

在同样的近似下，$\dot{\theta}\ll\Omega$，我们有

$$r\ddot{\theta}\approx-2\dot{r}\Omega \tag{2}$$

在下落过程中，r 从 R_e+h 到 R_e，只略微变化，这里 R_e 是地球半径，我们可以取 g 为常量，$r\approx R_e$，方程 (1) 变为

$$\ddot{r}=-g+\Omega^2R_e$$
$$=-g'$$

这里，$g'=g-\Omega^2R_e$ 是引力减去离心项所产生的加速度。g' 是在地球上观测到的重力引起的表观加速度，由于它通常被表示为 g，我们从现在开始略去"$'$"。径向运动方程 $\ddot{r}=-g$ 的解是

$$\dot{r}=-gt$$
$$r=r_0-\frac{1}{2}gt^2$$

把 $\dot{r}=-gt$ 代入横向运动方程 (2)，我们有

$$r\ddot{\theta}=2gt\Omega$$

或

$$\ddot{\theta}=\frac{2g\Omega}{R_e}t$$

这里，我们已经采用了近似 $r\approx R_e$。因此

$$\dot{\theta}=\frac{g\Omega}{R_e}t^2$$

和

$$\theta=\frac{1}{3}\ \frac{g\Omega}{R_e}t^3 \tag{3}$$

m 的水平偏转是 $y\approx R_e\theta$ 或

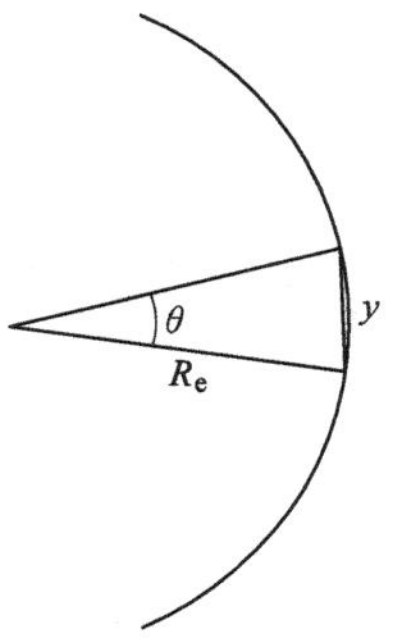

$$y=\frac{1}{3}g\Omega t^3$$

下落距离 h 所用时间 T 满足

$$\begin{aligned} r-r_0&=-h \\ &=-\frac{1}{2}gT^2 \end{aligned}$$

所以

$$T=\sqrt{\frac{2h}{g}} \quad 和 \quad y=\frac{1}{3}g\Omega\left(\frac{2h}{g}\right)^{\frac{3}{2}}$$

$\Omega=2\pi$ rad/day$\approx7.3\times10^{-5}$ rad/s，$g=9.8$ m/s^2。对于 50 m 高的塔，$y\approx7.7\times10^{-3}$ m$=0.77$ cm。θ 是正的，偏转是向东的。

例 9.9 在转动地球上的运动

在转动的球上，科里奥利力的惊人效果是把直线运动变为圆周运动。考虑与转动球相切的速度 v（就像地球表面风的速度）。科里奥利力的水平分量与 v 垂直，我们将证明，它的大小与 v 的方向无关。

考虑质量 m 的质点在球面上纬度 λ 处以速度 v 运动。球以角速度 $\boldsymbol{\Omega}$ 旋转。如图所示，把 $\boldsymbol{\Omega}$ 分解成竖直矢量 $\boldsymbol{\Omega}_{\mathrm{V}}$ 和水平矢量 $\boldsymbol{\Omega}_{\mathrm{H}}$，科里奥利力为

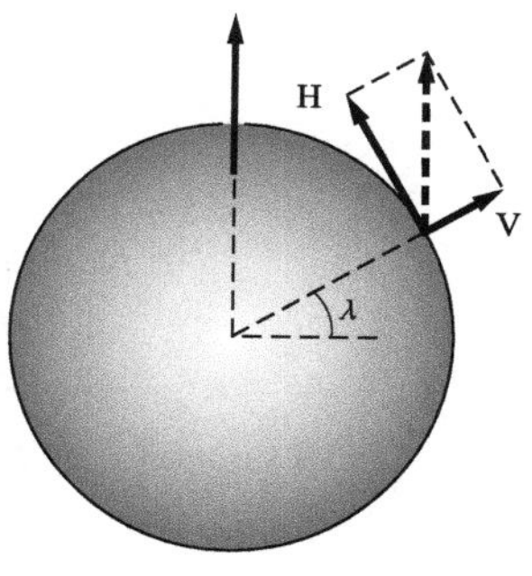

$$\begin{aligned} \boldsymbol{F}&=-2m(\boldsymbol{\Omega}\times v) \\ &=-2m(\boldsymbol{\Omega}_{\mathrm{V}}\times v+\boldsymbol{\Omega}_{\mathrm{H}}\times v) \\ &=\boldsymbol{F}_{\mathrm{V}}+\boldsymbol{F}_{\mathrm{H}} \end{aligned}$$

$\boldsymbol{\Omega}_{\mathrm{H}}$ 和 v 是水平的，从而 $\boldsymbol{\Omega}_{\mathrm{H}}\times v$ 是竖直的。因此，科里奥利力的水平分量 $\boldsymbol{F}_{\mathrm{H}}$ 只来自于项 $\boldsymbol{\Omega}_{\mathrm{V}}\times v$。$\boldsymbol{\Omega}_{\mathrm{V}}$ 与 v 垂直，$\boldsymbol{\Omega}_{\mathrm{V}}\times$

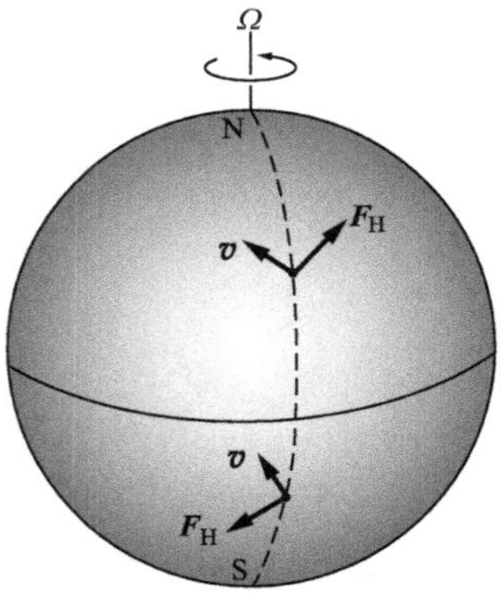

v 的大小是 $\Omega_V v$，与 v 的方向无关，这就是我们想要证明的。

我们可以把这个结果写成更明显的形式。若 $\hat{\boldsymbol{r}}$ 是在纬度 λ 处与表面垂直的单位矢量，$\boldsymbol{\Omega}_V=\Omega\sin\lambda\hat{\boldsymbol{r}}$，

$$\boldsymbol{F}_H=-2m\Omega\sin\lambda(\hat{\boldsymbol{r}}\times\boldsymbol{v})$$

$\boldsymbol{F}_H$ 的大小是

$$F_H=2mv\Omega\sin\lambda$$

$\boldsymbol{F}_H$ 总是与 v 垂直，在没有其他水平作用力时，它将产生圆周运动，在北半球是顺时针方向的，南半球是逆时针的。地球上的空气流动受到科里奥利力的强烈影响，没有它，稳定的循环气候模式就不能形成。然而，要理解天气系统的动力学，我们必须要包括其他作用力，就如下面的例子所讨论的。

例 9.10 天气系统

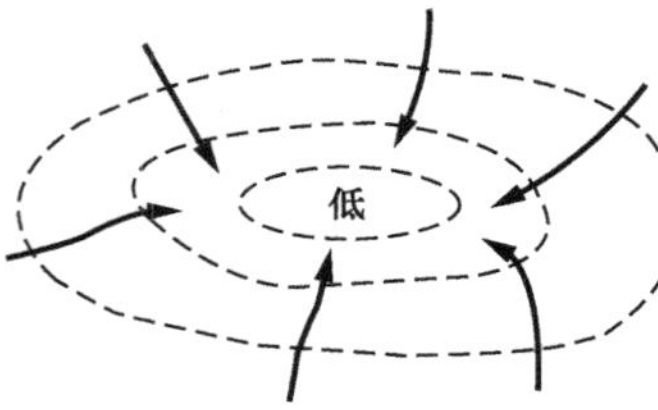

想象在大气层中产生一个低压区，这或许是缘于空气的差温加热。图中的闭合曲线表示恒定压强线，或等压线。由于压强梯度，空气的每个微元都受到一个作用力，其他作用力不存在时，风会向里吹，很快均衡压强差。

风的模式被科里奥利力显著改变。当风开始向里吹时，它被科里奥利力——旋转地球上的惯性力，侧向偏转。

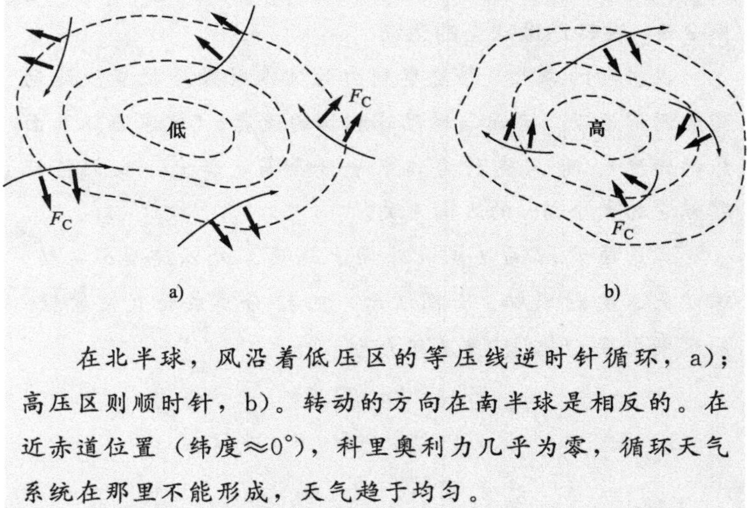

a) b)

在北半球，风沿着低压区的等压线逆时针循环，a)；高压区则顺时针，b)。转动的方向在南半球是相反的。在近赤道位置（纬度≈0°），科里奥利力几乎为零，循环天气系统在那里不能形成，天气趋于均匀。

为了分析运动，考虑在纬度 λ 处绕着低压区转动的一团空气所受的作用力。如图所示，在等压线 P_1 面上的压

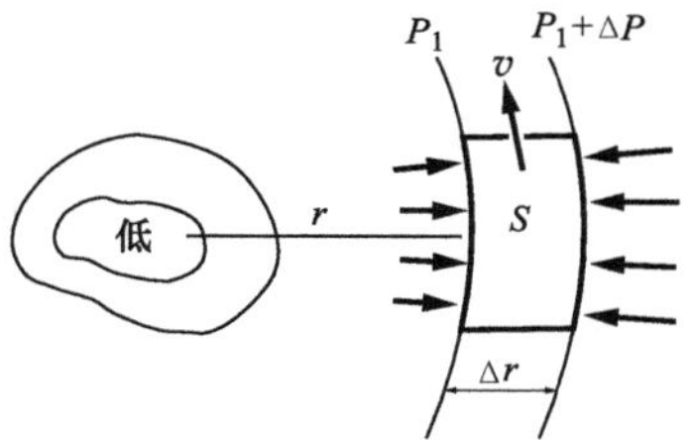

力是 P_1S，这里 S 是内面的面积。在外面的压力是 $(P_1+\Delta P)S$，净压力是 $(\Delta P)S$，向里。

科里奥利力是 $2mv(\Omega\sin\lambda)$，这里 m 是气团的质量，v 是速度。空气在绕着低压逆时针转动，所以科里奥利力是向外的。对于稳定的圆周流动，径向运动方程为

$$\frac{mv^2}{r}=(\Delta P)S-2mv(\Omega\sin\lambda)$$

气团的体积是 ΔrS，这里 Δr 是等压线之间的距离；质量为 $w\Delta rS$，这里 w 是空气密度，假设为常量。把它代入运动方程，取极限 $\Delta r\to 0$，得到

$$\frac{v^2}{r}=\frac{1}{w}\frac{\mathrm{d}P}{\mathrm{d}r}-2v\Omega\sin\lambda \tag{1}$$

气团并不像刚体那样转动。靠近低压区的中心，压强梯度 $\mathrm{d}P/\mathrm{d}r$ 较大，风速是最大的。远离中心，v^2/r 较小，可以略去。方程 (1) 预言，远离中心的风速为

$$v=\left(\frac{1}{2\Omega\sin\lambda}\right)\frac{1}{w}\frac{\mathrm{d}P}{\mathrm{d}r} \tag{2}$$

海平面的空气密度是 $1.3\ \mathrm{kg/m^3}$，大气压是 $P_{\mathrm{at}}=10^5\ \mathrm{N/m^2}$。$\mathrm{d}P/\mathrm{d}r$ 可以通过查看气象图来估算。远离高压或低压区，典型的梯度为 $3\ \mathrm{mb}/100\ \mathrm{km}\approx 3\times10^{-3}\ \mathrm{N/m^3}$㊀，在纬度 45°位置，方程 (2) 给出

$$v=22\ \mathrm{m/s}$$
$$\approx 50\ \mathrm{mile/h}$$

靠近地面，这个速率被地面的摩擦力减弱，但是在较高海拔的地区，方程 (2) 的精确度很高。

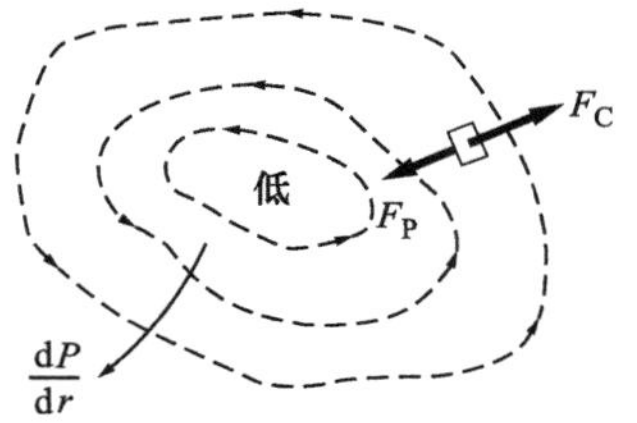

飓风是强烈紧凑的低压区，里面的压强梯度可以高达 $30\times10^{-3}\ \mathrm{N/m^3}$。飓风太强，方程 (1) 的 v^2/r 项不能略去。对方程 (1) 求解 v，可得

$$v=\sqrt{(r\Omega\sin\lambda)^2+\frac{r}{w}\frac{\mathrm{d}P}{\mathrm{d}r}}-r\Omega\sin\lambda \tag{3}$$

在纬度 20°、距飓风中心（“风暴眼”）100 km 的位置，方程 (3) 预言对应压强梯度 $30\times10^{-3}\ \mathrm{N/m^3}$ 的风速为 $45\ \mathrm{m/s}\approx 100\ \mathrm{mile/h}$，与气象观测吻合。在较大半径处，由于压强梯

㊀ mb，毫巴，气压单位，一标准大气压等于 1013 毫巴。——编辑注

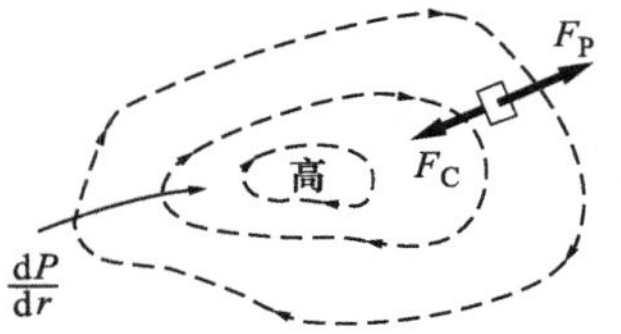

度减小，风速下降。

低压区和高压区存在一个有意思的差异。在低压区，压力是向内的（压强梯度 dP/dr 向外），科里奥利力向外；在高压区，压力向外，科里奥利力向内。

空气绕着高压循环的径向运动方程为

$$\frac{v^2}{r}=2v\Omega\sin\lambda-\frac{1}{w}\left|\frac{dP}{dr}\right| \tag{4}$$

从方程（4）求解 v，可得

$$v=r\Omega\sin\lambda-\sqrt{(r\Omega\sin\lambda)^2-\frac{r}{w}\left|\frac{dP}{dr}\right|} \tag{5}$$

从方程（5）可以看出，若 $1/w|dP/dr|>r(\Omega\sin\lambda)^2$，不能形成高压区；科里奥利力太弱，克服不了朝外较大的压力，不能提供所需的向心加速度。由于这个原因，像飓风这样的风暴总是出现在低压区；向内的较强压力有助于将低压聚在一起。

傅科摆是展示地球是非惯性系的最生动范例之一。摆就是一个简单的重球，悬挂在一根长线上，可沿任意方向自由摆动。当摆来回摆动时，运动平面缓慢地绕着竖直轴进动，在中纬度地区转动一圈约需要一天半。进动是地球转动的结果。当地球在它下面转动时，运动平面倾向于在惯性空间固定不动。

19 世纪 50 年代，傅科在巴黎先贤祠的圆顶下悬挂了一个 67 m 长的摆。摆球每摆一次就进动约 1 cm，提供了地球确实在转动的第一个直接证据。摆成了巴黎的时尚之物。

例 9.11 通过一种简单的方式用科里奥利力计算傅科摆的摆动。

例 9.11　傅科摆

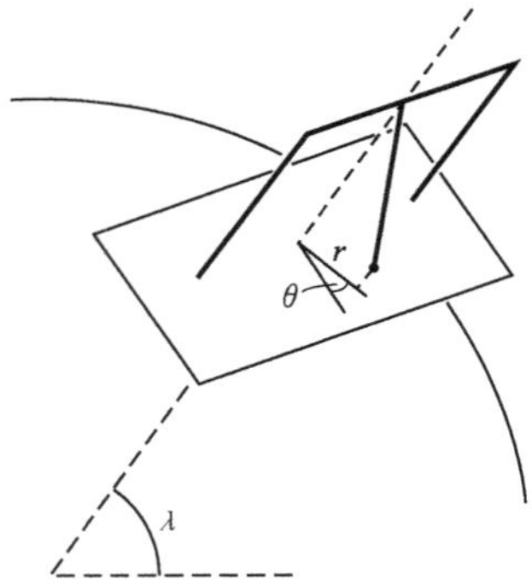

考虑质量 m 的摆以频率 $\gamma=\sqrt{g/l}$ 摆动，这里 l 是摆长。若我们在水平面内用坐标 r 和 θ 描述摆球的位置，则

$$r=r_0\sin\gamma t$$

这里，r_0 是运动的幅度。如果不存在科里奥利力，就没有横向力，θ 为常量。水平的科里奥利力 $\boldsymbol{F}_{CH}$ 是

$$\boldsymbol{F}_{CH}=-2m(\Omega\sin\lambda)\dot{r}\hat{\boldsymbol{\theta}}$$

横向运动方程 $ma_\theta=F_{CH}$ 变为

$$m(r\ddot{\theta}+2\dot{r}\dot{\theta})=-2m(\Omega\sin\lambda)\dot{r}$$

或

$$r\ddot{\theta}+2\dot{r}\dot{\theta}=-2(\Omega\sin\lambda)\dot{r}$$

这个方程最简单的解可以通过取 $\dot{\theta}=$常量而求出。项 $r\ddot{\theta}$ 则为零，我们有

$$\dot{\theta}=-\Omega\sin\lambda$$

摆沿顺时针方向匀速进动。摆动面转动一次所用时间为

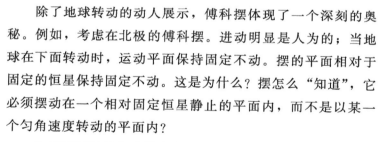

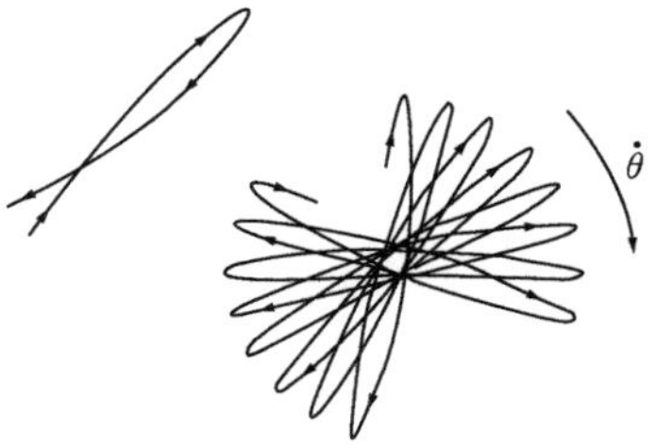

$$\begin{aligned}T&=\frac{2\pi}{\dot{\theta}}\\&=\frac{2\pi}{\Omega\sin\lambda}\\&=\frac{24\ \text{h}}{\sin\lambda}\end{aligned}$$

巴黎的纬度≈49°，傅科摆转动一次用 32 h。

在北极（纬度=90°），进动周期是 24 h；当地球逆时针转动时，摆以同样的角速度相对地球顺时针转动。运动平面相对惯性空间保持固定不动。在赤道会发生什么呢？

除了地球转动的动人展示，傅科摆体现了一个深刻的奥秘。例如，考虑在北极的傅科摆。进动明显是人为的；当地球在下面转动时，运动平面保持固定不动。摆的平面相对于固定的恒星保持固定不动。这是为什么？摆怎么“知道”，它必须摆动在一个相对固定恒星静止的平面内，而不是以某一个匀角速度转动的平面内？

牛顿用下面的实验描述这个令人困惑的问题：若装水的桶静止不动，水面是平的。若使桶以稳定的角速度转动，水开始的时候滞后，但是逐渐地，当水的转动速率增大时，水面就变成例 9.6 所讨论的旋转抛物线形状。若桶突然停止，水的凹面会保持一段时间。在决定液面形状上，显然，相对桶的运动并不重要。只要水在转动，表面就是凹的。由于通过观察水面就能探测到转动，而无须参考外物，牛顿断定，转动是绝对的。

从某一点来看，转动的绝对性确实没有矛盾。伽利略不变性原理表明，没有办法局域地探测系统的平动。然而，这并没有限制我们探测系统加速度的能力。转动系统以最不均

匀的方式加速。在每一点，加速度都指向转轴；加速度为我们显示了转轴。我们探测这种加速度的能力与伽利略不变性原理一点也不矛盾。

然而，还是有一个谜团。转动的桶和傅科摆相对固定的恒星都保持它们的运动。固定的恒星如何决定一个惯性系呢？什么阻止摆的平面相对固定的恒星转动？为什么只有当桶相对固定的恒星静止时，转动桶内的水面才是平的？马赫在1883年首次对牛顿物理提出了深刻的批判，他是这样处理这件事情的。假定我们保持桶内的水固定而转动所有的恒星。从物理上没有办法把它与桶转动的情形区分开来，我们预期水面再次呈现抛物线形。表观上，桶内水的运动依赖于宇宙远处物质的运动。说得更戏剧性，假定我们一个接一个地消除恒星，直到只剩下桶。如果我们转动桶，现在会发生什么呢？我们没有办法预言桶里水的运动——空间惯性的性质可能完全不同。我们面临最奇怪的情形。空间的局域性质依赖遥远的物质，然而当我们转动水时，表面立刻开始弯曲。信号传到遥远的恒星再返回的时间都没有。桶里的水怎么“知道”宇宙的其他部分在做什么呢？

空间惯性的性质依赖遥远物质的存在这一原理，称作马赫原理。这个原理被许多物理学家接受，但是它可以导致奇怪的结论。例如，没有理由相信，宇宙中的物质环绕地球是均匀分布的；太阳系恰好坐落于我们银河系的一个分支上，银河系的物质主要集中在一个非常薄的平面上。如果惯性是源自远处的物质，我们很可能认为在不同的方向它是不同的，所以质量值将依赖于加速度的方向。这样的效应还没有观测到。惯性保持着它的神秘。

注释 9.1 等效原理与引力红移

辐射的原子只发出某些特征波长的光。如果对在致密恒星的引力场中原子发出的光进行光谱分析，会观测到特征波长略微变大，向红光移动。我们可以把原子看作以特征频率“滴答”的时钟。向较长波长的移动称作引力红移，对应于时钟变慢。引力红移似乎暗示着，从引力场外观测，场内的时钟会变慢。我们将证明，效应起源于空间、时间和引力的性质，而不是引力对机械钟微乎其微的效应。

引力红移不同于波源和观察者相对运动引起的多普勒效应。在引力红移中不存在相对运动。

我们会惊讶地看到，从既简单又无数学的等效原理竟然可以直接建立空间、时间和引力的关系。为了显示这个关系，我们必须用到相对论的一个基本结论：发射的信息不可能快过光速，$c=3\times10^{8}\ \mathrm{m/s}$。这是唯一需要的相对论思想，其他的论证完全是经典的。

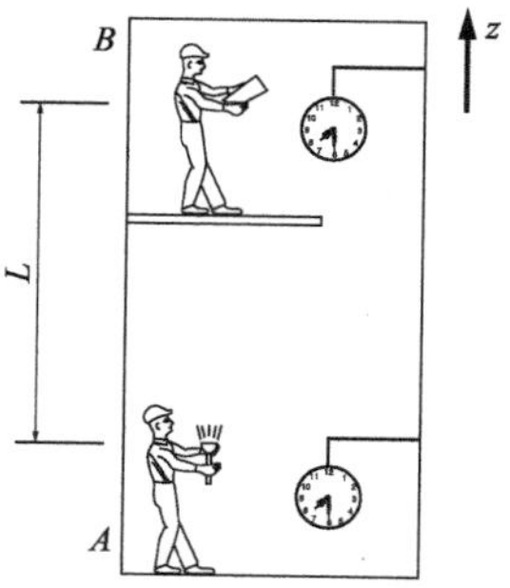

a)

考虑两个科学家，爱丽斯和鲍伯，间距为 L，如图 a）所示。

爱丽斯在时刻 $t=0$ 发出一个短的光脉冲，接着在时刻 T_A 又发出第二个光脉冲。信号被鲍伯接收到，他用自己的时钟记录了脉冲之间的间隔 T_B。图 b）显示了两人站位静止的情况下，对于两个光脉冲，竖直距离随时间的变化。传播时间 L/c 推迟了脉冲，但是间隔 T_B 与 T_A 同。

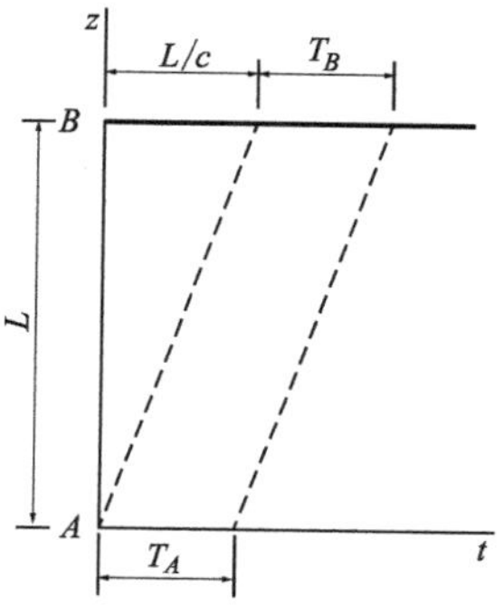

b)

现在，考虑两个观察者都向上以速率 v 匀速运动的情形，如图 c）所示。虽然两个科学家在时间间隔内都在运动，但他们做同样的运动，我们仍然有 $T_B=T_A$。

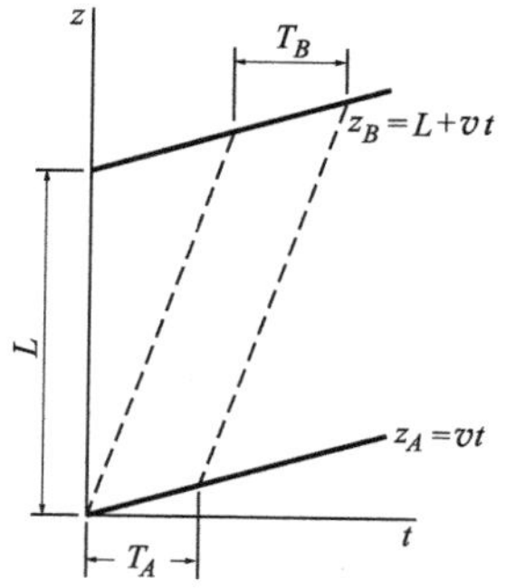

c)

如果两个观察者都向上以加速度 a 做匀加速运动，如图 d）所示，情况会完全不同。鲍伯在时间 T_1 探测到第一个脉冲：

$$T_1=\frac{L+\frac{1}{2}aT_1^2}{c}$$

分式中分子是光脉冲走的距离。类似地，鲍伯在时间 T_2 探测到第二个脉冲：

$$T_2=T_A+\frac{L+\frac{1}{2}aT_2^2-\frac{1}{2}aT_A^2}{c}$$

注意：在时间 T_A，爱丽斯的光源瞬时位于高度$\frac{1}{2}aT_A^2$。

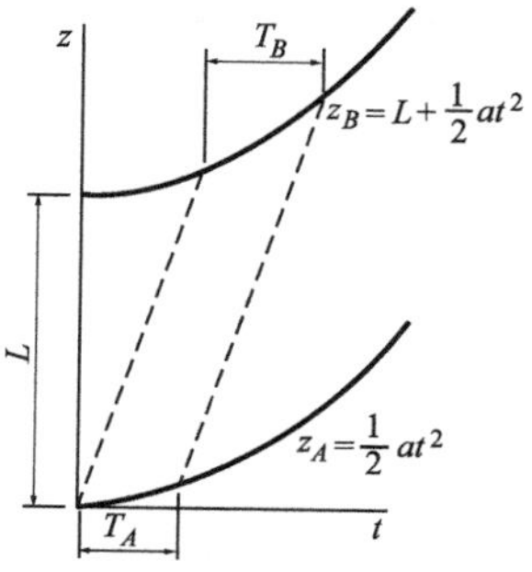

d)

求解关于 T_1 和 T_2 的二次型方程，经过某些代数运算，可得

$$T_B=T_2-T_1=\frac{c}{a}\left[-\sqrt{1-\frac{2a}{c^2}\left(L+cT_A-\frac{1}{2}aT_A^2\right)}+\sqrt{1-\frac{2aL}{c^2}}\right]$$

在第一个平方根里，我们可以忽略项$\frac{1}{2}aT_A^2$，它与 cT_A 相比是小量。

像物理中时常遇到的情形一样，精确解给不了我们多少洞察力。为了得到更有用的结果，我们利用二项级数（注释1.3）展开每个平方根，保留到 a^2 项。另外，我们假设光脉冲紧挨在一起，所以 $cT_A \ll L$。第一个非零项是

$$\frac{\Delta T}{T}=\frac{T_B-T_A}{T_A}=\frac{aL}{c^2}$$

现在根据等效原理，爱丽斯和鲍伯不能区别向上的加速系和静止在大小 $g=a$ 的向下的引力场中的参考系。如果实验在静止于引力场中的参考系中重复做，等效原理则要求 $T_B > T_A$，与我们刚刚得到的结果相同，鲍伯会断定，爱丽斯的时钟变慢了。这就是引力红移的起源。

爱因斯坦在 1911 年公布了这个结果，推导利用了多普勒移动。我们在这个注释中的推导只用了运动学、等效原理和光的有限速度。

在地球上，引力红移是 $\Delta T/T=10^{-16}L$，这里 L 以米为单位。这个效应虽然小，却被哈佛大学的 Pound、Rebka 和 Snider 在地球上实验测量了。“时钟”为伽马射线的频率，利用穆斯堡尔吸收技术，他们能精确测量竖直位移 25 m 的引力红移。哈佛测量的精度是 1%，但是，从那以后，不同的实验已经肯定了这个效应，精度高于 $1/10^8$。

习题

标 * 的习题可参考附录中的提示、线索和答案。

9.1　车上带轴的杆

长为 L、质量为 M 的匀质细杆在一端有轴。轴固定在以 A 加速的汽车顶部，如图所示。

(a) 平衡时，杆与汽车顶部的夹角是多少？

(b) 假设杆偏离平衡位置一个小角度 ϕ。对于小角度 ϕ，杆如何运动？

9.2　卡车门

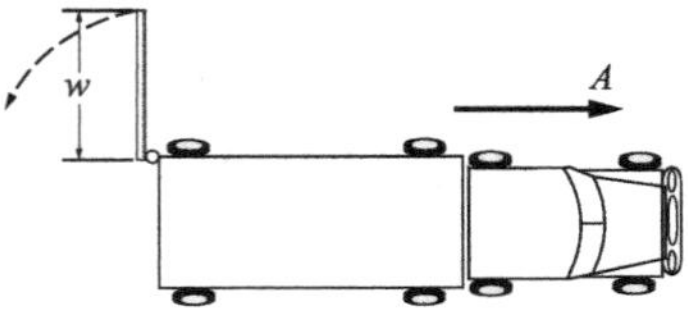

卡车静止时，一扇门完全打开，如图所示。卡车向前以加速度 A 做匀加速运动，门摆动着合上。门是均匀的固体，具有总质量 M、高度 h 和宽度 w。忽略空气阻力。

(a) 确定门绕着合页转过 90°时的瞬时角速度。

(b) 确定门转过 90°时所受的水平力。

9.3　运动轴上的单摆

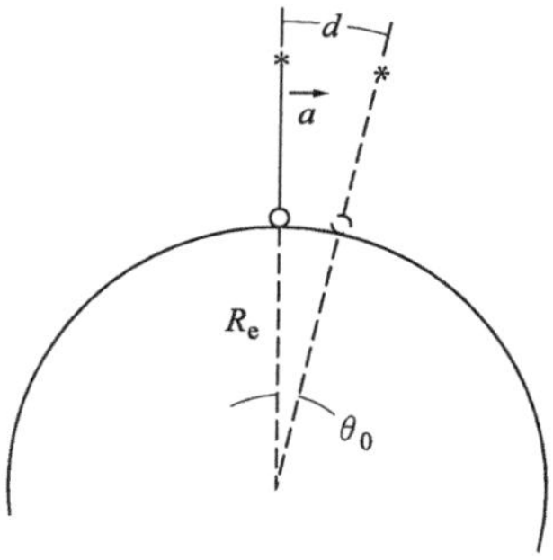

单摆静止不动，摆球指向地心。单摆的轴以匀加速 a 做水平运动，单摆开始摆动。忽略地球的转动。

当轴移动一个小的距离 d，对地心所张的角度 $\theta_0 \approx d/R_e \ll 1$ 时，考虑单摆的运动。若单摆的周期是 $2\pi\sqrt{R_e/g}$，证明若 θ_0^2 及更高阶的效应可略，单摆将继续指向地心。（制作这样长周期摆的一个方法是把轴安置在靠近长杆质心的位置。）

9.4　车轮的承重

1600 kg 的汽车的质心位于轮子中间，高出地面 0.7 m。轮子间距 2.6 m。

(a) 若前轮刚要离开地面，汽车的最小加速度是多少？

(b) 若汽车以 g 加速，前后轮的所受的法向力各是多少？

9.5　陀螺仪和加速度

陀螺仪可用来探测加速度并测量速率。考虑以高角速率 ω_s 自旋的一个陀螺仪。陀螺仪被一个球形轴 P 固定在车辆上。若车辆沿与自旋轴垂直的方向以 a 加速，陀螺仪会绕着加速轴进动，如图所示。测量进动的总角度 θ。

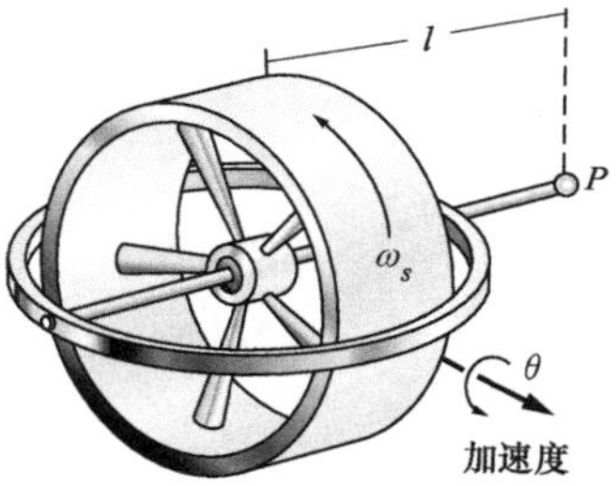

系统从静止开始，证明车辆的速度满足

$$v=\frac{I_s\omega_s}{Ml}\theta$$

这里，$I_s\omega_s$ 是陀螺仪的自旋角动量，M 是陀螺仪含轴部分的总质量，l 为质心到轴的距离。（这样一个系统称作积分陀螺仪，它能自动积分加速度，以得到某一速度。）

9.6　电梯里的自旋陀螺

质量为 M 的陀螺以角速率 ω_s 绕它的轴自旋，如图所示。绕自旋轴的转动惯量为 I_0，陀螺质心离支点的距离为 l。轴相对竖直方向倾斜一个角 ϕ，陀螺正做匀速进动。重力是向下的。

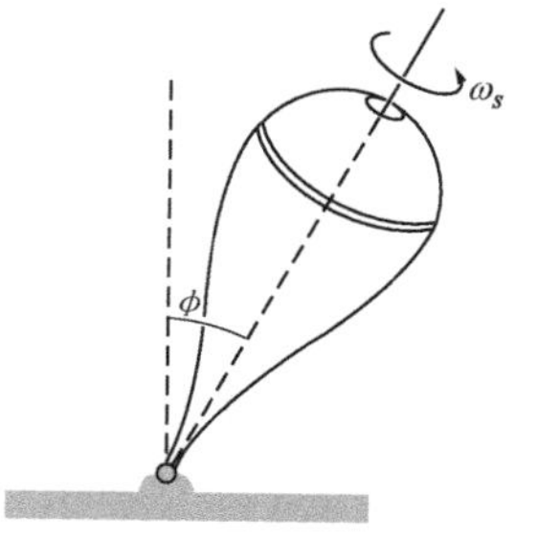

陀螺放在电梯里，它的尖端用无摩擦的轴置于电梯地板上。在如下各种情形下，确定进动角速度 Ω，并指出它的方向：

(a) 电梯静止。

(b) 电梯向下以 $2g$ 加速。

9.7　引力的表观力

假定地球是球形的，确定在赤道和两极处，引力表观力的差值。

9.8　平面极坐标中的速度

在转动坐标系中，质点的速度是瞬时径向的，通过检查质点的运动，推导平面极坐标系中熟悉的速度表达式，$v=\dot{r}\hat{\boldsymbol{r}}+r\dot{\theta}\hat{\boldsymbol{\theta}}$。

9.9　铁轨上的火车*

在北纬 60°，一辆 400 t 的火车以 60 mile/h 的速率向南行驶。

（a）作用在铁轨上的水平力是多大？

（b）力沿哪个方向？

9.10　表观重力与纬度*

用 g 表示在地表坐标系中测量的引力产生的加速度。然而，由于地球的转动，g 不同于引力产生的真实加速度 g_0。假定地球是理想的球形，半径为 R_e，角速度为 Ω_e，确定 g 随纬度 λ 的变化。（地球为球形的假设实际上是不合理的——两极变平导致的 g 随纬度的变化与这里计算的效应是相当的。）

9.11　竞赛的水翼船

在赤道处，水翼船以 200 mile/h 的高速驰过大洋。令 g 为相对于在地面上静止的观察者的重力加速度。当水翼船头沿着下列方向时，确定船上的乘客测得的重力的相对变化 $\Delta g/g$：

（a）东

（b）西

（c）南

（d）北

9.12　转动平台上的单摆

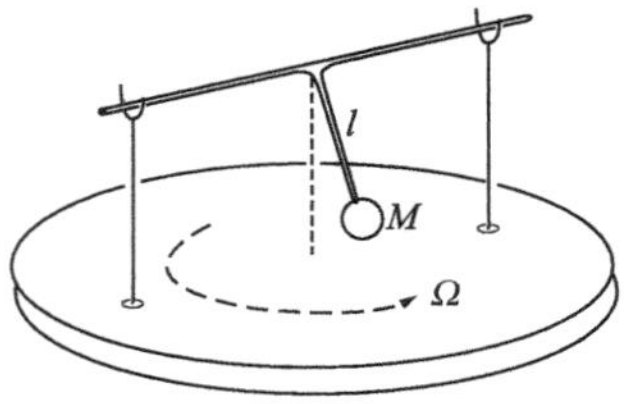

单摆在两个支柱的约束下刚性地固定在一根轴上，只能在垂直于轴的平面内摆动。单摆由质量为 M 的摆体和长为 l 的无质量杆组成，支柱置于以匀角速度 Ω 旋转的平台上。假设振幅很小，确定单摆的频率。

10 有心力运动

10.1 简介

开普勒是16世纪荷兰天文学家第谷·布拉赫的助手。他们堪称天作之合。布拉赫具备测量行星位置的天赋和技巧，用裸眼观测的精度高于0.01°，望远镜的发明是他去世几年以后的事情。开普勒是数学天才且坚忍不拔，他发现布拉赫的测量可用三个简单的经验定律概括。这项任务是令人望而生畏的。开普勒花了18年的时间进行艰苦的计算，才在17世纪早期发表了下列行星运动的三定律：

1. 每个行星在一个椭圆上运动，太阳位于一个焦点上。

2. 从太阳到行星的径向矢量在相等的时间扫过相等的面积。

3. 行星绕着太阳的转动周期 T 与椭圆半长轴 A 的关系满足 $T^2=kA^3$，这里 k 对所有的行星相同。

开普勒的经验定律到了17世纪下半叶仍然得不到解释，直到有一天，牛顿对行星运动的痴迷才激励他提出了他的运动定律和万有引力定律。利用这些数学定律，牛顿解释了开普勒经验定律，而这既开创了新的力学，又标志着现代数学物理的开启。行星运动和关于有心力更一般的问题始终在物理学的许多分支发挥重要的作用，甚至出现在粒子散射、原子结构和宇航中。

本章我们把牛顿物理应用到有心力运动的一般问题上。我们首先看一下相互作用为有心力 $f(r)\hat{\boldsymbol{r}}$ 的两质点系统的一般特征，这里 $f(r)$ 是两质点的距离 r 的任意函数，$\hat{\boldsymbol{r}}$ 为沿着中心连线的单位矢量。经过简单的坐标变换，我们将证明，如何用能量和角动量守恒定律确定通解。最后，我们把这些结果应用到行星运动的情形，$f(r)\propto 1/r^2$，并用它们证明开普勒经验定律。

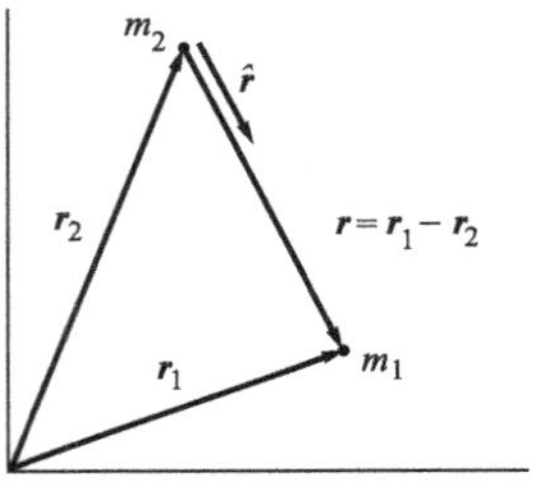

10.2 作为单体问题的有心力运动

考虑相互作用为有心力 $f(r)\hat{\boldsymbol{r}}$ 的两质点孤立系统。质点的质量分别为 m_1 和 m_2，它们的位置矢量分别是 $\boldsymbol{r}_1$ 和 $\boldsymbol{r}_2$。我

们有

$$\boldsymbol{r}=\boldsymbol{r}_1-\boldsymbol{r}_2$$

$$r=|\boldsymbol{r}|$$

$$=|\boldsymbol{r}_1-\boldsymbol{r}_2|$$

运动方程为

$$m_1\ddot{\boldsymbol{r}}_1=f(r)\hat{\boldsymbol{r}} \tag{10.1a}$$

$$m_2\ddot{\boldsymbol{r}}_2=-f(r)\hat{\boldsymbol{r}} \tag{10.1b}$$

由 $\boldsymbol{r}$ 的定义，$f(r)<0$ 时力是相吸的，$f(r)>0$ 时是相斥的。方程（10.1a）和（10.1b）由 $\boldsymbol{r}$ 耦合在一起；$\boldsymbol{r}_1$ 和 $\boldsymbol{r}_2$ 的行为依赖 $\boldsymbol{r}=\boldsymbol{r}_1-\boldsymbol{r}_2$。若我们用 $\boldsymbol{r}=\boldsymbol{r}_1-\boldsymbol{r}_2$ 和质心矢量 $\boldsymbol{R}$ 代替 $\boldsymbol{r}_1$ 和 $\boldsymbol{r}_2$，这个问题就很容易处理：

$$\boldsymbol{R}=\frac{m_1\boldsymbol{r}_1+m_2\boldsymbol{r}_2}{m_1+m_2}$$

若不存在外力，$\boldsymbol{R}$ 的运动方程微不足道：

$$\ddot{\boldsymbol{R}}=0$$

它有简单的解：

$$\boldsymbol{R}=\boldsymbol{R}_0+\boldsymbol{V}t$$

常矢量 $\boldsymbol{R}_0$ 和 $\boldsymbol{V}$ 依赖于坐标系的选择和初始条件。倘若我们足够聪明，会选原点位于质心，$\boldsymbol{R}_0=0$，若质心静止，$\boldsymbol{V}=0$。

$\boldsymbol{r}$ 的运动方程原来就类似于单质点的运动方程，直接可以求解。为了确定 $\boldsymbol{r}$ 的运动方程，把方程（10.1a）除以 m_1，方程（10.1b）除以 m_2，并相减，可得

$$\ddot{\boldsymbol{r}}_1-\ddot{\boldsymbol{r}}_2=\left(\frac{1}{m_1}+\frac{1}{m_2}\right)f(r)\hat{\boldsymbol{r}}$$

或者

$$\left(\frac{m_1m_2}{m_1+m_2}\right)(\ddot{\boldsymbol{r}}_1-\ddot{\boldsymbol{r}}_2)=f(r)\hat{\boldsymbol{r}}$$

用 μ 表示 $m_1m_2/(m_1+m_2)$，即**约化质量**，并利用 $\ddot{\boldsymbol{r}}_1-\ddot{\boldsymbol{r}}_2=\ddot{\boldsymbol{r}}$，我们有

$$\mu\ddot{\boldsymbol{r}}=f(r)\hat{\boldsymbol{r}} \tag{10.2}$$

方程（10.2）等同于质量 μ、受力 $f(r)\hat{\boldsymbol{r}}$ 的质点运动方程；两质点问题的踪迹全无。两质点问题已经转化为单质点问题。

遗憾的是，这个方法无法推广。没有办法把三个或更多质点的运动方程化为等效的单体方程，部分原因在于一般三体问题的精确解仍然是未知的，只有个别情况有解。我们将

在例 10.8 中讨论其中的一个。若我们从方程（10.2）解得 $\boldsymbol{r}$，很容易回头从如下关系式求解 $\boldsymbol{r}_1$ 和 $\boldsymbol{r}_2$：

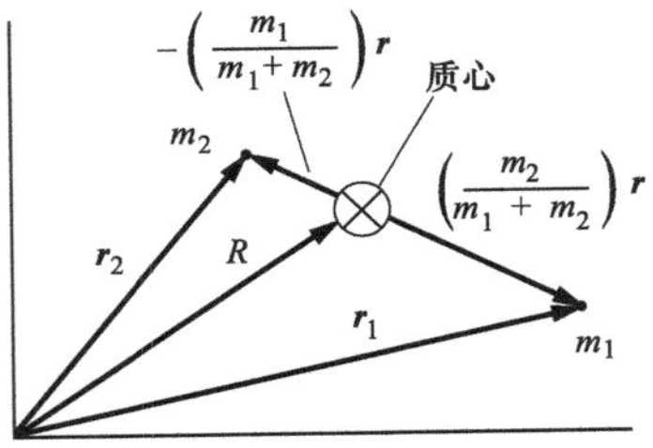

$$\boldsymbol{r}=\boldsymbol{r}_1-\boldsymbol{r}_2$$

$$\boldsymbol{R}=\frac{m_1\boldsymbol{r}_1+m_2\boldsymbol{r}_2}{m_1+m_2}$$

求解 $\boldsymbol{r}_1$ 和 $\boldsymbol{r}_2$，可得

$$\boldsymbol{r}_1=\boldsymbol{R}+\left(\frac{m_2}{m_1+m_2}\right)\boldsymbol{r} \tag{10.3a}$$

$$\boldsymbol{r}_2=\boldsymbol{R}-\left(\frac{m_1}{m_1+m_2}\right)\boldsymbol{r} \tag{10.3b}$$

如图所示，$m_2\boldsymbol{r}/(m_1+m_2)$ 和 $-m_1\boldsymbol{r}/(m_1+m_2)$ 分别为 m_1 和 m_2 相对质心的位置矢量。

10.3　有心力运动的普遍特征

求解 $\boldsymbol{r}(t)$ 的矢量运动方程 $\mu\ddot{\boldsymbol{r}}=f(r)\hat{\boldsymbol{r}}$ 依赖于 $f(r)$ 的特殊形式，但是有心力运动的某些特点总是具备的，与 $f(r)$ 的形式无关。能量和角动量守恒定律所施加的限制为找到通解迈出了关键的一步。本节我们将看到，如何用守恒定律确认解的某些普遍特征，并把矢量方程化为单一标量的方程。线动量守恒不会添加任何新的东西，它已经体现在两个物体所受的等值反向力及系统质心的匀速运动中。

虽然本章后面主要关注引力 $f(r)=-C/r^2$ 这种有心力，本节所讨论的守恒律结果对全部有心力都成立，与 $f(r)$ 的形式无关。

10.3.1　角动量守恒的结果

有心力 $f(r)\hat{\boldsymbol{r}}$ 沿 $\boldsymbol{r}$，对约化质量 μ 无力矩。因此，μ 的角动量 $\boldsymbol{L}$ 的大小和方向都是常量。

A. 运动限定在一个平面上

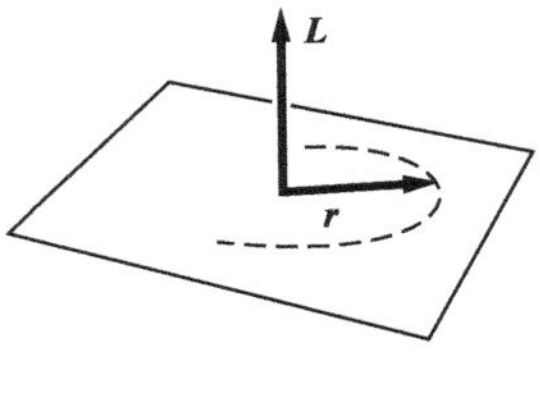

作为论据，$\boldsymbol{L}=\boldsymbol{r}\times\mu\dot{\boldsymbol{r}}$，由叉积的性质，$\boldsymbol{r}$ 总是与 $\boldsymbol{L}$ 垂直。由于 $\boldsymbol{L}$ 的方向是固定的，运动平面也是固定的，$\boldsymbol{r}$ 只能在一个与 $\boldsymbol{L}$ 垂直的平面内运动。

在运动平面引入平面极坐标 r、θ，运动方程变为

$$\mu(\ddot{r}-r\dot{\theta}^2)=f(r) \quad (10.4a)$$

$$\mu(r\ddot{\theta}+2\dot{r}\dot{\theta})=0 \quad (10.4b)$$

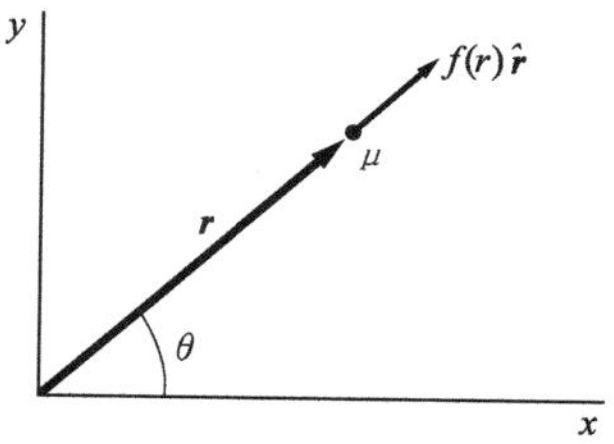

特别是，方程（10.4b）是有心力没有横向分量的结果。

B. 等面积定律

角动量的大小 L 是常量：

$$L=\mu r^2\dot{\theta} \quad (10.5)$$

这直接导致等面积定律，即开普勒第二经验定律，这是我们在例 7.5 中已经证明过的。总结一下，极坐标中的面元是 $dA=r^2d\theta/2$，所以 $dA/dt=r^2\dot{\theta}/2=L/2\mu=$常量。被 $\boldsymbol{r}$ 扫过的面积在相等的时间间隔内是相同的。等面积定律对全部有心力都成立，不管是闭合轨道还是非闭合轨道。对于太阳系，行星轨道是闭合轨道的一例。非闭合轨道类似于进入太阳系的彗星轨道，绕过太阳，又一头扎进太空，一去不复返。

10.3.2 能量守恒的结果

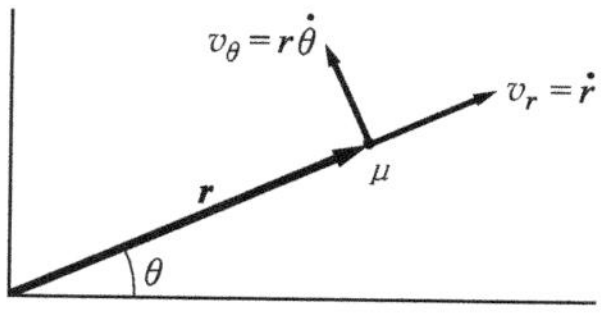

μ 的动能是

$$K=\frac{1}{2}\mu v^2$$

$$=\frac{1}{2}\mu(\dot{r}\hat{\boldsymbol{r}}+r\dot{\theta}\hat{\boldsymbol{\theta}})^2$$

$$=\frac{1}{2}\mu(\dot{r}^2+r^2\dot{\theta}^2)$$

在例 5.9 中，我们证明了全部有心力都是保守的，所以函数 $f(r)$ 对应于一个势能 $U(r)$：

$$U(r)-U(r_a)=-\int_{r_a}^{r}f(r)dr$$

常量 $U(r_a)$ 没有物理意义，所以 r_a 可以是不确定的；能量加上一个常量对运动没有影响。

由动能定理，

$$E=K+U(r)$$

$$=\frac{1}{2}\mu v^2+U(r) \quad (10.6a)$$

$$=\frac{1}{2}\mu(\dot{r}^2+r^2\dot{\theta}^2)+U(r) \quad (10.6b)$$

这里，总机械能 E 为常量。利用方程（10.5）可从方程（10.6b）中消去 $\dot{\theta}$。结果为

$$E=\frac{1}{2}\mu\dot{r}^2+\frac{1}{2}\frac{L^2}{\mu r^2}+U(r) \tag{10.7}$$

10.3.3 等效势

方程（10.7）看起来像是一维运动质点的能量方程；所有关于 θ 的项都不见了。由此可进一步引入

$$U_{\mathrm{eff}}(r)\equiv\frac{1}{2}\frac{L^2}{\mu r^2}+U(r) \tag{10.8}$$

因而，

$$E=\frac{1}{2}\mu\dot{r}^2+U_{\mathrm{eff}}(r) \tag{10.9}$$

U_{eff}称作等效势能。它通常也简称等效势。U_{eff}与真正的势能 $U(r)$ 相差一项所谓的离心势能 $L^2/2\mu r^2$。引入等效势纯属数学技巧，使方程（10.9）看起来像一维质点能量方程。然而，项 $L^2/2\mu r^2$ 并非与力相关的真正势能。从方程（10.6b）来看，这一项是横向速度 $r\dot{\theta}$所带来的动能的另一种表示。项 $L^2/2\mu r^2$ 实际上是动能，但是与真正的势能 $U(r)$ 合并在一起有助于更直接地写出方程（10.9）的形式解，也有助于利用简单的能量图定性描述有心力运动。

10.3.4 有心力运动的形式解

方程（10.9）的形式解是

$$\frac{\mathrm{d}r}{\mathrm{d}t}=\sqrt{\frac{2}{\mu}(E-U_{\mathrm{eff}})} \tag{10.10}$$

或者

$$\int_{r_0}^{r}\frac{\mathrm{d}r}{\sqrt{(2/\mu)(E-U_{\mathrm{eff}})}}=t-t_0 \tag{10.11}$$

方程（10.11）形式上可给出 r 随时间变化的函数，虽然在某些情形下，积分只能求数值解。为确定 θ 随时间变化的函数，把方程（10.5）改写为

$$\frac{\mathrm{d}\theta}{\mathrm{d}t}=\frac{L}{\mu r^2} \tag{10.12}$$

由于 r 是由方程（10.11）得出的时间 t 的函数，我们形式上可积分得到 $\theta(t)$：

$$\theta-\theta_0=\frac{L}{\mu}\int_{t_0}^{t}\frac{\mathrm{d}t}{r^2} \qquad (10.13)$$

我们感兴趣的通常是质点的轨道，想知道 r 随 θ 变化的函数而不是随时间变化的函数。即使轨道自身不闭合，我们也常把 $r(\theta)$ 称作质点的轨道。为了消去 t，利用链式法则，合并方程（10.10）和（10.12）：

$$\frac{\mathrm{d}\theta}{\mathrm{d}r}=\frac{\mathrm{d}\theta}{\mathrm{d}t}\frac{\mathrm{d}t}{\mathrm{d}r}=\left(\frac{L}{\mu r^2}\right)\sqrt{\frac{\mu}{2(E-U_{\mathrm{eff}})}}$$

则轨道的形式解为

$$\theta-\theta_0=L\int_{r_0}^{r}\frac{\mathrm{d}r}{r^2\sqrt{2\mu(E-U_{\mathrm{eff}})}} \qquad (10.14)$$

至此就完成了有心力问题的形式解。我们可随意得到 $r(t)$，$\theta(t)$ 和 $r(\theta)$；所要做的就是计算相应的积分。

10.4 能量方程与能量图

在 10.3 节中，我们发现在质心系中列出总能量 E 的两种等价方式。根据方程（10.6a）和（10.9），

$$E=\frac{1}{2}\mu v^2+U(r) \qquad (10.15\mathrm{a})$$

$$E=\frac{1}{2}\mu\dot{r}^2+U_{\mathrm{eff}}(r) \qquad (10.15\mathrm{b})$$

在分析有心力运动时，这两种形式会经常用到。第一种形式，$\frac{1}{2}\mu v^2+U(r)$，计算 E 很方便；我们需要知道的只是在某时刻的相对速率和位置。然而，$v^2=\dot{r}^2+(r\dot{\theta})^2$，依赖于两个坐标 r 和 θ，使得运动难以形象化。相反，第二种形式，$\frac{1}{2}\mu\dot{r}^2+U_{\mathrm{eff}}(r)$，只依赖于单个坐标 r。事实上，它等同于质量为 μ、沿直线运动、具有动能 $\frac{1}{2}\mu\dot{r}^2$ 和势能 $U_{\mathrm{eff}}(r)$ 的质点能量方程。坐标 θ 全然不见了——与横向运动相关的动能 $\frac{1}{2}\mu(r\dot{\theta})^2$ 体现在等效势中，且有关系式：

$$\frac{1}{2}\mu(r\dot{\theta})^2=\frac{L^2}{2\mu r^2}$$

$$U_{\text{eff}}(r)=\frac{L^2}{2\mu r^2}+U(r)$$

方程（10.15b）只涉及径向运动。最终我们可以利用第 5 章发展的能量图技术确定径向运动的定性特征。为掌握这个方法，我们首先看一个非常简单的系统，两个无相互作用的质点。

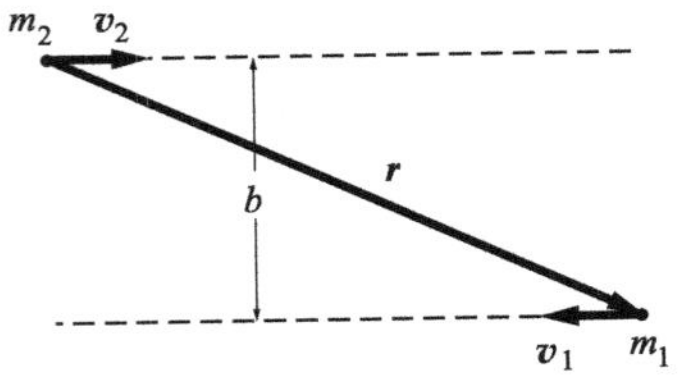

例 10.1 自由质点的有心力描述

质量分别为 m_1 和 m_2、无相互作用的两个质点分别以速度 v_1 和 v_2 相向运动。约化质量 $\mu=m_1m_2/(m_1+m_2)$。如图所示，它们的路径间距为 b。对这个系统及其能量图，我们将发展一套等价的单体描述。

相对速度为

$$\begin{aligned}v_0&=\dot{\boldsymbol r}\\&=\dot{\boldsymbol r}_1-\dot{\boldsymbol r}_2\\&=v_1-v_2\end{aligned}$$

v_1 和 v_2 均是常量，所以 v_0 也为常量。相对于质心的系统能量为

$$E=\frac{1}{2}\mu v_0^2+U(r)=\frac{1}{2}\mu v_0^2$$

对于无相互作用的质点，$U(r)=0$。

为绘出能量图，我们需要确定等效势

$$U_{\text{eff}}=\frac{L^2}{2\mu r^2}+U(r)=\frac{L^2}{2\mu r^2}$$

通过直接的计算可以确定 L，但是更简单的方法是利用关系式

$$E=\frac{1}{2}\mu\dot r^2+\frac{L^2}{2\mu r^2}=\frac{1}{2}\mu v_0^2$$

当 m_1 和 m_2 彼此经过时，$r=b$ 和 $\dot r=0$。因此，

$$\frac{L^2}{2\mu b^2}=\frac{1}{2}\mu v_0^2$$

$$L=\mu b v_0$$

因为 L 为常量，这个结果对所有时刻均成立。因此

$$U_{\text{eff}}=\frac{1}{2}\mu v_0^2\,\frac{b^2}{r^2}$$

能量图显示在插图中。

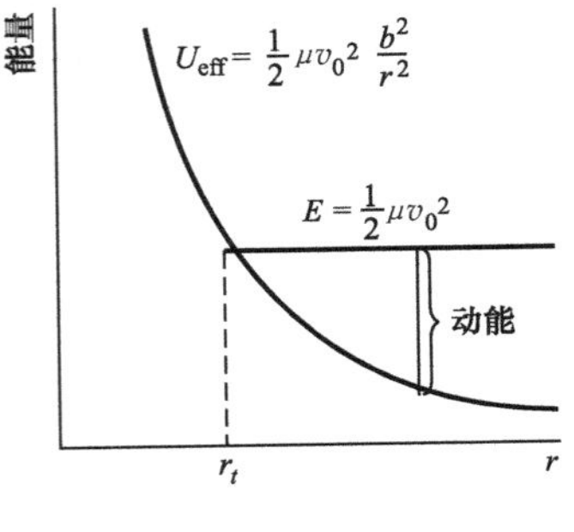

与径向运动有关的动能为

$$K=\frac{1}{2}\mu\dot{r}^2$$
$$=E-U_{\mathrm{eff}}$$

K 不可能为负值，所以运动限定在 $E-U_{\mathrm{eff}}\geqslant 0$ 的区域。开始时，r 非常大，$U_{\mathrm{eff}}\approx 0$。当质点接近时，动能减小，在转折点 r_t 处为零，这里径向速度为零，运动是纯横向的。在转折点处，$E=U_{\mathrm{eff}}(r_t)$，由此得

$$\frac{1}{2}\mu v_0^2=\frac{1}{2}\mu v_0^2\frac{b^2}{r_t^2}$$

或者

$$r_t=b$$

不出所料，r_t 是质点最靠近的距离；它是 r 的最小值。一旦经过转折点，r 变大，质点分开。在我们的一维图像中，质点 μ 被等效势垒"反弹"。

抛开这些绘声绘色的语言，记住，"离心势"与真实的物理作用力无关，不能根据牛顿第二定律加速质点。本例中质点无相互作用；它们匀速向前运动，没有"反弹"。能量图的作用是定性分析随 r 变化的运动，尤其是确定运动的范围。

现在，我们把能量图应用于行星运动这个比较重要的问题上。引力总是相吸的，

$$f(r)=-\frac{Gm_1m_2}{r^2}$$

$$U(\infty)-U(r)=-\int_r^{\infty}f(r)\,\mathrm{d}r$$
$$=Gm_1m_2\int_r^{\infty}\frac{\mathrm{d}r}{r^2}$$
$$=\frac{Gm_1m_2}{r}$$

所以

$$U(r)=-\frac{Gm_1m_2}{r}$$

按照惯例，我们已经取 $U(\infty)=0$。等效势能为

$$U_{\mathrm{eff}}=\frac{L^2}{2\mu r^2}-\frac{Gm_1m_2}{r}$$

若 $L\neq 0$，相斥的离心势 $L^2/(2\mu r^2)$ 在 r 值小时起主导作用，相吸的引力势能 $-Gm_1m_2/r$ 在 r 值大时起主导作用。插图显示了总能量 E 取各种值的能量图。

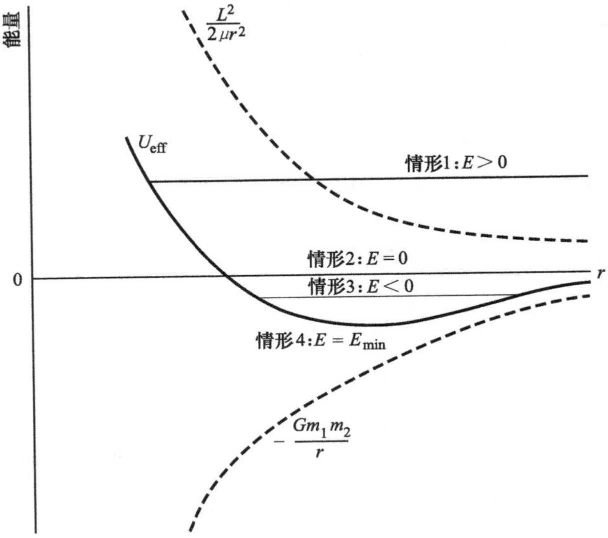

径向运动的动能为 $K=E-U_{\text{eff}}$，运动限定在 $K\geqslant 0$ 的区域。运动的性质由总能量决定。如图所示，具有各种可能性：

1. $E>0$：若 $L\neq 0$，r 在较大值时是无界的，但是不能小于一个确定的最小值。质点被“离心势垒”隔开。

2. $E=0$：这定性地类似于情形 1，但处于有界和无界运动的边界上。

3. $E<0$：对大小 r，运动都是有界的。两个质点形成一个束缚系统。

4. $E=E_{\min}$：r 限定在一个值。质点之间保持恒定距离。

在 10.5 节中，我们会发现，情形 1 对应双曲线运动；情形 2，抛物线；情形 3，椭圆；情形 4，圆。

还有另一种可能性，$L=0$。在这种情形，两质点沿直线向对方加速，过程中会碰撞，$L=0$ 时没有“离心势垒”把它们分开。

例 10.2　太阳系如何捕获彗星

假设 $E>0$ 的彗星（外太阳系彗星）漂进太阳系。对于引力作用下的运动，根据我们能量图的讨论，彗星接近太阳，然后一转而过，一去不复返。初始能量 $E>0$ 的外太阳系彗星怎么才能成为太阳系的一员呢？为完成此举，它的能量必须降为负值。然而，引力是保守的，与太阳引力相关的彗星总能量不可能变化。

如果涉及第三个物体，情况就会截然不同。例如，若彗星被一颗像木星一样的大质量行星偏转，它会向行星传递能量，从而被束缚在太阳系。

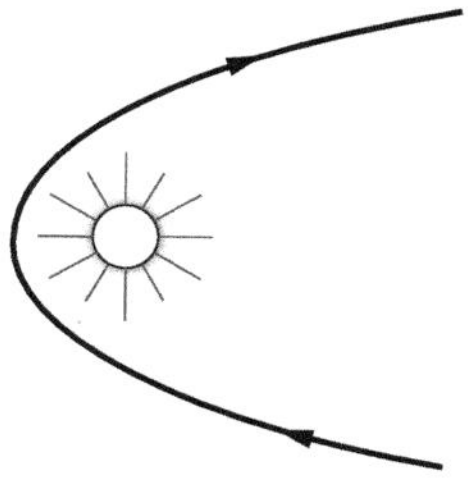

假定外太阳系彗星转过太阳后，向外朝木星的轨道运动，如图所示。设彗星开始与木星明显作用以前的速度为 v_{i}，木星的速度设为 $\mathbf{V}$。为简单起见，我们还假定在相互作用期间，轨道没有明显的偏转。

在彗星-木星的质心系，木星由于质量巨大，基本是静止的，彗星相对质心的速度是 $v_{\mathrm{ic}}=v_{\mathrm{i}}-\mathbf{V}$，如图 a) 所示。

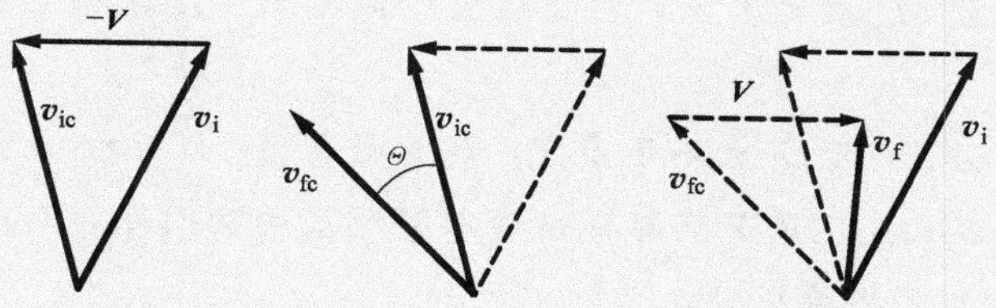

a) b) c)

在质心系，彗星的轨道被木星偏转，但是末速率等于初速率 v_{ic}。因此，相互作用仅仅是把 v_{ic} 转过一个角度 Θ，到一个新的方向 v_{fc}，如图 b) 所示。在空间固定的参考系，末速度为

$$v_{\mathrm{f}}=v_{\mathrm{fc}}+\mathbf{V}$$

图 c) 显示了 v_{f}，以及 v_{i}，以便于比较。对于图 c) 所示的偏转，$v_{\mathrm{f}}<v_{\mathrm{i}}$，彗星的能量减少。相反，若偏转是在另一侧，与木星的相互作用会增加能量，有可能把一颗束缚的彗星从太阳系解放。大部分已知的彗星都有接近于零的能量（若 $E\lesssim 0$，有界的椭圆轨道；若 $E\gtrsim 0$，无界的双曲线轨道）。彗星与木星的相互作用因而常常足以把轨道从无界变有界，或相反。

向行星传递能量的这个机制可以用来加速行星间的宇宙飞船。通过机智地挑选轨道，宇宙飞船能从一颗行星蹦到另一颗，极大地节省了燃料。

我们描述的过程似乎与引力是严格保守的思想相矛盾。只有引力作用在彗星上，然而它的总能量却可以改变。原因在于彗星经受了一个含时的引力，含时的作用力本质上是非保守的。尽管如此，整个系统的总能量是守恒的，与我们预料的一样；在彗星-木星系统中，多余的能量通过木星运动的轻微变化而吸收。

例 10.3 扰动的圆轨道

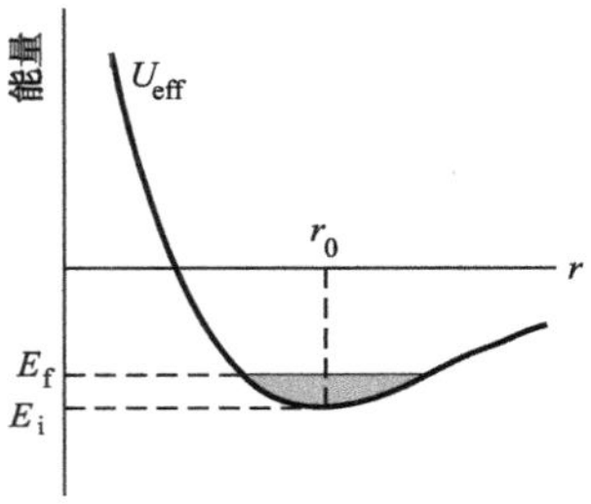

质量为 m 的地球卫星在半径为 r_0 的圆轨道上运行。它的一个发动机朝地心短暂点火，改变了卫星的能量，但角动量不变。问题是确定新的轨道。

能量图显示了初态能量 E_i 和末态能量 E_f。注意：发动机径向点火并不改变等效势，因为 L 没有变化。由于地球质量 M_e 远大于 m，约化质量近似为 m，地球相当于固定的。

若 E_f 比 E_i 大不了多少，能量图表明，r 与 r_0 差异不大。我们先不像下节那样精确求解行星运动问题，而是在 r_0 附近用抛物线势近似 $U_{eff}(r)$。

在 6.2 节，我们从平衡点附近质点的小振动分析中已经知道，卫星最终的径向运动将是近似极好的相对于 r_0 的简谐振动。取 $C \equiv GmM_e$，等效势为

$$U_{eff}(r) = -\frac{C}{r} + \frac{L^2}{2mr^2}$$

U_{eff}的极小值出现在 $r = r_0$ 处。由于斜率在此处为零，我们有

$$\left.\frac{dU_{eff}}{dr}\right|_{r_0} = \frac{C}{r_0^2} - \frac{L^2}{mr_0^3} = 0$$

从而给出

$$L = \sqrt{mCr_0} \tag{1}$$

把牛顿第二定律应用于圆周运动也可以得到这个结果。由 6.2 节，系统振动的频率，用 β 表示，则为

$$\beta = \sqrt{\frac{k}{m}}$$

这里，

$$k=\left.\frac{\mathrm{d}^2U_{\mathrm{eff}}}{\mathrm{d}r^2}\right|_{r_0} \tag{2}$$

通过简单的计算就可以得到

$$\beta=\sqrt{\frac{C}{mr_0^3}}=\frac{L}{mr_0^2} \tag{3}$$

则径向位置可以表示为

$$\begin{aligned} r &= r_0+A\sin\beta t+B\cos\beta t \\ &= r_0+A\sin\beta t \end{aligned} \tag{4}$$

在通解中取 $B=0$，以满足初始条件 $r(0)=r_0$。虽然我们能用 E_{f} 计算振幅 A，这里却不想进行代数运算，只需注意，对于几乎等于 E_{i} 的 E_{f}，$A\ll r_0$。

为了确定新轨道，我们必须消去 t，把 r 表示为 θ 的函数。对于圆轨道，

$$\dot{\theta}=\frac{L}{mr_0^2} \tag{5}$$

或者

$$\theta=\left(\frac{L}{mr_0^2}\right)t\equiv\beta t \tag{6}$$

比较方程（3）和（5），我们惊讶地发现，转动的频率 $\dot{\theta}$ 等于径向振动的频率 β。

即使发动机点火后半径略微振动，方程（6）对我们的目的来说也是足够精确的；t 只出现在方程（4）的一个小修正项中，我们略去了 A^2 及更高阶项。

从方程（1）和（5），卫星绕地球的转动频率可以写成

$$\dot{\theta}=\frac{L}{m{r_0}^2}=\frac{\sqrt{mCr_0}}{m{r_0}^2}=\sqrt{\frac{C}{m{r_0}^3}}$$

把方程（6）代入方程（4），我们得到

$$r=r_0+A\sin\theta \tag{7}$$

新轨道在图中用实线表示。

轨道看上去几乎是圆形的，但是圆的中心不再位于地球。在 10.5 节中我们将证明，$E=E_{\mathrm{f}}$ 的精确轨道是椭圆，满足方程

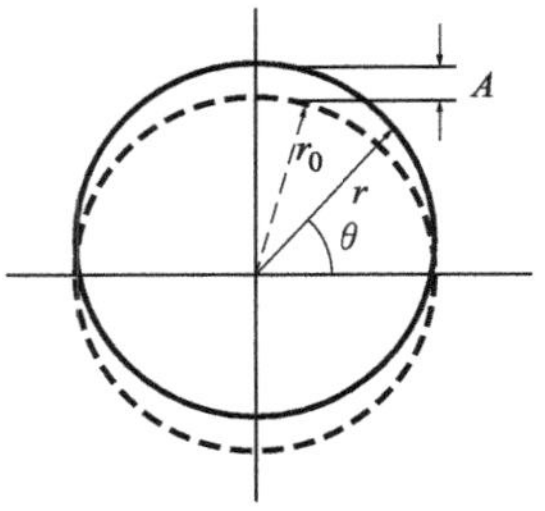

$$r=\frac{r_0}{1-(A/r_0)\sin\theta}$$

若 $A/r_0 \ll 1$，

$$r \approx r_0\left(1+\frac{A}{r_0}\sin\theta\right)$$
$$=r_0+A\sin\theta$$

精确到 A 的一阶，方程（7）为椭圆方程。然而，与借助于能量图在本例中发现的近似结果相比，精确计算是较难推导（和理解）的。

10.5　行星运动

这一节我们解决本章的主要问题：确定质量为 m 的行星在引力作用下绕着质量为 M 的恒星运动的轨道，引力势为

$$U(r)=-G\frac{Mm}{r}\equiv-\frac{C}{r} \qquad (10.16)$$

我们的结果也适用于质量为 m 的卫星绕着质量为 M 的行星做轨道运动，甚至质量为 m 和 M 的双子星系统。我们还将进一步用我们的结果证明，牛顿力学能够解释行星运动的开普勒经验定律。

由于我们感兴趣的常常是绕地球（质量 M_e）做轨道运动的卫星（质量 m），在这种情形下，用更熟悉的量表示 C 就比较方便。在地球表面（$r=R_e$）引力产生的加速度是 $g=GM_e/R_e^2$，所以对于地球的在轨卫星，C 可写为

$$C=GmM_e=mgR_e^2 \qquad (10.17)$$

把方程（10.16）的势能 $U(r)$ 代入轨道方程（10.14），可得

$$\theta-\theta_0=L\int\frac{\mathrm{d}r}{r\sqrt{(2\mu Er^2+2\mu Cr-L^2)}}$$

这里，θ_0 是积分常量。注释 10.1 证明了对 r 的积分可转化为一个标准形式，结果为

$$r=\frac{(L^2/\mu C)}{1-\sqrt{1+(2EL^2/\mu C^2)}\sin(\theta-\theta_0)} \qquad (10.18)$$

通常取 $\theta_0=-\pi/2$，并引入参数

$$r_0 \equiv \frac{L^2}{\mu C} \tag{10.19}$$

$$\varepsilon \equiv \sqrt{1+\frac{2EL^2}{\mu C^2}} \tag{10.20}$$

物理上，r_0 对应于 L、μ 和 C 给定值的圆轨道半径。无量纲的参数 ε 称作离心率，我们将看到，它刻画了轨道的形状。做了这些代换，方程（10.18）变为

$$r=\frac{r_0}{1-\varepsilon\cos\theta} \tag{10.21}$$

方程（10.21）在笛卡儿坐标中看着更为眼熟，$r=\sqrt{x^2+y^2}$，$r\cos\theta=x$。按 $r-\varepsilon r\cos\theta=r_0$ 的形式重写方程（10.21），我们有

$$\sqrt{x^2+y^2}-\varepsilon x=r_0$$

或者

$$(1-\varepsilon^2)x^2-2r_0\varepsilon x+y^2=r_0{}^2 \tag{10.22}$$

这个二次型描述了圆锥截面——双曲线、抛物线、椭圆和圆——平面以各种角度截取圆锥的轨迹。

轨道的形状依赖 ε，因此依据方程（10.20）可知也依赖于 E。这里是各种可能：

1. $\varepsilon>1$，因此 $E>0$；系统是无界的：x^2 和 y^2 的系数不等，符号相反；方程有形式 $y^2-Ax^2-Bx=$常量，这是双曲线方程。

2. $\varepsilon=1$，因此 $E=0$；系统处在有界和无界的交界上：方程（10.22）变为

$$x=\frac{y^2}{2r_0}-\frac{r_0}{2}$$

这是抛物线的方程。

3. $0\leqslant\varepsilon<1$，因此 $-\mu C^2/2L^2\leqslant E<0$；系统是有界的：$x^2$ 和 y^2 的系数不等，但符号相同；方程有形式 $y^2+Ax^2-Bx=$常量，这是椭圆方程。x 的线性项意味着椭圆的几何中心不在坐标原点。注释 10.2 将证明，椭圆的一个焦点位于质心，我们取它为原点。

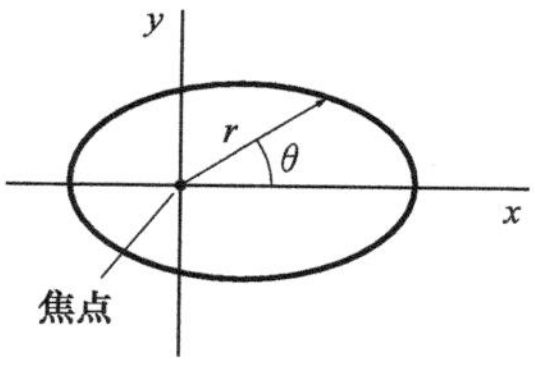

当 $\varepsilon=0$ 时，E 取可能的最小值 $-\mu C^2/2L^2$。轨道方程变为 $x^2+y^2=r_0{}^2$；椭圆退化为圆，$r=$常量。

10.5.1 双曲线轨道

为了计算实际的轨道，我们需要从实验可观测的参数中导出初始条件。例如，若轨道是无界的，我们就要从两个或更多时刻位置的观测得到能量和初始的轨迹。

本节我们讨论如何用实验参数描述一个双曲线轨道，这可以应用于绕着太阳运动的外太阳彗星。另一个应用是带电粒子被原子核散射的轨迹，电力和引力都正比于 $1/r^2$。

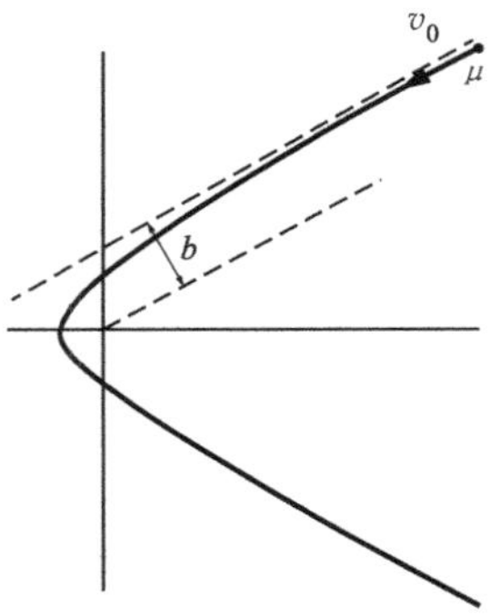

令 v_0 为 μ 远离原点的速率，b 为它的初始轨迹的投射到原点的距离，如图所示，b 通常称为**碰撞参数**。

角动量 L 和能量 E 分别是

$$L=\mu v_0 b$$

$$E=\frac{1}{2}\mu v_0{}^2$$

对于平方反比力 $U(r)=-C/r$，轨道方程为

$$r=\frac{r_0}{1-\varepsilon\cos\theta} \tag{10.23}$$

这里

$$r_0=\frac{L^2}{\mu C}=\frac{\mu v_0{}^2 b^2}{C}=\frac{2Eb^2}{C} \tag{10.24}$$

和

$$\varepsilon=\sqrt{1+\frac{2El^2}{\mu C^2}}=\sqrt{1+(2Eb/C^2)^2} \tag{10.25}$$

我们已经用了从方程（10.24）得到的关系式 $L^2=2\mu Eb^2$。

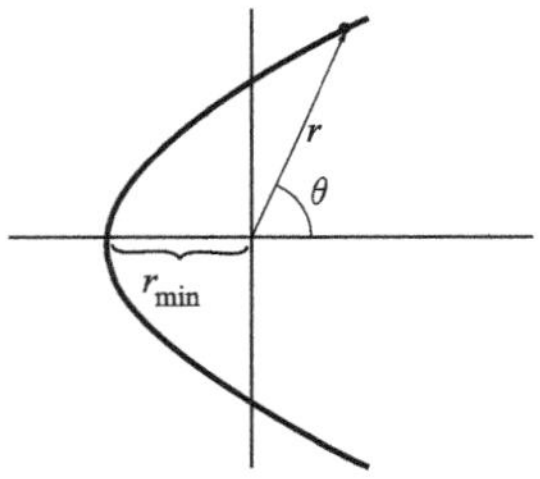

当 $\theta=\pi$，$r=r_{\min}$时，由轨道方程（10.23）可得

$$r_{\min}=\frac{r_0}{1+\varepsilon}$$

$$=\frac{2Eb^2/C}{1+\sqrt{1+(2Eb/C)^2}}$$

对于 $E\to\infty$，$r_{\min}\to b$。因此 $0<r_{\min}<b$。

令 $r\to\infty$，由方程（10.23）可得渐近线之间的半角θ_a。我们得到

$$\cos\theta_a=\frac{1}{\varepsilon} \tag{10.26}$$

在相互作用中，μ 被偏转角度 $\psi=\pi-2\theta_a$；在原子和核物理

中，ψ 被称为散射角。依照插图，ψ 与 θ_a 有关，因此也与离心率有关。散射角 ψ 为

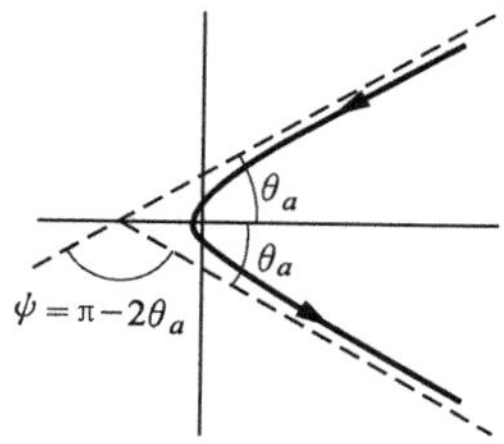

$$\psi=\pi-2\theta_a$$

所以

$$\cos\theta_a=\cos(\pi/2-\psi/2)$$
$$=\sin(\psi/2)$$

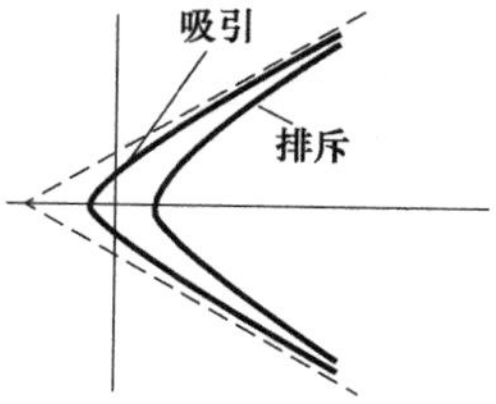

利用方程（10.25）和（10.26）则有

$$\sin(\psi/2)=1/\varepsilon$$
$$=\frac{1}{\sqrt{1+(2Eb/C)^2}} \tag{10.27}$$

若 $(2Eb/C)^2\ll1$，散射角 ψ 接近 180°。

例 10.4 卢瑟福（库仑）散射

在卢瑟福的经典实验（1909）中，从镭的放射性衰变产物发射的快 α 射线（双电荷的氦原子核）轰击薄的金箔。被金箔偏转（散射）后，α 射线可打到硫化锌荧光屏上，通过显微镜可观测到短暂的闪光，从而标记 α 射线击中的位置。这个耗时的实验是在盖革和 Ernest Marsden（本科生）的协助下完成的，测量了散射角在几度到 150° 的 α 射线的相对数目。金箔很薄，几乎不可能发生 α 射线被多个金原子核散射的情况，从而简化了分析。

卢瑟福用库仑势 $U(r)=C'/r$ 计算了 α 射线的散射，发现与实验符合得非常好。α 射线在 $r_{\min}$ 为 3×10^{-15} m（在 150°）时仍然沿着双曲线轨道，这远远小于原子的半径，证明原子的绝大多数质量集中在一个小区域，原子核。这些结果否定了早期的“李子布丁”原子模型，这个模型假定负电子分布在正电荷的球体中，因而不具有大质量的散射中心，不会引起大角度散射。

为了用双曲线轨道分析散射，我们从方程（10.27）开始，散射角 ψ 与离心率的关系为

$$\sin(\psi/2)=\frac{1}{\sqrt{1+(2Eb/C')^2}} \tag{1}$$

卢瑟福不能确定金原子核是吸引（$C'<0$）还是排斥（$C'>0$）α射线。根据方程（1），散射角依赖 $(2Eb/C')^2$，不可能由此测量强度参量 C' 的代数符号。

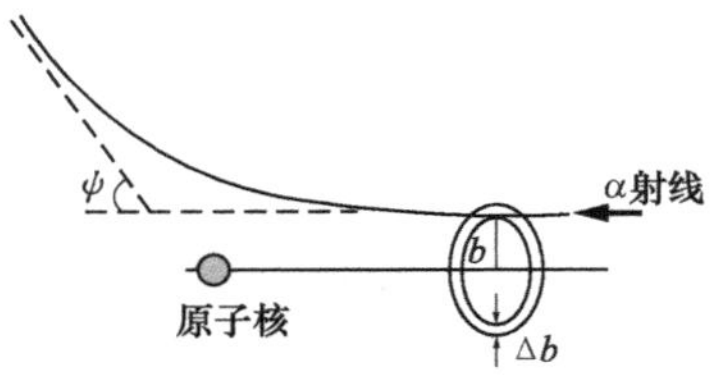

假定α射线的窄束与 x 轴平行，入射到箔片上，束的恒定流量为 $\mathcal{N}(\mathrm{m^{-2}s^{-1}})$。如图所示，想象一个中心在 x 轴且与其垂直的半径为 b、宽度为 Δb 的几何环形，处在远离散射中心的位置。每秒通过环形的入射α射线的数目 n_s 为

$$n_s=2\pi b\Delta b\mathcal{N} \tag{2}$$

通过环形的α射线具有 b 和 $b+\Delta b$ 之间的碰撞参数，散射角度在 ψ 和 $\psi+\Delta\psi$ 之间。对方程（1）取微分，

$$\cos(\psi/2)\Delta\psi=-2\frac{(2E/C')^2 b\Delta b}{[1+(2Eb/C')^2]^{3/2}}$$

利用方程（1）重写为

$$\cos(\psi/2)\Delta\psi=-2(2E/C')^2\sin^3(\psi/2)b\Delta b \tag{3}$$

我们可以不管负号，它只是告诉我们当 b 减小时 ψ 增大。

为了简化，令荧光屏是中心位于原点半径为 R 的空心球体。（宏观的 R 远大于亚微观的散射几何体。）散射角在 ψ 和 $\psi+\Delta\psi$ 之间的α射线击中屏上的一个半径为 $R\sin\psi$、宽度为 $R\Delta\psi$ 的环形，因此其面积为 $\Delta A=R^2\sin\psi\Delta\psi$。击中 ΔA 的散射α射线的流量则为 $n_s/\Delta A\,\mathrm{m^{-2}s^{-1}}$。相对于入射流量 $\mathcal{N}$，我们有

$$\frac{n_s/\Delta A}{\mathcal{N}}=\frac{\cos(\psi/2)\Delta\psi}{2(2E/C')^2R^2\sin\psi\Delta\psi\sin^3(\psi/2)}$$

$$=\frac{1}{4(2E/C')^2R^2\sin^4(\psi/2)} \tag{4}$$

这里我们用了恒等式 $\sin\psi=2\sin(\psi/2)\cos(\psi/2)$。

方程（4）表明，库仑散射强烈依赖于散射角。大部分α射线的散射角非常小，但是盖革和马斯登观测到，有一小部分的散射角非常大，$\psi\to180°$。

当高能α射线被“轻的”元素（少于10～15个质子的原子核）散射时，卢瑟福观测到与他的散射计算的偏差。他意识到，对于这些核，α射线能更接近原子核本身，排斥的库仑力比金原子核的更弱一些。这些观测可用于估算

核的半径 R，今天常用的表达式为 $R=R_0A^{1/3}$，这里 $R_0\approx 1.4\times10^{-15}$ m，质量数 A 是核中质子和中子的总数。这个表达式与核物质密度为常量是一致的。

在 19 世纪 20 年代，物理学家认识到，新发展的量子力学是精确描述原子或亚原子尺度现象的正确工具。令卢瑟福欣慰的是，库仑散射的量子力学结果与经典的解释几乎相同，特别是对于像金一样的重元素散射。

10.5.2 椭圆轨道与行星运动

椭圆轨道在天文学和天体物理中非常重要，有必要更详细地讨论它们的性质。对于椭圆轨道，$E<0$，离心率为 $0\leqslant \varepsilon<1$。在笛卡儿坐标系，轨道方程（10.22）为

$$(1-\varepsilon^2)x^2-2r_0\varepsilon x+y^2=r_0{}^2$$

我们看到，在我们选定的坐标系中，椭圆关于 x 轴是对称的。另外，x 的线性项表明，椭圆沿着 x 轴偏离原点。注释 10.2 证明，椭圆的一个焦点在原点，对于太阳系，根据开普勒定律，太阳位于椭圆的一个焦点上。

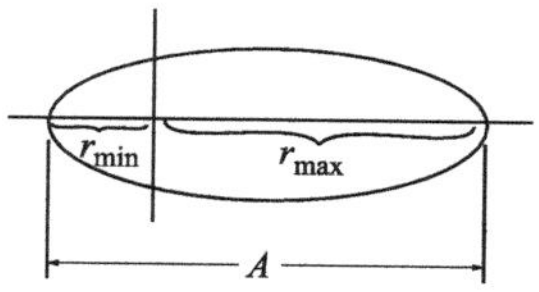

长轴的长度是

$$\begin{aligned}A&=r_{\min}+r_{\max}\\&=r_0\left(\frac{1}{1+\varepsilon}+\frac{1}{1-\varepsilon}\right)\\&=\frac{2r_0}{1-\varepsilon^2}\end{aligned}\tag{10.28}$$

根据方程（10.19）和（10.20），用 E、L、μ 和 C 表示 r_0 和 ε，可得

$$\begin{aligned}A&=\frac{2r_0}{1-\varepsilon^2}\\&=\frac{2L^2/(\mu C)}{1-[1+2EL^2/(\mu C^2)]}\\&=\frac{C}{(-E)}\end{aligned}\tag{10.29}$$

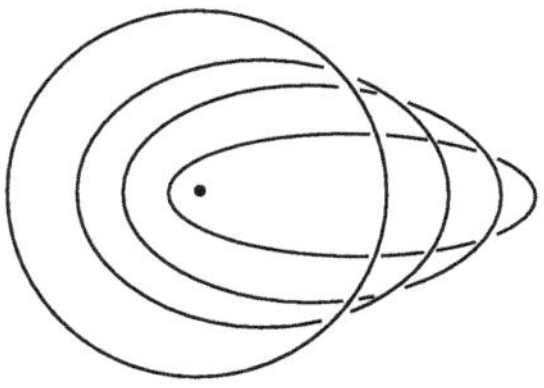

长轴的长度与 L 无关；长轴相同的轨道有相同的能量。例如，图中所有轨道都对应相同的 E 值，但却有不同的 L 值。

在能量方程 $E=(1/2)\mu v^2-C/r$ 中代入 $E=-C/A$，我们就得到很有用的关系式：

$$v^2=\frac{2C}{\mu}\left(\frac{1}{r}-\frac{1}{A}\right) \tag{10.30}$$

它可以给出轨道上任意径向位置 r 处的轨道速率 v。

椭圆轨道的周期

确定椭圆轨道周期的一个直接方法是积分 $r(t)$ 的方程(10.11)。取 $U_{\text{eff}}=(1/2)L^2/(\mu r^2)-C/r$，有

$$t_b-t_a=\mu\int_{r_a}^{r_b}\frac{r\mathrm{d}r}{\sqrt{(2\mu Er^2+2\mu Cr-L^2)}}$$

对于 $E<0$，分部积分可得

$$t_b-t_a=\frac{\sqrt{(2\mu Er^2+2\mu Cr-L^2)}}{2E}\Bigg|_{r_a}^{r_b}$$

$$-\left(\frac{\mu C}{2E}\right)\frac{1}{\sqrt{-2\mu E}}\arcsin\left(\frac{-2\mu Er-\mu C}{\sqrt{\mu^2C^2+2\mu EL^2}}\right)\Bigg|_{r_a}^{r_b}$$

对于一个完整的周期，$t_b-t_a=T$。由于 $r_b=r_a$，第一项为零，在第二项中，arcsin 改变 2π。结果为

$$T=\left(\frac{\pi\mu C}{-E}\right)\frac{1}{\sqrt{-2\mu E}}$$

或者

$$T^2=\frac{\pi^2\mu C^2}{-2E^3}$$

最后，利用方程 (10.29)，

$$T^2=\frac{\pi^2\mu}{2C}A^3 \tag{10.31}$$

巧合的是，我们刚刚证明了开普勒第三定律，$T^2=kA^3$，这里 k 对绕太阳的所有行星都是相同的。表 10.1 列出了几个行星的 A^3/T^2。尽管长轴的变化≈100，周期的≈1000，但 A^3/T^2 的值在 0.05%的范围内为常量。

表 10.1*

行星	ε	A,km	T,s	A^3/T^2
水星	0.206	1.16×10^8	7.62×10^6	2.69×10^{10}
地球	0.017	2.99×10^8	3.16×10^7	2.68×10^{10}
火星	0.093	4.56×10^8	5.93×10^7	2.70×10^{10}
木星	0.048	1.557×10^9	3.743×10^8	2.69×10^{10}
海王星	0.007	9.05×10^9	5.25×10^9	2.69×10^{10}

*来源：G. Woan, *The Cambridge Handbook of Physics Formulas*, Cambridge University Press (2003)

计算周期的一个简单方法是从角动量的方程（10.12）开始：

$$L=\mu r^2\frac{d\theta}{dt}$$

可以写为

$$\frac{L}{2\mu}dt=\frac{1}{2}r^2 d\theta$$

而 $(1/2)r^2 d\theta$ 是极坐标系中的面元，所以在一个周期 T 内积分就扫过椭圆的面积：

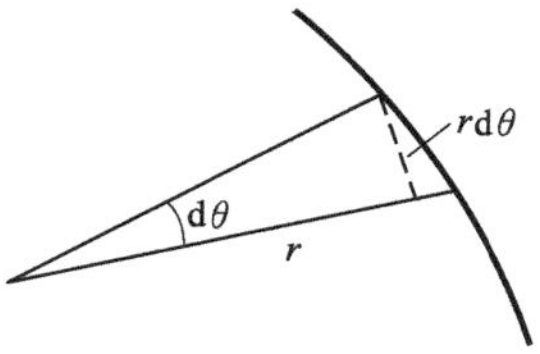

$$\frac{L}{2\mu}T=\text{椭圆面积}=\pi ab$$

这里，a 是半长轴，$a=A/2$，由方程（10.29），

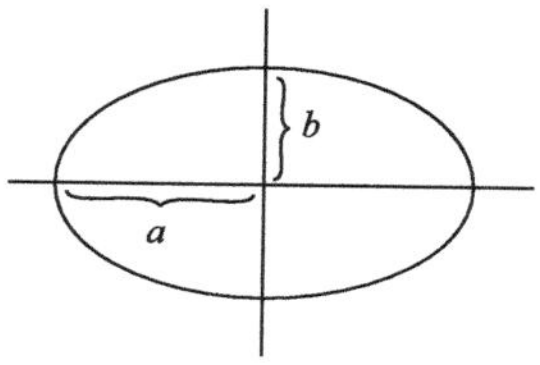

$$a=\frac{C}{-2E}$$

由注释 10.2，半短轴是

$$b=\frac{L}{\sqrt{-2\mu E}}$$

利用这些值，

$$T^2=\frac{\pi^2\mu}{2C}A^3$$

同前。

轨道的离心率

比值 r_{max}/r_{min} 为

$$\frac{r_{max}}{r_{min}}=\frac{r_0/(1-\varepsilon)}{r_0/(1+\varepsilon)}$$
$$=\frac{1+\varepsilon}{1-\varepsilon}$$

当 ε 接近零时，$r_{max}/r_{min}\approx1$，椭圆几乎是圆形的。当 ε 接近 1 时，椭圆是极其细长的。椭圆的形状完全由 ε 决定；r_0 只是提供一个尺度。

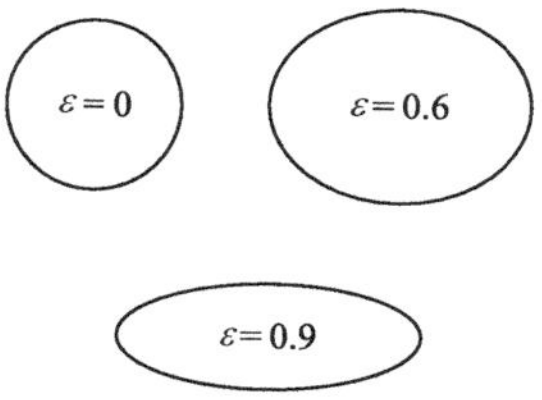

表 10.2 给出了行星、冥王体和哈雷彗星的离心率。这个表也揭示了为什么在圆上运动的圆之托勒密理论在处理早期的观察时是相当成功的。除了水星和冥王体，所有行星的轨道都有接近于零的离心率，几乎是圆形的。水星从未远离太阳，是难于观察的，冥王体（不再属于行星）直到 1930 年才被观察到，所以它们对托勒密体系的信奉者是没有妨碍的。在容易观测的行星里，火星有最离心的轨道，它的运动对托

勒密理论是一个障碍。开普勒通过计算拟合布拉赫对火星轨道的精确观测值，从而发现了他的行星运动定律。

表 10.2*

行星	ε	行星/体	ε
水星	0.206	土星	0.055
金星	0.007	天王星	0.051
地球	0.017	海王星	0.007
火星	0.093	冥王体	0.252
木星	0.048	哈雷彗星	0.967

* 注释 10.2 导出了椭圆轨道的其他几何性质。

轨道

例 10.5　对地静止轨道

为了通讯的需要，卫星通常放置在圆形的地球同步轨道上。若轨道在地球的赤道面内，它称为对地静止的。在对地静止轨道上的卫星轨道速率要与地球转动的角速度 Ω_e 匹配，从地球上看，卫星静止在赤道上的固定点。对于处在对地静止圆形轨道上质量为 m 的卫星，$A=2r$，$\mu\approx m$，$C=mgR_e{}^2$，$v=r\Omega_e$，方程（10.30）给出

$$v^2=(r\Omega_e)^2=\frac{2C}{m}\left(\frac{1}{r}-\frac{1}{2r}\right)$$

$$r^3=\frac{gR_e{}^2}{\Omega_e{}^2}$$

代入 $\Omega_e\approx 2\pi/86400$ rad/s，有

$$r\approx 42250\ \text{km}$$

所以，卫星在地球上的高度为

$$h=(42250-6400)\ \text{km}=35850\ \text{km}\approx 22280\ \text{mile}$$

在对地静止轨道上它的速率是 $v=r\Omega_e=3070\text{m/s}\approx 6870$ mile/h。

轨道转移操作在航天领域是频繁需要的。例如，在阿波罗登月航行中，航天器首先投放到近地轨道，接下来再转移到奔月轨道。为把宇宙飞船从一个轨道转移到另一个，它的速度必须在新旧轨道的交汇点改变。下面两个例子着眼于卫星发射和轨道转移的物理原理。

例 10.6 卫星轨道转移 1

使卫星进入圆形轨道的最节能方式是把它发射进一个椭圆转移轨道，其远地点位于所需的最终半径。当卫星在远地点时，它被加速，切向进入圆形轨道。本例我们着眼于过程第一步所需的能量：使卫星进入椭圆转移轨道。例 10.7 考虑第二步，转移卫星进入圆形的对地静止轨道。

问题是确定发射卫星的能量 E_{lauch}。E_{lauch} 是在转移轨道的卫星能量 E_{ort} 与它在发射前位于地面的初始能量 E_{ground} 之间的差值。为了计算这些量，我们需要确定轨道的离心率和角动量，卫星在远地点和近地点的速率。

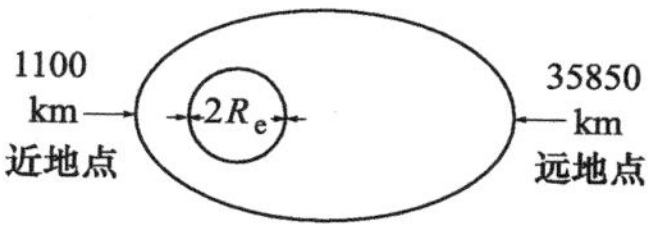

假设卫星具有质量 $m=2000$ kg。由于 $m\ll M_e$，我们把地球当作固定的力心，取约化质量 $\mu\approx m$。地球半径取为 $R_e=6400$ km。假设在近地点，卫星在地球上的高度为 1100 km。在所选椭圆轨道的远地点，卫星的高度为 35850 km，即对地静止轨道的高度。（插图不是按比例画的。）

发射卫星需要多大的能量 E_{lauch}，椭圆轨道的能量 E_{orb}、离心率 ε、角动量 L，以及在近地点和远地点的轨道速率各是多少？

发射前在地面上的卫星能量是

$$E_{\text{ground}}=U(R_e)+K_0$$

这里，$U(R_e)=-C/R_e=-mgR_e^2/R_e=-mgR_e$，$K_0$ 是地球转动带来的动能。若从赤道发射，$K_0=(1/2)mv_0^2=(1/2)m(R_e\Omega_e)^2$，这里 $\Omega_e=2\pi/86400$ rad/s 是地球的角速率。势能和动能合在一起，

$$\begin{aligned}E_{\text{ground}}&=-mgR_e+\frac{1}{2}m(R_e\Omega_e)^2\\&=mR_e\left(-g+\frac{1}{2}R_e\Omega_e^2\right)\\&=(2000)(6.4\times10^6)[-9.8+0.5(6.4\times10^6)(2\pi/86400)^2]\text{J}\\&=(2000)(6.4\times10^6)[-9.8+0.017]\text{J}\\&=-1.25\times10^{11}\text{J}\end{aligned}$$

由这个结果，从赤道发射，E_{ground} 减少的不到 0.2%，似乎没什么意义。但是对于一个给定的操作，消耗的燃料量粗略地与所需的速度改变量成正比，所以地球的转动有助

于节省燃料。轨道操作的效率由所需的 Δv 来评价，越小越好。

轨道的长轴 $A=(1100+6400+35850+6400)\mathrm{km}=5.0\times10^7\mathrm{m}$，从方程（10.29）可确定 E_{orb}：

$$\begin{aligned}E_{\mathrm{orb}}&=-\frac{C}{A}\\&=-\frac{mgR_{\mathrm{e}}^2}{A}\\&=-\frac{(2\times10^3)(9.8)(6.4\times10^6)^2}{5.0\times10^7}\mathrm{J}\\&=-1.61\times10^{10}\mathrm{J}\end{aligned}$$

忽略火箭发动机的无效能耗，发射卫星所需的能量为

$$E_{\mathrm{launch}}=E_{\mathrm{orb}}-E_{\mathrm{ground}}=1.09\times10^{11}\mathrm{J}$$

现在，我们来确定角动量，从方程（10.20），可由离心率确定 L，由轨道的大小可确定离心率。利用 $r_{\min}=r_0/(1+\varepsilon)$ 和 $r_{\max}=r_0/(1-\varepsilon)$，我们可以求出离心率。我们有

$$r_0=(1+\varepsilon)r_{\min}=(1-\varepsilon)r_{\max}$$

由此得到

$$\begin{aligned}\varepsilon&=\frac{r_{\max}-r_{\min}}{r_{\max}+r_{\min}}\\&=\frac{r_{\max}-r_{\min}}{A}\\&=\frac{3.5\times10^7\mathrm{m}}{5.0\times10^7\mathrm{m}}\\&=0.70\end{aligned}$$

从 ε 的定义，方程（10.20）：

$$\begin{aligned}\varepsilon^2&=1+\frac{2E_{\mathrm{orb}}L^2}{mC^2}\\&=1+\frac{2E_{\mathrm{orb}}L^2}{m(mgR_{\mathrm{e}}^2)^2}\end{aligned}$$

从而有

$$L=1.43\times10^{14}\ \mathrm{kg\cdot m^2/s}$$

在近地点，$r_{\mathrm{p}}=1100+6400=7.500\times10^6\ \mathrm{m}$，在远地点，$r_{\mathrm{a}}=35850+6400=4.225\times10^7\mathrm{m}$。知道了角动量，且在轨道的极点，速度与径向矢量垂直，我们可立刻确定这些点

的速率。在近地点，

$$L=mr_{\mathrm{p}}v_{\mathrm{p}}$$

$$v_{\mathrm{p}}=\frac{L}{mr_{\mathrm{p}}}=\frac{1.43\times10^{14}}{(2000)(7.500\times10^{6})}\ \mathrm{m/s}$$

$$=9530\mathrm{m/s}\approx21300\mathrm{mile/h}$$

类似地，在远地点，

$$v_{\mathrm{a}}=\frac{L}{mr_{\mathrm{a}}}=\frac{1.43\times10^{14}}{(2000)(4.225\times10^{7})}\ \mathrm{m/s}$$

$$=1690\ \mathrm{m/s}\approx3800\ \mathrm{mile/h}$$

或者，利用方程（10.30），也可以得到相同的结果。

例 10.7　卫星轨道转移 2

我们现在要把例 10.6 中 2000 kg 的卫星转移到圆形的对地静止轨道上。在例 10.5 中已看到，它在对地静止轨道上的速率为 3070 m/s，但是由例 10.6，它在椭圆轨道远地点的速率只有 1690 m/s。因此火箭发动机必须提供推力以增大速率。

若卫星以速度v运动，发动机使速度增加 Δv，则增加的能量为

$$\Delta E=(1/2)m(v+\Delta v)^2-(1/2)m(v)^2$$
$$=(1/2)m(v\cdot\Delta v+\Delta v^2)$$

当速度增量与轨道平行时，能量的增加是最大的。如图所示，如果首先发射卫星进入一个椭圆轨道，其远地点位于所要求的最终半径，然后在远地点增大它的速率，把它转移到所要求的圆形轨道，所需注入卫星的燃料就是最少的。高效的轨道转移方案是 1925 年由霍曼首先提出的，他是一位对太空航行的可能性感兴趣的富有远见卓识的德国科学家。

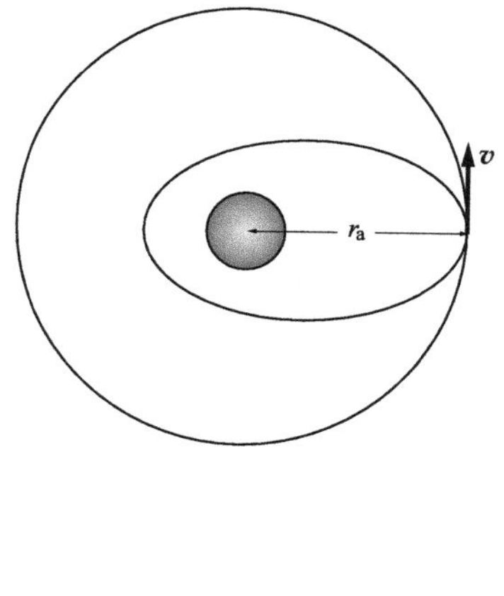

利用方程（10.29），$E=-C/A$，从长轴 A_{i} 的轨道转移到长轴 A_{f} 的轨道，能量的变化为

$$\Delta E=-C\left(\frac{1}{A_{\mathrm{f}}}-\frac{1}{A_{\mathrm{i}}}\right)=-mgR_{\mathrm{e}}^2\left(\frac{1}{A_{\mathrm{f}}}-\frac{1}{A_{\mathrm{i}}}\right)\qquad(1)$$

由例 10.6 可知，$A_{\mathrm{i}}=5.0\times10^7\mathrm{m}$。对于对地静止的轨道，$A_{\mathrm{f}}=2\times42250\ \mathrm{km}=8.45\times10^7\mathrm{m}$ 代入方程（1），得到

$$\Delta E=\left[-(2000)(9.8)(6.4\times10^{6})^{2}\left(\frac{1}{8.45\times10^{7}}-\frac{1}{5.0\times10^{7}}\right)\right]\mathrm{J}$$
$$=6.6\times10^{9}\mathrm{J}$$

轨道能量从椭圆轨道的-16.1×10^{9}J增加到对地静止轨道的-9.5×10^{9}J。

类似的考虑也可应用于执行太空任务的飞船返回地球。首先它要充分减速，以便落在圆形轨道上，接下来在合适的时刻被转移到与地球相交的椭圆轨道上。

例 10.8 特洛伊小行星和拉格朗日点

特洛伊小行星是太阳系的一个惊人特征。在木星的轨道上，几百颗小行星的一个群在木星前面运行，另一群在其后相同的距离尾随。另外，太阳、木星和每个群都位于等边三角形的顶点上。这些小行星称作特洛伊小行星，取自荷马《伊里亚特》里的人物，这是古希腊围攻特洛伊一些事件的故事。与其他行星相关的特洛伊小行星也已经观测到，至少在地球轨道上有一个。

引力的三体问题在一般情形从未解出过，但本例讨论的是一个受限的特殊情形，有已知解。考虑绕太阳（质量M_s）做轨道运动的一个行星（质量M_p）和小行星（质量m），它们都位于等边三角形的顶点上。假设小行星的质量较小，它的引力对太阳和行星运动的影响可略。再假设太阳和行星处在以它们的质心为圆心的圆轨道上。这对木星来说几乎属实，它的离心率很小（$\varepsilon=0.048$）。

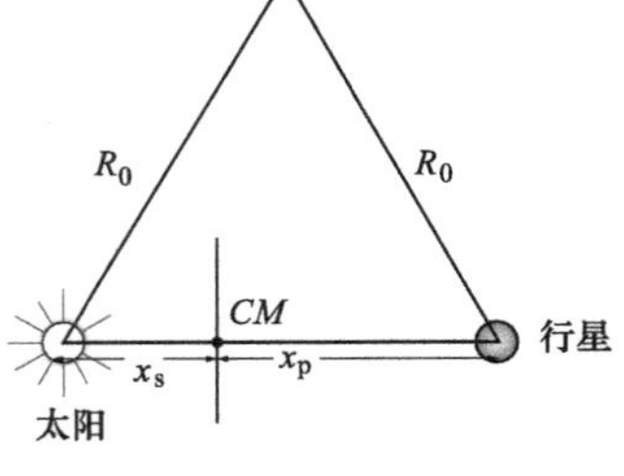

图中显示了它们的几何结构，R_0为三角形每边的长度。我们取坐标原点位于太阳和行星的质心（在我们的处理中，m假设为小量，$m\ll M_p$）。因此，由质心的定义，

$$0=\frac{M_p x_p-M_s x_s}{M_p+M_s} \tag{1}$$

利用$x_p+x_s=R_0$，我们可以解出x_p和x_s：

$$x_p=\frac{M_s R_0}{M_s+M_p} \tag{2a}$$

$$x_s = \frac{M_p R_0}{M_s + M_p} \tag{2b}$$

相对质心的角速度为Ω、处于圆轨道的行星的运动方程为

$$M_p x_p \Omega^2 = \frac{GM_p M_s}{R_0{}^2}$$
$$\Omega^2 = \frac{G(M_s + M_p)}{R_0{}^3} \tag{3}$$

这里我们利用了方程 (2a) 中x_p的表达式。

令$\boldsymbol{r}_1$为从小行星到太阳的矢量，$\boldsymbol{r}$为小行星到质心的矢量，$\boldsymbol{r}_2$为小行星到行星的矢量，如图所示。由于三角形是等边的，$|\boldsymbol{r}_1| = |\boldsymbol{r}_2| = R_0$。太阳和行星作用在小行星上的引力为

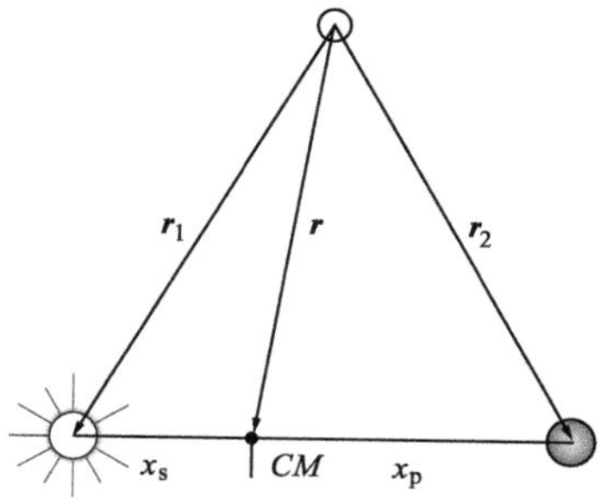

$$\boldsymbol{F} = \frac{GmM_s}{r_1{}^3}\boldsymbol{r}_1 + \frac{GmM_p}{r_2{}^3}\boldsymbol{r}_2$$
$$= \left(\frac{Gm}{R_0{}^3}\right)(M_s \boldsymbol{r}_1 + M_p \boldsymbol{r}_2)$$

利用

$$\boldsymbol{r}_1 = \boldsymbol{r} - x_s \hat{\boldsymbol{i}}$$
$$\boldsymbol{r}_2 = \boldsymbol{r} + x_p \hat{\boldsymbol{i}}$$

我们有

$$\boldsymbol{F} = \left(\frac{Gm}{R_0{}^3}\right)[(M_s + M_p)\boldsymbol{r} + (M_p x_p - M_s x_s)\hat{\boldsymbol{i}}]$$
$$= \left(\frac{Gm(M_s + M_p)}{R_0{}^3}\right)\boldsymbol{r}$$
$$= m\Omega^2 \boldsymbol{r}$$

这里，根据方程 (1) 则有$M_p x_p - M_s x_s = 0$，我们还用了方程 (3) 关于Ω^2的结果。

我们的结果表明，$\boldsymbol{F}$是径向朝里的，指向质心，小行星相对质心的角速度与太阳-行星系统的角速度相同。

在相对质心以角速度Ω转动的坐标系中，小行星所受向内的引力与向外的惯性离心力平衡，所以，在转动参考系中，三角形的顶点是平衡点，这里小行星所受的合力为零。类似地，作用在太阳和行星上的合力也为零。当系统绕质心做圆周运动时，太阳、行星和小行星因而能保持它们的三角形构型。

做圆周运动的三体系统的平衡点是18世纪末意大利数学家拉格朗日发现的，但是直到20世纪初期，在太阳-木星系统中，才首次观测到一个特洛伊小行星。拉格朗日计算表明，对于做圆周运动、有引力相互作用的三个物体，第三个物体可以处于五个特殊位置之一，在此处它是平衡的，原则上相对太阳和行星可以保持一个固定的构型，这些位置称为**拉格朗日点**。本例中在三角形顶点上的拉格朗日点称作L_4，尾随行星的对称点为L_5。其他三个拉格朗日点L_1，L_2和L_3是与太阳和行星共线的。

靠近L_4或L_5的小行星是稳定的，对于偏离平衡点的小位移，做简谐振动（像 $A\sin\omega t + B\cos\omega t$）。靠近$L_1$、$L_2$或$L_3$的小行星运动，小位移时可以既是简谐地，又是指数地变化，所以小行星在三个共线的拉格朗日点只是有条件的稳定。对于太空研究来说，放在L_1、L_2或L_3的人造卫星，若选择初始条件使得指数项最小，只消耗较少的燃料，是可以保持一个固定构型的。

拉格朗日对力学也做出了其他实质性的贡献。他不用作用力，而用动能和势能这些更基本的概念以更具威力的形式重新阐述了牛顿力学。

例 10.9 宇宙的开普勒轨道和黑洞质量

牛顿力学至高无上的成就是用运动定律和万有引力定律解释了开普勒行星运动定律。这些定律对远大于我们太阳系的银河或宇宙的尺度似乎也是成立的，应用它们可以为我们提供关于一个非凡物体——黑洞——的信息。

黑洞非常致密，质量巨大，甚至光都不能从它的引力场逃出。它是非牛顿力学的，必须用广义相对论的时空概念描述。尽管如此，黑洞外面的引力场仍然满足牛顿的平方反比律。现在，有确凿的证据表明，一个超重的黑洞存在于我们银河系的中心，已观测到恒星绕着一个对光学望远镜不可见的物体运行在椭圆轨道上。在人马星座（“射手”）的黑洞命名为人马座A星（缩写为 Sgr A*）。没有辐射能逃出，但落入的物质会发出辐射。Sgr A* 的一个很强的图像在电磁波的射频区域已经探测到。我们的太阳绕着银河中心以 1000 km/s 的速度转动，但是测量结果显示，Sgr A* 几乎是静止的，这表明它位于或接近银河中心。

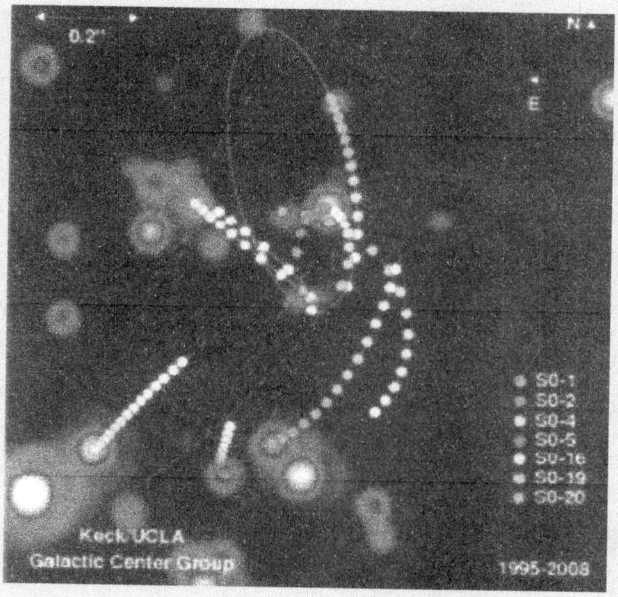

在我们银河系中心的 Sgr-A* 的附近，七颗恒星的部分轨道，用点表示。数据是在 1995 年至 2008 年期间等时间间隔地提取。数据来自 the Very Large Telescope of the European Southern Observatory in northern Chile.（图片来自 A. G. Hey.）

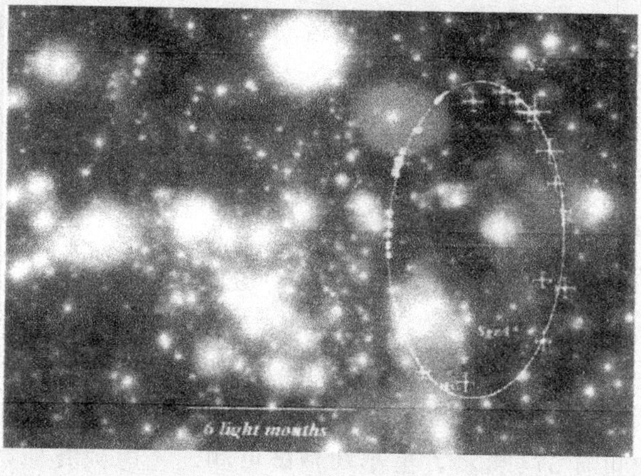

在银河系中心，恒星 S2 的轨道叠加在恒星背景里，但是放大了 100 倍。观测持续到整个 15.8 年的轨道周期。轨道平面并不位于纸面。S2 轨道的离心率近似是 0.87。（图片来自 R. Genzel.）

S2 的轨道是巨大的：长轴 $A \approx 11$ 光日 $= 2.9 \times 10^{11}$ km。轨道的离心率是 $\varepsilon = 0.88$。为了正确看待这个轨道的大小，作为比较，光横跨木星轨道的整个直径只需 86 分钟。

利用测量值和开普勒第三定律 $M \propto A^3/T^2$，对这个超重的吸引子，我们现在可以估计黑洞相对太阳的质量：

$$\frac{M_{\text{黑洞}}}{M_{\text{太阳}}}=\frac{(2.9\times 10^{11})^3/(5.0\times 10^8)^2\ \text{km}^3\cdot \text{s}^{-2}}{2.7\times 10^{10}\ \text{km}^3\cdot \text{min}^{-2}} \approx 4\times 10^6$$

这里，我们用了表 10.1 中太阳的 $A^3/T^2=2.7\times 10^{10}$。Sgr A* 为太阳质量的大约 4×10^6 倍。基于射频观测，对 Sgr A* 大小的估计表明，它极其致密，是水密度的几百倍。与是我们太阳质量几十亿倍的某些已知黑洞比起来，Sgr A* 实际上是一个小黑洞。

本例的讨论参考了 Mark J. Reid 在 *J. Modern Physics D*18，889（2009）的文章“在银河中心存在一个超重的黑洞吗?”

10.6 关于行星运动的一些结论

考虑到我们的太阳系有八个行星和无数的小天体，根据牛顿力学，对于受平方反比引力相互作用的两个质点的描述可以说非常好地预言了行星的运动。我们可能因此预期会观测到与开普勒定律的较大偏差。幸运的是，太阳的质量比行星的质量大得多，行星彼此之间的影响是较小的，效果可以处理成小的修正。这种计算技术，称作**摄动理论**，在 19 世纪得到了充分发展，1930 年在海王星轨道上观测到的摄动帮助亚利桑那州的 Clyde Tombaugh 发现了冥王体。

19 世纪，关于力学定律自身的基本问题出现了。天文观测结果显示，水星轨道的近日点在缓慢地进动，对于理想的两体系统，近日点应当保持静止。这里“缓慢”的含义是，每世纪只有 574 弧秒，虽小却精确可测。考虑到其他行星的摄动，预言的进动是每世纪 531 弧秒。虽然这非常接近观测值，爱因斯坦并不满意。经典物理预言水星运动的失败是他发展广义相对论的一个基本起因。在 1915 年，爱因斯坦用广义相对论预言了多出的每世纪 43 弧秒的进动，解决了早期的偏差，这对广义相对论是巨大的成功，使爱因斯坦对他革命性的理论充满信心。

古人怀着敬畏的心情看待像彗星和天食这些天上的事件，他们认为亘古不变的天上的任何变化都预示着即将来临的大事，或好或坏。牛顿力学把这些观念一扫而空，提出后不久就被公众广泛接受。沙龙哲学家认定牛顿力学把宇宙描述为一个机械系统，他们开始把宇宙想象为一个巨大刻板的机械钟，一旦启动，设好初始条件，就以确定的方式一直运行到永远。

刻板时钟模型的基本问题在 20 世纪早期暴露了，法国物理和数学家彭加勒发现了力学中的混沌现象。牛顿力学能准确地预言从过去几千年到未来几千年的天食。然而，在混沌系统中，初始条件的一个小的变化就能导致此后指数式的离散行为。这种变化以 $e^{\Lambda t}$ 式发展，这里 Λ 称作李雅普诺夫特征指数。由于混沌系统是不可计算的，我们对它未来的行为不能做出准确的预言。地球上的天气系统似乎是混沌的，一个地方小的变化可能在其他区域引起大的效应（“蝴蝶效应”）。即便是作为牛顿力学基石的行星运动，也展示出混沌行为。地球轨道的特征指数 Λ 大约在 4 百万到 5 百万年之间。对我们而言幸运的是，这个效应明显不大；生命在地球上存在 6 亿年了，但是地球轨道在这段时间里改变不大，并未使得地球太热或太冷，从而不足以维持生命。

自从开普勒发现他的经验定律，400 年过去了。稍后，伽利略用早期的望远镜观测到木星的卫星构成了一个微型太阳系，接着，牛顿阐述了动力学和引力的定律。今天，混沌动力学和黑洞附近强引力场的动力学都处于科学的前沿。物理似乎是不可穷尽的。

注释 10.1 轨道积分的计算

在本注释中，我们计算轨道积分

$$\theta-\theta_0=L\int\frac{\mathrm{d}r}{r\sqrt{(2\mu Er^2+2\mu Cr-L^2)}} \tag{1}$$

做代换

$$r=\frac{1}{s-\alpha}$$

$$\mathrm{d}r=-\frac{\mathrm{d}s}{(s-\alpha)^2}$$

$$\frac{dr}{r}=-\frac{ds}{(s-\alpha)}$$

式中，α 是待定常量。

代换后方程（1）的积分变为

$$\theta-\theta_0=L\int\frac{ds}{(s-\alpha)\sqrt{\frac{2\mu E}{(s-\alpha)^2}+\frac{2\mu C}{(s-\alpha)}-L^2}}$$

$$=-L\int\frac{ds}{\sqrt{2\mu E+2\mu C(s-\alpha)-L^2(s-\alpha)^2}}$$

$$=-L\int\frac{ds}{\sqrt{2\mu E+2\mu Cs-2\mu C\alpha-L^2s^2+2L^2\alpha s-L^2\alpha^2}}$$

现在，选择 $\alpha=-\mu C/L^2$，使 s 的线性项为零，可得

$$\theta-\theta_0=-L\int\frac{ds}{\sqrt{2\mu E-2\mu C\alpha-L^2s^2-L^2\alpha^2}}$$

$$=-L\int\frac{ds}{\sqrt{2\mu E+\frac{2(\mu C)^2}{L^2}-L^2s^2-\frac{(\mu C)^2}{L^2}}}$$

$$=-L\frac{ds}{\sqrt{2\mu E+\frac{(\mu C)^2}{L^2}-L^2s^2}}$$

$$=-L^2\int\frac{ds}{\sqrt{2\mu EL^2+(\mu C)^2-L^4s^2}}$$

这个积分可以化为 arcsin 的标准形式，$\sin\alpha=\int_0^\alpha dx/\sqrt{1+x^2}$，所以我们有

$$\theta-\theta_0=-\arcsin\left(s\sqrt{\frac{L^4}{2\mu EL^2+(\mu C)^2}}\right)$$

$$\sin(\theta-\theta_0)=-\frac{sL^2}{\sqrt{2\mu EL^2+(\mu C)^2}}$$

利用 $s=1/r+\alpha=1/r-\mu C/L^2$，

$$\sin(\theta-\theta_0)=\frac{\mu C-L^2/r}{\sqrt{2\mu EL^2+(\mu C)^2}}\tag{2}$$

最后，对方程（2）求解 r，得

$$\frac{L^2}{r}=\mu C-\sqrt{2\mu EL^2+(\mu C)^2}\sin(\theta-\theta_0)$$

$$\begin{aligned} r &= \frac{L^2}{\mu C-\sqrt{2\mu EL^2+(\mu C)^2}\sin(\theta-\theta_0)} \\ &= \frac{(L^2/\mu C)}{1-\sqrt{1+(2EL^2/\mu C^2)}\sin(\theta-\theta_0)} \end{aligned}$$

与方程（10.18）完全相同。

注释 10.2 椭圆的性质

极坐标系中椭圆方程为

$$r=\frac{r_0}{1-\varepsilon\cos\theta} \tag{1}$$

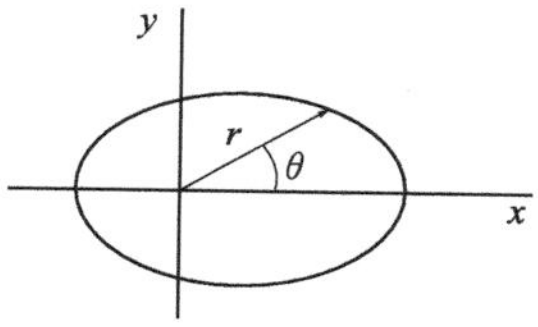

转换到笛卡尔坐标系 $r=\sqrt{x^2+y^2}$，$x=r\cos\theta$，方程（1）变为

$$(1-\varepsilon^2)x^2-2r_0x+y^2=r_0^2 \tag{2}$$

椭圆对应于 $0\leqslant\varepsilon<1$ 的情形。方程（1）和（2）描述的椭圆是关于 x 轴对称的，但它的中心不在原点。

利用方程（1）可以确定椭圆的重要几何量。$\theta=0$ 时 r 有最大值

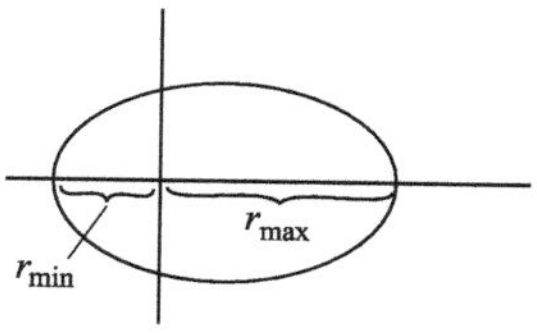

$$r_{max}=\frac{r_0}{1-\varepsilon}$$

$\theta=\pi$ 时 r 有最小值

$$r_{min}=\frac{r_0}{1+\varepsilon}$$

长轴 A 为

$$\begin{aligned} A &= r_{max}+r_{min} \\ &= r_0\left(\frac{1}{1-\varepsilon}+\frac{1}{1+\varepsilon}\right) \\ &= \frac{2r_0}{1-\varepsilon^2} \end{aligned} \tag{3}$$

半长轴 a 为

$$\begin{aligned} a &= \frac{A}{2} \\ &= \frac{r_0}{1-\varepsilon^2} \end{aligned} \tag{4}$$

从原点到椭圆中心的距离为

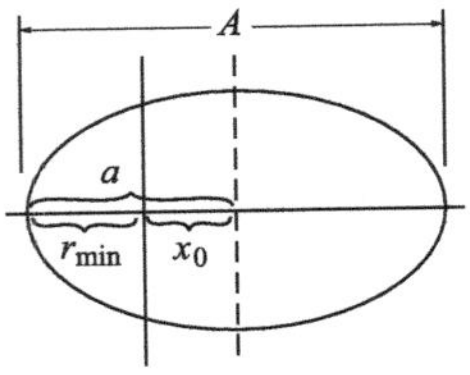

$$x_0 = a - r_{min} = r_0\left(\frac{1}{1-\varepsilon^2} - \frac{1}{1+\varepsilon}\right) = \frac{r_0\varepsilon}{1-\varepsilon^2} \tag{5}$$

比较方程（4）和（5），可以看出，$\varepsilon = x_0/a$。

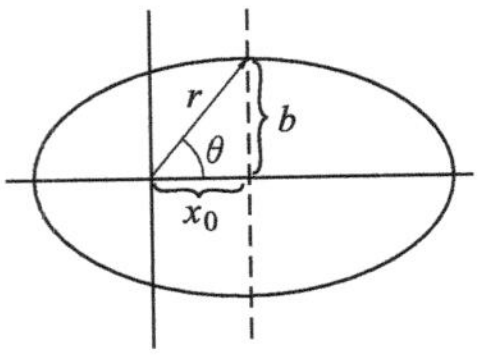

为确定半短轴的长度 $b=\sqrt{r^2-x_0^2}$，注意半短轴顶端的角坐标满足 $\cos\theta = x_0/r$。我们有

$$r = \frac{r_0}{1-\varepsilon\cos\theta} = \frac{r_0}{1-\varepsilon x_0/r}$$

或者

$$r = r_0 + \varepsilon x_0 = r_0\left(1+\frac{\varepsilon^2}{1-\varepsilon^2}\right) = \frac{r_0}{1-\varepsilon^2}$$

因此，

$$b = \sqrt{r^2 - x_0^2} = \left(\frac{r_0}{1-\varepsilon^2}\right)\sqrt{1-\varepsilon^2} = \frac{r_0}{\sqrt{1-\varepsilon^2}}$$

最后，我们证明原点位于椭圆的一个焦点上。根据椭圆的定义，从两个焦点到椭圆上一点的距离之和为常量。我们首先假定一个焦点在原点，因为第一个焦点到椭圆中心的距离为x_0，由对称性，另一个焦点位于 $2x_0$。

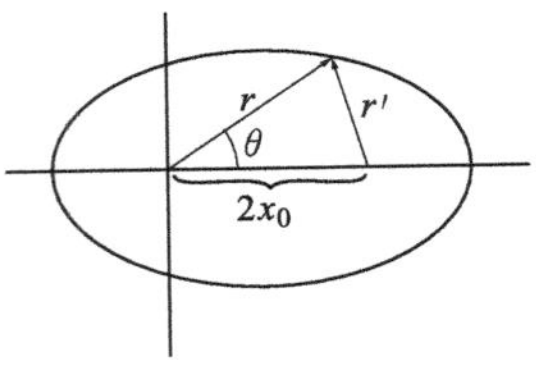

令 r 和 r' 分别为从焦点到椭圆上一点的距离，如图所示。我们将证明 $r+r'=$常量，从而证实我们开始假定的合理性。

由余弦定律，

$$r'^2 = r^2 + 4x_0^2 - 4rx_0\cos\theta \tag{6}$$

从方程（1）可确定

$$r\cos\theta = \frac{r-r_0}{\varepsilon}$$

方程（6）变为

$$r'^2 = r^2 + 4x_0^2 - \frac{4rx_0}{\varepsilon} + \frac{4r_0x_0}{\varepsilon}$$

利用方程（5）的关系式 $x_0=r_0\varepsilon/(1-\varepsilon^2)$，可得

$$r'^2=r^2-\left(\frac{4r_0}{1-\varepsilon^2}\right)r+\frac{4r_0^2\varepsilon^2}{(1-\varepsilon^2)^2}+\frac{4r_0^2}{(1-\varepsilon^2)}$$

$$=r^2-\left(\frac{4r_0}{1-\varepsilon^2}\right)r+\frac{4r_0{}^2}{(1-\varepsilon^2)^2}$$

右边是一个完全平方，所以

$$r'=\pm\left(r-\frac{2r_0}{1-\varepsilon^2}\right)$$

$$=\pm(r-A)$$

由于 $A>r$，我们必须选负号，使 $r'>0$。因此

$$r'+r=A$$

$$=\text{常量}$$

这就支持了焦点在原点的假定。

最后，对于平方反比力问题 $U(r)=-C/r$，我们列出了用 E、l、μ 和 C 表示的结果。使用这些公式时，E 必须取负数。由方程（10.19）和（10.20），

$$r_0=\frac{l^2}{\mu C}$$

和

$$\varepsilon=\sqrt{1+2El^2/(\mu C^2)}$$

因此

半长轴　$$a=\frac{r_0}{1-\varepsilon^2}=\frac{C}{-2E}$$

半短轴　$$b=\frac{r_0}{\sqrt{1-\varepsilon^2}}=\frac{1}{\sqrt{-2\mu E}}$$

$\frac{\text{半短轴}}{\text{半长轴}}$　$$=\frac{b}{a}=\sqrt{1-\varepsilon^2}=\sqrt{\frac{-2E}{\mu C^2}}$$

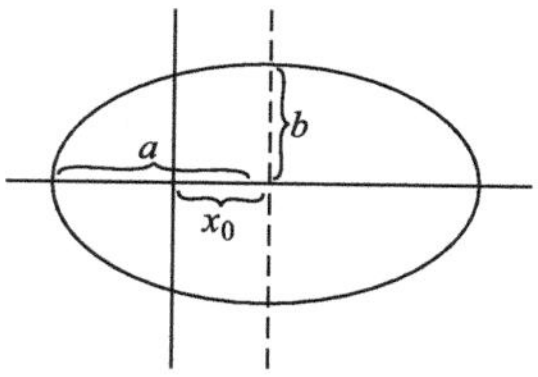

焦点到原点的距离为

$$x_0=\frac{r_0\varepsilon}{1-\varepsilon^2}=\left(\frac{C}{-2E}\right)\sqrt{1+\frac{2El^2}{\mu C^2}}$$

习题

标 * 的习题可参考附录中的提示、线索和答案。

10.1　运动方程

把方程（10.5）和（10.6b）对时间求导，得到方程

(10.4a) 和 (10.4b)。

10.2　r^3 有心力*

质量为 50 g 的质点在大小为 $4r^3$(dyne) 的吸引有心力作用下运动。角动量等于 1000 g·cm^2/s。

(a) 确定等效势能。

(b) 在等效势能的图上标出做圆周运动的总能量。

(c) 质点的轨道半径在 r_0 和 $2r_0$ 之间变化。确定 r_0。

10.3　$1/r^3$ 有心力运动

质点在立方反比有心力作用下做圆周运动。证明质点也能做或进或出的匀径向速度的运动。(这是一个中性稳定的例子。对圆轨道的任何小微扰都使质点径向运动，并持续匀速运动。) 确定匀径向速度为 v 时 θ 随 r 的变化。

10.4　可能的稳定圆轨道

对于势能 $U(r)=-A/r^n$，这里 $A>0$，n 取何值时圆轨道是稳定的?

10.5　有心弹性力

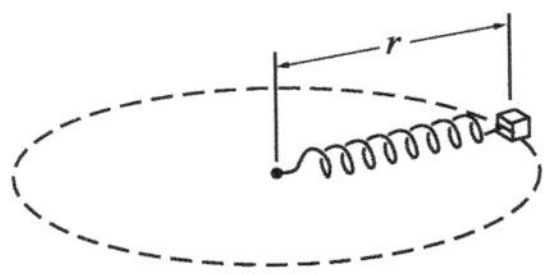

在无摩擦的桌上，一个 2 kg 的物体固定于无质量弹簧的一端，另一端连在一个无摩擦的转轴上。弹簧对物体产生的弹力大小为 $3r$(N)，这里 r 为轴到物体的距离，以米为单位。物体作圆周运动，总能量为 12 J。

(a) 确定轨道的半径和物体的速度。

(b) 物体受到一个短暂的打击，获得一个径向朝外的 1 m/s的瞬时速度。在能量图上显示打击前后的系统状态。

(c) 对于新的轨道，确定 r 的最大和最小值。

10.6　r^4 有心力

质量为 m 的质点在吸引有心力 Kr^4 作用下运动，角动量为 l。能量为多少时运动是圆形的，圆的半径是多少? 若质点径向获得一个小的冲量，确定径向振动的频率。

10.7　转移到逃逸

一个火箭处在绕地球的椭圆轨道上。为使它进入逃逸轨道，它的发动机短暂点火，使火箭的速度改变 ΔV。在轨道的哪里，沿哪个方向点火，能以最小的 ΔV 值逃逸?

10.8　抛射体上升*

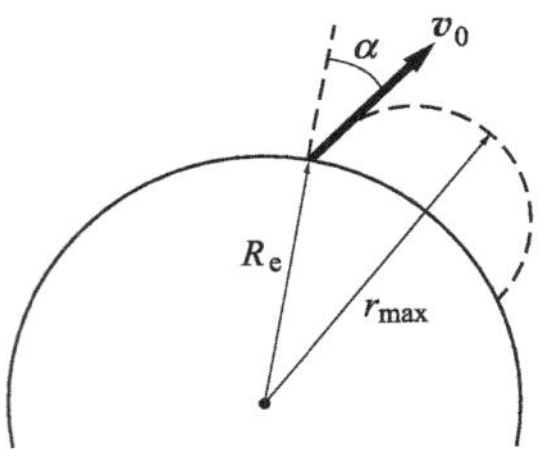

质量为 m 的抛射体从地球表面发射，与竖直方向夹角为 α。初始速率 v_0 等于 $\sqrt{GM_e/R_e}$。抛射体能上升多高? 略去空气阻力和地球转动。

10.9　哈雷彗星

哈雷彗星处在绕太阳的一个椭圆轨道上。轨道的离心率是 0.967，周期为 76 年。太阳的质量是 2×10^{30} kg，$G=6.67\times10^{-11}\,\mathrm{N\cdot m^2/kg^2}$。

(a) 利用这些数据，确定哈雷彗星在近日点和远日点到太阳的距离。

(b) 哈雷彗星离太阳最近时的速率是多少？

10.10　有空气摩擦力的卫星 *

(a) 质量为 m 的卫星处在绕地球的圆轨道上。轨道的半径是 r_0，地球的质量为 M_e。确定卫星的总机械能。

(b) 现在，假定卫星处在地球最顶部的大气层，这里它被一个恒定微弱的摩擦力阻碍。卫星将螺旋式缓慢地靠近地球。由于摩擦力是微弱的，半径的变化会非常缓慢。因此我们假定在任意时刻卫星实际上是处在平均半径为 r 的圆轨道上。确定每一圈卫星半径的近似变化 Δr。

(c) 确定每一圈卫星动能的近似变化 ΔK。

10.11　月球的质量

宇航员在月球着陆之前，使阿波罗Ⅱ空间飞行器进入绕月球的轨道。飞行器的质量为 9979 kg，轨道的周期是 120 min。到月球中心的最大和最小距离是 1861 km 和 1838 km。假定月球是匀质球体，根据这些数据，月球的质量是多少？$G=6.67\times10^{-11}\,\mathrm{N\cdot m^2/kg^2}$。

10.12　霍曼转移轨道

一个空间飞行器处在绕地球的圆轨道上。飞行器的质量是 3000 kg，轨道半径是 $2R_e=12800$ km。希望把飞行器转移到半径为 $4R_e$ 的圆轨道上。

(a) 转移所需的最小能量消耗是多少？

(b) 完成转移的一个有效方法是利用半椭圆轨道（以霍曼转移轨道而著称），如图所示。在交叉点 A 和 B 所需的速度变化是多少？

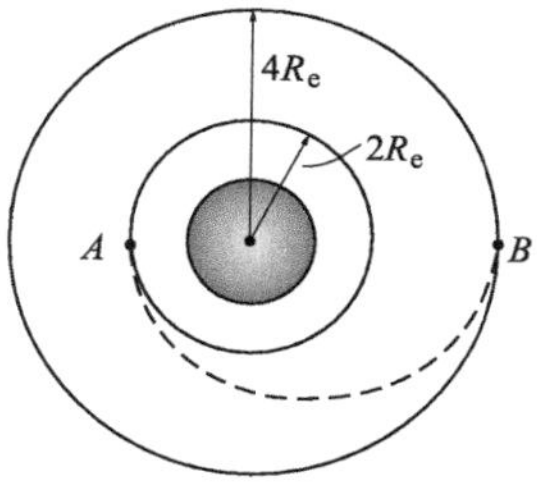

10.13　拉格朗日点 L_1

拉格朗日点 L_1 位于太阳和木星之间的连线上，距木星约 5.31×10^{10} m。太阳-木星的距离是 7.78×10^{11} m，太阳的质量是 1.99×10^{30} kg，木星的质量是 1.90×10^{27} kg。木星的

周期是4330天。

小质量的小行星位于L_1。

(a) 在转动参考系中，写出小行星在平衡位置的运动方程。

(b) 利用数据证明，运动方程是很好地满足的。

(c) 在太阳-木星的连线上，存在三个拉格朗日点。根据物理理由，说明另外两点在哪里找到。(c问是定性的：求精确解需要找到5次多项式的3个实根。)

10.14　绕 Sgr A* 的 S2 的速率

运用例10.9的数据，S2恒星绕黑洞 Sgr A* 做轨道运动的最大速率是多少？作为比较，地球绕太阳的速率是30 km/s。

10.15　太阳-地球质量比

开普勒定律也可应用在绕行星的卫星运动上。下表显示了几颗地球卫星的A^3/T^2。虽然周期的变化约为35倍，比值A^3/T^2在百分之几的范围内为常量。

利用这些数据，并取地球公转轨道的长轴为$A_e=2.99\times10^8$ km，计算太阳对地球的质量比值M_s/M_e。

卫星	ε	A,km	T,s	A^3/T^2
Amsat-Oscar 7 (1974)	1.28×10^{-3}	1.566×10^4	6.894×10^3	8.08×10^4
Geotail(1992)	0.83	1.21×10^5	1.485×10^5	8.03×10^4
Apostar 1A (1996)	1.30×10^{-4}	8.433×10^4	8.616×10^4	8.08×10^4
Integral(2002)	0.897	1.679×10^5	2.420×10^5	8.08×10^4
Cosmos 2431 (2007)	1.94×10^{-3}	5.102×10^4	4.06×10^4	8.07×10^4

注：基于 UCS Satellite Database，Union of Concerned Scientists，地球直径取为12 757 km。

11 谐振子

11.1 简介

也许，有人会想当然地以为谐振子原本就没有什么了不起，不就是系在弹簧末端一个来回振动的物体吗？其实谐振子在物理中有着崇高的地位。乐器中声音产生、介质中波的传播、机械和飞机中振动的分析和控制、电子表的计时晶体，这些都以谐振子为基础。另外，谐振子也在众多的原子和光量子场景中，在激光这样的量子系统中出现，它是高等量子场论中反复出现的主题。简言之，如果举办一场关于物理普适性的比赛，谐振子会是相当强劲的竞争者。

在第 3 章我们见过简谐运动——连在弹簧上物体的周期运动。那里的处理是高度理想化的，略去了摩擦力和可能随时间变化的驱动力。为使分析有物理意义，摩擦力其实是必不可少的，而谐振子最有意思的应用通常都涉及它对驱动力的响应。本章我们将考虑包含摩擦力的谐振子，所谓阻尼谐振子系统，接着再检查系统被周期力驱动时的行为，所谓的受迫谐振子系统。

11.2 简谐运动：回顾

为引入符号，我们简要地回顾一下简谐运动，即 3.7 节所介绍的理想谐振子运动：质量为 m 的物体在弹性力 $F_{\text{spring}}=-kx$ 作用下的运动，这里 x 是偏离平衡的位移。运动方程为 $m\ddot{x}=-kx$，可改写成标准形式：

$$\ddot{x}+\omega_0^2x=0 \tag{11.1}$$

这里

$$\omega_0=\sqrt{\frac{k}{m}}$$

方程的解为

$$x=X_0\cos(\omega_0t+\phi) \tag{11.2}$$

式中，X_0 和 ϕ 是两个任意的常量，通过选择可使其满足任何给定的两个独立的初始条件。通常它们是 $t=0$ 时刻的位置和速度。注意：我们现在用符号 ω_0 表示固有频率，而不是像 3.7 节那样用 ω 表示。通解用三角恒等式 $\cos(\alpha+\beta)=\cos\alpha\cos\beta-\sin\alpha\sin\beta$ 可表示为不同的形式。在方程（11.2）中用这个三角恒等式可以把解表示成

$$x=B\cos\omega_0t+C\sin\omega_0t \tag{11.3}$$

这里

$$X_0=\sqrt{B^2+C^2}$$

$$\phi=\arctan\left(-\frac{B}{C}\right) \tag{11.4}$$

我们一般把方程（11.2）当作理想（无摩擦）谐振子运动的标准形式。

11.2.1 术语

在表达式

$$x=X_0\cos(\omega_0 t+\phi)$$

中，X_0是运动的振幅（从零位移到最大值的距离），而ω_0是振子的频率（更准确地说，角频率）。角频率（$\omega_0=\sqrt{k/m}$）的单位是弧度每秒（rad/s）。由于弧度无量纲，角频率的单位也可写作s^{-1}。频率ν用“转每秒”或“周每秒”表示。$\nu=\omega_0/2\pi$，单位是赫兹（Hz），1Hz=1 s^{-1}。量$\omega_0 t+\phi$是t时刻振动的相，ϕ是所谓的相常量。运动周期——系统完成一个全循环的时间——$T=2\pi/\omega_0$。

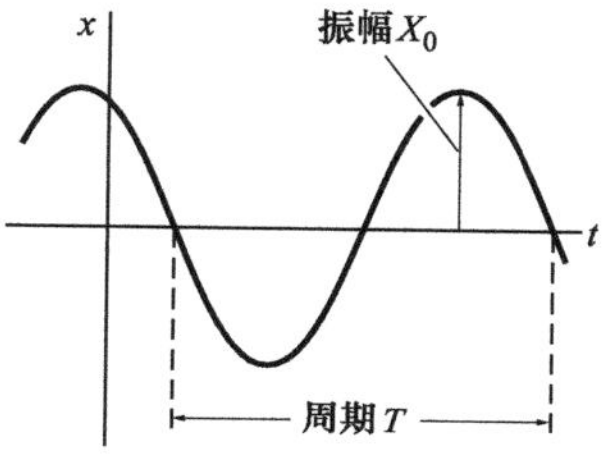

例 11.1　满足初始条件

在$t=0$时刻，谐振子的位置是$x(0)$，速率是$v(0)$。由方程（11.2），位移和速率分别为

$$x=X_0\cos(\omega_0 t+\phi)$$

$$v=-\omega_0 X_0\sin(\omega_0 t+\phi)$$

计算$t=0$时的x和v：

$$x(0)=X_0\cos\phi$$

$$v(0)=-\omega_0 X_0\sin\phi$$

由方程（11.2）得到的完全解中，

$$X_0=\sqrt{x(0)^2+(v(0)/\omega_0)^2}$$

$$\phi=\arctan\left(\frac{-v(0)}{\omega_0 x(0)}\right)$$

许多其他初始条件也是可能的。任何两个独立的信息对得到一个完全解都是足够的。这些可以是两个时刻的位置；或者可以是一个时刻的位置，另一个时刻的速度。在一个给定时刻的位置和加速度的值是不充分的，它们通过$m\ddot{x}=-kx$联系在一起，所以它们的值是不独立的。

11.2.2 谐振子的能量

谐振子具有来自平动的动能和来自弹簧的势能。动能为

$$K(t)=\frac{1}{2}mv^2=\frac{1}{2}m\omega_0^2X_0^2\sin^2(w_0t+\phi)$$

$$=\frac{1}{2}kX_0^2\sin^2(\omega_0t+\phi) \tag{11.5}$$

这里，我们利用了 $v=\dot{x}=-\omega_0X_0\sin(\omega_0t+\phi)$和 $m=k/\omega_0^2$。

取未伸长的弹簧为势能零点，势能为

$$U(t)=\frac{1}{2}kx^2=\frac{1}{2}kX_0^2\cos^2(\omega_0t+\phi) \tag{11.6}$$

因此，谐振子的总能量是

$$E=K(t)+U(t)=\frac{1}{2}kX_0^2[\cos^2(\omega_0t+\phi)+\sin^2(\omega_0t+\phi)]$$

$$=\frac{1}{2}kX_0^2 \tag{11.7}$$

总能量是常量，这是保守力系统中运动的熟悉特征。

11.3 阻尼谐振子

理想谐振子是无摩擦的。实际上摩擦力常常是必不可少的，略去它会得到荒谬的预测。因此我们来检查 3.6 节所讨论的黏性力 $f_{摩}=-bv$ 的效果。这种摩擦力经常遇到，所以我们的分析有广泛的应用。例如，在电磁电路中振动的情形，电路的电阻恰恰类似于黏性力。

作用在物体 m 上的合力为

$$F=F_{弹}+f_{摩}$$

$$=-kx-bv$$

运动方程是

$$m\ddot{x}=-kx-b\dot{x}$$

可以改写成标准形式：

$$\ddot{x}+\gamma\dot{x}+\omega_0^2x=0 \tag{11.8}$$

这里

$$\gamma=b/m \tag{11.9}$$

与之前一样，$\omega_0^2=k/m$。

我们第一次遇到形如方程（11.8）的微分方程。求解的一个方法在注释 11.2 中给出。然而，我们将尝试从物理情形

猜测解答，因为这样能获得被形式解掩盖的深刻见解。

若摩擦力可略，则运动满足

$$x=X_0\cos(\omega_0 t+\phi)$$

另一方面，若略去弹性力，物体将按 3.6 节所示的 $v=v_0 e^{-(b/m)t}$ 运动。因此我们猜测方程（11.8）的解具有如下形式：

$$x=X_0 e^{-\alpha t}\cos(\omega_1 t+\phi) \tag{11.10}$$

这里，若猜测正确，可选择常量 α 和ω_1使这个试探解满足方程（11.8）。X_0和 ϕ 是满足初始条件的任意常量。把试探解代入运动方程（11.8），我们发现方程是满足的，只需

$$\alpha=\gamma/2 \tag{11.11}$$

$$\omega_1=\sqrt{\omega_0^2-(\gamma/2)^2} \tag{11.12}$$

式中，$\gamma=b/m$，$\omega_0=\sqrt{k/m}$，同前。

这个解只在 $\omega_0^2-\gamma^2/4>0$ 时有效。其他情形在注释 11.2 中讨论。

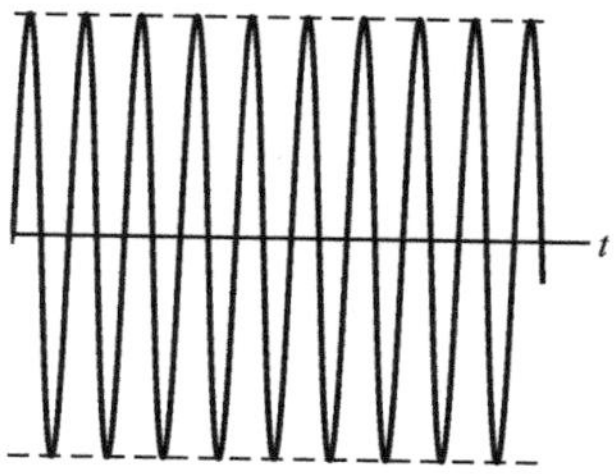

无阻尼
$\frac{\gamma}{2\omega_1}=0$

方程（11.10）所描述的运动称作**阻尼谐振动**。图中显示了 $\gamma/(2\omega_1)$ 值逐渐增大的几种情形。这些运动使人回想起上一节所描述的无阻尼谐振动。为强调这一点，我们重写方程（11.10）如下：

$$x=X_0 e^{-(\gamma/2)t}\cos(\omega_1 t+\phi) \tag{11.13}$$

或

$$x=X(t)\cos(\omega_1 t+\phi) \tag{11.14}$$

这里

$$X(t)=X_0 e^{-(\gamma/2)t} \tag{11.15}$$

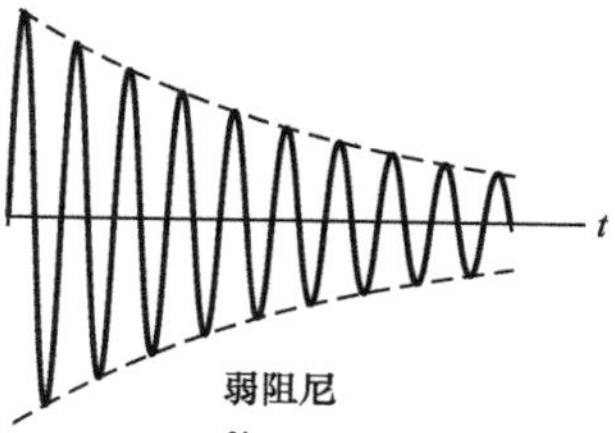

弱阻尼
$\frac{\gamma}{2\omega_1}=0.05$

除了振幅随时间指数衰减和振动频率ω_1小于无阻尼频率ω_0以外，运动类似于无阻尼的情形。运动是周期性的，$X_0 e^{-(\gamma/2)t}\cos(\omega_1 t+\phi)$ 的零交点相距等时间间隔 $T=2\pi/\omega_1$，但是峰值并不精确位于两者中间。

运动的基本特征依赖于比值ω_1/γ。若$\omega_1/\gamma\gg 1$，余弦经过很多次零交点后振幅只是略微减小，在这个范围的运动称作**弱阻尼**；若ω_1/γ 比较小，余弦只经历几次振动，$X(t)$ 就很快趋于零，这种运动称作**强阻尼**。对于弱阻尼，$\omega_1\approx\omega_0$，但是对于强阻尼，ω_1比ω_0小很多。若$\omega_0<\gamma/2$，试探解失效，

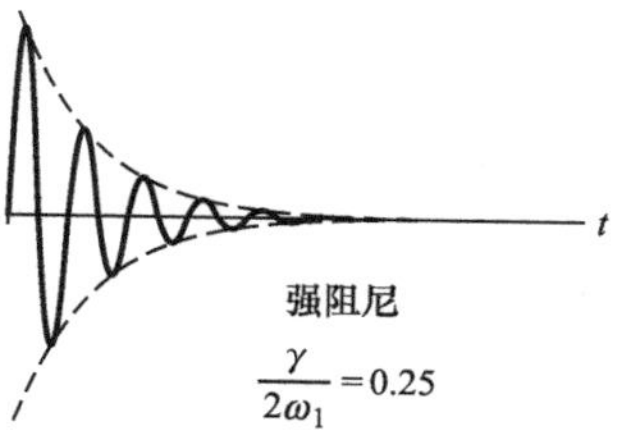

强阻尼
$\frac{\gamma}{2\omega_1}=0.25$

运动不再是振荡的。系统就称作过阻尼的。

11.3.1 阻尼振子的能量耗散

摩擦耗散机械能，所以阻尼振动的能量一定随时间衰减。为计算动能，我们通过求导方程（11.13）先确定速度。结果是

$$v=-X_0 e^{-(\gamma/2)t}\left[\omega_1 \sin(\omega_1 t+\phi)+\frac{\gamma}{2}\cos(\omega_1 t+\phi)\right] \tag{11.16}$$

我们感兴趣的多是弱阻尼，这时$\omega_1 \gg \gamma/2$，所以$\omega_1 \approx \omega_0$。这允许我们做近似，简化计算，并揭示出某些一般特征。

$$\omega_1^2=\omega_0^2-(\gamma/2)^2 \approx \omega_0^2 \tag{11.17}$$

利用近似$\omega_1 \gg \gamma/2$，方程（11.16）括号里的第二项可以略去，得

$$v=-V_0 e^{-(\gamma/2)t}\sin(\omega_0 t+\phi) \tag{11.18}$$

式中

$$V_0=\omega_0 X_0$$

在这种情形中，势能为

$$U(t)=\frac{1}{2}kX_0^2 e^{-\gamma t}\cos^2(\omega_0 t+\phi) \tag{11.19}$$

动能是

$$K(t)=\frac{1}{2}mV_0^2=\frac{1}{2}m\omega_0^2 X_0^2 e^{-\gamma t}\sin^2(\omega_0 t+\phi)$$

$$=\frac{1}{2}kX_0^2 e^{-\gamma t}\sin^2(\omega_0 t+\phi) \tag{11.20}$$

总能量是

$$E(t)=\frac{1}{2}kX_0^2 e^{-\gamma t} \tag{11.21}$$

总能量的衰减可用一个简单的微分方程描述：

$$\frac{dE}{dt}=-\gamma E$$

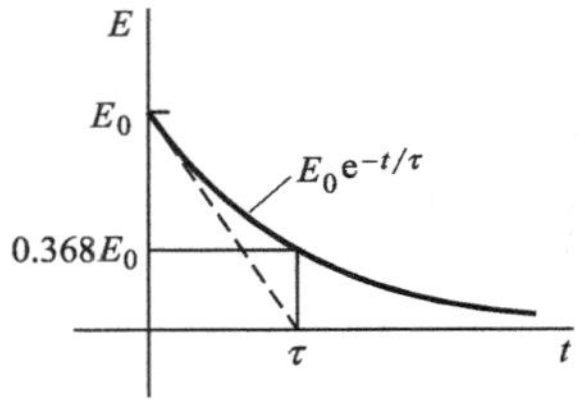

它有解

$$E=E_0 e^{-\gamma t} \tag{11.22}$$

式中，E_0为$t=0$时刻的能量。

能量的衰减用时间$\tau=1/\gamma$来刻画，这期间能量从初始

值衰减一个因子 $e^{-1}\approx 0.368$。τ 通常称作系统的**阻尼时间**。在零阻尼极限，$\gamma\to 0$，$\tau\to\infty$，E 为常量。系统就像无阻尼振子一样。

注意：我们直接从动能定理就可以得到同样的结果。摩擦力对系统做功的功率是 $vf_{摩}=-bv^2$。利用方程（11.18）中速度的表达式，做近似 $\omega_1=\omega_0$，并用平均值 1/2 替换 $\sin^2(\omega_0 t+\phi)$，果然有

$$\begin{aligned}\frac{dE}{dt}&=-bv^2=-\frac{b}{2}V_0^2e^{-\gamma t}=-\frac{b}{2}\frac{k}{m}X_0^2e^{-\gamma t}\\&=-\gamma E\end{aligned}$$

例 11.2 阻尼运动的物理限制

根据方程（11.13），振子一旦开始运动，即使它的振幅稳步减小，它也将永远振动下去。为理解对这种不可能的预测的限制，我们需要更详细地检查谐振子的物理意义。

运动方程（11.8）描述了只受黏性力作用的孤立振子。真正孤立系统的想法基本上都是非物理的，因为它与外界无接触，包括任何测量仪器。实际上，系统总是与外界接触，如果处于平衡态，它们可用一个温度 T 来表征。在 5.9 节我们介绍了气体中原子的随机热运动和气体温度的关系。随机运动和温度的关系是普遍的，因而热效应变得比较重要。

5.11 节介绍的均分定理预言了在温度 T 处于热平衡系统的平均热能。在温度 T 处于平衡的质量为 m 的质点平均动能是 $\frac{1}{2}m\overline{v^2}=\frac{3}{2}kT$，这里 k 是玻尔兹曼常量，具有值 $k\approx 1.38\times 10^{-23}\ \mathrm{m^2\cdot kg/s^{-2}}$。

更一般的，均分定理表明，若系统的能量可以写成二次型形式的项之和，例如对一个自由质点，其动能为 $m(v_x^2+v_y^2+v_z^2)/2$，则平衡时系统对每一个二次项平均具有 $\frac{1}{2}kT$ 的能量。因此，气体中原子的平均动能是 $\frac{3}{2}kT$。能量为 $\frac{1}{2}kx^2+\frac{1}{2}mv^2$ 的谐振子具有平均热能 kT。当振子的能量衰减到可与 kT 相比拟的地步时，能量不再减小，而是简单地围绕这个平均值涨落。

为减小热涨落，超精确的测量时常在极低温度下进行，当量子效应变得重要时，这个措施最终会失败。根据量子物理的定律，谐振子的能量$E_{谐}$不能任意小，必须遵守量子规则：

$$E_{谐}=\left(n+\frac{1}{2}\right)\hbar\omega_0$$

式中，$\hbar\approx1.055\times10^{-34}\,\mathrm{m^2\cdot kg/s}$。$\hbar$（读作“h bar”）是普朗克常量除以 2π，n 是非负整数：$n=0$，1，2，…。即使 $n=0$，也存在一个最小的或“基态”能量$\frac{1}{2}\hbar\omega_0$。这个能量源于内禀的量子涨落，在所有系统中都存在。在大多数情况下，机械系统中这些涨落太小，可以忽略。另外，量子物理的研究已经达到这样的灵敏度，使机械的量子涨落可以观测到，从而对精确测量设定了一个基本的限制。

11.3.2 振子的 Q

振子的阻尼度通常用一个无量纲的参数 Q 来表征，Q 即所谓**品质因数**，定义为

$$Q=\frac{\text{振子储存的平均能量}}{\text{运动 1 rad 耗散的平均能量}} \tag{11.23}$$

这里所用的“平均”是指在一个运动周期的时间平均，因而 $\langle\sin^2\theta\rangle=\langle\cos^2\theta\rangle=1/2$。

每弧度耗散的能量是系统在振动 1 rad 期间所损失的能量。在周期 $T=2\pi/\omega_0$ 中，系统振动 2π rad。因此，振动 1 rad 所用时间是 $T/2\pi=1/\omega_0$。

由方程（11.22），能量以比率 $\dot{E}=-\gamma E$ 衰减。因此，在 $\Delta t=1/\omega_0$ 期间损失的能量为

$$\Delta E\approx-\frac{\mathrm{d}E}{\mathrm{d}t}\Delta t=\gamma E\,\frac{1}{\omega_0}$$

所以，品质因数为

$$Q=\frac{E}{\Delta E}=\frac{E}{\gamma E/\omega_0}=\frac{\omega_0}{\gamma} \tag{11.24}$$

弱阻尼振子有 $Q\gg1$，而强阻尼系统损失能量太快，Q 较小。音叉具有约 1000 的 Q 值，而超导微波谐振腔可以拥有超过 10^7 的 Q 值，某些系统的 $Q>10^9$。在零阻尼极限，$Q\to\infty$。

例 11.3 两个简单振子的 Q

音乐家的音叉在中 C 上的音 A 振动，440 Hz。测音表显示，声音强度在 4 s 内减弱到 1/5。音叉的 Q 是多少？

音叉的声音强度与振动能量成正比。由于阻尼振子的能量按 $e^{-\gamma t}$ 减小，通过取 $t=0$ 和 $t=4$ s 的能量比值可确定 γ：

$$5=\frac{E(0)e^{(0)}}{E(0)e^{-4\gamma}}=e^{4\gamma}$$

因此

$$4\gamma=\ln 5\ s^{-1}=1.6\ s^{-1}$$

$$\gamma=0.4\ s^{-1}$$

从而确定 Q：

$$Q=\frac{\omega_0}{\gamma}=\frac{2\pi\times 440\ s^{-1}}{0.4\ s^{-1}}$$

$$\approx 7000$$

能量损失主要是由于金属弯曲时会变热。空气摩擦和对底座支点的能量损失也有贡献。音叉的对称设计可使对支点的损失最小化。若你做这个实验，顺便提醒一下，耳朵是个很差的测音表，它对声音的强度并非线性响应；它的响应更接近对数的。

橡皮筋的 Q 比音叉低很多，这主要是因为长链分子螺旋的内摩擦。在一个实验中，悬挂在强韧的橡皮筋下的镇纸的振动有 1.2 s 的周期，振幅在 3 个周期后减弱到 1/2。这个系统的 Q 的估算值是多少？

由方程 (11.15)，振幅是 $X(t)=X_0e^{(-\gamma/2)t}$。振子的周期是 $T=1.2$ s，所以频率为 $\omega_0=2\pi/T=5.24\ s^{-1}$。在 $t=0$ 和 $t=3\times 1.2\ s=3.6$ s 时刻振幅的比值是

$$2=\frac{X(0)}{X(3.6s)}=\frac{X_0e^{(0)}}{X_0e^{-3.6(\gamma/2)}}$$

解此方程可得

$$1.8\gamma=\ln 2=0.69$$

或

$$\gamma=0.39\ s^{-1}$$

因此

$$Q=\frac{\omega_0}{\gamma}=\frac{5.24\ \mathrm{s}^{-1}}{0.39\ \mathrm{s}^{-1}}$$

$$=13$$

Q 这么小还采用弱阻尼的结果，$Q=\omega_0/\gamma$，这看上去是有问题的。相关近似引入的误差量级是$(\gamma/\omega_0)^2=(1/Q)^2$。对于 $Q>10$，误差小于 1%。

注意：音叉和橡皮筋的阻尼常量几乎是相同的。然而音叉有非常高的 Q，这是因为，在一个阻尼时间里，振动经历了更多的周期，每个周期损失的能量相应地就变少了。

例 11.4 阻尼振子的图形分析

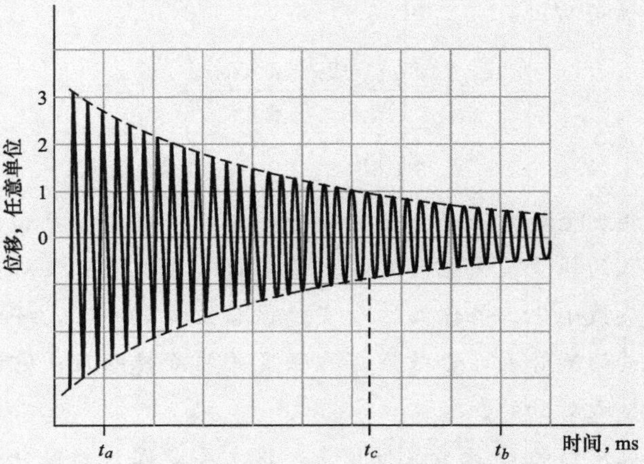

插图取自一个振动系统的位移随时间变化的示波器迹线照片。我们一眼就能看出系统是阻尼谐振子。频率ω_1和品质因数 Q 从图中可以确定。

从t_a到t_b的时间间隔是 8 ms。在这个间隔有 28.5 个循环（全周期）。（读者自己从图中检查这一点。）振动的周期是 $T=8\times10^{-3}\ \mathrm{s}/28.5=2.81\times10^{-4}\ \mathrm{s}$。角频率为 $\omega_0=2\pi/T=22400\ \mathrm{s}^{-1}$。相应的频率是 $\nu=\omega_0/2\pi=3560\ \mathrm{Hz}$。

为计算品质因数 $Q=\omega_1/\gamma$，必须知道阻尼常量。由方程（11.15），振幅是 $X_0\mathrm{e}^{-(\gamma/2)t}$。这个函数描述了位移曲线的包络线，图中用虚线画出。在时刻t_a，包络线有大小 $X_a=2.75$ 单位。当包络线衰减一个因子 $\mathrm{e}^{-1}=0.368$ 时，它的大小是 1.01 单位。参看插图，从t_a测量，这发生在时

刻 $t_c=5.35$ ms。因此，$e^{-(\gamma/2)t_c}=e^{-1}$，或 $\gamma=2/t_c=374$ s^{-1}。品质因数为 $Q=\omega_1/\gamma=60$。

现在说一下系统。这不是机械振子，甚至也不是电振子。信号是由小体积内的氢气辐射电子产生的。为在示波器显示，信号已经大幅度放大。另外，原子实际上是以 9.2×10^9 Hz 辐射。这对示波器跟踪来说太高了，频率通过电子学方法转到一个低值。这不影响包络线的形状，我们的 γ 测量值是正确的。如果采用原子系统频率的真实值，实际的 Q 是

$$Q=\frac{2\pi\nu}{\gamma}=\frac{2\pi(9.2\times10^9)}{374}=1.6\times10^8$$

这样高的 Q 在原子系统中并不少见。

11.4 受迫谐振子

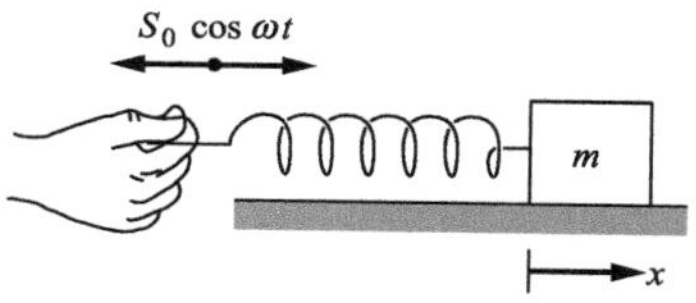

谐振子最有意思的应用通常都与它们受到随时间变化的作用力 $F(t)$ 时的表现有关，特别是周期力的情形。这样的系统称作受迫谐振子。对于弹簧上的物体，通过移动弹簧的一端可以施加一个力。具体就是让弹簧的一端按 $S=S_0\cos\omega t$ 运动，如图所示。作用在物体上的力为 $-k(x-S_0\cos\omega t)$，这里 x 是物体离平衡点的位置。因此，弹性力为

$$F_{弹}=-k(x-S_0\cos\omega t)=-kx+F_0\cos\omega t$$

式中，$F_0=kS_0$。我们假定也存在阻尼力 $-bv$，所以运动方程为

$$m\ddot{x}=-b\dot{x}-kx+F_0\cos\omega t$$

按常规改写成标准形式：

$$\ddot{x}+\gamma\dot{x}+\omega_0^2x=\frac{F_0}{m}\cos\omega t \qquad (11.25)$$

这里和前面一样，$\gamma=b/m$，$\omega_0=\sqrt{k/m}$。求解方程（11.25）的正规方法在注释 11.3 中给出，但是再次猜测方程的解是值得的。方程（11.25）的右边按 $\cos\omega t$ 变化，吸引我们写出试探解 $x=X_0\cos\omega t$。然而，左边的一阶导数项会引入一个 $\sin\omega t$ 的时间依赖，而右边没有。为了处理它，尝试

$$x=X_0\cos(\omega t+\phi) \qquad (11.26)$$

这确实满足方程（11.25），只需X_0和 ϕ 取如下值：

$$X_0=\frac{F_0}{m}\frac{1}{[(\omega_0^2-\omega^2)^2+(\omega\gamma)^2]^{1/2}} \tag{11.27}$$

$$\phi=\arctan\left(\frac{\gamma\omega}{\omega_0^2-\omega^2}\right) \tag{11.28}$$

当 ω 接近ω_0时，振幅X_0较大，相变化较快。因此，可合理地取近似

$$\omega_0^2-\omega^2=(\omega_0+\omega)(\omega_0-\omega)\approx 2\omega_0(\omega_0-\omega)$$

其他地方取 $\omega\approx\omega_0$。利用这些近似，

$$X_0=\frac{F_0}{2m\omega_0}\frac{1}{[(\omega_0-\omega)^2+(\gamma/2)^2]^{1/2}} \tag{11.29}$$

$$\phi=\arctan\left(\frac{\gamma/2}{\omega_0-\omega}\right) \tag{11.30}$$

我们也需要速度的表达式：

$$v=-V_0\sin(\omega t+\phi) \tag{11.31}$$

式中

$$V_0=\omega X_0 \tag{11.32}$$

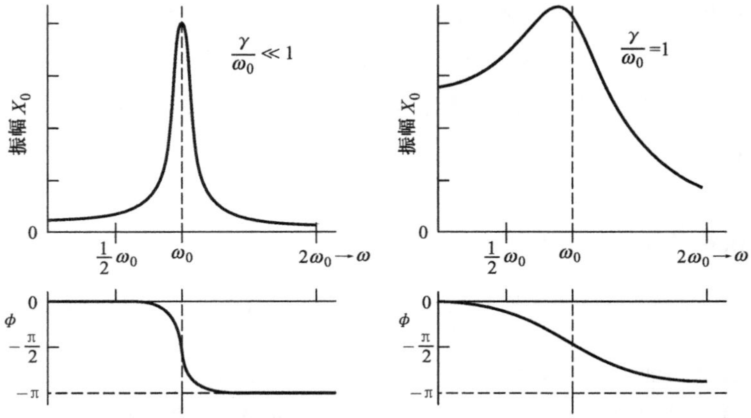

振幅X_0（上）和相 ϕ（下）随驱动频率 ω 的变化曲线显示在图中，左边是小阻尼，右边为大阻尼。注意，当 ω 从$\omega\ll\omega_0$ 变化到 $\omega\gg\omega_0$ 时，相变化 π。振幅和相显著变化的频率范围依赖于比值 γ/ω_0。

例 11.5 受迫谐振子演示

取一个长的橡皮筋，一端悬挂点什么，比如一把重的袖珍刀，另一端拿在手中。通过观察自由运动，很容易确定共振频率ω_0。现在以$\omega<\omega_0$的频率慢慢晃动你的手：重物将与你的手同步运动。若以$\omega>\omega_0$的频率晃动系统，你会发现重物与你的手运动反向。对于你的手的一个给定幅度的运动，当ω在ω_0之上增大时，重物运动的幅度变小。若你试着以共振频率$\omega=\omega_0$晃动系统，运动幅度会大到重物飞到空中或碰到你的手。对于每种情形，系统都不再是一个简单的振子了。

11.4.1 受迫谐振子储存的能量

能量的考虑可以简化 11.2.2 节中孤立振子的讨论，对于受迫振子，它们甚至更为有用。由方程（11.26）和（11.31），我们有

$$
\begin{aligned}
E(t)&=K(t)+U(t)\\
&=\frac{1}{2}X_0^2[m\omega_0^2\sin^2(\omega t+\phi)+k\cos^2(\omega t+\phi)]\\
&=\frac{1}{2}kX_0^2
\end{aligned}
$$

这里，我们再次做了近似$\omega\approx\omega_0$。

来自驱动力做功的能量流进受迫振子，又被阻尼力耗散。由动能定理，

$$W^{\mathrm{df}}=\Delta E+W^{\mathrm{nc}}$$

这里，在给定的时间间隔，W^{df}是驱动力所做的功，ΔE是振子机械能的变化，W^{nc}是阻尼力的非保守功。当稳态条件达到后，振子的机械能是常量，$\Delta E=0$，从而有

$$W^{\mathrm{df}}=W^{\mathrm{nc}}$$

在稳态条件，驱动力的功率等于阻尼耗散的功率。

振子的机械能是常量，但机械能并不守恒，因为振子不是孤立的。驱动力对振子做功，振子做功抵消黏滞阻尼力。若我们扩大系统，包括驱动力和阻尼力，扩大系统的总能量将是守恒的。扩大系统的总能量包括提供驱动力的任何能源，包括振子的机械能和阻尼生成的热能。

当开始施加驱动力时，振子静止，机械能为零。在初始时期，驱动力做的一些功进入振子储存的机械能，振子储存的机械能累积到最终的稳态值。变化的时期称作暂态，我们将在11.5节讨论。

利用方程（11.27）和（11.32）给出的X_0和V_0的值，储存的能量是

$$E(\omega)=\frac{1}{8}\frac{F_0^2}{m}\frac{1}{(\omega-\omega_0)^2+(\gamma/2)^2} \tag{11.33}$$

我们可以把$E(\omega)$重写成三个因子的乘积：

$$E_0=\frac{1}{2}\frac{F_0^2}{m\omega_0^2}$$

$$\left(\frac{\omega_0}{\gamma}\right)^2=Q^2$$

$$g(\omega)=\frac{(\gamma/2)^2}{(\omega_0-\omega)^2+(\gamma/2)^2}$$

从而$E(\omega)$可以改写成

$$E(\omega)=E_0Q^2g(\omega) \tag{11.34}$$

这里，E_0是被力$F_0\cos\omega t$驱动的自由质点m的动能的两倍。“两倍”源于自由质点缺少振动物体所具有的势能。

品质因数$Q=\omega_0/\gamma$在11.3.2节中引入，这里我们用它描述振子能量的衰减时间，按振动数进行统计。

11.4.2 共振

函数$g(\omega)$称作线形函数（也称洛伦兹量），它最初源于原子辐射的谱线形状分析。线形函数描述了当被周期驱动力激发时振子能量的频率依赖性。在ω_0附近的峰值称为共振，ω_0称作共振频率，曲线本身通常称为共振曲线。

共振时$g(\omega)=1$。当$\omega_\pm-\omega_0=\pm\gamma/2$时，曲线减到峰值的一半。曲线在半最大值的频率宽度称作共振宽度$\Delta\omega$，通常缩写为FWHM（半峰全宽）。由于$\omega_+-\omega_-=2(\gamma/2)=\gamma$，我们有

$$\Delta\omega=\gamma \tag{11.35}$$

当γ减小时，曲线变得更窄，系统显著响应的频率范围变得更小，振子在频率上变得更具选择性。

储存能量的最大值为

$$E_{\max}=Q^2E_0 \tag{11.36}$$

这个结果对谐振子的应用具有一些指导作用。Q^2 的数值可以非常大，振子通过储存每个周期传递的能量而放大非常小的周期力的效果。

在 11.3.2 节引入品质因数

$$Q=\omega_0/\gamma \tag{11.37}$$

用来刻画自由振子耗散能量的时间。能量衰减一个因子 e^{-1} 的时间是 $\tau=1/\gamma$，所以我们有

$$\tau=Q/\omega$$

本节，品质因数具有很不一样的意义。由于线形函数的宽度是 $\Delta\omega=\gamma$，我们可以把方程（11.23）重写为

$$Q=\frac{\text{共振频率}}{\text{共振曲线频率宽度}}=\frac{\omega_0}{\Delta\omega} \tag{11.38}$$

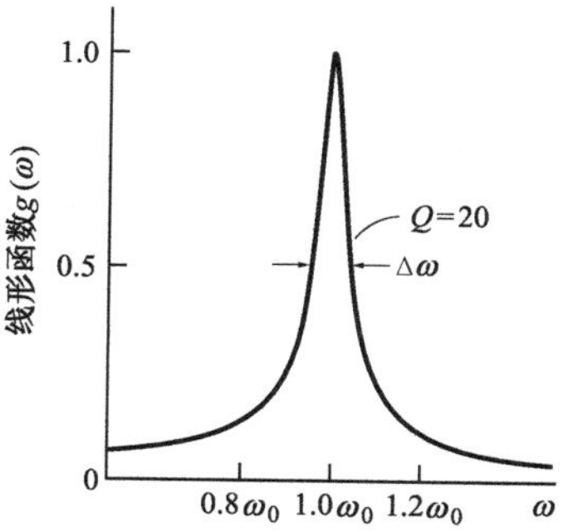

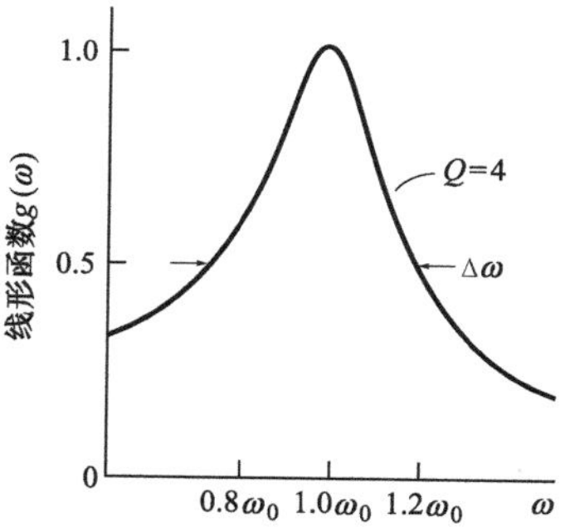

插图显示了不同 Q 的线形曲线。很明显，$Q=20$ 的系统比 $Q=4$ 的系统更具选择性。如例 11.4 所指出的，某些原子系统的 Q 可以高达10^8。共振曲线尖锐意味着，除非驱动非常接近共振频率，否则系统实质上是不响应的。这个频率选择性就是把谐振子用作频率标准或时钟的基础，例如在数字式手表中的振动石英晶体。

振子的时间响应和频率响应显然是密切相关的。但是，在讨论应用之前，我们需要完成受迫振子的求解，目前的解并未显示详情。

11.5 暂态行为

受迫谐振子运动的解 $x=X_0\cos(\omega t+\phi)$满足运动方程（11.25），但却是不完全的，它不能适应实际问题的任意初始条件。例如，如果物体在 $t=0$ 从静止释放，初始条件是 $x(0)=0$，$v(0)=0$，我们的解就没办法描述它，因为方程（11.29）和（11.30）总是给出X_0和 ϕ 的确定值。

幸运的是，处理很简单。注意：非受迫或自由阻尼振子方程（11.8）和受迫振子方程（11.25）左边是相同的。不同的是方程（11.8）右边为零，而方程（11.25）的右边是驱动项 $F_0\cos\omega t/m$。因此，若 $x_{自由}$ 是方程（11.8）的解，$x_{驱动}$

是方程（11.25）的解，则

$$x(t)=x_{自由}(t)+x_{驱动}(t) \tag{11.39}$$

也是方程（11.25）的解。

代入方程（11.10）的解 $x_{自由}$ 和方程（11.26）的解 $x_{驱动}$，我们有

$$x(t)=X_{\mathrm{f}}\mathrm{e}^{-(\gamma/2)t}\cos(\omega_0 t+\phi_{\mathrm{f}})+X_0\cos(\omega t+\phi) \tag{11.40}$$

这里，X_{f} 和 ϕ_{f} 是任意常量，X_0 和 ϕ 由方程（11.29）和（11.30）给定。(右边的第一项我们做了近似 $\omega_1\approx\omega_0$)。

方程（11.40）的第一项，暂态，随时间指数式衰减，最终消失，留下完全确定的稳态性能 $X_0\cos(\omega t+\phi)$。

例 11.6 谐波分析器

分析由许多频率组成的含时信号频谱的仪器称作谐波分析器。谐波分析器测量在可选择的共振频率处对驱动信号的响应。一个简单的例子就是老式调谐收音机，它通过改变电路的共振频率，从众多的广播频率中选取一个频率收听。

我们取信号为 $(F_0/m)\cos\omega_0 t$。谐振子的响应由方程（11.26）～（11.28）给出。振子的相常量由方程（11.28）给出，在共振频率，$\phi=\pm\arctan\infty$。符号的不确定性源于当频率通过共振峰时相改变 π。我们取 $\phi=-\pi/2$。稳态振子对驱动场的响应则是 $X_0\sin\omega_0 t$，所以方程（11.40）有如下形式：

$$x(t)=X_{\mathrm{f}}\mathrm{e}^{-(\gamma/2)t}\cos(\omega_0 t+\phi_{\mathrm{f}})+X_0\sin\omega_0 t$$

这里，由方程（11.27）得到共振时，

$$X_0=\frac{F_0}{m\omega_0\gamma}$$

对于从静止开始的物体，我们要求，$x(0)=0$，$\dot{x}(0)=0$。(假定 $\omega_0\gg\gamma/2$）结果为

$$x(t)=X_0(1-\mathrm{e}^{-(\gamma/2)t})\sin\omega_0 t \tag{11.41}$$

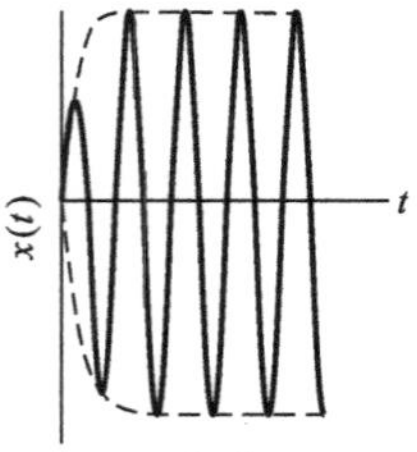

$Q=1$

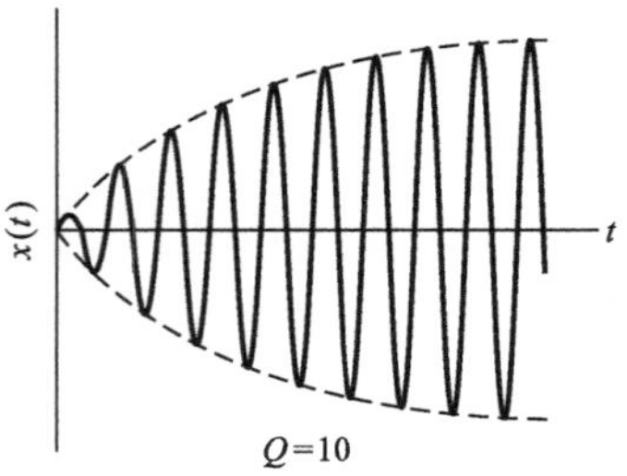

$Q=10$

图中显示了高低 Q 值时的 $x(t)$ 图。从静止开始的物体，积累到最终的振幅所需的时间依赖于振子的 Q 值。积累的特征时间是阻尼时间 $\tau=1/\gamma$。我们希望分析器快速响应，特别是信号幅度随时间变化的时候，而这要求阻尼时间较短。由于 $Q=\omega_0\tau$，对这个应用来说需要的是低 Q 值。

如图所示，$Q=1$ 的系统不足两个周期就达到稳态，而 $Q=10$ 的系统需要超过 10 个周期才到稳态。

另一方面，若振子要分解较小的频率差值，共振宽度 $\Delta\omega$ 必须小。由于 $Q=\omega_0/\Delta\omega$，高 Q 值就是所需的，但是响应会较慢。在响应速率和频谱解析之间存在一个权衡取舍的问题。

11.6 时间响应与频率响应

自由振子的阻尼越小，它的能量耗散得就越慢。同样的振子被驱动时，阻尼减小会更具频率选择性。我们现在要证明，阻尼自由振子的时间依赖性和受迫振子的频率依赖性是密切相关的。

由方程（11.22），自由振子的能量是

$$E(t)=E_0\mathrm{e}^{-\gamma t}$$

阻尼时间是 $\tau=1/\gamma$。

接下来，考虑同样的振子被力 $F_0\cos\omega t$ 驱动时的频率响应。由方程（11.35），共振曲线宽度是

$$\Delta\omega=\gamma$$

阻尼时间和共振曲线宽度满足

$$\tau\Delta\omega=1 \tag{11.42}$$

根据这个结果，不可能设计出这样的振子，阻尼时间和共振宽度都是任意的；若我们选择了一个，另一个自动由方程（11.42）固定。

方程（11.42）在设计机械和电子系统时有许多应用。具有高度频率选择性的任何元件偶尔受到微扰时都会振动很长时间。另外，这样的元件受到驱动力时需要花很长时间达到稳态，因为初始条件的效应消失得很慢。更普遍的是，方程（11.42）在量子力学中起着基本的作用，它与海森伯不确定度原理的一种形式密切相关。

例 11.7 振动衰减器

共振现象在实际中具有正负两个方面。在共振频率操作一个系统，对于非常小的驱动力，我们可以获得一个大

振幅的响应。管风琴有效地利用了这个原理，而共振电路使我们能把收音机调到所要的频道。在负的方面，我们不想要汽车的弹簧或发动机的曲轴大幅运动。为减少共振时的过分响应，需要一个耗散的摩擦力。

从环境隔离物体的问题在灵敏实验仪器的设计和无数日常情形中都会出现。例如，把颠簸公路的影响与车体隔离，基本的策略是用弹簧缓冲干扰。这个策略可以非常有效，但是，我们也会看到，它也有弄糟的可能。

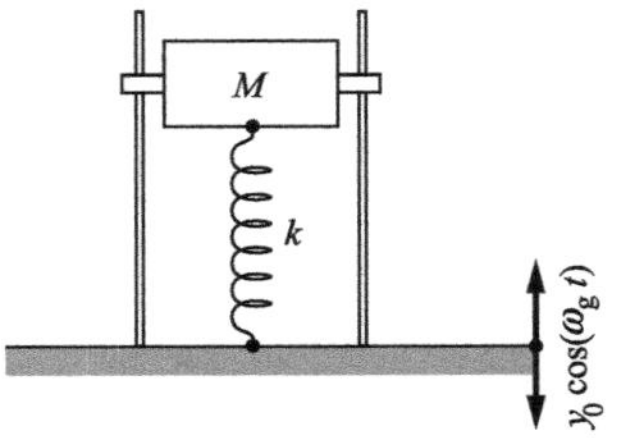

为了演示原理，我们把系统理想化为一个质量为 M 的物体，静止放在劲度系数为 k 的弹簧顶部，下部固定在可以振动的地板上。我们假定系统受到约束，唯一重要的运动是竖直的。地板以频率ω_g、振幅y_0振动，所以它的位置满足

$$y=y_0\cos\omega_g t$$

我们用 x 表示M 离平衡位置的位移。M 的运动方程为

$$M\ddot{x}=k(x-y)=k(x-y_0\cos\omega_g t)$$

可以写成标准形式

$$\ddot{x}+\omega_0^2x=\omega_0^2y_0\cos\omega_g t$$

这里，像前面一样，$\omega_0=\sqrt{k/M}$。

稳态运动为$x=x_0\cos\omega_g t$，这里

$$x_0=y_0\frac{\omega_0^2}{\omega_0^2-\omega_g^2} \tag{1}$$

振动衰减器的效果依赖于比值$|x_0|/|y_0|$，我们用$\mathscr{F}$表示：

$$\mathscr{F}=\frac{|x_0|}{|y_0|}$$

弹簧悬置的目标是使$\mathscr{F}$尽可能小。在无阻尼情形，由方程(1)，$\mathscr{F}$为

$$\mathscr{F}=\left|\frac{\omega_0^2}{(\omega_0^2-\omega_g^2)}\right|$$

对于$\omega_g\ll\omega_0$，$\mathscr{F}\approx1$，振动基本上无衰减地传递。然而，对于$\omega_g\gg\omega_0$，$\mathscr{F}<1$，振动是衰减的。因此，为了振动衰减器有效，它的共振频率必须比驱动频率低。

我们的系统有一致命缺陷：若振动接近共振频率$\omega_g \approx \omega_0$，振动衰减器就变成了振动放大器。为避免它，必须提供某些阻尼装置。这通常用一个称作阻尼器的装置（在汽车行业，称作减振器，活塞在充满油的气缸里）来实现。阻尼器提供一个黏性力$-bv$，这里$v=\dot{x}-\dot{y}$是末端的相对速度。

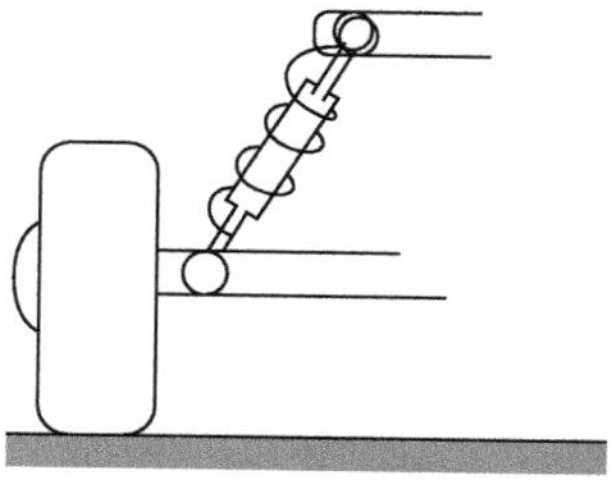

M的运动方程是

$$M\ddot{x}=-k(x-y)-b(\dot{x}-\dot{y})$$

取$y=y_0\cos\omega_g t$，$v=-\omega_g y_0\sin\omega_g t$，我们得到

$$\ddot{x}+\gamma\dot{x}+\omega_0^2 x=\omega_0^2 y_0\cos\omega_g t-\gamma\omega_g\sin\omega_g t$$

这里，$\gamma=b/M$，$\omega_0^2=k/M$。这是类似受迫阻尼振子的方程（11.25），只是地板在阻尼器上的运动引入了附加的驱动项$\gamma\omega_g y_0\sin\omega_g t$。我们可以猜测解具有形式$x=x_0\cos(\omega_g t+\phi)$，或者用注释11.3描述的方法，正式导出解。两个方法都给出：

$$\mathscr{F}=\left[\frac{\omega_0^4+(\omega_g\gamma)^2}{(\omega_0^2-\omega_g^2)^2+(\omega_g\gamma)^2}\right]^{\frac{1}{2}}$$

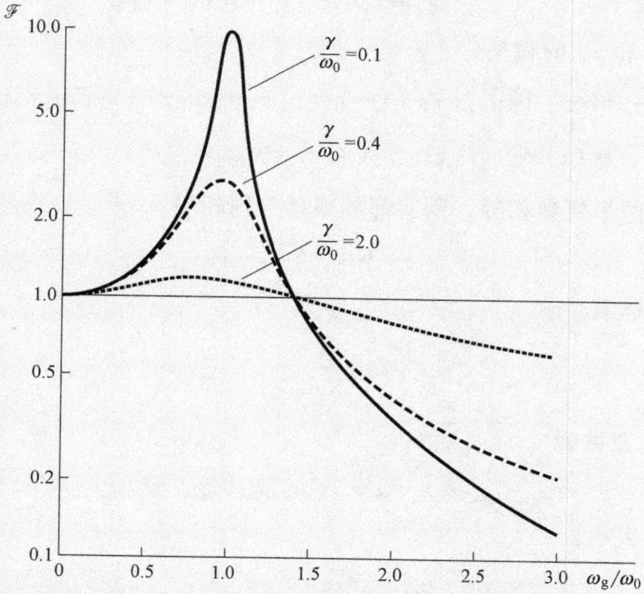

对不同的γ/ω_0值，图中显示了$\mathscr{F}$随ω_g/ω_0变化的曲线。若$\omega_g/\omega_0<1.5$，$|x_0|/|y_0|>1$。振动实际上是加强的，说明即使有了阻尼，把共振频率减到驱动频率以下也是必须的。若$\omega_g/\omega_0>1.5$，$\mathscr{F}<1$。对于这些较高的频率，阻尼越

小，振动隔离越有效。然而，小阻尼增大了接近共振时振动的危险。

若在收费高速公路上平稳驾驶是主要的考虑，需要的是一个重型的汽车、弱阻尼和软弹簧。这样的汽车在颠簸的路上是难于控制的，会激发共振。最好的悬挂是重阻尼，感觉相当生硬。驱动有缺陷减振器的危险是，共振时的颠簸可能使汽车失控。

注释 11.1 复数

本章所有运动方程都可以用复变函数简单求解。本注释概述复数的定义和代数，下面两个注释介绍如何用复数求解运动方程。

1. 基本性质

每个复数 z 都可以写成笛卡儿坐标的形式 $x+\mathrm{i}y$，这里 $\mathrm{i}^2=-1$。x 是 z 的实部，y 是虚部。

两个复数 $z_1=x_1+\mathrm{i}y_1$ 与 $z_2=x_2+\mathrm{i}y_2$ 的和是复数

$$z_1+z_2=(x_1+x_2)+\mathrm{i}(y_1+y_2)$$

z_1 和 z_2 的积是

$$\begin{aligned}z_1z_2&=(x_1+\mathrm{i}y_1)(x_2+\mathrm{i}y_2)=x_1x_2+\mathrm{i}x_1y_2+\mathrm{i}y_1x_2+\mathrm{i}^2y_1y_2\\&=(x_1x_2-y_1y_2)+\mathrm{i}(x_1y_2+y_1x_2)\end{aligned}$$

若两个复数相等，则实部和虚部分别相等：

$$x_1+\mathrm{i}y_1=x_2+\mathrm{i}y_2$$

意味着

$$x_1=x_2$$

$$y_1=y_2$$

2. 复共轭

$z^*\equiv x-\mathrm{i}y$ 是 $z=x+\mathrm{i}y$ 的复共轭。量 $|z|=\sqrt{zz^*}$ 是 z 的大小：

$$\begin{aligned}|z|&=\sqrt{zz^*}\\&=\sqrt{(x+\mathrm{i}y)(x-\mathrm{i}y)}\\&=\sqrt{x^2+y^2}\end{aligned}$$

3. 棣莫弗定理

棣莫弗定理表明，$\mathrm{e}^{\mathrm{i}\theta}=\cos\theta+\mathrm{i}\sin\theta$。这可以用幂级数表

示 $e^x=1+x+(1/2)x^2+(1/3!)x^3+\cdots$来证明。利用 $i^2=-1$，$i^3=-i$，等，我们有

$$\begin{aligned}e^{i\theta}&=1+i\theta-(1/2)\theta^2+(1/3!)(i\theta)^3+\cdots\\&=1-(1/2)\theta^2+\cdots+i[\theta-(1/3!)\theta^3+\cdots]\end{aligned}$$

把这些表达式与第 1 章注释 1.3 的 $\cos\theta$ 和 $\sin\theta$ 的幂级数展开进行比较，就完成了证明。

4. 标准形式

任何复数都可以写成标准形式 $x+iy$，这里 x 和 y 是实数。由于 $i^2=-1$，i 在表达式里的幂次可以从不高于 1。下面是一个例子：

$$\begin{aligned}\frac{(a+ib)}{(c+id)}&=\frac{(a+ib)(c-id)}{(c+id)(c-id)}\\&=\frac{(a+ib)(c-id)}{c^2+d^2}\\&=\frac{(ac+bd)+i(bc-ad)}{c^2+d^2}\end{aligned}$$

这里，我们用分母的复共轭分别乘以分子和分母。

5. 极坐标表示

每个复数 z 都可以写成极坐标的形式 $re^{i\theta}$。r 为实数，即模，θ 是幅角。为从笛卡儿坐标变换到极坐标形式，我们用棣莫弗定理：

$$\begin{aligned}re^{i\theta}&=r\cos\theta+ir\sin\theta\\&=x+iy\end{aligned}$$

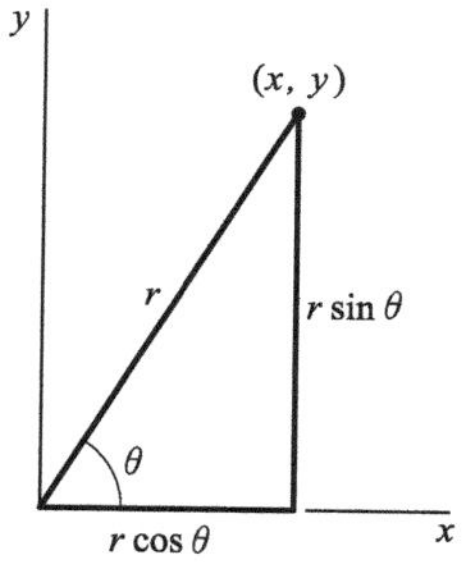

由此则有

$$x=r\cos\theta$$
$$y=r\sin\theta$$

和

$$r=\sqrt{x^2+y^2}$$
$$\theta=\arctan\frac{y}{x}$$

我们看到，$r=|z|=\sqrt{x^2+y^2}$。

注释 11.2　求解阻尼谐振子的运动方程

运动方程为

$$\ddot{x}+\gamma\dot{x}+\omega_0^2x=0 \tag{1}$$

为了把它转换为复数形式，我们引入伴随方程

$$\ddot{y}+\gamma\dot{y}+\omega_0^2y=0 \tag{2}$$

把方程（2）乘以 i，与方程（1）相加后得到

$$\ddot{z}+\gamma\dot{z}+\omega_0^2 z=0 \tag{3}$$

注意：z 的实部或虚部都是运动方程可接受的解。

z 的导数的系数均是常量，所以对于方程（3）的解，一个自然选择是

$$z=z_0 e^{\alpha t} \tag{4}$$

式中，z_0 和 α 是常量。将试探解代入方程（3）得到

$$\alpha^2 z_0 e^{\alpha t}+\alpha\gamma z_0 e^{\alpha t}+\omega_0^2 z_0 e^{\alpha t}=0$$

消去共同的因子，我们有

$$\alpha^2+\alpha\gamma+\omega_0^2=0 \tag{5}$$

因而有解

$$\alpha=-\frac{\gamma}{2}\pm\sqrt{\left(\frac{\gamma}{2}\right)^2-\omega_0^2} \tag{6}$$

令两个根为 α_1 和 α_2。方程的解可以写成

$$z=z_A e^{\alpha_1 t}+z_B e^{\alpha_2 t}$$

式中，z_A 和 z_B 为常量。

解有三种可能的形式，取决于 α 是实数还是复数。我们依次考虑这些解。

情形 1　低阻尼：$(\gamma/2)^2\ll\omega_0^2$。

在这种情形，$\sqrt{(\gamma/2)^2-\omega_0^2}$ 是虚的，可以写为

$$\begin{aligned}\alpha&=-\frac{\gamma}{2}\pm i\sqrt{\omega_0^2-\left(\frac{\gamma}{2}\right)^2}\\&=-\frac{\gamma}{2}\pm i\omega_1\end{aligned} \tag{7}$$

这里

$$\omega_1=\sqrt{\omega_0^2-(\gamma/2)^2}$$

解是

$$z=e^{-(\gamma/2)t}(z_1 e^{i\omega_1 t}+z_2 e^{-i\omega_1 t}) \tag{8}$$

式中，z_1 和 z_2 是复常量。为确定 z 的实部，我们把复数改写成笛卡儿坐标的形式：

$$\begin{aligned}x+iy=e^{-(\gamma/2)t}[&(x_1+iy_1)(\cos\omega_1 t+i\sin\omega_1 t)\\&+(x_2+iy_2)(\cos\omega_1 t-i\sin\omega_1 t)]\end{aligned}$$

重新整理后得到实部

$$x=Ae^{-(\gamma/2)t}\cos(\omega_1 t+\phi)$$

式中，A 和 ϕ 是新的任意常量。这就是方程（11.10）引用的结果。z 的虚部也是方程的解，具有相同的形式。

情形 2　过阻尼：$(\gamma/2)^2>\omega_0^2$。

在这种情形，$\sqrt{(\gamma/2)^2-\omega_0^2}$ 是实的，方程（5）有解

$$\alpha=-\frac{\gamma}{2}\pm\frac{\gamma}{2}\sqrt{1-\frac{\omega_0^2}{(\gamma/2)^2}}$$

两个根都是负值，我们可写为

$$z=z_1 e^{-|\alpha_1|t}+z_2 e^{-|\alpha_2|t} \tag{9}$$

指数函数是实的。z 的实部为

$$x=Ae^{-|\alpha_1|t}+Be^{-|\alpha_2|t} \tag{10}$$

这个解表明没有振动行为，是所谓的过阻尼。

情形 3　临界阻尼：$\gamma^2/4=\omega_0^2$。

若 $\gamma^2/4=\omega_0^2$，我们只有单根

$$\alpha=-\frac{\gamma}{2}$$

相应的解为

$$x=Ae^{-(\gamma/2)t} \tag{11}$$

然而，这个解是不完全的。数学上，二阶线性微分方程的解一定总是涉及两个任意常量。物理上，解必须有两个常量，以便使我们确定振子的初始位置和初始速度。像微分方程教材所描述的那样，第二个解可用参数变量试探解而确定

$$x=u(t)e^{(-\gamma/2)t}$$

把它代入方程（1），并记着在这种情形下 $\gamma=2\omega_0$，我们可以确定 $u(t)$ 必须满足的方程：

$$\ddot{u}=0$$

因此

$$u=a+bt$$

临界阻尼的通解则是

$$x=(A+Bt)e^{-(\gamma/2)t} \tag{11.43}$$

注释 11.3 求解受迫谐振子的运动方程

运动方程是

$$\ddot{x}+\gamma\dot{x}+\omega_0^2x=\frac{F_0}{m}\cos\omega t \tag{1}$$

伴随方程是

$$\ddot{y}+\gamma\dot{y}+\omega_0^2y=\frac{F_0}{m}\sin\omega t \tag{2}$$

把方程（2）乘以 i，与方程（1）相加后得到

$$\ddot{z}+\gamma\dot{z}+\omega_0^2z=\frac{F_0}{m}e^{i\omega t} \tag{3}$$

z 必须像 $e^{i\omega t}$ 一样变化，所以我们尝试

$$z=z_0e^{i\omega t}$$

把它代入方程（3）得到

$$(-\omega^2+i\omega\gamma+\omega_0^2)z_0e^{i\omega t}=\frac{F_0}{m}e^{i\omega t}$$

或

$$z_0=\frac{F_0}{m}\left(\frac{1}{\omega_0^2-\omega^2+i\omega\gamma}\right)$$

用分母的复共轭分别乘以分子和分母，我们可以把z_0变成笛卡儿坐标的形式。从而有

$$z_0=\frac{F_0}{m}\ \frac{\omega_0^2-\omega^2-i\omega\gamma}{(\omega_0^2-\omega^2)^2+(\omega\gamma)^2}$$

采用极坐标形式：$z_0=Re^{i\phi}$，这里

$$\begin{aligned}R&=\sqrt{z_0z_0^*}\\&=\frac{F_0}{m}\sqrt{\frac{1}{(\omega_0^2-\omega^2)^2+(\omega\gamma)^2}}\end{aligned} \tag{4}$$

和

$$\phi=\arctan\left(\frac{\omega\gamma}{\omega^2-\omega_0^2}\right) \tag{5}$$

完全解为

$$z=Re^{i\phi}e^{i\omega t}$$

其实部为

$$x=R\cos(\omega t+\phi)$$

习题

标 * 的习题可参考附录中的提示、线索和答案。

11.1 $\sin^2$ 的时间平均

通过直接计算证明，$\overline{\langle \sin^2(\omega t)\rangle}=\dfrac{1}{2}$，这里时间平均是指取任一个完整的周期 $t_1\leqslant t\leqslant t_1+2\pi/\omega$。

11.2 sin×cos 的时间平均

通过直接计算证明，$\overline{\langle \sin(\omega t)\cos(\omega t)\rangle}=0$，平均是指取一个完整的周期。

11.3 阻尼振子和弹簧

一个 0.3 kg 的物体连到一个弹簧上，以 2 Hz 振动，Q 为 60。确定弹簧劲度系数和阻尼系数。

11.4 阻尼振子的相移

一个无阻尼自由谐振子的运动满足 $x=A\sin\omega_0 t$。位移最大值精确地处在零交点中间。

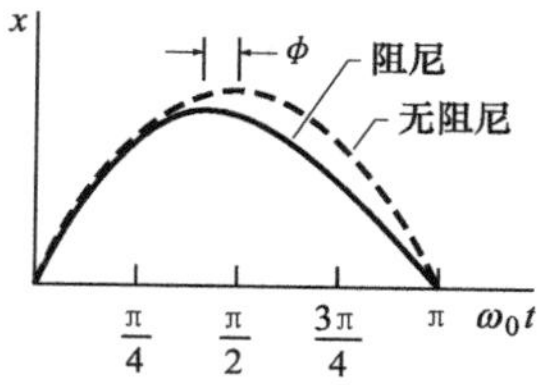

阻尼振子的运动不再是正弦型的，最大值在零交点中间靠前。证明最大值提前的相角近似满足

$$\phi=\frac{1}{2Q}$$

这里，我们假定 Q 较大。

11.5 对数衰减

对数衰减 δ 定义为自由阻尼振子相继最大位移（在同一方向）比值的对数。证明 $\delta=\pi/Q$。

11.6 阻尼振子的参数

阻尼振子具有质量 5 kg，振动频率 0.5 Hz，对数衰减 0.02，确定弹簧的劲度系数 k 和阻尼系数 b。

11.7 临界阻尼振子

若自由振子的阻尼系数满足 $\gamma=2\omega_0$，就说系统是临界阻尼。

(a) 通过直接代入证明，这种情形下运动满足

$$x=(A+Bt)e^{-(\gamma/2)t}$$

式中，A 和 B 为常量。

(b) 一个临界阻尼振子静止在平衡点。在 $t=0$，它受到总冲量 I 的打击。画出运动，并确定速度开始减小的时刻。

11.8 秤的劲度系数*

质量 10 kg 的物体下落 50 cm 后碰到弹簧秤的托盘上并黏住。托盘最终静止在初始位置下 10 cm 处。托盘的质量为 2 kg。

(a) 确定劲度系数。

(b) 希望设置一个阻尼系统，使得秤在最短时间内达到静止，而不过冲。这意味着秤必须是临界阻尼的（参看注释 11.2）。确定物体撞击后所需的阻尼系数和托盘的运动方程。

11.9 速度和驱动力同相*

确定使受迫阻尼振子的速度与驱动力精确同相的驱动频率。

11.10 老爷钟

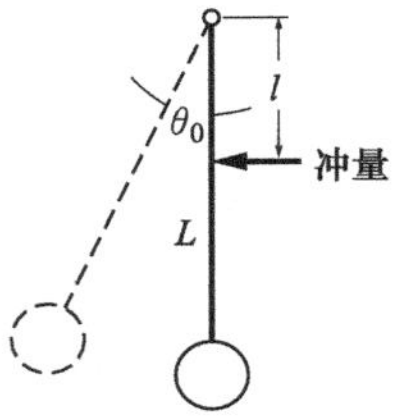

老爷钟的摆每次经过竖直方向时都激活擒纵装置。擒纵器处于张力下（由挂码提供），并在轴下 l 处给摆一个小冲量。这个冲量传递的能量补偿摩擦引起的耗散能量，所以摆能以等幅摆动。

(a) 摆长为 L，质量为 m，摆角大小为θ_0，品质因数为 Q，维持这个摆的运动需要多大的冲量？

(b) 为什么摆要在经过竖直而不是循环的其他点啮合擒纵器？

11.11 平均储存能量

对一个弱阻尼受迫振子，证明：

$$\frac{\text{振子储存的平均能量}}{\text{每弧度耗散的平均能量}} \approx \frac{\omega_0}{\gamma} = Q$$

11.12 布谷鸟钟*

一个小布谷鸟钟有一个摆，摆长为 25 cm，质量为 10 g，周期 1 s。在每天上发条之间，钟由一个下落 2 m 的 200 g 重物驱动。摆动幅度是 0.2 rad。钟的 Q 是多少？若钟被一个 1J 容量的电池驱动，钟能运行多长时间？

11.13 两个物体和三个弹簧*

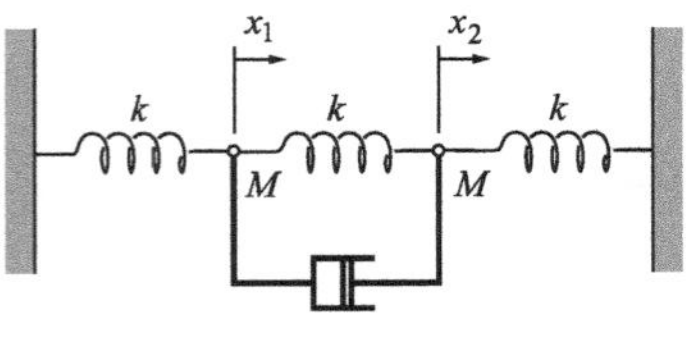

两个相同的物体悬在三个相同的弹簧之间。每个弹簧都是无质量的，劲度系数为 k。物体连接到一个质量可略的阻尼器上，如图所示。略去重力。

阻尼器施加一个作用力 bv，这里 v 是它两端的相对速度。力反抗运动。令 x_1 和 x_2 是两个物体偏离平衡位置的位移。

(a) 确定每个物体的运动方程。

(b) 证明运动方程可用新的因变量 $y_1=x_1+x_2$ 和 $y_2=x_1-x_2$ 求解。

(c) 若物体初始静止，给物体 1 一个初速度v_0，经过足够长的时间后，证明物体的运动是

$$\begin{aligned} x_1 &= x_2 \\ &= \frac{v_0}{2\omega}\sin\omega t \end{aligned}$$

计算 ω。

11.14 受迫阻尼振子的运动

受力 $F_0\cos\omega t$ 驱动的阻尼振子的运动满足 $x_a(t)=X_0\cos(\omega t+\phi)$，这里$X_0$和 ϕ 由方程（11.29）和（11.30）给出。考虑在 $t=0$ 从静止释放的振子。它的运动必须满足 $x(0)=0$，$v(0)=0$，但是，经过非常长的时间后，我们预期 $x(t)=x_a(t)$。为满足这些条件，我们取解为

$$x(t)=x_a(t)+x_b(t)$$

式中，$x_b(t)$ 是自由阻尼振子的运动方程的解（11.10）。

(a) 若$x_a(t)$ 满足受迫阻尼振子的运动方程，则 $x(t)=x_a(t)+x_b(t)$也满足，式中$x_b(t)$ 是自由阻尼振子的运动方程（11.10）的解。

(b) 选择$x_b(t)$ 中的任意常量，使 $x(t)$ 满足初始条件。(注意：这里的 A 和 ϕ 是任意的)。

(c) 对于振子在共振被驱动的情形，画出合成的运动。

12 狭义相对论

12.1 简介

在《原理》(*Principia*) 发表后的几个世纪里，牛顿动力学被心悦诚服地接受了，这不只是因为解释行星运动的巨大成功，也在于能说明地球上常见的所有运动。物理学家和数学家（经常是同一人）创造了牛顿物理的优雅形式，引入了更为强大的分析和计算技术，但都认为牛顿物理的基础是不容置疑的。到了 1905 年 6 月，爱因斯坦在他的文章《运动物体的电动力学》(*The Electrodynamics of Moving Bodies*) 里提出了狭义相对论。在网站上可用的英文翻译复印自 Relativity：The Special and General Theory，Albert Einstein，Methuen，London (1920)。原始文献是 *Zur Elektrodynamik bewegter Körper*，Annalen der Physik 17 (1905)。爱因斯坦的文章改变了我们对空间、时间和测量的基本观念。

牛顿动力学两百多年未受挑战的原因在于，虽然我们现在认识到它只是运动定律的一个近似，对于速率远小于光速 $c\approx3\times10^8$ m/s 的运动，这个近似太好了。对于以速率 v 运动的物体，观测的相对论修正典型地涉及一个因子 v^2/c^2。大多数熟悉的现象涉及的速率 $v\ll c$。即使是对于在轨卫星的高速，$v^2/c^2\approx10^{-10}$。关于速率的这个普遍特点，存在一个明显的例外：光本身。因此，触发爱因斯坦思考的问题不是力学而是与光有关的，就不足为奇了，这个问题源于爱因斯坦早年痴迷的麦克斯韦电磁理论——光的理论。

12.2 牛顿物理可能的缺陷

德国物理学家和哲学家马赫首先指出牛顿思想中可能存在的缺陷。虽然马赫对牛顿动力学没有提出改变的建议，但他的分析却打动了年青的爱因斯坦，对即将到来的革命是至关重要的。1883 年的马赫著作《力学史评》含有对牛顿动力学思想的第一个深刻批评。马赫仔细分析了牛顿对动力学定律的解释，注意分辨定义、导出结果和物理定律的表述。马赫的方法现在已被广泛接受；我们在第 2 章对牛顿定律的讨论主要是本着马赫的精神。

《力学史评》提出了区分绝对和相对运动的问题。按照马赫所说，牛顿动力学的基本弱点是牛顿的空间和时间概念。牛顿声称，他会放弃假说（“我不作假说”），只处理可观测的事实，但是他并未完全忠实于这个决定。尤其是，考虑下列出现在《原理》中的时间描述。(摘录是简明扼要的。)“绝对的、真实的和数学的时间，由其本性自身地均匀流逝着，与任何外界事物无关。相对的、表观的和普通的时间是绝对时间的某些可感觉的、外部的测量，是通过物体的运动估算的，不管是精确的还是不均匀的，通常用来代替真正的时间；诸如小时、日、月和年。”

马赫评论道，“在这引用的注释里，牛顿似乎仍然处在中世纪哲学的阴影中，似乎并未忠实于只调查事实的决定。”马赫继续指出，由于时间必然用某些物理系统的重复运动来测量，比如钟的摆或地球绕太阳的公转，时间的性质一定与描述物理系统运动的定律有关。简言之，牛顿的与时钟无关的时间思想是形而上学的；为理解时间的性质，我们必须观测时钟的性质。作为一个有先见之明的问题，我们要探究运动时钟观测的时间间隔是否与静止时钟观测的间隔具有相同的值。一个简单的问题？的确如此，只是绝对时间的思想太自然了，以至于马赫批评的最终后果，时间的相对论描述，对理科的学生仍会带来某种震撼。

牛顿的空间观念也存在着类似的弱点。马赫说，由于空间的位置用测量杆来确定，空间的性质只有通过研究米尺的性质才能被理解。例如，运动米尺与静止的相同的米尺的长度一样吗？为了理解空间，我们必须指望自然，而不是柏拉图的理念。

马赫的独特贡献是检查了牛顿思想最基本的方面，批判性地考察了似乎不值一提的事情，强调正确理解自然意味着转向实验而不是寻求精神的抽象。从这一点来看，牛顿关于空间和时间的假定只能认为是假说。牛顿力学从这些假说导出，但是其他的假说也是可能的，由它们可能导出不同的动力学规律。

马赫的批评并未立即生效，但它的影响最终是深远的。1897—1900 年期间在苏黎世理工学院作学生时，年青的爱因斯坦就被马赫的工作和物理概念应当用可观测量定义的马赫主张大为吸引。然而，替代牛顿物理最迫切的理由不是马赫的批评，而是爱因斯坦认识到，尽管麦克斯韦的电磁理论被认为是经典物理的最高成就，在麦克斯韦理论的解释中却存在矛盾。

引发狭义相对论和明确改变物理的关键事件通常被认为是迈克耳孙-莫雷实验，虽然还不很清楚这个实验在爱因斯坦的思考中实际起什么作用。另外，狭义相对论的大多数处理都以此为出发点，我们也遵循这个传统。

12.3 迈克耳孙-莫雷实验

迈克耳孙主攻的问题是探测地球运动对光速的影响。简言之，麦克斯韦的电磁理论（1861）预言电磁扰动在真空中的传播速度是 3×10^8 m/s——光速。光是电磁波的证据是铺天盖地的，但存在一个严重的概念困难。

那时候物理中已知的波的传播都需要物质——固体、液体或气体。例如，空气中的声波是空气中高低压强的交替变化，传播速率为 330 m/s，略低于分子运动的速率。金属棒中机械波的速率较高，典型值为 5000 m/s。声波速率随材料的刚性或相邻原子之间“弹性力”的增强而增大。

电磁波的传播似乎有本质的不同。类比于物质中的机械波，电磁波也被假定在一种称作**以太**的介质中传播，电磁波作为介质中的振动而传过空间。不幸的是，以太不得不具有自相矛盾的性质；巨大的刚性才能允许光以 3×10^8 m/s 传播，同时又太虚无，不会干扰行星的运动。

以太假说的一个结果是，光速依赖于观察者相对以太的运动。麦克斯韦建议了检测这个效应的一个天文实验。木星相对地球的运动应当影响它的光到达我们时的速率。木星卫星的周期性月食构成了一个时钟。当木星接近或远离地球时，光速会增大或减小，时钟应当周期性的变快或变慢。这个效应实际上太小，不能精确测量。虽然如此，麦克斯韦的建议在历史上是重要的；它直接刺激了安纳波利斯的一个年青的美国海军军官迈克耳孙，他发明了实验仪器，要测量地球通过以太的运动。

下面对迈克耳孙-莫雷实验的解释需要熟悉一些光的干涉

的知识。若你还不知道干涉，你可以跳过描述，直接相信结论：光速总是相同的，与光源和观察者的相对运动无关。

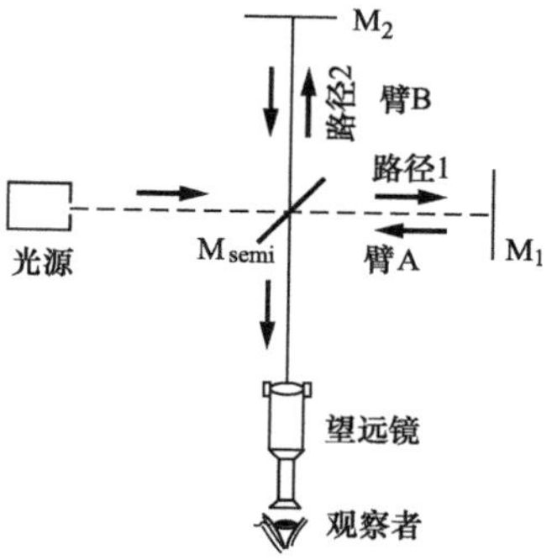

迈克耳孙的仪器是光学干涉仪。如图所示，来自光源的光被一个半镀银的镜M_{semi}分成两束，M_{semi}可使光束一半反射，一半透射。来自光源的一半光束在路经1上一直向前，穿过M_{semi}，直到被镜M_1反射。接着它返回镜M_{semi}，一半被反射到观察者。来自光源余下的一半光束被镜M_{semi}反射后沿着路经2。它被镜M_2反射后，透过镜M_{semi}，指向观察者。因此，光束1和2都只有初始光束强度的1/4。

若光束1和2经过相同的距离，它们到达观察者时是同相的，所以它们的电场相加。观察者看到亮光。可是，若路程相差半波长，到达的电场是反相的、相消，所以没有光到达观察者。实际上，两束光稍微不在一条线上，观察者看到的是明暗相间的干涉条纹。

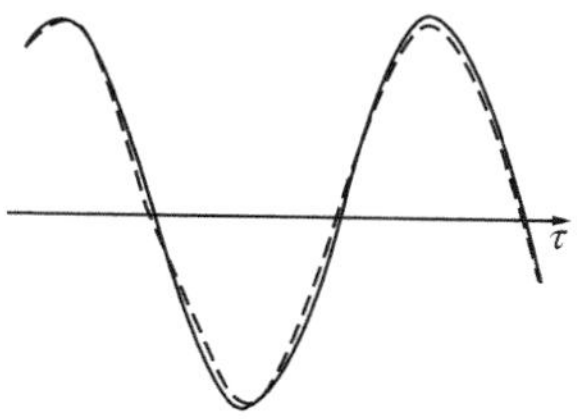

a) 同相

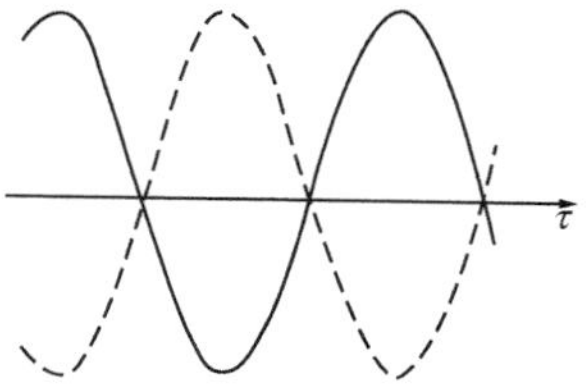

b) 180°反相

如果一个臂的长度缓慢变化，条纹图样会移动。路程差变化一个波长，图样会移动一个条纹。

地球通过以太的运动应当使光束经过干涉仪两臂的时间有差异，就好像存在一个距离上的小变化。传播时间的差异依赖于两臂相对于地球通过以太速度的方位。

我们假定实验室以速率v穿过以太，臂A位于运动方向，臂B是垂直的。根据以太假说，朝着光源以速率v运动的观察者会观测到光信号以速率$c+v$传播，远离光源运动时速率则为$c-v$。

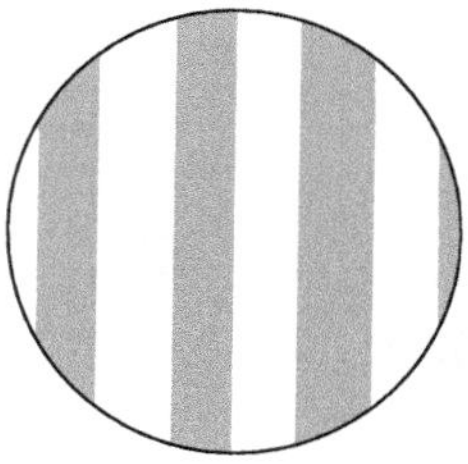

若半镀银镜M_{semi}到末端的臂长是l，则光沿臂A从M_{semi}到M_1返回的时间间隔是τ_A，这里

$$\tau_A=\frac{l}{c+v}+\frac{l}{c-v}=\frac{2l}{c}\left(\frac{1}{1-v^2/c^2}\right)$$

由于$v^2/c^2\ll 1$，我们可以利用注释1.3的泰勒级数展开：$1/(1-x)=1+x+x^2+\cdots$，把结果简化。令$x=v^2/c^2$，我们有

$$\tau_A\approx\frac{2l}{c}\left(1+\frac{v^2}{c^2}\right)$$

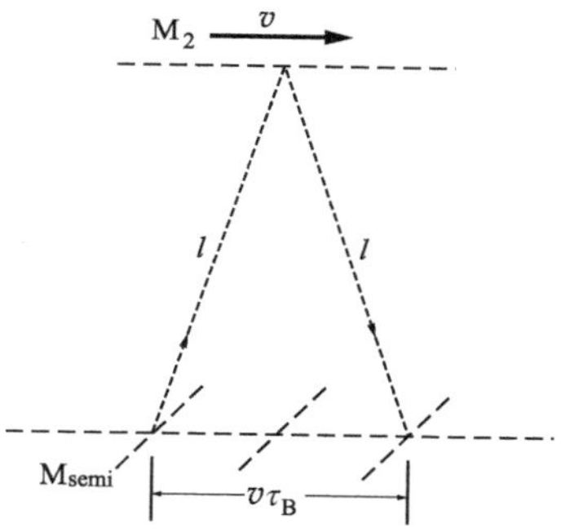

臂B与运动垂直，所以光速不受运动影响。然而，由于光横穿臂时M_{semi}在运动，还是存在一个时间延迟。用τ_B表示往返时间，则在这个间隔，M_{semi}运动一个距离$v\tau_B$。结果，光沿着图示直角三角形的斜边运动，运动的距离是

$2\sqrt{l^2+(v\tau_B/2)^2}$。

因此

$$\tau_B=\frac{2}{c}\sqrt{l^2+(v\tau_B/2)^2}$$

从而有

$$\tau_B=\frac{2l}{c}\frac{1}{\sqrt{1-v^2/c^2}}$$

利用近似$1/\sqrt{1-x}=1+(1/2)x+(1/8)x^2+\cdots$，保留第一项，我们有

$$\tau_B=\frac{2l}{c}\left(1+\frac{1}{2}v^2/c^2\right)$$

两个路径的时间差是

$$\Delta\tau=\tau_A-\tau_B\approx\frac{l}{c}\left(\frac{v^2}{c^2}\right)$$

光的频率与波长和光速的关系是$\nu=c/\lambda$。每延迟一个周期，干涉图样就移动一个条纹。结果，时间差引起的条纹移动数是

$$N=\nu\Delta T=\frac{l}{\lambda}\left(\frac{v^2}{c^2}\right)$$

地球绕太阳的轨道速率给出$v/c\approx10^{-4}$。取路径长度$l=1.2\text{ m}$，利用钠光灯，$\lambda=590\times10^{-9}\text{ m}$，迈克耳孙预言了一个$N=0.02$的条纹移动。在他1881年的最初尝试中，迈克耳孙寻找地球自转对穿过以太的运动方向的改变所产生的条纹移动，但是，在实验精度的范围内什么也没探测到。

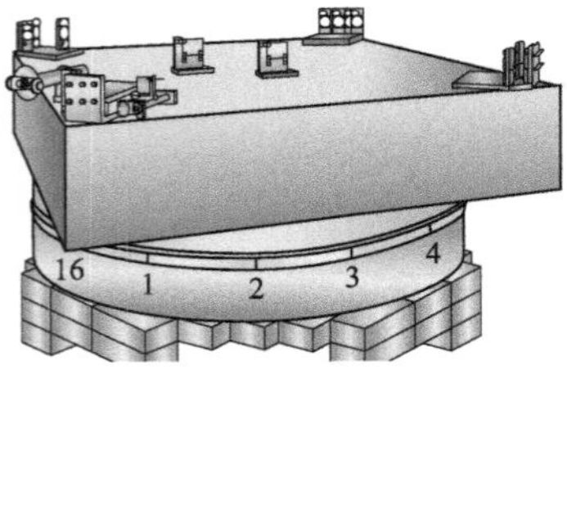

1887年，迈克耳孙与化学家莫雷合作，把仪器置放在一个35 cm厚的花岗岩石板上，石板浮在水银上且能连续转动，他们重复实验。利用反射镜之间的多次反射，路径长度扩展了10倍。然而，还是无条纹移动。迈克耳孙-莫雷实验被改进并重复多年，但是始终没有探测到穿过以太的运动效应。我们不得不承认，光速不受观察者穿过以太的运动影响。讽刺的是，迈克耳孙设计并完成了他赖以成名的实验，却认为实验是失败的。他打算寻找通过以太的运动效应，但什么也没探测到。

解释迈克耳孙-莫雷实验零结果的各种尝试甚至复杂到威胁电磁理论的基础。由爱尔兰物理学家菲茨杰拉德和荷兰物

理学家洛伦兹提出的一个假说是，地球通过以太的运动使迈克耳孙干涉仪的一个臂缩短（“洛伦兹-菲茨杰拉德收缩”），刚好消除条纹移动所需的量。其他理论也涉及地球拖曳以太这样的人为假设，更缺乏成效。以太不可捉摸的性质成了令人困惑的东西。

12.4 狭义相对论

这就是爱因斯坦天才的体现，以太的麻烦问题不是指向复杂和细化，而是统一物理基本概念的简化。爱因斯坦认为，以太的困难不是电磁理论的缺陷，而是基本动力学原理的错误。他以两个假说的形式提出了他的思想，而作为开场白，他先解释了同时性和如何同步时钟。

12.4.1 同步时钟

在提出他的时空理论以前，爱因斯坦考察了具有相同时钟的不同观察者比较时间测量的基本过程。为了测量一致，时钟必须同步——必须调整它们，与单一事件的时刻一致。在牛顿物理中，若一个闪光发生，闪光会同时到达所有同步的时钟，不管它们在什么位置。

若光速无穷大或可以认为是无穷大，牛顿式的方法是可行的。若认可信号传播不能快过光速，这个方法在原理上就是错的。例如，信号从月球到地球花一秒钟。一人可能尝试把月球上的时钟拨快一秒，从而就把月球与地球上的时钟同步了。这样调整后，月球时钟似乎总是与地球时钟同步。然而，对于月球的观察者，地球时钟总是落后月球时钟两秒。这样，时钟对一个观察者同步，但对另一个不是。

爱因斯坦提出了一个同步时钟的简单方法，使所有观察者都对事件的时刻达成一致。观察者 A 在 T_A 时刻发一个信号给观察者 B。观察者 B 注意到，信号在本地时钟的 T_B 时刻到达。B 立即给 A 发回一个信号，A 在 $T'_A = T_A + \Delta T$ 时刻探测到它。若 B 时钟的读数是 $T_B = T_A + \Delta T/2$，时钟就是同步的。解释不同观察者报告的时刻需要知道他们的位置，但每个人都对事件的时刻达成一致。

爱因斯坦想到了用不同车站的铁路时钟测量时间，这里光的传播时间实际上是不重要的。今天，爱因斯坦同步时钟的方法至关重要：在国际时间标准实验室，比较原子钟是必不可少的，类似的还有保持网络同步、维持跨国电网的电压-电流相位。

12.4.2 相对性原理

狭义相对论依赖两个假设。第一个，所谓的相对性原理，对于所有的惯性系，物理规律具有相同的形式。用爱因斯坦的话说："对于两个匀速平动的坐标系，不管物理系统状态的变化相对哪一个描述，这些状态变化所遵循的规律都是不变的。"相对性原理并不新鲜；人们相信是伽利略首次指出，不能用动力学方法决定人是匀速运动还是静止，牛顿在他的动力学定律中给出了严谨的表述，认为最重要的是加速度而不是速度。若相对性原理不正确，能量和动量可能在一个惯性系中守恒，在另一个则不守恒。相对性原理在经典力学的发展中作用不大；爱因斯坦则把它提升为动力学的基石。他扩展了原理，不仅包含力学定律，而且包含电磁相互作用的定律和所有的物理定律。更进一步地，在他手里，相对性原理变成了发现物理定律正确形式的强大工具。

我们只能猜测爱因斯坦的灵感来源，但是它们一定包含下列考虑。若光速不是一个普适常量，也就是说，若以太能被探测到，则相对性原理失效；一个特殊的惯性系就被选出，即静止在以太的一个。然而，麦克斯韦方程的形式，以及任何探测穿过以太运动实验的失败，使我们断定，光速与光源的运动无关。不管利用光还是牛顿动力学，我们都不能探测绝对运动，这迫使我们接受绝对运动在物理中无地位。

普适速率

相对论的第二个假设是，光速是一个普适常量，对所有观察者相同。"在静止坐标系的任何光线都以确定的速率 c 运动，不管它是从静止还是从运动物体发出。"爱因斯坦论证说，由于电磁理论预言的光速 c 不涉及对介质的参考，则不论我们如何测量光速，结果总是 c，与我们的运动无关。这与声波的行为相反，比如，这里观测的波速依赖观察者相对介质的运动。普适速率的思想确实是一个大胆的假说，与所有以前的经验不同，对于爱因斯坦的许多同时代人来说，违反了常识。但是常识可能是拙劣的向导。爱因斯坦曾经嘲弄道，常识由 18 岁以前所学的偏见组成。

与其把以太的不存在视作悖论，爱因斯坦看到，普适速率的概念保持了相对性原理的简单性。他的观点基本上是保守的；他坚持维护被以太破坏的相对性原理。追求简单似乎是爱因斯坦的基本个性。狭义相对论是保持经典物理统一的最简单方式。

简言之，狭义相对论的假设是：物理定律在所有惯性系中具有相同的形式。真空光速是普适常量，对所有观察者相同，与他们的运动无关。

这些假设要求我们修正时空的思想，这立刻就有物理结果。狭义相对论的运动学和动力学的数学表示体现在洛伦兹变换中——这是对不同惯性系相关事件的一个简单描述。

12.5 变换

在相对论的世界里，一个变换是一套方程，把一个坐标系的观测与另一个的观测联系起来。你会看到，狭义相对论的逻辑简单而又合理，数学也不神秘。尽管如此，推理似乎是令人迷惑的，起因于下列问题，“这是做物理的一个特殊方式吗?”回答，“是的，这是做物理的最特殊方式!”不去检查力、守恒定律、动力学方程和牛顿物理的其他事项，爱因斯坦只讨论，对于不同的观察者，情况看起来如何。

爱因斯坦是利用变换理论发现新物理的第一人，特别体现在狭义相对论的创造之中。从两个简单的假设，他导出了看时空的新方式，发现了动力学的新体系。

狭义相对论可用优雅的数学理论写出，最吸引人之处不只是看上去很美，用起来更美。狭义相对论是物理中受到最仔细研究的理论之一，它的预言在实验误差之内一直都是正确的。

狭义相对论的核心是洛伦兹变换，但是，为了介绍爱因斯坦的方法，我们先看一下牛顿物理的相应过程，这个变换就是所谓的伽利略变换。

12.5.1　伽利略变换

我们将频繁地引用在两个标准惯性系中的观察：$S=(x,y,z,t)$和$S'=(x',y',z',t')$。S'相对于S以速率v沿x方向运动。或者说，S相对于S'以速率v沿负x方向运动。为了方便，我们取$t=0$时刻原点重合，x和x'轴平行。

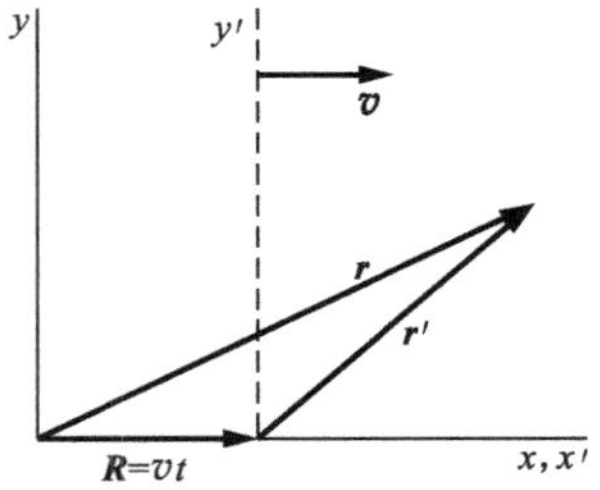

若在S中空间某一点的坐标是$\boldsymbol{r}=(x,y,z)$，在S'的坐标是$\boldsymbol{r}'=(x',y',z')$。它们的关系是

$$\boldsymbol{r}'=\boldsymbol{r}-\boldsymbol{R}$$

这里

$$\boldsymbol{R}=\boldsymbol{v}t$$

由于$\boldsymbol{v}$沿x方向，我们有

$$\begin{aligned}x'&=x-vt \qquad (12.1)\\ y'&=y\\ z'&=z\\ t'&=t\end{aligned}$$

第四个方程$t'=t$，列在这里只为完整，在牛顿动力学中认为是理所当然的，可以从牛顿的“理想”时间概念立即得出。

方程（12.1）称作**伽利略变换**。由于牛顿力学的定律在所有惯性系中成立，定律的形式是不受这个变换影响的。更具体地说，根据它们所预言的运动没有办法区分参考系。下面的例子说明这是什么含义。

例 12.1　应用伽利略变换

考虑如何从两个孤立物体运动的观测中发现它们之间的作用力定律。例如，问题可以是，从木星的一个卫星椭圆轨道的数据发现万有引力定律。若m_1和m_2分别是卫星和木星的质量，$\boldsymbol{r}_1$和$\boldsymbol{r}_2$分别是它们相对地球上观察者的位置，我们有

$$m_1\ddot{\boldsymbol{r}}_1=\boldsymbol{F}(r)$$

$$m_2\ddot{\boldsymbol{r}}_2=-\boldsymbol{F}(r)$$

这里我们假定物体之间的作用力$\boldsymbol{F}$是有心力，只与间距$r=|\boldsymbol{r}_2-\boldsymbol{r}_1|$有关。由观测的$\boldsymbol{r}_1$，我们可以计算$\ddot{\boldsymbol{r}}_1$，由此我们得到$\boldsymbol{F}$的值。假定数据显示$\boldsymbol{F}(r)=-Gm_1m_2\hat{\boldsymbol{r}}/r^2$。

现在我们从远离地球、匀速运动飞船上观察者的角度

看这个问题。根据相对性原理，这个观察者必须得到与地球上观察者一样的作用力定律。这个情形已在图中画出，x、y是地球系，x'、y'是飞船系，v是两个系的相对速度。注意：从m_1到m_2的矢量$\boldsymbol{r}$在两个坐标系是相同的。

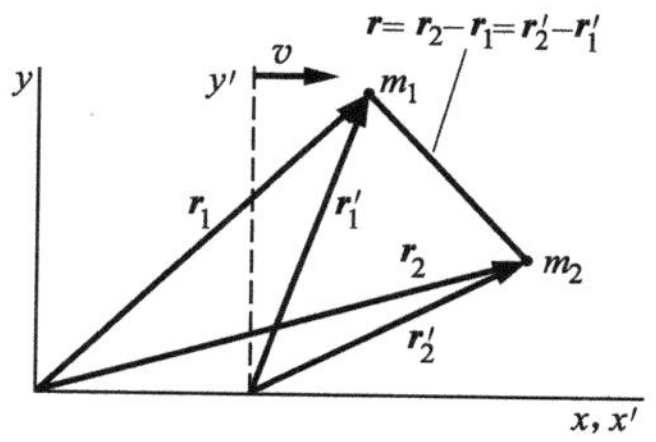

在x'、y'系，观察者看到，卫星的加速度为$\ddot{\boldsymbol{r}}_1'$，因而断定作用力为

$$\boldsymbol{F}'(r)=m_1\ddot{\boldsymbol{r}}_1'$$

伽利略变换的一个基本性质是，加速度是不变的。这里给出一个正式的证明：因为$\dot{v}=0$，我们有

$$\boldsymbol{r}_1=\boldsymbol{r}_1'+vt$$

$$\dot{\boldsymbol{r}}_1=\dot{\boldsymbol{r}}_1'+v$$

$$\ddot{\boldsymbol{r}}_1=\ddot{\boldsymbol{r}}_1'$$

因此

$$\boldsymbol{F}'(r)=m_1\ddot{\boldsymbol{r}}_1'=m_1\ddot{\boldsymbol{r}}_1$$

$$=\boldsymbol{F}(r)$$

$$=-\frac{Gm_1m_2}{r^2}\hat{\boldsymbol{r}}$$

力的定律在两个系中相同。这就是所谓的两个惯性系等价的含义。如果定律的形式，或G值不同，通过调查坐标系的引力定律，我们可以判断这个坐标系在真空的速度。惯性系就不再是等价的。

例 12.1 没什么重要性，这是因为力只依赖于两个质点的间距，而这在伽利略变换下是不变化的（不变量）。牛顿物理中的所有作用力都来自质点之间的相互作用，只依赖质点间的相对位置。因此，它们在伽利略变换下是不变量。

在伽利略变换下光信号的方程会如何呢？下面的例子揭示了困难。

例 12.2　用伽利略变换描述光脉冲

在$t=0$时刻，一个光脉冲从S系的原点发出，沿x轴以速率c传播。沿x轴的光脉冲位置方程为$x=ct$。

在 S′系中，波前沿 x'轴的运动方程为

$$x' = x - vt = (c - v)t$$

式中，v 是两个系的相对速度。在 S′系中，脉冲的速率是

$$\frac{dx'}{dt} = c - v$$

但这个结果与光速总是 c、对所有观察者相同的假说矛盾。

由于伽利略变换与光速总是 c 的原理不相容，我们的任务就是找到一个相容的变换。做这个之前，仔细思考一下测量的性质是有用的。

在两个以相对速率 v 运动的惯性系中，观察者对一个事件测量的空间坐标由伽利略变换联系起来。“事件”是指在时空中的一套唯一坐标值。有物理意义的测量总是涉及多于一个的事件。例如，测量杆的长度涉及把杆沿带刻度的米尺放置并记录每个端点的位置。最终，长度涉及两个测量。若杆在 S 系沿轴静止，它的端点坐标可能是x_a和x_b，这里 $x_b = x_a + L$。对于S′系的观察者，由方程（12.1）给出x'坐标：$x'_a = x_a - vt$ 和 $x'_b = x_b - vt$。由于 $x_b = x_a + L$，我们有 $L = x_b - x_a$ 和$L' = x'_b - x'_a = L$。两个观察者在测量长度上达成一致。

在这个简单的测量练习中，我们做了一个自然的假定：测量是同时进行的。这在 S 系中不重要，因为杆是静止的。然而，在S′系中，杆是运动的。若端点在不同的时刻记录，L'的值就不正确。我们已经用了伽利略假设，这暗示着，若测量在一个坐标系是同时的，它们在所有坐标系都是同时的。若光速是无穷大，这是实情，但是，光速的有限深刻影响了我们同时性的观念。因此，我们暂时偏离主题，检查一下同时的性质。

12.6 同时性与事件顺序

我们对同时性都有一个直观的看法：若两个事件的时间坐标有相同值，它们是同时的。然而，就如下例所示，在一个坐标系同时的事件，在其他坐标系看来则未必同时。

例 12.3 同时性

一个铁路员工站在长 $2L$ 的平台货车中间。他打开他的提灯，光脉冲以速度 c 向所有方向传播出去。

经过一个时间间隔 L/c，光到达车的两端。在这个参考系，即平台货车静止系中，光同时到达端点 A 和 B。

现在让我们在一个以速度 v 向右运动的参考系中观察同样的情形。在这个系中，平台货车以速度 v 向左运动。根据狭义相对论的第二个假设，在这个系中观测，光的速度仍然为 c。然而，在传播期间，A 运动到 A^*，B 运动到 B^*。脉冲显然会先到达 B^*，然后到 A^*；事件在这个系中是不同时的。

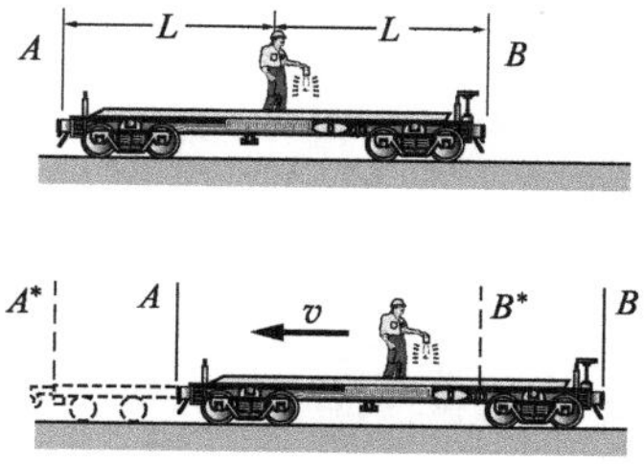

就如同在一个惯性系同时的事件可能在另一个不同时一样，可以证明，在一个系中空间重合——有相同的空间坐标——的事件在另一个可能不重合。我们稍后证明，两个事件可以分为类空或类时的。对于类空事件，尽管存在一个参考系，事件在其中是时间上同时的，但却不可能找到一个坐标系，事件在其中是空间上重合的。对于类时事件，尽管存在一个参考系，事件在其中是空间上重合的，但却不可能找到一个坐标系，事件在其中是时间上同时的。

在这一点上，本着遵守相对性原理的精神，我们需要一个系统的方法，解决把不同惯性系所做观测联系起来的问题。这个任务构成了狭义相对论的核心。

12.7 洛伦兹变换

伽利略变换不能满足光速是普适常量这个假设导致一个意义深远的困境。爱因斯坦引入了一个新变换，把不同惯性系观测的事件坐标联系起来，走出了这个困境。他引入这样一个参考系，使其确保在一个系中以光速运动的信号在其他系中也是如此，与相对运动无关。这样的“修理”需要一些勇气，因为更改变换规则就更改了时空之间的基本关系。

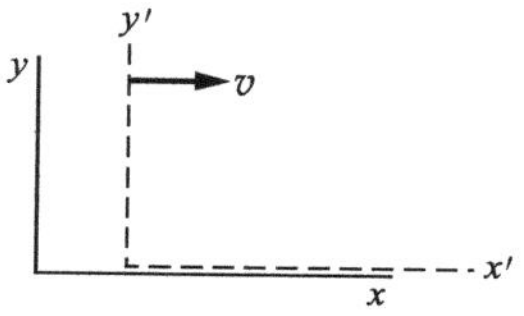

让我们再次引用我们的标准参考系，S 系 (x,y,z,t) 和 S′系 (x',y',z',t')。S′系以速度 v 沿着正 x 轴运动，在 $t=t'=0$ 时刻原点重合。我们把联系两个系中一个给定事件坐标的最一般变换取为如下形式：

$$x'=Ax+Bt \tag{12.2a}$$

$$y'=y \tag{12.2b}$$

$$z'=z \tag{12.2c}$$

$$t'=Cx+Dt \tag{12.2d}$$

关于方程（12.2）的一些说明：变换方程是线性的，因为即使速度在其他系中是常量，非线性变换在一个系中也会产生加速度。另外，由对称性，我们让y'和z'轴不变。

这里是论证假设$y'=y$ 和$z'=z$ 的一个模型：考虑在平行铁轨上的两列火车。每列火车有一个观察者，手中拿着一个油漆刷，在他们的系中位于相同的高度，比如在火车地板上方 1 m。每列火车都靠近一面墙。火车以相对速率 v 接近，每个观察者都把刷子涂在墙上，留下一个条纹。观察者 1 涂了一蓝条，观察者 2 涂了一黄条。

假定观察者 1 看到观察者 2 的高度发生了变化，蓝条在黄条之下。观察者 2 也得看到同样的现象，只是现在黄条在蓝条之下。他们的结论是矛盾的，所以不可能都正确。由于没有办法区分两个参考系，唯一的结论就是两个条纹在同一高度。我们断定，观察者的运动不改变与运动方向垂直的距离。

通过比较四个事件的坐标，我们可以计算方程（12.2）的四个常量 A，B，C 和 D。这四个事件是：

（1）在S′中观测 S 的原点：

S：$(x=0,t)$；S′：$(x'=-vt',t')$

由方程（12.2a）和（12.2d），$-vt'=0+Bt$ 和 $t'=0+Dt$。

因此，$B=-vD$。

（2）在 S 中观测S′的原点：

S′：$(x'=0,t')$；S：$(x=+vt,t)$

由方程（12.2a），$0=Avt+Bt$。

因此，$B=-vA$，利用结果（1），从而有 $D=A$。

（3）一个光脉冲在 $t=0$，$t'=0$ 时刻从原点发出，而后沿着 x 和x'轴被观测到。

S：$(x=ct,t)$；S′：$(x'=ct',t')$

由方程（12.2a）和（12.2d），$ct'=ctA+Bt$ 和 $t'=ctC+Dt$。

利用 $D=A$ 和 $B=-vA$，从而有 $C=-(v/c^2)A$。

(4) 一个光脉冲在 $t=0$，$t'=0$ 时刻从原点发出，而后沿着 S 系的 y 轴被观测到。在 S 系，$x=0$，$y=ct$，但在S′系，脉冲x'和y'的坐标都不为零。

S：$(x=0, y=ct, t)$；

S′：$(x'=-vt', y'=\sqrt{(ct')^2-(-vt')^2}, t')$

由方程（12.2b）和（12.2d），$ct=\sqrt{(ct')^2-(-vt')^2}$ 和 $t'=Dt$。

从而有 $D=1/\sqrt{1-v^2/c^2}$。

（平方根我们选取正号，否则 t 和t'就异号。）

因子 $1/\sqrt{1-v^2/c^2}$ 会频繁出现，所以给它一个特殊符号：

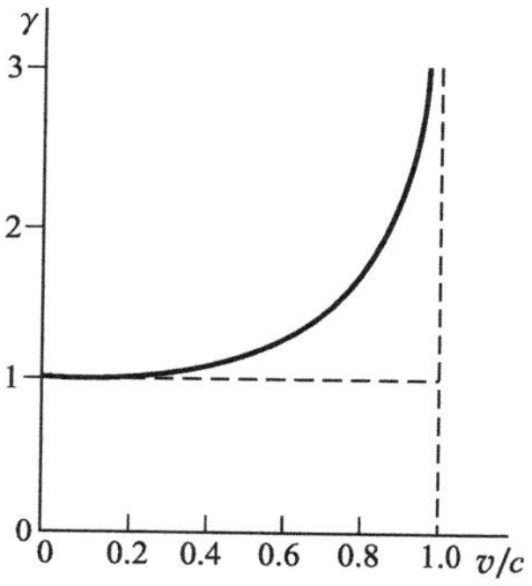

$$\gamma\equiv\frac{1}{\sqrt{1-v^2/c^2}}$$

注意：$\gamma>1$，当 $v\to c$ 时，$\gamma\to\infty$。

把我们的结果代入方程（12.2），得到

$$x'=\gamma(x-vt) \tag{12.3a}$$

$$y'=y \tag{12.3b}$$

$$z'=z \tag{12.3c}$$

$$t'=\gamma(t-vx/c^2) \tag{12.3d}$$

令 $v\to -v$，可得到从S′到 S 的变换：

$$x=\gamma(x'+vt') \tag{12.4a}$$

$$y=y' \tag{12.4b}$$

$$z=z' \tag{12.4c}$$

$$t=\gamma(t'+vx'/c^2) \tag{12.4d}$$

方程（12.3）和（12.4）是联系不同惯性系事件坐标的处方，能满足狭义相对论的假设。它们称作**洛伦兹变换**，以纪念物理学家洛伦兹，他首次写出它们，虽然含义不同。

洛伦兹变换方程有一个直接的物理解释。因子 γ 是比例因子，确保光速在两个系中相同。在方程（12.3a）中的因子 vt 表示S′系沿正 x 方向以速率 v 运动。方程（12.3d）的因子 vx/c^2 有点微妙。时钟同步算法要求在时钟上显示的时间应当从事件点修正一个传播时间 τ_{transit}。若点以速率 v 运动，则传播时间的修正必须相应地调整。附加的传播距离是 $d=v\tau_{\text{transit}}$，这里 $\tau_{\text{transit}}=x/c$。因此，方程（12.3d）中的时间

需要一个修正量 $d/c = vx/c^2$。

取极限 $v/c \to 0$（或等同的，$c \to \infty$），这时 $\gamma \to 1$，洛伦兹变换就等同于伽利略变换。然而，一般情况下，洛伦兹变换要求对时空概念进行反思。

在调查这个反思结果以前，让我们检查用洛伦兹变换如何论证迈克耳孙的实验只能给出零结果。

12.7.1　再看迈克耳孙-莫雷实验

洛伦兹变换在手，我们就能理解迈克耳孙-莫雷实验为什么不会随着仪器的转动而展示条纹移动。我们再次引入两个参考系 S：(x, y, z, t) 和沿 x 以相对速率 v 运动的 S′：(x', y', z', t')。它们的原点在 $t = t' = 0$ 时刻重合。在 S 系中一个光脉冲于 $t = 0$ 时刻发出，呈球形传播开来。脉冲的轨迹满足方程 $x^2 + y^2 + z^2 = (ct)^2$。洛伦兹变换方程（12.3）预言，在“运动”的S′系中，脉冲的轨迹满足 $x'^2 + y'^2 + z'^2 = (ct')^2$，其证明我们留作练习。两个参考系的观察者看到同样的现象：一个光脉冲在空间以光速 c 传播。相对速度却无迹可寻。

迈克耳孙-莫雷实验被设计用于显示与地球运动平行和垂直方向上光速的差异，但是根据狭义相对论的第二个假设——光速对所有的观察者相同，就应该没有差异。洛伦兹变换明确显示了不存在。

12.8　相对论运动学

由于狭义相对论的原理要求我们反思测量和观察的基本思想，它们具有重要的动力学结果。本章余下部分的目标是学会用狭义相对论原理关联不同惯性系的测量。这样做的动机在一定的程度上出于实用性：相对论运动学在物理领域是基本的，范围涵盖从基本粒子物理到宇宙学，再到全球定位系统这样的技术。更基本的，由相对论变换的研究可以引出新的物理学，从最著名的关系式 $E = mc^2$ 到动力学和电磁理论的优雅统一的方法。

洛伦兹变换的预言时常违背直觉，因为我们缺乏可与光速相匹敌的高速运动经验。两个令人震惊的预言是运动时钟变慢和运动米尺收缩。这可以从时空间隔的洛伦兹变换得出。我们也将通过几何论证导出这些结果，这有助于培养对这些意外行为的直觉。

小心：在下面的讨论中，S或S′都可以是观察者的静止系，另外还有引入其他系的可能性。我们需要搞清楚的不仅是发生的物理现象，还有观察它时所处的参考系。

12.8.1 时间膨胀

一个时钟静止在S系的某个位置 x 处。时钟的计时率由嘀嗒声的间隔 τ_0 确定。问题是确定在S′系观测到的相应间隔，而时钟在其中以速率 $-v$ 运动。

在静系S中的相继的时钟嘀嗒声是

嘀嗒1（事件1）：t

嘀嗒2（事件2）：$t+\tau_0$

由方程（12.3d），在动系S′观测的相应时间是

$$t'=\gamma(t-vx/c^2)$$

$$t'+\tau_0'=\gamma(t+\tau_0-vx/c^2)$$

相减后得到

$$\tau_0'=\gamma\tau_0 \tag{12.5}$$

因为 $\gamma\geqslant 1$，在动系S′观测的时间间隔比时钟静止系的长一些。因此，运动的时钟变慢。当 $v\to c$ 时，时间静止不动。

这个结果，所谓的时间膨胀，不太直观，用不同的方法导出它或许更具启发性。

让我们考虑这样一个理想的时钟，计时元件包括两个平行的反射镜，一个光脉冲在它们之间反弹。（我们的讨论取自 *introduction to Electrodynamics*⊖，David J. Griffiths，Prentice Hall，Upper Saddle Ridge New Jersey，1999。）

光的每次往返旅程构成了一次时钟嘀嗒声。如图所示，时钟竖直安置在以速率 v 运动的轨道车上。轨道车上的观察者监视嘀嗒声的速率。若反射镜间距为 h，则嘀嗒声的时间间隔是

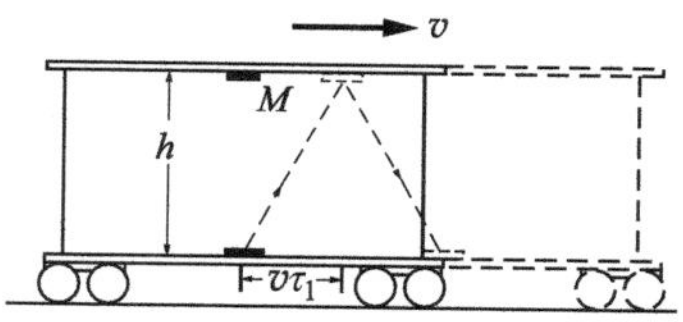

$$\tau_0=2h/c$$

在这个计算中，轨道车对时钟来说是静系S。

地面系S′的观察者也监视时钟的速率。S′相对轨道车上

⊖ 中译本《电动力学导论》，机械工业出版社。——编辑注

的静系以速率 $-v$ 运动。对于这个观察者，光上下的时间间隔是 $\tau_1=\sqrt{h^2+(v\tau_1)^2}/c$。求解 τ_1，往返时间 τ_0' 是

$$\tau_0'=2\tau_1=(2h/c)\frac{1}{\sqrt{1-v^2/c^2}}$$

回想 $\gamma=1/\sqrt{1-v^2/c^2}$，我们有

$$\tau_0'=\gamma\tau_0$$

与方程（12.5）一致。

例 12.4　时间膨胀在原子钟的作用

或许你通过光谱仪看过原子放电灯发出的光。每条谱线是原子在它的内部能态之间跃迁时发的光。谱线有不同的颜色，因为光的频率 ν 与跃迁时能量的变化 ΔE 成正比。若 ΔE 是电子伏的量级，发出的光就在可见光区（$\nu\approx10^{15}$ Hz）。然而，对于某些跃迁，能量变化太小，发出的辐射在微波区（$\nu\approx10^{10}$ Hz）。这些微波信号可用电子仪器探测并放大。由于振动频率几乎完全取决于原子的内部结构，这些信号可用作控制原子钟计时的基准频率。原子钟高度稳定且基本不受外界影响。

以固有频率发射的原子辐射可充当一个小型钟。原子在气体中频繁碰撞，以热速度随机运动。由于热运动，时钟相对实验室并非静止，观测的频率会被时间膨胀移动。

考虑在静系中以特征频率 ν_0 辐射的一个原子。我们可以认为原子内部的简谐运动类似于老爷钟单摆的摆动：每个周期对应于一个完整的摆动。若在静系中摆动周期是 τ_0(s)，实验室系的周期则是 $\tau=\gamma\tau_0$。实验室系观测的频率是

$$\nu=\frac{1}{\tau}=\frac{1}{\gamma\tau_0}=\frac{\nu_0}{\gamma}$$

$$=\nu_0\sqrt{1-\frac{v^2}{c^2}}$$

频率的移动是 $\Delta\nu=\nu-\nu_0$。若 $v^2/c^2\ll1$，$\gamma\approx1-\frac{1}{2}v^2/c^2$，频率的相对变化是

$$\frac{\Delta\nu}{\nu_0}=\frac{\nu-\nu_0}{\nu_0}=-\frac{1}{2}\frac{v^2}{c^2}\tag{1}$$

估计右边项的简便方法是分子分母同乘以原子质量 M：

$$\frac{\Delta\nu}{\nu_0}=-\frac{\frac{1}{2}Mv^2}{Mc^2}$$

$\frac{1}{2}Mv^2$ 是源于原子热运动的动能。这个能量随气体温度的升高而增大，根据 5.9 节理想气体的处理：

$$\frac{1}{2}M\overline{v^2}=\frac{3}{2}kT$$

这里，$\overline{v^2}$ 是方均速度，$k=1.38\times10^{-23}\,\mathrm{J/K}$ 是玻尔兹曼常量，T 是绝对温度。

在所谓的氢微波激射器的原子钟里，基准频率来自氢原子的一个跃迁。M 接近质子的质量，$1.67\times10^{-27}\,\mathrm{kg}$，利用 $c=3\times10^8\,\mathrm{m/s}$，我们得到

$$\frac{\Delta\nu}{\nu}=-\frac{\frac{3}{2}kT}{Mc^2}=-\frac{\frac{3}{2}(1.38\times10^{-23})T}{(1.67\times10^{-27})(9\times10^{16})}$$

$$=-1.4\times10^{-13}T$$

在室温，$T=300\,\mathrm{K}$（绝对温度的 300K≈27 ℃），我们有

$$\frac{\Delta\nu}{\nu}=-4.2\times10^{-11}$$

对于现代原子钟，这是一个相当大的效应。为了修正时间膨胀到 $1/10^{13}$ 的精度，需要使氢原子温度精度达到 1 K。然而，如果我们希望比较 10^{15} 分之几的频率，绝对温度必须在 mK 的范围，这是非常艰巨的任务。

把原子冷却到 μK 区域技术的诞生已经开启了新一代原子钟。这些时钟工作在可见光而不是微波频率，达到的稳定性好于 $1/10^{17}$——等价于地球年龄有 1 s 的差异。

12.8.2 长度收缩

静止在 S 系的杆具有长度 L_0。在沿杆的方向、以速率 $-v$ 运动的 S′ 系中，观测的长度是多少？

杆沿着 x 轴放置，其端点在 x_a 和 x_b，这里 $x_b=x_a+L_0$。测量涉及两个事件，但是由于杆静止在 S 系，时间是不重要的，所以我们取 S 系的观测都在 t 时刻。在 S 的长度由两个

事件的坐标确定：

事件 1：(x_a, t)

事件 2：(x_b, t)。

在静系 S 观测的长度是$x_b - x_a = L_0$。问题是确定在S′系中观测的长度，在这里杆以速率 v 运动。

确定S′系坐标的一个很自然却错误的方法是，用方程（12.3a）确定x'_b和x'_a并相减。这将给出 $L'_0 = x'_b - x'_a = \gamma L_0$。这个结果是错的，由方程（12.3d）可以看出，在S′系中，两个事件的时间并不相同。

对于运动物体的长度，只有同时测量才有意义。因此，我们必须在S′系中相同的时刻t'确定x'和 x 相应的值。应用联系 S 和S′事件的洛伦兹变换可以很容易做到这一点。$x = \gamma(x' - vt')$因此，

$$x_b = \gamma(x'_b - vt')$$

$$x_a = \gamma(x'_a - vt')$$

相减就得到 $x_b - x_a = \gamma(x'_b - x'_a)$，所以，$L_0 = \gamma L'$，

$$L' = L_0/\gamma = \sqrt{1 - v^2/c^2}\, L_0 \qquad (12.6)$$

杆出现收缩的现象。当 $v \to c$ 时，$L' \to 0$。收缩只在运动方向上发生：若杆沿着 y 轴放置，我们将用到变换 $y' = y$，断定 $L' = L_0$。

像时间膨胀的情形一样，我们有不太直观的结果。这也可以利用几何论证来理解。

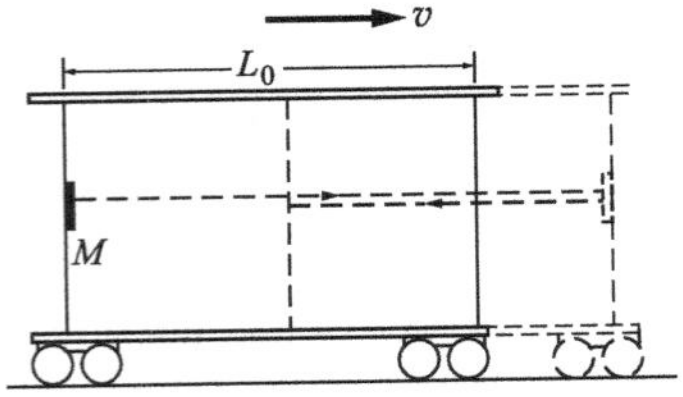

火车上的一个观察者可以用在车厢两端反射镜之间的反射光来测量往返时间τ_0，从而能测量车厢的长度L_0：

$$\tau_0 = 2\frac{L_0}{c}$$

车上的观察者断定车厢的长度是

$$L_0 = \frac{c}{2}\tau_0 \qquad (12.7)$$

当火车以速率$+v$ 经过时，地面的观察者通过测量光脉冲在两端之间的往返时间也测量车厢的长度L'。在地面观察者看来，脉冲从后镜到前镜的时间τ_+ 比 L'/c 长，因为前镜在传播期间略微向前移动了。传播距离是 $L' + v\tau_+$。因此，$\tau_+ = (L' + v\tau_+)/c$，所以 $\tau_+ = L'/(c - v)$。类似地，返程的时间

是 $\tau_{-}=L'/(c+v)$。光脉冲的往返时间是

$$\tau_0'=\tau_{+}+\tau_{-}=L'\left(\frac{1}{c-v}+\frac{1}{c+v}\right)=\frac{2L'}{c}\left(\frac{1}{1-v^2/c^2}\right)$$

因此

$$L'=\frac{c}{2}\tau_0'(1-v^2/c^2)$$

把它与方程（12.7）比较，我们有

$$L'=L_0\frac{\tau_0}{\tau_0'}(1-v^2/c^2)$$

从方程（12.5）取 τ_0/τ_0'的值，我们有

$$L'=L_0\sqrt{1-v^2/c^2}$$

因为 $L'<L_0$，地面观察者看到车厢长度收缩一个因子$\sqrt{1-v^2/c^2}$。

12.8.3 固有时和固有长度

我们引入符号τ_0和L_0分别表示在事件的静系中观测的时间和长度间隔。这些量被称作固有的：τ_0是固有时，L_0是固有长度。

固有时 τ 是时钟在它自己静止的系中测量的时间，例如，飞船携带的时钟。根据方程（12.5），在动系中测量的时间间隔 $\Delta t'$总是大于固有时间隔 $\Delta\tau$：

$$\Delta t'=\gamma\Delta\tau=\frac{\Delta\tau}{\sqrt{1-v^2/c^2}}\geqslant\Delta\tau$$

类似地，固有长度是物体在它自己静止的系中测量的长度，例如，飞船携带的米尺。根据方程（12.6），在动系中测量的长度L'总是小于固有长度L_0：

$$L'=\frac{L_0}{\gamma}=\sqrt{1-v^2/c^2}\,L_0\leqslant L_0$$

12.8.4 相对论效应是真实的吗？

时间和距离是很直观的概念，至少在一开始是很难接受狭义相对论的预言在熟悉的物理场景是“真实”的。我们将察看一些例子，在这里时间膨胀和长度收缩是毫无疑问地发生了。悖论立刻涌上心头。例如，撑杆跳选手悖论：农夫有一个谷仓，两端各有一个门。一个撑杆跳选手紧握一个长度

超过谷仓的水平杆跑过谷仓。农夫想关门把杆留在里面。农夫让选手跑得足够快，以便杆的长度收缩得合适。选手在里面的瞬间，农夫关门。悖论是，在选手看来，杆没有变化，但是谷仓的长度收缩了。奔跑使适应谷仓的任务非但没变得容易，反而更难了。

悖论完全来自牛顿和相对论的同时性概念的差异。选手并不同意门是同时关闭的，在选手看来，杆从来没有完全在谷仓里，这留作一道证明题。

时间膨胀第一个戏剧性的实验证实完成于宇宙线研究的早期。实验也证实，虽然时间膨胀和长度收缩似乎是本质上不同的现象，它们原来是同一硬币的两面。

例 12.5 时间膨胀、长度收缩和 μ 子衰变

带负电的 μ 子（符号 μ^-）是与电子有关的基本粒子：与电子一样，带有 1 个单位的负电荷，它也有一个带正电的反粒子 μ^+，类似于正电子，即电子的反粒子。μ 子与电子最大的不同是它的质量和不稳定性，其质量约是电子的 205 倍。电子是完全稳定的，但 μ 子会衰变成电子和两个中微子。

μ 子衰变是典型的放射性衰变过程：若 $t=0$ 时刻有 $N(0)$ 个 μ 子，t 时刻的数目是

$$N(t)=N(0)\mathrm{e}^{-t/\tau}$$

这里，τ 是衰变特有的时间常量。容易证明，一个给定 μ 子衰变的平均时间是 τ，所以 τ 被称作粒子的“寿命”。对于 μ 子，$\tau=2.2\ \mu\mathrm{s}$。（注意：符号 μ 表示“微”，10^{-6}，也表示 μ 子。对物理符号要保持机警。）若 μ 子以速率 v 运动，衰变前运动的平均距离是 $\langle L\rangle=v\tau$。

μ 子是在宇宙线的研究中发现的。它们是由奔向地球的高能质子流在高空中产生的。质子在大气层中通过碰撞很快消失，但是 μ 子到达海平面时几乎没有损失。早期的实验陷入一个悖论。若假定 μ 子以接近光速的高速运动，则它们衰变前运动的最大平均距离应当不大于 $\langle L\rangle=c\tau$。因此，经过距离 L 后，μ 子的流量至少会按因子 $\exp-L/\langle L\rangle$ 减小。对于 $2.2\ \mu\mathrm{s}$ 的寿命，$\langle L\rangle=660\ \mathrm{m}$。在最初的实验中 [B. Rossi and D. B. Hall, *Physical Review*, 59, 223 (1941)]，在科罗拉多的一个山顶和下面 2000 m 的一个地点

监测了流量。流量预期会减少一个因子 exp（－2000 m/660 m)＝0.048。然而，观测的损失率却低很多。悖论是，μ 子在它们的地球之旅中似乎活到了它们已知寿命的 3 倍。

悖论的化解就在于 μ 子实际上确实活了那么长。量 γ 可由 μ 子能量的测量来确定。考虑了时间膨胀后，计算的寿命增大因子接近于观测值。

固有时的概念是考虑它的另一种方法。μ 子携带它们自己的时钟决定了它们的衰变率。在 μ 子静止系里，它们的时钟测量的是固有时，所以地面观察者测量的衰变率要长一些。利用现代的粒子加速器，产生的 μ 子能量比由宇宙线获得的高得多，从而有较大的 γ 值。在一个实验中［R. M. Casey, et al.，*Phys. Rev. Letters*，82，1632 (1997)］，寿命被延长了很多，观测的信号显示达到了 440 μs，是 μ 子寿命的两百倍。运动的时钟“真的”变慢吗？答案取决于你想怎么解释实验。在随 μ 子运动的坐标系中（在 μ 子静止系中），粒子以它们固有的衰变率衰变。然而，在这个系中，μ 子“看到”，大气层的厚度小于地面观察者看到的。洛伦兹收缩把路径长度从 2000 m 减小到 $2000/\gamma$ m。穿过的那部分 μ 子等同于地面坐标系所看到的。

我们看到，一旦接受了相对论的假设，我们就得被迫放弃同时性的直观想法。尽管如此，体现相对论假设的洛伦兹变换能使我们计算两个不同系的事件时间。

例 12.6 洛伦兹变换的应用

一个光脉冲在 $t=0$ 时刻从位于 $x=0$ 的轨道车中心发出。我们怎么确定光脉冲到达长 $2L$ 的轨道车两端的时间？这个问题在静系中很简单。两个事件是

$$\text{事件 1：脉冲到达 } A \text{ 端}\begin{cases} x_1=-L \\ t_1=\dfrac{L}{c}=T \end{cases}$$

$$\text{事件 2：脉冲到达 } B \text{ 端}\begin{cases} x_2=L \\ t_2=\dfrac{L}{c}=T \end{cases}$$

在相对轨道车运动 S′系中，为确定事件的时间，我们采用时间坐标的洛伦兹变换。

$$\text{事件 1：} t_1'=\gamma\left(t_1-\frac{vx_1}{c^2}\right)$$

$$=\gamma\left(T+\frac{vL}{c^2}\right)$$

$$=\frac{1}{\sqrt{1-v^2/c^2}}\left(T+\frac{v}{c}T\right)$$

$$=T\sqrt{\frac{1+v/c}{1-v/c}}$$

$$\text{事件 2：} t_2'=\gamma\left(t_2-\frac{vx_2}{c^2}\right)$$

$$=T\sqrt{\frac{1-v/c}{1+v/c}}$$

在动系中，脉冲到达 B（事件 2）比到达 A 果然更早一些。

同时性不是事件的基本性质，它依赖于坐标系。有可能找到一个坐标系，其中任意两个事件是同时的吗？下面的例子证明 12.6 节所宣称的：存在两类事件。对于两个给定的事件，我们或者能找到一个坐标系，其中事件在时间上同时的，或者事件发生在空间同一点——但不会两者兼有。

例 12.7　事件的顺序：类时和类空间隔

S 系中在 x 轴两个事件 A 和 B 有如下坐标：

事件 A：(x_A, t_A)　　事件 B：(x_B, t_B)

事件之间的距离是 $L=x_B-x_A$，事件的时间间隔是 $T=t_B-t_A$。

在x'，y'系中，根据洛伦兹变换的描述，事件之间的距离是

$$L'=\gamma(L-vT)$$

$$T'=\gamma\left(T-\frac{vL}{c^2}\right)$$

由于 v 总是小于 c，若 $L>cT$，则L'总是正的，而T'可正、可负或为零。这样的间隔称为类空的，这是因为不可能找到事件在同一地点发生的参考系，但事件却可以是同

时的，只需参考系以 $v=c^2T/L$ 运动。另一方面，若 $L<cT$，则 T' 总是正的，事件不可能是同时的，而 L' 可正、可负或为零。这样的间隔称为类时的，因为不可能找到事件可同时发生的坐标系。

12.9　相对论的速度合成

最近的恒星离我们 4 光年多，我们的银河系大约横跨 10000 光年。因此，任何超光速的旅行方法对银河系开发来说都是极其宝贵的。奔着这个目标，假设我们建造一艘飞船，星际飞船苏菲，能达到 $0.900c$ 的速率。苏菲的机组接着发射第二艘飞船，星际飞船惊奇，能达到 $0.800c$。根据牛顿规则，惊奇应当以 $1.700c$ 飞离。让我们看看相对论情形下会发生什么。

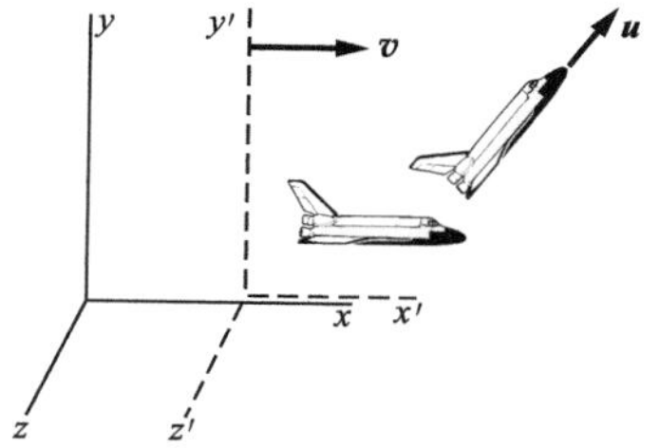

我们用 S 表示我们的静系 (x, y, z, t)，S′为飞船苏菲的系 (x', y', z', t')，S′以速度 v 沿 x 轴运动。在苏菲看来，惊奇的速度是 $\boldsymbol{u}'=(u'_x, u'_y)$。我们的任务是，确定在我们的静系 S 中观测到的惊奇速度 $\boldsymbol{u}$。

由速度定义，在S′中我们有

$$u'_x=\lim_{\Delta t'\to 0}\frac{\Delta x'}{\Delta t'}$$

$$u'_y=\lim_{\Delta t'\to 0}\frac{\Delta y'}{\Delta t'}$$

$$u'_z=\lim_{\Delta t'\to 0}\frac{\Delta z'}{\Delta t'}$$

在 S 中相应的分量为

$$u_x=\lim_{\Delta t\to 0}\frac{\Delta x}{\Delta t}$$

$$u_y=\lim_{\Delta t\to 0}\frac{\Delta y}{\Delta t}$$

$$u_z=\lim_{\Delta t\to 0}\frac{\Delta z}{\Delta t}$$

问题是把 S 的位移和时间间隔与S′的联系起来。由洛伦兹变换方程（12.3），我们有

$$\Delta x=\gamma(\Delta x'+v\Delta t')$$

$$\Delta y=\Delta y'$$

$$\Delta z=\Delta z'$$

$$\Delta t=\gamma(\Delta t'+(v/c^2)\Delta x')$$

因此

$$\frac{\Delta x}{\Delta t}=\frac{\gamma(\Delta x'+v\Delta t')}{\gamma[\Delta t'+(v/c^2)\Delta x']}$$

$$=\frac{\Delta x'/\Delta t'+v}{1+(v/c^2)(\Delta x'/\Delta t')}$$

接下来取极限 $\Delta t'\to 0$。利用 $u'_x=\lim_{\Delta t'\to 0}\Delta x'/\Delta t'$，我们得到

$$u_x=\frac{u'_x+v}{1+vu'_x/c^2} \tag{12.8a}$$

类似地，

$$u_y=\frac{u'_y}{\gamma[1+vu'_x/c^2]} \tag{12.8b}$$

和

$$u_z=\frac{u'_z}{\gamma[1+vu'_x/c^2]} \tag{12.8c}$$

方程（12.8）是相对论速度合成的规则。对于 $v\ll c$，我们得到伽利略的结果 $\boldsymbol{u}=v+\boldsymbol{u}'$。

从 S 到S′的变换为

$$u'_x=\frac{u_x-v}{1-vu_x/c^2} \tag{12.9a}$$

$$u'_y=\frac{u_y}{\gamma[1-vu_x/c^2]} \tag{12.9b}$$

$$u'_z=\frac{u_z}{\gamma[1-vu_x/c^2]} \tag{12.9c}$$

回到两艘星际飞船的问题，令 $u'_x=0.800c$ 为惊奇相对苏菲的速率，$v=0.900c$ 为苏菲相对我们的速率。由方程(12.8a)，惊奇相对我们的速率为

$$u_x=\frac{0.900c+0.800c}{1+(0.900)(0.800)}$$

$$=\frac{1.700c}{1.720}=0.988c$$

惊奇的速率小于 c。方程（12.8a）显示，通过变换参考系也不能超过光速。

取极限情形 $u'_x=c$，在静系的最终速率则是

$$u_x=\frac{c+v}{1+vc/c^2}$$

$$=c$$

与 v 无关。这与我们建立洛伦兹变换的假设是一致的：光速对所有的观察者都相同。此外，它还提示，光速是相对论理论允许的终极速度。

例 12.8 运动介质中的光速

作为相对论速度合成的练习，让我们确定运动的介质，例如流水，如何影响光速。

光在物质中的速率小于 c。折射率 n 用来说明介质中的速率

$$n=\frac{c}{\text{光在介质中的速度}}$$

$n=1$ 对应于真空；在普通物质中，$n>1$。变慢可以是相当可观的：对于水，$n=1.3$。

问题是确定运动流体中的光速。例如，考虑一个充满水的管子。若水静止，相对实验室，水中的光速是 $u=c/n$。当水以速率 v 流动时，光速是多少？

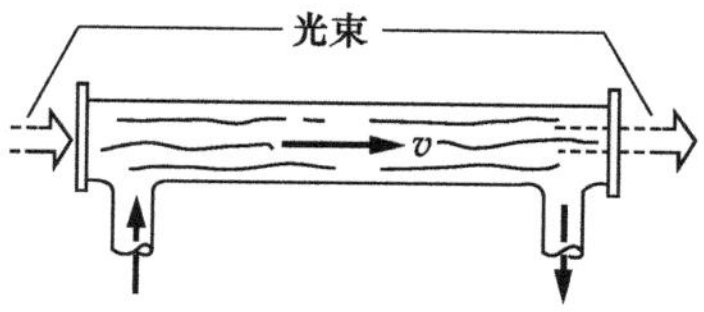

考虑随水运动的坐标系 $S'=(x',y')$ 中观测的水中光速。在 S' 中速率为

$$u'=\frac{c}{n}$$

由方程（12.8a），实验室中的速率为

$$\begin{aligned} u &=\frac{u'+v}{1+u'v/c^2} \\ &=\frac{c/n+v}{1+v/nc} \\ &=\frac{c}{n}\left(\frac{1+nv/c}{1+v/nc}\right) \end{aligned}$$

若我们展开右边的因子，并略去 $(v/c)^2$ 阶及更小的项，我们得到

$$\begin{aligned} u &=\frac{c}{n}\left(1+\frac{nv}{c}-\frac{v}{nc}\right) \\ &=\frac{c}{n}+v\left(1-\frac{1}{n^2}\right) \end{aligned}$$

光似乎被流体“拖曳”，但不是完全的。只有流体速度的一部分 $f=1-1/n^2$ 加到光速 c/n 上。这个效应在 1851 年由斐索实验观测到，但是直到相对论发明后才得到满意的解释。

12.10　多普勒效应

多普勒效应是波源和观察者之间的运动所引起的波的频率变化。它引起卡车喇叭或火车汽笛在他们经过时音调变低。对于天文学家和天体物理学家来说，多普勒效应提供了一个无比重要的工具，通过天体所发出谱线波长的移动可用来测量它们远离的速率。关于宇宙膨胀有多快的所有知识都来自对谱线多普勒效应的观测。更普通的是，多普勒效应是可靠又廉价的雷达速率监测仪的核心。

相对论多普勒效应不同于经典效应的方式是令人满意的：它更加简单。另外，它还展示了经典行为所没有的现象，横向多普勒效应，观察者在与运动光源垂直的路径所看到的频率移动。

我们首先回顾一下声音的经典多普勒效应。

12.10.1　声波的多普勒效应

声音在介质，比如空气中，传播的速率 w 由介质的性质决定，与源的运动无关。

源朝着静止的观察者以速率 v 在介质中运动，考虑来自源的声波。暂时我们限定在观察者沿运动线的情形。我们把声音描绘为时间间隔为$\tau_0=1/\nu_0$的一系列规则的脉冲，这里ν_0是源每秒产生的脉冲数。脉冲之间的距离是 $w\tau_0=w/\nu_0$，我们用 λ 表示。我们同样可以把扰动描绘为正弦波，在这种情形下ν_0对应于声音的频率，相邻波峰的距离是波长 $\lambda=w/\nu_0$。

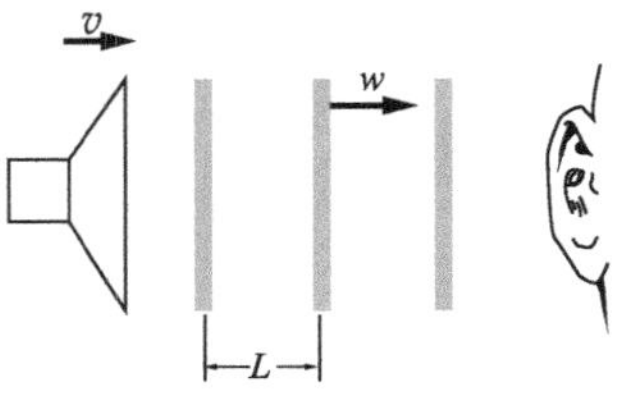

若源朝着观察者以速率 v 运动，则相继脉冲的距离是 $\lambda_D=\lambda-v\tau_0=\lambda-v/\nu_0$。因此

$$\frac{w}{\nu_0'}=\frac{w}{\nu_0}-\frac{v}{\nu_0}$$

$$\nu_0'=\nu_0\left(\frac{1}{1-v/w}\right)\quad（运动的源）\qquad(12.10)$$

频率的移动 $\Delta\nu=\nu_0'-\nu_0$ 就是所谓的多普勒移动。

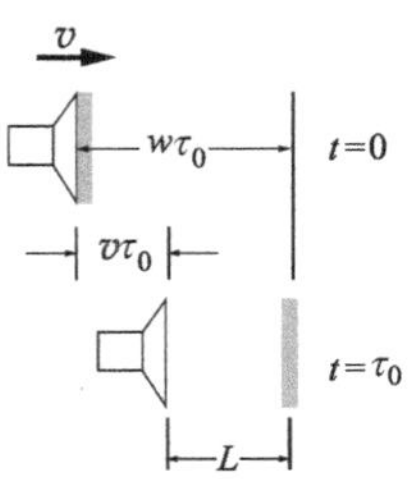

若观察者朝着源以速率 v 运动，情形会略有不同。先前，观察者在介质中静止；现在，观察者在介质中运动。源和观察者之间的相对速度都是 v。波前之间的距离未变，但是到达的相对速度现在是 $w+v$。因此，频率是 $\nu_0'=(w+v)/\lambda$，可以写为

$$\nu_0'=\nu_0(1+v/w)\quad（运动的观察者）\qquad(12.11)$$

方程（12.10）和（12.11）对于比值 v/w 的一阶是相同的，但是二阶不同。二阶的差异在原理上可用来确定多普勒移动是由源的运动还是观察者的运动引起。差异是真实的，因为运动是相对于静止的介质（比如空气）测量的。

若这些结果对于空间的光波有效，我们就能够区别两个系统的哪一个是绝对静止，而这是不可能的。为解决这个难题，我们现在就致力于多普勒效应的相对论推导。

12.10.2 相对论多普勒效应

光源在它的静系中以周期$\tau_0=1/\nu_0$闪烁。光源朝着观察者以速率 v 运动。由于时间膨胀，在观察者的静系中周期是

$$\tau=\gamma\tau_0$$

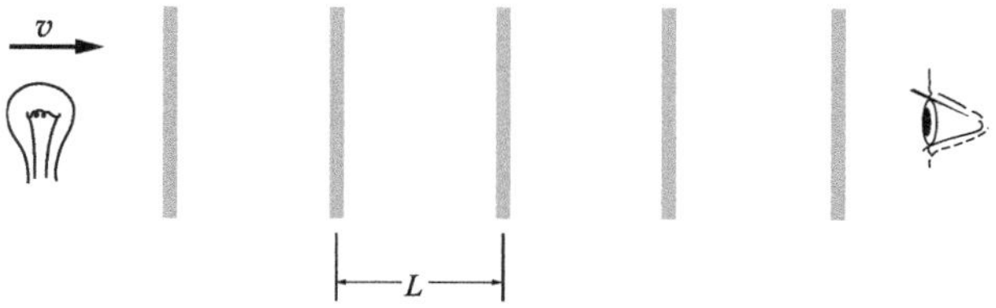

若波长λ_D是观察者的静系中脉冲之间的距离，脉冲的频率就是 $\nu_D=c/\lambda_D$。因为源朝着观察者运动，这个距离是

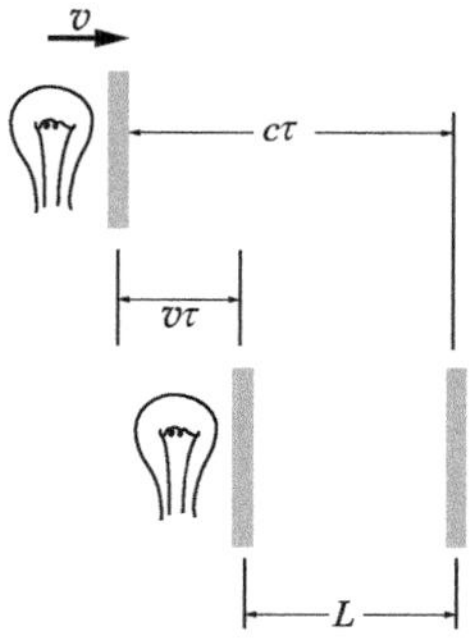

$$\lambda_D=c\tau-v\tau=(c-v)\tau$$

从而

$$\nu_D=\frac{c}{(c-v)\tau}$$

$$=\left(\frac{1}{1-v/c}\right)\frac{1}{\gamma\tau_0}$$

或者

$$\nu_D=\nu_0\frac{\sqrt{1-v^2/c^2}}{1-v/c}$$

可以化简为

$$\nu_D=\nu_0\sqrt{\frac{1+v/c}{1-v/c}} \tag{12.12}$$

这里，ν_D是在观察者静系的频率，v 是源和观察者的相对速率。不出所料，没有提到相对介质的运动。相对论结果并不偏爱经典结果；它与方程（12.10）和（12.11）都不同，而是对称地处理运动光源和运动观察者的情形：它是两个经典

结果的几何平均。

12.10.3 偏离运动线的多普勒效应

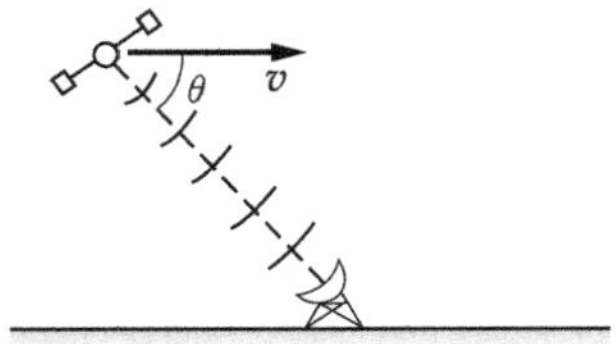

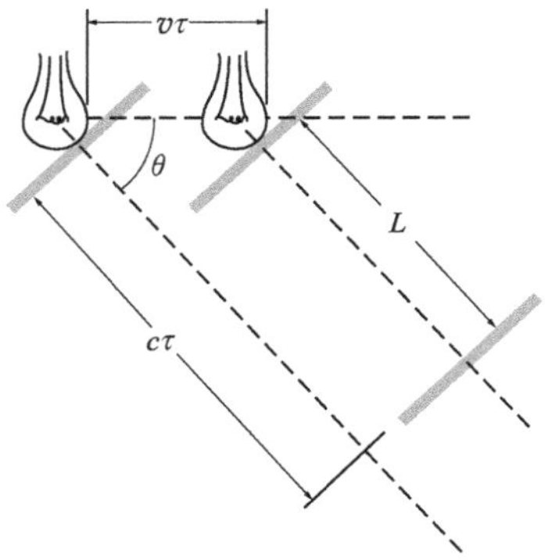

我们已经分析了源和观察者沿着它们连线运动时的多普勒效应，但这不是最一般的情形。例如，考虑一个向监测多普勒频率移动的地面航迹站广播无线电指向标信号的卫星。

我们很容易推广我们的方法，确定观察者与运动线夹角为 θ 时的多普勒效应。我们再次把源看作闪光。与前面一样，在观察者静系中，闪光的周期是 $\tau=\gamma\tau_0$。观察者观测的频率是 c/λ_D。在闪光之间源运动的距离是 $v\tau$，从图中可以明显看出

$$\begin{aligned}\lambda_D &= c\tau - v\tau\cos\theta \\ &= (c - v\cos\theta)\tau\end{aligned}$$

因此

$$\begin{aligned}\nu_D &= \frac{c}{\lambda_D} \\ &= \frac{c}{(c - v\cos\theta)\tau_0\gamma}\end{aligned}$$

$$\nu_D = \nu_0 \frac{\sqrt{1-v^2/c_2}}{1-(v/c)\cos\theta} \tag{12.13}$$

这里，我们用到了 $\tau_0=1/\nu_0$。在这个结果中，θ 是在观察者的静系中测量的角度。沿运动线，$\theta=0$，我们又得到先前的结果，即方程（12.12）。在 $\theta=\pi/2$，源和观察者之间的相对速度为零。经典多普勒效应在这里会消失，但是在相对论情形却存在一个频率移动；ν_D 与 ν_0 相差一个因子 $\sqrt{1-v^2/c^2}$。这个“横向”多普勒效应源于时间膨胀。闪光灯实际上是运动时钟，运动时钟变慢了。

相对论多普勒效应与经典结果在 v/c 阶是一致的，因此区分它们的任何实验必须对 $(v/c)^2$ 阶的效应敏感。尽管如此，通过观测快速运动原子所发出波长的小移动，H. E Ives 和 G. R Stilwell 在 1938 年证实了相对论表达式。

多普勒效应的一个应用是在导航系统中，如下例所示。

例 12.9 多普勒导航

从地球的一个参考点，多普勒效应可用来追踪一个运动的物体，比如一个卫星。它为第一个卫星飞上天时就建

立的导航系统奠定了基础。虽然它已被全球定位系统（GPS）取代，这个方法却是惊人地准确；10^8 m远的卫星位置的变化可以确定到零点几厘米。

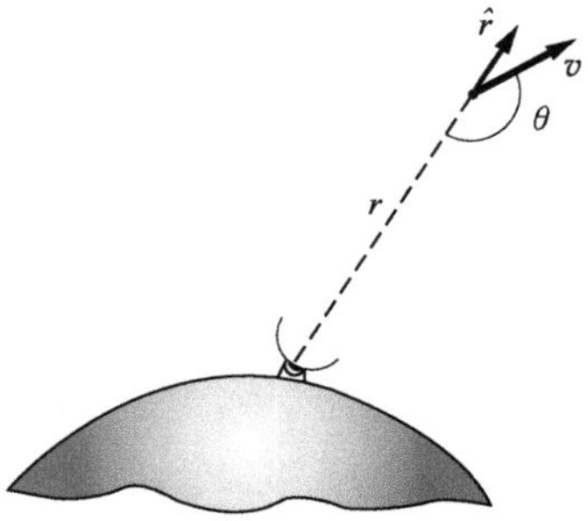

考虑离地面站某一距离 r、以速度 v 运动的一个卫星。卫星上的振荡器以频率ν_0广播信号。对于卫星，$v \ll c$，可对方程（12.13）取近似，只保留 v/c 阶的项。地面站接收到的频率ν_D可写为

$$\begin{aligned}\nu_D &\approx \frac{\nu_0}{1-(v/c)\cos\theta} \\ &\approx \nu_0\left(1+\frac{v}{c}\cos\theta\right)\end{aligned}$$

地面站里有一个与卫星上相同的振荡器。静止时，两个振荡器以相同的频率ν_0运行，相应的波长 $\lambda_0 = c/\nu_0$。飞行时，被观测的卫星频率是不同的，通过简单的电子方法可以测量差频（“拍”频）$\nu_D - \nu_0$：

$$\nu_D - \nu_0 = \nu_0 \frac{v}{c}\cos\theta$$

卫星的径向速度是

$$\begin{aligned}\frac{\mathrm{d}r}{\mathrm{d}t} &= \hat{\boldsymbol{r}} \cdot v \\ &= -v\cos\theta\end{aligned}$$

因此

$$\begin{aligned}\frac{\mathrm{d}r}{\mathrm{d}t} &= -\frac{c}{\nu_0}(\nu_D - \nu_0) \\ &= -\lambda_0(\nu_D - \nu_0)\end{aligned}$$

当卫星的速度和方向变化时，ν_D随时间变化。为确定卫星在时间T_a和T_b之间运行的总径向距离，我们将上面的表达式对时间积分：

$$\int_{T_a}^{T_b}\left(\frac{\mathrm{d}r}{\mathrm{d}t}\right)\mathrm{d}t = -\lambda_0\int_{T_a}^{T_b}(\nu_D - \nu_0)\mathrm{d}t$$

$$r_b - r_a = -\lambda_0\int_{T_a}^{T_b}(\nu_D - \nu_0)\mathrm{d}t$$

积分是在T_a到T_b的间隔内所发生的拍频循环数 N_{ba}。（一个循环发生的时间是 $\tau = 1/(\nu_D - \nu_0)$，所以 $\int \mathrm{d}t/\tau$ 是循环的总数。）因此

$$r_b - r_a = -\lambda_0 N_{ba}$$

这个结果有一个简单的解释：每当径向距离增大一个波长时，拍信号的相减小一个循环。类似地，当径向距离减小一个波长时，拍信号的相增大一个循环。

卫星通讯系统工作的典型波长为 10 cm，拍信号可测量到零点几个循环，所以卫星可追踪到大约 1 cm。若卫星和地基的振荡器并未调到相同频率ν_0，拍频中就会有误差。为避免这个问题，可采用双路多普勒追踪系统，信号从地面传到卫星，放大后再传回地面。这具有双倍多普勒移动的额外优势，分辨率增大一个 2 的因子。

我们概述了经典情形 $v \ll c$ 的多普勒导航原理。对于某些追踪应用，精度高到必须考虑相对论效应。

我们已经证明，多普勒追踪系统也可以给出卫星的瞬时径向速度 $v_r = -c(\nu_D - \nu_0)/\nu_0$。这是尤其方便的，因为检查卫星的轨道需要速度和位置两者。这个结果更普通的应用是警用雷达速率监测仪：微波信号被迎面而来的汽车反射，反射信号的拍频揭示了汽车的速率。

12.11 双生子悖论

在增添狭义相对论迷人色彩的诸多悖论中，恐怕没有什么比双生子悖论能激发更多的议论了。这个悖论说起来简单：两个双生子，爱丽斯和鲍勃，有相同的时钟。爱丽斯开始一个长途的空间之旅，鲍勃待在家里。假定飞船以匀速 v 沿直线飞走，爱丽斯用她船上的时钟测量经历的时间为$T_0/2$。她迅速反转速率、调头，在T_0时刻到家。爱丽斯观察到，用她船上的时钟测量，她已经老了T_0时间。

由于时间膨胀，鲍勃观测的旅行时间为

$$T'_B = \gamma T_0 \approx T_0\left(1 + \frac{1}{2}\frac{v^2}{c^2}\right)$$

结果，鲍勃断定，由于时间膨胀，他比爱丽斯老

$$\Delta T_{A,B} = \frac{1}{2} T_0 \frac{v^2}{c^2} \qquad (12.14)$$

或者，等价地，爱丽斯比他年轻一些。

若爱丽斯应用同样的论证，她断定她比鲍勃老

$$\Delta T_{B,A}=\frac{1}{2}T_0\ \frac{v^2}{c^2} \tag{12.15}$$

或者鲍勃比她相应地年轻一些。

显然，他们不可能都对。谁更年轻呢？真的有任何差异吗？

悖论起因于忽略了这样一个事实，双生子的情形是不对等的。鲍勃的系是惯性的，但在部分时间，爱丽斯的不是。为了返回起点，她必须反转她的速度，当她的速度变化时，她的系不是惯性的。在这期间，情形是不对称的：至于哪一个双生子在加速，这是没有疑问的。若每人都携带一个加速计，比如，弹簧上放一个物体。鲍勃的会保持在零点，当飞船反转方向时，爱丽斯的会显示一个较大的偏离。

原则上，分析加速系中的事件需要广义相对论。尽管如此，借助等效原理和在第 9 章对引力时钟移动的分析，我们可以确定解答的主项。回顾一下，根据等效原理，没办法区分加速度 a 和均匀的引力场 $g=-a$。由于引力时钟移动，爱丽斯看到鲍勃的时钟在转向期间变快了。我们会看到，这个时间的提前使两个观察者达成一致。

在转向期间，让我们假定爱丽斯经历一个持续时间τ的匀加速度 a。反转速度所需的时间满足 $a\tau=2v$。在这期间，爱丽斯经受一个等效的引力场 $g_{\text{eff}}=-a$，从鲍勃指向她。结果，爱丽斯看到，由于引力红移，鲍勃的时钟变快了（在这种情形下，实际上是蓝移）。时钟计时率的部分移动是 $g_{\text{eff}}h/c^2$，这里 h 是时钟在引力场中的“高度”。转向发生在时刻$T_0/2$，所以 $h=vT_0/2$。转向期间，爱丽斯在鲍勃的时钟里测量的总提前是

$$\Delta T_{\text{grav}}=\frac{g_{\text{eff}}h\tau}{c^2}$$

代入数值，$h=vT_0/2$，$g_{\text{eff}}=a$ 和 $\tau=2v/a$，我们有

$$\Delta T_{\text{grav}}=\frac{av^2T_0}{c^2a}=T_0\ \frac{v^2}{c^2} \tag{12.16}$$

在考虑引力频率移动之前，爱丽斯相信鲍勃比她年轻(1/2)$T_0(v^2/c^2)$。然而，把 ΔT_{grav}加到这个时间里，她意识到鲍勃实际上老了那个量。双生子都同意：旅行结束后，爱丽丝比鲍勃年轻。看来旅行有助于使人相对年轻一些。

习题

标 * 的习题可参考附录中的提示、线索和答案。

12.1 麦克斯韦的建议 *

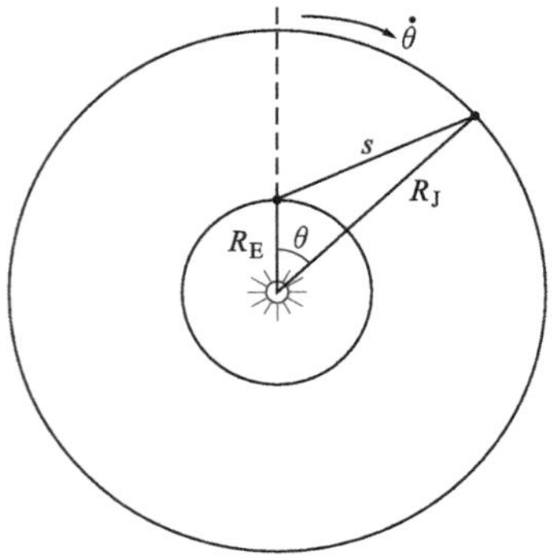

12.3 节提到了麦克斯韦的建议，用木星的卫星作时钟，测量光源运动对光速的影响。在图中（未按比例），内圆是地球轨道，外圆是木星轨道。木星位置相对于地球位置的夹角为 θ。木星的周期是 11.9 年，地球的周期是 1 年，所以 $\dot{\theta}=2\pi\dfrac{11.9-1}{11.9}\,\mathrm{rad/年}=1.8\times10^{-7}\,\mathrm{rad/s}$。木星轨道的半径是 $R_J=7.8\times10^{11}\,\mathrm{m}$，地球轨道的半径是 $R_E=1.5\times10^{11}\,\mathrm{m}$。

问题是确定用麦克斯韦方法预言的时间延迟 ΔT。若 s 是木星和地球之间的距离，则

$$\Delta T=\frac{s}{(c-\dot{s})}-\frac{s}{(c+\dot{s})}\approx\frac{2s\dot{s}}{c^2}$$

计算 ΔT 的最大值。

12.2 精密的迈克耳孙-莫雷干涉仪

1887 年迈克耳孙和莫雷在 the Case School of Applied Science（现在的 Case-Western Reserve University）用改进的仪器能探测 0.01 个条纹，所用的钠黄光的波长 $\lambda=590\,\mathrm{nm}$。

由这个实验所设定的地球相对以太的速度上限是多少？作为比较，地球绕太阳的轨道速度是 30 km/s。

12.3 倾斜的迈克耳孙-莫雷仪器

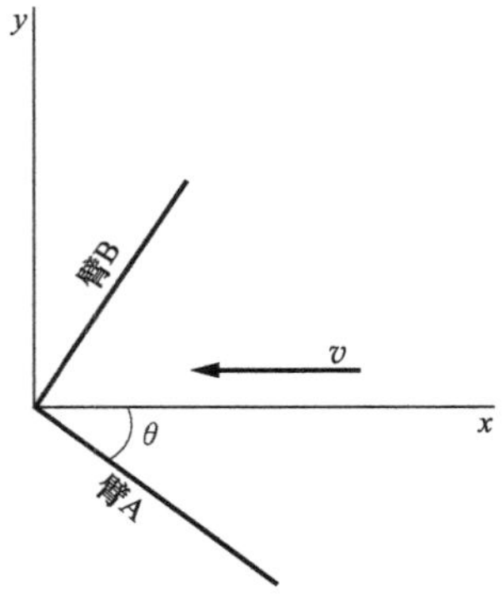

在 12.3 节，假定迈克耳孙-莫雷干涉仪的臂 A 沿运动线，臂 B 垂直，根据以太理论预言的时间差是

$$\Delta\tau=\frac{l}{c}\left(\frac{v^2}{c^2}\right)$$

如图所示，若臂 A 与通过以太的运动线夹角为 θ，计算预期的时间差。

12.4 非对称的迈克耳孙-莫雷干涉仪

若迈克耳孙干涉仪的两个臂有不同的长度 l_1 和 l_2，当干涉仪相对通过以太的速度转过 90°时，证明条纹移动为

$$N=\left(\frac{l_1+l_2}{\lambda}\right)(v^2c^2)$$

式中，λ 是光源的波长。

12.5 洛伦兹-菲茨杰拉德收缩

爱尔兰物理学家菲茨杰拉德和荷兰物理学家洛伦兹尝试解释迈克耳孙-莫雷实验的零结果，他们推测穿过以太的运动产生一个应力，使得沿运动线收缩一个因子

$$1-\frac{1}{2}v^2/c^2$$

证明这个假说能解释迈克耳孙-莫雷实验条纹移动的缺失。(假说在1932年被实验人员用不等臂干涉仪否定。)

12.6 c 常量的单程检验

光在迈克耳孙-莫雷干涉仪中进行了一次往返旅行，预言的时间延迟是二阶的，正比于 v^2/c^2。

这里有一个实验，能给出一阶结果，正比于 v/c。考虑在图示方向上以速率 v 穿过以太的实验室。观察者有时钟和光脉冲。在 $t=0$ 时刻，A 向距离 l 的 B 发出一个信号，如图 a）所示，B 记录到达的时间。实验室然后转动 180°，将 A 和 B 的位置互换。在 $t=T$ 时刻，A 向 B 发出第二个信号，如图 b）所示。

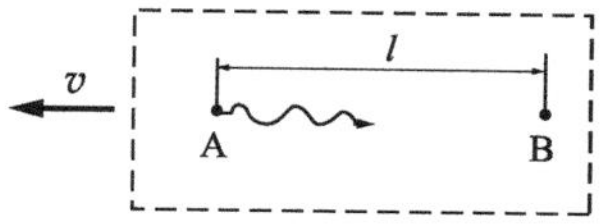

a)

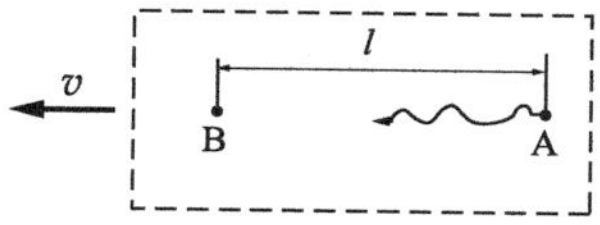

b)

(a) 根据以太理论，证明 B 观测的信号之间的间隔是 $T+\Delta T$，这里

$$\Delta T\approx\frac{2l}{c}\frac{v}{c}$$

精确到$(v/c)^3$阶。

(b) 假定在这个实验中，一个时钟位于地面，另一个在头顶的卫星里。对于周期 24 h 的圆轨道，$l=5.6R_e$，这里R_e是地球半径，值为 6.4×10^6 m。利用稳定到 $1/10^{16}$ 的原子钟，这个实验能探测的 v 的最小值是多少？

12.7 四个事件

注意：S 表示一个惯性系 x、y、z、t，S′表示一个沿 x 轴相对 S 以速率 v 运动的惯性系x'、y'、z'、t'。原点在 $t=t'=0$ 时重合。为便于计算，取 $c=3\times10^8$ m/s。

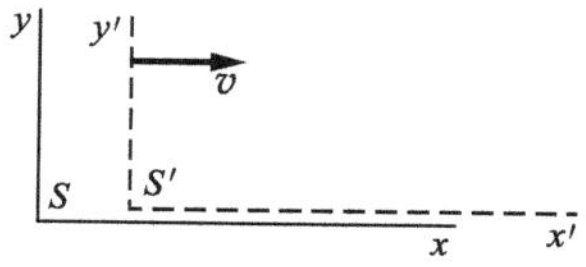

假定 $v=0.6c$，确定下列事件在S′系的坐标。

(a) $x=4$ m，$t=0$ s。

(b) $x=4$ m，$t=1$ s。

(c) $x=1.8\times10^8$ m，$t=1$ s。

（d）$x=10^9$ m，$t=2$ s。

12.8　S和S′的相对速度

引用习题 12.7 的注释和插图。

一个事件在 S 中发生在 $x=6\times10^8$ m，S′中在 $x'=6\times10^8$ m 和 $t'=4$ s。确定参考系的相对速度。

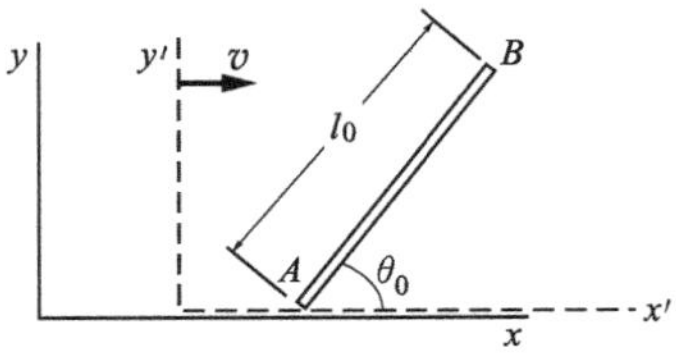

12.9　转动的杆

长l_0的杆在它的静系中位于$x'y'$平面，与x'轴的夹角为θ_0。在实验室系中，杆向右以速度 v 运动，杆的长度和方向角是多少？

12.10　相对速率*

一个观察者看到两个飞船都以速率 $0.99c$ 飞行并分离。在一个飞船看来，另一个飞船的速率是多少？

12.11　时间膨胀

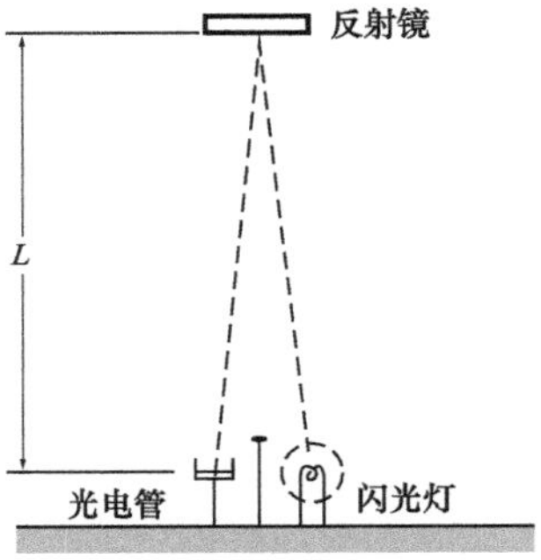

图中的时钟为时间膨胀公式提供了一个直观的解释。时钟由闪光灯、反射镜和光电管组成。闪光灯发出的光脉冲经过距离 L 到达反射镜，反射后回到光电管。每次光脉冲击中光电管后就触发闪光灯。忽略触发电路的时间延迟，时钟的周期是 $\tau_0=2L/c$。

这时，我们在向左以匀速 v 运动的坐标系中检查时钟。在此系中，时钟以速度 v 向右运动。只利用 c 是普适常量的假设和与运动线垂直的距离不受运动影响的事实，通过直接计算，确定动系中时钟的周期。结果应等同于洛伦兹变换给出的：$\tau=\tau_0/\sqrt{1-v^2/c^2}$。

12.12　前灯效应*

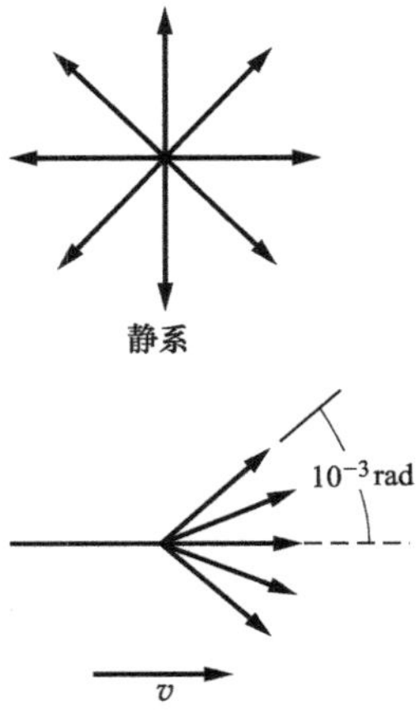

在S′系中，光柱相对x'以角度θ_0发出。

（a）在 S 中，确定相对 x 轴的角度 θ。

（b）一个光源在它的静系中向所有方向均匀辐射光，在光源以接近 c 的速率 v 运动的系中，它强烈地向前辐射。这就是所谓的前灯效应；它在同步加速器光源中非常显著，以相对论速率运动的电子向前在一个窄的锥形中发光。利用（a）的结果，确定光源的速度，使得所发出的一半辐射在对向角为10^{-3} rad 的锥形里。（示意图是极其夸张的，10^{-3} rad 只有 0.06°。）

12.13　运动的反射镜

被运动的反射镜反射的光，由于像的运动，其频率会有多普勒移动。反射镜以速率 v 接近观察者时，确定垂直反射光的多普勒移动，并证明这等同于像朝着观察者以速率 $2v/(1+v^2/c^2)$ 运动的多普勒移动。

12.14　运动的玻璃板 *

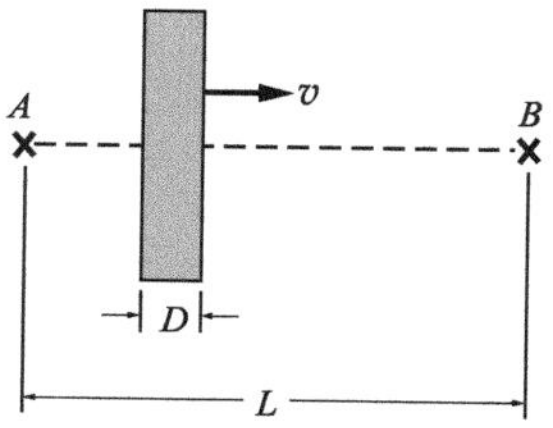

一块玻璃板向右以速率 v 运动。一闪光从 A 发出，穿过玻璃板到达距离 L 处的 B。玻璃在它的静系中厚度为 D，玻璃中的光速是 c/n。光从 A 到 B 要多久？

12.15　氢原子谱线的多普勒移动 *

氢原子最有名的一条谱线是 H_α 线，是波长为 656.1×10^{-9} m 的亮红线。

(a) 从退行速率为 3000 km/s 的恒星发出的 H_α 线的预期波长是多少？

(b) 在地球上测量来自太阳赤道对端的 H_α 线，其波长相差 9×10^{-12} m。假设这个效应是由太阳转动引起的，确定转动的周期。太阳的直径是 1.4×10^6 km。

12.16　撑杆跳选手悖论 *

撑杆跳选手的杆长 l_0，农夫的谷仓长 $3\,l_0/4$。农夫打赌，撑杆完全在谷仓时，他能关上谷仓的前后门。赌局开始，农夫要求撑杆跳选手跑进谷仓的速率为 $v=c\sqrt{3}/2$。在此情形，农夫看到，撑杆被洛伦兹收缩为 $l=l_0/2$，撑杆很容易完全进入谷仓。农夫关门的瞬间，杆在里面，他说赢了赌局。撑杆跳选手不同意：他看到谷仓收缩了一半，杆不可能放进里面。令农夫和谷仓在 S 系，撑杆跳选手在 S′ 系。撑杆的前端为 A，后端为 B。

(a) S 系的农夫看到 A 在 $t_A=0$ 到达后门，在相同的时间 $t_A=t_B=0$ 关上前门。S 系中看到杆的长度是多少？

(b) S′系的撑杆跳选手在t'_A看到A到达后门。此时撑杆跳选手看到B在哪里?

(c) 证明，在S′系中，A和B并未同时在谷仓里。

12.17 加速度的变换

从S′系到S系的相对论加速度变换可以通过扩展12.9节的方法确定。最有用的变换是这种情形：质点在S′系瞬时静止，但有平行x'轴的加速度a_0。

对于这种情形，证明在S系中加速度的x分量为$a_x=a_0/\gamma^3$。

12.18 持续加速的后果*

习题12.17导出的相对论加速度变换表明，不可能把系统加速到大于c。考虑以匀加速度a_0加速的宇宙飞船，a_0是用船载的加速计测量的，例如弹簧上连一个物体。

(a) 对于在飞船最初静止的参考系中的观察者，确定t时刻后的速率。

(b) 经典预测的速率是$v_0=a_0t$。对于下列情形：$v_0=10^{-3}c$，c，10^3c，实际的速率是多少?

12.19 旅行双生子

一个年轻人到最近的、4.3光年远的恒星半人马座α去旅行。他乘坐速度为$c/5$的宇宙飞船旅行。当他返回地球时，他比待在家里的双生子兄弟年轻多少?

13　相对论动力学

13.1 简介

在第 12 章中，我们看到，从狭义相对论的假设如何导出时空的新运动学关系。很自然我们会期待这些关系在动力学上有重要的应用，特别是动量和能量的含义。本章我们检查狭义相对论所要求的对牛顿动量和能量概念的调整。根本的策略是确保孤立系统的动量和能量守恒。这个方法经常用于扩展物理学的前沿：重整守恒定律使它们在新情形下依然成立，从而可以推广熟悉的概念。也可以由此发现不熟悉的概念，例如，无质量却仍能携带能量和动量的粒子概念。

13.2 相对论动量

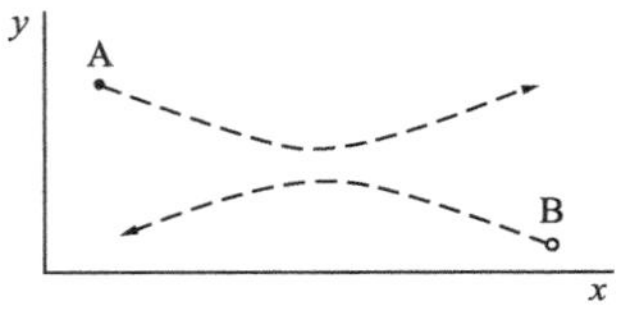

为探究狭义相对论中动量的性质，考虑孤立系统中两个全同质点 A 和 B 的弹性斜碰。如同非相对论物理那样，我们想要系统的总动量守恒。我们将在两个参考系中观察碰撞：A 系，沿 x 轴随 A 一起运动的参考系，其中 A 静止，B 沿 x 轴以速率 V 接近；接下来是 B 系，随 B 沿相反的方向运动，其中 B 静止，A 接近。我们把碰撞取为完全对称的形式。如图所示，碰撞前，每个质点在自己的系中有相同的 y 速率 u_0。碰撞的效果是，y 速度反向，但 x 速度不变。

参考系之间 x 方向的相对速度是 V。在 A 系中，质点 A

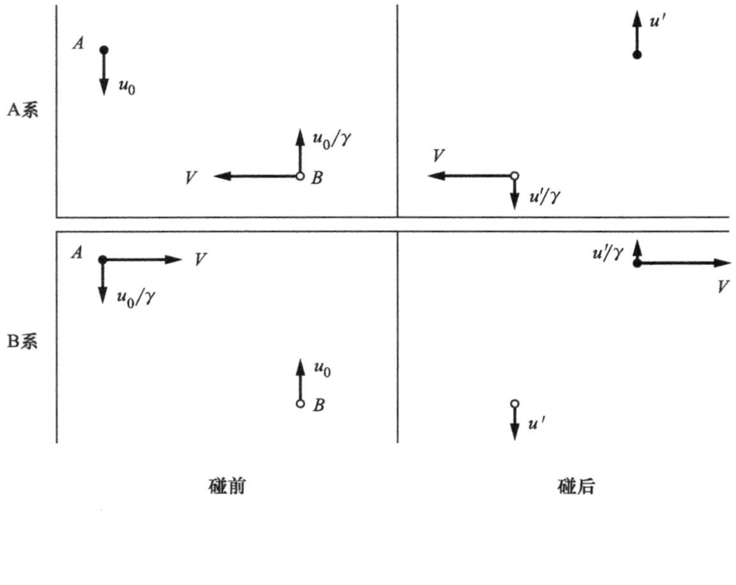

的 y 速度是u_0，通过速度变换方程（12.8）和（12.9），质点B的 y 速度是u_0/γ，式中，$\gamma=1/\sqrt{1-V^2/c^2}$。从B系看时，情形是对称的。

如图所示，碰后 y 速度反向。情形保持对称性：若A或B在它们自己的系中的 y 速度是u'，另一个质点的 y 速度是u'/γ。

我们的任务是确定一个类似于经典动量的守恒量。假定以速度 $\boldsymbol{w}$ 运动的质点动量是

$$\boldsymbol{p}=m(w)\boldsymbol{w}$$

式中，$m(w)$ 为待定的标量，类似于牛顿的质量，但可依赖速率 w。

在A系中，x 动量完全源于质点B。碰前B的速率为 $w=\sqrt{V^2+u_0^2/\gamma^2}$，碰后为 $w'=\sqrt{V^2+u'^2/\gamma^2}$。在 x 方向应用动量守恒，可得

$$m(w)V=m(w')V$$

于是，有 $w=w'$，从而

$$u'=u_0$$

也就是说，y 运动在A系中反向。

接下来我们写出A系中计算的 y 方向动量守恒表述。使碰前和碰后的 y 动量相等，可得

$$-m(u_0)u_0+m(w)\frac{u_0}{\gamma}=m(u_0)u_0-m(w)\frac{u_0}{\gamma}$$

由此得到

$$m(w)=\gamma m(u_0)$$

在$u_0\to 0$ 的极限下，$m(u_0)\to m(0)$，我们取为质点的牛顿质量或“静止质量”m_0。在此极限下，$w=V$。因此

$$m(V)=\gamma m_0=\frac{m_0}{\sqrt{1-V^2/c^2}} \tag{13.1}$$

若要碰撞中动量守恒，我们只需把以速度$\boldsymbol{v}$ 运动的质点动量定义为

$$\boldsymbol{p}=m\,\boldsymbol{v} \tag{13.2}$$

这里

$$m=\frac{m_0}{\sqrt{1-v^2/c_2}}=\gamma m_0$$

量 $m=\gamma m_0$ 称为“相对论质量”，或通常简称为质点的质量。若涉及静止质量，就需要明确加以区分。

相对论中速度有一个上限：光速。然而，动量没有上限。一旦质点以接近 c 的速度运动，动量的增加主要源于质量的增加。高能粒子加速器并不使粒子走得明显地越来越快。粒子很快就被加速到接近 c 的速率，此后，加速器主要使粒子越来越重，而速率上的增加很小。

表达式 $\boldsymbol{p}=m\boldsymbol{v}=\gamma m_0\boldsymbol{v}$ 通常当作发展相对论动力学的出发点，但是在相对论的早期，主要关注的不是动量，而是质量对速率的明显依赖性。这个问题的调查给爱因斯坦的理论提供了第一个直接的实验证据。

例 13.1　电子质量的速率依赖性

20 世纪初，基于电子结构的各种模型，曾有几个推测性的理论预言电子质量会随速率而变。Max Abraham (1902) 的一个理论预言，$v\ll c$ 时 $m=m_0\left[1+\frac{2}{5}(v^2/c^2)\right]$；来自洛伦兹的另一个理论给出的结果是 $m=m_0/\sqrt{1-v^2/c^2}\approx m_0\left[1+\frac{1}{2}(v^2/c^2)\right]$。Abraham 的理论保留了以太拖曳和绝对运动的思想，预言不存在时间膨胀效应。洛伦兹的结果与爱因斯坦 1905 年发表的形式上相同，是用特设的洛伦兹收缩导出，不具有爱因斯坦理论的普遍性。关于速率对电子质量影响的实验工作是 1902 年由哥廷根的 Kaufmann 开始的。他的数据支持 Abraham 的理论，在 1906 年的论文中他否定了洛伦兹-爱因斯坦的结果。然而，哥廷根的 Bestelmeyer (1907) 和波恩的 Bucherer (1909) 的更进一步工作揭示了 Kaufmann 工作的错误并肯定了洛伦兹-爱因斯坦公式。

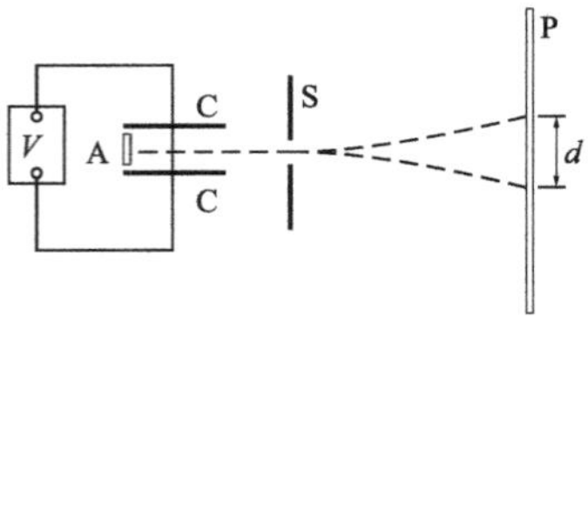

物理学家一致认为，在电场 $\boldsymbol{E}$ 和磁场 $\boldsymbol{B}$ 中运动的电子所受的作用力为 $q(\boldsymbol{E}+\boldsymbol{v}\times\boldsymbol{B})$（单位是国际单位制），这里 q 是电子电荷，$\boldsymbol{v}$ 是它的速度。Bucherer 在图示的仪器中利用了这个作用力定律。仪器被抽真空并处在与图平面垂直的外磁场 $\boldsymbol{B}$ 中。电子源 A 是一点儿放射性材料，通常为镭盐。发射的电子（“β 射线”）具有宽广的能谱，可达到 1MeV 左右。为了挑选某个单一的速率，使电子通过一个“滤速器”，由横向电场 $\boldsymbol{E}$（由电池 V 在两个平行金属板 C 之间产生）和垂直磁场组成。$\boldsymbol{E}$、$\boldsymbol{B}$ 和 $\boldsymbol{v}$ 是互相垂直的。当 $qE=qvB$ 时，横向力为零，所以具有 $v=E/B$ 的电子不偏转，能通过狭缝 S。

S之外只有磁场作用。电子以匀速 v 运动，被磁场力 $q\boldsymbol{v}\times\boldsymbol{B}$ 弯成一个圆轨道。曲率半径 R 满足 $mv^2/R=qvB$，或 $R=mv/qB=(m/q)(E/B^2)$。

电子最终打在感光板P上，留下踪迹。反转 $\boldsymbol{E}$ 和 $\boldsymbol{B}$，偏转方向也反向。通过测量总的偏转 d 和已知的仪器几何尺寸可确定 R。E 和 B 用标准的技术测量。确定不同速度的 R 就可以测量 m/q 的速度依赖性。物理学家相信，电荷不会随速度变化（否则不管电子的能量如何变化，原子不会处于严格的电中性），所以 m/q 的变化只由 m 的变化引起。

图中显示了Bucherer的数据，同时还有对应于爱因斯坦预言的虚线，其一致性是惊人的。

今天，相对论运动方程例行地用于设计高能粒子加速器。对于质子，加速器已经运行在 m/m_0 达到10^4，对于电子，比值 $m/m_0=10^5$ 已经达到。这些仪器的成功运行使得相对论动力学的有效性无可置疑。

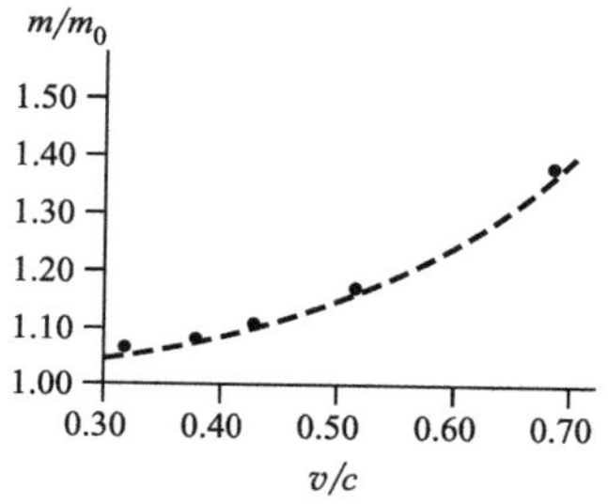

13.3 相对论能量

通过推广牛顿的能量概念，我们可以相应地确定一个同样守恒的相对论量。回顾第5章的论证：在力 $\boldsymbol{F}$ 作用下，质点从 $\boldsymbol{r}_a$ 运动到$\boldsymbol{r}_b$时动能的变化

$$K_b-K_a=\int_a^b \boldsymbol{F}\cdot\mathrm{d}\boldsymbol{r}$$

$$=\int_a^b \frac{\mathrm{d}\boldsymbol{p}}{\mathrm{d}t}\cdot\mathrm{d}\boldsymbol{r}$$

对于以速度 $\boldsymbol{u}$ 运动的牛顿质点，动量为 $\boldsymbol{p}=m\boldsymbol{u}$，这里 m 为常量。因此

$$K_b-K_a=\int_a^b \frac{\mathrm{d}}{\mathrm{d}t}(m\boldsymbol{u})\cdot\mathrm{d}\boldsymbol{r}$$

$$=\int_a^b m\frac{\mathrm{d}\boldsymbol{u}}{\mathrm{d}t}\cdot\boldsymbol{u}\,\mathrm{d}t$$

$$=\int_a^b m\boldsymbol{u}\cdot\mathrm{d}\boldsymbol{u}$$

利用恒等式 $\boldsymbol{u}\cdot\mathrm{d}\boldsymbol{u}=\frac{1}{2}\mathrm{d}(\boldsymbol{u}\cdot\boldsymbol{u})=\frac{1}{2}\mathrm{d}(u^2)=u\mathrm{d}u$，我们得到

$$K_b-K_a=\frac{1}{2}mu_b^2-\frac{1}{2}mu_a^2$$

很自然地，我们会用相对论的动量表达式 $\boldsymbol{p}=m_0\boldsymbol{u}/\sqrt{1-u^2/c^2}$ 尝试同样的步骤：

$$\begin{aligned}K_b-K_a&=\int_a^b\frac{\mathrm{d}\boldsymbol{p}}{\mathrm{d}t}\cdot\mathrm{d}\boldsymbol{r}\\&=\int_a^b\frac{\mathrm{d}\boldsymbol{p}}{\mathrm{d}t}\cdot\frac{\mathrm{d}\boldsymbol{r}}{\mathrm{d}t}\mathrm{d}t\\&=\int_a^b\frac{\mathrm{d}}{\mathrm{d}t}\left[\frac{m_0\boldsymbol{u}}{\sqrt{1-u^2/c^2}}\right]\cdot\boldsymbol{u}\mathrm{d}t\\&=\int_a^b\boldsymbol{u}\cdot\mathrm{d}\left[\frac{m_0\boldsymbol{u}}{\sqrt{1-u^2/c^2}}\right]\end{aligned}$$

被积函数具有形式 $\boldsymbol{u}\cdot\mathrm{d}\boldsymbol{p}$。利用关系式 $\boldsymbol{u}\cdot\mathrm{d}\boldsymbol{p}=\mathrm{d}(\boldsymbol{u}\cdot\boldsymbol{p})-\boldsymbol{p}\cdot\mathrm{d}\boldsymbol{u}$ 得到

$$\begin{aligned}K_b-K_a&=(\boldsymbol{u}\cdot\boldsymbol{p})\Big|_a^b-\int_a^b\boldsymbol{p}\cdot\mathrm{d}\boldsymbol{u}\\&=\frac{m_0u^2}{\sqrt{1-u^2/c^2}}\Bigg|_a^b-\int_a^b\frac{m_0u\mathrm{d}u}{\sqrt{1-u^2/c^2}}\end{aligned}$$

这里我们再次用了恒等式 $\boldsymbol{u}\cdot\mathrm{d}\boldsymbol{u}=u\mathrm{d}u$。积分很容易，我们得到

$$K_b-K_a=\frac{m_0u^2}{\sqrt{1-u^2/c^2}}\Bigg|_a^b+m_0c^2\sqrt{1-\frac{u^2}{c^2}}\Bigg|_a^b$$

令点 b 是任意的，取位于点 a 的质点静止，则 $u_a=0$：

$$\begin{aligned}K&=\frac{m_0u^2}{\sqrt{1-u^2/c^2}}+m_0c^2\sqrt{1-\frac{u^2}{c^2}}-m_0c^2\\&=\frac{m_0[u^2+c^2(1-u^2/c^2)]}{\sqrt{1-u^2/c^2}}-m_0c^2\\&=\frac{m_0c^2}{\sqrt{1-u^2/c^2}}-m_0c^2\end{aligned}$$

或者

$$K=(\gamma-1)m_0c^2 \tag{13.3}$$

这个动能表达式一点也不像它的经典对应量。然而，在 $u\ll c$ 的极限下，$\gamma=1/\sqrt{1-u^2/c^2}\approx1+\frac{1}{2}u^2/c^2$（利用展开式

$1/\sqrt{1-x}=1+\frac{1}{2}x+\cdots$)，我们得到

$$K\approx m_0c^2\left(1+\frac{1}{2}\frac{u^2}{c^2}-1\right)$$

$$=\frac{1}{2}m_0u^2$$

动能来自于对质点所做的功，使其从静止到速率 u。利用关系式 $mc^2=\gamma m_0c^2$，重新整理方程（13.3）可得

$$mc^2=K+m_0c^2$$

$$=\text{对质点做的功}+m_0c^2 \qquad (13.4)$$

爱因斯坦对这个结果提出下列大胆解释：mc^2是质点的总能。等式右边第一项来自外部的功，第二项m_0c^2表示质点凭借质量而具有的“静”能。总之，

$$E=mc^2 \qquad (13.5)$$

重要的是要认识到，爱因斯坦的推广远超经典的机械能守恒定律。因此，若能量 ΔE 加到物体里，它的质量会改变$\Delta m=\Delta E/c^2$，而与能量的形式无关。ΔE 可以是机械功、热能、光的吸收，或任何其他形式的能量。在相对论中，机械能和其他形式的能量之间的经典区分消失了。相对论平等处理所有形式的能量，牛顿物理则相反，每种形式的能量必须当作特例处理。

总能量 $E=mc^2$守恒是相对论结构的结果。在第 14 章，我们将要证明，能量和动量守恒定律实际上是单一的更普遍的守恒定律的不同方面。

下面的例子展示了相对论的能量概念和守恒定律在不同惯性系的应用。

例 13.2　非弹性碰撞中的相对论能量和动量

假定质量为 M 的两个全同质点以等值反向的速度碰撞，然后黏在一起。在牛顿物理中，初始动能为 $2\left(\frac{1}{2}MV^2\right)=MV^2$。由动量守恒，质量 $2M$ 静止，动能为零。在第 4 章的论述中，我们说，损失的机械能转化为热能。我们将看到，这些经典的不同形式的能量之间的区别在相对论中并不存在。

接着在相对论情形下考虑同样的碰撞，在最初的 x、y 系和随一个质点运动的x'、y'系中观察。依据相对论速

度变换方程（12.8）和（12.9），在x'、y'系中相对速度为

$$U=\frac{2V}{1+V^2/c^2} \tag{1}$$

沿着图示方向。

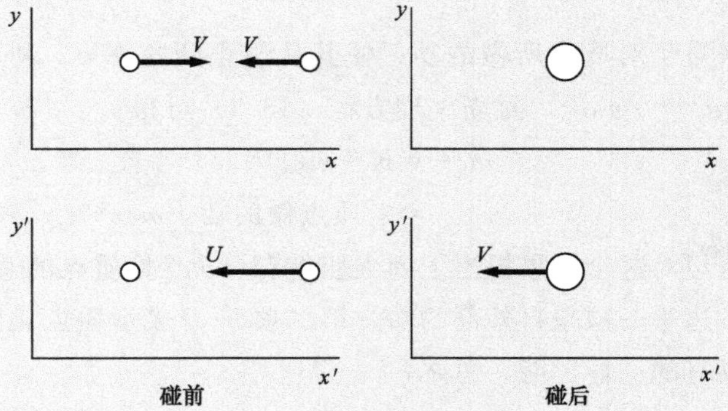

碰前　　碰后

令碰前每个质点的静止质量为M_{0i}，碰后的为M_{0f}。在x、y系，动量明显守恒。碰前的总能量是$2M_{0i}c^2/\sqrt{1-V^2/c^2}$，碰后的能量为$2M_{0f}c^2$。外部对质点没有做功，总能量不变。因此

$$\frac{2M_{0i}c^2}{\sqrt{1-V^2/c^2}}=2M_{0f}c^2$$

或

$$M_{0f}=\frac{M_{0i}}{\sqrt{1-V^2/c^2}} \tag{2}$$

物理上，由于碰后质点更热，末态的静止质量大于初态的静止质量。为了看清这一点，我们取低速近似：

$$M_{0f}\approx M_{0i}\left(1+\frac{1}{2}\frac{V^2}{c^2}\right)$$

两个质点静能的增加为$2(M_{0f}-M_{0i})c^2\approx 2\left(\frac{1}{2}M_{0i}V^2\right)$，对应于损失的牛顿动能。然而现在动能并未“损失”——它作为质量的增加而存在。

依据所有惯性系是等价的这一假设，守恒定律在x'、y'系中也必须成立。为查看我们假设的守恒定律是否具有这个必需的性质，在x'、y'系中依据动量守恒，我们有

$$\frac{M_{0i}U}{\sqrt{1-U^2/c^2}}=\frac{2M_{0f}V}{\sqrt{1-V^2/c^2}} \tag{3}$$

由能量守恒,

$$M_{0i}c^2+\frac{M_{0i}c^2}{\sqrt{1-U^2/c^2}}=\frac{2M_{0f}c^2}{\sqrt{1-V^2/c^2}} \tag{4}$$

现在的问题是,方程(3)和(4)是否与我们先前的结果,方程(1)和(2)一致。为了检查方程(3),用方程(1)可写出

$$1-\frac{U^2}{c^2}=1-\frac{4V^2/c^2}{(1+V^2/c^2)^2}$$
$$=\frac{(1-V^2/c^2)^2}{(1+V^2/c^2)^2} \tag{5}$$

由方程(1)和(5),

$$\frac{U}{\sqrt{1-U^2/c^2}}=\frac{2V}{(1+V^2/c^2)}\frac{(1+V^2/c^2)}{(1-V^2/c^2)}$$
$$=\frac{2V}{1-V^2/c^2}$$

方程(3)的左边变为

$$\frac{M_{0i}U}{\sqrt{1-U^2/c^2}}=\frac{2M_{0i}V}{1-V^2/c^2} \tag{6}$$

由方程(2),$M_{0i}=M_{0f}\sqrt{1-V^2/c^2}$,方程(6)变为

$$\frac{M_{0i}U}{\sqrt{1-U^2/c^2}}=\frac{2M_{0f}V}{\sqrt{1-V^2/c^2}}$$

与方程(3)相同。类似地,不难证明,与方程(4)也是一致的。

由方程(6)可以看出,若我们想当然地认为静止质量在碰撞中不变化,$M_{0i}=M_{0f}$,动量(或能量)守恒定律在第二个参考系中不再正确。能量的相对论描述对于保持守恒定律在所有惯性系中有效是必不可少的。

例 13.3 质量和能量的等价性

在 1932 年,两位年轻的英国物理学家 J. D. Cockcroft 和 E. T. S. Walton 成功地运行了第一个高能质子加速器并顺利产生一个核蜕变。他们的实验是对相对论质能关系的最早肯定之一。

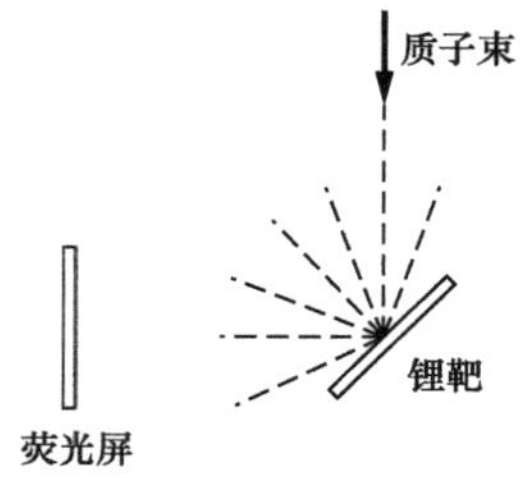

简单地说，他们的加速器由能到达 600 kV 的电源和质子源（氢核）组成。电源利用了电容器和整流器的独特布置，能使 150 kV 的电压翻两番。质子通过氢原子放电来提供并在真空中被高压加速。

Cockcroft 和 Walton 研究了质子打在^{7}Li（锂原子量为7）靶上的效应。放置在附近的硫化锌荧光屏会偶尔闪光，或闪烁。经过各种检验，他们确定闪烁源于 α 粒子，即氦原子核^{4}He。他们的解释是，^{7}Li 捕获一个质子，质量 8 的合成核立刻蜕变为两个 α 粒子。反应可以写为

$$^7\text{Li}+{}^1\text{H}\rightarrow{}^4\text{He}+{}^4\text{He}$$

反应的质能方程可以写为

$$K_{初态}+M_{初态}c^2=K_{末态}+M_{末态}c^2$$

这里，质量是粒子的静止质量。应用于锂轰击实验，可得

$$K(^1\text{H})+[M(^1\text{H})+M(^7\text{Li})]c^2=2K(^4\text{He})+2M(^4\text{He})c^2$$

这里，$K(^1\text{H})$ 是入射质子的动能，$K(^4\text{He})$ 是发出的每个 α 粒子的动能，$M(^1\text{H})$ 是质子的静止质量，等等。（质子的初始动量可以忽略，根据动量守恒，两个 α 粒子背靠背地发出，且能量相同。）

我们把质能方程重写为

$$K=\Delta Mc^2$$

这里，$K=2K(^4\text{He})-K(^1\text{H})$，$\Delta M$ 是初态静止质量减去末态静止质量。

α 粒子的能量可通过测量它们在物质中的范围来确定。Cockcroft 和 Walton 获得的值是 $K=17.2$ MeV(1 MeV$=10^6$ eV$=1.6\times10^{-13}$ J)。

原子核的相对质量可从质谱仪测量中获得。采用原子质量单位 amu，对 Cockcroft 和 Walton 可用的值为

$$M(^1\text{H})=1.0072$$

$$M(^7\text{Li})=7.0104\pm0.0030$$

$$M(^4\text{He})=4.0011$$

利用这些值，

$$\begin{aligned}\Delta M&=(1.0072+7.0104)-2(4.0011)\\&=(0.0154\pm0.0030)\text{amu}\end{aligned}$$

1amu 的静止能量≈931 MeV，因此，

$$\Delta Mc^2 = (14.3 \pm 2.7)\ \mathrm{MeV}$$

K 和 ΔMc^2 的差值为(17.2－14.3) MeV＝2.9 MeV，略大于 2.7 MeV 的实验不确定度。然而，实验的不确定度始终代表一个估算，并非精确的限制，这些早期实验的结果可以认为是与关系 $K=\Delta Mc^2$ 一致的。显然，为研究核反应中的能量平衡，高精度的质量是必需的。质谱仪的现代技术已经达到了高于10^{-10} amu 的精度，质能等价性在实验精度范围内已被充分肯定。根据现代的质量表，在 Cockcroft 和 Walton 所研究的反应中，静止质量的减少是 $\Delta Mc^2 = (17.3468 \pm 0.0012)\ \mathrm{MeV}$。

13.4 相对论能量和动量的关系

用动量表示一个自由质点的总能是常用的。在牛顿物理中，这个关系为

$$E = \frac{1}{2}mv^2 = \frac{p^2}{2m}$$

为确定等价的相对论表述，我们可以把相对论动量

$$\boldsymbol{p} = m\boldsymbol{u} = \frac{m_0\boldsymbol{u}}{\sqrt{1-u^2/c^2}} = \gamma m_0\boldsymbol{u} \tag{13.6}$$

和能量

$$E = mc^2 = \gamma m_0 c^2 \tag{13.7}$$

结合起来。平方方程（13.6）可得

$$p^2 = \frac{m_0^2 u^2}{1-u^2/c^2}$$

可解出 γ：

$$\frac{u^2}{c^2} = \frac{p^2}{p^2 + m_0^2 c^2}$$

$$\gamma = \frac{1}{\sqrt{1-u^2/c^2}} = \sqrt{1+\frac{p^2}{m_0^2 c^2}}$$

把它代入方程（13.7），我们有

$$E=m_0c^2\sqrt{1+\frac{p^2}{m_0^2c^2}}$$

这个方程的平方在代数上更简单，是常用的形式：

$$E^2=(pc)^2+(m_0c^2)^2 \tag{13.8}$$

为了方便，这里给出我们目前发展的重要动力学公式的小结：

$$\boldsymbol{p}=m\boldsymbol{u}=m_0\boldsymbol{u}\gamma \tag{13.9}$$

$$K=mc^2-m_0c^2=m_0c^2(\gamma-1) \tag{13.10}$$

$$E=mc^2=m_0c^2\gamma \tag{13.11}$$

$$E^2=(pc)^2+(m_0c^2)^2 \tag{13.12}$$

13.5 光子：无质量粒子

1905年是一个奇迹年，这一年爱因斯坦发表了四篇论文，每篇都配得上一个诺贝尔奖，第一篇也是唯一获奖的，有一个不太可能的题目：《关于光的产生和转化的启发式观点》。启发式的理论是部分地基于猜测的理论，用于激发思考。论文看起来是对光电效应提供了一个解释，这是表面被光照射后发出电子的过程。现在认识到，这篇文章奠定了光量子理论的基础，对量子力学的发展贡献巨大，并使激光的应用成为可能。

由于光本来就是相对论的，爱因斯坦的文章早在相对论发布之前实际上就开启了相对论的篇章。他论证的核心是一个概念，在牛顿物理中意义不大，在相对论物理中意义非凡：携带动量的无质量粒子。

这里需要一点背景：在1900年10月，当普朗克提出谐振子的能量不能任意变化，只能取离散的阶跃值时，量子物理就诞生了。若谐振子的频率为 ν，能量台阶的大小是 $h\nu$，这里 h 为常量，现在称作普朗克常量，$h\approx 6.6\times10^{-34}$ $\mathrm{m^2kg^2/s}=6.6\times10^{-34}\,\mathrm{J\cdot s}$。为破解热辐射又常称黑体辐射的秘密，普朗克提出了这个思想。热物体发出的辐射谱的形状，不能用基于牛顿力学和麦克斯韦电磁理论的已知物理规律解释。普朗克提出他的假说更多的是本着数学的推测而非物理理论，但是在 1905 年，爱因斯坦用完全不同的推理得出了同样的结论，他的理论有一些惊人的应用。

爱因斯坦完全理解光的波动性。他十分了解麦克斯韦方程以及它们如何预言存在电磁波——光波——在真空中以速率 c 传播。电磁波的波长 λ 和它的频率 ν 有关系 $\lambda\nu=c$。有相当多的实验证据肯定了光的波动性，例如，肥皂泡薄膜中的颜色是光波干涉的体现，更不必说迈克耳孙干涉仪中的条纹了。然而，爱因斯坦指出，这些现象涉及宏观（大尺度）层面的观察。宏观行为是许多微观事件的结果造成的。他指出，光与物质在原子或单个粒子层面的相互作用几乎是未知的。他接着论证，光也可以从粒子的角度理解。他提出，光波的行为好像它们是粒子气体，每个粒子具有能量 $\varepsilon=h\nu=hc/\lambda$，这里 ν 是光波的频率。这个粒子假说似乎直接与光的波动理论矛盾。

我们现在理解，光展示了类波或类粒子的行为，视情况而定。为从波的观点理解光，可从麦克斯韦波动方程出发。它们的解揭示了，在空间随时间变化的电场和磁场相互激发，产生一个以光速传播的电磁波。此外，不管选择什么惯性坐标系来描述辐射过程，波总是以速率 c 传播。换言之，麦克斯韦方程本质上就是相对论的。爱因斯坦表明，我们也可以从粒子的观点理解光的相对论行为，这就是我们现在采用的方法。

相对论能量-动量关系的一个惊人结果是无质量粒子的可能性，粒子具有动量和能量但是具有零静止质量。基本点是没有质量的粒子可以具有动量。这可以从相对论动量的定义

$$\boldsymbol{p}=m_0\boldsymbol{u}\left(\frac{1}{\sqrt{1-u^2/c^2}}\right)$$

得出。若我们考虑 $u\to c$ 时的极限 $m_0\to 0$，则 $\boldsymbol{p}$ 可以保持有限。显然，无质量的粒子可以携带动量，只需它以光速传播。由方程（13.12），

$$E^2=(pc)^2+(m_0c^2)^2$$

若我们取$m_0=0$，光子的能量用 ε 表示，则有

$$\varepsilon^2=(pc)^2$$

$$\varepsilon=pc \tag{13.13}$$

我们已经取了正的平方根，因为负解会预言，在孤立系统中，光子的动量随着能量的减少而无限地增大。把方程（13.13）和爱因斯坦关系 $\varepsilon=h\nu$ 结合起来，我们确定光子拥有的动量 p 大小为

$$p=\frac{h\nu}{c} \tag{13.14}$$

动量矢量的方向沿着光波的传播方向。

爱因斯坦的量子假说是用来解决一个理论难题——黑体辐射谱，但是它的第一个应用是个完全不同的问题——光电效应。

例 13.4 光电效应

1887 年赫兹发现，金属被紫外线照射时会释放电子。这个过程，即光电效应，表现了光直接转换为机械能（这里是电子的动能）。爱因斯坦预言，单个电子从频率为 ν 的光束中吸收的能量恰好是单个光子的能量 $h\nu$。电子从表面逃逸就必须克服把它限制在表面的能量势垒。电子必须消耗能量 $W=e\Phi$ 才能逃出表面，这里 e 是电子电荷，Φ 是称之为材料功函数的电势，典型的是几伏。因此发出电子的最大动能是

$$K=h\nu-e\Phi$$

功函数依赖于几乎一无所知的表面化学态，使得光电效应难于调查。尽管如此，1914 年密立根在由高真空室准备的金属表面上操作就解决了这个问题。他绘制了阻止光电子到达探测器所需的作为光频率函数的反向电压 V。电压满足

$$eV=K=h\nu-e\Phi$$

V 对 ν 的图线斜率是

$$\frac{\mathrm{d}V}{\mathrm{d}\nu}=\frac{h}{e} \tag{13.15}$$

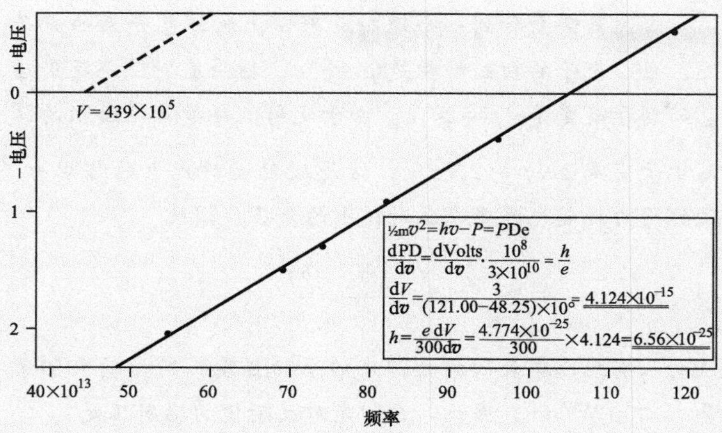

光电效应：光电子能量和光的频率的实验结果。本图取自 R. A. Millikan，Physical Review **7**，355（1916）.

密立根结果的图线证实了爱因斯坦预言的能量和频率的线性关系，线的斜率提供了两个基本常量普朗克常量和电子电荷之比的精确值。

如同在迈克耳孙干涉仪中那样，光可与自身干涉的事实是光具有波动性的令人信服的证据。尽管如此，光电效应说明光也具有粒子性。爱因斯坦的能量关系 $E=h\nu$ 把光子能量和波的频率联系在一起，为光的这些表面上矛盾的描述搭起了桥梁。

例 13.5 光压

光的光子图像可以直接解释同样被麦克斯韦电磁理论预言的一个现象：光压。若光束被物体吸收或反射，它就对物体施加一个作用力。单位面积的力——**辐射压**太小，我们在阳光下是感觉不到的，但是它可以有看得见的效应。辐射压使得彗尾总是远离太阳。在天文的尺度，它有助于阻止引力吸引导致的塌缩。在超高强度激光束中，辐射压能够大到足以把物质压缩成能触发聚变反应的高密状态。

光束中的能流时常用**束强** I 表征，I 为光束单位面积的功率。若每秒穿过单位面积的光子数为 $\dot{N}$，每个光子携带能量 ε，则 $I=\dot{N}\varepsilon$。

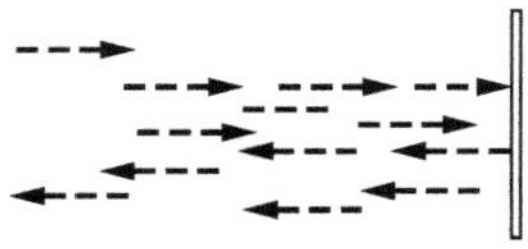

考虑沿法向打到一个理想反射镜上的单色光束的光子流。每个光子的初始动量是 $p=\varepsilon/c$，指向反射镜，反射后总的动量改变是 $2p=2\varepsilon/c$。由于反射，每秒单位面积的总动量改变是 $2\dot{N}p=2\dot{N}\varepsilon/c$。这是反射镜对光束的作用力。反作用力就是光作用在反射镜上的光压。因此

$$P=\frac{2\dot{N}\varepsilon}{c}=\frac{2I}{c}$$

法向入射到地球表面的太阳光的平均强度，所谓的太阳常量≈1000 W/m^2。因此，太阳光对反射镜的辐射压是

$$\begin{aligned}P&=2I/c\\&=7\times10^{-6}\,\text{N/m}^2\end{aligned}$$

这与大气压 $10^5\,\text{N/m}^2$ 相比是太弱了。

牛顿粒子既不能产生也不能消灭。若它们结合，它们的总质量是常量。相反，无质量的粒子可以产生和湮灭。光子产生会出现光的发射，而光子湮灭会出现光的吸收。狭义相对论所表述的熟悉的动量和能量守恒定律，让我们对涉及光子的过程，无需相互作用的详细知识就能得出结论，就如下列例子所示。

例 13.6　康普顿效应

光的光子描述太奇特，并未被广泛接受，直到 1922 年，康普顿的实验使光子图像不可避免：X 射线被物质中的电子散射，像粒子一样散射的 X 射线经历了弹性碰撞，狭义相对论正确描述了其动力学过程。

可见光的光子能量范围为 1～2 eV，更高能量的光子可以从 X 射线管、粒子加速器或宇宙线中获得。X 射线光子的能量通常在 10～100 keV 的范围内。它们的波长可以用晶体衍射技术精确测量。

光子被自由电子散射时，由于电子反冲，守恒定律要求光子失去一部分能量。因此，出射光子比入射光子有较长的波长。波长的移动首次被康普顿观测到，称作**康普顿效应**。

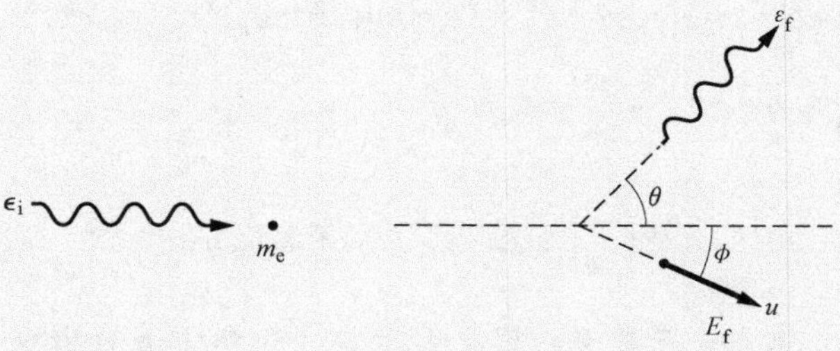

假定初始能量ε_i和动量ε_i/c 的光子的散射角为θ，末态能量为ε_f。电子具有静止质量m_e和相对论质量 $m=\gamma m_e$。假定电子初始时静止，能量$E_i=m_e c^2$。散射电子以角度 ϕ 离开，具有动量 $\boldsymbol{p}$ 和能量$E_f=mc^2$。这里 $m=m_e\gamma=m_0/\sqrt{1-u^2/c^2}$，$u$ 为反冲电子的速率。

初始光子能量ε_i已知，末态光子能量ε_f和散射角 θ 可测。问题是计算ε_f随 θ 如何变化。

总能量的守恒要求

$$\varepsilon_i+m_e c^2=\varepsilon_f+E_f \tag{1}$$

动量守恒要求

$$\frac{\varepsilon_i}{c}=\frac{\varepsilon_f}{c}\cos\theta+p\cos\phi \tag{2}$$

$$0=\frac{\varepsilon_f}{c}\sin\theta-p\sin\phi \tag{3}$$

由于康普顿只探测了出射光子，我们的目标是消去关于电子的量，确定作为 θ 函数的ε_f。方程（2）和（3）可以写成

$$(\varepsilon_i-\varepsilon_f\cos\theta)^2=(pc)^2\cos^2\phi$$

$$(\varepsilon_f\sin\theta)^2=(pc)^2\sin^2\phi$$

相加可得

$$\varepsilon_i^2-2\varepsilon_i\varepsilon_f\cos\theta+\varepsilon_f^2=(pc)^2 \tag{4}$$

为求解ε_f，我们引入能量-动量关系的方程（13.12），这可以写为$(pc)^2=(mc^2)^2-(m_e c^2)^2$。把它与方程（4）结合，就得到

$$\varepsilon_i^2-2\varepsilon_i\varepsilon_f\cos\theta+\varepsilon_f^2=(\varepsilon_i+m_ec^2-\varepsilon_f)^2-(m_ec^2)^2$$

可化简为

$$\varepsilon_f=\frac{\varepsilon_i}{1+(\varepsilon_i/m_ec^2)(1-\cos\theta)} \tag{5}$$

注意：末态光子能量ε_f总是大于零，这意味着自由电子不能吸收一个光子，但能散射它。

康普顿在他的实验中测量的是波长而不是能量。由爱因斯坦的频率条件，$\varepsilon_i=h\nu_i=hc/\lambda_i$ 和 $\varepsilon_f=hc/\lambda_f$，这里$\lambda_i$和$\lambda_f$分别是入射和出射光子的波长。用波长表示，方程(5)的形式更简单：

$$\lambda_f=\lambda_i+\frac{h}{m_ec}(1-\cos\theta)$$

量 h/m_ec 称作电子的**康普顿波长**λ_C，其值为

$$\lambda_C=\frac{h}{m_ec}$$

$$=2.426\times10^{-12}\,\mathrm{m}$$

$$=0.02426\ \text{Å}$$

式中，$1\text{Å}=10^{-10}$ m。(Å 读作埃，是以前波长测量中采用的一个非国际单位。)

在给定角度的波长移动与初始光子的能量无关：

$$\lambda-\lambda_0=\lambda_C(1-\cos\theta)$$

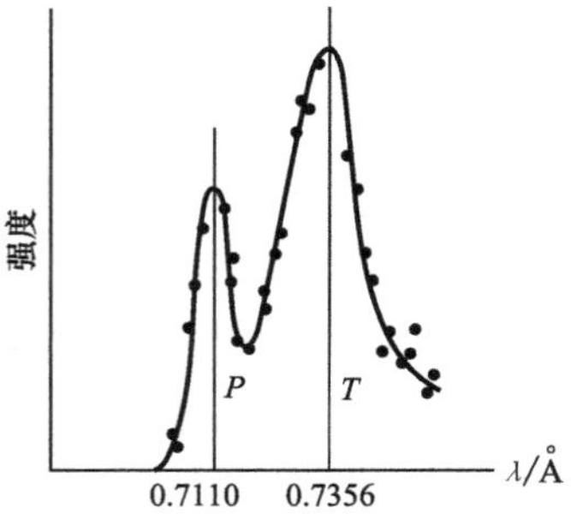

图中显示了在$\lambda_0=0.711$ Å 和 $\theta=90°$时康普顿的一个结果。峰 P 起因于初级光子，峰 T 来自被石墨块散射的光子。测量的波长移动近似为 0.0246 Å，而计算值为 0.02426 Å。差值小于实验限制所带来的估算不确定度。

我们已经假定电子是自由的且静止。光子能量足够高时，这对于轻原子的外层电子来说是一个好的近似。若考虑了电子的运动，康普顿峰会变宽，还可以有结构。

若电子的结合能与光子能量差不多，动量和能量可以转移到作为一个整体的原子，光子就可以被完全吸收。

例 13.7 对产生

我们已经看到光子在物质中失去能量的两种方式：光电效应和康普顿散射。若光子的能量足够高，它还可以通过对产生的机制在物质中失去能量。电子的静止质量是 $m_0c^2=0.511\ \mathrm{MeV}$。这个能量的光子能创造一个电子吗？回答是不可以，因为这需要创造单个的电荷。据我们所知，电荷在所有物理过程中守恒。然而，若产生等量的正电荷和负电荷，总电荷保持为零，电荷依然是守恒的。因此，有可能创造正负电子对（e^-，e^+），两个粒子有相同的质量但电荷相反。

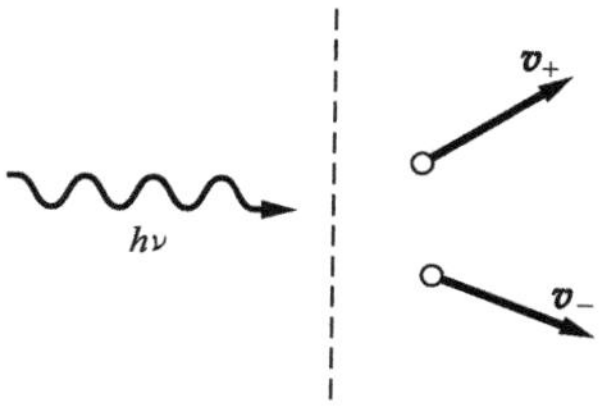

能量 $2m_0c^2$ 或更大的单光子有足够的能量形成正负电子对，但这个过程不可能在自由空间发生，因为动量不守恒。为说明原因，想象这个过程发生了。能量守恒给出

$$h\nu=m_+c^2+m_-c^2=(\gamma_++\gamma_-)m_0c^2$$

或者

$$\frac{h\nu}{c}=(\gamma_++\gamma_-)m_0c$$

而动量守恒给出

$$\frac{h\nu}{c}=|\gamma_+v_++\gamma_-v_-|m_0$$

由于

$$(\gamma_++\gamma_-)c>|\gamma_+v_++\gamma_-v_-|$$

这些方程不可能同时满足。

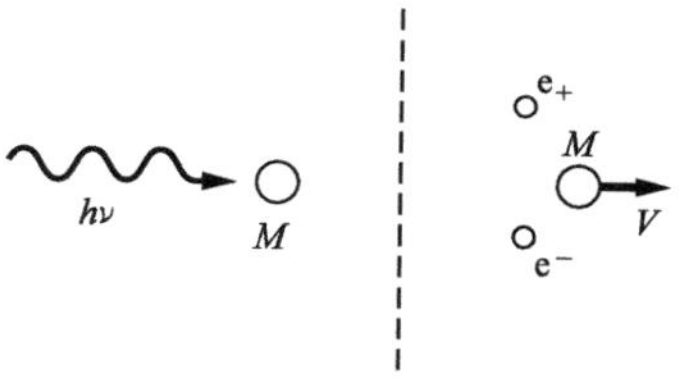

若有第三个粒子能带走多余的动量，对产生是可能的。例如，假设光子与静止质量 M_0 的原子核相碰，创造静止的正负电子对。我们有

$$h\nu+M_0c^2=2m_0c^2+M_0c^2\gamma$$

由于原子核比电子重得多，让我们假定 $h\nu\ll M_0c^2$。（对于氢原子，最轻的原子核，这意味着 $h\nu\ll 940\ \mathrm{MeV}$。）在这种情况下，原子不会获得相对论的速率，我们可做经典近似

$$h\nu=2m_0c^2+M_0c^2(\gamma-1)$$

$$\approx 2m_0c^2+\frac{1}{2}MV^2$$

对于同样的近似，动量守恒给出

$$\frac{h\nu}{c}=MV$$

把它代入能量表达式可得

$$h\nu=2m_0c^2+\frac{1}{2}\frac{(h\nu)^2}{Mc^2}\approx 2m_0c^2$$

其中已经假定 $h\nu \ll Mc^2$。在物质中对产生的阈值因而为 $2m_0c^2=1.02\ \mathrm{MeV}$。原子核基本上扮演一个被动的角色，确保动量守恒，从而允许一个被守恒定律禁止的过程发生。

例 13.8 多普勒效应的光子图像

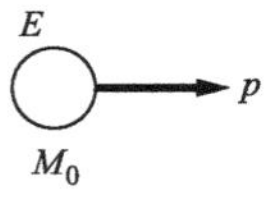

在第 12 章，我们从波的立场分析了相对论多普勒效应，但我们也可以用光子图像来理解它。首先考虑静止质量M_0的原子保持静止。若原子发出能量 $h\nu_0$ 的一个光子，原子的新质量满足 $M_0'c^2=M_0c^2-h\nu_0$。

接着，我们假设，在发出光子之前，原子以速度 $\boldsymbol{u}$ 自由运动。原子的能量是 $E=Mc^2=\gamma M_0c^2$，这里 $\gamma=1/\sqrt{1-u^2/c^2}$，而原子的动量是 $p=Mu=M_0\gamma u$。发出能量 $h\nu$ 的光子后，原子具有速度 $\boldsymbol{u}'$，静止质量 M_0'、能量 E' 和动量 p'。为简单起见，考虑光子沿运动线发射。

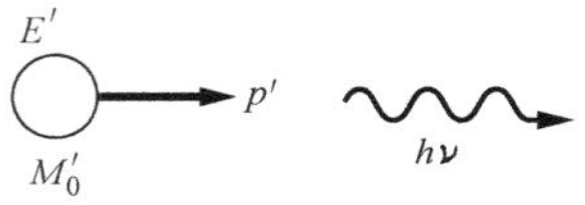

由能量和动量守恒，我们有

$$E=E'+h\nu \tag{1}$$

$$p=p'+\frac{h\nu}{c} \tag{2}$$

对方程（1）和（2）进行移项处理，可得

$$(E-h\nu)^2=E'^2$$

$$(pc-h\nu)^2=(p'c)^2$$

两式相减，并利用方程（13.12），$E^2-(pc)^2=(m_0c^2)^2$，根据能量-动量关系我们有

$$(E-h\nu)^2-(pc-h\nu)^2=E'^2-(p'c)^2=(M_0'c^2)^2 \tag{3}$$

展开左边，利用 $E^2-(pc)^2=(M_0c^2)^2$ 和 $M_0'c^2=M_0c^2-h\nu_0$，我们得到

$$(M_0c^2)^2-2Eh\nu+2(pc)(h\nu)=(M_0'c^2)^2$$
$$=(M_0c^2-h\nu_0)^2$$

化简后可得

$$\nu=\nu_0\frac{(2M_0c^2-h\nu_0)}{2(E-pc)}$$

可是，

$$E-pc=M_0c^2\gamma\left(1-\frac{u}{c}\right)$$

$$=M_0c^2\sqrt{\frac{1-u/c}{1+u/c}}$$

因此

$$\nu=\nu_0\left(1-\frac{h\nu_0}{2M_0c^2}\right)\sqrt{\frac{1+u/c}{1-u/c}}$$

项 $h\nu_0/2M_0c^2$ 表示由于原子的反冲能量而减少的光子能量。通常反冲能量很小，是可以忽略的，从而有

$$\nu=\nu_0\sqrt{\frac{1+u/c}{1-u/c}}$$

与波动分析得到的方程（12.12）是一致的。然而，波动图像并不容易考虑原子的反冲。在利用高精度的激光和超冷原子的现代实验中，反冲不能忽略。相反，在许多研究中，它扮演着关键的角色。

例 13.9　引力红移的光子图像

在第 9 章我们借助等效原理推导了时间的引力效应表达式——引力红移。然而，也可以利用光的光子描述和能量守恒理解时间的引力效应。

原子可以以某些特征频率发射和吸收光子。当原子发射一个频率为ν_0的光子时，它失去能量 $h\nu_0$，从较高的能级E_1跃迁到较低的能级E_0；当它吸收一个光子时，也可以获得能量 $h\nu_0$，反转过程。

考虑在引力场 g 中，处于基态、具有能量 $E_0=M_0c^2$ 和静止质量M_0的原子。它吸收一个光子，能量增加到 $E_1=E_0+h\nu_0$。原子的质量是 $M_1=E_1/c^2=(E_0+h\nu_0)/c^2$。若在引力场 g 中把原子升到高度 H，我们所做的功是 M_1gH，所以原子的末态能量W_a是

$$\begin{aligned}W_a&=E_1+M_1gH\\&=(E_0+h\nu_0)(1+gH/c^2)\\&=E_0+h\nu_0+h\nu_0gH/c^2+E_0gH/c^2\end{aligned}$$

考虑另一个情景：处于态E_0的原子先被升高到H，接着一个能量$h\nu$的光子向上辐射使原子处于态E_1。采用这个步骤的原子的能量W_b是

$$W_b = E_1 + M_0 gH = E_0 + h\nu + E_0 gH/c^2$$

在两个情景中，系统的末态是相同的。结果$W_a = W_b$，从而有

$$h\nu = h\nu_0 (1 + gH/c^2)$$

写成分数的形式，引力红移是

$$\frac{\nu - \nu_0}{\nu_0} = \frac{gH}{c^2}$$

解释一下形容词"红"。我们的结果显示，若辐射从地表传播到较高引力势的区域，它的能量减少。因此，从一个巨重物体，例如太阳，发出的辐射被观测到移向较低的能量，等价地移向长波，朝光谱的红端移动。相反，从卫星下传到地球的辐射，例如来自原子钟的信号，移向较高的能量，可以称之为蓝移。

13.6 爱因斯坦如何导出 $E=mc^2$

爱因斯坦的著名公式$E=mc^2$并未出现在他的关于相对论的历史性文献中，而只出现在几个月后的题为《物体的惯性依赖它含有的能量吗?》(译自德文）的简短注释中。他的论证简单而又优雅，完全基于能量、动量和多普勒移动的基本考虑。

考虑在S系中静止在原点的一个物体。开始时物体有能量E_0，然后沿$+x$的方向发出一个能量$\varepsilon/2$的光脉冲，同时还发出一个沿$-x$方向能量$\varepsilon/2$的脉冲。由动量守恒，物体发射后保持静止，它的能量是E_1：

$$E_0 = E_1 + \frac{1}{2}\varepsilon + \frac{1}{2}\varepsilon$$

在相对S系以速度v运动的S′系中，物体的初始能量是H_0，发射后的能量是H_1。考虑多普勒效应，

$$\begin{aligned} H_0 &= H_1 + \frac{1}{2}\varepsilon\left(\frac{1-v/c}{\sqrt{1-v^2/c^2}}\right) + \frac{1}{2}\varepsilon\left(\frac{1+v/c}{\sqrt{1-v^2/c^2}}\right) \\ &= H_1 + \frac{\varepsilon}{\sqrt{1-v^2/c^2}} \end{aligned}$$

两个系中的能量差是

$$(H_0-E_0)-(H_1-E_1)=\varepsilon\left(\frac{1}{\sqrt{1-v^2/c^2}}-1\right)$$

爱因斯坦论证，除了一个独立于相对速度的附加常量 C 以外，差 $H-E$ 必须等于物体的动能 K：

$$H_0-E_0=K_0+C$$
$$H_1-E_1=K_1+C$$

因此

$$K_0-K_1=\varepsilon\left(\frac{1}{\sqrt{1-v^2/c^2}}-1\right)$$
$$\approx\frac{1}{2}\varepsilon\frac{v^2}{c^2}$$

经典情形，

$$K_0-K_1=\frac{1}{2}\Delta m v^2$$

爱因斯坦比较 K_0-K_1 的两个结果就得到了他的著名方程：

$$\Delta m=\frac{\varepsilon}{c^2}$$

爱因斯坦总结他的简短文章时声称，质量和能量的等效性必然是一个普遍定律，对任何形式的能量都成立，而不仅仅是对辐射。

习题

标 * 的习题可参考附录中的提示、线索和答案。

13.1　高能质子

能量达到10^{20} eV（几乎为 10 J）的宇宙线初级质子已被探测到。我们银河系的直径约为10^5光年。

(a) 质子在它自身静止的参考系中，横跨银河系需要多长时间（固有时）？（$1\ \text{eV}=1.6\times10^{-19}$ J，$M_p=1.67\times10^{-27}$ kg。）质子横跨我们银河系的固有时是多少？

(b) 棒球质量为 145 g，运动速度为 100 mile/h。比较质子和棒球的动能。

13.2　相对论效应的显现

与粒子打交道，重要的是要知道何时要考虑相对论效应。

静质量为m_0的粒子以速率 v 运动。它的经典动能是$m_0v^2/2$。令 K_{rel}为动能的相对论表达式。

(a) 对 K_{rel}/K_{cl} 进行v^2/c^2 的幂级数展开，若 K_{rel} 与K_{cl}相差 10%，估算v^2/c^2的值。

(b) 对于v^2/c^2的这个值，电子（$m_0c^2=0.51$ MeV）和质子（$m_0c^2=930$ MeV）的动能是多少？用 MeV 表示。

13.3 动量和能量

在牛顿力学中，质量为 m、以速度 v 运动的质点的动能是$K=mv^2/2=p^2/(2m)$，这里 $\boldsymbol{p}=m\boldsymbol{v}$。动量的一个小变化引起的动能变化为 $\mathrm{d}K=\boldsymbol{p}\cdot\mathrm{d}\boldsymbol{p}/m=\boldsymbol{v}\cdot\mathrm{d}\boldsymbol{p}$。

证明关系式在相对论力学中也成立。

13.4 粒子迎头相撞*

在实验室系中，静质量为m_0的两个粒子以等值反向的速度 v 相互靠近。一个粒子在另一个粒子静系中的总能量是多少？

13.5 非弹性碰撞后复合粒子的速率*

静质量为m_0、速率为 v 的粒子与静止的质量为 M 的粒子碰撞后粘在一起。复合粒子的末速率是多少？

13.6 复合粒子的静质量*

一个粒子的静质量为m_0，动能是 xm_0c^2，这里 x 是某个数，与相同的静止粒子碰撞并粘在一起。合成粒子的静质量是多少？

13.7 零动量参考系*

在实验室系中，静质量为m_0、速率为 v 的粒子朝着质量为m_0的静止粒子运动。

在某个惯性系中，系统的总动量为零，此惯性系的速率是多少？

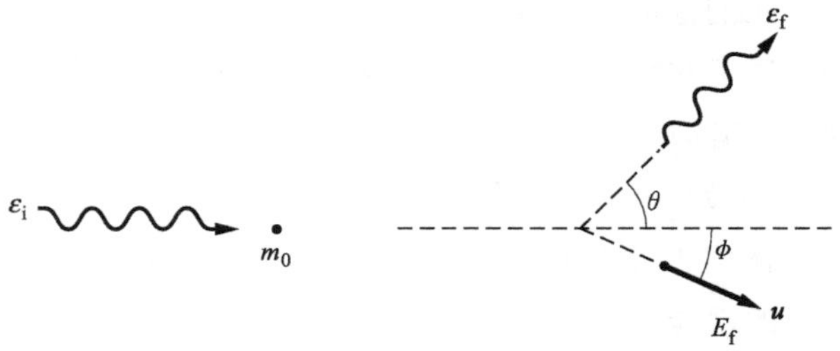

13.8 光子-粒子散射*

能量为ε_i的光子与质量为m_0的静止自由粒子碰撞。若散

射的光子以角度 θ 飞出，粒子的散射角 ϕ 是多少？

13.9　**光子-电子碰撞***

能量为 E_0、波长为 λ_0 的光子与静质量为 m_0、速率为 V 的自由电子迎头相撞，如图所示。光子的散射角为 90°。

(a) 确定散射光子的能量 E。

(b) 碳原子中的外层电子以速率 $v/c\approx6\times10^{-3}$ 运动。利用 (a) 的结果，对于 $\lambda_0=0.711\times10^{-10}$ m 和 90°散射，估计来自石墨的康普顿散射峰的波长增宽。电子的静质量是 0.51 MeV，$h/(m_0c)=2.426\times10^{-12}$ m。忽略电子的结合能。把你的结果与例 13.6 中所示的康普顿数据作一比较。

13.10　**阳光作用力**

太阳常量，即太阳照到地球上单位面积的平均能量（功率）为 1.4×10^3 W/m^2。

(a) 如何比较阳光的总作用力与太阳作用在地球上的引力？

(b) 足够小的粒子可以被阳光的辐射压从太阳系中弹出。假定比重为 5，能弹出的最大粒子的半径是多少？

13.11　**激光悬浮**

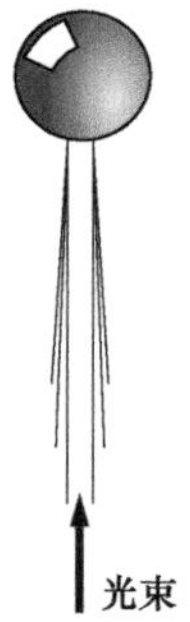

激光发出的 1 kW 的光束从下面照射到一个实心的铝球上，使它悬浮。假设球自由悬浮在光束上，它的直径是多少？铝的密度是 2.7 g/cm^3。

13.12　**散射粒子的末速度**

能量 $\varepsilon_i=h\nu$ 的光子被质量为 m_0 的静止自由粒子散射。光子的散射角为 θ，能量 $\varepsilon_f=h\nu'$，粒子以角度 ϕ 飞出。

确定粒子末速度 $\boldsymbol{u}$ 的表达式。

14 时空物理

14.1 简介

1908年，爱因斯坦发表狭义相对论3年以后，数学家闵可夫斯基以他称作“时空”的四维流形概念为基础，对爱因斯坦的思想给出了一种几何表述形式。闵可夫斯基的著名论断是，“从此以后，空间本身、时间本身注定要消失在阴影中，只有两者的结合将保持独立的实在。”他的声称可能有点夸大其词——我们继续在三维世界里自由运动，在时间中被无情地席卷向前——但是把相对论的概念扩展到物理的其他领域时，他的观点却宝贵无比。

狭义相对论提供了一种有序的方法，把不同惯性系的观察者所记录的事件坐标联系起来。理论的本质体现在洛伦兹变换里。为了准备洛伦兹变换的闵可夫斯基时空描述，让我们简要回顾一下矢量在牛顿物理中如何变换。

14.2 矢量变换

矢量 $\mathbf{A}$ 可以表示一个物理量，例如力或速度，或者只是一个抽象的数学量，我们这里感兴趣的是矢量的变换性质。为用分量形式描述 $\mathbf{A}$，我们引入一个正交坐标系 S，坐标（x，y，z）和单位基矢（$\hat{\boldsymbol{i}}$，$\hat{\boldsymbol{j}}$，$\hat{\boldsymbol{k}}$）。$\mathbf{A}$ 可写成

$$\mathbf{A}=A_x\hat{\boldsymbol{i}}+A_y\hat{\boldsymbol{j}}+A_z\hat{\boldsymbol{k}} \tag{14.1}$$

坐标系不是基本的，只是为了方便而引入的一个结构。我们可以采用其他的正交坐标系S′，坐标（x'，y'，z'）和基矢（$\hat{\boldsymbol{i}}'$，$\hat{\boldsymbol{j}}'$，$\hat{\boldsymbol{k}}'$）。若两个坐标系有共同的原点，它们必定能用转动联系起来。在S′系，

$$\mathbf{A}=A'_x\hat{\boldsymbol{i}}'+A'_y\hat{\boldsymbol{j}}'+A'_z\hat{\boldsymbol{k}}' \tag{14.2}$$

由于方程（14.1）和（14.2）描述同一个矢量，我们有

$$A'_x\hat{\boldsymbol{i}}'+A'_y\hat{\boldsymbol{j}}'+A'_z\hat{\boldsymbol{k}}'=A_x\hat{\boldsymbol{i}}+A_y\hat{\boldsymbol{j}}+A_z\hat{\boldsymbol{k}} \tag{14.3}$$

给定 S 中的坐标，为确定S′中的坐标，将方程（14.3）两边与相应的单位矢量做点积：

$$A'_x=\mathbf{A}\cdot\hat{\boldsymbol{i}}'=A_x(\hat{\boldsymbol{i}}\cdot\hat{\boldsymbol{i}}')+A_y(\hat{\boldsymbol{j}}\cdot\hat{\boldsymbol{i}}')+A_z(\hat{\boldsymbol{k}}\cdot\hat{\boldsymbol{i}}') \tag{14.4a}$$

$$A'_y=\mathbf{A}\cdot\hat{\boldsymbol{j}}'=A_x(\hat{\boldsymbol{i}}\cdot\hat{\boldsymbol{j}}')+A_y(\hat{\boldsymbol{j}}\cdot\hat{\boldsymbol{j}}')+A_z(\hat{\boldsymbol{k}}\cdot\hat{\boldsymbol{j}}') \tag{14.4b}$$

$$A'_z=\mathbf{A}\cdot\hat{\boldsymbol{k}}'=A_x(\hat{\boldsymbol{i}}\cdot\hat{\boldsymbol{k}}')+A_y(\hat{\boldsymbol{j}}\cdot\hat{\boldsymbol{k}}')+A_z(\hat{\boldsymbol{k}}\cdot\hat{\boldsymbol{k}}') \tag{14.4c}$$

系数 $(\hat{\boldsymbol{i}}\cdot\hat{\boldsymbol{i}}')$，$(\hat{\boldsymbol{j}}\cdot\hat{\boldsymbol{j}}')$ 等是数，对任何给定的转动都可以计算出来。例如，对于绕 z 轴转过角 θ 的转动，

$$A'_x = A_x\cos\theta + A_x\sin\theta \tag{14.5a}$$

$$A'_y = -A_x\sin\theta + A_y\cos\theta \tag{14.5b}$$

$$A'_z = A_z \tag{14.5c}$$

例如，令 $\boldsymbol{A}$ 是 S 系中某点的位置矢量 $\boldsymbol{r}$，坐标为(x, y, z)，在S′系的坐标为 (x', y', z')，S′绕 z 轴转过角 θ，则我们有

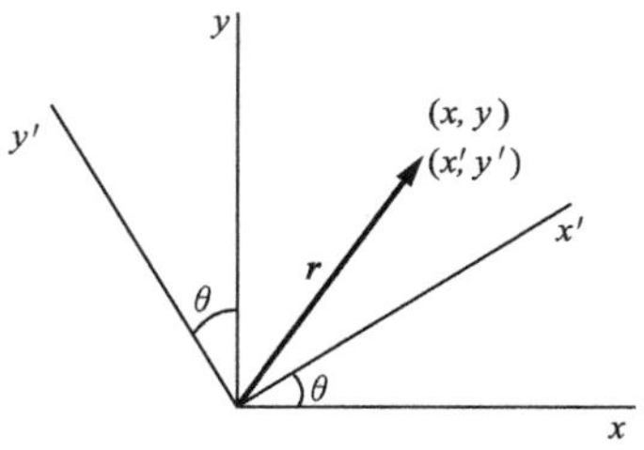

$$x' = x\cos\theta + y\sin\theta \tag{14.6a}$$

$$y' = -x\sin\theta + y\cos\theta \tag{14.6b}$$

$$z' = z \tag{14.6c}$$

注意：x'轴和y'轴从各自的 x 轴和 y 轴都沿相同的方向转动。这是三维空间观测的一个普通转动，但是我们很快就看到，时空的转动则大不相同。

从S′回到 S 的变换，把轴转过 $-\theta$ 角，所谓的**逆变换**是

$$x = x'\cos\theta - y'\sin\theta \tag{14.7a}$$

$$y = x'\sin\theta + y'\cos\theta \tag{14.7b}$$

$$z = z' \tag{14.7c}$$

把坐标轴转过角 θ 对矢量分量的效果，与坐标轴固定把矢量转过角 $-\theta$ 的效果相同。然而本章中，我们总是保持矢量固定而转动坐标轴。

14.2.1 不变量与标量

当坐标系变化时保持常量的量称为**不变量**。显然，矢量的分量并非不变量，但矢量本身是。另一个不变量是矢量的长度 $A = |\boldsymbol{A}|$，定义为

$$A = \sqrt{A_x^2 + A_y^2 + A_z^2} = \sqrt{A_x'^2 + A_y'^2 + A_z'^2}$$

不随着坐标系的变化而变化的量称作**标量**。简单的数，比如质量、温度和阿伏伽德罗常量，都是标量。矢量的长度也是标量。许多物理量是标量，比如质量、时间间隔和速率（与速度不同）。这样的标量在牛顿物理中起着重要的作用，在相对论中继续起着重要的作用，但它们的解释是不同的。

14.3 时空中的世界线

为开启我们时空世界的探索之旅，让我们看看事件在时空图里是如何演化的。

三维空间的运动是不受限制的。随着时间的演化，点 $\boldsymbol{r}=(x,y,z)$可在任何位置。给定足够的时间，所有空间对观察者都是可以到达的，未来的所有时间都是可以观察的。当然，时间只沿一个方向运行，我们无法操控。

在时空物理中，事件是一个物理发生，可以用三个空间坐标加时间，(x, y, z, t) 的值来确定。例如，在 $t=0$ 从坐标原点发出一个光脉冲是一个坐标为 (0, 0, 0, 0) 的事件。由于不同物理单位的坐标不便使用，我们把时间乘以速度，就可以用长度单位表示时间。为此，我们自然会用光速乘以时间，从而 $t\rightarrow ct$。因此，1 μs 对应于≈“300 m 的时间”，“1 m 的时间” 对应于≈0.003 3 μs。按照这个规定，我们可以用坐标 (x, y, z, ct) 谈论四维时空。

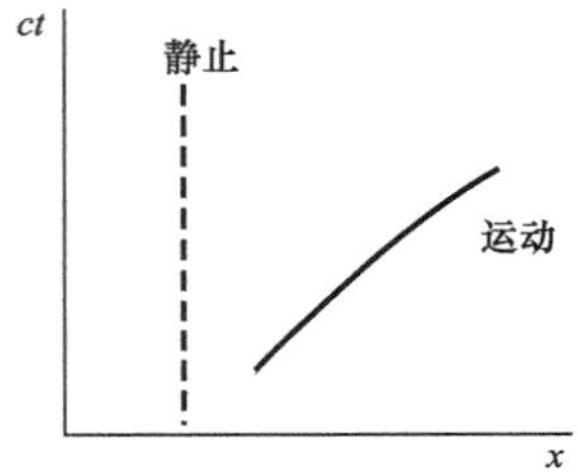

专注于坐标 x 和 ct 的直线运动，我们可以画出事件在时空图上的演化。依据略显尴尬但普遍接受的惯例，时空图上的时间画为竖直的。随着时间的演化，时空中的一点描绘出一个向上的路径，称作**世界线**。图中显示了两条世界线：竖直虚线是质点静止 (x 为常量) 的世界线，实线则表示一个运动的质点 (x 和 t 都增大)。

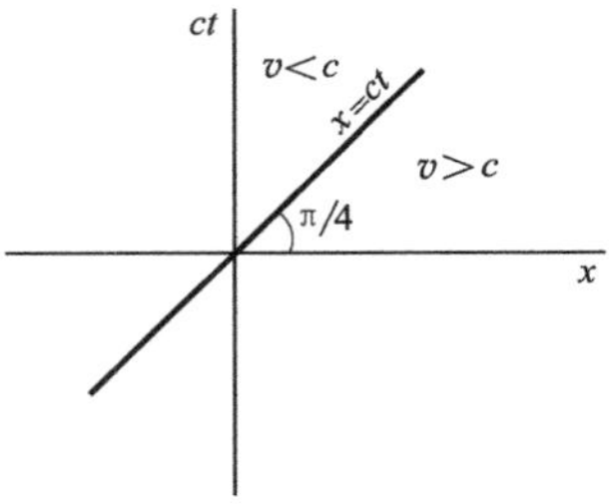

采用这个规则时要注意，速率——以 c 为单位——由斜率的余切给出。±1 的斜率对应于 $\pm c$ 的速率。最快的事件是光脉冲，其世界线由 $x=ct$ 或 $x=-ct$ 给出。这条线与水平线的夹角为 $\pi/4$，如图所示。夹角小于 $\pi/4$ 的世界线描述快于光速的运动，这是禁止的。显示 (x, y, ct) 的三维图是顶点在原点的两个锥形，称作**光锥**。

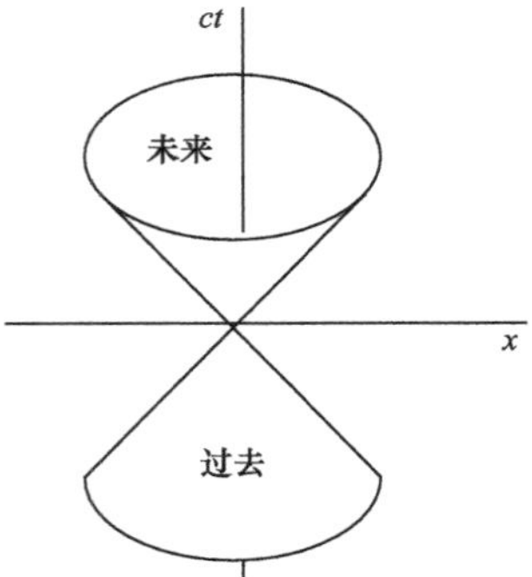

所有未来的事件位于上面的光锥，过去的事件在下面的光锥。光锥外部的时空区域对于原点的观察者是物理上不可进入的。其他事件会用其他光锥描述，但是对于有因果关系的两个事件，它们的光锥一定会有重叠。

现在我们致力于不同惯性系的观察者如何看待时空事件的问题。在第 12 章，我们导出了标准惯性系 S 和S′之间转换坐标的洛伦兹变换。S′的原点以速率 v 沿 x 轴运动。或者，S 的原点以速率 $-v$ 沿 x' 轴运动。由于时间现在用长度 ct 的单位表示，坐标系之间的相对速度自然就用变量 $\beta=v/c$ 表示。采用这个记号，从 S 到S′的洛伦兹变换方程（12.3）和（12.4）是

$$x'=\gamma(x-\beta ct) \tag{14.8a}$$

$$y'=y \tag{14.8b}$$

$$z'=z \tag{14.8c}$$

$$ct'=\gamma(-\beta x+ct) \tag{14.8d}$$

从S′到 S 的逆变换是

$$x=\gamma(x'+\beta ct') \tag{14.9a}$$

$$y=y' \tag{14.9b}$$

$$z=z' \tag{14.9c}$$

$$ct=\gamma(\beta x'+ct') \tag{14.9d}$$

这里，$\beta=v/c$，$\gamma=1/\sqrt{1-\beta^2}$。量 β 总是取其$\geqslant 0$，采用明确显示的代数符号。由于 y 和 z 坐标在洛伦兹变换下不变，我们只关心 x 和 ct。

在三维空间的坐标转动和方程（14.8）、（14.9）确定的时空变换之间有如下类关系。

三维空间的转动	洛伦兹变换
$x'=x\cos\theta+y\sin\theta$	$x'=\gamma(x-\beta ct)$
$y'=-x\sin\theta+y\cos\theta$	$ct'=\gamma(-\beta x+ct)$
$z'=z$	$y'=y$
$t'=t$	$z'=z$

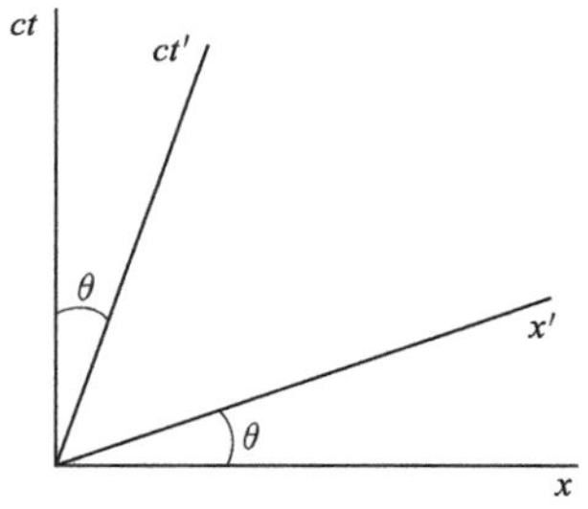

洛伦兹变换形式上类似于绕 z 轴转动的 x 和 y 的变换。方程（14.8d）表明，在 x-ct 面内画图时，x'轴的轨迹（满足 $ct'=0$）由 $ct=\beta x$ 给出。这描述了x'轴从 x 轴逆时针转过角度$\theta=\arctan\beta$。相反，方程（14.8a）揭示，ct'轴（满足 $x'=0$）由 $x=\beta ct$ 给出，这描述了 ct'轴从ct 轴顺时针转过相同的角度。在 $v=c$ 的极限情形，$\theta=\pi/4$；由于$x'=-ct'$，x'和 ct'轴变得重合了。

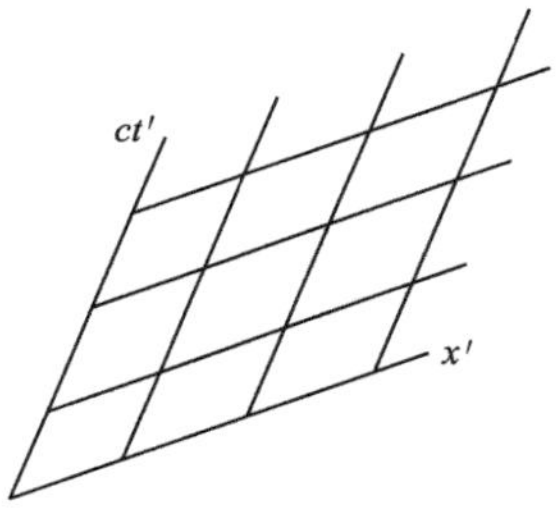

根据这些变换，轴不再是正交的。图中常量x'和常量 ct' 的线形成菱形而不是正方形网格。另外，坐标轴的刻度改变了一个因子 γ。这些是三维空间和时空几何之间的基本差异。

正交性的失去是时空变换的一个特征。虽然我们能把时间描述为第四维，但时间本质上不同于空间维度，这个差别对时空几何是关键的。在时空图上的长度刻度相差一个因子 γ，世

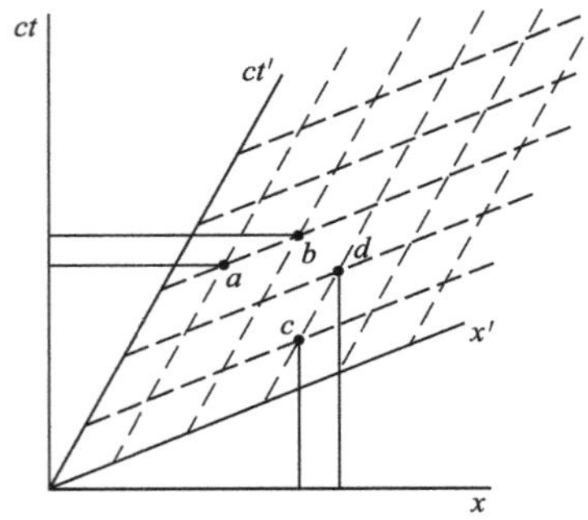

界线的外观依赖于观察者的相对运动。最终，每个观察者都用不同的图描述事件，从图中提取几何关系时就需要小心。

图中显示了在系 S 和S′中时空的一些事件。在S′中，常量时间的线是虚的，常量位置的线是点的。注意事件 a 和 b 在S′中是同时发生的，但是在 S 中发生在不同时间。类似地，事件 c 和 d 在S′中发生在同一位置，但在 S 中是不同位置。

14.4 时空中的一个不变量

在三维空间，位置矢量的长度 r 是 $r=\sqrt{x^2+y^2+z^2}$，在转动下为不变量。在时空中，量 $x^2+y^2+z^2-(ct)^2$ 在洛伦兹变换下是不变量。为证明它，从方程（14.8），我们有

$$x'^2+y'^2+z'^2-(ct')^2=\gamma^2(x-\beta ct)^2+\gamma^2(-\beta x+ct)^2+y^2+z^2$$
$$=\frac{1}{1-\beta^2}[x^2(1-\beta^2)-(ct)^2(1-\beta^2)]+y^2+z^2$$
$$=x^2+y^2+z^2-(ct)^2$$

因此

$$x'^2+y'^2+z'^2-(ct')^2=x^2+y^2+z^2-(ct)^2 \tag{14.10}$$

考虑事件起点在 $\boldsymbol{R}_1=(\boldsymbol{r},\ ct)$、终点在 $\boldsymbol{R}_2=(\boldsymbol{r}+\Delta\boldsymbol{r},\ ct+\Delta ct)$ 之间的一段世界线。事件之间的位移是 $\Delta\boldsymbol{R}=\boldsymbol{R}_2-\boldsymbol{R}_1=(\Delta\boldsymbol{r},\ \Delta ct)$，这里 $\Delta\boldsymbol{r}=(\Delta x,\ \Delta y,\ \Delta z)$。在S′中的观察者看来，这些位移的坐标是 $\Delta\boldsymbol{r}'$和 $\Delta t'$，都可以用洛伦兹变换确定。由方程（14.10），我们有

$$\Delta\boldsymbol{r}'^2-\Delta(ct')^2=\Delta\boldsymbol{r}^2-\Delta(ct)^2$$

注意：按照相对论的惯例，Δx^2 被理解成 $(\Delta x)^2$，而不是 $\Delta(x^2)$。由于洛伦兹变换依赖于相对速度，相对速度又可以任选，这个方程成立的唯一条件是两边分别等于一个常量。用 Δs^2 表示这个常量，我们有

$$\Delta s^2\equiv\Delta\boldsymbol{r}^2-\Delta(ct)^2 \tag{14.11}$$

结果，Δs^2 是变换的一个不变量。Δs^2 通常称作时空间隔。与普通数的平方不同，Δs^2 可以是负值。

14.4.1 类空间隔与类时间隔

若 $\Delta s^2>0$，我们总是可以找到一个坐标系，使得 $\Delta r^2=\Delta s^2$，且 $\Delta(ct)^2=0$。结果，存在一个坐标系，事件在其中是

同时的，但是，不存在这样的坐标系，事件发生在空间同一点。这样的间隔称作类空的。类似地，若 $\Delta s^2<0$，存在这样一个坐标系，事件发生在空间同一点，但是不存在这样的坐标系，它们同时发生。这样的间隔称作类时的。若 $\Delta s^2=0$，事件对应于光脉冲的发射和接收，世界线满足 $\Delta r=\Delta ct$，间隔称作类光的。间隔在所有惯性系都具有相同的值。

对于给定的时空间隔，可能位移的几何看起来完全不同于三维空间间隔的几何，这里一个给定大小的位移都在一个球上。在二维情形，可能位移的轨迹是一个圆，$\Delta r^2=\Delta x^2+\Delta y^2$。在时空中，对于（$x$，$y$，$ct$）坐标，一个间隔的轨迹是一个旋转双曲面：

$$x^2+y^2-(ct)^2=\pm|\Delta s^2| \tag{14.12}$$

14.5 四矢量

我们发展的洛伦兹变换满足了保持光速为普适常量的时空变换要求。洛伦兹变换背后的推理比这个应用所提示的要强大得多。这个思想通过一般论证，可以很自然地推广，用于发展相对论动力学，从而可应用到新的系统，比如电场和磁场的动力学，但我们并不打算在这里发展这些。这种推广的起点是时空矢量的概念，即通常所谓的四矢量。

四矢量是按洛伦兹变换而变换的四数组。这样的矢量具有潜在的物理意义。换言之，任何不满足洛伦兹变换的四数组都不能进入物理定律，因为这样的定律不满足相对性原理。在相对论世界中，拓展我们对物理了解的一个好办法就是寻找四矢量。四矢量的一般形式为

$$\boldsymbol{A}=(a_1,a_2,a_3,a_4)$$

这里，分量（a_1，a_2，a_3）是沿标准系 S=（x，y，z）的坐标轴。对应于以速度 v 沿 x 方向运动的坐标系S′的洛伦兹变换，$\boldsymbol{A}_4=(a_1'，a_2'，a_3'，a_4')$，这里

$$a_1'=\gamma(a_1-\beta a_4) \tag{14.13a}$$

$$a_2'=a_2 \tag{14.13b}$$

$$a_3'=a_3 \tag{14.13c}$$

$$a_4'=\gamma(-\beta a_1+a_4) \tag{14.13d}$$

像以前定义的那样，$\beta=v/c$，$\gamma=1/\sqrt{1-\beta^2}$。我们将按照这样

的惯例，四矢量的印刷体是大写黑体，而三矢量是小写黑体。因此，对于四维 $\boldsymbol{R}$ 的四矢量可写成 $\boldsymbol{R}=(\boldsymbol{r},ct)=(x,y,z,ct)$。

14.5.1　洛伦兹不变量

一个四矢量的分量平方和，其中时间分量的平方带一个负号，称作四矢量的模方。例如，$\boldsymbol{A}=(a_1, a_2, a_3, a_4)$ 的模方是 $a_1^2+a_2^2+a_3^2-a_4^2$。

真正的四矢量是像在方程（14.13）中一样，按洛伦兹变换而变换。容易证明，模方在任何系中都相同，因此模方被称作洛伦兹不变量。

$$a_1'^2+a_2'^2+a_3'^2-a_4'^2=a_1^2+a_2^2+a_3^2-a_4^2$$

我们在 14.4 节中证明了四矢量 $\boldsymbol{R}$ 的这个不变性。

14.5.2　四速度

位置之后最简单的运动学量是速度，所以自然要考虑 $\boldsymbol{R}$ 的变化率。然而，变化率的概念要求引入时钟，问题是谁的时钟？所有观察者都同意的唯一时间是固定于运动点的时钟固有时 τ。当然，这不同于观察者的时间，但只相差一个已知量。

因此，我们可尝试着定义四速度 $\boldsymbol{U}$：

$$\boldsymbol{U}\equiv\frac{\mathrm{d}\boldsymbol{R}}{\mathrm{d}\tau}=\left(\frac{\mathrm{d}\boldsymbol{r}}{\mathrm{d}\tau},\frac{\mathrm{d}(ct)}{\mathrm{d}\tau}\right)\tag{14.14}$$

为了把空间部分与牛顿式观察者熟悉的三速度联系起来，我们把它重写为

$$\boldsymbol{U}=\left(\frac{\mathrm{d}\boldsymbol{r}}{\mathrm{d}t}\frac{\mathrm{d}t}{\mathrm{d}\tau},\frac{\mathrm{d}(ct)}{\mathrm{d}\tau}\right)$$

由 12.8.3 节对固有时的讨论，局域的时间间隔和固有时间间隔的关系为

$$\mathrm{d}\tau=\mathrm{d}t\sqrt{1-v^2/c^2}=\mathrm{d}t/\gamma\tag{14.15}$$

因此，$\mathrm{d}t/\mathrm{d}\tau=\gamma$，$\boldsymbol{U}=(\gamma\boldsymbol{u},\gamma c)$，或者

$$\boldsymbol{U}=\gamma(\boldsymbol{u},c)\tag{14.16}$$

考虑四速度 $\boldsymbol{U}=\gamma(\boldsymbol{u},c)$ 的模方：

$$\begin{aligned}\boldsymbol{U}\cdot\boldsymbol{U}&=\gamma^2(u^2-c^2)\\&=-c^2\end{aligned}$$

$\boldsymbol{U}$ 的模方 $=-c^2$，显然是洛伦兹不变量，在每个参考系中都相同。

例 14.1 相对论速度合成

在 12.9 节导出了相对论速度合成的规律。这里我们用四速度方法考察同样的问题。

为简单起见，考虑沿 x 轴的速度。如果初始速率是沿 x 的u_1，则初始四速度为 $\mathbf{U}=\gamma(u_1,c)$。若我们在以速率v_1运动的S_1系中观察以速度u_1运动的事件，则洛伦兹变换方程（14.8）表明，四速度的分量是

$$u_1'=\gamma_1(u_1-\beta_1 c) \tag{1a}$$

$$u_4'=\gamma_1(-\beta_1 u_1+c) \tag{1b}$$

这里，$\beta_1=v_1/c$，$\gamma_1=1/\sqrt{1-\beta_1^2}$。

如果现在我们进入以速率v_2相对S_1运动的S_2系中，我们有

$$u_1''=\gamma_2(u_1'-\beta_2 u_4') \tag{2a}$$

$$u_4''=\gamma_2(-\beta_2 u_1'+u_4') \tag{2b}$$

这里，$\beta_2=v_2/c$，$\gamma_2=1/\sqrt{1-\beta_2^2}$。这两个相继的变换等价于把方程（1）代入方程（2）的单一变换。整理后的结果是

$$u_1''=\frac{\gamma_2\gamma_2}{1+\beta_1\beta_2}\left(u_1-\frac{\beta_1+\beta_2}{1+\beta_1\beta_2}c\right) \tag{3a}$$

$$u_4''=\frac{\gamma_2\gamma_2}{1+\beta_1\beta_2}\left(-\frac{\beta_1+\beta_2}{1+\beta_1\beta_2}u_1+u_4\right) \tag{3b}$$

比较方程（3）和方程（1），我们看到，形式上等价于进入一个以速率β_3运动的坐标系，而

$$\beta_3=\frac{\beta_1+\beta_2}{1+\beta_1\beta_2}$$

或者，采用实验室单位，

$$v_3=\frac{v_1+v_2}{1+v_1v_2/c^2}$$

这是我们在 12.9 节确定的相对论速度合成规则。

人们情不自禁地要问，引入四速度 $\mathbf{U}=\gamma(v\,,\,c)$ 的目的何在，类时分量只不过是一个简单的常量 c 而已。但是，在下一节我们将看到，常量起着重要的作用。

14.6 能量-动量四矢量

对于质量为 m，以四速度 $\boldsymbol{U}$ 运动的粒子，下一步自然是要定义其四动量 $\boldsymbol{P}$。利用方程（14.16），我们有

$$\boldsymbol{P}=m_0\boldsymbol{U}=\gamma m_0(\boldsymbol{u},c) \tag{14.17}$$

这里，m_0 是当 $u\ll c$ 和 $\gamma=1/\sqrt{1-u^2/c^2}\approx 1$ 时观测的质量。在第 13 章，我们用术语静止质量表示 m_0。这个量逻辑上更应当称为固有质量，因为它是在粒子的静系中测量的质量，但是由于历史的因素，术语固有质量并未采用。在相对论里，简单的质量一词总是指相对论质量 m，定义为

$$m\equiv\gamma m_0 \tag{14.18}$$

由于 $\boldsymbol{U}$ 是四矢量，m_0 是标量，$\boldsymbol{P}=m_0\boldsymbol{U}$ 也是一个四矢量。四动量可以写成

$$\boldsymbol{P}=(m\boldsymbol{u},mc)=(\boldsymbol{p},mc) \tag{14.19}$$

这里，$\boldsymbol{p}=m\boldsymbol{u}$ 是相对论三动量。$\boldsymbol{P}$ 的模方为

$$\boldsymbol{P}\cdot\boldsymbol{P}=\boldsymbol{p}\cdot\boldsymbol{p}-(mc)^2=C \tag{14.20}$$

式中，C 为常量。在粒子的静系里，$\boldsymbol{p}=0$，$C=-(m_0c)^2$。因此，四动量的模方是 $-(m_0c)^2$，我们可以把方程（14.20）重写为

$$p^2=(mc)^2-(m_0c)^2 \tag{14.21}$$

为了实用，四动量在孤立系统中必须守恒。在粒子静止的系中三动量为零。因此，在方程（14.20）中，$\boldsymbol{p}$ 和 mc 必须分别守恒。为了联系牛顿的概念，回顾一下牛顿物理，孤立系统中，除了线动量，能量和角动量也是守恒的。四动量与角动量没有直接的关系，所以我们猜测，方程（14.19）中四矢量的暂时分量 mc 与能量 E 有关。为了量纲正确，我们尝试性设定

$$mc=E/c \tag{14.22}$$

所以，$\boldsymbol{P}$ 就取形式

$$\boldsymbol{P}=(\boldsymbol{p},E/c) \tag{14.23}$$

$\boldsymbol{P}$ 有时称作能量动量四矢量，但更多的是简称为四动量。把方程（14.22）代入方程（14.21），我们有

$$(pc)^2=E^2-(m_0c^2)^2 \tag{14.24}$$

或者

$$E^2=(pc)^2+(m_0c^2)^2 \tag{14.25}$$

这是我们在第 13 章得到的结果，即方程（13.8）。术语m_0c^2就是所谓的粒子静止能量。

对于无质量的粒子，$m_0=0$，所以 $pc=E$ 或 $p=E/c$，即我们在第 13 章用不同的方法导出的结果，方程（13.13）。对于无质量的粒子（著名的光子），四动量的模方是 0，粒子必须以光速运动。无质量粒子的四动量具有形式

$$\boldsymbol{P}=\frac{E}{c}(n_x,n_y,n_z,1) \tag{14.26}$$

这里，$\hat{\boldsymbol{n}}$ 是沿传播方向的单位矢量。

对于非零质量、低速运动粒子，

$$m=\gamma m_0=m_0\left(1+\frac{1}{2}\frac{v^2}{c^2}+\cdots\right)$$

因此

$$E=m_0c^2+\frac{1}{2}m_0v^2+\cdots=m_0c^2+K+\cdots \tag{14.27}$$

这里，K 是牛顿的动能。在低速近似下，自由粒子的总能量是它的动能与静能之和。这一解释是否合理依赖于实验证据。

由方程（14.25），我们有

$$E^2-(pc)^2=(m_0c^2)^2 \tag{14.28}$$

粒子的静能显然是四动量的相对论不变量。

假设 $mc=E/c$ 让我们直接得到了 $E=mc^2$，这是科学里最著名的公式。当然，这个公式的有效性并不依赖于它的名声，而在于能量在相对论动力学中的作用，只有通过实验才有意义的作用。

在第 13 章，我们把洛伦兹变换应用于孤立系统观测的碰撞，导出了相对论能量和动量的表达式。这些论证依靠我们对碰撞过程的理解和在不同观察者看来对于对称的直觉。这一章我们得到相同结果是用完全不同的推理——检查四矢量的变换性质。这一论证数学上优雅，物理上也优雅，它揭示了能量和动量之间的深层次关系。从完全不同的探索之路理解现象增加了我们对解释真实性的信心，禁不住加深了对物理的喜悦之情。

14.7 结语：广义相对论

爱因斯坦对他 1905 年狭义相对论的文章并不满足，因为

它不能处理引力。例如，根据牛顿万有引力定律，引力场的变化，比如由于质量源的运动，会被各处瞬时感受到。依据狭义相对论，这个效应的传播不能快过光速。

然而，还有一个更深层次的困境。牛顿引力依靠引力质量和惯性质量等同的假定。爱因斯坦利用这个简单的观测激发了他的新理论。他用一个著名的“gedanken”（思想）实验：爱因斯坦电梯，解释他的思路。因为所有的东西都以同样的加速度下落，在重力场中静止电梯里的观察者看到落体向下加速，若电梯在无重力场的情形下向上加速，他将看到同样的现象。爱因斯坦指出，若电梯在远离其他物体的太空，除非向外观望，否则没办法说出电梯是向上以 g 加速还是静止在重力场 g 中。他断定，在局部区域，没法区别向下的重力场 g 和向上加速的坐标系 a。这个观测即等效原理。

等效原理立即对狭义相对论造成了一个障碍。若向下的重力场等效于向上的加速度，重力场中的运动与加速坐标系中的运动就无法区别。加速系本身是非惯性的。困境的症结在于狭义相对论限定在惯性系中观测。

狭义相对论发表时，爱因斯坦还是一个年轻人，他在一篇对所有人都能理解的单一论文里提出了它。相反，为解决引力问题，爱因斯坦辛勤工作了 10 年之久，进行了若干错误的尝试。当他在 1916 年发表他的广义相对论时，论文复杂得没几个人能懂。此外，唯一的实验证实是，他的理论所解释的，在 10.6 节我们提到的水星近日点进动每世纪 43 弧秒的偏差。

这样的结果似乎像一个行星动力学的小细节。然而，广义相对论也做出了“戏剧性”的预言：光被引力弯曲。尤其特别的是，来自恒星的光线从我们巨重的太阳跟前经过时，会略微弯曲。这个弯曲太小，只在日食期间才能观测到，这时太阳的光芒被短暂遮蔽，使得靠近太阳的那部分天空的恒星能被看到。观测被第一次世界大战推迟，但是在 1919 年两个日食探险队观测到了这个效应。广义相对论上了报纸头版，爱因斯坦传奇诞生了。

1919 年，宇宙学只是一个探索的主题，但并非科学的一个组成部分。今天我们处在宇宙学的黄金时代，爱因斯坦的广义相对论是它的基本框架。宇宙的膨胀用爱因斯坦的场方程描述，到处都有他的理论的印迹。例如，他预言了引力透镜——来自遥远光源的光线经过一个恒星或穿过一个引力介质例如银河系时的聚焦现象。今天，引力透镜是天体物理牢固建立的工具。

或许广义相对论最戏剧性的实验预言是黑洞的存在。如果光的引力弯曲足够大，光不能传播。当克服引力吸引所需的能量 GMm/r 超过其静能时，这就会发生。使它们相等就给出黑洞半径。典型的半径只有几公里，但是密度非常大，从而质量是巨大的。例 10.9 中我们看到，在我们银河系中心的黑洞 Sgr A^* 是太阳质量的 400 万倍。甚至光都不能从这样强的引力场中逃出——黑洞由此得名。幸运的是，向内下落的物体辐射很强，从而确认了许多黑洞。例 10.9 显示了绕 Sgr A^* 的恒星轨道的观测数据。

爱因斯坦在 1905 年开辟了两条进步之路：他的光电效应的论文是创造量子力学的萌芽，狭义相对论的论文激发了广义相对论。量子理论和引力理论是 20 世纪物理学值得大书特书的辉煌成就，改变了我们对世界的看法。这两个单独的理论还将被调和：量子引力理论尚未确立。物理学的发展永无止境。

习题

标 * 的习题可参考附录中的提示、线索和答案。

14.1 π 介子衰变*

中性 π 介子（π^0），静质量 135 MeV，高速运动时对称地衰变为两个光子。实验室系中每个光子的能量是 100 MeV。

(a) 按比值 V/c 确定介子的速率 V。

(b) 在实验室系中确定每个光子动量与初始运动线的夹角 θ。

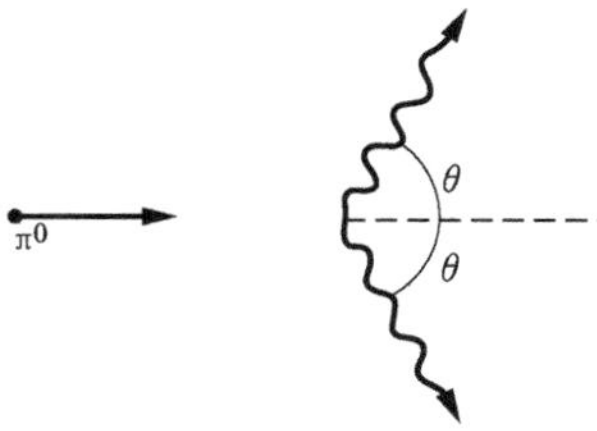

14.2 π 介子产生的阈值*

高能光子（γ 射线）与静止的质子碰撞。按照反应 $\gamma+p\rightarrow p+\pi^0$，产生一个中性 π 介子（$\pi^0$）。

若使这个反应发生，γ 射线必须具有的最小能量是多少？质子的静止质量是 938 MeV，π^0 的静止质量是 135 MeV。

14.3 光子引发的对产生阈值

高能光子（γ 射线）与电子碰撞，按照反应 $\gamma+e^- \rightarrow e^- + (e^- + e^+)$，产生一个电子-正电子对。

若这个反应能发生，γ 射线必须具有的最小能量是多少？

14.4 粒子衰变

静质量为 M 的粒子静止时自发衰变成静质量m_1和m_2的两个粒子。

证明两粒子的能量分别是 $E_1=(M^2+m_1^2-m_2^2)c^2/2M$ 和 $E_2=(M^2-m_1^2+m_2^2)c^2/2M$。

14.5 核反应的阈值*

静质量为M_1高速运动原子核，动能为K_1，与静质量为M_2的静止的原子核碰撞。发生的核反应模式为 $M_1+M_2 \rightarrow M_3+M_4$，这里$M_3$和$M_4$是生成核的静止质量。

静质量的关系为$(M_3+M_4)c^2=(M_1+M_2)c^2+Q$，这里$Q>0$。确定使反应发生所需的$K_1$最小值，用$M_1$、$M_2$和 Q 表示。

14.6 光子驱动的火箭

初始质量为M_0的火箭从静止开始，沿 x 轴向后发射光子从而向前推进自己。

（a）在初始的静止系中，证明火箭燃料耗尽后的四动量可写成 $\boldsymbol{P}=\gamma M_f v(1,0,0,i)$，这里$M_f$是火箭的末态静止质量。（注意：这个结果对于燃料作为整体排出、光子有多普勒移动时仍然有效。）

（b）证明火箭相对于初始静系的末速度是

$$v=\frac{\mu^2-1}{\mu^2+1}c$$

式中，$\mu=M_0/M_f$ 是火箭初始质量与末态静止质量的比值。

14.7 四加速度*

构造一个表示加速度的四矢量 $\boldsymbol{A}$。为简单起见，只考虑沿 x 轴的直线运动。令瞬时四速度为$\boldsymbol{U}=\gamma(u，0，0，c)$。

14.8 时空中的波

函数 $f(x,t)=A\sin 2\pi[(x/\lambda)-vt]$表示频率为 ν、波长为 λ 的正弦波。波沿 x 轴以速度=波长×频率=$\lambda\nu$ 传播。

$f(x,t)$ 可表示光波；A 则对应于构成光信号的电磁场的某分量，波长和频率满足 $\lambda\nu=c$。

考虑在沿 x 轴以速度 v 运动的坐标系（x'，y'，z'，t'）中相同的波。在这个参考系上波具有形式

$$f'(x',t')=A'\sin 2\pi\left(\frac{x'}{\lambda'}-v't'\right)$$

（a）证明，只要 $1/\lambda'$和 v'是（x，y，z，t）系中给定的四矢量 $\boldsymbol{K}$ 的分量，

$$\boldsymbol{K}=2\pi\left(\frac{1}{\lambda},0,0,\frac{v}{c}\right)$$

光速就能正确地给出。

（b）采用（a）的结果，通过计算在动系中的频率，导出纵向多普勒移动的结果。

（c）扩展（b）的分析，通过考虑沿 y 轴传播的波，确定横向多普勒移动的表达式。

部分习题提示、线索和答案

第 1 章

1.1　矢量代数 1

答案：(a) $7\hat{\boldsymbol{i}}-2\hat{\boldsymbol{j}}+9\hat{\boldsymbol{k}}$；(c) 21

1.2　矢量代数 2

答案：(b) 101；(c) 2704

1.3　利用矢量运算确定 cos 和 sin

提示：$\cos\theta=\boldsymbol{A}\cdot\boldsymbol{B}/\mathrm{AB}$，$\sin\theta=|\boldsymbol{A}\times\boldsymbol{B}|/AB$。

1.7　正弦定理

提示：考虑由 $\boldsymbol{A}$、$\boldsymbol{B}$ 和 $\boldsymbol{C}$ 形成的三角形的面积，这里 $\boldsymbol{A}+\boldsymbol{B}+\boldsymbol{C}=0$。

1.9　垂直单位矢量

答案：$\hat{\boldsymbol{n}}=\pm(2\hat{\boldsymbol{i}}-\hat{\boldsymbol{j}}+\hat{\boldsymbol{k}})/\sqrt{6}$

1.10　垂直单位矢量

提示：(a) 两个矢量确定的平面的方向与它们的叉积平行。

1.15　大圆

线索：若 $\lambda_1=0$，$\phi_1=0$，$\lambda_2=45°$，$\phi_2=45°$，则 $\theta=\arccos(0.5)$ 和 $S=(\pi/3)R$。

1.18　电梯与落珠

线索：若 $T_1=T_2=4\mathrm{s}$，则 $h=39.2\ \mathrm{m}$。

1.19　相对速度

答案：(a) $v_\mathrm{B}=v_\mathrm{A}-\mathrm{d}\boldsymbol{R}/\mathrm{d}t$

1.21 径向匀速的粒子

答案：(a) $v=\sqrt{52}$ m/s

1.23 电梯的平稳运行

线索：(d) 若 $a_{\mathrm{m}}=1.0\ \mathrm{m/s^2}$，$T=10.0$ s，则 $D=50.0$ m。

1.26 斜坡上的射程

提示：石块在两条曲线的交点处击中地面。

线索：若 $\phi=60°$，则 $\theta=15°$。

1.27 尖屋顶

答案：$v=\sqrt{5/2}\sqrt{gh}$

第 2 章

2.1 含时力

线索：(c) 若 $t=1$ s，则 $\boldsymbol{r}\times v=6.7\times10^{-3}\hat{\boldsymbol{k}}\ \mathrm{m^2/s}$。

2.2 两个物块和绳子

线索：若 $M_1=M_2$，则 $x=gt^2/4$。

2.5 混凝土搅拌机

线索：若 $R=2$ ft，则 $\omega_{\max}=4$ rad/s≈38 rev/min。

2.8 两个物体和两个滑轮

线索：若 $M_1=M_2$，则 $\ddot{x}=g/5$。

2.11 斜面上的物块

线索：若 $A=3g$，则 $\ddot{y}=g$。

2.12 脚手架上的油漆工

线索：若 $M=m$ 和 $F=Mg$，则 $a=g$。

2.13 教学仪器

线索：对于相同的质量，$F=3Mg$。

2.14 教学仪器 2

答案：$a_1=-M_2M_3g/(M_1M_2+M_1M_3+2M_2M_3+M_3^2)$

2.16 普朗克单位

提示：写出形如$[L_{\mathrm{p}}]=[c]^a[h]^b[G]^c$ 的量纲方程。用独立的单位 M、L 和 T 替换每个因子，求解 a、b 和 c 的三个代数方程。

答案：(a) $L_{\mathrm{p}}=4.1\times10^{-35}$ m

(b) $M_{\mathrm{p}}=5.4\times10^{-8}$ kg

(c) $T_{\mathrm{p}}=1.3\times10^{-43}$ s

第 3 章

3.2 有摩擦力的滑块

线索：若 $F=30$ N，$M_{\mathrm{A}}=5$ kg，$M_{\mathrm{B}}=6$ kg，则 $F'=25$ N。

3.4 同步轨道

答案：$6.6R_{\mathrm{e}}$

3.5 物体与转轴

线索：若 $l\omega^2=\sqrt{2}g$，则 $T_{上}=\sqrt{2}mg$。

3.8 物块和斜面

答案：(a) $\tan\theta=\mu$

线索：(b) 若 $\theta=\pi/4$，则 $a_{\min}=g(1-\mu)/(1+\mu)$。

线索：(c) 若 $\theta=\pi/4$，则 $a_{\max}=g(1+\mu)/(1-\mu)$。

3.10 绳子和树

线索：若 $\theta=\pi/4$，$T_{\text{end}}=W/\sqrt{2}$，$T_{\text{middle}}=W/2$。

3.11 旋转的环

答案：$T=M\omega^2 l/(2\pi)^2$

3.17 转弯的汽车

线索：若 $\mu=1$，$\theta=\pi/4$，所有速度都是有可能的。

3.19 物体和弹簧

线索：若 $k_1=k_2=k$，则 $\omega_a=\sqrt{k/2m}$，$\omega_b=\sqrt{2k/m}$。

3.22 物体、线和环

线索：(a) 若 $Vt=r_0/2$，则 $\omega=4\omega_0$。

3.23 物块和环

答案：(a) $v_0/[1+(\mu v_0 t/l)]$

3.24 阻力

答案：$v(t)=(1/\alpha)\ln[1/(\alpha bt/m+e^{-\alpha v_0})]$

第 4 章

4.1 非匀质杆的质心

答案：(a) $M=2Al/\pi$

(b) $X=l(1-2\pi)$

4.11 货车与料斗

提示：在一条或两条线上，有一种方式可处理这个问题。

线索：若 $M=500\text{ kg}$，$b=20\text{ kg/s}$，$F=100\text{ N}$，则 $v(10\text{ s})=1.4\text{ m/s}$。

4.16 桌上的绳子

答案：(a) $x=Ae^{\gamma t}+Be^{-\gamma t}$，式中 $\gamma=\sqrt{g/l}$

4.20 反射粒子流

提示：答案不是 $\lambda(mv^2+mv'^2)$。

4.23 悬浮的垃圾桶

线索：若 $\left(\frac{Mg}{2K}\right)^2=v_0^2/2g$，则 $h=v_0^2/4g$。

第 5 章

5.1 绕环滑车

答案：$z=3R$

5.3 冲击摆

答案：(b) $v=[(m+M)/m]\sqrt{2gl(1-\cos\phi)}$

5.4 在圆轨道上滑动

线索：若 $m=M$，则 $v=\sqrt{gR}$。

5.6 球面上的滑块

答案：$R/3$

5.7 悬挂圆环上的珠子

线索：若 $M=0$，则 $\theta=\arccos(2/3)$。

5.8 阻尼振动

答案：(b) $n=\dfrac{k}{4f}(x_i-x_0)$

5.10 下落的链条

线索：最大读数为 $3Mg$。

5.12 伦纳德-琼斯势

提示：幂级数展开是有用的，参见注释 1.2。

5.16 机动雪橇和斜坡

答案：45 mile/h

5.17 跳高运动员

线索：>1hp，<10hp

第 6 章

6.4 反弹球

线索：若 $v_0=5$ m/s，$e=0.5$，则 $T\approx1$ s。

6.13 α 射线与锂的核反应

答案：(a) 中子能量=0.15 MeV

6.14 墙壁之间反弹的超级球

答案：(a) $F=mv_0^2/l$

提示：(b) 当表面运动时，确定球速增大的平均比率。

答案：(b) $F=(mv_0^2l^2)/x^3$

6.16 *C* 系和 *L* 系之间的变换

答案：(a) $v_f=[v_0/(m+M)]\sqrt{m^2+M^2+2mM\cos\Theta}$

线索：(b) 若 $m=M$，则 $(K_0-K_f)/K_0=(1-\cos\Theta)/2$。

第 7 章

7.2 桶和沙子

线索：若 $\lambda t=M_B$，$b=2a$，则 $\omega_B=\omega_A(0)/8$。

7.3 环和虫子

线索：若 $m=M$，则 $\omega=v/3R$。

7.8　球的转动惯量

答案：$I_0=(2/5)MR^2$

7.10　槽中的圆柱

线索：若 $\mu=0.5$，$R=0.1\ \mathrm{m}$，$W=100\ \mathrm{N}$，则 $\tau=5.7\ \mathrm{N\cdot m}$

7.11　轮子和轴

线索：若 $F=10\ \mathrm{N}$，$L=5\ \mathrm{m}$，$\omega=0.5\ \mathrm{rad/s}$，则 $I_0=400\ \mathrm{kg\cdot m^2}$。

7.14　桌上的杆

答案：(c) $3g/4$

答案：(d) $Mg/4$

7.21　滚动的圆柱

答案：$\theta=\arctan(3\mu)$

7.23　圆盘、物块和带子

线索：(a) 若 $A=2a$，则 $\alpha=3a/R$。

7.25　滚动的弹珠

线索：若 $v_0=3\ \mathrm{m/s}$，$\theta=30°$，则 $l\approx1.3\ \mathrm{m}$。

7.31　又滚又滑的圆柱

线索：若 $\omega=3\ \mathrm{rad/s}$，则 $\omega_f=1\ \mathrm{rad/s}$。

7.34　盘中弹珠

答案：$\omega=\sqrt{5g/7R}$

7.36　两个旋转的物体

线索：若 $m_a=m_b=2\ \mathrm{kg}$，$v_0=3\ \mathrm{m/s}$，$l=0.5\ \mathrm{m}$，则 $T=18\ \mathrm{N}$。

7.37　板和球

线索：若 $m=M$，则 (a) $v_f=3v_0/5$，(b) $v_f=v_0/2$。

7.38　桌上的碰撞

答案：$\omega=(4\sqrt{2}/7)(v_0/l)$

7.39　冰上小孩和木板

答案：(b) 距离小孩 $2l/3$

7.41　倾斜的木板

提示：专注质心并利用能量方程

第 8 章

8.4　谷物碾子

线索：若 $\Omega^2 b=2g$，则力为重力的两倍。

8.6　滚动的硬币

答案：$\tan\alpha=3v^2/2bg$

8.12　欧拉盘

答案：(a) $\Omega_p=2\sqrt{\dfrac{g}{R\sin\alpha}}$

第 9 章

9.9 铁轨上的火车

答案：(a) 近似 300 lb

9.10 表观重力与纬度

答案：$g=g_0\sqrt{1-(2x-x^2)\cos^2\lambda}$，这里 $x=R_e\Omega_e^2/g_0$

第 10 章

10.2 r^3有心力

答案：(c) $r_0\approx 2.8$ cm

10.8 抛射体上升

线索：若 $\alpha=60°$，则 $r_{max}=3R_e/2$。

10.10 有空气摩擦力的卫星

答案：(c) $\Delta K=+2\pi rf$。注意：摩擦力使卫星增速。

10.14 绕 Sgr A* 的 S2 的速率

答案：7600 km/s

第 11 章

11.8 秤的劲度系数

答案：(a) 980 N/m

答案：(b) $\gamma=2\omega_0=2\sqrt{k/(M+m)}=18\ s^{-1}$

11.9 速度和驱动力同相

提示：必要条件是 $\sin(\omega t+\phi)=-\cos\omega t$，式中 ω 是驱动频率。

11.12 布谷鸟钟

答案：$Q\approx 68$，钟被一个 1 J 的电池驱动，能运行 6 h。

11.13 两个物体和三个弹簧

答案：(c) $\omega=\sqrt{k/M}$

第 12 章

12.1 麦克斯韦的建议

提示：利用余弦定理

12.10 相对速率

答案：$0.99995c$

12.12 前灯效应

答案：(a) $\cos\theta=(\cos\theta_0+v/c)/(1+v/c\cos\theta_0)$

答案：(b) $v=(1-5\times 10^{-7})c$

12.14 运动的玻璃板

线索：若 $v=0$，则 $T=[L+(n-1)D]/c$。若 $v=c$，则

$T=L/c$。

12.15　**氢原子谱线的多普勒移动**

答案：(a) 662.7×10^{-9} m

答案：(b) 25 天

12.16　**撑杆跳选手悖论**

提示：从每个观察者的角度考虑在撑杆两端的事件。

12.18　**持续加速的后果**

提示：$\int \frac{dx}{(1-x^2)^{3/2}}=\frac{x}{\sqrt{1-x^2}}$

第 13 章

13.4　**粒子迎头相撞**

线索：若 $v^2/c^2=1/2$，则 $E=3m_0c^2$。

13.5　**非弹性碰撞后复合粒子的速率**

答案：$v_f=\gamma vm/(\gamma m+M)$，式中 $\gamma=1/\sqrt{1-v^2/c^2}$

13.6　**复合粒子的静质量**

线索：若 $x=7$，则 $m=4m_0$。

13.7　**零动量参考系**

线索：若 $v^2/c^2=3/4$，则速率是 $2v/3$。

13.8　**光子-粒子散射**

答案：$\cot\phi=(1+E_0/m_0c^2)\tan\theta/2$

13.9　**光子-电子碰撞**

答案：(a) $E=E_0(1+v/c)/(1+E_0/E_i)$，式中 $E_i=m_0c^2/\sqrt{1-v^2/c^2}$

答案：(b) $|\Delta\lambda|\approx0.019$ Å

第 14 章

14.1　**π 介子衰变**

答案：(b) $\theta\approx42°$

14.2　**π 介子产生的阈值**

答案：≈145 MeV

14.5　**核反应的阈值**

线索：若 $M_1=M_2=Q/c^2$，则 $K_1=5Q/2$。

14.7　**四加速度**

答案：$\boldsymbol{A}=\gamma^4a(1,0,0,u_x/c)$，式中 $a=du_x/dt$

附录

附录A 各种物理和天文数据

光速，c	3.00×10^{8} m/s
引力常量，G	6.67×10^{-11} $m^3\cdot kg^{-1}\cdot s^{-2}$
质子质量，M_p	1.67×10^{-27} kg
普朗克常量，h	6.63×10^{-34} $m^2\cdot kg/s$
平均太阳常量，S_s	1.37×10^{3} W/m^2
太阳质量，M_s	1.99×10^{30} kg
地球质量，M_e	5.98×10^{24} kg
月球质量，M_m	7.34×10^{22} kg
太阳平均半径，R_s	6.96×10^{8} m
地球平均半径，R_e	6.37×10^{6} m
月球平均半径，R_m	1.74×10^{6} m
地球轨道平均半径，$R_{e,orb}$	1.49×10^{11} m
月球轨道平均半径，$R_{m,orb}$	3.84×10^{8} m
地球自转周期，T_{day}	8.64×10^{4} s
地球公转周期，T_{year}	3.16×10^{7} s

附录 B 希腊字母

Α	α	alpha	Ν	ν	nu
Β	β	beta	Ξ	ξ	xi
Γ	γ	gamma	Ο	ο	omicron
Δ	δ	delta	Π	π	pi
Ε	ε	epsilon	Ρ	ρ	rho
Ζ	ζ	zeta	Σ	σ	sigma
Η	η	eta	Τ	τ	tau
Θ	θ	thet	Υ	υ	upsilon
Ι	ι	iota	Φ	ϕ	phi
Κ	κ	kappa	Χ	χ	chi
Λ	λ	lambda	Ψ	ψ	psi
Μ	μ	mu	Ω	ω	omega

附录 C SI 词头

因数	名称	符号	因数	名称	符号
10^{24}	yotta	Y	10^{-1}	deci	d
10^{21}	zetta	Z	10^{-2}	centi	c
10^{18}	exa	E	10^{-3}	milli	m
10^{15}	peta	P	10^{-6}	micro	μ
10^{12}	tera	T	10^{-9}	nano	n
10^{9}	giga	G	10^{-12}	pico	p
10^{6}	mega	M	10^{-15}	femto	f
10^{3}	kilo	k	10^{-18}	atto	a
10^{2}	hecto	h	10^{-21}	zepto	z
10^{1}	deka	da	10^{-24}	yocto	y

索　　引

译 后 记

译书是费时费力的良心活，译本虽经多次修改，仍然有一些不尽如人意之处。译者本着严复首创的“信、达、雅”原则，在翻译的过程中做了一些尝试。在忠实原文的基础上，根据作者表述的风格，尽量使译文通俗易懂，略有文采，就像郭沫若先生称赞翦伯赞的《中国史纲》是可以朗读的。但这只是译者的一厢情愿而已，尚需读者检验。

译者在北大物理学院主讲力学课程多年，对国内外的力学教材有一些了解。总体感觉国内教材多偏重说理，对物理学家实际上所采用的研究方法和前沿问题介绍得不是很透彻。通过翻译本书，使译者有机会仔细研读国外的一本代表作，的确获益匪浅。本书作者在原子、分子和光学领域都有一些开创性的贡献，屡获大奖，在教学领域也成绩斐然。书中的许多难点，作者都处理得举重若轻、游刃有余，展现了炉火纯青的功力。很多内容，如黑洞、光子，或者观点很新颖，或者叙述得很独特。各章的习题难度也很有层次，刚开始是常规训练，后面的题目就非常有挑战性。

书中有些专题，如章动、惯量张量、相对论四矢量等，是一般的力学教材中没有的，这对基础好的学生很有吸引力，对一般学生可能偏难一些。另外，作者有意没有加入非线性力学和计算机技术的相关内容，可能略有遗憾。总体说来，本书仍然是国外学生学习力学课程非常认可的一本教材。本书的第 1 版在 1973 年由人民教育出版社翻译出版，当时对国内的物理教学产生了很大的影响，国内有些教材借鉴了它的内容和叙述方式。译者也参考了该译本。

由于种种原因，翻译本书持续时间较长。中国科学院大学硕士生刘宜帮译者整理了电子版的所有章节，并阅读了前面几章内容。北京大学信息科学技术学院的陈徐宗教授给了译者很多的帮助，包括提供了不同版次的样书和相关材料，安排与作者见面，讨论书中的各种问题等。在翻译校对的过程中，机械工业出版社的张金奎编辑与译者做了耐心细致的交流和讨论。在此一并表示由衷的感谢！

中译本纠正了原书的多处排版错误，修改了几幅插图，以期译本比原书更为完善。当然，限于译者的水平和学识，译文中肯定有一些不合适甚至错误的地方，希望读者不吝赐教，多多指正，以便重印时修改。译者联系邮箱：liusx@pku. edu. cn。

刘树新

2017 年 11 月于北京大学